Wachstum und Altern

Zur Physiologie und Pathologie der postfötalen Entwicklung

Von

Dr. Robert Rössle
Professor in Basel

München ◇ Verlag von J. F. Bergmann ◇ 1923

ISBN 978-3-642-47272-5   ISBN 978-3-642-47686-0 (eBook)
DOI 10.1007/978-3-642-47686-0

Seinen Freunden

Franz Doflein, dem Naturforscher

und

Jussuf Ibrahim, dem Kinderarzte

gewidmet.

Vorwort.

Eine zusammenfassende Darstellung der Physiologie und Pathologie des Wachstums und Alterns fehlt in dem deutschen medizinischen Schrifttum bis heute und auch in der ausländischen Literatur sind Werke, welche das ganze Gebiet berücksichtigen, nicht vorhanden. Die vorliegende Schrift ist der erste Versuch, die morphologische Seite der Frage zu behandeln, die einzige, über welche schon einigermassen gründlich gearbeitet worden ist; sie zerfällt in einen ersten physiologischen und in einen zweiten pathologischen Teil; beide Teile sind in den „Ergebnissen der allgemeinen Pathologie und pathologischen Anatomie des Menschen und der Tiere", herausgegeben von Lubarsch und Ostertag, erschienen; der erste Teil bereits 1917, gleichzeitig mit E. Korschelts wertvollem, seitdem (1922) in zweiter Auflage erschienenem Buche „Lebensdauer, Altern und Tod" (G. Fischer, Jena), das durch seine auf die zoologischen und botanischen Probleme eingestellte Bearbeitung eine erwünschte Ergänzung meiner mehr die menschliche und ärztliche Seite der Frage berücksichtigenden Darstellung ist.

Über die Wichtigkeit des Gegenstandes braucht kein Wort verloren zu werden. Heute, wo wir uns so viel mehr bewusst sind, wie die Fäden der inneren und äusseren Krankheitsbedingungen durcheinanderlaufen und wie Entwicklungsstörungen als Ursachen und Wirkungen Beziehungen zur Krankheit besitzen, haben wir auf Grund der Erkenntnis von Wesen und Bedeutung dieser Beziehung ein ganz anderes ärztliches Ideal vom menschlichen Leben gewonnen: die ungestörte Entwicklung einer von Haus aus möglichst guten individuellen Anlage bis zur vollendeten Vollreife, ein geistiges und körperliches Wachstum unter harmonischer Erschöpfung aller jeweils gegebenen inneren Entwicklungsmöglichkeiten. Jede unterdrückte, nicht genutzte oder zerstörte Fähigkeit ist vertanes Kapital und enthält die Keime zu späteren Störungen aus Disharmonie. Die Eugenik muss durch Eutrophie, Gunst der Aufzucht, unterstützt werden, und wenn wir für erstere heute so wenig wirksam eingreifen können, stehen wir doch hinsichtlich letzterer auf einem wissenschaftlichen Boden, errungen durch die gemeinschaftliche Arbeit der experimentellen und vergleichenden Biologie, der Pathologie und der Pädiatrie, der einmal den kleinen Katechismus der menschlichen Aufzuchtlehre zu schreiben erlauben wird.

Als Pathologe hatte ich eine andere Aufgabe, die wohl als Vorarbeit zu den wichtigen Forschungen der Hygiene des Entwicklungsalters anzusehen ist, nämlich die, den Stand unseres Wissens über die postfötale Entwicklung und ihre Störungen wiederzugeben. Dem Verlag Bergmann in München bin ich sehr dafür zu Dank verpflichtet, dass er diese Aufsätze trotz der Ungunst der Zeit auch in dieser Sonderausgabe veröffentlicht hat.

Basel, im Mai 1923. **R. Rössle.**

Wachstum und Altern

Von

Robert Rössle, Basel.

(Erster, physiologischer Teil.)

———

Inhaltsverzeichnis.

Literatur.

1. **Abderhalden, E.**, und **A. Weil**, Beobachtungen über das Drehungsvermögen des Blutplasmas und Blutserums verschiedener Tierarten verschiedenen Alters und Geschlechts. Zeitschr. f. physiol. Chemie. 1912. Bd. 81.
2. **Adler**, Über helle Zellen der menschlichen Leber. Zieglers Beitr. 1914. Bd. 35.
3. **Aeby, Chr.**, Altersunterschiede der menschlichen Wirbelsäule. Arch. f. Anat. 1879.
4. **Akutsu**, Beitrag zur Histologie der Samenblasen, nebst Bemerkungen über Lipochrome. Virchows Arch. 1902. Bd. 168.
5. **Albrecht, Eugen**, Pathologie der Zelle. Diese Ergebnisse. 6 Jahrg. 1899.
5a. **Alexander**, Die Entwicklung der knöchernen Wirbelsäule. Hamburg 1906.
6. **Aldor, L.**, Kohlehydratstoffwechsel im Greisenalter. 1901.
7. **Anglade und Calmette**, Sur le cervelet sénile. Nouv. Icon. de la salpetr. Sept.—Oct. 1907.
8. **Anselmo**, Gerocomia: 1606.
8a. **Aravandinos**, Das Addisonsche Syndrom im Greisenalter. Deutsche med. Wochenschr. 1916. Nr. 34.
9. **Aristoteles**, De juventute et senectute.
10. **Aron, Hans**, Nutrition and Growth. Philippine Journ. of Scienc. 1911. Vol. 6.
11. **Derselbe**, Wachstum und Ernährung. Biochem. Zeitschr. 1911. Bd. 30.
12. **Derselbe**, Biochemie des Wachstums des Menschen und der höheren Tiere. Handb. d. Biochem. Ergänzungsbd. auch Separat. Fischer, Jena 1913.
13. **Derselbe**, Untersuchung über die Beeinflussung des Wachstums durch die Ernährung. Berl. klin. Wochenschr. 1914. Nr. 21 u. 22.
14. **Arthaud**, Étude sur le testicule sénile. Thèse de Paris 1885.
15. **Aschaffenburg**, Das Greisenalter in forensischer Beziehung. 1908.
16. **Ascher, L.**, Das Altersgesetz der natürlichen Widerstandskraft. Virch. Arch. 1907. Bd. 187.
17. **Aschoff, L.**, Wurmfortsatzentzündung. Fischer, Jena 1908.
18. **Derselbe**, Zur Myokarditis-Frage. Verhandl. d. Deutsch. pathol. Gesellsch. 1904. Bd. 2.
19. **Derselbe**, Über Atherosklerose und andere Sklerosen des Gefässsystems. Med. Klinik. 1908. Beiheft 1.
20. **Derselbe**, Über den Krankheitsbegriff und verwandte Begriffe. Deutsche med. Wochenschr. 1909. Nr. 33.
21. **Derselbe**, Zur Morphologie der lipoiden Substanzen. Zieglers Beitr. 1909. Bd. 47.
22. **Derselbe**, Lehrbuch der speziellen pathologischen Anatomie. Abschnitt Weibliche Genitalien. 3. Aufl.
23. **Derselbe**, Morphologische Veränderungen der Hypophyse während des Alterns. Sitzungsber. d. Ver. Freiburg. Ärzte. Ref. Münch. med. Wochenschr. 1913. Nr. 14. S. 782.
24. **Aschoff, Albert**, Über Entwicklungs-, Wachstums- und Altersvorgänge an den Gefässen usw. Jena, Fischer 1909.
25. **Aschner, B.**, Über die Funktion der Hypophyse. Pflügers Arch. Bd. 146.

26. Ascoli, A., und Legnani, Die Folgen der Exstirpation der Hypophysis. Münch. med. Wochenschr. 1911.

27. Askanazy, Zentralbl. f. Pathol. 1902. Bd. 13.

28. Attias, G., Über Altersveränderungen des menschlichen Auges. Graefes Arch. Bd. 81.

29. Derselbe, Über senile Augenveränderungen im menschlichen Auge. La clinic. oculist. 1913. Bd. 12.

29a. Bacon Roger, Libellus de retardanpis senectutis accidentibus.

30. Bacon von Verulam, Historia vitae et mortis. 1623.

30a. Bäumler, Chr., Altes und Neues über das Altern und über Lebensverlängerung. Deutsche med. Wochenschr. 1916. Nr. 25 u. 26.

30b. Bade, Fuss, Fortschr. der Röntgenstrahlen.

31. v. Bardeleben, Die Zwischenzellen des Säugetierhodens. Anat. Anz. Bd. 13.

32. Bartel, Jul., Zur pathologischen Anatomie des Selbstmordes. Wien. klin. Wochenschr. 1910. Nr. 14.

33. Bartel, Jul. und Robert Stein, Lymphdrüsenbau und Tuberkulose. Archiv f. Anat. u. Physiol. 1905.

34. Bashford, Über den Krebs der Menschen und der Tiere. Berl. klin. Wochenschrift 1909. Nr. 36.

35. Derselbe, 17. internat. med. Kongr. London 1913.

35a. Bauer, Th., Zur normalen und pathologischen Histologie der menschlichen Brustwarze. Zieglers Beitr. Bd. 62. 1916.

36. Baum und Hille, Die Keimzentren in den Lymphknoten von Rind, Schwein, Pferd und Hund und ihre Abhängigkeit vom Lebensalter der Tiere. Anat. Anz. 1908. Bd. 32.

37. v. Baumgarten, P., Die Lehre von den Krankheitsanlagen. Handbuch d. allg. Pathol. v. Krehl u. Marchand. Leipzig, Hirzel. 1908.

38. Beatson, G. Th., Die Rolle des Fettes bei der Ätiologie und dem Wachstum des Krebses. Lancet. 10. VI. 11.

39. Derselbe, Dasselbe in Brit. med. Journ. 1911. Nr. 4580. Ref. Berlin. klin. Wochenschr. 1911. S. 1240.

40. Beer, Lime deposits especially the socalled Kalkmetastases in the Kidneys. Journ. of Pathol. and Bact. 1904. Bd. 9..

40a. Behrendsen, Entwicklung der Hand. Deutsche med. Wochenschr. 1897. Nr. 27.

41. Beitzke, Über die sogenannten weissen Flecke des grossen Mitralsegels. Virch. Arch. 1901. 163

42. Beneke, F. W., Die Altersdisposition. Marburg 1879.

43. Derselbe, Über Volumen des Herzens und die Umfänge der grossen Arterien. Marburg 1881.

44. Derselbe, Weite der Aorta thorac. und abdom. in verschiedenem Lebensalter. Marburg 1879.

45. Berezowski, Studien über die Zellgrösse. Archiv f. Zellforsch. 1910 u. 1911. Bd. 5 u. 7.

46. Berka, F., Die Brustdrüse verschiedener Altersstufen usw. Frankf. Zeitschr. f. Pathol. 1911. Bd. 8.

47. Berry, Reports from the Labor. of the Royal College of Physic. Edinbourgh 1911.

48. Berry und Hack, Der Wurmfortsatz des Menschen und seine Veränderungen im Alter. Journ. of Anat. and Physiol. Vol. 40. Ref. Münch. med. Wochenschr. 1906. S. 1568.

49. Biedl, Innere Sekretion. 1. Aufl. 1910.

50. Björkenheim, E. A., Zur Kenntnis der Schleimhaut im Uterovaginakanal, in verschiedenen Altersperioden. Anat. Hefte 1907. Bd. 105.

50a. Björkmann, Zur Altersanatomie der Kaninchenhypophyse. Upsala Läkarefors Förhandl. N. F. Bd. 21.

51. **Bönniger**, Die elastische Spannung der Haut usw. Zeitschr. f. experim. Path. u. Therap. Bd. 1.

51a. **Boll, Franz**, Die Lebensalter. Neue Jahrbücher f. d. klass. Altertum. 1913. Bd. 31.

52. **Bolle, A.**, Über den Lezithingehalt des Knochenmarks von Mensch und Haustieren. Biochem. Zeitschr. 1910. Bd. 24.

53. **Bollinger**, Prinzip des Wachstums. 1876.

54. **Bonnamour, Pic.**, Précis des maladies des vieillards. Paris 1912.

55. **Bouin**, Les deux glandes à secrétion interne de l'ovaire. Revue méd. de l'est. 1902.

56. **Boveri**, Zellenstudien. Jena 1905.

57. **Derselbe**, Zur Frage der Entstehung der malignen Tumoren. Fischer. Jena. 1914.

58. **Boy-Teissier**, Maladies des vieillards. Paris 1895.

59. **Brissaud et Dopler**, Note sur les différences des volumes des lobules hépatiques du foie humain. Gaz. hébd. de méd. 1902. Nr. 57.

60. **Brosch, A.**, Das Dickdarmproblem. Wiener med. Wochenschr. 1910. Nr. 20—22.

61. **Brouha**, Recherches sur les diverses phases du développement de la mamelle. Arch. de Biol. 1905. Tom. 21.

62. **Brüning, H.**, und E. **Schwalbe**, Handbuch der allgemeinen Pathologie und pathologischen Anatomie des Kindesalters. Wiesbaden 1912.

63. **Bühler**, Alter und Tod. Biol. Zentralbl. 1904. Bd. 24.

64. **Bütschli**, Gedanken über Leben und Tod. Zool. Anz. 1882. Bd. 5.

65. **Bunge**, Lehrbuch der physiologischen und pathologischen Chemie. 1898.

66. **Calmette et Guérin**, Sur l'origine intestinale de la tuberculose pulmonaire. Ann. Inst. Pasteur. 1905. Tom. 19.

66a. **Calmettes**, Le cervelet sénile. Bordeaux 1907.

67. **Camerer, W.**, Gewichts- und Längenwachstum der Kinder. Württemb. Med. Korr.-Blätt. 1905. Nr. 23.

68. **Derselbe**, Gewichts- und Längenwachstum der Kinder. Handb. d. Kinderheilk. v. **Pfaundler** u. **Schlossmann**. 2. Aufl. Leipzig 1910.

69. **Camerer**, Stoffwechsel des Kindes von der Geburt bis zur Beendigung des Wachstums. Tübingen, Laupp. 1894.

70. **Cannstatt**, Die Krankheiten des höheren Alters und ihre Heilung. Erlangen 1839.

71. **Carrel, A.**, Neue Untersuchungen über das selbständige Leben der Gewebe und Organe. Berl. klin. Wochenschr. 1913. Nr. 24.

72. **Casper, L.**, Altersblase. Ref. Berl. klin. Wochenschr. 1912. S. 717.

73. **Castelli, R.**, Beitrag zum Studium der Fettsubstanzen der menschlichen Hypophyse. Arch. de méd. exp. 1914. Nr 2.

74. **Cerletti, U.**, Rend. della R. acad. dei Lincei. 1909.

75. **Cesaris-Demel**, Études sur le coeur isolé. Pathol. Kongr. Turin 1911.

76. **Charcot**, Maladies des vieillards. Paris 1866.

77. **Cheatle, Lenthal**, Trophic changes in old age. Biotripsis. Brit. med. Journ. 1909. June 12.

78. **Chiari, H.**, Über senile Einsenkung der Schädelknochen in der Sutura coronalis. Zeitschr. f. Morphol. u. Anthropol. 1914. Bd. 18.

79. **Derselbe**, Dasselbe in Verhandl. Deutsch. Naturf. u. Ärzte. Wien 1913.

80. **Derselbe**, Über senile Verkalkung der Ampullen der Vasa deferentia und der Samenblasen. Zeitschr. f. Heilk. 1903. H. 10.

81. **Ciaccio-Scaglioni**, Beitrag zur zellulären Physio-Pathologie der Plexus chorioidea. **Zieglers** Beitr. 1912. Bd. 55.

82. **Ciarla, E.**, Beitrag zum histologischen Bild der senilen Hirnrinde. Archiv f. Psychiatr. 1915. Bd. 55.

83. Clark, The number of Islands of Langerhans in the human pancreas. Anatom. Anz. 1913. Bd. 43.

84. Clerc, Ed., Die Schilddrüse im bohen Alter. Frankf. Zeitschr. f. Pathol. 1912 Bd. 10.

85. Derselbe, Dasselbe in der In.-Diss. Bern 1912.

86. Cohn, Über die Hypophyse. Münch. med. Wochenschr. 1910. Nr. 28.

87. Cohnheim, Vorlesungen über allgemeine Pathologie. Bd. 1.

88. Comessatti, Systematische Dosierungen des Nebennieren-Adrenalins in der Pathologie. Arch. f. exp. Pathol. u. Pharm. 1910. Bd. 62.

89. Cornaro, Discourse on a sober life. Engl. Übersetzung 1768, sowie Milwaukee 1906.

90. Daffner, Das Wachstum des Menschen. Leipzig 1902.

91. Darwin, Erasmus, Zoonomie.

92. Dehio, Arch. f. klin. Med. Bd. 41.

93. Démange, Études clinique et anatomo patholog. de la vieillesse. 1886.

94. Derselbe, Dasselbe Deutsch. Leipzig 1887.

95. Dietlen, H., Über die Grösse und Länge des normalen Herzens usw. Deutsch. Arch. f. klin. Med. 1906. Bd. 88.

96. Dietrich, Elemente des Herzmuskels. Jena 1910.

97. Derselbe, Verh. d. deutsch. pathol. Ges. Stuttgart 1906.

97a. Dikanski, Über den Einfluss der sozialen Lage auf die Körpermasse von Schulkindern. In.-Diss. München 1914.

98. Doflein, Franz, Das Unsterblichkeitsproblem im Tierreich. Antrittsrede. Freiburg 1913.

99. Doljan, Das senile Ovarium. Spitalul 1910. Ref. Münch. med. Wochenschr. 1910. S. 1612.

100. Dröge, C., Veränderungen in der chemischen Konstitution des Tierkörpers. Nach Exstirpation der Milz, der Hoden und des Schilddrüsenapparates. Pflügers Arch. Bd. 152.

101. Dungern-Werner, Das Wesen der bösartigen Geschwülste. Leipzig 1907.

102. Durand-Fardel, M., Handbuch der Krankheiten des Greisenalters. 1858.

103. Dustin, A. P., Thymus et thyroïde. Ann. et bullet. de la soc. R. des scienc. méd. et nat. de Bruxelles. 72. Jahrg. 1914. Nr. 5.

104. Eberth, M., Die männlichen Geschlechtsorgane in Bardelebens Handbuch der Anatomie. Jena 1904.

105. Eckardt, Über die kompensatorische Hypertrophie und das physiologische Wachstum der Niere. Virchows Arch. 1888. Bd. 114.

106. Edinger, Aufbrauchkrankheiten des Nervensystems. Deutsch. med. Wochenschr. 1904. Nr. 52.

107. Elliot and Tuckett, Cortex and medulla in the suprarenal glands. Journ. of physiol. 1906. Vol. 34.

108. v. Engelbrecht, H., Über Altersveränderungen in den Knorpelringen der Trachea. Virchows Arch. 1914. 216.

109. Enriques, Paolo, Wachstum und seine analytische Darstellung. Biol. Zentralblatt 1909. Bd. 29.

110. Derselbe, La morte. Rivista d. scienza. 1907.

111. Derselbe, Della degenerazione senile nei Protozoi. Rendiconti d. R. accad. dei lincei. 1905. Vol. 14.

112. Eppinger, H, Toxische Myolyse des Herzens bei Diphtherie. Deutsch. med. Wochenschr. 1903. Nr. 15 u. 16.

113. Eppinger und Hess, Vagotonie. Berlin, Hirschwald. 1910.

114. Erdheim, Beitrag zur pathologischen Anatomie der menschlichen Epithelkörperchen. Zeitschr. f. Heilk. 1904. Bd. 25.

115. Erdheim, Zur normalen und pathologischen Histologie der Glandula thyreoidea usw. Zieglers Beitr. 1903. Bd. 23.

115a. **Erdheim**, Nanosomia pituitaria. **Zieglers** Beitr. Bd. 62. 1916.

116. **Erdheim** und **Stumme**, Schwangerschaftsveränderungen der Hypophyse. **Zieglers** Beitr. 1909. Bd. 46.

117. **Erdmann, R.**, Quantitative Analyse der Zellbestandteile bei normalem, experimentell verändertem und pathologischem Wachstum. Ergebn. d. Anat. u. Entwicklungsgesch. 1911. Bd. 20.

118. **Ernst, P.**, Pathologie des Nervensystems in **Aschoffs** Lehrbuch der pathologischen Anatomie. 3. Aufl. 1913.

119. **Esparron**, Essai sur les âges de l'homme. 1803.

120. **Ettmüller**, De vitae periodis. In.-Diss. 1725.

121. **Ewald, C. A.**, Die Kunst alt zu werden. München 1906.

122. **Derselbe**, Über Altern und Sterben. Wien u. Leipzig, Hölder. 1913.

123. **Derselbe**, Erkrankungen der Schilddrüse. **Nothnagels** Handbuch. 2. Aufl. 1909.

124. **Faber, A.**, Die Arteriosklerose. Fischer, Jena. 1912.

125. **Fahr**, Das elastische Gewebe im gesunden und kranken Herzen usw. Münch. med. Wochenschr. 1906. S. 1439.

126. **Falta**, Erkrankungen der Blutdrüsen. Berlin 1913.

127. **Farno**, Il rene senile. Atti della R. acc. med. fis. Fiorentina 1909.

128. **Feis, O.**, Untersuchungen über die elastischen Fasern und die Gefässe des Uterus. Arch. f. Gyn. Bd. 89.

129. **Fischer, M.**, Das Ödem. Dresden 1910.

129a. **Fischer, H.**, Zur Kenntnis der Skelettvarietäten. Fortschr. der Röntgenstrahlen. Bd. 19.

130. **Flusser, Emil**, Über die Gerinnbarkeit des Blutes in den ersten Lebenswochen. Monatsschr. f. Kinderheilk.

131. **Friedenthal**, Über Wachstum. Ergebn. d. inn. Med. u. Kinderheilkunde. 1912. Bd. 8.

132. **Derselbe**, Arbeiten aus dem Gebiete der experimentellen Physiologie. Fischer, Jena. 1911.

133. **Derselbe**, Allgemeine und spezielle Physiologie des Menschenwachstums. Berlin, Springer. 1914.

134. **Friedjung**, Habitus tuberculosus im frühen Kindesalter. Wien. klin. Wochenschr. 1910. Nr. 25.

135. **Friedmann, F.**, Die Altersveränderungen und ihre Behandlung. Wien 1902.

136. **Fuchs, R. F.**, Zur Physiologie und Wachstumsmechanik des Blutgefässsystems. Jena, Fischer. 1902.

136a. **Fujinami**, Über die Entwicklung des Kindes. Internat. Röntgen-Kongress 1911.

137. **Funk, Casimir**, Vitamine. Bergmann, Wiesbaden. 1913.

138. **Gaupp**, Die Depressionszustände des höheren Lebensalters. Münch. med. Wochenschrift 1905. Nr. 32.

139. **Geist, S.**, Senile Involution des Eileiters. Arch. f. mikroskrop. Anatom. 1913. Bd. 81.

140a. **Geist**, Klinik der Greisenkrankheiten. Erlangen 1860.

141. **Gerassimow**, Zeitschr. f. allg. Physiol. 1902. Bd. 1.

142. **Gerhart**, Entstehung und Behandlung der sekundären Anämien. Verhandl. d. Kongr. f. inn. Med. 1910.

143. **Gierke**, Über den Eisengehalt verkalkter Gewebe usw. **Virchows** Arch. 1902. Bd. 167.

144. **Göbel, C.**, Pigmentablagerung in der Darmmuskulatur. **Virchows** Arch. 1894. Bd. 136.

145. **Goette**, Über den Ursprung des Todes. Leipzig 1883.

146. **Goldenberg**, Über Atrophie und Hypertrophie der Muskelfasern des Herzens. **Virchows** Arch. 1886. Bd. 103.

147. Goslar, A., Lymphozytäre Zellen der Gaumenmandeln vor und nach der Geburt. Zieglers Beitr. 1913. Bd. 56.

148. Gräff, Die Naphtholblau-Oxydasereaktion. Frankf. Zeitschr. f. Patholog. 1912. Bd. 11.

149. Grashey, 9. Kongr. d. deutsch. Röntgenges. Ref. Münch. med. Wochenschr. 1913. S. 778.

149a. Derselbe, Atlas typischer Röntgenbilder, 2. Aufl. München 1912.

150. Grimm, Jakob, Rede „Über das Alter". Göttinger Akademie.

150a. Grödel, Der röntgenologische Nachweis der Rippenknorpelverknöcherung. Münch. med. Wochenschr. 1908/14.

151. Groth, Statistische Unterlagen zur Beurteilung der Säuglingssterblichkeit in München. Zeitschr. f. Hyg. u. Infektionskrankh. 1905. Bd. 51. H. 2.

152. Guizetto, P., Glykogen im menschlichen Knorpelgewebe. Zeitschr. f. Patholog. 1910. Bd. 21. Nr. 11.

153. Gundobin, Die Besonderheiten des kindlichen Alters. Petersburg 1906. Russisch, zit. nach Weissenberg.

154. Haberfeld, W., Die Epithelkörperchen bei Tetanic usw. Virchows Archiv. 1911. Bd. 203.

155. Hada, Benzo, Studien zur Entwicklung der normalen und pathologischen Anatomie der Prostata usw. Folia urolog. 1914. Bd. 9.

155a. Haeberli, Über die morphologisch nachweisbaren Fettsubstanzen usw. in der menschlichen Schilddrüse. Virchows Arch. Bd. 221. 1916.

156. Haeckel, Ernst, Beitrag zur normalen und pathologischen Anatomie des Plexus choroideus. Virchows Arch. 1859. Bd. 16.

156a. Haempel und Neresheimer, Über Altersbestimmung und Wachstum des Aals. Zeitschr. f. Fischerei Bd. 14. 1914.

156b. Hahn, H., Festschr. f. Kupffer.

156c. Häggeström, Zur Altersanatomie der Schilddrüse des Kaninchens. Upsala Läkarefors Förhandl. N. E. Bd. 21.

157. Hammar, Fünfzig Jahre Thymusforschung. Ergebn. d. Anat. u. Entwicklungsgeschichte. 1910.

158. Hammer, W., Kirsch und Schlesinger, Typische, wenig gekannte Blutveränderungen im Senium. Med. Klinik 1912. Nr. 4.

159. Handmann, Über das Hirngewicht des Menschen. Arch. f. Anat. u. Physiol. Anat. Abt. 1906.

160. Hannes, Berth., Über das Vorkommen und die Herkunft von Plasmazellen in der menschlichen Tränendrüse. Virchows Arch. 1911. Bd. 205.

161. v. Hansemann, D. Deszendenz und Pathologie. Berlin 1909.

162. Derselbe, Über die sog. Zwischenzellen des Hodens und deren Bedeutung bei pathologischen Veränderungen. Virchows Arch. 1895. Bd. 142.

163. Derselbe, Über die Zwischenzellen des Hodens. Archiv f. Anatom. u. Physiol. Physiol. Abt. 1896.

163a. Derselbe, Über Alterserscheinungen bei Bacillus rossii. Sitzungsber. d. Gesellsch. naturforsch. Freunde. Berlin. Jahrg. 1914. Nr. 5.

164. Derselbe, Einige Zellprobleme und ihre Bedeutung für die wissenschaftliche Begründung der Organtherapie. Berl. klin. Wochenschr. 1900. Nr. 41 u. 42.

165. Harms, Cl., Anatomisches über die senile Makulaaffektion. Monatsbl. f. Augenheilk. 1904. I.

166. Harms, W., Experimentelle Untersuchungen über die innere Sekretion der Keimdrüsen. Jena, Fischer. 1914.

166a. Derselbe, Beobachtungen über den natürlichen Tod der Tiere. Zool. Anzeiger. Bd. 40, 1912.

167. Hart, Thymus-Studien. Virchows Arch. 1912. Bd. 207.

168. Hasse, C., Die Speichelwege und deren ersten Wege der Ernährung und der Atmung bei dem Säugling und im späteren Alter. Archiv f. Anatom. u. Physiol. Anatom.Abt. 1905. H. 4.

168a. Hasselwander, Untersuchungen über die Ossifikation des menschlichen Fussskelettes. In.-Diss. München 1903.

169. Hastings, On the nature of old age and of cancer, Brit. med. journ. 1913. S. 1617.

169a. Hawes, J. B., Die Tuberkulose des Alters. Amer. journ. of the med. sciences. 1915. Nr. 18. S. 664.

170. Hayami, Über Aleuronathepatitis. Zieglers Beitr. 1906. Bd. 39.

171. Hedinger, E., Zur Bedeutung der präsenilen Involution der Brustdrüse. Berl. klin. Wochenschr. 1914. Nr. 11.

172. Derselbe, Die Verbreitung des roten Knochenmarkes im Oberschenkel des Menschen. Berl. klin. Wochenschr. 1913. Nr. 46.

173. Hegar, K., Anatomische Untersuchungen am nulliparen Uterus usw. Hegars Beitr. z. Geburtsh. u. Gynäk. 1909. Bd. 13.

174. Heiberg, Über Atrophie der gewöhnlichen Pankreas-Drüsenzellen bei Diabetes. Zentralbl. f. Pathol. 1914. Bd. 25.

175. Derselbe, Anatom. Anz. 1908 und Arch. f. Kinderheilk. Bd. 65. 1916.

176. Heidenhain, M., Über die Struktur des menschlichen Herzmuskels. Anatom. Anz. 1903. Bd. 20.

176a. Hellmann, Die normale Menge des lymphoiden Gewebes des Kaninchens in verschiedenem postfötalem Alter. Upsala Läkarefors Förhandl. N. F. Bd. 10.

177. Henschen und Bergstrand, Studien über die Melanose der Darmschleimhaut. Zieglers Beiträge 1913. Bd. 56.

177a. Hensen, V., Tod, Zeugung und Vererbung. Wissensch. Meeresuntersuchungen Kiel 16. Bd. 1914.

178. Herrmann, Th., Das Auftreten des Fettgewebes im menschlichen Thymus. Anatom. Anz. 1914. Bd. 47.

179. Herrmann, Über Vorkommen und Veränderungen von Myelinsubstanzen in den Nebennieren. In.-Diss. Tübingen 1905.

180. Hertwig, R., Über die Entwicklung des unbefruchteten Seeigeleies. Festschr. f. Gegenbauer. 1896. Bd. 2.

181. Herz, Max, Die Herzbeschwerden der Adoleszenten. Wien. med. Wochenschr. 1910. 22.

182. Hess, Pathologie und Therapie des Linsensystems. Handb. d. Augenheilk. 1905

183. Hesse-Doffein, Tierleben und Tierbau. Leipzig. Teubner. 1910.

184. Higier, Neuritis optica retrobulbaris senilis. Neurol. Zentralbl. 1912. Nr. 3.

185. v. Hippel, Über das normale Auge des Neugeborenen. Gräfes Archiv. 1898. Bd. 45.

186. Hirschfeld, Über Arteriosklerose und Nephritis. Berl. klin. Wochenschr. 1906. Nr. 14.

187. v. Hleb-Koszanska, Peritheliom der Luschkaschen Steissdrüse im Kindesalter. Zieglers Beitr. 1904. Bd. 36.

187a. Hodge, Changes in ganglion cells from birth to senile death. Journ. of physiology 17.

188. Hörmann, Arch. f. Gynäk. Bd. 84.

189. Hofmeister, Untersuchungen über die Zwischensubstanz im Hoden der Säugetiere. Sitz.-Ber. d. math.-naturw. Klasse d. Königl. Akad. d. Wissensch. Wien 1872. Bd. 65. Abt. 3.

190. Holmgrén, Über den Einfluss der Basedowschen Krankheit und verwandter Zustände auf das Längenwachstum. In.-Diss. Stockholm 1909.

191. Holmström, Thymus. Arch. f. mikr. Anat. 1911. Bd. 77.

192. Hoppe-Seyler, Tuberkulose im Greisenalter. Handb. d. Tuberk. v. Brauer, Schröder und Blumenfeld. Leipzig, Barth 1914.

193. **Hotzen**, Über Verfettung der quergestreiften Muskulatur. **Zieglers** Beitr. 1915. Bd. 60.

194. **Hübner**, Zur Psychopathologie des Greisenalters. Med. Klinik 1910.

194a. **Derselbe**, Zur Histopathologie der senilen Hirnrinde. Arch. f. Psych. u. Nervenkrankh. Bd. 46. H. 2.

195. **Hübschmann**, Zur pathologischen Anatomie der Arterien-Verkalkung. Bd. 39. 1906.

196. **Hueck**, Pigmentstudien. **Zieglers** Beitr. 1912. Bd. 54.

197. **Hufeland**, Makrobiotik. 7. Aufl. Berlin 1887.

198. **Hutchinson**, W., New York Med. Journ. 1898.

199. **Jaehne**, A., Die anatomischen Verhältnisse bei der Altersschwerhörigkeit. Arch. f. Ohrenheilk. 1914 Bd. 95.

199a. **Janciki**, Knochen- und Gelenktuberkulose im Alter. Beitr. zur klin. Chirurgie. Bd. 99, 1916.

200. **Ibrahim**, J., Trypsinogen und Enterokinase beim menschlichen Neugeborenen und Embryo. Bioch. Zeitschr. 22.

201. **Imhofer**, Die elastische Einlage am Vorderende der Stimmbänder. Zeitschr. f. Heilk. Bd. 24.

201a. **Immermann**, F., Beiträge zur Altersbestimmung der Fische. Die innere Struktur der Schollen-Otolithen. Arb. d. Deutsch. wissensch. Kommission für internat. Meeresforschung. Neue Folge 8. Bd. Abt. Helgoland. H. 2.

202. **Ingier** und **Schmorl**, Nebennieren. Deutsch. Arch. f. klin. Med. 1911. Bd. 104.

203. **Iscovesen**, Wachstum des Uterus. Revue de gynéc. et de chir. abdom. 1914. Tom. 22.

204. **Isenschmid**, R., Zur Kenntnis der menschlichen Schilddrüse im Kindesalter. Frankf. Zeitschr. f. Pathol. 1910. Bd. 5.

205. **Jickeli**, C. F., Die Unvollkommenheit des Stoffwechsels als Veranlassung für Vermehrung, Wachstum, Rückbildung und Tod. Friedländer, Berlin. 1902.

206. **Jores**, Wesen und Entwicklung der Arteriosklerose. Wiesbaden 1903.

207. **Jung**, De senio ejusque morbis. Berlin 1835.

208. **Junker**, Beiträge zur Lehre der Gewichte der menschlichen Organe. Münch. med. Wochenschr. 1894. Bd. 41.

209. **Kaiserling** und **Orgler**, Über das Auftreten von Myelin in den Zellen usw. **Virchows** Arch. 167. 1902.

210a. **Kalbermatten**, Glykogen in der glatten Muskulatur. **Virchows** Arch. 214. 1913.

210b. **Kani**, **Irakichi**, Systematische Lichtungs- und Dickenmessungen der grossen Arterien usw. **Virchows** Arch. 201. 1910.

211. **Kassai**, Über die Zwischenzellen des Hodens. **Virchows** Arch. 194. 1908.

212. **Kaufmann**, E., Lehrbuch der speziellen pathologischen Anatomie.

213. **Kawamura**, Cholesterinesterverfettung. Jena, Fischer. 1911.

214. **Kayser-Petersen**, Über den sogenannten Fettinfarkt der Niere. Ein Beitrag zu den Altersveränderungen der Niere. In.-Diss. Freiburg 1912.

215. **Kehl**, H., Anatomische Untersuchung an Schilddrüsen von Phthisikern. **Virchows** Arch. 216. 1924.

215a. **Kern**, Deutsche med. Wochenschr. 1911.

215b. **Key**, **Axel**, Die Pubertätsentwicklung usw. Verh. X. intern. med. Kongr. Berlin 1890. Bd. 1.

216. **Kloeppel**, Untersuchungen über Gebirgsland- und Tieflandschilddrüsen. **Zieglers** Beitr. Bd. 49. 1910.

216a. **Köhler**, **Alb.**, Grenze des Normalen und Anfänge des Pathologischen im Röntgenbilde. Hamburg 1915.

217. **Koellner**, Untersuchungen über anaphylaktische Hornhautentzündungen, besonders über den Einfluss des Lebensalters auf ihren Verlauf. Arch. f. Augenheilk. Bd. 75. 1913.

218. Kolb, K., Krebs und Alter. Zeitschr. f. Krebsforsch. Bd. 8. 1910.

218a Kolster, R., Längenvariationen des Ösophagus und deren Abhängigkeit vom Alter. 1904.

219. Kon und Karaki, Das Verhalten der Blutgefässe in der Uteruswand. Virchows Arch. Bd. 191. 1908.

220. Kraus, Die Zellen des Vorderlappens der menschlichen Hypophyse. Zieglers Beitr. Bd. 58. 1914.

221. Derselbe, Studien der lipoiden Substanzen der menschlichen Hypophyse. Wiss. Ges. deutsch. Ärzte in Böhmen. Ref. Münch. med. Wochenschr. 1912. S. 2706.

222. Derselbe, Die Lipoidsubstanzen in der menschlichen Hypophyse. Zieglers Beitr. Bd. 54. 1912.

223. Krüger, Über den Eisengehalt der Leber- und Milzzellen in verschiedenen Lebensaltern. Zeitschr. f. Biol. Bd. 27. 1890.

224. Külbs, Über den Einfluss der Bewegung auf die Entwicklung innerer Organe. 8. Flugschr. d. deutsch. Ges. f. Züchtungsk. 1910.

225. Külz, Postfötales Wachstum der menschlichen Niere. In.-Diss. Kiel 1899 und Zieglers Beitr. Bd. 25.

226. Küster, Ernst, Über den Einfluss von Lösungen verschiedener Konzentration auf die Orientierungsbewegung der Chromatophoren. Ber. d. deutsch. botan. Ges. Bd. 23.

227. Kusunoki, Lipoidsubstanzen in der Milz und im Leichenblut.

228. Kyrle, Über Hodenunterentwicklung im Kindesalter. Zieglers Beitr. Bd. 60. 1915.

229. Derselbe, Über Entwicklungsstörungen der männlichen Keimdrüse im Jugendalter. Berl. klin. Wochenschr. 1910. Nr. 46. S. 2129.

229a. Lambertz, Die Entwicklung des menschlichen Knochengerüstes während des fötalen Lebens. Hamburg 1900.

230. Landau, Altersveränderungen des Venensystems der Nebennieren. Petersb. med. Wochenschr. 1908. Nr. 24.

230a. Derselbe, Die Nebennierenrinde. G. Fischer, Jena 1915.

231. Derselbe, Nebenniere und Fettstoffwechsel. Deutsche med. Wochenschr. 1913. Nr. 12.

232. v. Lange, Die Gesetzmässigkeiten im Längenwachstum des Menschen. Jahrb. f. Kinderheilk. 7, 1903.

233. Derselbe, Die normale Körpergrösse des Menschen von der Geburt bis zum 25. Lebensjahre. 1896.

234. Langemantel, Das Greisenalter. In.-Diss. Augsburg 1851.

235. Langer, Über Isoagglutinine des Menschen mit besonderer Berücksichtigung des Kindesalters. Zeitschr. f. Heilk. 1903.

236. Launoy, L., Thyréoïdes. Parathyréoïdes, Thymus. Paris, Baillère. 1914.

237. Legrand, La longévité à travers les âges. Paris 1911.

238. Lehmann, G., Was leistet die pharmakologische Prüfung in der Diagnostik der Störungen im vegetativen Nervensystem? Zeitschr. f. klin. Med. Bd. 81. 1915.

239. Léri, Le cerveau sénile. Lille 1906.

240. Letienne, De la sénilité. Presse méd. 1906.

241. Lexer, E., Weitere Untersuchungen über Knochenarterien usw. Arch. f. klin. Chir. Bd. 73. 1903.

242. Lindberg, G., Zur Kenntnis der Alterskurve der weissen Blutkörperchen des Kaninchens. Folia haemat. Bd. 9. 1900.

243. Lindemann, A., Über regressive Veränderungen des Epiglottisknorpels. Virchows Arch. 193.

244. Lindheim, Saluti senectutis. Leipzig-Wien 1909.

245. Linser, P., Über den Bau und die Entwicklung elastischen Gewebes in der Lunge. Anatom. Hefte. 13. 1900.

246. Liprovski, L., Über das elastische Gewebe der menschlichen Milchdrüse. Anatom. Anz. Bd. 45. 1914.

246a. Lipschütz, Allgemeine Physiologie des Todes. Braunschweig 1915.

247. Loeb, J., Über das Wesen der formativen Reizung. Berlin 1909.

247a. Derselbe, Über die Ursache des natürlichen Todes. Pflügers Arch. Bd. 124, 1908.

248. Derselbe, Die chemische Entwicklungserregung des tierischen Eies (künstliche Parthenogenese). Berlin, Springer. 1909.

249. Derselbe, Vorlesungen über die Dynamik der Lebenserscheinungen. Leipzig 1906.

250. Loebl, H. S., Über Appendizitis im höheren Lebensalter. Wien. med. Wochenschr. 1910. Nr. 40.

251. Löwenstein, Sehnige Entartung der Papillarmuskeln. Zentralbl. f. Patholog. Bd. 18. 1907.

252. Loisel, Sur la sénescence et sur la conjugation des Protozoaires. Zoolog. Anz. 1903. Bd. 26.

253. Lommel, F., Krankheiten des Jünglingsalters. Ergebn. d. inn. Med. usw. Bd. 6. 1910.

254. Lorand, A., Das Altern, seine Ursachen und seine Behandlung. 4. Aufl. Leipzig, Klinkhardt. 1911.

255. Derselbe, Sur les causes de la sénilité. Cr. soc. biolog. 4 Déc. 1904.

256. Lossen, J., Über das Verhalten des Knochenmarkes bei verschiedenen Erkrankungen des Kindesalters. Virchows Arch. Bd. 200. 1910.

257. Lubarsch, Allgemeine Pathologie. Bergmann, Wiesbaden. 1905.

257a. Derselbe, „Atrophie" in Eulenburgs Realenzyklopädie der gesamten Heilkunde. 4. Aufl.

258. Luciani, Physiologie des Menschen. Bd. 4. 1911. Jena, Fischer.

259. Lucien et Parisow, Contributions à l'étude des fonctions du thymus, son influence sur la croissance, etc. Arch. de méd. exp. 1910 Nr. 1.

260. Lucksch, F., Neuere Untersuchungen über die Nebenniere. Wien. Naturf.-Vers. Ref. Zentralbl. f. Pathol. Bd. 24. 1913. S. 966

260a. Ludloff, Untere Femur- und obere Tibialepiphyse. Bruns Beitr. Bd. 38.

261. Lüdke, Beiträge zum Studium der Komplemente. Münch. med. Wochenschr. 1905. Nr. 43.

262. Maas, Fr., Zur Kenntnis des körnigen Pigments im menschlichen Körper. Arch. f. mikroskop. Anat. Bd. 34. 1889.

263. Magnus-Levy, Der Stoffwechsel im Greisenalter in v. Noordens Handbuch der Pathologie des Stoffwechsels. 2. Aufl. I. S. 470.

264. Manasse, P., Über chronische progressive Labyrinth-Taubheit. Wiesbaden, Bergmann. 1906.

265. Marburg, Zur Kenntnis der normalen und pathologischen Histologie der Zirbeldrüse. Arb. a. d. neurol. Inst. d. Wien. Univ. v. Obersteiner. 17. Bd.

266. Marinesco, Sur le mécanisme chémico-colloïdes de la sénilité. Compl. soc. de biol. 65. Jahrg. Bd. 2. 1913.

267. Derselbe, Histologische Studien über den Mechanismus der Senilität. Rev. gén. des scienc. 30 Déc. 1904.

268. Marro, La puberté. Paris 1900.

269. Martius, F., Altern und Altwerden. Rostock 1911.

270. Martius, K., Über die weissen Flecke des grossen Mitralsegels bei Kindern. Frankf. Zeitschr. f. Pathol. Bd. 5. 1910.

270a. Matthias, E., Jährliche Schwankungen im Körperwachstum und ihre schulhygienischen Konsequenzen. Schweizer Blätter f. Schulgesundheitspflege u. Kinderschutz. 13. Jahrgang, 1915.

271. Matsui, Über die Gitterfasern der Milz unter normalen pathologischen Verhältnissen. Zieglers Beitr. Bd. 60. 1915.

272. Maupas, Arch. Zool. exp. 1888.

273. Maurer, Über Knorpel. Wörterbuch der Naturwissenschaften. Jena, Fischer.
274. Mehnert, E., Über topographische Altersveränderungen des Atmungsapparates und ihre mechanischen Verknüpfungen, an der Leiche und am Lebenden untersucht. Fischer, Jena. 1901.
275. Meinel, Elastisches Gewebe und über das Verhalten dieses Gewebes im Magen bei verschiedenem Lebensalter. Münch. med. Wochenschr. 1902. Nr. 9.
276. Melnikow Raswedenkow, Histologische Untersuchungen über das elastische Gewebe. Zieglers Beitr. Bd. 26. 1899.
277. Mendel, K., Die Wechseljahre des Mannes (Climacterium virile). Neurol. Zentralbl. 1910. Nr. 20.
278. Merkel, Bemerkungen über die Gewebe beim Altern. Verh. d. internat. med. Kongr. Berlin 1891.
279. Metschnikoff, Mesnil und Weinberg, Études biologiques sur la vieillesse II. Ann. Inst. Path. Bd. 16. 1902.
280a. Metschnikoff, Studien über die Natur des Menschen. Eine optimistische Philosophie. Veit, Leipzig. 1904.
280b. Derselbe, Beiträge zu einer optimistischen Weltauffassung. München, Lehmann. 1908.
281. Mettenheimer, Nosologischer und anatomischer Beitrag zu der Lehre von den Greisenkrankheiten. 1863.
282. Meyer, R., Epithelentwicklung der Cervix und Portio. Arch. f. Gynäk. Bd. 91. 1910.
283. Meyer, Max, Über das Verhalten der Epithelien bei Darmkatarrhen mit besonderer Berücksichtigung des kindlichen Alters. Virchows Arch. Bd. 200. 1910.
283a. Mijake, Arb. Neurol. Instit. Wien. 13. 1907.
284. Minot, Charles, S., The Problem of Age, Growth and Death, New York and London. G. P. Putnams Sons. 1908.
285. Derselbe, Medizinische Probleme der Biologie. Jena 1913.
286. Mita, G., Physiologische und pathologische Veränderungen der menschlichen Keimdrüse von der fötalen bis zur Pubertätszeit. Zieglers Beitr. Bd. 58. 1914.
287. Mitschell, Ch., On longewity an relative viability in mamels an birds, with a note on the theory of longewity. Ref. Berl. klin. Wochenschr. 1912. 38.
288. Mönckeberg, Untersuchungen über das Atrioventrikularbündel. Jena 1908.
288a. Derselbe, Atrophie. Handbuch d. Allg. Pathologie von Krehl-Marchand. 3. Bd. 1915.
289. Derselbe, Die Tumoren der Glandula carotica. Zieglers Beitr. Bd. 38. 1905.
290. Monti, Alois, Das Wachstum des Kindes. Kinderheilkunde in Einzeldarstellungen 1898. Heft 6.
291. Moraller und Höhl, Atlas der normalen Histologie der weiblichen Geschlechtsorgane. Barth, Leipzig. 1909.
291a. Montgomery, Thos., On reproduction, animal life cycles and the biological unit. Transact. of the Texas Acad. of Science 9. 1906.
292. Mühlmann, Über die Ursache des Alters. Wiesbaden, Bergmann. 1900.
293. Derselbe, Die Veränderungen im Greisenalter usw. Zentralbl. f. Pathol. 1900. Nr. 11.
294. Derselbe, Weitere Untersuchungen über die Veränderungen der Nervenzellen in verschiedenem Alter. Arch. f. mikroskop. Anatom. Bd. 58 und Anatom. Anz. Bd. 19. 1901.
295. Derselbe, Das Wachstum und das Alter. Biol. Zentralbl. Bd. 21.
296. Derselbe, Verhandl. d. deutsch. pathol. Ges. Bd. 3. 1900.
297. Derselbe, Über Wachstumserkrankungen. Jahrb. f. Kinderheilk. Bd. 70. 1909.
298. Derselbe, Das Altern und der physiologische Tod. Samml. anat. u. physiol. Vorträge. H. 11. Jena, Fischer. 1910.
299. Derselbe, Das Pigment der Substantia nigra. Anat. Anz. Bd. 38. 1911.

300. Mühlmann, Lipoides Nervenzellpigment und die Altersfrage. Virchows Arch. Bd. 212. 1913.

301. Derselbe, Arch. f. mikroskop. Anat. Bd. 79. 1912.

302. Derselbe, Zur pathologischen Anatomie des Greisenalters. Zentralbl. f. Pathol. Bd. 24. 1913. S. 746.

303. Derselbe, Beitrag zur Frage nach der Ursache des Todes. Virchows Arch. Bd. 215. 1914.

304. Müller, Wilhelm, Die Wachstumsverhältnisse des menschlichen Herzens. Hamburg u. Leipzig, Voss. 1883.

305. Derselbe, Männergehirn und Frauengehirn in Thüringen. Prorektoratsrede. Jena 1898.

306. Müller, Friedrich, Über das Altern. Volkmanns Samml. klin. Vortr. 1915. Nr. 719.

307. Müller, L. R., Zur Histologie der normalen und erkrankten Schilddrüse. Zieglers Beitr. Bd. 19. 1886.

308. Müller, Die Blut- und Hämoglobinmenge und die Sauerstoffkapazität des Blutes. Jahrb. f. Kinderheilk. Bd. 72. 1910.

309. Müller, G., Über Agglutinine normaler Tiersera. In.-Diss. Bern 1901.

310. Münzer, A., Die Zirbeldrüse. Berl. klin. Wochenschr. 1911. Nr. 37.

311. Derselbe, Pubertas praecox und psychische Entwicklung. Berl. klin. Wochenschrift 1914. Nr. 10.

312. Nagoya, C., Über die Drüsen und die Follikel des Wurmfortsatzes. Frankf. Zeitschr. f. Pathol. Bd. 14. 1913.

313. Namba, R., Über die elastischen Fasern und das Pigment in den Samenblasen des Menschen. Frankf. Zeitschr. f. Pathol. Bd. 8. 1911. H. 3.

314. Napp, Otto, Über den Fettgehalt der Nebenniere. Virchows Arch. Bd. 182. 1908

315. Naunyn, Allgemeine Pathologie und Therapie des Greisenalters in Schwalbes Lehrbuch der Greisenkrankheiten. S. 3.

316. Oberndorfer, Beitrag zur pathologischen Anatomie der chronischen Appendizitis. Hab.-Schrift. 1906. Fischer, Jena.

317. Derselbe, Beitrag zur Anatomie und Pathologie der Samenblasen. Zieglers Beitr. Bd. 31. 1902.

318a. Oeder, Das Körpergewicht des Menschen bei normalem Ernährungszustand und seine Berechnung. Zeitschr. f. Versich.-Med. 1909

318b. Derselbe, Die Gärtnersche Normalgewichtstabelle für Erwachsene. Berl. klin. Wochenschr. 1915. S. 1086.

319. Ogata, Über Altersveränderungen des Uterus. Hegars Beitr. zur Geburtsh. u. Gynäk. Bd. 13. 1908.

320. Opitz, H., Über Wachstum und Entwicklung untergewichtiger ausgetragener Neugeborener. Monatsschr. f. Kinderheilk. Bd. 13. 1914.

321. Oppenheimer, C., Die Fermente und ihre Wirkungen. 4. Aufl. 1913.

322. Oppenheimer, K., und F. Bauchwitz, Über den Blutdruck bei gesunden Kindern. Arch. f. Kinderheilk. Bd. 42. H. 6.

323. Ossinin, R. A., Zur Frage über den Einfluss von künstlicher Ernährung auf biologische Eigenschaften des Organismus in dessen frühem Alter. Arch. f. Kinderheilk. Bd. 59. 1912.

324. Ostmann, Neue Beiträge zu den Untersuchungen über die Balgdrüsen der Zungenwurzel. Virchows Arch. Bd. 92. 1883.

324a. Ostwald, Wo., Über die zeitlichen Eigenschaften der Entwicklungsvorgänge. Rouxs Vortr. über Entwickl.-Mechanik 1908, H. 5. und Über Entwicklungs- und Wachstumsgesetze. Pflügers Arch. Bd. 133. 1910.

325. Panca, I., Sur l'histotopographie du tissu élastique dans les parois de l'intestin humain. Arch. de méd. exp. 1906. T. 3 Ref. Zentralbl. f. Path. Bd. 17. 1906.

325a. Pankow, Graviditäts-, Menstruations- und Ovulationssklerose der Uterin- und Ovarialgefässe. Arch. f. Gynäk. Bd. 80. 1907.

326. Pawlow, Pathologisch-anatomische Veränderungen der Hoden während des Alters. St. Petersburg 1894.

327. Perusini, Sul valore nosografico di alcuni reporti ostopatologici caratteristici per la senilità. Psichiatria. Vol. 4. Nr. 4—5.

328. Pfaundler, Aktuelle Reaktion des kindlichen Blutes. Archiv f. Kinderheilk. Bd. 41.

38a. Pfaundler, M. v., Körpermassstudien an Kindern. Berlin, Springer 1916.

329a. Pfitzner, Zur pathologischen Anatomie des Zellkernes. Virchows Archiv. Bd. 103.

39b. Derselbe, Die Proportionen des erwachsenen Menschen. Zeitschr. f. Morph. u. Anthrop. Bd. 5.

330. Pflüger, Ed., Über die Kunst, das menschliche Leben zu verlängern.

331. Philitis, Reils Arch. Bd. 9.

332. Pirquet, C., Eine einfache Tafel zur Bestimmung von Wachstum und Ernährungszustand bei Kindern. Berlin, Springer. 1913.

332a. Plenk, H., Über Änderung der Zellgrösse im Zusammenhang mit dem Körperwachstum der Tiere. Arb. d. Zool. Inst. Wien. Bd. 19. 1911.

333. Pohl, Über die Ausreifung der Niere. In.-Diss. Greifswald 1909.

334. Poll, Biologie der Nebennierensysteme. Berl. klin. Wochenschr. 1909. Nr. 42.

334a. Pommer, Untersuchungen über Osteomalazie und Rachitis 1885.

335. Poscharisky, Zur Frage des Fettgehaltes der Milz. Zieglers Beitr. Bd. 54. 1912.

335a. Preyer, W., Über die Verlängerung des Lebens. Deutsche Rundschau 30. Bd. 1882.

336. v. Prowazek, Einführung in die Physiologie der Einzelligen. Teubner 1910.

337. Derselbe, Giftwirkung und Protozoenplasma. Arch. f. Protistenkunde. Bd. 18. 1910.

338. Prym, Über psammomähnliche Bildungen in der Wand einer Meningocele. Virchows Arch. Bd. 194. 1908.

339. Derselbe, Fett im Markinterstitium der Niere. Virchows Arch. 196. 1909.

340. Derselbe, Die Lokalisation des Fettes im System der Harnkanälchen. Frankf. Zeitschr. f. Path. Bd. 5. 1910.

340a. Pugliese, Zusammensetzung des durch Wärme und Arbeit erzielten Schweisses des Pferdes. Biochem. Zeitschr. Bd. 39. 1912.

341. Quetelet, Über den Menschen. Paris 1835.

342. Quincke, H., Über Siderosis. Deutsch. Arch. f. klin. Med. Bd. 27. 1880.

343. Derselbe, Über Laryngoptose und verwandte Ptosen. Berl. klin. Wochenschr. 1908. Nr. 49.

344. Rabinowitsch, Dina, Die Leukozyten verschiedener Altersstufen. Archiv f. Kinderheilk. Bd. 59. 1912.

345. Ramon i Cajal, Zelltypen der sensiblen Ganglien der Säugetiere und des Menschen Zit. nach Biophysik. Zentralbl. Bd. 1. 1905.

345a. v. Ranke, Münch. med. Wochenschr. 1898. Nr. 43.

346. Ranzier, Traité des maladies des vieillards. Paris 1909.

347. Reche, Untersuchungen über Wachstum und Geschlechtsreife. Korresp.-Blätt. d. deutsch. anthropolog. Ges. Juli 1910.

348a. Reckzeh, R., Über die durch das Alter der Organismen bedingten Verschiedenheiten der experimentell erzeugten Blutgiftanämien. Zeitschr. f. klin. Med. Bd. 54. 1904.

348b. Reichert, Zentralbl. f. Bakt. Bd. 51. 1909.

348c. Reinus, Über die Wachstumskurven. In.-Diss. München.

349. Ribbert, Der Tod aus Altersschwäche. Bonn 1908.

349a. Riebesell, P., Über die Wachstums- und Ernährungsgesetze des Menschen. Berl. klin. Wochenschr. 1916. Nr. 50.

350. Rietz, Das Wachstum Berliner Schulkinder. Ref. Arch. f. Rassenbiologie. Bd. 1. 1904.

351. Robert, De la vieillesse 1772.

352. Robertson, Br., On the normal rath of growth, usw. Arch. f. Entwicklungs-mechanik. Bd. 25 u. 26. 1908. Berl. Klin. Wochenschr. 1916. Nr. 50.

352a. Röder, Über die Zusammensetzung der Energien in der belebten Natur. Biol. Zentralbl. Bd. 35. 1915.

353. Römer, P., Die Pathogenese der Cataracta senilis vom Standpunkte der Serum-forschung. Gräfes Arch. f. Ophthalmol. Bd. 60. 1905.

354. Röse, C., Kopf- und Gesichtsform in verschiedenen Lebensaltern. Arch. f. Rassen-u. Gesellsch.-Biolog. Bd. 2. 1905.

355. Rössle, R., Die Rolle der Hyperämie und des Alters in der Geschwulstentstehung. Münch. med. Wochenschr. 1904. Nr. 30—32.

356a. Derselbe, Wachstum und Altern der grossen Arterien usw. Münch. med. Wochen-schrift 1910. Nr. 19.

356b. Derselbe, Innere Krankheitsbedingnngen in Aschoffs Lehrbuch der pathologi-schen Anatomie. 3. Aufl. 1913. I. Bd.

357. Rössle und Yoschida, Die Gitterfasern der Lymphknoten Zieglers Beitr. Bd. 45. 1909.

358. Roger, Bacon, The cause of old age and preservation of youth. 1683.

359. Rohde, Einar, Senile Rückenmarksveränderungen. Nordisk med. Arkiv 1904. Ref. Zentralbl. f. Pathol. 1906. S. 116.

359a. Rokitansky, Pathologische Anatomie 1844.

360. Roncorni, Comport. del timo dell' uomo nelle varie età della vita. Memorie della R. accad. di scienze. Modena 1909. Ref. Zentralbl. f. Pathol. Bd. 21. 1910. S. 564.

361. Roux, Vorträge über Entwicklungsmechanik. Leipzig 1905.

362. Rubner, Kraft und Stoff im Haushalt der Natur. Leipzig 1909.

363. Derselbe, Das Problem der Lebensdauer und seine Beziehungen zum Wachstum und Ernährung. München-Berlin 1908.

364. Rudolf, Untersuchungen über Hirngewicht, Hirnvolumen und Schädelkapazität. Zieglers Beitr. Bd. 58. 1914.

365. Runge, Beitrag zur Anatomie der Ovarien Neugeborener und Kinder vor der Pubertätszeit. Arch. f. Gynäk. Bd. 80. 1906.

366. Sabrazes et Hasnot, Hypertophie avec adénomes enkystés multiples des sur rénales chez les vieillards et les sénils. Compt. Rend. de la Soc. de la Biol. Bd. 61, 1906.

367. Sachs, H., Über Differenzen der Blutbeschaffenheit in verschiedenen Lebensaltern. Zentralbl. f. Bakt. Bd. 34. 1903.

368. Derselbe, Münch. med. Wochenschr. 1904. Nr. 7.

369. Saigo, Über die Altersveränderungen der Ganglienzellen im Gehirn. Virchows Arch. Bd. •190. 1907.

370. Salimbeni et Gery, Contribution à l'étude anatomo-pathologique de la vieillesse. An. Inst. Pasteur. 1912. Nr. 8.

371. v. Salis, Zur Bedeutung der Rippengelenke bei Lungenemphysem und Lungen-tuberkulose. Frankf. Zeitschr. f. Pathol. Bd. 4. 1910.

372. Salzmann, Maxim., Anatomie und Histologie des menschlichen Augapfels im Normalzustande, seine Entwicklung und sein Altern. Leipzig und Wien. 1912. Deutike.

373. Sato, Shiro, Über die Atherosklerose der Arterioventrikularklappen. Virchows Arch. Bd. 211. 1913.

374. Sattler, J., Über experimentell erzeugte, allgemeine Resistenzerhöhung der roten Blutkörperchen. Fol. haemat. Bd. 9. 1910.

375. Saundby, R., Old age. London 1913.
376. Sauerborn, Fibröse Atrophie der Knochen. Virchows Arch. Bd. 201. 1910.
377. Schade, Untersuchungen zur Organfunktion des Bindegewebes. Zeitschr. f. experim. Pathol. u. Therap. Bd. 11. 1912.
378a. Schaper, Beitrag zur Analyse des tierischen Wachstums. Arch. f. Entwickl.-Mechanik. 1902 u. 1905.
378b. Scheel, Über Nebennieren. Virchows Arch. 192.
379. Schlesinger, H., Die Krankheiten des höheren Lebensalters. Wien u. Leipzig, Hölder. 1914.
380. Derselbe, Der Einfluss des höheren Alters auf das klinische Bild einiger Erkrankungen. Wien. Med. Dokt.-Koll. Ref. Münch. med. Wochenschr. 1911. Nr. 11. S. 602.
381. Derselbe, Das Greisenalter als wichtiger Variationsfaktor. Klin. Krankheitsbilder. Wiener klin. Wochenschr. 1914. Nr. 6.
382. Schloss, E., Zur Pathologie des Wachstums im Säuglingsalter. Jahrb. f. Kinderheilk. Bd. 72. 1910. S. 574.
383. Schmey, M., Über die Veränderungen am Skelettsystem und insbesondere am Kopfe, bei senilen Hunden. Virchows Arch. Bd. 220. 1915.
384. Schmiedl, H., Die histologischen Veränderungen der Art. mesenterica sup. in verschiedenen Lebensaltern. Zeitschr. f. Heilk. Bd. 28. 1907.
385. Schmidt, M. B., Über die Altersveränderungen der elastischen Fasern der Haut. Virchows Arch. Bd. 125. 1891.
386. Derselbe, Eisenstoffwechsel und Blutbildung. Ref. Berlin. klin. Wochenschr. 1913. S. 2357. Deutsche pathol. Ges. Strassburg 1912.
387. Schmidt, H. R., Zur Kenntnis der physiologischen und pathologischen Duraverkalkung. Virchows Arch. Bd. 215. 1914.
388. Schöne, G., Beobachtungen über das Wachstum der Haare. Die Naturwissenschaften 1914. H. 16.
389. Schönfeld, Über die eigenartigen Nekrosen im Gehirn, bei seniler Demenz. Ref. Zentralbl. f. Pathol. Bd. 24. 1913. S. 953.
390. Schottelius, Untersuchungen über physiologische und pathologische Texturveränderungen der Kehlkopfknorpel. Habilit.-Schrift. Marburg 1879.
391. Schreyer, Über Lokalisation und Natur der physiologischen Nierenpigmente des Menschen und einiger Tiere. Frankf. Zeitschr. f. Pathol. Bd. 15. 1915.
392. Schridde, Die Diagnostik des Stat. thym. lymph. Münch. med. Wochenschr. 1912. Nr. 48.
393. Derselbe, Die Bedeutung der eosinophil gekörnten Blutzellen im menschlichen Thymus. Münch. med. Wochenschr. 1911. Nr. 49.
394. Schultz, Eugen, Über Verjüngung. Biolog. Zentralbl. Bd. 25. Nr. 14.
394a. Schüller, Die Schädelbasis im Röntgenbild. Hamburg 1905.
395. Derselbe, Über umkehrbare Entwicklungsprozesse. Vorträge üb. Entwicklungsmechanik von Roux. Heft 4. Leipzig 1908.
396. Schuster, Herm., Beitrag zur Histologie des senilen Ovariums. Inaug.-Dissert. Heidelberg 1906.
397. Schwalbe, E., Über fehlerhafte Entwicklung. Berl. klin. Wochenschr. 1912. Nr. 44.
398. Derselbe, Allgemeines über Wachstum in Brüning und Schwalbes Handbuch der allg. Pathol. im Kindesalter. 1. Bd. 1912.
399. Schwalbe, J., Lehrbuch der Greisenkrankheiten. Stuttgart, Enke. 1909.
400. Schwalbe, G., Über Wachstumsverschiebungen und ihren Einfluss auf die Gestaltung des Arteriensystems. Jenaer Zeitschr. f. Naturwiss. Bd. 12. 1878.
401. Schwerz, Franz, Über das Wachstum des Menschen. Bern, Drechsel. 1912.
402. Schwinge, Über den Hämoglobingehalt und die Zahl der roten und weissen Blutkörperchen in den verschiedenen menschlichen Lebensaltern. Pflügers Arch. 1898.

403. S e d e r h o l m, Elastisches Gewebe der Haut im Alter. Arch. f. Dermatol. Bd. 25.
404. S e g a w a, Die Fettarten der Niere. Z i e g l e r s Beitr. Bd. 58. 1914.
405. S e g g e l, Verhältnis von Schädel und Hirnentwicklung zum Längenwachstum des Körpers. Arch. f. Rassenbiol. Bd. 1. 1904.
406. S e h r t, E., Zur Kenntnis der fetthaltigen Pigmente. V i r c h o w s Arch. Bd. 177. 1904.
407. S e i d e l, A., Pathogenese, Komplikation und Therapie der Greisenkrankheiten. 1903.
408. S e i t z, L., W i n t z, H., und L. F i n g e r h u t, Über die biologische Funktion der Corp. lutea usw. Münch. med. Wochenschr. 1914. Nr. 31.
409. S e i t z, L., Ovarialhormone als Wachstumsursachen der Myome. Münch. med. Wochenschr. 1911. Nr. 24.
410. S e l i g, Über Elastinfett- und -kalkgehalt der Aorta. Kongr. f. inn. Med. 1910. Ref. Münch. med. Wochenschr. 1910. S. 1148.
410a. S i e m e r l i n g, Lehrbuch der Greisenkrankheiten von J. S c h w a l b e. Stuttgart. 1909.
411. S i m m o n d s, Über Alterssäbelscheidentrachea. V i r c h o w s Arch. Bd. 179. 1905.
412. D e r s e l b e, Form und Lage des Magens. Jena, Fischer. 1907.
413. D e r s e l b e, Über Fibrosis testis. V i r c h o w s Arch. 201. 1910.
414. D e r s e l b e, Männlicher Geschlechtsapparat in A s c h o f f s Lehrbuch der pathologischen Anatomie. 3. Aufl. 1913.
414a. D e r s e l b e, Zur Pathologie der Hypophysis. Verhandl. d. Deutsch. Pathol. Ges. 1914. 17. Tagung.
415. S n a p p e r, S., Vergleichende Untersuchungen über junge und alte rote Blutkörperchen. Biochem. Zeitschr. Bd. 43. 1913.
416. S ö d e r l u n d und B e c k m a n n, Studien über die Thymusinvolution. Die Altersveränderungen der Thymusdrüse beim Kaninchen. Arch. f. mikroskop. Anatom. Bd. 73.
417. S o h m a, Über die Histologie der Ovarialgefässe in den verschiedenen Lebensaltern, mit besonderer Berücksichtigung der Menstruations- und Ovulationssklerose. Arch. f. Gynäk. Bd. 84. 1908.
418. S o l o w j o w, Untersuchungen des Blutes bei alten Leuten. In.-Diss. St. Petersburg 1894.
419. S p a l t e h o l z, Über die Arterien der Herzwand. Verhandl. d. deutsch. patholog. Ges. Leipzig 1909.
420. S p a n g a r o, Über die histologischen Veränderungen des Hodens, Nebenhodens und Samenleiters von der Geburt an bis zum Greisenalter. Anatom Hefte. Bd. 60. 1901.
421. S p i e l m e y e r, Fortschritte der Hirnforschung. Münch. med. Wochenschr. 1913. Nr. 1.
421a. D e r s e l b e, Über Alterserkrankungen des Zentralnervensystems. Deutsche med. Wochenschr. 1911. Nr. 32.
422. S t a e m m l e r, M., Über Struma congenita. V i r c h o w s Arch. Bd. 219. 1915.
423. S t e i n a c h, Geschlechtstrieb und echte sekundäre Geschlechtsmerkmale usw. Zentralbl. f. Physiol. Bd. 24. 1910.
424. S t e i n e b a c h, Über die Beteiligung der Glomeruli an der wechselnden Breite der Nierenrinde. V i r c h o w s Arch. Bd. 205. 1911.
425. S t e m p e l, W., Die Altersveränderung der Arbeiter vom Standpunkte der Invalidenversicherung. Ärztl. Sachverst.-Ztg. 1904. Nr. 19.
425a. S t o c c a d a, F., Untersuchungen über die Synchondrosis sphenooccipitalis. Z i e g l e r s Beitr. Bd. 61. 1916.
426. S t ö h r, Lehrbuch der Histologie. 14. Aufl. Jena 1910.
427. S t r a s s b u r g e r, J., Über die Elastizität der Aorta bei beginnender Arteriosklerose. Münch. med. Wochenschr. 1907. Nr. 15.

428. Strassburger, J., Über den Anteil der Blutgefässe an der Bewegung des Blutes. Münch. med. Wochenschr. 1910. Nr. 47.

429. Derselbe, Physikalisch-anatomische Untersuchungen zur Lehre von der allgemeinen Enge des Aortensystems.

430. Stratz, Der Körper des Kindes. Stuttgart, Enke.

431. Strauch, F. W., Über bakteriologische Leichenblutuntersuchungen. Zeitschr. f. Hyg. u. Infektionskrankh. Bd. 65. 1910.

432. Stumpf, Entartungsvorgänge in der Aorta des Kindes. Zieglers Beitr. Bd. 59. 1914.

433. Süpfle, Hygiene des schulpflichtigen Alters. Handbuch der Hygiene. Bd. 4. 1912.

434. Sumita, M., Zur Frage der Eisenreaktion kalkhaltiger Gewebe, besonders des Knochens. Virchows Arch. Bd. 200. 1910.

435. Derselbe, Zur Lehre von den sogen. Freundschen primären Thoraxanomalien. Deutsche Zeitschr. f. Chir. Bd. 113. 1911.

436. Sustschowa, Über den Einfluss des Alters usw. auf die Zahl der roten Blutkörperchen bei Rind, Schwein und Schaf. In.-Diss. Zürich 1910.

437. Suzuo, Shingu, Über die Staubinhalation bei Kindern. Virchows Archiv. Bd. 200. 1910.

438. Szasz-Schwarz, Recherches sur les altérations séniles des vaisseaux sanguins. Rev. de gynéc. T. 7. 1903.

439. Tamemori, Y., Untersuchungen über die Thymusdrüse im Stadium der Altersinvolution. Virchows Arch. Bd. 217. 1914.

440. Tandler und Gross, Die biologischen Grundlagen der sekundären Geschlechtscharaktere. Springer, Berlin. 1913.

441. Tangl, Fr., Über die Hypertrophie und das physiologische Wachstum des Herzens. Virchows Arch. Bd. 116.

442a. Tauszk, Fr., Die Lungentuberkulose im Greisenalter. Verh. d. internat. med. Kongr. Budapest 1909.

442b. Testa, G. A., Elementi di dinamica animale. 1783.

443. Thaler, Vorkommen von Fett und Kristallen im menschlichen Testikel. Zieglers Beitr. Bd. 36. 1904.

444. Thom, Untersuchungen über die normale und pathologische Hypophysis des Menschen. Arch. f. mikroskop. Anat. Bd. 59. 1901.

445. Thoma, R., Untersuchungen über das Schädelwachstum und seine Störungen. Virchows Arch. Bd. 212. 1913.

446. Derselbe, Das postfötale Wachstum des Schädels. Virchows Arch. Bd. 219. 1915.

447. Thomas, Veränderungen der Nebenniere, besonders bei Schrumpfniere. Zieglers Beitr. Bd. 49. 1910.

448. Derselbe, Über die Nebennieren des Kindes. Zieglers Beitr. Bd. 50. 1911.

449. Thomé, Beitrag zur mikroskopischen Anatomie der Lymphknoten. Jenaische Zeitschr. f. Naturwiss. Bd. 37. 1903.

450. Tietze, Über Epithelveränderungen in der senilen weiblichen Mamma. Deutsche Zeitschr. f. Chir. Bd. 75. 1904.

451. Tixier et Feldzer, La régression pathologique du thymus dans le jeune âge. Compt. rend. de la soc. de biol. 1910. p. 279.

452. Tobler, L., Allgemeine Pathologie und Physiologie der Ernährung und des Stoffwechsels im Kindesalter. Bergmann, Wiesbaden. 1914.

453. Todyo, Über das Verhalten der Epithelkörperchen bei Osteomalazie und Osteoporose. Frankf. Zeitschr. f. Pathol. Bd. 10. 1912.

454. Toldt, C., Die Nieren des Menschen und der Säugetiere. Wien 1874. Akad. d. Wiss. 69. Bd. 3. Abt.

454a. Toldt, Die Knochen in gerichtsärztlicher Beziehung. Tübingen 1882.

455. Toldt und Zuckerkandl, Form- und Texturveränderungen der menschlichen Leber während des Wachstums. Sitz.-Ber. d. k. Akad. d. Wissensch. Wien. Bd. 72.

456. Tolken, R., Zur Pathologie der Hypophysis. Mitteil. aus d. Grenzgeb. Bd. 24. 1912.

457. Traina, R., Über das Verhalten des Fettes und der Zellgranula bei chronischem Marasmus usw. Zieglers Beitr. Bd. 35. 1904.

458. Treves-Keith, Chirurgische Anatomie. Berlin, Springer. 1914.

459. Tuczek, K., Beziehungen der Nebennierenpigmentation zur Hautfarbe. Zieglers Beitr. Bd. 58. 1914.

459a. Uschida, On the correlation between Age and the Colour of Hair and Eyes in Man. Biometrika Vol. 2. 1904. Part. 4.

459b. Valberg, Zur Altersanatomie des Kaninchenovariums. Upsala Läkareforenings Förhandl. Bd. 20. 1905.

460. Vassale, G., und Zanfrognini, Über die jungen roten Blutkörperchen im zirkulierenden Blute. R. acad. delle sc. di Modena. Ref. Zentralbl. f. Path. Bd. 14. 1903. S. 701.

461. Versé, Über die Cholestearinesterverfettung. Zieglers Beitr. Bd. 52. 1912.

462. Vierordt, H., Anatomische, physiologische und physikalische Daten und Tabellen. Jena, Fischer. 1906. 3. Aufl.

462a. Virchow, R., Knochenwachstum und Schädelform. Virchows Arch. Bd. 5.

463. Vogel, M., Das Pigment des Hinterlappens in der menschlichen Hypophysis. Frankf. Zeitschr. f. Pathol. Bd. 11. 1912.

464. Voss, Zur Frage der Entwicklungsstörungen des kindlichen Hodens. Zentralbl. f. Pathol. Bd. 24. 1913. Nr. 10.

645. Wacker, L., Das Cholesterin und seine Begleitsubstanzen. Zeitschr. f. physiol. Chemie. Bd. 80. 1912.

466. Derselbe, Spielt eine Zusammensetzung des Fettes beim Krebs eine Rolle? Zeitschr. f. physiol. Chemie. Bd. 78. 1912.

467. Walter, Fr., Beitrag zur Histologie der menschlichen Zirbeldrüse. Zeitschr. f. d. ges. Neurol. u. Psych. Bd. 17. 1913.

468. Waschetko, N. P., Zur Frage von dem physiologischen Wachstum der Niere. Zeitschr. f. Pathol. 1914. S. 627.

469. Weber, Hermann, On means for prolongation of life. London 1914. 4. Aufl.

470. Derselbe, Verhütung des frühen Alterns, Verlängerung des Lebens. Leipzig 1906. 2. Aufl.

471. Weber, Senile symmetrische Schädelatrophie. Brit. med. journ. 2299. 1905.

472. Weber, Die Histologie des Ovariums im Klimakterium. Monatsschr. f. Geburtsh. u. Gynäk. Bd. 20.

473. Wegener, Der Einfluss des Phosphors auf den Organismus. Virchows Arch. Bd. 55.

474. Weismann, A., Über die Dauer des Lebens. Jena 1882.

474a. Derselbe, Über Leben und Tod. Jena 1884.

475. Weiss, L., Über das Wachstum des menschlichen Auges. Anatom. Hefte. Bd. 8. 1897.

476. Weissenberg, Das Wachstum des Menschen nach Alter, Geschlecht und Rasse. Stuttgart 1911.

477. Welcker, Untersuchungen über Wachstum und Bau des menschlichen Schädels. Leipzig 1862.

478. White, Cholesterol, fluid crystals and myelin forms. Med. chron. 1908.

479. Wideröe, S., Über die anatomische Reziprozität der Organe mit innerer Sekretion. Deutsche med. Wochenschr. 1910. Nr. 43.

479a. Derselbe, Die Massenverhältnisse des Herzens unter pathologischen Zuständen. 1911.

480. Wiedersheim, Der Bau des Menschen. 4. Aufl. Tübingen 1908.
480a. Wiener, Das Wachstum des menschlichen Körpers. Verhandl. d. naturwiss.
Vereins zu Karlsruhe 1890.
481. Wilken, Ernst, Vom Problem des Todes. Frankf. Ztg. 1915. Nr. 59.
481a. Wilms und Sick, Entwicklung der Knochen der Extremitäten. Hamburg 1902.
482. Wölfler, Über die Entwicklung und den Bau des Kropfes. Arch. f. klin. Chir.
Bd. 29.
483. Wolff, J., Die Lehre von der Krebskrankheit. Jena, Fischer. 1913.
484. Wolff, De senectutis natura. Diss. 1748.
485. Wolownik, Über das Verhalten der Knochenmarkszellen bei verschiedenen Krankheiten. Zeitschr. f. klin. Med. Bd. 56. 1905.
486. Woodruff, L., 3000 und 300 Generationen von Paramäcium ohne Konjugation
oder künstliche Reizung. Biolog. Zentralbl. Bd. 33. 1913.
486a. Woodruff, L. und Erdmann, Roda, A normal periodic reorganisation process
without cell fusion in Paramaecium. Journ. of exper. Zoology 17. 1914.
487. Zaccarini, G., Das Fettgewebe in den Rippenknorpeln. Zentralbl. f. Pathol.
Bd. 21. 1910.
488. Zacharias, Beitrag zur Kenntnis des Zellkernes und der Sexualzellen. Botan.
Zeitg. 1887.
489. Zacharow, Zur Frage über die Veränderung der Lymphdrüsen im Greisenalter.
In.-Diss. Petersburg 1891.
490. Zangger, Korr.-Bl. f. Schweizer Ärzte. 1908. Nr. 38.
491. Zelenski, Über das Verhalten des neutrophilen Blutbildes bei gesunden und
kranken Säuglingen. Wiener klin. Wochenschr. 1906. Nr. 40.
492. Zimmermann, Beitrag zur Funktion der Milz als Organ des Eisenstoffwechsels.
Biochem. Zeitschr. Bd. 17. 1910.
493. Zlatoroff, As., Über das Altern der Pflanzen. Zeitschr. f. allg. Physiologie.
Bd. 17. 1916.

I. Einleitung.

Umfang und Geschichte der Altersforschung.

„Du willst Bestand, Lebend'ger? Suchst vergebens!“
„Bestand war nimmermehr im Reich des Lebens“.

Eugen Albrecht.

Wachstum und Altern sind an sich keine Vorgänge, deren Erforschung Sache des Pathologen ist. Sie gehören vielmehr zum normalen
Lebenslauf und alle Erscheinungen, welche sie in morphologischer,
chemischer oder funktioneller Beziehung in sich schliessen, würden die
noch nicht geschriebene postfötale Entwicklungsgeschichte des menschlichen Organismus ausmachen.

Wenn ich es trotzdem unternehme, sowohl über die normale als
über die pathologische Seite des Wachsens und Alterns zu berichten, so
geschieht dies einmal deshalb, um unsere Kenntnisse über den normalen
Altersvorgang von der Geburt ab einmal in den Umrissen zu geben,
wie es heute möglich ist, zweitens aber um auf die Beziehungen
zwischen den normalen Wachstums- und Alterserscheinungen zur
Pathologie des menschlichen Körpers durch eine Reihe von Beispielen
hinzuweisen.

Eine Vollständigkeit ist weder hier noch dort möglich. Sehr oft ist schon geklagt worden, dass eine so grundlegende Eigenschaft des Organismus, wie diejenige, dass er sich zeitlich ständig ohne Reversibilität bis zum Lebensende verändert (um einen physikalisch-chemischen Ausdruck zu gebrauchen), so wenig geklärt, aber auch so wenig Gegenstand klärender Forschungsarbeit ist.

Immerhin ist über einen Teil unseres Themas, nämlich über die physiologischen und pathologischen Erscheinungen des höheren Alters nicht so wenig in der Literatur niedergelegt, als es dem unseren Gegenstande Fernstehenden erscheinen mag. Es soll auf diese Literatur weiter unten noch einmal eigens hingewiesen werden. Viel weniger bearbeitet ist aber erstens einmal die allgemeine Physiologie und Pathologie der späteren Jugendjahre und zweitens die prinzipielle Seite der Altersvorgänge, das Wesen des Wachstums- und Altersprozesses. Dies letztere liegt nun offenbar an der grossen Schwierigkeit der Fragen und wir sind, wie wir sehen werden, heute nicht weiter, als dass wir einige nicht einmal immer zusammenhängende und verständliche Einzeltatsachen kennen gelernt haben. Besonders gilt dies hinsichtlich der chemischen Seite, von der H. Aron (12) mit Recht sagt, dass sie allein in manchem hierhergehörigen Problem die Lösung bringen kann. Die Schwierigkeiten liegen ferner noch in folgenden Umständen: Ein wahres Bild der postfötalen Entwicklung würde sich eher aus der Verfolgung einzelner Musterexemplare von Menschen durch ihr ganzes Leben hindurch, als durch den jetzt notwendigen Versuch ergeben, aus mosaikartig kleinen Teilen der verschiedensten Beobachtungen an den verschiedensten Individuen ein mehr oder weniger wahres Bild zusammenzustellen. Nun wäre allerdings eine morphologische Verfolgung der inneren Körperentwicklung auch von der Geburt ab ja ausgeschlossen; aber selbst das was getan werden könnte, nämlich eine klinisch funktionelle Prüfung ist noch nicht durchgeführt. Das ausgezeichnete Prinzip, welches in der Tätigkeit des Schularztes liegt, müsste erweitert werden; von Staats wegen müsste eine nach jeder Richtung hin ärztlich verfeinerte Kontrolle von aufwachsenden Individuen einmal durchgeführt werden. Ausserdem leidet unser Forschungsgebiet an derselben Misslichkeit, wie die Erforschung der Vererbungsgesetze beim Menschen, nämlich an der einfach banalen Kalamität, dass der Arzt nicht länger lebt als der Patient, bzw. der Gegenstand seiner Beobachtung. Wie alle Arbeiten, die sich auf grössere Zeiträume erstrecken, wären deshalb auch diese Arbeiten über die Altersveränderungen solche, die ständig in Gefahr wären, ungleichmässig durchgeführt zu werden.

Was also zurzeit vorliegt, ist höchst unvollkommenes Material. Und noch dazu kann dieses auf den folgenden Seiten durchaus nicht in Vollständigkeit wiedergegeben werden. Denn begreiflicherweise sind die Angaben über Altersveränderungen, besonders solcher von einzelnen Organen, derartig zerstreut, dass sie nicht gesammelt, sondern häufig nur zufällig gefunden werden können. So sind, wie ein Blick auf das Literaturverzeichnis ergibt, die Angaben häufig aus Arbeiten entnommen, in denen man nach dem Titel nichts zu unserem Thema Gehöriges erwarten sollte und nur weil ich seit zwölf Jahren mich mit diesen Problemen befasse, habe ich jede gelegentlich angetroffene Angabe über Alterserscheinungen gesammelt. Vielleicht ist es doch dem einen oder anderen bei eigenen Arbeiten hier und dort von Wert, über das und jenes in dieser Beziehung nachschlagen zu können und deshalb habe ich im folgenden auch jene zerstreuten Notizen benützt und verwerte sie neben den Ergebnissen eigener Beobachtungen und denjenigen der eigentlichen Altersliteratur.

Aber selbst in bezug auf die letztere ist Vollständigkeit ausgeschlossen. Man bedenke, dass die ganze pädiatrische Literatur nichts anderes ist, als die Beschäftigung mit den Besonderheiten eines bestimmten Lebensalters in physiologischer und pathologischer Beziehung, bedenke ferner, wieviel in chemischen und experimentellen Arbeiten, wieviel in den Schriften über Tierzuchtlehre an Beiträgen zu den Problemen der Altersveränderungen versteckt liegt. So habe ich mir im folgenden eine Einschränkung nach mehrfacher Richtung auferlegt; erstens sollen im speziellen Teil nur Beobachtungen über menschliche Gewebe Berücksichtigung finden, zweitens soll vorwiegend das Morphologische den Gegenstand der Besprechung bilden, das Klinische und Chemische nur soweit es zum Verständnis nötig oder in innigem Zusammenhang mit dem Gestaltlichen ist.

Was die Literatur anlangt, so wollen wir deshalb die pädiatrische Literatur nur so viel berücksichtigen, als sie sich mit dem Problem des Wachstums und des Alterns beschäftigt. Von zusammenhängenden Artikeln sei besonders auf Camerers Bericht in Pfaundler-Schlossmanns Lehrbuch der Kinderheilkunde und auf den Abschnitt „Normale Altersunterschiede und Wachstum im Kindesalter. Analyse der Altersdisposition“ von E. Schwalbe in Schwalbe-Brünings „Handbuch der Allgemeinen Pathologie und der Pathologischen Anatomie des Kindesalters“ verwiesen. Das wenig bearbeitete Pubertätsalter hat einige wenige eigene Autoren [ich nenne nur Krehl, Lommel (253), M. Herz (181), Marro (268)], aber nicht viele. Mehr als die körperliche Seite hat die Ärzte die psychoanalytische Seite des Pubertätsproblems bisher beschäftigt. In dieser Hinsicht liegen vortreffliche, auch populäre Schriften, besonders französische vor. Das mittlere Mannesalter bedarf keiner besonderen Darstellung. Vom Typus des reifen Menschen gehen bewusst oder unbewusst alle normalen und alle pathologischen Darstellungen aus. Die Pathologie der mittleren Lebensalter ist — sit venia verbo — die Normalpathologie. Eine Stellung für sich hingegen nimmt wieder die Erforschung des Greisenalters ein; auch hierbei handelt es sich einerseits um die Aufklärung des Senilismus als solchen, andererseits aber um die Schilderung des besonderen Einflusses, den das Greisenalter auf den Ablauf auch pathologischer Vorgänge ausübt. In letzterer Hinsicht sind von vornherein zu unterscheiden einmal typische Greisenkrankheiten, die den letzten Lebensjahrzehnten überhaupt eigentümlich sind, zweitens aber die Abänderungen der typischen Erkrankungen des mittleren Lebens durch das Greisenalter. Hierüber gibt es nun eine viel grössere und ältere Literatur, als man gemeinhin annimmt; ich begnüge mich hier mit der Aufzählung einer Anzahl von medizinischen Werken von 1294 bis 1914: Francis Bacon (30), Anselmo (8), Wolff (484), Cornaro (89), Robert (351), Testa (442b), Esparron (119), Jung (207), Cannstatt (70), Ettmüller (120), Hufeland (197), Langemantel (234), Durand-Fardel (102), Geist (140), Mettenheimer (281), Charcot (76), Demange (93), Friedmann (135), Boy-Teissier (58), Ewald (121, 122), Weber (469, 470), Lindheim (244), Ranzier (346), J. Schwalbe (399), Naunyn (315), Legrand (237), Pic Bonnamour (54), Lorand (254), R. Saundby (375), H. Schlesinger (379). Diese Werke sind vorwiegend medizinisch-klinischer Natur. Viele von ihnen beschäftigen sich mit der Frage der Verlängerung des menschlichen Lebens, ich erinnere nur an Hufelands berühmte und immer noch lesenswerte Makrobiotik. Von mehr allgemein pathologischem Interesse sind diejenigen Schriften, die sich mit dem Problem des Alterns und im Zusammenhang damit oft mit der Frage des physiologischen Todes beschäftigen; die wichtigsten seien hier schon zusammen genannt, wenn wir auf sie auch noch werden zurückkommen müssen. R. Bacon (29a), F. W. Beneke (42), C. A. Ewald (121, 122), Letienne (240), Pflüger (330), Martius (269), Ch. S. Minot (284, 285), Mühlmann (292, 295), Ribbert (349), Weismann (474), Preyer (335a), Fr. Müller (306), Chr. Bäumler (30a). Über die chemische Seite der Frage unterrichtet die Abhandlung von Magnus-Levy (263) über den Stoffwechsel im Alter, und die ebenfalls vortreffliche Zusammenstellung von H. Aron (12) über die Biochemie des Wachstums. Angaben über den Stoffwechsel in verschiedenem Alter sind ferner bei Tigerstedt (450b) und bei Tobler (452). Da es nicht die Absicht der folgenden Seiten ist, zahlenmässige Aufzählungen zu geben, so sei ausdrücklich darauf aufmerksam gemacht, dass H. Vierordts „Daten und Tabellen" für Mediziner auch in Fragen der Wachstumsveränderungen des menschlichen Körpers ein gutes wenn auch sehr unvollständiges Nachschlagwerk sind. Auf die ästhetische Seite unseres Problems einzugehen, erübrigt sich hier; wieviel in der Kunst die Eigentümlichkeiten der Lebensalter, der Aufstieg und Abstieg der Lebenskurve den menschlichen Geist beschäftigt haben, davon zeugen nicht nur unzählige Bildwerke, sondern auch die Literatur aller Völker von den griechischen Sagen, von Aristoteles und der Rede Ciceros „de senectute" bis zu der Rede Jakob Grimms „Über das Alter", und Goethes gleichnamigem schönem Epigramm. Auch auf den schönen Aufsatz Franz Bolls „Die Lebensalter" „ein Beitrag zur antiken Ethnologie" (51 b) sei hingewiesen.

II. Das natürliche Wachstum.

1. Die Bedeutung der Wachstumsgesetze für die Medizin.

Dass wir in der Erkennung feinerer Abweichungen des Wachstums noch nicht weit sind, dürfte wohl jeder zugeben, der diesen Fragen etwas näher getreten ist. Und zwar gilt dies nicht so sehr für das Wachstum der Zelle und Gewebe, als vielmehr für das Wachstum des Gesamtorganismus. Nicht, als ob wir da im Dunkeln tappen müssten, weil uns die normalen, richtiger: die normengebenden Vorarbeiten fehlten. Vielmehr liegt gerade in bezug auf das Gesamtwachstum von seiten der Anthropologen und Physiologen nachgerade genügend Material vor, das dem Arzte, insbesondere dem Pathologen als Vergleich dienen könnte. Dennoch befinden wir Pathologen uns in den gröbsten Anfängen und meist vermisst man selbst bei Arbeiten über grobe Wachstumsstörungen, wie bei Infantilismus, Eunuchoidismus, Dystrophia adiposo-genitalis, die genaueren zentimetermässigen Angaben über die Körperproportionen, ganz zu schweigen von der so notwendigen Anthropometrie bestimmter, jetzt im übrigen so sehr studierten Konstitutionstypen wie Asthenie, Status lymphaticus u. dergl. Die Angelegenheit des Studiums der Entwicklung der endgültigen Körperformen und die Bestimmung der individuellen Körperformen auf wissenschaftlicher Grundlage geht weit über den Rahmen des künstlerischen Bedürfnisses hinaus. Dieses Stadium hat unser Forschungsgebiet bereits überschritten; einen Kanon der menschlichen Gestalt gibt es nicht, wie er im goldenen Schnitt gesucht wurde; die Idealfiguren sind meist nicht schön; sie sind meist „korrekt" unter Opferung der Harmonie. Die Methoden der Anthropometrie müssen aber der Pathologie dienstbar gemacht werden. Im Einzelfall bedarf es aber für uns des zahlenmässigen Nachweises der Besonderheiten eines krankhaften Wuchses und dazu genügt auch ein „guter ärztlicher Blick" und die einfache künstlerische Abschätzung nicht, sondern wir benötigen die auf Tausenden von Messungen beruhenden Durchschnittszahlen von Fällen, die unserem Einzelfall in bezug auf die wichtigsten Bedingungen, wie Rasse,

Alter und Geschlecht am meisten nahekommen. Die anthropometrische Untersuchung von kranken Menschen dürfte dem Kliniker, Pathologen, Sozialhygieniker noch reiche Früchte versprechen, und nicht zum wenigsten könnten die Schulärzte durch wiederholte Messungen uns die noch fehlenden Bilder individueller Entwicklungen geben. Von praktischen Gesichtspunkten (wie vom Wert für die Lebensversicherungen) soll dabei gar nicht die Rede sein; eine primitivste Form solcher Untersuchungen stellt ja die militärärztliche Untersuchung dar.

2. Die Definition des Wachstums.

Das Wachstum des Gesamtorganismus, dessen Erforschung nach dem eben Gesagten für den Arzt und den politischen Anthropologen gleich wichtig ist, baut sich aus dem Wachstum der Organe und der Körpergewebe auf. Eine allgemeine Definition des Wachstums zu geben, ist nicht gut möglich, es kommt auf das Objekt an, dessen Wachstum man umschreiben und erklären soll: Kristall, Zelle, Gewebe, Organ, Gesamtkörper wachsen auf verschiedene Weise. Es befriedigt z. B. keineswegs, zu sagen, Wachstum bedeute eine Zunahme an spezifischer Masse; denn bei der Entwicklung von Zellmassen zu Geweben treten z. B. Neuerscheinungen in Form von nichtzellulären Bildungen (Fibrillen usw.) auf. Andererseits sind z. B. Grössen- und Gewichtszunahme die besten Massstäbe für das Wachstum des menschlichen Körpers, aber nicht für eine Zelle oder ein Organ, denn eine Quellung durch Wasser, ein Ödem ist kein Wachstum. Deshalb wollte Driesch ein passives und ein aktives Wachstum unterscheiden, das letztere sollte durch Assimilation[1]) gekennzeichnet sein, während für Huxley und Davenport (zit. nach M. Fischer [129]) Wachstum noch einfach Grössen-, bzw. Volumenvermehrung ist. Roux (361) trennt ein rein dimensionales Wachstum vom organischen Massenwachstum; Hesse (183) unterscheidet sehr zweckmässig ein Massenwachstum und ein Formenwachstum. Den Zuwachs durch Assimilation bei der lebenden Substanz als Kriterium für deren Wachstum anzusehen, geht in der Tat nicht an, weil dann Mästung auch Wachstum wäre. Damit kommen wir auch für den Gesamtkörper in Schwierigkeiten; dieser nimmt nach Abschluss des Längenwachstums noch an Gewicht zu durch Verstärkung der Muskulatur und der Fettlager; ist dies Wachstum? Für die Muskulatur möchte man es bejahen, für den Fettansatz nicht. Und doch ist dies beides bereits in einem wesentlichen Sinn Wachstum, nämlich Bereicherung an funktionell wichtigen Massen. Wie wenig der Zuwachs durch

---

[1]) Was nicht zutreffend ist, da z. B. die Aufspeicherung von Reservestoffen durch Assimilation und andere vorübergehende Ladungen nicht Wachstum genannt werden können.

Assimilation gleichbedeutend mit Wachstum und wie verwickelt hier die Frage des Wachstums ist, zeige folgende Überlegung: Wer wollte leugnen, dass ein kindlicher Körper wächst, der an Länge zunimmt; und doch vermag ein solcher seines Hauptes Länge etwas zuzusetzen, während er an Gewicht nicht zunimmt, ja wahrscheinlich sogar bei einem gewissen Hunger. Ist dies nun wirklich Wachstum oder nur Umbau?

Wie man sieht, gerät man mit der Definition bei den einfachsten Beispielen in Schwierigkeiten; man wird, will man den Begriff Wachstum überhaupt allgemein erläutern, doch ohne viel Diftelei wohl am besten sagen: Wachstum ist Zunahme durch Ansatz von strukturell und funktionell vollwertiger lebender Masse. Andere Definitiouen sind nicht schlechter und nicht besser; so sagt Camerer (aber seine Beschreibung gilt nur für das Körperwachstum): „Unter Wachstum im engeren Sinne verstehen wir diejenigen Vorgänge im gesunden jugendlichen Körper, welche, den Gesetzen der Entwicklungsgeschichte folgend, zu einer Vermehrung von Grösse, Gewicht und Masse des Körpers wie seiner einzelnen Teile führen". Nicht recht glücklich erscheint die Definition, welche H. Friedenthal (131, 133) gibt: „Wachstum ist jede in morphologischem und chemischem Sinn artgemässe Annäherung an die Terminalform des in Betracht kommenden Organismus". Abgesehen davon, dass es auch ein pathologisches Wachstum gibt und dafür die gegebene Definition nicht passte, so ist auch der Ausdruck „Terminalform" eine erklärungsbedürftige Bezeichnung mit teleologischem Beigeschmack; da Friedenthal hervorhebt, dass Wachstum nicht immer Massenzunahme bedeutet, weil bei alternden Lebewesen Abnahme des Gewichts stattfände, so identifiziert er offenbar Wachstum und Altern. Dann wäre aber seine Terminalform der zahnlose bucklige Greis und das senil-demente Mütterchen. Freilich ist es richtig, dass mit dem Abschluss des Längenwachstums nicht jedes Wachstum aufhört, sondern ein solches in die Breite noch andauert, und dass Wachstumsvorgänge in den Geweben natürlich auch dann nicht aussetzen, wenn jeder „Zuwachs" auch in letztgenannter Richtung zum Stillstand kommt, was etwa um das fünfzigste Lebensjahr der Fall ist. Dass die menschliche Gestalt eine dauernde Entwicklung hat, wird man nicht leugnen, aber in dieser Entwicklung den Begriff des Wachstums aufgehen zu lassen, d. h. die Alterserscheinungen jenseits des äusserlichen Wachstumsabschlusses noch als Wachstum zu rechnen, widerspricht dem Sinn, den das Wort Wachstum dem allgemeinen Sprachgebrauch nach hat. Aus diesem Grunde ist die Definition Friedenthals keine glückliche, zumal die Bezeichnung Terminalform verschieden aufgefasst werden kann. Ebenso ist es unrichtig, im Wachstum mit Friedenthal „ein vorwiegend chemisches Problem" zu sehen. Es ist weder mehr chemisch noch mehr morphologisch. Wachstum ist eine der wesentlichsten Erscheinungen der normalen Entwicklung und diese verläuft unter struktureller und chemischer Differenzierung. Gerade auf die grosse Bedeutung der morphologischen Neuerscheinungen während des Wachstumsprozesses hat Friedenthal selbst in sehr hübscher Weise (s. unten) hingewiesen. Auch für Rubner (362), der übrigens einer Definition des Wachstums aus dem Wege geht, ist Wachstum eine Ernährungs-, also in erster Linie eine chemische Frage. So unterscheidet er nur ein Wachstum durch Vermehrung von Zellen (echtes Wachstum) und Wachstum nach Schwund von Substanz durch Hunger (Wiederaufbau, Rekonstruktion). Wir sind aber mehr als eine Kolonie von Hefezellen, wir sind Fleisch und Blut, Faser und Zellen. So wird Wachstum für Rubner, der dies vergisst, fast gleichbedeutend mit Vermehrung und wenn er Wachstum auch in seiner Bedeutung nichts weniger als unterschätzt („Wachsen ist neben dem Lebendigsein die zweitwichtigste Funktion“), so doch in den Erscheinungsformen, die zu seinem Wesen unbedingt gehören. Diese ändern sich im Laufe der Entwicklung des Individuums fortgesetzt: die erste Wachstumsform, solange Zelle sich zu Zelle reiht, ist verhältnismässig einfach und für diese Zellbruten liessen sich ohne grosse Mühe noch „Wachstumsgesetze“ aufstellen; sobald die Wachstumsformen sich aber ändern, Flüssiges und Festes sich in und von den Geweben scheidet, Lebendiges und Halblebendiges an der Ernährung teilnimmt und sich neubildet, schliesslich sogar lebendige Substanz (bei der Fortpflanzung) ausgeschieden wird, werden die Berechnungen des Wachstums sehr schwierig. In sehr klarer Weise hat Friedenthal (131, 133) diese Schwierigkeiten besprochen, er weist darauf hin, wie man selbst bei jungen Säugetierembryonen unmöglich das Wachstum als Wachstum der lebendigen Substanz ansehen kann, weil schon in den ersten Lebensmonaten die Abscheidung fester und flüssiger Sekrete eine grosse Rolle spielt: „Bei unveränderter chemischer Situation ist die lebendige Substanz als unsterblich anzusehen, die Wachstumsgeschwindigkeit der Masseneinheit konstant, die Zunahmegeschwindigkeit proportional der Masse lebendiger Substanz“. Aber die Wachstumsgeschwindigkeit nimmt ab, erstens durch Bildung nicht mehr aktiv vermehrungsfähiger Substanzen (paraplasmatischer Teile), zweitens durch Bildung von Depots von Reservestoffen. Die ersteren nennt Friedenthal die Maschinenteile (Fibrillenmaschine) des Organismus; er spricht, wohl mit Recht, sämtlichen Fibrillarsubstanzen, wie den Myo- und Neurofibrillen die Fähigkeit zum selbständigen Wachstum ab. So setzt sich dann jeder entwickelte vielzellige Organismus „aus vier, für die Wachstumsfunktion ganz verschieden zu bewertenden Bestandteilen zusammen, nämlich:

1. aus dem Protoplasma oder der lebenden Substanz,

2. aus den paraplastischen festen Maschinenbestandteilen,

3. aus den Reservestoffen,

4. aus den flüssigen und festen Sekreten."

Die Geschwindigkeit des Wachstums vermindert sich durch die Bildung von lebendig inaktiven Gerüstsubstanzen und Reservestoffen.

Das Mass des Wachstums wird also jeweils bestimmt durch die Menge des bei der differenzierenden Entwicklung übrig bleibenden wachstums- und teilfähigen Protoplasmas. Von dieser Fähigkeit macht das Protoplasma aber, wie wir noch bei dem allgemeinen Überblick über den Gang des Wachstums sehen werden, keinen gleichmässigen Gebrauch, sondern das Wachstum wandelt sozusagen schon während der Embryonalzeit durch den werdenden Körper, in dem bald diese, bald jene seiner Regionen in lebhafte Vergrösserung geraten. So erweist sich wiederum das Wachstum von inneren Ursachen abhängig, indem dieser Wechsel im Wachstumstempo sich ewig unveränderlich bei verschiedener Ernährung wiederholt.

3. Das Wesen des Wachstums.

So sehr wir noch bei der Besprechung der Wachstumsbedingungen werden betonen müssen, wie das Wachstum von der Ernährung abhängig ist, so scharf ist hier zu betonen, dass das Wachsen eine (freilich vergängliche) Eigenschaft der lebendigen Masse ist, die sich durch den nicht näher zu bestimmenden Wachstumstrieb regelt. Rubner (l. c.) meint, dass wir logischerweise gezwungen sind, für diese Eigenschaft eine besondere, substantielle Ursache vorauszusetzen.

Wie bei allen unerklärbaren Lebenserscheinungen hat man beim Wachstum versucht, Vergleiche zu finden, welche das Rätsel der Erscheinung etwas aufhellen sollen. Man hat das Wachstum lebendiger Substanz mit dem kolloider Membranen verglichen, hat Ähnlichkeiten in der Erzeugung lebendiger Substanz mit Fermentwirkungen hervorgehoben (Friedenthal, Rubner) hat aus dem Verlauf des Wachstums Parallelen gezogen, die für sein Wesen etwas aussagen sollen. Nach Robertson (352) verläuft das Wachstum so, als ob es das Ergebnis einer autokatalytischen Reaktion wäre: „Zellwachstum oder die Synthese von Zytoplasma ist aller Wahrscheinlichkeit nach eine autokatalytische Reaktion sowie die Zellteilung die Wirkung einer autokatalytischen Synthese von Kernmaterial ist". Dieselben Formeln, welche Robertson für das Wachstum im kleinen aufstellt, sollen aber mutatis mutandis auch für die Beziehungen des Organwachstums zum Körperwachstum Geltung haben. Paolo Enriques (109) hat die biologische und die mathematische Seite der Ausführungen Robertsons kritisiert und will eine Reihe von Unterschieden gegenüber von autokatalytischen Reaktionen nachweisen. Eine Ähnlichkeit bleibt ja bestehen: dass das Wachstum des Stoffes selbst zu einer Einschränkung des Wachstums führt. Aber spätere Abnahmen der Wachstumsfähigkeit besonders im höheren Alter beruhen auf der ständigen Abnahme der rein morphogenetischen, der Zunahme der differenzierten Zellen. Also auch hier müssen Berechnungen daran scheitern, dass wir kein einheitliches Zellmaterial, sondern durch die morphologische Entwicklung auch gleichzeitig eine chemisch wechselvoll zusammengesetzte Masse vor uns haben. Uns dünken alle diese Versuche, das Wachstum als Gesamterscheinung zu formulieren, vergeblich. Ähnlich Friedenthal.

Gegen Robertson macht Wolfg. Ostwald (324a) geltend, dass selbst rechnerische Übereinstimmung von Wachstumsprozessen mit den Gleichungen der Auto-Katalyse nicht genüge, einen Entwicklungsvorgang als autokatalytisch zu charakterisieren. Er gibt bei gewissen Teilvorgängen des Wachstumsprozesses, eine Analogie zwischen deren Ablauf und einer Autokatalyse zu. Er bezeichnet Vorgänge an der lebenden Substanz, welche eine Beschleunigung erfahren, als katakinetische, und solche, die sich selbst beschleunigen, als autokatakinetische. Eine Anzahl von Wachstumsvorgängen bilden S-Kurven.

Häufig sind Versuche gemacht worden, den Verlauf der Wachstumskurve mit geometrischen Formen zu vergleichen. Am längsten hat sich die Behauptung der Parabelform der Wachstumskurve gehalten wohl deshalb, weil sie zuerst von einem Mathematiker nämlich Wiener (408a) — ich folge dabei der Angabe M. v. Pfaundlers (328a) — aufgestellt wurde. E. v. Lange (232) glaubte, dies an aufgezeichneten, individuellen Kurven bestätigen zu können. Eine Deckung der Wachstumskurve mit echten Parabeln wird aber, besonders für den Anfangsteil der Kurven, von Pfaundler geleugnet; er kommt rechnerisch zu dem Schluss: „Hätten von Langes Parabeln auch für die erste Lebenszeit annähernde Geltung, dann müssten unsere Frauen nach etwa $2\,^1/_2$ jähriger Schwangerschaft 60 cm lange Kinder gebären". Aber auch auf Grund rein mathematischer Prüfungen von gegebenen Kurven ist Pfaundlers Schüler Reinus (348c) zu dem Ergebnis gekommen, dass die Annahme eines parabolischen Verlaufs der Kurve des Längenwachstums zu verwerfen ist. Auf der Suche nach anderen, einfachen Kurven, welche mit der Wachstumslinie zur Deckung zu bringen wären, fand Pfaundler (328a) folgende einfache Beziehung: $A = n \cdot l^3$, wobei A das Alter in Jahren (und zwar nicht das juristische, von der Geburt, sondern das wahre, biologische, von der Konzeption ab) bedeutet, l die Körperlänge in Metern angibt und n eine Konstante ist, deren Wert etwa 4,75 beträgt. Es lässt sich danach bei bekanntem Alter des wachsenden Individuum die „normale" Grösse, bei bekannter Körpergrösse aus dieser umgekehrt das Alter errechnen. Bei stets gleich bleibender Statur und Dichte des Körpers ist das Körpergewicht in der Wachstumsperiode des Menschen dem Konzeptionsalter proportional. Der Gewichtszuwachs in der Zeiteinheit ist konstant und die Körpergewichtskurve ist eine Gerade. Für die Zeit von der Geburt bis zum Ende des Längenwachstums nach der Pubertät gibt es einen konstanten Massenzuwachs pro Einheit des Körpergewichts; er beträgt 2 kg für das Jahr. Daraus ergibt sich aber auch, dass der Zuwachs, den je ein Kilogramm leistet, mit zunehmendem Alter immer kleiner wird. Abgesehen von den genannten gesetzmässigen Beziehungen zwischen Alter und Körperlänge, Alter und Körpergewicht sind von Pfaundler noch mathematische Formeln über die Beziehungen von Alter zu Körperoberfläche und zur Körperdichte gesucht worden, auf die einzugehen aber hier zu weit führen würde.

Eine kurze Erörterung der wichtigsten hier berührten Probleme gibt auch P. Riebesell (349a).

4. Beziehungen des Wachstums zum Altern.

So wenig uns der Wachstumstrieb als solcher irgendwie erklärlich ist, so wenig ist es seine Abnahme im Alter. Dass den einzelnen Zellenarten nur eine beschränkte Anzahl Teilungen kraft vererblicher Begrenzung mögich sei, wäre die einfachste Vorstellung über das natürliche Ende des Wachstums durch Vermehrung der Zellen (daneben läuft ja aber auch die Altersentwicklung durch Vergrösserung der Zellen[1])! Aber eine solche Annahme hat Vieles gegen sich; so die Beobachtung, dass wenigstens für freilebige und für Tumorzellen eine Erschöpfung der Teilfähigkeit bisher nicht beobachtet wurde. Freilich braucht diese unsterbliche Fruchtbarkeit nicht für Gewebezellen zu gelten. Solange wir einer solchen Zelle nicht ansehen können, wenn auch deren unbeschränkte Wachstumsfähigkeit durch ihre jahrelange Kultur in vitro (Carrel) in theoretisch bedeutsamer Weise praktisch erwiesen ist, die wievielte Generation sie seit der befruchteten Eizelle ist, solange werden wir schwerlich über das Versiegen der Vermehrungsfähigkeit aus inneren Gründen etwas aussagen können. Friedenthal drückt sich hierüber folgendermassen aus: „Die Wachstumsgeschwindigkeit und -Fähigkeit einer Zelle hängt in keiner Weise von ihrem absoluten Alter ab noch

---

[1] Hier sei eingeschaltet, dass es im Tierreich tatsächlich auch ein Wachstum wesentlich durch Zellvergrösserung ohne Zellvermehrung gibt, so nach Goldschmidt beim Pferdespulwurm, dessen Organe, wie Speiseröhre, Nervensystem eine ganz beschränkte Zellenzahl haben, so dass man sie numerieren kann, ferner (nach Hesse [183]) bei Fadenwürmern, bei Rädertieren, bei Oxyuris.

von der Zahl der vorausgegangenen Zellteilungen im Leben des Organismus, sondern allein von der Masse lebender Substanz im Rohgewicht. Wenn bei den höheren Organismen das Lebensalter und die Zahl der bereits abgelaufenen Zellteilungen eine so grosse Rolle spielt, so liegt dies an der Umwandlung der lebendigen Substanz in inaktive Substanz im Zellinnern im Laufe der Entwicklung, sowie an der chemischen Situation auch in bezug auf den Zustrom der Wachstumsbaustoffe". Hier wird die Hypothese aufgestellt, dass sich intrazellulär derselbe Vorgang wie extrazellulär im Gewebe entwickelt, nämlich der progressive Anbau nicht lebender Plasmaprodukte und die entsprechende Verarmung an Masse, welche reproduktionsfähig bleibt. Leider lässt sich davon bei einem Vergleich jugendlicher und alter Gewebszellen nichts sehen und es ist ja recht gut möglich, dass die Bedingungen der normalen Proliferation nicht allein in, sondern auch ausserhalb der Zellen zu suchen ist (Bedingungen der Ernährung homonale Wirkungen, osmotischer Druck, Gewebsspannung).

Vom Wachstum der Pflanzen ist bekannt, dass es nur erfolgt, wenn die Zellen einen Turgor besitzen. Ich zitiere zur Beleuchtung dieser prinzipiell wichtigen Tatsache einen von Röder (352a) erwähnten Versuch: „Wird bei wachsenden Pflanzen, deren Zellen unter einem bestimmten hydrostatischen Drucke stehen, z. B. bei Bohnenwurzeln, der Druck durch Eingipsen gesteigert, so findet eine beschleunigte Ausbildung der inneren Gewebe statt".

Das Wachstum der Pflanzen wird nach den Versuchen von Zlatoroff (493) durch Anreicherung des Nährbodens mit Stoffwechselprodukten (Harnstoff, Ammoniak, Guanidin-Karbonat u. dergl.) gehemmt. Diese Hemmung als ein Zeichen künstlich hervorgerufenen Alterns ansehen zu wollen, geschieht aber doch wohl sehr mit Unrecht; nicht jede, nicht einmal jede spontane Wachstumshemmung geschieht durch den Altersprozess; Nachlass des Wachstums ist eines der Symptome des Alters. Dabei ist nicht ausgemacht, ob das Liegenbleiben von Stoffwechselprodukten in der Zelle, soweit dies überhaupt dabei erfolgt, die Ursache oder die Folge der Abnahme der Vermehrungstendenz der Zelle ist.

Wir haben schon mehrfach die Beziehungen zwischen Altern und Wachstum berühren müssen; sie sind nirgends innigere als in der Frage, warum die Produktivität der Körperzellen während des Wachstums mit dem Alter nachlässt. Freilich gibt es Tiere, die ihr ganzes Leben wachsen; als solche nennt Hesse (183) Tintenfische, Fische, wohl auch niedere Tiere wie Seesterne, Blutegel usw.; dabei kann es keinem Zweife unterliegen, dass die Fische z. B. altern. Also schon hier sehen wir den Altersprozess neben dem Wachstumsprozess. Wenn man als die wesentlichste Alterserscheinung das Abklingen der zellulären Produktivität ansieht, so kann man auch vom Menschen sagen, dass er von dem ersten Augenblick seiner Entstehung an altert; das Wachstum ist eine Teilerscheinung seiner gesamten Altersentwicklung und eine Eigenschaft, welche teilweise aufhört; das Altern dauert an.

Wenn wir auch hier nicht auf das Wesen dieses bis zum Tode fortschreitenden Prozesses, des Alterns, eingehen wollen, müssen wir doch die Meinungen über die mit dem Alter zunehmende Ruhe der Zellen anführen. Nicht immer wird dabei beachtet, dass von einem allgemeinen oder gleichmässigen Nachlassen der Teilungsfähigkeit der Zellen im höheren Alter nicht die Rede sein kann. Eine Anzahl Gewebe schliesst ihr Wachstum allerdings, und zwar ziemlich früh, aber zu sehr verschiedenen Zeiten ab und damit hören die Mitosen auf, die nicht durch den physiologischen Verschleiss bedingt wären. Bei anderen, wie bei der Haut, den Schleimhautdeckzellen, bei den Blutzellen haben wir keinen Beweis dafür, dass das Nachlassen in der Wachstumsfunktion eine Alterserscheinung der Zelle selbst oder ihrer Brutstätten wäre; selbst die schlechtere Heilung von Wunden im hohen Alter braucht nicht an den teilungsbedürftigen Zellen zu liegen; da die Altersprozesse an einfacheren vielzelligen Organismen nicht studiert sind und die Vergleiche mit einzelligen Lebewesen mehr als stark hinken, so fragt sich, ob überhaupt zelluläre Vorstellungen über die Verminderung des Wachstumstriebes schon angebracht sind. Boveri (57) sieht die (nicht bewiesene! Ref.) zunehmende Seltenheit der Zellteilung im Alter bedingt in Eigenschaften gewisser Chromosomen, welche den Mechanismus der Zellvermehrung zu hemmen berufen sind. Oder es sind Kombinationen von Chromosomen, die diese Wirkung haben und diese Wirkung verstärkt sich im Alter. (Bei krankhaften Zellteilungen, so schliesst Boveri weiter, könnten diese hemmenden Chromosomen dann der Zelle verloren gehen und die von ihnen freie Tochterzelle erhält die Eigenschaft der unbegrenzten Vermehrungsfähigkeit, und wird zur Mutterzelle einer Geschwulst.) Andere weisen darauf hin (z. B. Friedenthal [133]), dass die Zunahme paraplastischer, wachstumsunfähiger Substanzen, die ja tatsächlich nachzuweisen ist (Friedenthal [132]) Schuld an der Verlangsamung des Wachstums ist; wodurch dies aber hierbei stattfindet, wird nicht erklärt; man könnte daran denken, dass mit der Funktion oder Differenzierung dauernd Elemente der Zelle zu Verlust gehen, die auch für den Teilungsapparat unersetzlich sind. Damit kämen wir der Abnutzungstheorie des Alters sehr nahe. Von ihr soll erst weiter unten noch die Rede sein, weil sie eine der Alterstheorien ist, die mit dem Problem des Wachstums oberflächlicher zusammenhängt.

5. Wachstumsabschluss.

Nur Fragestellungen, welche Wachstum und Altern in dem oben angegebenen Sinn als eng zusammengehörig voraussetzen, können bei der Lösung des Problems vom Wesen beider Erscheinungen in Betracht kommen. Wenn man gemeinhin vom Altern spricht, so meint man das Sichtbarwerden von äusserlichen oder innerlichen Merkmalen, welche Greisen eigentümlich sind: „Freund X altert zusehends“. Biologisch betrachtet, beginnt das Altern vom Augenblick der Entstehung des Individuums an; das Altern ist kontinuierlich und wann „das Alter“ beginnt, ist nicht zu sagen, da jedes Organ seine eigene Altersentwicklung durchmacht. Ich finde dieselben Anschauungen besonders klar bei Minot (285) ausgedrückt und Mühlmann (298) meint, dass Minot der erste war, „der die Alterserscheinungen als Wachstumsphänomene zum Gegenstand breiter Forschungen machte“, richtiger gesagt, der das Wachstum und die Erscheinungen des höheren Alters als Phänomene einer und derselben Altersentwicklung erkannte. Auch Minot bezeichnet die Ursache der allmählichen Wachstumshemmung als unerforscht, meint aber, dass aller Wahrscheinlichkeit nach ein kausales Verhältnis zwischen dem Grade der Differenzierung und der Wachstumsgeschwindigkeit bestehe, weil die Beobachtung lehre, dass die nicht differenzierten Zellen sich schnell, die weiter differenzierten Zellen nur langsam teilen können und die in der Zytomorphose (Minot) am weitesten vorgeschrittenen sich gar nicht teilen. Die Differenzierung sei als wesentlichste Ursache des Altwerdens zu betrachten oder: Die Seneszenz wird durch die Zunahme der Differenzierung (in Minots Schrift heisst es wohl irrtümlich: „Zunahme und Differenzierung“) des Protoplasmas verursacht.

Es braucht kaum noch einmal darauf hingewiesen zu werden, dass der morphologischen Differenzierung eine chemische Entwicklung parallel läuft; diejenigen Forscher, die an das Problem des Wachstumsprozesses mit chemischen Untersuchungsmethoden herangetreten sind, sehen gerade darin sein prinzipielles Merkmal, dass „Zellen mit neuer chemischer Konstitution“ (Aron [12]) gebildet werden, während im ausgewachsenen Körper wesentlich nur Material der gleichen Art wiedergebildet wird. Hierbei sei bemerkt, dass man gerade in diesem Zusammenhang von einem „ausgewachsenen Körper“ niemals wird sprechen dürfen, denn ob überhaupt der chemische Wachstumsprozess je zum Stillstand kommt, ob es je in einem vielzelligen Organismus eine Lebenszeit gibt, wo die zellige Neubildung dem verschleissten Material chemisch ganz gleich, dürfte sehr fraglich sein. Vielmehr spricht manches dafür, dass auch hier eine unaufhörliche Entwicklung von der Geburt bis zum physiologischen Tode wie in gestaltlicher Hinsicht vor sich geht.

Rubner hat gemeint, dass der mit dem Alter wechselnde, d. h. abnehmende Wachstumstrieb von der bis dahin jeweils umgesetzten Kalorienzahl abhängig sei. Aber weder ist ganz klar, wie das gemeint ist, noch lässt es sich überhaupt aufrecht erhalten, so wenig wie die wiederum parallele morphologische Anschauung, dass die Zahl der erledigten Zellteilungen für das Wachstumstempo massgebend sei, zumal es, wie wir oben gesehen haben, unter Wegfall gewisser (noch unbekannter) Hemmungen kein Versiegen des Wachstums (z. B. bei Einzelligen, bei Geschwulstzellen), wahrscheinlich auch bei Züchtung von Gewebszellen in vitro, gibt. Es existiert, wie wir bei Besprechung der Beeinflussung des Wachstums noch deutlicher erkennen werden, keine andere wesentliche Bedingung für den Ablauf des Wachstums als den angeborenen Wachstumstrieb. Er ist der Urgrund der Entwicklung; geregelt wird er von der Ernährung, dem äusseren und inneren Stoffwechsel. Die Rolle der Ernährung für das Wachstum soll ausführlich erst in einem späteren Kapitel erörtert werden. Hier sei nur darauf verwiesen, dass die Abnahme des Wachstums mit dem Alter auch mit der Tatsache in Zusammenhang gebracht wird, dass die Zunahme an Masse proportional dem Kubus der Längeneinheit, Zunahme der resorbierenden Darmfläche nur proportional dem Quadrat derselben ist (vergl. Hesse [183]). So bestechend durch ihre Mathematik diese Hypothese ist, so wenig hält sie der einfachen Beobachtung stand, welche zeigt, dass es auf die Darmlänge offenbar nicht ankommt.

Wir würden nach dem bisher Gesagten zu dem Schluss kommen, dass das Wachstum nicht nur mit dem Leben beginnt, sondern auch mit ihm abschliesst, dass es also während des ganzen Lebens in biologischem Sinne nie aufhört, wenn es auch seine Formen, seinen Ort und seine Schnelligkeit ändert. Von einem Abschluss zu reden, ist nur im anthropometrischen Sinne erlaubt. Über den Beginn oder die Auslösung des Wachstums erübrigt es sich hier wohl ausführlicher zu sprechen; aber es sei wenigstens an die bekannten Arbeiten Jacques Loebs (248) erinnert. Es ist J. Loeb die sog. künstliche Parthenogenese von Eiern gelungen. Wir entnehmen in dem vorliegenden Zusammenhange seinen grossartigen Forschungen nur das, dass die Anregung des Wachstums und der Beginn der Entwicklung durch eine oberflächliche Zytolyse gegeben werden kann; die Entwicklungserregung geschieht von seiten der zytolytischen Stoffe dadurch, dass sie, wie das Spermatozoon eine Befruchtungsmembran erzeugen, membranbildend wirken. Auch vom Spermatozoon nimmt Loeb an, dass es eine zytolytische Substanz in das Ei hineintrage; nicht erforscht ist freilich, auf wie lange hinaus diese erste Entwicklungserregung wirkt und ob die späteren Zellteilungen des Wachstums eine ähnliche Auslösung verlangen. Loeb

selbst meint allerdings an einer Stelle, dass man sich das Wachstums-
hormon der Schilddrüse ähnlich wirkend denken könne. Vom Abschluss
des Lebens, besonders von der Beziehung des Altersprozesses zum physiologischen und pathologischen Tod soll weiter unten die Rede sein. Hingegen erscheint eine Erörterung der Frage der Lebensdauer, des Ganges
des Wachstums und der damit zusammenhängenden Einteilung des
Lebens in verschiedene Perioden, auch wegen der Beziehung zur Pathologie, notwendig.

6. Alter und Lebensdauer.

Genau so wie das Rätsel des Wachstumsabschlusses ist das Problem
der Lebensdauer Gegenstand der Forschung gewesen; nicht mit grossem
Erfolg. Man hat die Lebensdauer vergeblich mit den verschiedensten
anderen Lebenserscheinungen in Verbindung bringen wollen; so hat
Buffon (zit. nach Rubner) wohl als erster um die Mitte des 18. Jahrhunderts das Wachstum der Tiere vergleichend betrachtet und die
Lebensdauer mit der Dauer der Jugendzeit in Korrelation bringen
wollen; die maximale Lebensdauer wollte er auf das 6fache der Jugendzeit
bewerten. Flourens (1856, zit. nach Weismann) hat ähnlich ein
bestimmtes Verhältnis zwischen der Dauer einzelner Perioden des Lebens
und des Lebens selbst aufgestellt. Friedmann weist demgegenüber
nach — und damit fallen alle jene Theorien — dass eine konstante
Beziehung zwischen der Wachstumszeit und der absoluten Lebensdauer
nicht besteht. Nach Rubner (362) hat die Langlebigkeit zweifellos
einen Zusammenhang mit der Entwicklung (soll wohl heissen: Höhe)
der Intelligenz. Aber dies ist eine Regel, die sich weder zoologisch
halten lässt, so verlockend sie an einigen Beispielen erscheint, wo wir
vermeinen, über die „Intelligenz" einer Art etwas aussagen zu können;
noch bewährt sie sich menschlich, denn wie häufig wendet der intelligente
Mensch seine ganzen Gaben dazu an, sein Leben zu verkürzen, ohne
dass ihn seine Intelligenz daran verhindert. Bei Rubner findet sich
auch der Satz: „Die Lebensdauer lässt sich als eine Funktion des Energie-
verbrauches der Biogene und Bionten ausdrücken". (Unter Bionten versteht Rubner die allereinfachsten, nur der Ernährung dienenden Lebens-
einheiten, während Biogene Elemente sind, welchen noch die Fähigkeit
der Vermehrung, des Wachstums zukommt; das Biogen ist dem Bionten
übergeordnet.) Da nun die Eigenart der Biogene doch von der Zugehörigkeit zu einer bestimmten Spezies abhängig ist, so ist damit nichts
weiter gesagt, als dass die Lebensdauer artlich und durch Vererbung
festgelegt ist, soweit nicht individuelle Ereignisse abkürzend eingreifen.
Natürlich muss sich ein Zusammenhang der Lebensdauer mit den
energetischen Gesetzen feststellen lassen, aber daraus ist doch nur der
Schluss zu ziehen, dass jene sowohl als diese vom erblich festgelegten

3*

Wachstumsgang geregelt werden. Dem Sinn nach das gleiche lässt sich gegen die Annahme Loebs (247a) erwidern, dass die Lebensdauer abhängig sei von dem Masse an Verbrauch bestimmter Stoffe. Ob man von „Lebensstoffen“ als Chemiker oder von Lebenskraft als Physiker spricht. Auch von Lipschütz (266a), Demoll und Krehl ist der Meinung, dass „die Unterschiede in der spezifischen Lebensdauer der Tiere durch Unterschied in der Menge und dem spezifischen Charakter dieser Stoffe sind“, zurückgewiesen worden. Wie wechselnd übrigens die Lebensdauer für die einzelnen Tiergattungen angegeben wird, zeigt ein Blick in die Literatur, von der ältesten bis zur neuesten. Die Tabelle von Rubner sei besonders angeführt, weil auch sie die oben erwähnte Trennung der Jugendzeit von dem übrigen Leben ausdrücklich angibt:

	Gewicht in kg	Lebensdauer	Jugendzeit	Lebensdauer ohne Jugendzeit
Pferd	450	35	5	30
Rind	450	30	4	26
Mensch	60	80	20	60
Hund	22	11	2	9
Katze	2	9,5	1,5	8
Meerschweinchen .	0,6	6,7	0,6	6

7. Die einzelnen Lebensalter.

Eine Einteilung des Lebens in verschiedene Perioden ist seit den ältesten Zeiten vorgenommen worden. Hat doch die lateinische Sprache für den Mann in verschiedenem Alter ganz verschiedene Benennungen Die einfachste und wohl die beste, weil natürlichste Einteilung ist die von Durand Fardel; er unterscheidet drei Perioden: 1. diejenige, welche der Fortpflanzungsfähigkeit vorausgeht, 2. die Periode der Fortpflanzung selbst und 3. die Periode, welche auf die erloschene Fortpflanzungsfähigkeit folgt. Dies sind wenigstens Perioden, welche sich einigermassen abgrenzen lassen. Die erste Periode, in der bei der rascheren Umbildung des Körpers die Aufstellung von Unterabteilungen notwendiger als bei den anderen erscheint, lässt sich dann durch die gegebenen physiologischen Grenzsteine weiter in natürlicher Weise nach Vierordt zerlegen in

    A. Kindheit (infantia):
        a) Neugeborenenperiode (1. Woche),
        b) Säuglingsperiode (bis 8. Monat),
        c) Milchzahnperiode (bis 5. Jahr),
    B. Zweite Kindheit (pueritia),
    C. Pubertätsalter.

Im Prinzip gibt Weissenberg (476) dieselbe Einteilung des Gesamtwachstums wie Durand-Fardel; auch er stellt drei Perioden auf:

1. **Progressives Wachstum.** Dies dauert nach ihm bei Männern bis zum 25., beim Weibe bis zum 18. Lebensjahr. Es ist eine Periode der Zunahme (wobei die Längenzunahme „massgebend“ ist) mit ungleichmässiger, im ganzen abnehmender Geschwindigkeit.

2. **Stabiles Wachstum.** Es dauert bis etwa zum 50. Lebensjahr. Ein wahrer Stillstand ist dabei in der Körperentwicklung nicht aufgetreten; denn nach Abschluss des Höhenwachstums dauert die Breitenausdehnung noch geraume Zeit fort und wird abgelöst von der letzten Periode.

3. **Regressives Wachstum**[1]). Der Ausdruck ist nicht schön, gibt aber die einzige haltbare (oben wiedergegebene) Auffassung des Wachstumsprozesses als Teil einer niemals aufhörenden Altersentwicklung im Sinne richtig wieder. Freilich sollte man die rückgängigen Erscheinungen des höheren Alters nicht mehr als Wachstum geradezu bezeichnen.

Teilt man die schicksalsreiche erste Periode in notwendige Unterabteilungen und nimmt als Massstab nicht physiologische Neuerscheinungen wie die zweiten Zähne oder die Geschlechtsreife, sondern das Längenwachstum als Massstab, so erhält man folgende 7 Perioden nach Weissenberg:

1. Periode der ersten Fülle,
2. Periode der ersten Streckung,
3. Periode des verlangsamten Wachstums,
4. Periode der zweiten Streckung. Pubertät,
5. Periode des sehr verlangsamten Wachstums,
6. Periode des Stillstandes und der zweiten Fülle.
7. Periode des Rückganges.

Pfaundler (328a) hat jüngst eine Reihe beachtenswerter Einwände gegen die nach der Statur sich richtende périodische Abteilung des kindlichen Wachstums erhoben; er beanstandet zunächst die Gegenüberstellung von Streckung und Fülle, wie sie sich auch bei Bartels und Stratz findet, mit der Begründung, dass Streckung eine Veränderung, Fülle ein Zustand sei. Will man nach der Statur einteilen, so empfehle es sich von einer ersten Periode latenter Streckung (bis zirka ³/₄ Jahre), von einer zweiten Periode rascher Streckung (Spielalter), von einer dritten Periode langsamer Streckung (Schulalter), und von einer vierten Periode mit relativer Füllung im reifen Kindesalter zu

---

[1]) Unter regressivem Wachstum verstehen manche, wie z. B. W. Ostwald (324a) Teilerscheinungen, wobei an einzelnen Organen zu bestimmten Lebenszeiten Rückbildungsvorgänge ablaufen, so bei der Entwicklung des Frosches aus der Kaulquappe, der Entwicklung des Aales usw.

sprechen. Eine schärfere Umgrenzung dieser einzelnen Perioden nach
Altersjahren stosse aber auf starke individuelle Schwankungen. Eine
allgemeine Übereinstimmung zeigt mit dieser Periodeneinteilung der
Verlauf der Körpergewichtskurve: „Einem steilen ziemlich lineären Anstieg in der ersten extrauterinen, der Säugungsperiode (Neigungswinkel
dieses Anstieges gegen die Horizontale bei einem Massstab der Ordinaten
von 1 Jahr = 10 kg etwa 30°) folgt ein sehr verflachter Anstieg in der
zweiten Periode, dem Spielalter (Neigungswinkel etwa 8°), dann in der
3. Periode, dem Schulalter, ein recht konstanter, mittlerer Anstieg
(Neigungswinkel etwa 12°), diesem in der folgenden vierten Periode bis
zum Wachstumsabschluss ein steiler Anstieg (Neigungswinkel etwa 24°),
endlich ein annähernd horizontaler Verlauf."

Eines lässt sich biologisch gegen alle diese Einteilungen einwenden,
dass sie das Wachstum erst von der Geburt ab berücksichtigen; Wachstums-
forschung ist aber nicht gleichbedeutend mit postfötaler Entwicklungsgeschichte; die Geburt ist ein Ereignis, welches sozusagen mehr von
juristischer als von biologischer Bedeutung im Lebensgang ist. Minot
(285) hat in witziger Weise nachgewiesen, dass wir bei der Geburt schon
sehr alt sind. Denn nimmt man als Massstab für das Alter die zurück-
gelegte Strecke der Entwicklung, gemessen an der Wachstumsgeschwindigkeit, so liegt beim Neugeborenen schon ein Verlust der Wachstumsfähigkeit von 99% vor; Minot hat die Verminderung der Wachstumszunahme im embryonalen Leben für einige Tiere, deren Embryonen
leicht erhältlich sind, wie Huhn, Kaninchen, Meerschweinchen, berechnet.
Es lässt sich ja manches dagegen einwenden, dass man die Wachstumsgeschwindigkeit als Massstab des Altwerdens betrachtet, denn man kommt
damit zu dem unserem Sprachgebrauch entgegenstehenden und etwas
sinnwidrigen Schluss, dass junge Tiere sehr viel schneller altern, als
die alten Tiere. Und doch ist es biologisch richtig gedacht. Ein wahres
Bild der Wachstumsarbeit eines vielzelligen Organismus erhält man
natürlich nur durch Berechnung der täglichen prozentualen Gewichtszunahme; die so erhaltenen Zahlen ergeben eine zuerst steil, dann allmählich verebbende parabelartige Kurve für den Gang des Wachstums,
in welchem die Geburt nur eine kleine Störung[1] darstellt. Beim Meerschweinchen verhält es sich nach Minot (285) z. B. folgendermassen:
„Wenn die Meerschweinchen geboren werden, erleiden sie durch die
grosse plötzliche Störung ihrer Lebensbedingungen eine vorübergehende
Hemmung der Entwicklung. Sie erholen sich aber binnen 2—3 Tagen.

---

[1] Nach Friedenthal (131, 133) scheint in vielen Fällen bereits in den letzten
Tagen vor der Geburt ein Stillstand der Gewichtszunahme des Fötus einzutreten; tritt
die Geburt nicht zur richtigen Zeit ein, so folge in vielen Fällen eine ausserordentlich
rasche Gewichtszunahme auf die Überschreitung der normalen Schwangerschaftsdauer.

Da sieht man, dass sie ihr Gewicht in einem Tage um 5% erhöhen
können. Wenn sie aber 17 Tage alt werden, wachsen sie nur noch um
4%, am 45. Tage nur ein wenig mehr als 1% und von diesem Alter
ab sinkt die Wachstumsgeschwindigkeit langsam, bis sie am Ende des
ersten Jahres beinahe gleich Null wird." Wie Minot ist auch Friedenthal (131, 133) lebhaft dafür eingetreten, dass man bei physiologischen
Untersuchungen das Alter eines Lebewesens nicht von der Geburt, sondern
von der Befruchtung an zu rechnen hat, und dass die Wachstumsgeschwindigkeit nicht aus der einfachen Gewichtskurve, sondern aus
der Zuwachskurve zu erschliessen ist.

8. Wachstumsgeschwindigkeit.

Von der Wachstumsfunktion im ganzen gibt die Gewichtsbe-
stimmung aber das beste Bild von dem Verlauf der Körperentwicklung.
Einen guten Beweis für die Unterschiede in der Wachstumsarbeit bei
den verschiedenen Tierarten gibt die sogenannte „Verdoppelungszeit",
d. i. die Zeit, welche ein Tier braucht, um sein Geburtsgewicht zu verdoppeln. Einige Beispiele von Rubner (362) seien angeführt: Die Ver-
doppelungszeiten betragen beim Kaninchen 6 Tage, bei der Katze 9,
beim Hunde 9, beim Schwein 14, beim Schaf 15, beim Rinde 47, beim
Pferde 60, beim Menschen 188 Tage. Im allgemeinen ist diese Wachstumsleistung um so grösser, je kleiner das Tier ist. Über die Verdoppelungs-
zahl beim Menschen bestehen Meinungsverschiedenheiten: Camerer
gibt 140 Tage, Friedenthal 125 Tage an, die letztere Angabe ist aber
nicht als eine Durchschnitts-, sondern als eine Musterzahl anzusehen.
Friedenthal gibt überhaupt eine von den bisherigen Angaben abweichende Entwicklung der Gewichtskurve als physiologisch an, d. h.
er sucht Musterbeispiele von Kindern aus und sagt dann, es sei eine be-
schämende Tatsache, dass noch nicht 1% der lebend geborenen Kinder
es heute zu einem befriedigenden Ablauf der Wachstumsvorgänge bringt.
Was ist befriedigend? Offenbar ist Friedenthal sehr anspruchsvoll;
die Zahl Camerers dürfte nach einer rein literarischen Kritik am meisten
der Wirklichkeit entsprechen. Übrigens ist es sehr wohl möglich, dass
die Verdopplungszahl für Kinder, die in verschiedener Jahreszeit geboren
sind, auch durch natürliche Gründe schwankt, da, wie wir sehen werden,
die Jahreszeit auf die Wachstumszunahme starken Einfluss hat. Dasselbe könnte in bezug auf andere, nichtpathologische Wachstumsförde-
rurgen und -Hemmungen zutreffen.

9. Natürlicher Ablauf des Wachstums.

Wir können hier nicht auf den Wachstumsgang im einzelnen eingehen, wie er durch zahlreiche Arbeiten seit Quetelets grundlegenden

Untersuchungen (341) erforscht ist. Noch scheint unter den Anthropologen (Physiologen kümmern sich fast nicht um diese physiologischen Fragen) nicht in allen Beziehungen, weder über die Methodik noch über die Erscheinungen Einigkeit erzielt zu sein. Ich begnüge mich mit der Nennung einer Anzahl der hervorragendsten Autoren seit Q u e t e l e t : C a m e r e r (67, 68), D a f f n e r (90), G u n d o b i n (153), v. L a n g e (232, 233), A x e l K e y (215 b), M o n t i (290), P f i t z n e r (329 b), C. H. S t r a t z (430), W e i s s e n b e r g (476), V a h l , M a l l i n g - N a n s e n .

Es ist schon auf die Bedeutung hingewiesen worden, welche die Erforschung von Wachstumsgesetzen für den Arzt, den Staatsmann den Versicherungskaufmann und den Künstler hat. Ungenützte wissenschaftliche und praktische Werte liegen z. Z. noch in den Zahlen, die in der fleissigen Messungsarbeit obiger und zahlreicher anderer Autoren niedergelegt sind. Besonders die Pathologie dürfte von der Beschäftigung mit der Wachstumsphysiologie reichen Nutzen ziehen können. Da in dieser Richtung noch keine Bemühungen vorliegen, so sei es verstattet, an der Hand einiger wichtiger Wachstumstatsachen auszuführen, was damit gemeint ist.

Die Gestalt des Körpers — wir meinen jetzt den menschlichen — ist, so weit sie nicht individuell vererblichen Einflüssen nachgibt, von zwei wesentlichen Bedingungen abhängig, von A l t e r und G e s c h l e c h t . Der letztere Faktor allerdings tritt erst später in die Erscheinung; denn im Bau des Neugeborenen lassen sich noch keine geschlechtlichen Besonderheiten nachweisen (vgl. W e i s s e n b e r g (476). Die Wachstumsdauer, sowie der Verlauf des Wachstums sind aber dann bei Mann und Weib verschieden. W e i s s e n b e r g rechnet als Jahr des Wachstumsabschlusses das 23., (für das Weib das 18.,) E r i s m a n n für den Mann das 27., C a m e r e r nur das 18., (für das Weib das 17.). Was später hinzukäme, seien Nachholungen von früheren Wachstumsstörungen, meint C a m e r e r und W e i s s e n b e r g ist nicht abgeneigt, dies zuzugeben. Bis zum 9. Lebensjahr laufen die Wachstumskurven für Knaben und Mädchen parallel; die Knaben sind vielleicht (abgesehen von der etwas grösseren Anfangshöhe) durchschnittlich um ein Weniges grösser. Das Mädchen überholt aber den Knaben in bezug auf die Körperhöhe vom 10.—15. Lebensjahre. Sodann wird das Mädchen vom Knaben nicht nur eingeholt, sondern dauernd überwachsen. Während also beide Geschlechter die erste Streckung gleichzeitig durchmachen, verfrüht sich die zweite beim Weibe gegenüber dem Manne; aber das Wachstum ist bei Mädchen im wesentlichen mit dem 15. Jahre (C a m e r e r) vollendet (W e i s s e n b e r g hält die volle Reife mit 18 Jahren für erreicht), während es bei den Knaben mindestens bis zum 17. Jahre andauert. Das Längenwachstum schliesst früher ab als das Gewichtswachstum.

Im Verlaufe des Gewichtswachstums zeigen sich zwei grössere Anstiege: eine erste, zeitlich bei den Geschlechtern nicht getrennte starke Zuwachsperiode im ersten Jahre, eine zweite im Zusammenhang mit der Pubertät, bei Mädchen zwischen dem 12. und 16., bei Knaben zwischen dem 15. und 18. Jahr. Der Anstieg des Gewichts folgt dem der Länge nach. Im 10. Lebensjahr, dann wieder im 15. sind Mädchen und Knaben gleichen Alters gleich schwer (Friedenthal); dazwischen eilen die Mädchen, besonders um das 12.—13. Jahr voraus. Im allgemeinen muss jeder gesunde Mensch bis zum 19., bzw. bis zum 16. Lebensjahr an Gewicht zunehmen.

Die Bedingungen für das Schwanken des Wachstumstempos im Verlaufe der Kindheit sind uns ganz unbekannt; als Möglichkeiten haben wir bei dem heutigen Stande der Lehre von der inneren Sekretion die mehr oder minder starke Produktion wachstumsfördernder oder die Beseitigung wachstumshemmender Stoffe anzusehen. Pfaundler denkt z. B. bei der Verlangsamung der Wachstumsgeschwindigkeit in der Pubertät an die Wiederaufsaugung von wachstumsfördernden Substanzen im Blut.

Mit diesen Feststellungen ist zwar dem Schul- und Hausarzt gedient, der bei ein und demselben Individuum den Wachstumsgang zu verfolgen hat und mit der Norm zu vergleichen imstande ist, nicht aber dem Pathologen, der sozusagen vor ein durch den Tod festgehaltenes Augenblicksbild gestellt wird. Ihm wird eine andere Fragestellung neben der zeitlichen Betrachtung wichtiger sein; er wird sich nicht nur darum kümmern, ob ein von ihm untersuchter Körper seiner Altersentwicklung im allgemeinen, sondern ob er in bezug auf die einzelnen Proportionen seinem Alter und seinem Geschlecht entspricht.

Jedes einzelne Körpermass macht wie auch die einzelnen Organe seine eigene Entwicklung durch; es braucht kaum erwähnt zu werden, dass der Körper nicht gleichmässig in seinen Teilen wächst. Dies ist ja schon für das embryonale Leben immer wieder allen Beobachtern aufgefallen und ist auch der Ausgangspunkt für die Aufstellung angeblicher Wachstumsgesetze gewesen. Zutreffen dürfte im allgemeinen die Regel, dass ein Glied eine um so geringere Wachstumsintensität hat und einen um so früheren Wachstumsabschluss im extrauterinen Leben besitzt, je früher es im intrauterinen Leben aufgetreten ist. Es sei dies, meint Weissenberg (476) geradezu ein „Schlüssel für das Verständnis der Anfangs- und Endform des Menschen"; wohlgemerkt passt es nicht für die innere Ausgestaltung des Körpers, wohl aber z. B. für Kopf und Beine. Nach Hansemann (161) ist das ungleichmässige Wachstum in altruistischem Sinne zu verstehen; das vorwiegende Wachstum der einen Körpergegend — im allgemeinen beginnt die

Entwicklungswelle kranial und läuft kaudalwärts — rege dasjenige einer anderen an. Hier werde dann wieder das Gleichgewicht (welches? der Ref.) überschritten. Hansemann vergleicht dabei das Wachstum des Körpers mit einem aus dem Gleichgewicht gebrachten Pendel und erst im ausgewachsenen Körper herrsche Gleichgewichtslage. Wir haben oben angeführt, dass gerade die letztere Vorstellung irrtümlich ist, da es sich beim Altern um einen nie zur Ruhe kommenden natürlichen Entwicklungsprozess bis in das höchste Alter handelt. Freilich erscheint eines in den Hansemannschen Ausführungen richtig, dass bereits schon früh im intrauterinen Leben Wachstumsergebnisse gezeitigt werden, die selbst wieder automatisch auf die weitere Entwicklung jeweils einen bestimmenden Einfluss haben; wir können uns das innere Getriebe der Wachstumsreize wohl nicht allzu mannigfaltig denken; denn neben der allgemeinen Entwicklungstendenz, ausgelöst durch die Befruchtung, können wir annehmen, herrschen durch mechanische Schiebungen, durch Verlegungen der Schwerkraft, des Säftestromes, durch Erwachen von Beziehungen zwischen den Organen, durch Bildung neuer Produkte, durch Aufnahme von besonderen Stoffen von seiten der Zellen, kurz, durch immer neue und stärkere Reize Anregungen zu Wachstumsvorgängen. Die Pathologie des Wachstums zeigt uns zudem einen Ausfall oder sozusagen eine verkehrte Geographie des Wachstums, wenn jene Beziehungen, z. B. zwischen bestimmten Organen gestört sind; ja mit einem gewissen Recht kann man sagen, dass die Geschichte vor allem des postfötalen Wachstums eine Geschichte der Organfunktionen ist. Wir werden diesen Punkt noch bei der Besprechung der sog. Wachstumsorgane und Wachstumsstoffe zu besprechen haben.

Ein anderes Wachstumsprinzip sieht Mühlmann (292) in der verschiedenen Wachstumsdauer und in der Reihenfolge der wachsenden Organe verwirklicht: je näher ein Organ der Oberfläche liegt, desto länger, und je tiefer es im Körper liegt, desto kürzer dauere sein Wachstum an. Am längsten, nämlich bis ins Greisenalter wüchsen Haut, Darm, Lungen und Herz mit Gefässen. „Weniger lang und zwar nur bis zum 40.—50. Jahre wächst die Muskulatur". „Noch früher, ungefähr im 20. Lebensjahre hört die Gewichtszunahme des Skeletts auf." Dies Organ liegt nach innen von der Muskulatur. Am frühesten schliesslich, im zweiten Dezennium absolut, im ersten relativ, stellt das Zentralnervensystem sein Wachstum ein, ein Organ, das von Skelett (Wirbelsäule und Schädel) umgeben, am weitesten von der Oberfläche entfernt liegt". Da die Angaben Mühlmanns ohne die gehörige Kritik in die Literatur übergegangen sind, so verdienen sie hier widerlegt zu werden. Wir wollen zugeben, dass wir die doch wirklich am „innersten" gelegenen Organe wie Darm, Herz und Lungen als Oberflächenorgane bezeichnen können, weil sie Oberflächen bilden, aber deshalb sind sie doch nicht oberflächlich gelegen, worauf es offenbar bei der Pseudoregel Mühlmanns ankommt. Ebenso doppelsinnig wie der Begriff „Oberflächlich" ist das Wort Wachstum gebraucht: wenn es, wie beim Skelett oder Gehirn spezifische Massenzunahme bedeutet, so müsste es dasselbe für die Haut bedeuten. Kein Mensch behauptet aber, dass die Haut in diesem Sinn bis ins Alter wächst; wir müssten ja dabei sackartig werden. Für Haut und Darm meint also Mühlmann offenbar die dauernd Zellteilungen regeneratorischer Art, wie sie, aber nicht ausschliesslich, weitergehenden sondern nur besonders reichlich an den sogenannten Wechselorganen anhaltend erfolgen. Hier liegt also eine Verwechselung von Regeneration bzw. Ersatz und Wachstum vor. Aber von diesen mehr terminologischen Einwänden abgesehen, stimmen ja auch die angegebenen Tatsachen gar nicht: Dass die Lungen bis ins Greisenalter wüchsen, d. h. an spezifischer normaler Substanz zunähmen, ist sonst meines Wissens mit Recht niemals behauptet worden; die Alterserweiterung der Gefässe kann man nicht als Wachstum bezeichnen; für die Gewichtsverhältnisse des Skelettes liegen, besonders in Anbetracht der gerade hier besonders starken individuellen Verschiedenheiten noch nicht genügend Zahlen vor, um eine mathematisch und statistisch genügend einwandfreie Berechnung der Alterskurve der Skelettentwicklung zuzulassen. Noch mehr gilt das gleiche von der Muskulatur. Wir müssen also die angebliche Wachstumsregel von Mühlmann als eine unbewiesene Kaum-Hypothese ablehnen.

10. Anthropometrie und Pathologie.

Mit solchen Aufstellungen ist der Pathologie wenig genützt. Hingegen könnte sie, wie bereits hervorgehoben, aus den Zahlen der Anthropologen grossen Nutzen ziehen. Vor allem dürfte die Verfolgung zahlreicher Körperproportionen, wie sie besonders auch das wertvolle Buch von Weissenberg in reicher Zahl bringt, für den Arzt von grossem Werte sein. Hier sind zwei Punkte hervorzuheben: einmal sind für ein gegebenes Alter und dann für jedes Geschlecht jeweils die normalen Proportionen bekannt; also z. B. muss für einen Mann von 165 cm im Alter von 20 Jahren die Beinlänge ungefähr die und die, der Brustumfang ungefähr der und der sein. Ferner aber scheinen, wie aus den Angaben Weissenbergs hervorgeht, einige Dimensionen des Körpers nicht bloss in mathematischer, sondern auch in zeitlicher Korrelation zu stehen; d. h. nicht nur ist bei einer gewissen Hüftbreite die und die Schulterbreite, bei der und der Körperhöhe jener Kopfumfang normal, sondern ein gewisses normales oder verändertes Wachstum der Körperhöhe wird von einer bestimmten Entwicklung des Brustumfanges gefolgt; ähnliche Beziehungen liegen z. B. zwischen Sitzhöhe und Beinlänge vor. Es liegt auf der Hand, dass man manchen „Habitus" auf diese Weise wird analysieren können. Die Diagnose der Sexualcharaktere im Körperbau wäre z. B. bei Hermaphroditen, die Bestimmung kindlicher Züge bei den allzu vielen Formen des „Infantilismus", die Feststellung des fraglichen kindlichen Typus bei Asthenikern, Lymphatikern notwendig. Die allgemeinen Hemmungen des Wachstums durch Krankheiten wären ebenso anthropometrisch zu bestimmen wie die partiellen Abweichungen, z. B. der Brustkorb und Hals und Rumpf der Phthisiker. Sowohl in der Lehre von der Pathologie der inneren Sekretion, wie bei den von Hormonen unabhängigen Formen des Gigantismus und Nanismus liesse sich vielleicht auf diese Weise die Systematik fördern. Auch die zeitliche Entstehung der Disproportionen würde eine nicht unwichtige Frage sein. Auch feinere Masse lassen sich, wie die Verfolgung von Stirn- und Gesichtsentwicklung (Schwarz) zeigt, desgleichen Masse ungleicher Ordnung, wie Körpergewicht und Körperlänge vergleichen, letztere indem man sie rechnerisch auf gleiche Stufe bringt, wie der sog. Livische

Index zeigt. (Index ponderalis von Livi: $\;100\;\dfrac{\sqrt[3]{\text{Körpergewicht in cm}}}{\text{Körperlänge in cm}},$

zitiert nach Süpfle (433). (Siehe übrigens die neuere Kritik dieses Index durch Oeder [318b].)

Die Lösung dieser Aufgaben in pathologischen Fällen wird dann natürlich besonders schwierig sein, wenn es sich um formes frustes, z. B. nur um leichte Abweichungen vom geschlechtlichen Typus in der Körperform, etwa des Verhältnisses von Sitzhöhe zu Beinlänge, handelt, desgleichen, wenn Überstürzungen oder Hemmungen der Entwicklung um wenige Jahre vorliegen. Diese letzteren werden um so schwerer zu erkennen sein, je näher der Körper dem äusserlichen Wachstumsabschluss ist. Über die Altersentwicklung der Organe und Organproportionen ist noch viel zu wenig bekannt.

Mit zunehmendem Alter gewinnen diejenigen Züge der menschlichen Gestalt stärkere Ausprägung, welche spezifisch menschlich sind. Es liegt auf der Hand, dass neben den durch Geschlecht und Alter bestimmten auch die artlichen Merkmale der menschlichen Körperform leiden können. Es dürfte in diesem Zusammenhange deshalb auch wohl von Interesse sein, einiges für das menschliche Wachstum Eigenartige hervorzuheben. Dabei kann es natürlich nicht unsere Absicht sein, die morphologischen Neuerwerbungen des menschlichen Körpers oder etwa seine vermutliche Fortentwicklung zu besprechen; dies alles findet sich in ausgezeichneter Weise bei Wiedersheim (480). Nur sei daran erinnert, dass auch die postfötale Altersentwicklung in Hinsicht auf die Verwirklichung der biogenetischen Grundgesetze eine

einfache Fortsetzung der embryonalen Periode über die Geburt hinaus
ist, wobei einige menschliche Eigentümlichkeiten wie die Lendenlordose
sich erst sehr spät voll entwickeln.

11. Eigentümlichkeiten des menschlichen Wachstums.

Als die wesentlichste Eigentümlichkeit des menschlichen Wachstums
bezeichnet Friedenthal (133) die Grösse des Pubertätsanstiegs der
Gewichtskurve. Nur bei Affenarten findet sich ein ähnlich ausgeprägtes
Nachlassen des Längen-Wachstums in der Kinderzeit und lang andauerndes
Steigen des Gewichtes zur Zeit der geschlechtlichen Entwicklung. Bei
den meisten Säugern hat die Geschlechtsreifung keinen merklichen
Einfluss auf die Gewichtskurve. Wie auf rein morphologischem Gebiet
drängt sich uns in bezug auf den dem Menschen eigentümlichen Wachstumsverlauf die Frage auf, ob die spezifisch menschlichen Züge darin im Laufe
der Geschichte sich noch verstärken. Diese Frage wird natürlich nur der
aufwerfen, der den Menschen nicht (wie Hansemann es tut) für artfest
erklärt (vgl. Rössle [356 b]). Freilich muss man sich bei ihrer Beantwortung mehr noch als auf rein morphologischem Gebiet vor der Verkennung
pathologischen Geschehens hüten. Schon oben war von der Meinungs-
verschiedenheit der Autoren über die normale Zeit des Wachstumsabschlusses die Rede; so wollte Camerer (68) alles Wachstum jenseits
des 20. Jahres für ein nachgeholtes Wachstum erklären, verspätet durch
frühere krankhafte Hemmungen. Friedenthal fand bei einem gewissen
Menschenmaterial noch eine stärkere Verzögerung des Wachstumsabschlusses und kommt zu dem Schluss, dass es zwei menschliche
Wachstumstypen gibt, einen sozusagen primitiveren, bei dém die
Wachstumskurve wie bei Anthropoiden in der Erlangung der Geschlechtsreife gipfelt und einen Typus der „Intellektuellen", wo das Aufhören des
Skelettwachstums um 10 Jahre hinausgeschoben erscheint und besonders
der Kopfumfang über das 30. Jahr hinaus zunimmt. Hier haben wir
schon die Schwierigkeit, zu entscheiden, ob dies noch ein normaler
oder gar ein fortschrittlicher Typ ist.

In chemischer Hinsicht ist das menschliche Wachstum durch einen
ungleich höheren Nährmaterialverbrauch ausgezeichnet als das von
anderen Warmblütern. Nach Rubner (362) werden bei der Entwicklung des Menschen sechsmal so viel Kilogrammkalorien verbraucht
als bei Pferd, Rind, Schaf, Kaninchen und Schwein, falls man den
Energieaufwand berechnet, der nötig ist, um ein Kilogramm Neu-
geborenes der betreffenden Gattung im Gewicht zu verdoppeln.

Rubner hat weiterhin den Versuch gemacht, aus dem Brennwert der
aufgenommenen Nahrung im Zusammenhalt mit den für das Wachstum
davon ausgenützten Werten Wachstumsgesetze aufzustellen. Dieser Ver-

such ist aber nicht unwidersprochen geblieben (Friedenthal, Luciani, Aron). Was uns hier aber interessiert und wogegen sich wohl kein Einwand erhebt, ist die von ihm an vielen Beispielen festgestellte Tatsache, dass beim Menschen die Grösse des Wachstumsgewinns im Verhältnis zum Kraftwechsel klein ist.

12. Biochemie des Wachstums.

Auf die Biochemie des Wachstums im speziellen einzugehen, ist entsprechend dem oben Gesagten (S. 698) hier nicht unsere Aufgabe. Es sollen hier nur kurz einige Tatsachen berührt werden, die im Zusammenhang mit später zu erwähnenden Altersveränderungen der einzelnen Gewebe stehen und deren Kenntnis deshalb nötig ist. Die chemische Zusammensetzung des Gesamtkörpers ändert sich in verschiedener Hinsicht mit dem Alter, vor allem findet eine „Austrocknung" (Camerer) statt. Während er an Wasser verarmt, steigert sich der Gehalt an stickstoffhaltiger Substanz und an Asche. Von allen Geweben soll das Skelett sich chemisch während des Wachstums am stärksten verändern (Aron). Ein weiteres Beispiel für gut studierte chemische Altersveränderung von Gewebe ist das Fettgewebe: Hier tritt eine allmähliche Abnahme des Gehaltes an festen Fettsäuren, entsprechend eine Zunahme an flüssigen Fettsäuren ein (Dobatowkin). Eine für das prinzipielle Verständnis der Wachstumsprozesse hervorragend wichtige Feststellung ist die, dass eine grosse Anzahl chemischer Funktionen der Gewebe zu einer Zeit ausgebildet wird, wo der Körper ihrer noch nicht bedarf. Diese Tatsache geht aus den Feststellungen Ibrahims (200) und Oppenheimers (321) hervor und ist deshalb so bedeutsam, weil sie uns zeigt, dass der Wachstumstrieb seine Früchte von innen heraus, kraft der Vererbung und nicht auf Grund funktioneller Inanspruchnahme zeitigt. Die chemischen Nachweise, z. B. das Auftreten der Verdauungsfermente, wie Trypsinogen und Enterokinase, bereits im embryonalen Leben (Ibrahim) sind in dieser Hinsicht fast schlagender als die analogen morphologischen Erfahrungen.

13. Bedingungen des Wachstums.

Bevor wir auf die Besprechung der vielfachen Bedingungen des Wachstums eingehen, wollen wir mit einigen Worten seine Ursachen berühren. Unter den Bedingungen verstehen wir die natürlichen Voraussetzungen, die einmaligen und die dauernden Erfordernisse des Wachstumsvorganges, als seine Ursachen müssen wir alle jene Ereignisse und Zustände ansehen, welche diesen Vorgang auslösen. Ohne Zweifel lassen sich Ursachen und Bedingungen nicht in jedem Fall unterscheiden, da die Auslösungsursache noch als lang nachhaltende Wachstumsbedingung weiterwirken kann und weiter wirkt. Wir sind in unseren Betrachtungen bisher immer wieder zu dem Schluss geführt worden, dass der durch die Befruchtung in Gang gesetzte Wachstumstrieb das formale und chemische Geschehen im wachsenden Organismus beherrscht, wenn auch allmählich, wie wir glauben, ihm immer neue Kräfte zu Hilfe eilen. Das Einsetzen dieser neuen Kräfte, z. B. der verschiedenen Organstoffe, die wir in diesem Abschnitte aufzuzählen haben werden, ist freilich von einem bis dahin regelrechten Wachstumsgang abhängig. Lokale Störungen der formalen Genese, z. B. ein Ausbleiben des Schilddrüsenwachstums führt dazu, dass allgemeine Störungen Platz greifen, weil es von einer bestimmten Zeit an den notwendigen Wuchsstoffen fehlt. In diesem Zusammenhang sei nochmals daran erinnert, wie der Wachstumstrieb hoch komplizierte Bedingungen fertig stellt ohne Zuhilfenahme der funktionellen Anpassung; das bekannte Beispiel des bei der Geburt morphologisch fast fertig vorliegenden, ohne Zweifel funktionstüchtigen Gehörorgans, ferner der in Dermoidzysten völlig aus-gereiften Backzähne zeigen wohl die Unabhängigkeit der bildenden Wachstumkräfte von der Übung am besten.

Die Absicht, den Wachstumstrieb rückwärts bis zu seiner Entstehung zu verfolgen, hat zu den berühmten Versuchen von R. Hertwig [180) und besonders von J. Loeb (247—249) geführt. Die experimentelle Parthenogenese hat aber gezeigt, dass die wahre Befruchtung, die den Wachstumsprozess auslöst, im Eindringen einer unnachahmlich zusammengesetzten Stoffmasse in das Ei besteht. Ob in dem Befruchtungsvorgang die Vereinigung zweier aufeinander abgestimmter Wachstumsstoffe stattfindet oder ob nur das Spermatozoen mit Wachstumsstoffen ausgestattet zu denken ist und etwa nach Art und mittelst eines sich im Laufe des Lebens erschöpfenden Fermentes wirkt, ist nicht ausgemacht. Über die Beziehungen der Assimilation zum Wachtum wissen wir nicht viel. Jedenfalls ist Stoffaufnahme zur Fortdauer der Zellvergrösserung und Zellvermehrung durchaus notwendig. Nach den Untersuchungen Rubners wäre das Wachstum eine lebenswichtige Funktion der Zelle, weil ihre Unterdrückung den Tod der lebenden Substanz herbeiführt. E. Wilken (481) sagt, der Vorgang des Wachsens ziehe das Uhrwerk des Lebens immer wieder von neuem auf, indem sich durch die Teilung immer eine Erneuerung und Neumischung der Stoffe vollziehe, während die Zelle durch den Stoffwechsel im Ruhezustande abgenützt würde. Dagegen lässt sich allerdings einwenden, dass die dauerhaftesten Zellen des Warmblüters die Herz- und Nervenzellen sind, welche ihr Wachstum bald abschliessen und, so viel wir wissen, nicht erneuern. Dass der Stoffwechsel unvollkommen sei und die Zelle dauernd schädige, dass diese Unvollkommenheit das Grundprinzip aller Entwicklung, die Veranlassung für jedes Wachstum sei, wie schon früher Jickeli (205) gemeint hat, müsste erst bewiesen werden. Das Wachstum beginnt jedenfalls, wenn von einer schädigenden Wirkung des Stoffwechsels, wie in der ersten Embryonalzeit, keine Rede sein kann.

14. Wachstumsstoffe und Wachstumsorgane.

Eine Frage, die mit dem eben Gesagten zusammenhängt, ist die, ob es bestimmte Wachstums-Stoffe gibt. Die Literatur, die sich an die genannten Arbeiten J. Loebs angeschlossen hat, gibt darauf keine Antwort, was die Wachstumsvorgänge nach der Furchung betrifft. Aron ist der Meinung, dass ein Gewebe sich beim Wachstum aus den Stoffen wieder aufbaut, in die es beim Stoffwechsel zerfällt, dass also die Stoffwechselprodukte „die Wachstumsbausteine" seien. Dies ist wohl nur cum grano salis zu verstehen, denn sonst wären wir bei einem chemischen perpetuum mobile angelangt.

Im Sinne von Wachstumsbausteinen sind natürlich alle für das Leben der Zelle notwendigen Elemente Wuchsstoffe. Dabei verdient festgehalten zu werden, dass in dieser Hinsicht das Bedürfnis des Organismus wechselt. Sowenig der Anwuchs morphologisch gleichmässig ist, so wenig ist er es in chemischer Hinsicht. Bald werden mehr die, bald mehr jene Stoffe benötigt; dies ist ein Punkt, der bei der Ernährung wachsender Menschen noch zu wenig berücksichtigt erscheint; es zeigt sich, dass ein 6jähriges Kind vielleicht mit derselben Nahrung hungern kann, die einem Sechzehnjährigen quantitativ und qualitativ genügt. Denn bald überwiegt der Ansatz mineralischer, bald der Ansatz organischer Stoffe. Mit Gliadin allein wachsen unausgewachsene Tiere nicht, wohl aber genügt dieser Eiweisskörper, allein gegeben, zur Lebenserhaltung eines ausgewachsenen Tieres [Osborne und Mendel zit. nach Aron (12)].

Verstehen wir aber unter Wuchsstoffen chemische Substanzen, die das Wachstum spezifisch anregen ohne selbst Brennwert zu haben, so liegt die Frage wieder anders[1]). Erstens ist zu unterscheiden zwischen dem Gesamtwachstum einzelner Gewebe. Was das letztere betrifft, so ist vom Phosphor bekannt (Wegener [473]), dass er in kleinen Dosen anregend auf die Knochenbildung wirkt. Alle Stoffe, welche das Gesamtwachstum bedingen und fördern, sind chemisch unbekannt. Sie sind hormonaler Natur[2]). Die Organe, von denen sie ins Blut abgeschieden werden, hat man gelegentlich auch Wachstumsorgane genannt.

---

[1]) Weil sie Brennwert haben, kann man die Vitamine, welche Funk (137) für wesentliche Wuchsstoffe erklärt, nicht zu diesen letzteren eigentlichen Wachstumssubstanzen zählen.

[2]) Es gibt jedenfalls auch spezifisch auf Einzelgewebe abgestimmte Hormone. So wird den Ovarien ein inneres Sekret zugeschrieben, welches auf das Wachstum normaler

Anders sind wiederum, um dies hier einzuflechten, die Beziehungen, welche zwischen dem Wachstum verschiedener Gewebe, durch deren örtliche Beziehungen, bzw. Berührung gegeben sind; ich erinnere an den taktischen Reiz, welchen Bindegewebe auf Epithel ausübt, ferner an die sehr beachtenswerten Befunde bei Gewebskulturen in vitro, wonach Presssaft von Embryonen, von rasch wuchernden Geschwülsten und von Milzsaft das Wachstum der Gewebskultur fördert, während das Wachstum von Zentralnervensystemteilchen in Plasma durch Zusatz von Bindegewebe gehemmt wird.

Fast alle inneren Organe sind schon als eigentliche Wachstumsorgane, als Zentren, die dem Wachstum vorstehen, angesprochen worden. So behauptete dies Hutchinson (198) von der Hypophysenregion, während Falta (126) meint, dass überhaupt, auch von anderen Forschern, die Hypophyse als „dominierendes Wachstumszentrum" überschätzt wird; nach Dustin (103) kommt der Thymusdrüse die Hauptrolle beim Wachstum und der Erneuerung der Gewebe zu (als eines die Zufuhr von chromatischer Substanz an die Gewebe besorgenden Organes). Lediglich eine Verlangsamung des Wachstums sahen Lucien und Parisot (259) nach der subkapsulären Ausschälung des Thymus. Die operierten Tiere holten die Kontrolltiere später wieder ein. Nach White (476) soll die Sekretion der Nebennieren (Fett, Lezithin) das Wachstum und die Entwicklung regulieren. Fraglich erscheint nach den widersprechenden Angaben der Einfluss der Milz auf das Wachstum. Während nach Dröge (100) Milzexstirpation Hemmung des Wachstums zur Folge hatte, hat sie nach Zimmermann (492) gar keinen Einfluss auf dasselbe. Tandler und Gross (440) sehen in der Thyreoidea „das das Wachstum des Körpers regulierende Organ." Sie sind aber vorsichtig genug, deshalb nicht sämtliche Wachstumserscheinungen von der Schilddrüse allein abhängig zu machen. Vielmehr heben sie richtig hervor, dass das harmonische Zusammenwirken von Keimdrüse, Thyreoidea, Thymus, Hypophyse die normale rechtzeitig eintretende Reife des Individuums zeitigt und fügen hinzu, diese charakterisiere sich durch den Abschluss des Wachstums, den Eintritt der Fortpflanzungsfähigkeit, durch das Erscheinen der sekundären Geschlechtsmerkmale.

Dies ist der springende Punkt, dass so häufig bei den klinischen und experimentellen Untersuchungen, besonders auf dem Gebiet der inneren Sekretion, von Wachstumshemmung schlechtweg gesprochen

---

und pathologischer Muskelsubstanz des Uterus (Myom) Einfluss hat (Seitz 409). Neuerdings isolierten Seitz, Wintz und Fingerhut (408) aus dem Corpus luteum ein Lecithalbumin, das sie Lipamin nennen, welches bei fortgesetzter Einspritzung bei Kaninchen eine Vergrösserung von Ovarien und Uterus zur Folge hat. Dasselbe stellte Iscovescu (203) fest.

wurde, ohne dass die Merkmale und Einzelerscheinungen des Wachstums, welche gehemmt oder gefördert werden, näher bezeichnet werden. Während der Ausfall des Schilddrüsenhormons offenbar auf sehr viele Wachstumserscheinungen (Streckung des Skeletts, Reifung des Zentralnervensystems und der Geschlechtsorgane, Assimilation), also auf das Wachstum im allgemeinen wirkt, hat der Mangel an Hypophysensekret keinen Einfluss auf die Intelligenz, sondern hemmt nur das Skelettwachstum [Aschner (25), Ascoli und Legnani (26)] und auch der Keimdrüsenverlust hindert nicht die Entwicklung der Intelligenz, modelliert aber den Körper unrichtig.

Wir kommen jedenfalls zu dem Schlusse, dass es weder ein Organ gibt, dessen Ausfall alle Reifeerscheinungen des Körpers verhindern könnte, noch dass die verschiedenen Hemmungen des Wachstums nur von einem Organ ausgelöst werden können. Von den einzelnen Erscheinungen des krankhaften Wachstums, die infolge Veränderungen im Bau der inneren Drüsen zutage treten, soll später die Rede sein.

Die Tätigkeit der wachstumsförderlichen Stoffe dieser Drüsen scheint, wenigstens zum Teil, schon im fötalen Leben zu beginnen. Denn es sind Fälle von angeborenem Myxödem bei Schilddrüsenaplasie beschrieben. Für gewöhnlich beginnen freilich hierbei die Störungen erst einige Zeit nach der Geburt.

Die Frage, wie jene Hormone in den Wachstumsprozess eingreifen, ist gänzlich ungelöst. Es darf aber darauf aufmerksam gemacht werden, dass die Wirkung ihres Ausfalls sich meist am stärksten am Skelett ausprägt. Man hat sich bisher selten gefragt, in welchem Verhältnis das Knochenwachstum zum Wachstum der übrigen Organe steht. Es wäre denkbar, dass im allgemeinen das Skelett mit dem Wachstum voraus geht; bei Aron (11) findet sich eine dahingehende Bemerkung, dass das Skelettwachstum primär sei. Dann müsste man sich vorstellen, dass durch die Ausdehnung des inneren Gestells Verschiebungen, Spannungen und Druckentlastungen stattfänden, die den am Gestell befestigten (Muskeln) und im Gestell angeordneten Organen (Eingeweide) als Wachstumsreize dienten. Für die Haut und die Muskeln hätte diese Vorstellung von vornherein nichts Unsinniges, da Haut- und Muskelwachstum von Spannungen tatsächlich abhängig ist. Spricht aber schon die häufige Disproportion zwischen Knochen- und Muskelentwicklung, besonders bei abnormer Körpergrösse, gegen jene Annahme, so tut es noch mehr die Tatsache, dass ja keineswegs die inneren Organe gleichmässig wachsen, sondern das Wachstum jedes Organs seine eigene Bahn verfolgt; so ist z. B. im kindlichen Körper die Leber relativ gross, der Thymus wächst und schwindet unabhängig von der Gestaltung der Umgebung usw. Ferner spricht gegen das „sekundäre“ Wachstum der inneren Organe das Vorkommen der Splanchnomegalie.

Eine andere Meinung ist die, dass das Wachstum von bestimmten Stellen des Zentralnervensystems aus geleitet wird. Diese Frage ist besonders häufig in den Diskussionen über die Rolle der Hypophyse in der Genese der Akromegalie erörtert worden, wo von manchen Autoren der Infundibularregion eine solche Rolle zugeschrieben wurde. Weniger lokalistisch drücken sich diejenigen aus, welche eine unmittelbare Wirkung der Hormone auf die Organe zwar verneinten, aber nur unbestimmt von „Wachstumszentren trophischer Natur im Gehirn" sprechen. So stellt sich z. B. Steinach (423) die innersekretorische Funktion der Keimdrüsen vor [1]).

15. Wachstum und Ernährung.

Ein recht naheliegender Gedanke ist es auch, die Wirkung der Hormone auf den Stoffwechsel als das Massgebende ihrer Wachstumsbeeinflussung anzusehen. Hierüber ist meines Wissens noch nicht verhandelt worden. Es ist klar, dass wir damit sofort an einem zellulären Problem angelangt sind. Wir müssen aber leider gestehen, dass wir in Beziehung auf das Wachstum im kleinen nicht viel besser unterrichtet sind als in bezug auf das Wachstum im grossen. Wachstum kann natürlich nur stattfinden, wenn die Zelle über das Minimum des Kraftbedürfnisses ernährt wird. „Das Verhältnis zwischen Anwuchs lebendiger Substanz und gleichzeitigem Kraftwechsel beim Abbau hat für jede Spezies ein Optimum" [Rubner (362)]. Als Wachstumsquotienten bezeichnet Rubner das Verhältnis zwischen der Energiemenge, welche als Wachstumsgewinn erscheint und jener, die mit der Dissimilation verbraucht wird. Durch forcierte Ernährung lässt sich bekanntlich kein Ansatz erzielen; im Gegenteil hat eine solche eine hemmende Wirkung. Bei Aron (13) sind die Erfahrungen aufgezählt, aus denen hervorgeht, wie durch Ernährung und Hunger Wachstum gehemmt werden kann.

Wenn wir hier einen Augenblick von dem Wachstum der Einzelzelle absehen, so ist es wichtig festzustellen, dass es Wachstum des einen Organs auf Kosten des anderen gibt (vergl. das vielzitierte Beispiel des hungernden Lachses, dessen Geschlechtsorgane auf Kosten der Muskulatur und des Fettes heranreifen). Daraus ergibt sich auch, dass Gewichtsstillstand kein Zeichen von Wachstumsstillstand zu sein braucht [Aron (10, 13)]. Bei richtig zusammengesetzter, aber ungenügender Nahrungszufuhr stockt auch beim Menschen das Wachstum nicht; sondern es fressen sich einzelne Teile, und zwar vor allem Skelett und Gehirn auf Kosten anderer satt, und befriedigen gleichzeitig ihren Wachstums-

---

[1]) In diesem Zusammenhang mag auch daran erinnert werden, dass von Cohnheim (87) und F. W. Beneke jedes Wachstum, z. B. der Muskeln und Drüsen, nach Wachstumsabschluss nur durch Mitwirkung des Nervensystems für möglich gehalten wurde.

trieb. Das Ergebnis ist ein für die Wachstumspathologie höchst bedeutsames: Der Körper verliert seine normalen Proportionen.

Was hier im grossen geschieht, ist durch zahlreiche Experimente, besonders der Schule R. Hertwigs auch für die Zelle festgelegt. Was dort Proportionsstörung ist, ist hier u. a. Veränderung der Kernplasmarelation. Die Kernplasmarelation ändert sich durch die Ernährung der Zelle, indem am Zelleib Anwuchs stattfindet und der Kern aus dem Zelleib Stoffe aufnimmt, die zum Anbau chromatischer Substanz führen. In einem bestimmten Zeitpunkt wird ein Missverhältnis der Kernchromatinmasse zum Plasma dazu führen, dass kein weiteres Chromatin, sondern Astrosphären gebildet werden; ihre Entstehung leitet sodann die Zellteilung ein. Der Vorgang der Zellteilung kommt erst zum Stillstand, wenn das Verhältnis der Masse des Protoplasmas einen bestimmten Wert erreicht hat (Boveri [56]). Für die im Gewebsverband befindlichen Zellen genügen freilich diese Vorstellungen nicht. Die Gesetze der Vermehrung dieser Zellen sind uns unbekannt.

16. Beeinflussungen des Wachstums.

Die natürlichen und krankhaften Bedingungen, unter denen das Wachstum vor sich gehen kann, sind nicht immer scharf zu unterscheiden. Einige der letzteren, wie den Ausfall der Wachstumshormone, haben wir schon im vorigen Kapitel berührt.

Pathologische Formen des Wachstums können ihren Grund schon in abnormer Beschaffenheit des Ausgangsmaterials, nämlich der Keimzellen haben. Künstliche Veränderungen der Protoplasma- oder Kernmasse des Eies erzeugen Zwerg- und Riesenformen. Experimentell hervorgebrachte zwergwüchsige Anlagen (z. B. Seeigellarven aus der Hälfte oder dem Achtel des normalen Eies) besitzen dann nur eine entsprechend verringerte Anzahl von Zellen.

Die nicht unbedeutenden Gewichts- und Grössenunterschiede reifer menschlicher Neugeborenen haben offenbar sehr verschiedene Ursachen, die uns zudem sicher lange nicht alle bekannt sind. Da wir die Geburt als einen im Wachstumsprozess nicht sonderlich einschneidenden Zeitpunkt ansehen müssen, so interessieren uns jene Unterschiede nur insofern, als es sich fragt, wie sich die Gesamtentwicklung solch verschieden schnell wachsender menschlicher Früchte darstellt. Es liegen darüber wenig Untersuchungen vor. Wichtig ist die Feststellung von H. Opitz (320), dass die Wachstumskurve von Kindern, welche mit einem Untergewicht ausgetragen zur Welt kamen, parallel derjenigen von Normalgewichtigen verläuft, ja dass solche Kinder die Normalen sogar einholen oder überholen können und dass nur ein Drittel jener zurückbleibt. Von der Gestaltung des Wachstums bei Frühgeburten soll später die Rede sein.

Welchen Einfluss unnatürliche Ernährung, Überernährung einerseits und Hunger andererseits ausübt, und wie sehr es darauf ankommt, Hunger nicht nur quantitativ, sondern auch qualitativ und für die verschiedenen Entwicklungsperioden verschieden anzunehmen, haben wir schon oben (S. 724) erörtert. Einige Punkte sind noch hinzuzufügen. Wird gerade so viel Nahrung gegeben, dass die Erhaltung des Lebens möglich ist, so dauert das Wachstum noch so lange an, als es auf Kosten von Reservestoffen vor sich gehen kann. Sind diese aufgezehrt, so hört das Wachstum auf. Auf diese oder jene Weise gehemmtes Wachstum scheint aber latent zu bleiben (vergl. Rubner [362]). Dies hat noch kürzlich Aron (13) in sehr schönen Versuchen nachgewiesen; es gelang ihm durch länger beschränkte Ernährung das Wachstum bei jungen Ratten zum Stocken zu bringen. Wurden nun solche Störungen des Wachstums nicht mehr innerhalb der normalen Wachstumszeit ausgeglichen, dann holten die Tiere das Versäumte auch dann noch nach, wenn normal genährte Geschwistertiere den natürlichen Wachstumsschluss schon erreicht hatten. Der Wachstumstrieb war also nur zurückgehalten, nicht erstickt worden und die Wachstumszeit verlängerte sich in ein sonst nicht mehr wachstumsfähiges Alter.

In Hungerzuständen während des Wachstums sind also vielleicht die Ursachen von Hemmungen und von Disproportionen zu sehen, die sich in besonderen „Habitus“-Formen verraten, darauf deuten z. B. andere Versuche von Aron (13): Erhalten wachsende Hunde nur ebensoviel Futter, dass das Gewicht sich hält, so wächst wohl das Skelett, aber auf Kosten der Muskulatur. Deren Proteingehalt nimmt ab, der Verlust wird durch Verwässerung gedeckt. Der Kalorienwert von 1 g Körpersubstanz wird auf ein Drittel herabgesetzt. Schliesslich wird auch das Längenwachstum gehemmt. Die letztere Tatsache, dass durch schlechte Fütterung geringe Körpergrösse erzielt wird, ist seit langem den Tierzüchtern bekannt (Bollinger) und auch in der Botanik verwendet zur Erzielung von Zwergformen. Dass auch bei richtiger Ernährungszufuhr anscheinend durch Störungen des intermediären Stoffwechsels Organe auf Kosten anderer wachsen, oder dass wenigstens das relative Wachstumstempo der Organe in Unordnung geraten kann, dafür sprechen die vorzeitigen Reifungen einzelner Systeme, z. B. die isolierte und auf einzelne psychische Fähigkeiten beschränkte prämature geistige Entwicklung oder die Pubertas praecox. Münzer (111) hat meines Wissens zuerst auf die Möglichkeit einer ungewöhnlichen einseitigen Ernährung von Organen aufmerksam gemacht.

Dass die Funktion selbst auf die Ausbildung der Organe, auf die Richtung sozusagen, die das Wachstum nimmt, Einfluss hat, braucht

kaum erwähnt zu werden[1]), desgleichen dass der Mangel auch nur
eines wichtigen Teilstoffes der Nahrung das ganze Wachstum hemmt;
einige Formen des Zwergwuchses sollen z. B. durch eine Störung des
Kalkstoffwechsels (übermässige Ausscheidung von Calcium durch den
Darm) bedingt sein. Prinzipiell wichtig ist auch die Feststellung von
M. B. Schmidt (386), dass ungenügend eisenhaltige Kost bei elter-
lichen Tieren eine Hemmung des Wachstums bei deren Nachkommenschaft erzeugt, weil hier eine besondere Form von Unterernährung über
eine Generation hinaus wirkt. Vielleicht ist diese Feststellung ebenfalls
für die menschliche Habituslehre bedeutsam.

Von anderen Einflüssen seien noch genannt die rassemässigen,
die sozialen und die klimatischen. Weissenberg (476) meint, dass
wesentliche Differenzen im Wachstumsverlaufe bei verschiedenen Rassen
nicht vorhanden sind, was die Aufeinanderfolge der bekannten Perioden
betrifft. Über die Spätreife von Tropenbewohnern sind allerdings mehrfache Berichte [Reche, Neuhaus (347)] gegeben worden. Die rassemässigen Wuchseigentümlichkeiten bilden sich hauptsächlich in der
Pubertätsperiode, aus Weissenberg (476).

Über die sozialen Abänderungen der Wachstumskurve (Vergleich
von gutsituierten und armen Schülern) liegen eine ganze Anzahl Arbeiten
vor. So hat noch jüngst Dikanski (97a) den Einfluss der sozialen Lage
auf die Körpermasse von Schulkindern untersucht: Mädchen aus sozial
höheren Schichten haben nicht allein grössere Körpermasse, sondern
zeigen untereinander auch grössere Variationsbreite. Hier spielen nach
Pfaundler (328a) eine Reihe von verschiedenen Faktoren mit: Ernährungs-
einflüsse, ethnologische und dysgenische Bedingungen (Rassemischung,
Domestikation). Die grössere Körperlänge der gutsituierten Kinder hält
Pfaundler für abnorm; die armen Kinder mit ihren stärkeren Breitendimensionen sind als kräftiger, gesünder, normaler anzusehen. Die reichen zeigen mithin ein präzipitiertes Wachstum; Pfaundler spricht bei diesen Abweichungen vom normalen Wachstumstempo von Hystero- und Protoplasie.

Ein entgegengesetzter Einfluss geht von den Jahreszeiten aus:
Schmidt-Monnard und Berlinerblau [zit. nach Weissenberg
(476)], stellten fest, dass entsprechend der Periodizität der Jahreszeiten bald
Gewicht-, bald Höhenwachstum gefördert wird und zwar soll der grösste
Höhenzuwachs auf den Sommer, der grösste Gewichtszuwachs auf den
Winter fallen. Ob hier wirkliche klimatische Verhältnisse und nicht bloss
die grössere Stubenhockerei im Winter mitspielen, ob solche Periodizität
auch in Klimaten ohne Jahreszeitenwechsel vorkommen, ist meines Wissens
nicht klargestellt. Bei E. Matthias (270a) findet sich die Angabe, dass

---

[1]) Vergl. dazu die Untersuchungen von Külbs (224) über den Einfluss von Bewegungen auf die Entwicklung innerer Organe.

im Sommer, besonders zwischen August und Oktober die Gewichtszunahme grösser ist als im Winterhalbjahr; im Frühjahr trete u. U. sogar eine Abnahme ein. Das Längenwachstum sei in der ersten Jahreshälfte, vor allem in den Monaten April bis Juli lebhaft.

Schliesslich sei nicht vergessen, dass der Gang des Wachstums an sich pathologische Bedingungen für den weiteren Verlauf zu schaffen imstande ist. So ist die Periode gesteigerten Längenwachstums zur Zeit der Geschlechtsreifung durch eine gewisse Schmalbrüstigkeit auch bei normalen Proportionen gekennzeichnet; Übergänge zu pathologischen Graden oder Hemmungen des darauf normal erfolgenden Wachstums in die Breite sind zu jener Zeit am leichtesten möglich; bekanntlich zeichnet sich die Pubertätsperiode auch sonst in der erhöhten Disposition zu Abweichungen von der normalen Wuchsbildung aus.

III. Das natürliche Altern.

1. Altern und Alterskrankheiten.

Wir haben bereits im vorigen Abschnitt über die Beziehungen des Alterns zum Wachstumsprozess gesprochen. Es ist bedauerlich, dass die deutsche Sprache nicht verschiedene Wörter für die verschiedene Bedeutung des Zeitwortes „altern" besitzt. Wenn wir von jemand behaupten, dass er „altert", so meinen wir damit, dass an ihm die Merkmale späterer Lebensjahre in die Erscheinung treten, meist meinen wir damit, dass er greisenhaft wird. Andererseits kann nicht geleugnet werden, dass auch der Embryo im Mutterleibe schon altert und in dieser biologischen Hinsicht deckt sich der Begriff des Alterns mit dem Begriff der Entwicklung überhaupt, während „Wachstum" nur eine Teilerscheinung dieser Entwicklung ist. Auch Schwalbe (398) macht diese begriffliche Trennung und unterscheidet beim Wachstum sehr richtig zwischen generativem und regenerativem Wachstum, d. h. der Neubildung gleicher Strukturen, sobald jeweils die Höchstentwicklung erreicht ist. Dabei ist allerdings zu beachten, dass die Zytomorphose d. h. die nach Erreichung einer genügenden Zellmasse eintretende Differenzierung auch noch zum Wachstum gehört. Auch die „Alterserscheinungen" sind Entwicklungsvorgänge. Sie beginnen — darin sind sich wohl alle Untersucher einig — mit dem Aufhören des Wachstums [vergl. v. Hansemann (361)]. Dies erscheint auch experimentell gestützt durch die Versuche Rubners, wonach Zellen (Hefezellen) altern und in wenigen Tagen zugrunde gehen, wenn sie — bei reichlicher Ernährung — am Wachstum verhindert werden. Es geht aus Rubners Angaben nur nicht deutlich hervor, welche Kriterien für die Annahme des rasch eintretenden Alterns massgebend waren.

Wenn v. Hansemann (161) sagt, dass man entwickeln und altern in keiner Weise zusammenwerfen darf und dass das Altern erst beginne, wenn die Entwicklung fertig ist, so wäre dieser Ausspruch richtig, wenn es statt „das Altern" „das Alter" hiesse.

Eine andere, halb sprachliche, halb sachliche Schwierigkeit liegt in den verschieden zu bewertenden Alterserscheinungen, d. h. den Merkmalen, welche das Greisenalter vereinigt. Die französische Sprache unterscheidet sehr hübsch zwischen „Vieillesse" und „Sénilité", zwischen physiologischer und pathologischer Greisenhaftigkeit. Das Wort „sénilité' war nach Letienne (240) noch vor 50 Jahren ungebräuchlich. Nach demselben Autor ist von drei Greisen einer senil, d. h. Objekt der ärztlichen Behandlung, Patient aus Greisenhaftigkeit. „La vieillesse est simplement fonction du temps, la sénilité est fonction d'une altération pathologique des tissus" sagt Ranzier. Diese Anschauung, dass es physiologische Altersveränderungen gibt, hat sich nun endlich Bahn gebrochen [v. Hansemann (161), Ribbert (349), Martius (269), Friedmann (135)]. Die frühere Anschauung spiegelt sich am besten in dem lateinischen Ausspruch „Senectus ipsa morbus", der bald Cicero [zit. nach Luciani (258)], bald Terentius und Seneka (zit. nach Friedmann) zugeschrieben wird. Die moderne Anschauung von der physiologischen Natur der Alterserscheinungen ist wohl zuerst von Wolff 1748 (484) ausgesprochen mit den Worten: „Sanissimus homo senescit", bis dann Geist (140) und Charcot (76) die natürlichen und krankhaften Altersveränderungen genauer geschieden haben. Von der senilen Involution als einer physiologischen Erscheinung war allerdings auch schon bei Johannes Müller die Rede, aber es hat doch lange gedauert, bis die Einzelerscheinungen derselben bekannt waren; man braucht sich nur zu erinnern einerseits, wie unzureichend und verwirrt unsere Anschauungen über die Beziehung der Arteriosklerose zu den Altersveränderungen der Arterien bis in die neueste Zeit[1] waren und andererseits, wie noch eine der neuesten Alterstheorien, diejenige Metschnikoffs nämlich, (siehe hierüber unten) den wesentlichen Unterschied zwischen Involution und Greisenkrankheiten völlig verkennt. Auch Mühlmann verwischt diese Unterschiede mehrfach · völlig. In Beziehung auf die Involution sagt v. Hansemann (161) sehr richtig: „Es erscheint eine erneute Feststellung der wirklichen Alterserscheinungen um so mehr notwendig, als ich aus den Angaben Metschnikoffs ersehe, dass über dasjenige, was zu den physiologischen Alterserscheinungen gehört, keineswegs genügende Sicherheit besteht und Alterskrankheiten mit

---

[1] Als Beispiele für die scharfe Unterscheidung zwischen physiologischen und pathologischen Altersveränderungen mögen die Ausführungen Aschoffs (19) und Rössles (356a) erwähnt sein.

Alterserscheinungen nicht selten verwechselt werden." Für manche dieser Erscheinungen ist es nun auch heute in der Tat nicht leicht, den physiologischen Charakter zu erweisen, so z. B. für den Marasmus senilis. Ich möchte, gerade auf Grund pathologisch-anatomischer Beobachtung mit Schlesinger (379), dem wir das neueste Werk über die Krankheiten des höheren Lebensalters verdanken, gegenüber Ranzier, Pic-Bonnamour (54) und J. Schwalbe (399), an dem Vorkommen einer senilen Kachexie festhalten und ich erkläre sie mir bei der Abwesenheit von kachektisierenden Krankheiten aus dem tat-sächlichen Verbrauchtsein der Organe, besonders derjenigen der Nah-rungsaufnahme und der Blutbereitung. Freilich hatte nicht nur seiner-zeit Schönlein recht, sondern es bedarf auch heute noch der Er-innerung, dass mit der Diagnose „Marasmus senilis" häufig Missbrauch getrieben wird.

Es ist schon im einleitenden Kapitel gezeigt worden, wie die Be-schäftigung mit dem Altersproblem im allgemeinen, besonders vom ärztlichen Standpunkte aus in den letzten Jahrzehnten zugenommen hat. Es sei nochmals kurz auf die Werke von J. Schwalbe (399), Friedmann (135), Schlesinger (379), auf die Artikel Letiennes (240) u. a. hingewiesen. Besonderer Erwähnung bedürfen noch die besonders wichtigen Spezialstudien über die Anatomie und die Klinik des senilen Zentralnervensystems von den Symptomen der Wechseljahre bis zu den Psychosen des Seniums [Aschaffenburg (15), Gaupp (138), K. Mendel (277), Hübner (194), R. Hirschfeld (186), Edinger (106)]. Auf diesen speziellen Gebieten wiederholt sich die Forderung, die rein senilen Veränderungen scharf zu fassen; so hat z. B. Alzheimer den histolo-gischen Nachweis erbracht, dass die Läsionen des Gehirns bei der senilen Demenz andere sind als die arteriosklerotischen, dass es sich bei der ersteren um eine pathologische Verstärkung des senilen Abbaues am Zentralnervensystem handelt.

Wie sehr das Bewusstsein von der verschiedenen Natur, sozusagen von der verschiedenen medizinischen Wertigkeit einzelner Krankheiten in verschiedenem Alter zunimmt, zeigt z. B. das neue Handbuch der Tuberkulose von Brauer, Schroeder und Blumenfeld, in dem Hoppe-Seyler in einem eigenen Kapitel die Tuberkulose im Greisen-alter, F. Hamburger die Tuberkulose der Kinder behandelt hat.

Dass die Wissenschaft vom Alter auch nötig ist für den Staat in Hinsicht ihrer forensischen [vgl. Aschaffenburg (15)] und sozial-politischen Bedeutung, sei nochmals betont. Als Beispiel hierfür sei auf die Wichtigkeit der Kenntnis z. B. von den Altersveränderungen der Arbeiter [Stempel (425)] hingewiesen und als Beweis die Zahl der für die Altersversorgung in Betracht kommenden Personen verschiedener europäischer Länder angegeben: Nach Schlesinger beträgt in Deutschland die Zahl der über 60 Jahre alten Lebenden nicht weniger als $7^3/_4\,\%$ der Bevölkerung, in Österreich $7,5\,\%$, in Frankreich sogar $11,5\,\%$.

Von grosser Bedeutung für den Arzt wäre es, eine Methode der objektiven Altersbestimmung zu besitzen. Sie erscheint ebenso wünschenswert für den Gerichtsarzt als für den Geburtshelfer. Beide haben bekanntlich die unüberwindliche Schwierigkeit schon bei der Bestimmung des Alters eines Neugeborenen. Für den gerichtlichen Mediziner wäre eine solche Methode für die übrigen Lebensalter noch viel weittragender. Leider setzen wir nun keine Jahresringe wie die Bäume an[1]); trotzdem erscheint es nicht ausgeschlossen, dass einmal ein Verfahren herausgebracht wird, den Körper auf sein Alter zu bestimmen, weil erstens die wechselnden Einflüsse der Aussenwelt (Jahreszeiten), wie wir sahen, an ihm Eindrücke hinterlassen und weil zweitens der Prozess des Alterns selbst ein dauernd progredienter, nie zu Stillstand kommender ist. Viel wahrscheinlicher ist es allerdings, dass wir über eine Abschätzung, zu der wir ja ohnehin durch Beurteilung der Gesichtszüge, Haltung, Gang usw. befähigt sind, um so weniger hinauskommen, als verschiedene Individuen offenbar recht verschieden rasch altern können. Aber eben diesen Vorgang wissenschaftlich zu fassen, etwa durch Feststellung der möglichen und der tatsächlich abgelaufenen zellulären Prozesse (Teilungen usw.) wäre schon sehr bedeutungsvoll. Vorläufig ist dies ein wissenschaftlicher Wunsch. Ein Versuch in der angegebenen Richtung ist durch Th. Rotch in Boston gemacht worden; er unterscheidet bei Kindern ein chronologisches Alter vom anatomischen Alter und will letzteres nach dem Grade der Entwicklungsreife der Karpalknochen bestimmen. Dagegen ist natürlich einzuwenden, dass es einen allgemein gültigen Indikator für den Zustand der Gesamtentwicklung schon deshalb nicht geben kann, weil das Gesamtwachstum aus Hunderten von Einzelentwicklungen zusammengesetzt ist und viele von diesen bis zu einem gewissen Grade unabhängig von den anderen sind, auch allein gehemmt werden können. Die Hemmung derjenigen Erscheinungen, die als Indikatoren benützt werden, kann deshalb ein falsches Bild geben. Trotzdem sind solche Versuche ebensowenig aufzugeben wie die Aufstellung von Normentafeln für Entwicklung und Wachstum. Eine solche Tafel hat, zur Beurteilung von Wachstum und Ernährungszustand bei Kindern, C. v. Pirquet (332) zusammengestellt. Jede nicht individuelle Bestimmungsart des Alters, damit ist gemeint der Vergleich des einzelnen mit Durchschnittszahlen, ist wegen Ungenauigkeit un-

---

[1]) Eine objektive Altersbestimmung ist übrigens auch an Tieren und zwar an Fischen nach der Beschaffenheit ihrer Schuppen und ihrer Otolithen möglich (vgl. z. B. Immermann [201a], Haempel und Neresheimer [156a]).

brauchbar. In diesem Sinn ist auch der Satz Rubners (362) zu beurteilen: „Der jeweilige Grad (des Alters) würde sich etwa so ausdrücken
lassen, dass man den Energieverbrauch eines bestimmten Zeitpunktes
mit dem mittleren Energieverbrauch während des ganzen Lebens in
Beziehung setzt. Bei dem Menschen würde man dann beispielsweise
finden, dass er zur Zeit des Ausgewachsenseins etwa ein Drittel seines
Gesamtumsatzes erreicht hat, bei Beginn der Pubertät etwa ein Viertel".

Die Aufgabe, das Alter eines bestimmten Individuums genauer zu
bestimmen, wird ja praktisch seltener gestellt werden. Bei Angehörigen
des Wachstums-Alters wird man sich helfen können, aber sich nicht wie
Rotch (s. oben) mit der Feststellung des Entwicklungsgrades eines einzigen Alters-Indikators begnügen dürfen, sondern man wird möglichst
zahlreiche solche festlegen. Dazu gehört ausser einer gründlichen röntgenologischen Besichtigung des Skeletts die Berücksichtigung der Proportionen des Körpers und ihr Vergleich mit guten Normenzahlen. Für
die ausgewachsenen Menschen hingegen werden unsere Hilfsmittel versagen, besonders für die höheren Alter; zumal bei kranken Körpern
werden auch die Schätzungen nach äusseren und inneren Merkmalen
des Alters sich sehr unsicher gestalten.

Schliesslich sei noch erwähnt, dass die Altersveränderungen bei
den Anthropoiden früher eintreten als bei den Naturvölkern und weit
früher als beim Kulturmenschen [Friedenthal (133)].

2. Das Wesen des Alterns.

Die letzterwähnte Tatsache ist um so bemerkenswerter, als sie mit
einer landläufigen und auch wissenschaftlich oft begründeten Anschauung vom Wesen des Alters in Widerspruch steht, der Anschauung
nämlich, dass das Altern ein Abnutzungsvorgang sei. Sie ist noch
jüngst von Schlesinger (379) in seinem mehrfach genannten Buche
vertreten worden, ist aber schon alt. Im Grunde genommen, ist es
gleich, ob man von Abnutzung oder Erschöpfung spricht; so meinte
Erasmus Darwin (90), das Altern komme von der „Erschöpfung der
Irritabilität", und Lubarsch (257) pflichtet dem bei, indem er sagt,
dass das Altern der Zelle nur als ein besonderer Fall der Erschöpfung
aufzufassen sei, freilich mit der Besonderheit, dass es sich um eine nicht
ausgleichbare, sondern endgültige Erschöpfung handelt. Gleich hier
wollen wir selbst betonen, dass alle jene Erklärungen des Altersprozesses
nichts taugen, welche nicht die Irreversibilität der Erscheinungen dabei
berücksichtigen. Wir kommen darauf bei der Besprechung der Verjüngung (s. S. 751) noch zu sprechen. Ob die Abnutzung physiologisch
oder pathologisch ist — beides kommt vor —, ist für die Auffassung
zunächst gleichgültig; im allgemeinen gestaltet sich das Altern bei den

meisten unserer Volksgenossen zu einem teilweise pathologischen Vorgang; dies war aber bei Kulturvölkern immer der Fall; schon Seneka
klagte zu Lucilius: „Unser Leben könnte lange währen, aber wir selbst
bemühen uns, es zu kürzen." Und Rousseau, der die Rückkehr zur
Natur predigte, preist, im Grunde genommen, das unphysiologische
Altern, indem er in „Emile" sagt: „L'homme, qui a le plus vécu n'est
pas celui, qui a compté le plus d'années; mais celui qui a le plus senti
la vie."

Ribbert (349) leugnet die Abnutzung als die wesentliche Erscheinung der Altersvorgänge. Seine Ansichten hierfür gehören zu der Gruppe
der Alterstheorien, die in der Unvollkommenheit des Stoffwechsels den
Grund des teilweise regressiven Lebens der Gewebe im Alter sehen.
Ribbert (349) speziell meint, dass Alter und Tod von bestimmten
Organen aus eingeleitet werden und meint, als Ausgangspunkt kämen
für das Altern nur Herz und Hirn in Frage. In den Pigmentierungs-
vorgängen dieser beiden Parenchyme sieht er den eigentlichen, sozusagen
zentralen Altersprozess; die Pigmente selbst sind das Ergebnis langsam
sich anhäufender Stoffwechselprodukte, die die Tätigkeit der Zellen,
besonders ihre Assimilation (hier die Beziehung zum Stoffwechsel!)
schädigen, weil sie Zellgranula besetzen. Wahrscheinlich sei dann die
Atrophie von dieser Störung abhängig. (Hierzu sei bemerkt, dass es
auch Atrophie ohne Pigmentierung gibt.) Auch die Fähigkeit der Zellen,
die Zwischensubstanz zu konservieren, werde dadurch geschädigt (damit
nähert sich Ribbert doch der Abnutzungstheorie). Die Arteriosklerose
und die physiologischen Altersveränderungen tragen dazu bei, die Entfernung jener Stoffwechselprodukte zu erschweren. Die Ganglienzellen
seien die am intensivsten von der Altersatrophie betroffenen Zellen.

Ewald (121, 122) meint, dass dem Rätsel des Alterns auf morpho-
logisch-anatomischem Wege überhaupt nicht beizukommen ist und be-
ruft sich auf Calkins, Child und Conklin, welche die Abnahme des
Stoffwechsels als das wesentlichste Merkmal beim Altern ansehen. Derselben Ansicht ist Enriques (110). An anderer Stelle bezeichnet Ewald
(123) die Atrophie des Intestinaltraktus als eine der wesentlichsten Ursachen der Alterskachexie. Friedr. Müller (306) sagt, dass von einem
allmählichen Nachlassen des Umsetzungsvermögens oder von einer
mangelnden Ernährung der Zellen im Alter nicht gesprochen werden
könne.

Während so auf der einen Seite von manchen der Versuch gemacht
wird, der angeblich unvollkommener werdenden Assimilation die Schuld
am Altern zu geben, soll wieder nach andern Altern, Lebensdauer und
Tod durch ungenügende Exkretionsprozesse, also durch einen sich allmählich summierenden Mangel der Dissimilation bedingt sein. Dies ist

die Ansicht z. B. von Montgomery (291a) und Ähnliches meint V. Hensen (177b) mit seiner Altersschlackenhypothese. Davon wird noch bei der Frage der Verjüngung die Rede sein[1]).

Schon oben haben wir auf den zeitlichen Gegensatz zwischen Wachstum und Altern hingewiesen: wie im grossen die Involution erst nach Abschluss des Gesamtwachtums (von dem wir gesagt haben, dass es bis etwas in die fünfziger Jahre hineinreicht) einsetzt, so altert auch die Zelle erst dann, wenn sie an weiteren Teilungen verhindert wird; Teilung bedingt neue Säftemischung, erhält jung. (Rubner, Jickeli, Willken.) Die Verminderung der Wachstumsfähigkeit erklärt aber nicht das Altern, sondern müsste selbst erklärt werden, zumal sie in der Tat eine wesentliche Erscheinung des im Alter auslaufenden grossen Entwicklungsprozesses ist. (So auch Bühler [63].)

Mühlmann leugnet die Bedeutung der Abnutzung in der Altersfrage. Nach ihm sind Wachstum und Altern Ernährungsfragen; der Wachstumstrieb werde durch die zunehmende Insuffizienz der Ernährung abgeschwächt, die Insuffizienz entstehe durch das immer grösser werdende Missverhältnis von assimilierender Oberfläche zur Masse, die durch jene ernährt werden soll. Gleichzeitig ändert sich auch das Verhältnis der peripheren zu den zentralen Teilen[2]). In diesem Punkt lehnt sich Mühlmann an Verworn an. Hier liegt eine fälschliche Übertragung von Vorstellungen, die für Einzellige zutreffend sein können, auf den vielzelligen Organismus vor. Die Zelle hungere also mit zunehmendem Alter immer mehr und es stellen sich in ihr immer mehr Entartungsvorgänge ein. In dieser Anschauung sondert Mühlmann (292, 298) sehr merkwürdige Behauptungen ab; über den von ihm (mit Ribbert) angenommenen degenerativen Charakter der im Alter in den Nervenzellen stattfindenden Pigmentierung lässt sich noch streiten; auch könnte man noch mit der Vorstellung gehen, dass unter dieser rückschrittlichen Pigmentierung die vom Zentralnervensystem abhängigen Funktionen des Körpers litten; Mühlmann denkt dabei an trophische Störungen. Unmöglich können wir ihm aber folgen, wenn er weiter behauptet, dass alle Differenzierung, mithin die gesamten Wachstums- bzw. Reifungsprozesse im Körper degenerativer Natur seien. Fortschrittlich sei nur die Vermehrung der primitiven Zellbrut, des „Blastgewebes", nicht aber seine Umwandlung in anderes Gewebe; so entstehe nicht

---

[1]) Nachtrag bei der Korrektur: In dem eben erschienenen Buche von Lipschütz 246a) ist diese Anschauung sozusagen zu dem leitenden Gedanken in der Lehre vom Altern und vom Tode gemacht.

[2]) Mühlmann (395) mass das Wachstum, bzw. die jeweilige Grösse der verschiedenen Teile der Nierenzelle in verschiedenen Altersperioden beim Rinderembryo. In derselben Zeit, in der sich der Zellenquerschnitt, also vorwiegend das Protoplasma 8mal vergrössert, vergrössert sich der Kern nur 2,4mal.

nur der Glaskörper, die Muskel- und Nervenfibrille durch Degeneration, sondern die dabei chemisch ausgebildeten Eiweissderivate seien „minderwertig". In folgerichtigem Schluss wird sodann das Ei als eine verkümmerte, in Degeneration begriffene Zelle in Nekrobiose, die Dotterbildung als ein Entartungsvorgang bezeichnet; schliesslich werden diese Behauptungen mit dem Satz gekrönt, dass das Gehirn schon von der ersten Stunde des Lebens ab insuffizient sei, da in ihm bereits „mit dem ersten Lebenshauch rückläufige Erscheinungen auftreten", so dass man bedauern muss, dass dem Urheber eines solchen Gedankens nicht schon im Mutterleib Tinte und Feder zur Verfügung standen. Es bedarf im Ernste kaum der Hervorhebung, dass solche Ansichten nur auf Grund der Verkennung der fundamentalen (wie oft von Virchow betonten!) Tatsache geäussert werden können, dass physiologisches und pathologisches Geschehen im Prinzip nicht verschieden sind, ja dass selbst in der Erscheinungsform krankhafter Prozesse physiologische Entwicklung mit dem Ergebnis funktioneller Höchstleistung zustande kommt; man denke nur an die Entkernung der Erythrozyten, man wird wohl nicht fragen, ob die normalen roten Blutkörperchen durch diese Metamorphose „schlechter" werden.

In Beziehung zum Ernährungsproblem steht eine weitere Theorie über das Altern, die in vieler Hinsicht mit jenen Wachstumstheorien verwandt ist, die wir in einem früheren Kapitel (3) kennen gelernt haben. Wie die Zellen, so haben die Kolloide ihre Lebenskurve, meint Marinesco (267), das Altern der Zellen könne auf dem Altern der Kolloide beruhen. Als Altern der Kolloide kann man denjenigen Zustand derselben bezeichnen, in dem allmählich die Dispersion der Teilchen („granulations") sich vermindert und, hauptsächlich auf Grund einer Wasserverarmung, eine Agglomeration derselben eintritt. In der Tat tritt ja auch (s. oben) im Alter eine Entwässerung des Körpers auf. Durch die „Entschwellung" des Protoplasmas nimmt auch der Umfang der Zelle ab und diese Verminderung und sonstige Veränderungen der Oberfläche sollen bei den Altersveränderungen eine grosse Rolle spielen (geringere Oberflächenspannung, geringere Durchlässigkeit für Kristalloide). Vergleiche haben immer ihre Bedenklichkeit, sollten aber die von Marinesco behaupteten Befunde an gealterten Zellen ihre Richtigkeit haben, so wäre dies natürlich ein hoffnungsvoller Weg, in das Problem des Alters besser einzudringen als bisher.

Sehr häufig ist schon der Versuch gemacht worden, das Altern als den Ausfluss von Hormonwirkungen darzustellen und besonders sind es Sexualorgane und Schilddrüse, die immer wieder den Verdacht, Urheber des Greisentums zu sein, auf sich gelenkt haben. Auf eine Insuffizienz der Nebennieren will Aravandinos (8a) die wesentlichen

Erscheinungen des Greisenalters zurückführen. Die Ähnlichkeit derselben mit den Ausfallserscheinungen bei der Addisonschen Krankheit sei sehr gross; z. B. die Adynamie, die epigastrischen Schmerzen und vor allem die Pigmentierung. Er spricht deshalb von einem Hypoepinephridismus senilis. Es ist zuzugeben, dass die Pigmentierung bei der Alterskachexie derjenigen bei Morbus Addisonii sehr ähnlich ist; haben doch darum Neusser und Wiesel ausdrücklich vor einer Verwechslung mit der im hohen Alter allerdings seltenen Addisonschen Krankheit gewarnt. Immerhin ist die geschilderte Alterspigmentierung doch bei uns so selten, dass sie als eine allgemein gültige Kennzeichnung des Wesens des Altersprozesses nicht einmal im höchsten Alter angesehen werden kann. Mehr allgemeiner nimmt Lorand (254, 255) das Problem auf. Nach ihm beruht das Altern auf einer „Degeneration“ einer ganzen Anzahl innersekretorischer Drüsen, nämlich Schilddrüse, Nebenniere, Geschlechtsdrüsen, Pankreas. Den Beweis sieht er hierfür in dem greisenhaften Aussehen von Menschen mit Erkrankungen dieser Drüsen: Kastraten, Myxödematöse, Diabetiker usw. So sagt er an einer anderen Stelle, die Senilität biete das deutlichste Bild eines myxödematösen Zustandes. Infolge des Mangels an Entgiftung komme es zu chronischen Autointoxikationen und gegenüber dem normalen Altern sei in dieser Hinsicht nur ein gradweiser Unterschied. Hiergegen haben Ewald und Falta (126) Einspruch erhoben mit dem Hinweis, dass die Sachlage eine umgekehrte sei, dass nämlich natürlicherweise das System der Blutdrüsen wie jedes andere Gewebe an der Altersinvolution des Organismus teilnehme. Falta trennt allerdings das pathologische Altern und gibt für dieses zu, dass es von Störungen der Blutdrüsen abhängig sei; er weist besonders auf die von ihm beschriebene multiple Blutdrüsensklerose hin.

Von den Fällen krankhaft überstürzter Senilität soll erst in einem späteren Abschnitt die Rede sein. In der Tat findet sich da häufig ein pathologisch-anatomisch begründeter Ausfall von innersekretorischen Drüsen oder auch einzelner, z. B. der Hypophyse (Simmonds 1914), die wir bisher noch nicht genannt haben. Die Ähnlichkeit des Myxödems z. B. mit der Greisenhaftigkeit, z. B. in bezug auf das Ausfallen von Haaren und Zähnen, auf die Runzelung und Trockenheit der Haut, auf die Trägheit des Stoffwechsels und der Zirkulation, der Niedrigkeit der Körpertemperatur, der Verminderung der drüsigen und geistigen Sekretion, ist doch so gross, dass es nicht wundernehmen kann, dass einige Autoren, so Horsley und Vermehren [zit. nach Biedl (49)] die Senilität auf die Degeneration, aber allerdings auf die senile Degeneration der Schilddrüse, richtiger gesagt auf die senile Atrophie der Thyreoidea zurückführen. Biedl weist wohl mit Recht darauf hin, dass hier eine Verwechslung von Ursache und Wirkung vorliege und Ewald (123) macht auf das Fehlen einer Atrophie des Magendarmkanales beim Myxödem aufmerksam, die er für eine wesentliche Bedingung der Alterskachexie ansieht.

v. Hansemann (161) hält die Alterskachexie für die Folge des Ausfalls der Generationszellen. Die Sexualorgane seien lebenswichtige Organe, aber der Tod erfolge durch ihren Ausfall nicht in kurzer Zeit, sondern es entwickele sich eine zum physiologischen Tode führende allmähliche Kachexie. Bei Besprechung des physiologischen Todes werden wir darauf zurückkommen müssen, dass wohl in der Tat in physiologischer Hinsicht der Abschluss der Geschlechtstätigkeit einen Zusammenhang mit dem Tode habe. Auch lässt sich nicht leugnen, dass einiges (aber nicht anders bei der Schilddrüsentheorie des Alters) für die Hansemannsche Anschauung spricht, so das frühzeitige Altern der Eunuchen (Korsakow), die Möglichkeit der opotherapeutischen Behebung der Senilität durch Injektion von Hodensaft (Claude Bernard) oder durch Implantation von Hodengewebe beim senilen Tier (Harms [166]), aber andererseits spricht noch mehr dagegen; abgesehen von der Tatsache, dass Kastraten und Kastrierte nicht kürzer leben als andere Menschen, warnen Biedl (49) und Harms (166) wohl mit Recht vor einer Überschätzung des Einflusses einzelner Drüsen auf den Altersprozess. Auch Tandler und Gross (440) drücken sich sehr vorsichtig aus: „Wie viele der somatischen Erscheinungen, welche man gemeinhin als Alterserscheinungen bezeichnet, wirklich auf die Unterfunktion der Geschlechtsdrüsen zu setzen sind, lässt sich bei dem gegenwärtigen Stand unserer Kenntnisse nicht beurteilen und dieselbe Unsicherheit erschwert die Analyse der körperlichen Reaktionen im Klimakterium."

Während alle bisher besprochenen Alterstheorien das gemeinschaftlich haben, dass sie das Altern für einen in der Natur des vielzelligen Organismus begründeten, naturnotwendigen Prozess ansehen, blieb es einer der neuesten Theorien, der vielbesprochenen Alterstheorie von Metschnikoff vorbehalten, den physiologischen Charakter des Altersprozesses überhaupt zu leugnen[1]). Sie läuft darauf hinaus, beweisen zu wollen, dass Altern und Sterben eine fixe Idee geworden seien, ein Unfug, der sich durch Anwendung bester menschlicher Vernunft vermeiden liesse. Die Gebrauchsanweisung zur Betätigung solcher Vernunft gibt Metschnikoff (280): Das Altern ist bedingt durch eine Selbstvergiftung, welche vom Darmkanal, insonderheit von dem durch Fäulnis erfüllten Dickdarme ausgeht. Die Fäulnis wird dort unterhalten durch eine krankhaft üppige Bakterienflora. Die in den Organismus von dort übergehenden

---

[1]) Ein Satz bei Metschnikoff (280, S. 322) lautet wörtlich: „Das Alter als physiologische Einrichtung zu betrachten, ist sicherlich unrichtig."

Gifte schädigen die edlen Elemente des Körpers, vor allem die Nervenzellen. Auf Grund von deren Schädigung werden Fresszellen angelockt,
welche auch sonst lebensunfähige Zellen der Gewebe angreifen und
durch die Tätigkeit der zu Neurophagen werdenden Phagozyten gehen
die Nervenzellen unter. Auch andere Parenchymzellen, wie die Nieren-
zellen, sollen von den Makrophagen verzehrt werden. „Die Alters-
degeneration besteht wesentlich in der Zerstörung der edleren Elemente
durch die Makrophagen." Heilung von Alter und Tod ist mithin möglich durch Schwächung der Makrophagen, Stärkung (serologische!) der
angegriffenen Gewebe, Hemmung oder Beseitigung der Darmflora,
letztere durch diätetische oder chirurgische Massnahmen, am einfachsten
und gründlichsten durch die Exstirpation des Dickdarmes, welcher für
den Menschen überflüssig und schädlich sei; dann drohe noch die Gefahr von seite des Magens, der sich auch entbehren liesse, wenn er
„auch noch lange nicht so unnütz sei, wie der Dickdarm". Auch die
Zähne gehören zu den entbehrlichen Organen. Diese „Gerontologie"
Metschnikoffs ist bekanntlich von vielen Seiten sehr ernst genommen
worden; es war dies bei den grossen wissenschaftlichen Verdiensten
ihres Urhebers kein Wunder. Man hat sich bemüht, dort, wo er von
Befunden spricht, nachzuprüfen. Aber auch die Befunde, vor allem
die Neuronophagie in den Gehirnen greiser Individuen, konnten von
Marinesco (767), Sand, Leri (239), Ribbert (349), Hansemann
(261), Mühlmann (302), Cerletti (74) nicht bestätigt werden. Saigo
(369) fand keinen Unterschied bezüglich tatsächlich vorkommender Zer-
störungsprozesse der Ganglienzellen durch anliegende Wanderzellen
zwischen jugendlichem und hohem Alter. Auch Minot (285) hat sich
gegen die Lehre Metschnikoffs gewendet. Bestätigung fand dieser
durch Salimbeni und Gery (370), die sich auf den Befund von
Rundzelleninfiltraten in den Organen einer 93jährigen Frau stützen,
sowie durch Manouelian, für dessen Präparate sich Metschnikoff
in einem zweiten optimistischen Buche (280b) verbürgt. In bezug auf
die Vorwürfe, die er dem Dickdarm als der indirekten Quelle des Alterns
macht, treten ihm Lorand und A. Brosch (60) zum Teil auch Mühlmann bei. Der letztere aber nur in Hinsicht des frühzeitigen Alterns.

Wenn nun auch für den Menschen der Beweis für die Anschauung
noch nicht als erbracht anzusehen ist, dass Alter und Tod vom Gehirne
ausgehen (Ribbert, Mühlmann), so geben dieser Anschauung doch
zwei neuere vergleichende Arbeiten eine gewichtige Stütze; sie sind
prinzipiell um so wichtiger, als sie den ersten Versuch darstellen, an
einem geeigneten tierischen Material dem Problem nicht allein gedank-
lich, sondern durch unmittelbare Beobachtung zu Leib zu rücken. In
seinen „Beobachtungen über den natürlichen Tod der Tiere" findet

5

Harms (166b) als erstes Anzeichen des sich vorbereitenden physiologischen Todes ein Nachlassen der Reizbarkeit. Die Versuche sind an einem Röhrenwurm der Neapler Station (Hydroides pectinata) ausgeführt. Mit der Abnahme der Reizbarkeit ist eine Entartung des Zentralnervensystems zu beobachten und zwar beginnt sie in denjenigen Teilen desselben, welche dem Blutumlaufe im Abdomen und der Innervation der Kiemen vorstehen. Durch Zirkulationsstörung ist die hierauf erfolgende Nekrobiose der Abdominalsegmente und das Fortschreiten des Todes von dem abdominalen auf den thorakalen Teil bedingt. Man kann die Harmssche Arbeit geradezu als einen ersten klassischen Versuch, den Übergang von Alter in Tod zu beobachten, bezeichnen. Die erste Erscheinung war ein körniger Zerfall von Ganglienzellen. Die andere wichtige Arbeit ist die v. Hansemanns über die Alterserscheinungen bei Bacillus rossii; auch bei dieser Stabheuschrecke geht die Abnahme der Reflexe bei alten Tieren mit Veränderungen an den Ganglien einher; sie bestehen in Eindringen von Wanderzellen, Auftreten von Nekrosen mit Verkalkung, Verringerung des Säftestroms und Entartungen von Ganglienzellen. Schliesslich fand Hodge (187b) am altersatrophischen Gehirn der Biene eine Verminderung der Zahl der Ganglienzellen auf fast ein Drittel der ursprünglichen Zahl.

Der Vollständigkeit halber sei noch erwähnt, dass Valli und Hamelin in der natürlichen und pathologischen Verknöcherung die wichtigste Erscheinung des Alterns sehen, dass nach Réveillé die senile Involution auf ungenügender Blutbildung, nach Boy-Tessier auf fortschreitender Bindegewebsentwicklung beruhen soll [zit. nach Luciani (258)]. Wir schliessen unsere Betrachtungen am besten mit den Worten Baumgartens (37): „Um für die Wandlung zum Verfalle des alternden Individuums eine Erklärung zu geben, sieht die exakte Naturforschung sich genötigt, die Grenzen, die sie ihrer Exaktheit selbst gesteckt hat, zu verlassen."

3. Über die Ungleichmässigkeit des Alterns der Organe.

In einigen der besprochenen Alterstheorien ist auch die Anschauung enthalten, dass das Altern von einem Organ sozusagen ausgehe und dass dieses Organ den übrigen im Altern vorauseile, indem es zuerst der senilen Atrophie verfalle (Schilddrüse). Diese Annahme, dass die Teile eines Organismus verschieden rasch und also unabhängig von einander altern, ist schon mehrfach auch sonst, ohne die Idee der Zentralisation des Altersprozesses, aufgetaucht und besonders von Merkel (278), dann unabhängig von ihm von Rössle (355) verteidigt worden. Sie ist aber, wie ich nachträglich aus der Literatur ersehe, viel älter. Schon Philitis (331) sagt: „Jedes Organ hat einen individuellen Zyklus von Metamorphose, seine Zu- und Abnahme und sein ihm eigentümliches Alter, welches es, seiner Natur und der Spannung des Ganzen angemessen, durchläuft". Dass ein einzelnes Organ altert, ist nach Merkel an dem Eintritt von regressiven Erscheinungen an ihm festzustellen. Man muss Hansemann (161) Recht geben, wenn er bei seiner Kritik dieser Anschauung vom ungleichmässigen Altern das als den wunden Punkt derselben ansieht, dass eben die Bestimmung der Merkmale des Alterns schwierig und oft willkürlich ist. So hält Merkel die Bildung der Nebenhöhlen der Nase für eine Wirkung der Altersatrophie der Schädelknochen. In Verfolgung einer so extremen Auffassung müsste man manche andere Anpassung zu den Altersveränderungen zählen, müsste das Verschwinden von temporär angelegten embryonalen Organen mit dem Altersprozess in Verbindung bringen usw. Unserer Meinung nach geht dies zu weit. Hingegen wird man Merkel darin beistimmen können, dass besonders die Epithelgewebe einen jugendlichen, weil den embryonalen Typus am getreuesten bewahrenden Zustand am längsten beibehalten. Die Epithelien eines Kindes unterscheiden sich in bezug auf feinere Struktur und gegenseitige Beziehungen von denen eines Erwachsenen weit weniger als die Bindegewebszellen beider Altersstufen. Wir nähern uns mit dieser Anschauung der Theorie Minots (284), welcher in der zunehmenden Differenzierung die Merkmale des Alters sieht. Auch er muss dabei ein verschieden rasches Altern der Gewebe annehmen. Auch diejenigen Forscher, die in dem Alter einen Erschöpfungszustand sehen, müssen dieser Anschauung beitreten: Lubarsch (257) z. B. gibt auf dieser Grundlage logischerweise ein ungleiches Altern zu. Merkel bringt mit dem Alterszustand auch die Fähigkeit der Regeneration in Zusammenhang: die Leichtigkeit, mit der z. B. Epithel sich erneuere, beruhe gerade darauf, dass dasselbe stets in einem für die Regeneration günstigen (jugendlichen) Zustande verharrt. Je weiter sich ein Gewebe vom Typus seines ursprünglichen Keimgewebes entferne, um so beständiger seien seine einzelnen Zellen, um so sicherer „verändere sich aber das ganze Gewebe zum Schlechteren". Die Interzellularsubstanzen drücken dem alternden Individuum sein Gepräge auf. Auch Rössle (355) führt aus, wie der Verlust der Regenerationsfähigkeit dem Altern der Zelle parallel läuft, Zellteilung und Regeneration verjüngen, Funktion altert und dieses Altern verrät sich entweder in der Zunahme paraplastischer Substanz oder in dem Liegenbleiben von Stoffwechselprodukten, von denen die „Abnutzungspigmente" vorläufig offenbar die einzig gut sichtbaren sind. Auch gewisse Kernveränderungen gehören, wie wir noch sehen werden, zu den Kennzeichen alternder Zellen. Man kann auf Grund makroskopischer und mikroskopischer Merkmale für das Altern zu einer, freilich im einzelnen noch schwankenden, Altersskala der Organe gelangen (Rössle 355). Die Bedeutung genauerer Erkenntnis dieser Vorgänge und pathologischer Abänderungen der Reihenfolge wäre für den Fortschritt auf manchem medizinischen Gebiete, z. B. dem der Krebsforschung und der Erschöpfungskrankheiten, nicht gering. Auch diejenigen Autoren, wie Hansemann (161), die in dem Altern lediglich eine Funktion des Gesamtorganismus sehen, müssen die Möglichkeit zugeben (und Hansemann tut dies auch an einer Stelle), dass einmal einzelne Organe früher altern können als andere. Dass es am Einzelorgan spezifische Merkmale für das eingetretene Altern gibt, beweist die Angabe der Gynäkologen, dass der Uterus „antizipiert" altern könne nach Kastration oder sonstiger Funktionsbehebung der Eierstöcke (Seitz 409), gleichzeitig ein Beispiel für die Tatsache, dass auch die Gründe für die Involution in gegenseitigen Beziehungen zweier Organe gelegen sein können. Nicht annehmbar ist die merkwürdige Angabe Merkels (278), dass Kaltblüter nicht alterten. Jeder, der sich einmal mit Fischen abgegeben hat, wird das bestreiten können. Merkels Angabe sei noch ein Ausspruch des englisch-japanischen Schriftstellers Lafcadio Hearn mehr philosophischer Art entgegengestellt, welcher etwas biologisch Richtiges enthält und lautet: „Alle zusammengesetzten Dinge müssen altern; unbeständig sind alle zusammengesetzten Dinge."

4. Eigenschaften alternder Zellen und Organismen.

Um hinter das Rätsel des Altersprozesses zu kommen, wird es, wie bei anderen naturwissenschaftlichen Objekten, zunächst am meisten sachgemäss sein, möglichst viele Eigentümlichkeiten alternder Lebewesen und ihrer Teile ausfindig zu machen. Wir haben eben gesehen, dass sich die Meinung nicht aufrecht erhalten lässt, dass nur die Warmblüter altern; es fragt sich aber, wie weit in der Tierreihe zurück sich ein solcher Vorgang verfolgen lässt[1]). Es wäre ja sehr bedeutsam, wenn an Einzelligen sich Merkmale der senilen Involution feststellen liessen. Wir haben oben schon die Bemerkung Rubners, dass Hefezellen alterten, in Zweifel gezogen. Maupas (272), G. N. Calkins, Child und Conklin haben die Abnahme der Teilungsfähigkeit in Infusorienkulturen, die an der Auffrischung durch die Konjugation verhindert waren, für ein Kriterium des Alters angesehen. Zunehmende Trägheit, schlechtere Nahrungsaufnahme, Herabgehen der Teilungsgeschwindigkeit machen die von Calkins sogenannte „Depression" aus, welche von

---

[1]) Einige Angaben über die Beurteilung des Alterns von Pflanzen finden sich bei Hensen (177b). Dort ist auch unter den Erscheinungen des Alters u. a. die bekannte Beobachtung erwähnt, dass junge Buchen im Winter belaubt blieben, während alte kahl stehen.

diesem Autor geradezu mit Seneszenz identifiziert wird. Minot (285) hat meiner Meinung nach die Stichhaltigkeit der Beweisgründe, dass hier ein Altwerden vorliege, mit Recht angezweifelt; es liegen lediglich gleiche Erscheinungen vor, wie z. B. Abnahme des Stoffwechsels bei Depression und beim Alter. Beide deswegen zu identifizieren, sei nicht angängig. Vielleicht geht aber Minot zu weit, wenn er deshalb das Altern bei Einzelligen überhaupt leugnet und Alter und Tod für einen Erwerb der vielzelligen Kreatur hält. Wir können uns sehr wohl denken, dass ein dem Alter analoger Erschöpfungszustand auch das einzellige Geschöpf befällt, nur fehlt es uns vorläufig an sicheren Merkmalen, dies zu bestimmen. So wie die Merkmale des Alters bei den verschiedenen Organen, so sind sie wohl auch bei den verschiedenen Organismen verschieden.

Bei Kulturen von Einzelligen darf man das Alter der Kultur nicht mit dem Alter ihrer Individuen verwechseln. So ist es z. B. bekannt, dass sowohl Bakterien (Reichert [348b]), als Protozoen (Prowazek [306]) in alten Kulturen besonders lange Geisseln, bzw. Zilien besitzen, aber fraglich, ob dies zum Habitus der alternden Einzelzelle gehört und nicht viel mehr mit dem lange nicht erneuerten Medium zusammenhängt und eine Anpassung auch jüngerer Individuen der Kultur bedeutet. Für die oben genannte Depression hat schon Enriques (109) gezeigt, dass sie von Vergiftung durch die Kulturflüssigkeit abhängig ist.

Man sucht in der Literatur vergeblich nach systematischen Nachforschungen über die morphologischen Eigentümlichkeiten alter Gewebezellen. Dass jüngere Tiere kleinere Zellen als ausgewachsene besitzen, ist bekannt (das Genauere bei Plenk [332a]). E. Albrecht (5) erwähnt, dass vielfach in alternden Zellen Auflösungen der Kernkörperchen beschrieben worden sind, und eine solche Angabe findet sich auch bei Zacharias (488). Prowazek (337) meint bei dem (angeblichen) Altern der Protozoenzellen (Colpidium Colpoda) neben einer allgemeinen Verkleinerung eine Volumenabnahme des Kerns im Verhältnis zum Protoplasma festgestellt zu haben. Die färbbaren Kernsubstanzen nehmen dabei zu, die Zellipoide ab, besondere Granula treten auf. Auch an anderer Stelle gibt er an, dass alte Colpidiumzellen chromatinreich und arm an Lipoiden sind, auch nach Zangger (490) verändern sich die letzteren im Alter, wobei die Zellen reicher an ungesättigten Fettsäuren werden sollen. Damit zusammenhängend findet Prowazek (337) einen vom Alter abhängigen verschiedenen Widerstand gegen Narkotika: die „alten" Colpidien gingen leichter durch Atropin zugrunde und unter Anzeichen, die auf ein Überhandnehmen der Oberflächenenergien im Alter deuteten.

Nach Eycleshymer und Schiefferdecker (zit. nach Erdmann [117]) verschiebt sich während des Wachstums die Kernplasmarelation zuungunsten des Kerns. Berezowski (45) kommt bei seinen Studien über die Zellgrösse zu folgenden Schlüssen: Kern und Zelle vergrössern sich beide mit dem Wachstum des Körpers; dabei bleibt aber die Zellgrösse in einem genaueren Verhältnis zu der Gesamtgrösse des wachsenden Organismus als die Kerngrösse. An einer Anzahl von Zellen stellte er, wie an den Epithelien des Magendarmkanals, der Leber und der Nieren fest, dass sich mit dem Alter die durchschnittliche Länge der Zellen steigert, während die Zellbreite sich vielleicht sogar verringert. Erdmann (117) schliesst jedenfalls mit Recht aus den Befunden Berezowskis, dass die Zellgrösse nicht nur für jede Tierspezies konstant, sondern auch eine Funktion des Alters ist.

Heiberg (174) konnte im hohen Alter am Verhalten der Kerne von Leber- und Pankreaszellen nichts Besonderes feststellen, während er einen Unterschied der Kerngrösse für diese Zellen bei Neugeborenen $(5—6\,\mu)$ und ausgewachsenen Mäusen $(6^1/_2—8^1/_2\,\mu)$ gefunden hatte. Nach Ehrlich ist die Polymorphkernigkeit von Blutzellen ein Zeichen ihres Alters, jugendliche Formen sind die mit geringer oder fehlender Kernlappung. Die Färbbarkeit jugendlicher Zellen ist eine andere, ihr Protoplasma reagiert mehr basophil (Askanazy 27). Der Reichtum an oxydierenden Granula soll abhängig vom Alter sein, junge Zellen enthalten davon mehr und mit dem Alter des Individuums tritt auch eine Verlangsamung der Oxydasereaktion ein (Gräff 148). Von den verschiedenen bildnerischen Fähigkeiten gewisser Zellen hört im Alter anscheinend zuerst die Fähigkeit auf, Grundsubstanzen abzuscheiden, die Teilfähigkeit erst später: darauf führt Maurer (273) die Erscheinung zurück, dass am alternden Knorpel Zellennester gesehen werden, wobei kugelige und reihenförmige Haufen von Kernen von einer gemeinsamen Kapsel umgeben sind. Die Angaben, dass die Mitochondrien der Zellen im Greisenalter Veränderungen erleiden (Ciaccio-Scaglioni 81) bedarf wohl noch der Nachprüfung, deren sie wert ist. Dass alte und junge Zellen, alte und junge Individuen gegenüber gleichen Reizen verschieden reagieren, ist eine nicht nur theoretisch richtige, sondern auch praktisch einflussreiche Tatsache. Nach E. Küster (226) widerstehen junge Zellen dem Einfluss hypertonischer Lösungen besser als alte (geprüft an Chromatophoren von Meeresalgen); hingegen sind nach den Beobachtungen Boveris (56) alte Seeigeleier leichter durch verschiedenartige Reize zur Erzeugung abnormer Kernteilungen zu bringen; die natürliche Funktions- und Teilungsfähigkeit der Chromosomen lässt nach demselben Autor im Alter nach. Marinesco (267) prüfte Suspensionen von Spinalganglienzellen junger und alter Hunde auf ihre Empfindlichkeit gegen Lösungsmittel (Alkalien) und sonstige schädliche Stoffe, wie Harnstoff, destilliertes Wasser, Antipyrin; bei den alten Zellen fiel die langsamere Wirkung und im Gegensatz zu den jungen das Ausbleiben der Zytolyse auf.

Dass das Verhalten der Zellen in Geweben nicht allein von dem eigenen Alter, sondern sozusagen vom Gesamtalter des zugehörigen Organismus abhängig ist, für welches die Zusammensetzung des Blutes, wie Rössle (355) schon früher hervorgehoben hat, einen Indikator oder ein Spiegelbild abgibt, beweist die folgende höchst interessante Feststellung A. Carrels (71): Züchtet man Gewebe in vitro, so erzeugt das ernährende Plasma eine um so reichlichere Zellenwucherung, je jünger das Tier ist, von dem es herstammt. Das Plasma von alten Tieren ist als Nährsubstrat fast wirkungslos bezüglich der Massenzunahme des explantierten Gewebes; Zusatz von Embryo-, Tumor- oder Gewebssaft (aber nicht von alten Tieren) bessert die mangelnde Wachstumsanregung jener alten· Plasmen. Vielleicht darf man aus diesen Befunden mehr schliessen, als Carrel, der daraus den Satz ableitet: „Die Aktivität der Zellen scheint von gewissen Substanzen abhängig, welche sich in ihrem Inneren angehäuft haben und sich allmählich erschöpfen."

Von praktischer Wichtigkeit, auch weil sie ein Licht auf die sog. Altersdisposition werfen, sind die Erfahrungen, die man im Laboratorium bei der Verwendung junger und alter Tiere zu Experimenten macht. Allbekannt sind die verschiedenen Ergebnisse, die man durch Exstirpation endokriner Drüsen, besonders von Schilddrüse, Epithelkörperchen und Hypophyse (vergl. auch Herring) je nach dem Alter der Versuchstiere erhält. Auch die allgemeine Widerstandsfähigkeit ist, abgesehen von dem Erfolg im besonderen, anders bei jungen und alten Tieren; die jungen erliegen viel leichter z. B. bei Totalexstirpation des gesamten Schilddrüsenapparates (samt Nebenschilddrüsen (Launoy [236]). Weniger bekannt ist der Befund Reckzehs (348a) über den Einfluss des verschiedenen Alters auf den Charakter der experimentell erzeugbaren Anämien; bei jugendlichen Versuchstieren erhält man (z. B. durch Pyrogallol) Blutbilder, die sich dem Blutbild der Anaemia splenica nähern, während sie bei älteren Tieren mehr dem der perniziösen Anämie gleichen. O Loeb hat experimentell Arteriosklerose nur dann durch aliphatische Aldehyde zu erhalten vermocht, wenn er über ein Jahr alte Versuchstiere verwendete. Die kompensatorische Hypertrophie bleibt bei Versuchen an älteren Tieren aus (Ribbert, Stilling, Simmonds). Cesaris-Demel (75) gelang die Wiederbelebung des Leichenherzens im allgemeinen um so leichter, schneller und dauerhafter, von je jüngeren Individuen das Herz stammte; die latente funktionelle Energie steht also im umgekehrten Verhältnis zur Höhe des Alters. Wie es eine Altersdisposition für Krankheiten gibt, so gibt es eine

Altersdisposition für Gifte; die Pharmakologie des Kindesalters ist bekanntlich eine andere als die des Erwachsenen und auch zwischen diesem und dem Greise bestehen Empfindlichkeitsunterschiede. Manchmal verstehen wir jene Differenzen, so z. B. die verschiedene Wirkung der Vagusmittel, da alte Individuen einen merklich weniger z. B. auf Atropin ansprechenden Vagus haben (Eppinger und Hess [113]). Der Vagotonus soll im Alter sogar fehlen können (Dehio [92])[1]).

Auch in der allgemeinen Widerstandsfähigkeit zeigen sich praktisch wichtige Unterschiede in den Lebensaltern; daher deren verschiedene Mortalität und Morbidität, welche die Statistik ergibt; am grössten scheint die Widerstandsfähigkeit im schulpflichtigen Alter zu sein (vergl. aber L. Ascher [16]). Die besonders geringe Resistenz in den niedersten und höchsten Altern verrät sich durch die Art der sich da häufenden Krankheiten (Verdauungsstörungen, Lungenerkrankungen) und kann u. a. durch die bekannte Tatsache als gekennzeichnet angesehen werden, dass die bakteriologische Leichenblutuntersuchung bei kleinen Kindern und Greisen viel seltener das Resultat „steril" ergibt als in mittleren Jahren (Fr. W. Strauch [431]). Hierbei darf man allerdings für das Säuglingsalter nicht vergessen, dass die immunisatorischen Kräfte, z. B. die Bakterizidie, wie andere fermentative Fähigkeiten sich erst allmählich postfötal entwickeln: Vorrat und Produktion von Komplement z. B. ist in der ersten Lebenszeit gering (Lüdke [261]), Antikörperbildung überhaupt schwach (Ossinin [323], Friedberger und Simmel, Köllner [217] usw.). Über den Kreis des Individuums hinaus wirkt das Alter noch für die Nachkommenschaft bei der Zeugung: Zu jugendliches und zu hohes Alter der Eltern übt einen ungünstigen Einfluss auf die Lebenswahrscheinlichkeit der Kinder aus; auch bedeutender Altersunterschied der Eltern hat Belang.

5. Besonderheiten der Krankheiten im Alter.

Nachdem wir so einige allgemeine und natürliche Eigenschaften der Altersstufen hervorgehoben haben, verdient noch die weitere Frage Berücksichtigung, inwiefern das Altern auf die Art und die Beschaffenheit der Krankheiten Einfluss hat. Zweierlei ist hier möglich: erstens, dass dem höheren Alter Krankheiten überhaupt eigentümlich sind, zweitens dass Krankheiten, die alle Lebensalter ergreifen, infolge des Altersprozesses besondere Züge erhalten. Natürlich soll hier nicht die Altersdisposition besprochen werden, sondern es sollen nur Beispiele für die dem höheren Alter eigentümliche Art zu erkranken, gegeben

---

[1]) Nach G. Lehmann zeigt die Jugend dem Pilocarpin und dem Adrenalin gegenüber grössere Empfindlichkeit, das Alter hingegen gegenüber dem Atropin, was dem Obigen widerspricht.

werden. Schlesinger (380, 381) meint, dass die Verschiedenheit der klinischen Bilder für ein und dieselbe Krankheit in mittleren und hohen Jahren bedingt sei durch die in letzteren fast immer vorhandenen Herz- und Gefässveränderungen, durch die andere im allgemeinen abgeschwächte Reaktionsweise des Nervensystems, und wahrscheinlich durch Änderungen in den Abwehr- und Schutzvorrichtungen des Organismus. Man kann vielleicht noch hinzusetzen: durch die besonderen Formen des Stoffwechsels. Pneumonien, Typhus, Erysipel, epidemische Meningitis sollen beim Greise oft ein anderes Bild darbieten. Im allgemeinen sollen die Gesamterscheinungen vor den Lokalsymptomen hervortreten; die Schwierigkeit vieler Diagnosen im Alter ist auch bekannt, wie bei Appendizitis. Latente und „asthenische" Formen sind häufig. Naunyn (315) spricht von einem ungenaueren Zusammenspiel der bulbären vasomotorischen Zentren im Alter. Warum eine Anzahl Erkrankungen im höheren Alter so selten ist, ist uns meist nicht erklärlich, so für Appendizitis (nur 3,6% aller Fälle betreffen Patienten über 51 Jahre; Loebls Erklärung hierfür (250) dürfte nicht jedem genügen, nämlich der mit der Altersinvolution verbundene Schwund des adenoiden Gewebes); ferner für Diphtherie, epidemische und tuberkulöse Meningitis. Für die Seltenheit der Osteomyelitis beim ausgewachsenen Knochen sehen wir in der ganz anderen Blutversorgung (Lexer [241]) eine genügende Erklärung. Die besonderen Formen der Lungentuberkulose im Greisenalter (K. E. Ranke, Fr. Tauszk [442a], Hawes [169a]) sind einer Aufklärung so lange noch nicht völlig zugängig, als wir über die Art und Dauer der Immunität gegen Tuberkulose beim Menschen nicht genügend unterrichtet sind. Dazu gehört auch z. B. der Wiederanstieg der Häufigkeit der Knochen- und Gelenktuberkulose im Alter, etwa im 5. Jahrzehnt (Janciki [199a]). Diejenige Krankheit, zu deren Erforschung die Erforschung des Altersproblems geradezu als eine Vorbedingung erscheinen kann, ist der Krebs. In dieser Weise habe ich dies wohl bisher in der schärfsten Weise ausgesprochen (355). Bei Beneke, in seiner Monographie über Altersdisposition (42), habe ich nachträglich den ganz gleichen Standpunkt mit den Worten ausgedrückt gefunden: „So viel ist aber gewiss, dass ohne nachdrückliche Berücksichtigung der Altersdisposition die Enträtselung des karzinomatösen Leidens nicht gelingen wird." Es können dagegen hauptsächlich zwei Dinge vorgebracht werden; erstens der Mangel eines prinzipiellen Unterschieds zwischen Sarkom und Karzinom und das Fehlen einer bestimmten Altersdisposition bei dem ersteren von beiden bösartigen Geschwulsttypen, zweitens, dass die Altersdisposition zu Krebs im engeren Sinne eine scheinbare sein könne, weil eine solche auch bei einer Krankheit mit sehr langer Inkubationszeit vorgetäuscht werden könnte. Gegen diese

Einwände ist viel zu sagen; aber es würde zu weit führen, hier die ganze Frage aufzurollen. Es sei nur darauf hingewiesen, dass wohl nichts in der ganzen Krebsfrage von vergänglicherem Charakter sein könnte, als unsere derzeitige Systematik der Geschwülste und dass man auf unserer heutigen Einteilung jedenfalls keine Theorien bauen darf. Wir begnügen uns hier, bezüglich des Verhältnisses zwischen Alter und Krebs auf einige positive Punkte hinzuweisen. Zunächst einmal bestätigen die grossen Statistiken die von jedem persönlich zu erhebende Erfahrung, dass die Disposition zu Krebs mit dem Alter zunimmt und dass nur im höchsten Alter (über 70—75 Jahre) seine Häufigkeit wieder abnimmt (Kolb [218], J. Wolff [482]). Daraus folgern zu wollen, dass deshalb das Alter als solches kein ätiologisches Moment sein könne (z. B. Schlesinger [379]), ist nicht gerechtfertigt, da bei bestehender sonstiger Disposition oder Veranlassung die krebsfähigen Individuen in diesen höchsten Lebensaltern schon ausgemerzt und zwar auch durch den Krebs selbst ausgemerzt sein können. Ehrlich und Apolant, Bashford, sowie andere Erforscher des Mäusekrebses haben immer wieder hervorgehoben, dass die Mäuse, welche spontan an malignen Tumoren erkranken, fast ausnahmslos alte Tiere (und zwar Weibchen) sind. Trotzdem kommt Bashford (35) zu dem meines Erachtens nicht zwingenden Schluss: Da junge Tiere meistens gegenüber der Krebs-Impfung empfindlicher als alte Tiere sind, so könne die Ursache der Seltenheit des Krebses in jungen Tieren nicht in einer konstitutionellen Resistenz und sein häufiges Auftreten in alten Tieren nicht auf einer konstitutionellen Veränderung, die mit dem Alter stattfindet, zusammen hängen. Nicht zwingend ist dieser Schluss, da ein wesentlicher Unterschied zwischen spontanen und Impftumoren ist, zudem weisen wir auf die oben erwähnte Erfahrung Carrels hin, dass alles Zellwachstum von Säften junger Tiere unterstützt wird. An anderer Stelle (34) sagt Bashford sehr richtig, dass die Seneszenz eine ursächliche Verbindung mit dem Beginn des Krebsleidens haben müsse und das ist wohl das Ausschlaggebende; vom statistischen Standpunkte aus sei der Krebs eine Funktion des Alters, vom biologischen aus eine Funktion der Seneszenz. Hastings (169) erörtert die Bedeutung der lokalen Seneszenz[1]) und betont in ähnlichem Sinn wie früher Rössle (355), den Gegensatz zwischen dem allgemeinen Alter des Gesamtorganismus und dem möglicherweise unterschiedlichen biochemischen Alter der wuchernden Gewebe. Auch Dungern und Werner (101) suchten in ihrer Theorie vom Wesen der bösartigen Geschwülste die Forderung besonderer durch das Alter abgeänderter Eigenschaften der Gewebe unterzu-

---

[1]) Der erste, der von einem ungleichen Senilwerden von Geweben und zwar vom Altern des Bindegewebes vor dem Epithel gesprochen hat, ist bekanntlich Thiersch.

bringen (S. 80). Auch nach W. A. Freund ist der Senilismus, lokal ebenso wie allgemein, der erste ätiologische Faktor für die Krebskrankheit. Nach E. Wolff ([483] Bd. II) bildet der Senilismus sowohl vom histologischen als auch vom biologischen Standpunkt ein wichtiges und auch wissenschaftlich wohlbegründetes prädisponierendes Moment für die Krebserkrankung. Bei Wolff (l. c. III. Bd.) finden sich dann auch, sehr sorgfältig, alle Erfahrungen über die Altersverteilung der einzelnen Krebsformen, bzw. Lokalisationen, gesammelt. Seit seiner Zusammenstellung hat noch Schlesinger (381) über eigene Erhebungen in dieser Richtung berichtet. Während in mittleren Lebensjahrzehnten der Krebs der Frauen häufiger als der der Männer ist, ist der Krebs einzelner Organe im höheren Alter bei Männern häufiger, z. B. der der Speiseröhre und der unteren Darmabschnitte. Einen Gegensatz bildet der das weibliche Geschlecht bevorzugende Krebs der Gallenblase. Auch das Verhalten der Karzinommetastasen scheine zu wechseln. So seien die Metastasen bei gewissen Krebsen mit zunehmendem Alter seltener; Ausnahmen machen die Krebse des Pankreas, der Gallenblase, der Gallengänge.

Schliesslich erwähne ich noch eine nicht veröffentlichte eigene Untersuchung; von der Frage ausgehend, ob die mit Krebs behafteten und an Krebs sterbenden Personen hinsichtlich der Generationsorgane als senil anzusehen sind, habe ich die Leichen an Karzinom verstorbener Männer aller Alter auf das Vorhandensein von Spermatozoen geprüft und bin zu dem Ergebnis gelangt, dass zwischen diesen Männern und anderen gleichalterigen Männern in bezug auf die Zoospermie kein Unterschied besteht. Das Krebsleiden ist also nicht mit einer allgemeinen Senilität verknüpft und die Kachexie durch Karzinom etwas anderes als der senile Marasmus.

6. Der physiologische Tod und die Frage der Verjüngung.

Wenn man vom physiologischen Tode spricht, so meint man im allgemeinen das biologische Problem, welches von der Notwendigkeit des Absterbens für die zellig organisierte Materie handelt. Wir haben schon oben eine Reihe von Gewährsmännern für die Anschauung genannt, dass Altern und Tod ein Erwerb des vielzelligen Organismus ist, dass für die Einzelligen in der Teilung ein Akt der Verjüngung möglich ist, dass Unterdrückung des Wachstums auch für einzellige einen dem Alter analogen Zustand schaffe, und dass das eigentliche Alter auch in dem vielzelligen Organismus sich erst an das Aufhören der Wachstumsvorgänge anschliesse. Nur muss betont werden, dass die Vermehrungsvorgänge, Massen- und Strukturzunahme, Wachstum und Differenzierung den vielzelligen Organismus nicht etwa verjüngen, sondern dass streng genommen schon mit den ersten Furchungen des Eies eine Entwicklung beginnt, die in einem steten Altern besteht. Wir können deshalb in dem durch die Befruchtung eintretenden Wachstum nicht mit Rubner einen Akt der Verjüngung ansehen. Diese Vorstellung ist fälschlicherweise von den Einzelligen herübergenommen. Auch will dazu die weitere Folgerung nicht stimmen, die Rubner ebenfalls ausspricht, dass mit der fortgesetzten Teilung der Zellen eine Degeneration der lebendigen Substanz, bzw. des Kerns verknüpft sei. Die Schädigung der Kernsubstanz führe dann mehr und mehr zu einem Verlust des Wachstumsvermögens. Nebenbei sei noch erwähnt, dass gleichzeitig die Vorstellung vertreten wird, dass schon vor Erreichung des Endes der Jugendzeit „Kernteile, welche die Funktion der Teilung zu vollführen haben, dahin abgeschoben werden, wo sie bestimmt sind, ihre Eigenart wieder verwerten zu können, nach den Fortpflanzungsorganen. Die Annahme der Abgabe des Wachstumsprinzips an die Generationszellen hat eine gewisse Verwandtschaft mit der Theorie Weismanns von der Unsterblichkeit des Keimplasmas.

V. Hensen (177 b) hat, wie wir oben schon kurz erwähnt haben, die Hypothese aufgestellt, dass das fortschreitende Altern des Organismus von einer unvollkommenen Entfernung der Stoffwechsel-Schlacken aus der Zelle rühre. Er stellt sich vor, dass diese Schlacken sich infolge mangelnder Diffusion und Oxydation besonders am Kerne anlagern, und zwar an dessen chromatischen Teilen haften bleiben und er erörtert des Näheren die Möglichkeit der Verjüngung durch die geschlechtliche Zeugung (Abstossung von schlackenbeladenen Kernsubstanzen durch die Richtungskörperchen) und durch die Bastardierung. Hiergegen ist zu fragen, ob denn überhaupt ein hinreichender Grund vorliegt, anzunehmen, dass ausser den Somazellen im Körper etwas altere, insonderheit, ob man an eine Beteiligung der Geschlechtszellen an dem Altersprozesse des Gesamtkörpers denken dürfe. Für die Somazellen leuchtet die Altersschlackenhypothese Hensens sehr ein. Übrigens hat schon früher Lubarsch (257 a) die braune Atrophie als sichtbar gewordene „Stoffwechselschlacken“ und als Ausdruck einer Zellabnutzung angesehen.

Nach Weismann ist der Tod eine beim vielzelligen Organismus notwendige Erscheinung: sie hängt mit der begrenzten Wachstumsfähigkeit der Gewebszellen zusammen. Der Tod ist, wie sich Wilken (481) ausdrückt, der Preis, für den die vielzelligen Lebewesen die Entwicklungshöhe allein erkaufen können. Es ist hier nicht der Platz, die Entstehung und biologische Bedeutung des Todes zu erörtern. Ich verweise in dieser Hinsicht auf Weismann (474), Goette (145), Bühler (63), Minot (284), Doflein (98) u. a. Die neuesten Versuche über die Lebensdauer von Protozoen haben ergeben, dass die freilebige Zelle auch ohne Konjugation und künstliche Reizung imstande ist, sich unbegrenzt fortzupflanzen, Woodruff (486) hat dies an 3000 Generationen von Paramäcium gezeigt. Wenn er daraus den Schluss zieht, dass Altern und Befruchtungsbedürfnis nicht Grundeigenschaften der lebenden Substanz sind, so macht er dabei mehrere Fehler, erstens die bei einem Einzeller erworbenen Befunde für allgemein gültig für die lebende Welt zu erklären, zweitens speziell zu verkennen, dass es Grundeigenschaften für die lebende Substanz der Vielzelligen geben kann, die eben bei Paramäcium nicht vorkommen und drittens nicht einzusehen, dass wir vorläufig über das Verhalten dieser Einzelligen in Freiheit und die Häufigkeit und Notwendigkeit der Konjugation in diesem Zustande, sowie über die wirkliche Lebensdauer nicht unterrichtet sind. Gegen Minot, welcher den Tod als eine natürliche Folge der Entwicklung hingestellt hat, wendet sich J. Loeb (249); er hofft, in dem Nachweis des Wesens des Befruchtungsreizes durch Anregung gewisser Synthesen im befruchteten Ei das Problem der Verjüngung noch weiter fördern zu können. Auch er vertritt die (unserer Meinung nach irrtümliche) Ansicht von der verjüngenden Wirkung der Befruchtung und der Zellteilungen, die sie auslöst.

Die Frage, ob einzellige Lebewesen altern, ist so lange nicht als gelöst zu bezeichnen, als über die Bedeutung der Konjugation keine Klarheit herrscht. Fast scheint es, als ob für unser Problem die neuesten Arbeiten von Woodruff und Erdmann (486a) uns hier einen guten Schritt vorwärts bringen sollten. Diese beiden Forscher haben den Nachweis erbracht, dass das einzelne Infusor (Paramäcium), dauernd an der Erneuerung seines Kernapparats durch Konjugation verhindert, imstande ist, diese Erneuerung selbsttätig und allein durch Kernauflösung und -Neubildung durchzuführen. Da hierbei die chromatischen Körper reduziert werden, so ist die Möglichkeit nicht von der Hand zu weisen, dass im Sinne der Hensenschen Schlackenhypothese hier schädliche Altersteile abgestossen werden.

Hier geht uns mehr die Frage an, ob ein physiologischer Tod beim Menschen vorkommt[1]) und wenn ja, welcher Art er ist. Nach eigenen Erfahrungen sieht man ausserordentlich selten Fälle, in denen bei alten Leuten, welche „allmählich eingeschlafen sind", keine Krankheit bei der Obduktion gefunden wird. Ich erinnere mich eines einzigen Falles, der einer Kritik in dieser Hinsicht ganz stand gehalten hätte; und doch betraf er eine senil demente Frau, d. h., also ein Individuum, bei dem sich physiologische Abbauvorgänge am Gehirn bis zur Krank-

---

haftigkeit gesteigert hatten. Selbst wenn man solche „negative" Fälle häufiger sehen würde, müsste man mit ihrer Anerkennung vorsichtig sein, da wir manche Leiche sezieren, ohne eine genügende Aufklärung für den zeitlichen Eintritt des Todes zu erhalten. Andererseits könnte sich der physiologische Tod mit an sich belanglosen, aber im Sektions-befund vortretenden terminalen Krankheitserscheinungen vergesell-schaften, z. B. sagt die Erfahrung, dass völlig verbrauchte Körper zu-letzt leicht einer Thrombose, einer Bronchopneumonie u. dergl. erliegen; wir könnten also in Wahrheit vielleicht das Vorkommen des physio-logischen Todes beim Menschen unterschätzen. Kurz, wir kommen zu dem Schlusse, dass die Frage praktisch nicht zu lösen ist. Dadurch leidet auch die theoretische Erörterung: unter den biologisch interessierten Pathologen gibt der eine das Vorkommen des natürlichen Lebensendes zu, der andere leugnet es.

Hansemann (161) sagt, dass der physiologische Tod eine Folge der Elimination des Keimplasmas ist. Es ist nicht ganz deutlich, was unter dieser Elimination zu verstehen ist; aber nachdem Hansemann das Altern von den Keimdrüsen abhängig macht, ist es nur folgerichtig, auch den physiologischen Tod von der dualistischen Einteilung des Organismus in somatische und generative Zellen abzuleiten. Wenn der physiologische Tod bedingt wäre von dem Verlust der physiologischen Tätigkeit der Geschlechtsorgane, dann müssten die Männer ein weit höheres Alter erreichen als die Frauen, da bei diesen letzteren ein viel früherer Verlust der Generationstätigkeit eintritt und damit die von Hansemann angenommene „altruistische Atrophie der Organe"; den gleichen Einwand hat kürzlich Fr. Müller (306) erhoben.

Während Martius (269) sich nicht weiter über das Wesen des von ihm zugegebenen physiologischen Todes auslässt, erörtert Ribbert (349) diese Frage ausführlich. Er hält ihn für einen Gehirntod, während der pathologische Tod überwiegend ein Herztod sei. Von allen Organen zeige das Gehirn im Alter am ehesten eine Verminderung der Vitalität. Damit wird v. Hansemann (161) mit Recht nicht einverstanden sein, Mühlmann (298), der unabhängig von Ribbert zu der Annahme eines physiologischen Hirntodes gekommen war (303) und ihn für einen In-toxikationstod vom Hirn aus (300) erklärt, verlegt neuerdings noch ge-nauer den Sitz der Todesursache aus Altersschwäche in das Vagus-zentrum. Er behauptet, eine Degeneration desselben nachgewiesen und so die Frage des Normaltodes „gelöst" zu haben. Die morphologischen Grundlagen seiner Behauptungen bestehen lediglich in dem Nachweise einer Zunahme der lipoiden Ansammlungen in den Nervenzellen mit dem Alter, Ansammlungen, von denen er selbst zugibt, dass sie auch bei allerhand Intoxikationen vermehrt gefunden werden.

Es steht dahin, ob beide Vorgänge, physiologische sowohl als pathologische Alterspigmentierung, was wahrscheinlich ist, identisch sind (sehen wir doch auch z. B. dieselbe schwere braune Atrophie des Herzens bei Jugendlichen durch Geschwulstkachexie wie im hohen, gesunden Alter). Wenn sie es aber sind, dann kann man nicht annehmen, dass jene Produkte wie es für die Altersverfettung wahrscheinlich ist, in der Zelle liegen bleiben. Tun sie es nicht, sondern werden entfernt, so hätten wir eine Art Verjüngung vor uns.

Von allen Teilproblemen der Altersfrage ist das Problem der Verjüngung das dunkelste. Es deckt sich mit der Frage, ob alle zum Altersprozess gehörenden Einzelveränderungen irreparabler Natur sind. Im ganzen und grossen wird man, wie den Gesamtvorgang des Alters, so seine Teilerscheinungen für irreversibel halten müssen, vielleicht in einem ähnlichen Grade, wie wir die Differenzierung für etwas Definitives halten müssen: so lange der Erneuerung, der Regeneration fähige Elemente zur Hand sind, wird durch eine Beseitigung verbrauchter Teile Ersatzmaterial eingesetzt werden können. Aber die nicht regenerationsfähigen Gewebsarten, wie Herzzellen und Ganglienzellen tragen auch am frühesten das Zeichen des Alters. Rabl (zit. nach Ribbert) ist der Meinung, dass solche Zellen von frühester Jugend an ohne Erneuerung durchleben. „Das Altern ist eine Folge des Ausbleibens der Verjüngung" sagt E. Schultz (394).

Der Wunsch zur Verjüngung lebt in dem Menschen wie die Sehnsucht nach dem goldenen. Zeitalter. Es sind viele Ratschläge gegeben worden, die zur Verjüngung beitragen sollen. Wenn Männer wie Horace Fletscher von sich selbst behaupten, dass sie sich durch eine besondere Lebensweise verjüngt haben, so ist dies ein subjektives und vielleicht sehr richtiges Gefühl, möglicherweise ist es auch objektiv zu bestätigen, aber doch wohl nur in dem Sinn, dass krankhaftes Aussehen beseitigt ist; es gibt übrigens auch krankhafte Verjüngung, z. B. bei Basedowscher Krankheit, nämlich durch das blühendere, blutreichere, elastischere, lebhaftere Aussehen. Es handelt sich da um Anregung von Funktionen und Vergiftungen einer- und Entgiftungen andererseits, genau so wie bei der künstlichen Verjüngung Brown-Sequards durch Injektion von Hodenextrakt. Sieht man jene kurz vorher jugendlich aussehenden Basedow-Patienten als Leichen, so täuschen sie keineswegs mehr über ihr wahres Alter, im Gegenteil.

7. Allgemeine Kennzeichen des Alters.

Wir vermögen im allgemeinen eine Person, die wir vor uns haben, ungefähr auf ihr Alter abzuschätzen. Es ist dies ein Erfolg unbewusster Übung; wir bedürfen u. U. zu dieser Abschätzung nur des

Anblicks der Gesichtszüge; wir können uns dabei nicht vollkommene
Rechenschaft geben von unseren diagnostischen Merkmalen, wenn wir
einen Vierzigjährigen von einem Fünfziger unterscheiden; die Beschaffenheit der Haut, besonders um Mund und Augen, ihr Relief, ihre Spannung, der Blick, die Haare, aber auch das Mienenspiel, ebenso das
Muskelspiel des Gangs und der anderen Bewegungen, alles trägt zu
einem Gesamtbild bei, dessen Abstufungen Altersprägungen sind. Viel
schwieriger ist die Erkennung des Alters aus den Organen; vielleicht
fehlen tatsächlich die feinen Unterschiede, welche uns im Äusseren der
verschiedenen Lebensalter auffielen, vielleicht aber fehlt es uns doch
an der Übung, welche uns nur die gröberen Altersveränderungen zu
erkennen ermöglicht; selbst langjährige Übung wird einen Anatomen
nicht befähigen, an ausgeweideten Organen älterer Erwachsener das
genaue Alter des verstorbenen Individuums zu bestimmen. Es kommt
noch hinzu, dass die meisten Alterserscheinungen sich decken mit den
Erscheinungen sonstigen Verbrauchs und es ist doch mehr als fraglich,
ob man auf Grund des Befundes von schwerer brauner Atrophie von
Herz und Leber bei einem 28jährigen Sarkomatösen eine Senilitas praecox
annehmen darf. Die senile Kachexie ist im grossen und ganzen identisch mit den anderen Kachexien.

Von den Alterszeichen, die mannigfachen Geweben gemeinsam
sind, nennen wir hier zunächst die Atrophien, die Pigmentierungen
das Auftreten von Fettstoffen in den Zellen, die Kalkinkrustationen,
das Nachlassen der Haltefähigkeit des Bindegewebes und der Elastizität
der elastischen Fasern. Diese letztere Eigenschaft sind wir nur imstande physiologisch, nicht aber morphologisch auszudrücken, desgleichen
ist es der Fall mit der geringeren Kontraktilität der Muskeln, besonders
der glatten, im Alter. Damit dürfte die Abnahme z. B. des arteriellen
Blutdrucks zusammenhängen, den Beneke (42) als ein „Hauptkenn-
zeichen für das höhere Alter" angesehen hat.

Was die Atrophien betrifft, so spiegelt sich der Schwund der
inneren Organe deutlich in der Abnahme des Gesamtgewichtes des
Körpers wieder, wofür man in den Gewichtszahlen Quetelets für
alte Leute deutliche Beweise fände, wenn es sich nicht schon aus der
eigenen täglichen Erfahrung ergäbe. Die Atrophie besteht im wesentlichen in einer Verkleinerung der spezifischen und z. T. auch der nicht-
spezifischen Baubestandteile der Organe. Inwieweit daneben eine numerische
Atrophie einhergeht, indem Einzelelemente ganz untergehen und nicht
ersetzt werden, entzieht sich unserer Kenntnis. Sehr unwahrscheinlich
ist dagegen die von Lipschütz (246a) angezogene Möglichkeit, dass ein
wesentlicher Teil der Altersatrophien auf Verringerung der Zahl der Paren-
chymelemente durch die Vorgänge der Zellauflösung nach Zellverschmel-

zung beruht, wie sie Gräpner beschrieben hat. Inwieweit die Atrophien der Organe von der senilen Beschaffenheit der Blutgefässe abhängig sind, ist nicht genügend klar; so viel scheint mir aber sicher zu sein, dass ausgesprochene braune Entartung bei auffällig intakten Gefässen vorkommt (von Arteriosklerose ist dabei gar nicht die Rede). Ebensowenig wissen wir über die Art der Verknüpfung der Atrophie der Zelle mit der Ablagerung von gefärbten und ungefärbten Fettstoffen; irgend ein Zusammenhang, wahrscheinlich sogar notwendiger Art, besteht zwischen der Verkleinerung des Organbausteins (der Parenchymzelle) und der senilen Zusammensetzung des Protoplasmas; ob aber beide Vorgänge vollkommen parallel verlaufen, scheint mir zweifelhaft; die Frage ist deshalb nicht leicht zu lösen, weil wir nie wissen, wie gross ursprünglich das betreffende Organ, z. B. Herz oder Leber waren, wie bedeutend also der Schwund bis zur Autopsie gewesen ist.

Am Fettgewebe selbst, welches im höheren Alter stärker gelb wird, gewinnt man den Eindruck, als ob diese Zunahme der Gelbfärbung auch ohne Abmagerung sich einstellt, also von Atrophie unabhängig ist. Nach Hueck (196) beruht die dunklere Färbung erstens auf der Anreicherung des echten Lipochroms, zweitens auf dem Auftreten von Abnutzungspigment. Wegen dieser doppelten Bedingung ist die obige Frage wieder nicht rein zu lösen, denn nur die Vermehrung von Abnutzungspigment wäre massgebend.

Die Verbreitung der Abnutzungspigmente im Alter ist eine sehr allgemeine. Wo sie an den Organen nur an bestimmten Stellen, in der Leber vorwiegend „zentral", in den Nieren an den Schleifen und an Markkanälchen vorkommen, ist diese begrenzte Lokalisation nicht immer aus Verschiedenheit der Blutversorgung zu verstehen. Von sonstigen Fundorten seien ausser den bekannteren (Herz, glatte Muskulatur, besonders im Darm, Milz usw., Nebenboden, Samenblasen, Zwischenzellen, Ganglienzellen — besonders des nicht zentralen Nervensystems) die Nebenniere, Hypophyse, Schilddrüse, Epithelkörperchen, Ependym, Speicheldrüsen, Pankreas, Retikulum von adenoiden Organen, Pankreas, nach Hueck auch die Markscheiden von zerfallenden Nervenfasern genannt. Über das erste Auftreten lässt sich nichts Generelles aussagen; denn abgesehen von der Schwierigkeit der Bestimmung der ersten Andeutungen von Farbstoff an Granulis wechselt offenbar die individuelle Neigung zur Ablagerung, zumal noch akzidentelle Ereignisse, wie schon oben gesagt, die Anreicherung befördern können. Nach Hueck (196) sollen Krankheiten die pigmentierten Körner auch zum Verschwinden bringen können. Diese Angabe, deren prinzipielle Bedeutung bei der sonstigen Irreversibilität der Altersvorgänge einleuchtet, erscheint noch nicht genügend begründet. Manche senilen Obduktionsfälle überraschen ja geradezu durch die Geringfügigkeit der Abnutzungspigmentierung; wenn es diese Beobachtung ist, welche Hueck (196) zu seiner Äusserung veranlasst hat, so genügt sie aber nicht, die Verminderung des einmal abgelagerten Pigments zu beweisen; vielmehr zeigt sie nur das Vorkommen grosser individueller Verschiedenheiten.

Den degenerativen Charakter der Alterspigmentierungen betonen besonders Ribbert und Mühlmann (300). Gerade das Untersuchungsobjekt Mühlmanns, die Nervenzellen, bei denen man nach seinen Angaben die Lipoidkörner, ungefärbt und gefärbt, schon in frühester Jugend findet, lassen diese Auffassung unsicher erscheinen, da es doch keinem Zweifel unterliegen kann, dass die betreffenden Ganglienzellen noch durch Jahrzehnte als voll leistungsfähig angesehen werden müssen. Für die Diagnose „Entartung" haben wir aber zur Zeit kein zuverlässigeres Merkmal, als die geschädigte Funktion der morphologisch veränderten lebenden Struktur.

Als Quelle des Abnutzungspigmentes sind sehr wahrscheinlich die lipoiden Stoffe nach Hueck (196) und nach Marinesco (267) anzusehen. Dabei ist, wie Aschoff (21) im Gegensatz zu Sehrt (406) richtig bemerkt, der Fettgehalt des Lipofuscins (der Ausdruck stammt von Borst) nur zum Teil vom Alter abhängig. Die chemische Natur des Lipofuscins bedarf noch weiterer Kennzeichnung.

Verfettungen als Alterszeichen finden sich an den Grundsubstanzen des Knorpels, des interkanalikulären Bindegewebes des Nierenmarks, an vielen Epithelien (s. den speziellen Teil). Dass die Kenntnis solcher senilen Veränderungen nicht belanglos ist, möge folgendes Beispiel zeigen: Mönckeberg hat in Fällen plötzlichen Herztodes Verfettung von Fasern des Hisschen Bündels gefunden; aber Aschoff und Engel haben nachgewiesen, dass eine solche Verfettung im Alter physiologisch vorkommt, mithin die Bedeutung des Befundes für die Erklärung plötzlichen Herztodes wegfällt. Am Thymus treten mit zunehmender Rückbildung doppelbrechende Fettsubstanzen in den Zellen auf (Kaiserling und Orgler [209]).

Funktionelle Prüfungen der senilen Gewebe liegen noch wenige vor. Wir verweisen auf die bei den alternden Gefässen noch zu erwähnenden Untersuchungen Strasburgers (427, 429) über die Veränderung der „Weitbarkeit" der Arterien und auf die in Übereinstimmung mit Befunden von Bönniger experimentell mittels einer Elastometrie von Schade (377) gefundenen Elastizitäts-Verluste an der welken Haut alter Leute, die er mit der Hysteresis der Kolloide vergleicht. Hier gibt es noch viel, insbesondere über die senile Verschlechterung des Stützgewebes zu klären; zur Zeit müssen wir uns begnügen, die hierher gehörigen Erscheinungen aufzuzählen, so die verschiedenen Ptosen vom Kehlkopf abwärts bis zum Beckenboden, die Erschlaffung der Gelenke, die dauernde Erweiterung der Blutgefässe (die nicht bloss von den abgeänderten elastischen Fasern abhängig sein dürfte), ja schliesslich die veränderte Haltung von Kopf, Schultern, Körper, der veränderte Blick, der uns an Greisen auffällt.

Ein Punkt, der sehr der Aufklärung bedarf, ist die Frage der senilen Fibrosis der Parenchyme. Ohne Zweifel fühlen sich viele alten Gewebe zäher an als jugendliche, was wir beim Genuss von Rindfleisch zu unserem Schmerze oft erfahren. Ob es sich wirklich da an Muskel, Herz, Niere, Leber usw. um eine Vermehrung oder nur um eine chemische Veränderung des Stützgerüstes handelt, ist meines Wissens nicht genau untersucht. In vielen histologischen Schilderungen von senilen Organen kehrt die Bemerkung vom relativ oder absolut vermehrten Bindegewebe wieder.

Nach Prym ist z. B. das Interstitium des Nierenmarks im Alter wirklich vermehrt und Mönckeberg (289a) lässt die zähe Beschaffenheit der senilen Leber auf relativ vermehrtem Bindegewebe beruhen. Aber er meint, dass die senilen Sklerosen keine eigentlichen, reinen Alterserscheinungen, sondern von sklerotischen Gefässveränderungen abhängig sind, soweit es sich überhaupt um eine wirkliche und nicht nur relative Vermehrung des Bindegewebes dabei handelt.

Für die Disposition des hohen Alters zu vielen der typischen Greisenkrankheiten haben wir noch keine Erklärung, so der Paralysis agitans, der Prostatahypertrophie, des Greisenbogens, der senilen Osteomalacie, selbst der immerhin noch (trotz der neueren Untersuchungen) ätiologisch vom Alter irgendwie mit abhängigen Arteriosklerose.

Die Neigung zu Inkrustationen und freien Ausfällungen im Alter ist allgemein bekannt. Eine zahlenmässige Zusammenstellung über Verkalkungen gibt Beer (40). Er fand in 100 Fällen von Erwachsenen 53 mal Kalkablagerungen in den Nieren, zunehmend häufig mit dem Alter und leugnet, wohl nicht mit Recht, das Vorkommen solcher Verkalkungen im Kindesalter.

8. Die Altersveränderungen der einzelnen Organe.
a) Herz.

Manche Autoren sprechen von einer Hypertrophie des Herzens im Greisenalter; zuzugeben ist nur eine relative Hypertrophie, indem häufig, aber nicht immer, die senile Atrophie des Muskelschlauches des Herzens zuerst nicht mit der allgemeinen Atrophie bzw. mit der Abnahme des Körpergewichtes gleichen Schritt hält. Das letztere mag wohl bedingt sein durch die Mehrarbeit, die dem alten Herzen gegenüber dem jugendlichen durch die Schwächung und Erstarrung der

Gefässröhren zufällt. Es braucht dabei keine Arteriosklerose mitzuspielen, sondern es bedarf dazu nur der physiologischen Altersveränderungen an den Gefässen. Nach Ribbert (349) besteht am senilen
Herzen sogar noch die Möglichkeit der pathologischen Hypertrophie,
und in der Tat mögen nicht wenige Fälle von relativ grossem Herzen
auch auf krankhafte Anpassungen durch Nieren- und Gefässveränderungen zurückzuführen sein. Marchand führt die senile Hypertrophie
des Herzens auch nicht auf die Atherosklerose, sondern auf Granular-
atrophien der Nieren zurück. Danach wäre sie natürlich eine pathologische Erscheinung. Dabei wird freilich der Zeitpunkt des Ein-
trittes der Hypertrophie selten durch die Autopsie klargestellt werden
können. Verfolgt man die Grössenverhältnisse des Herzens im Röntgenbilde, so findet man nach H. Dietlen (95) im höheren Alter einen
grösseren Herzschatten, er darf jedoch nicht auf eine wahre Vergrösserung zurückgeführt werden, sondern hängt nach Dietlen mit der Umlagerung des Herzens, nämlich der Annahme einer stärkeren trans-
versalen, gegenüber der früheren Schrägstellung zusammen. Diese Umlagerung ihrerseits ist aber abhängig von dem Elastizitätsverlust und
der Veränderung der Länge des Gefässbündels, an dem das Herz auf-
gehängt ist und mitbedingt durch das Tiefertreten des Herzens infolge
der Abflachung der es stützenden Zwerchfellkuppe.im Alter.

Am genauesten hat sicher Wilh. Müller (304) die Massenverände-
rungen der Herzens während des Wachstums und Alters verfolgt. Nach
ihm nimmt das Herzgewicht bis zum 70. Jahre zu; erst dann verfällt
das Herz dem natürlichen Altersschwunde. Sein relatives Gewicht (im
Vergleich zum Gesamtgewicht des Körpers) steigt dauernd. Bereits im
schulpflichtigen Alter lässt sich die grössere relative Herzmasse des
männlichen Geschlechts nachweisen; sie ist aber unbedeutend. Zwischen
dem 16. und 20. Lebensjahr nimmt die absolute Herzmasse rasch zu,
scheint aber — dies ist auch für die Pathologie der ersten Erwerbsjahre
wichtig — hinter der Körpermasse relativ etwas zurückzubleiben. Bei
der dauernden proportionalen Zunahme des Herzens spielen zwei Bedingungen die Hauptrolle, erstens die schon oben erwähnte stärkere
Verlegung der Kreislaufarbeit auf das Herz durch die senile Schwächung
der Gefässwände; der „Ventrikelindex" (Quotient der Körpermasse in
die Ventrikelmasse) nimmt jenseits des 5. Jahrzehnts mit dem Alter
zu; zweitens die mit dem Alter wechselnden Beziehungen der Herz-
abschnitte zueinander, besonders die veränderliche Beziehung zwischen
Vorhöfen und Kammern. Von der letzteren bemerkte W. Müller,
dass die Anforderungen, welche die Kammern an die Muskulatur der
Vorhöfe stellen, sich vom 2. Jahre bis zur Pubertät vermindern; um
diese Zeit tritt ein Minimum ein, worauf dann eine stetige Zunahme

bis zum Lebensende einsetzt. Die Masse der Vorhofsmuskulatur nimmt bis ins hohe Alter zu; der rechte Vorhof nimmt im ersten Monat ab; im Beginn des zweiten Monats sind beide gleich; dieser Zustand bleibt in den ersten Kinderjahren; dann überwiegt an Masse der rechte Vorhof, aber viel weniger als zur Embryonalzeit. Die bei Neugeborenen-Sektionen viel mehr in die Augen springende Stärke der rechten Kammerwand, deren Masse in späten Embryonalmonaten der Masse der linken Kammerwand gleich ist, nimmt schon im ersten Monat nach der Geburt an Masse ab; die linke Kammerwand verstärkt sich währenddem zuerst rasch, dann langsamer; vom zweiten Lebensjahre an macht die Muskelmasse der rechten Kammer annähernd die Hälfte derjenigen der linken Kammer aus. Bei der Beurteilung von Herzgewichten ist auch die oft nicht zu unterschätzende Menge des epikardialen Fettes zu berücksichtigen; hierüber berichtet W. Müller folgendes: Seine Entwicklung beginnt erst während des zweiten postfötalen Monats, während es bei Säugetieren, besonders bei Wiederkäuern angeboren ist; bis zur Pubertät ist seine Zunahme eine gleichmässig langsame, dann wächst es rasch. Es nimmt sogar in jenem Alter noch zu, in dem schon an anderen Stellen des Körpers sich seniler Schwund des Fettes einstellt; nämlich beim Manne im 8. Jahrzehnt; oft wiegt es über 100 g, durchschnittlich 60—70 g; beim Weibe nimmt es bis zum 5. Jahrzehnt zu, während der fünfziger Jahre fällt es dann wieder im Gewicht, um nochmals anzusteigen (Wirkung des Klimakteriums). Soweit W. Müller.

Neuere Untersuchungen über die Massenverhältnisse am Herzen stammen von Wideroe (479); auch nach ihm nimmt z. B. das Verhältnis (Gewicht des linken Ventrikels zu Körpergewicht) mit dem Alter zu.

Am Klappenapparat sind unter den Alterserscheinungen das Zusammenrücken des Klappengewebes an den zipfeligen Klappen bis zur Bildung der bekannten, auf frühere Endokarditis fälschlicherweise verdächtigen Faltenbildungen zu nennen; an den halbmondförmigen Klappen die Verstärkung der Ansatzstellen, vor allem an den Aortaklappen und die Vergrösserung der häufig schon sehr früh zu sehenden Fensterungen der Klappenränder hier und an der Pulmonalis, ferner die sehnige Entartung der Papillarmuskelspitzen. Nach Löwenstein (251) findet sich die letztere in ihren mikroskopischen Anfängen vom 40., meist aber erst vom 50. Lebensjahr und erfolgt unter Zunahme des Bindegewebes bei gleichzeitigem schollligem Zerfall, Pigmentierung, Verfettung oder einfacher Atrophie der Muskeln. Löwenstein hält diesen letzteren Vorgang für den primären, dagegen wäre an die gleichzeitige Sklerosierung der Sehnenfäden und Klappenränder zu erinnern, in denen keine primäre Abnutzung spezifischen Gewebes zur Bindegewebshyperplasie führen kann. Interesse haben auch wegen der Beziehungen zu

der Arteriosklerose die sogenannten weissen Flecke des Aortensegels
der Mitralis erweckt; zuerst hat Beitzke (41) nachgewiesen, dass man
sie vom 6. Lebensmonat ab bei Individuen jeden Alters antrifft, Martius
(270) hat dies bestätigt und Sato (373) zeigte, dass diese Flecke auf
alle Fälle krankhafter Natur sind und dass die fettige Degeneration,
die sie begleitet, mit dem Wachstum der Klappen von der Oberfläche
gegen die Tiefe zu wandert. Eine Zeitlang scheinen sie auf diese Weise
für das unbewaffnete Auge zu verschwinden, so dass Hedinger glaubte,
dass sie im späteren Kindesalter fehlten.

Über den Aufbau des Hisschen Bündels in verschiedenen Lebensaltern findet man Angaben bei Mönckeberg (288); das Wichtigste ist
schon oben gesagt worden.

Die feinere Struktur des Herzgewebes ändert sich mit dem Alter.
Noch im kindlichen Herzen fällt die Deutlichkeit der Plexusbildung der
Herzmuskelfasern auf, welche den embryonalen Herzmuskel der letzten
Schwangerschaftsmonate auszeichnet. Nach H. Eppinger (112) bilden
die Herzmuskelfasern bis zum 11. Lebensmonat ein Säulchen mit ein-
facher Fibrillenhülle, höchstens liegen zwei Fibrillen an; es vermehren
sich dann mit dem Alter die peripheren Fibrillen. Noch beim 11 jährigen
Individuum zeigen die Fibrillen prismatische Querschnitte.

Die sog. Leistenkerne, die in der Frage über die Herzatrophie
eine grosse Rolle gespielt haben, sind nach Aschoff (18) in allen
Lebensaltern anzutreffen; eine Eigentümlichkeit der ersten Jugend ist
die ovale oder Stäbchenform der Kerne; bereits bei einem Alter von
wenigen Jahren ist die Form eine platte, die Oberfläche dabei zackig
oder leistenartig uneben. Die mit dem Alter zunehmende Faserdicke
ist sicher (Goldenberg [146]) auf die Vergrösserung der einzelnen
Muskelzellen zu beziehen; die Muskelzellen ausgewachsener Herzen sind
mindestens doppelt so breit als die Muskelzellen beim Neugeborenen.
Auch trägt die Gruppierung von Muskelzellen zu Bündelfasern bei der
Grössenzunahme der Muskelfasern während der Wachstumsperiode bei.
Die Zahl der Bündelfasern nimmt mit dem Alter zu. Langerhans
und Eberth (zitiert nach Tangl [441]) hatten die Behauptung aufgestellt, dass die Muskelzellen in verschiedenem Alter keine verschiedene
Grösse haben. Tangl hält auch ein Wachstum in der Länge für sicher,
abgesehen davon, dass nach der Geburt das Gesamtwachstum auch eine
Zeitlang noch auf der Vermehrung der Muskelelemente mitberuht. Mit
der Vergrösserung der Zelle vergrössert sich der Kern und vermehrt
sich die Granulierung des Sarkoplasmas. Die mit dem Alter regelmässig
erfolgende Pigmentierung kann schon frühzeitig (nach Mass mit dem
10. Jahr, nach Aschoff schon früher), einsetzen. Zellen mit starker
Pigmentierung sind regelmässig atrophisch.

Sicher nimmt mit dem Alter die Menge des Sarkoplasmas wieder ab. Das Zwischengewebe ist im kindlichen Herzen sparsamer, aber kernreicher und von einem weiteren Spaltsaftsystem durchzogen (Eppinger). Die Myofibrosis wird als Alterserscheinung von einigen abgelehnt; es soll sich im Alter das Bindegewebe nicht wirklich vermehren. Man kann bezweifeln, ob die fibröse Entartung der Papillarmuskelspitzen nicht andere als physiologische Gründe habe. In Übereinstimmung mit Melnikow-Raswedenkow (276) fand Fahr (125) im Herzen des Neugeborenen elastische Fasern nur im Epi- und Endokard, sowie um die Blutgefässe, vom 7. Lebensjahr zunehmend ein feines Fasernetz, auch zwischen den Muskelfasern. Er schreibt diesem Netz den Zweck zu, die Verminderung der Muskelelastizität, welche mit dem Alter einsetzt, wettzumachen.

Auch die Kittlinien des Herzens haben ihre besondere Lebensgeschichte. Nach Heidenhain (176) dienen sie dem Wachstum. Aschoff und Cohn bemerkten eine Zunahme der Kittlinien mit dem Alter. Dietrich (96) wendet gegen die Auffassung der Kittlinien als Wachstumszonen ein, dass sie zur Zeit des lebhaftesten Wachstums fehlen, hingegen gibt er mit Renaut zu, dass nach Abschluss des Wachstums keine Zunahme der Kittlinien mehr stattfindet. Dietrich erwähnt eine Bemerkung von Aschoff und Tawara, nach welcher das Vorkommen der Fragmentation im Alter häufiger wird, jedenfalls fehlt sie bei Neugeborenen.

Blutgefässe.

Wir haben schon oben darauf hingewiesen, dass wohl von keinem Organe die Altersveränderungen so lange und so oft falsch beurteilt wurden, als beim Gefässsystem. Der bekannte Ausspruch von Cazalis, dass man das Alter seiner Arterien habe, darf aber in gewissem Sinne immer noch Richtigkeit beanspruchen, obwohl er offenbar ebenfalls von der falschen Vorstellung ausgegangen ist, dass die Arteriosklerose wirkliche Alterserscheinung sei. Richtig bleibt nämlich an dem Ausspruch, dass wir an den Arterien eine besonders leicht zu verfolgende und konsequente Altersentwicklung vor uns haben; erstens verändert sich die Lichtung, zweitens die Wanddicke und diese wieder hinsichtlich ihrer histologischen Schichtung. Schon die Kalibermessungen, die zuerst wohl in grösserem Umfang Beneke (43, 44) betrieben hat, zeigen das selbständige Wachstum der verschiedenen arteriellen Gebiete entsprechend der jeweiligen Wertigkeit der von ihnen versorgten Organe (z. B. relative Grösse der Karotiden im kindlichen Alter bei dem das Wachstum früh abschliessenden Gehirn). Auch das Verhältnis von Pulmonalis zu Aorta darf hier kurz erwähnt werden. Die Pulmonalis erreicht den Umfang der Aorta im 5. Lebenjahrzehnt und wird dann weiter als die Aorta. Im allgemeinen erweitern sich fortgesetzt alle Arterien bis in das höchste Alter; da nach den Untersuchungen von Kani (210 b) und Rössle (356 a) die Gefässwanddicke im allgemeinen nur bis zum 5. Lebensjahrzehnt zunimmt, so steht man vor der Frage, ob bis dahin ein wirkliches Wachstum der Arterien vorliegt. Man wird in Anbetracht der dabei spielenden histologischen Vorgänge Aschoff (19) wohl recht geben müssen, dass das Wachstum so lange andauert. Aschoff, welcher durch die Bezeichnung Arteriopathia senilis die wahren Altersvorgänge besonders scharf von den Alterserkrankungen der Gefässwände unterscheiden wollte (20), zerlegt den Lebenslauf der Arterien in drei Perioden. In der ersten Periode findet eine Entwicklung des elastischen Gewebes der Intima in der Weise statt, dass die im allgemeinen bis zum Ende des ersten Lebensjahres an der Grenze zwischen Media und Intima befindliche homogene, elastische Lamelle elastische Streifen nach innen zu abspaltet. So entsteht die von Jores zuerst beschriebene physiologische Intimaverdickung. An den grössten Arterien ist die Spaltung der Elastica interna schon zur Zeit der Geburt zu bemerken. Neben den elastischen Fasern bilden sich in der Intima auch glatte Muskelfasern aus. Die Entwicklung der elastisch-muskulösen Innenschicht erreicht mit dem Ende des Längenwachstums des Körpers ihren Höhepunkt und damit schliesst die erste Periode der Entwicklung nach Aschoff. Im einzelnen verhalten sich die Arterien verschiedener Körperstellen in bezug auf Entwicklung und Struktur (bekanntlich auch in bezug auf ihre Erkrankungsweise) verschieden. Einige Arterien sind im einzelnen für die verschiedenen Lebensalter untersucht, so die Arteria mesenterica superior durch H. Schmiedl (384) und die Radialis durch Hallenberger (zit. nach Aschoff [19]).

Konnte schon die Veränderung in der ersten Periode als eine Wirkung wuchernden Bindegewebes aufgefasst werden, indem die Aufsplitterung der ursprünglich einheitlichen elastischen Schicht durch eindringende Bindegewebsfäserchen zu stande kommt, so ist die zweite, etwa mit dem Abschluss des Körperwachstums einsetzende Periode der Altersentwicklung der Arterien geradezu dadurch gekennzeichnet, dass nicht mehr elastisches Gewebe neugebildet, sondern nur mehr Bindegewebe in der Intima angesetzt wird. Um das 40. Lebensjahr — der Zeitpunkt wechselt individuell in ziemlich weiten Grenzen — geht diese mittlere Periode in das dritte, von Aschoff „absteigende Periode" genannte Stadium der senilen Sklerosierung über, wobei die Intima an Dicke noch zunimmt, aber wiederum lediglich nur durch Verstärkung des Bindegewebes. Schon Thoma hat auch diese physiologische Intimaverdickung als eine kompensatorische angesehen, welche die allmählich eintretende Schwächung der Media ausgleicht. Aschoff meint freilich, dass der Grund weniger in einer Schwächung des muskulösen, als in der Abnutzung des elastischen Intimarohres bedingt sei. In den Arterien des muskulären Typus bildet sich (vgl. Alb. Aschoff 24) nur eine dünne hyperplastische Intimaschicht im Laufe des Lebens aus. Dies spricht in der Tat bis zu einem gewissen Grade gegen die Thomasche Auffassung.

Die sog. senile Atherosklerose (III. Periode Aschoffs) sieht Mönckeberg (288a) als einen pathologischen Prozess an und erkennt als reine senile Veränderungen nur die Abnahme der Elastizität und der Kontraktilität an.

Die geschilderten anatomischen Verhältnisse können wir nur aus den funktionellen verstehen. Was wir bisher über die letzteren wissen, befriedigt zur Erklärung des histologischen Altersumbaues der Arterien nur bis zu einem gewissen Grade. In Betracht kommt das Verhalten des Blutdruckes und die funktionelle Güte des Arterienrohres. Der Blutdruck steigt nach K. Oppenheimer und S. Bauchwitz (322) mit zunehmendem Alter: Säuglinge von 0 bis zu 6 Monaten zeigen einen normalen Druck von 80 mm HG, Kinder von 10—12 Jahren einen solchen von 112 mm, gemessen nach Riva-Rocci. Der Blutdruck ist eine wesentliche Bedingung für das Mass an Längsspannung in den Arterien. Ausserdem wird dieselbe bedingt durch die Differenz des eigenen Längenwachstums der Gefässe und ihrer Unterlage. Die dadurch herbeigeführten eigenartigen Wachstumserscheinungen sind wohl zuerst von Schwalbe (400) als bedeutsam für die Gestaltung des Arteriensystems erkannt worden. Fuchs (136) hat diese Längsspannung dann genauer untersucht. In seiner Schrift „Zur Physiologie und Wachstumsmechanik des Blutgefässsystems" findet man zahlreiche Angaben über die Abhängigkeit der Gefässstruktur von den örtlich verschiedenen Beanspruchungen der Gefässwand im Körper; denn je nach der Örtlichkeit wechselt das Wachstum der Unterlage, das Wachstum des von der Arterie versorgten Körpergebietes und nicht zum mindesten ist die Einzel-Arterie auch abhängig von der allgemeinen Gefässspannung und der Art der Herzbewegung. Zum Beispiel nimmt nach Quetelet (34) die Pulszahl bis zum 25. Lebensjahr, nach Guy bis zum 42. Lebensjahr ab; das Schlagvolumen des Herzens nimmt mit dem Alter zu. Fuchs vertritt die Ansicht, dass der Binnendruck das Längenwachstum der Arterien, die Längsspannung aber das Durchmesserwachstum hemme; bereits Benecke hat auf die im Vergleich zur Körperlänge relativ weiten Lichtungen der Arterien in der Jugend aufmerksam gemacht. Das Hauptergebnis aus den Betrachtungen von Fuchs wäre für uns das, dass die elastischen Elemente und das Bindegewebe, deren ausschlaggebende Rolle bei den Altersveränderungen der Gefässe wir hervorgehoben haben, zeitlich und topographisch der jeweiligen Intensität der Längsspannung entsprechen. Strasburger (427—29) ist auf anderem Wege vorgegangen: Er studierte die Kapazitätszunahme des Aortensystems bei künstlichen Drucksteigerungen an der Leichenaorta in verschiedenem Alter. Es ergab sich, dass die „Weitbarkeit" des Gefässes im Alter geringer ist als in der Jugend. Daraus schliesst er auf eine Verlangsamung des Kreislaufes der alternden Personen. Während die Dehnbarkeit mit dem Alter abnimmt, steigert sich die Elastizität. Der Begriff „Elastizität" ist hierbei in physikalischem Sinne gebraucht. Vom Ende des 3. Lebensjahrzehnts liegen die Verhältnisse so, dass die Weitbarkeit bei niedrigem Innendruck am höchsten ist und mit steigendem Druck regelmässig beträchtlich abnimmt. Entgegen der obigen Angabe sagt Strasburger, dass das Schlagvolumen des Herzens in der Jugend am grössten ist; dasselbe gilt für die Geschwindigkeit der Blutströmung.

Wenn wir nun mit einigen Worten auf die Beziehungen der Arteriosklerose zu den Altersveränderungen der Arterien eingehen, so muss zuerst hervorgehoben werden, dass die Lokalisation der Arteriosklerose nach Zeit und Mass eine den Altersveränderungen sehr ähnliche ist. Da auch, abgesehen von den degenerativen Veränderungen, die histologische Natur sehr weitgehend übereinstimmt, versteht man, dass die physiologischen und pathologischen Vorgänge am Gefässsystem so lange Zeit nicht scharf getrennt wurden. Auch die Art der Erkrankung, nämlich überwiegende Media-Beteiligung an den Arterien des muskulösen Typus, vorwiegende Beteiligung der Intima an den Arterien des elastischen Typus, zeigt die Verwandtschaft der Degenerations- und der Abnutzungs-Vorgänge. In ihrer Ausbreitung über die Lebensalter ist die Arteriosklerose, wenigstens in ihren Anfängen, lange unterschätzt worden. A. Faber (124) gibt an, dass sich periphere Mediaverkalkungen gelegentlich schon im ersten Lebensjahr und Verkalkungen an der Media der Aorta schon vom 10. Lebensjahr an nachweisen lassen; nach ihm sind die Beckenarterien die am frühesten sich krankhaft verändernden Schlagadern. Wie an den Herzklappen, so haben an der Aorta die frühzeitig auftretenden Vorstufen der Arteriosklerose seit langem Interesse erweckt. Bei Stumpf (432) findet man die Namen aus der älteren Literatur: Langhans, Ranvier, Key-Aberg, Thoma, Grünstein, Jores, Gilbert, Voigt. Er hebt auch hervor, dass sich bestimmte Angaben über das Verhältnis von Lebensalter zu Dicke der Intima nicht machen lassen, da offenbar grosse individuelle Schwankungen bestehen. Schon bei 3- und 4jährigen Kindern fand er die bekannten Verfettungsherde in bestimmter Anordnung und an denselben Stellen schon regelmässig die vorzeitige Ausbildung der sonst physiologischen elastisch-hyperplastischen Schicht; man könne, so sagt er, daraus immer auf ein Missverhältnis zwischen der Leistungsfähigkeit der Gefässwaud und den an sie gestellten Ansprüchen schliessen. Dazu sei nur kurz bemerkt, dass die Beschaffenheit der Gefässwand wohl nicht bloss von mechanischen Bedingungen, sondern auch vom Stoffwechsel abhängig sein dürfte. Strasburger (427) fand schon bei den ersten Anfängen der Arterio-sklerose eine Abnahme der oben besprochenen Dehnbarkeit der Arterien-wandung. Als eine der frühzeitigsten Altersveränderungen sieht Hübschmann (195) die Neigung der elastischen Fasern an, sich mit basischen Anilin-Farbstoffen zu färben, sie gehe der Verkalkung (bei der Media-Sklerose) voraus. Selig (410) hat den Elastin- und Fettgehalt der Aorta bestimmt und festgestellt, dass an gesunden Gefässen die Elastin-Werte individuell sehr verschieden sind; er meint, dass geringe Elastin-Werte im jugendlichen Alter eine Disposition für Arteriosklerose bedeuten könnten; im höheren Alter nimmt der Fettgehalt der Aorta zu. Kalbermatten (210a) erwähnt, dass die glatte Muskulatur der jugendlichen Arterien mehr Glykogen als im Alter enthält.

Schliesslich sei noch eine Angabe von Spalteholz (419) wieder-gegeben, welche insofern vielleicht von prinzipiel!er Bedeutung ist, als sie zeigt, dass die Ausbildung und Anordnung der Arterien in Organen mit dem Alter wechseln kann. Er beschreibt, dass die Arterien der Herzwandung beim Erwachsenen hauptsächlich ein subepikardiales und subendokardiales Netz bilden, von dem aus die Arterienzweige durch die Herzwand in die Tiefe führen; mit dem Wachstum des Herzens scheint sich das Lageverhältnis und die Anordnung des oberflächlichen Netzes typisch zu ändern, denn wir finden dieses im Gegensatz zum Erwachsenen beim Neugeborenen im allgemeinen etwas oberflächlicher liegend und etwas gleichmässiger in der Dicke seiner Verbindungsäste.

b) Blut und blutbereitende Organe.

Dass die Greise anämisch sind, ist immer aufgefallen (vergleiche Naunyn, Geist [140]); Geist bereits schreibt diese Anämie der Atrophie der blutbildenden Organe zu; ob mit Recht, ist nicht des genaueren nach-gewiesen. Die ersten Altersveränderungen des Knochenmarks, nämlich der Schwund des alle Röhrenknochen ausfüllenden kindlichen myeloiden Marks setzt ja viel früher ein, wenn man auch wohl über das Mass dieser Umwandlung in Fettmark vielfach falsche Vorstellungen hegte; Hedinger (172) hat noch kürzlich darauf hingewiesen, dass entgegen den Lehrbuchangaben beim Erwachsenen selten reines Fettmark z. B. im Femur sei. Dazu sei bemerkt, dass die individuellen, ja vielleicht auch geographischen Verhältnisse entschieden grosse Differenzen be-dingen. Ob diese letzten grösseren Reste dann noch im Alter schwinden, ist nicht ausgemacht; wir haben vorläufig keine andere Erklärung für die senile Anämie, als dass das noch in genügender Menge vorhandene Knochenmark die Blutregeneration schwach besorgt. Keineswegs, dies sei auch noch betont, finden wir die in vielen Lehrbüchern sozusagen als das Altersstadium des Knochenmarks hingestellte gallertige Atrophie des Fettmarks regelmässig, sondern nur bei besonderen Fällen der Kachexien. Vielleicht fehlt es im Alter an wichtigen, zum Bau von Blut notwendigen Stoffen, darauf deutet eine Notiz von Bolle (52), nach der der Gehalt des Marks an Lezithin im Alter abnimmt; vielleicht aber wird im Alter mehr Blut zerstört oder das physiologisch zerstörte weniger gut verarbeitet; dafür würden die unten bei der Milz zu erwähnenden Befunde sprechen. Über die zellige Zusammensetzung des Knochenmarks in verschiedenen Lebensaltern liegen einige wenige Berichte vor; ganz normales frisches Material wird schwer zu erhalten sein. Nach Wolownik (485) beträgt das Verhältnis von granulierten zu ungranulierten Zellen beim Erwachsenen (50 Fälle) 54,6 % : 39,0 %, bei Kindern ist es 43,3 : 48,5 %. Die Zahlen J. Lossens (256) 43,1 : 51,0 % für Kinder stimmen damit gut überein. Erythroblasten sind beim Kinde im allgemeinen reichlicher, besonders aber in der ersten Lebenszeit.

Die Veränderungen der Lymphknoten mit dem Alter sind im allgemeinen gut bekannt; entscheidend ist der grössere oder geringere Reichtum an reifem lymphoidem Gewebe und an Keimzentren, je nach dem Alter; beim Kinde steht (auch wieder individuell wechselnd) Follikel bei Follikel und die Markstränge füllen die Räume zwischen den Blutgefässen prall aus; bei älteren Erwachsenen liegen die Blutgefässe oft wie bloss, was man besonders gut gegen den dann ganz kavernösen Hilus sieht. Auch an die Fettwucherung ex vacuo im Hilus, besonders frühzeitig und deutlich an den Extremitätenlymphknoten (inguinale, axillare) sei erinnert. A. Calmette und C. Guerin (66), die diese Eigenschaften gut hervorgehoben haben, bringen mit ihnen den verschiedenen Wert der jugendlichen und alten Lymphknoten als Bakterienfilter in Zusammenhang. Eine Beschreibung der senilen Veränderungen der Lymphdrüsen findet sich auch bei Zacharow (489), (mir nicht zugänglich gewesen). Über die Beschaffenheit, speziell der Keimzentren in verschiedenem Alter haben, an tierischem Material, Baum und Hille (36) Untersuchungen angestellt: Bei ausgetragenen Föten von Kalb, Schwein, Pferd gibt es in den Lymphknoten keine Keimzentren; in den ersten Lebensjahren entwickelt sich ihre Zahl und Grösse fast vollständig (beim Schwein noch später). Die Grösse geht bald, die Zahl im Alter ganz zurück; 14—16 Jahre alte Rinder zeigen dieselben Verhältnisse wieder wie junge Kälber.

Die Fettwucherung im Hilus der senilatrophischen Lymphknoten und die Vermehrung der elastischen Fasern sind fast zu bekannt,
als dass sie erwähnt werden dürften. Beziehungen zwischen dem vom
Alter bedingten Lymphdrüsenbau und der Tuberkulose haben Bartel
und Stein (33) geschildert. Das zuerst zellig-synzytial angelegte Retikulum reift unter Abnahme der protoplasmatischen Beläge (Thomé
[449], Rössle und Yoschida [357]) zu einem fibrillären Gerüst aus.
Die Retikulumfasern fehlen im allgemeinen den Lymphknoten der Neugeborenen, desgleichen entbehren sie, wenigstens im Innern ganz, die
elastischen Fasern, die sich später vermehren. Die Gerüstteile werden
mit dem Alter plumper. Beizustimmen ist Bartel und Stein auch
in der Hinsicht, dass in Lymphknoten älterer Menschen der früher
immer deutliche Unterschied von Randsinus und eigentlichem lymphoiden
(„sezernierenden") Gewebe sich verwischt, übrigens in verschiedenen
Regionen ein verschieden deutlicher Befund.

Über die Schwankungen in der Gesamtmenge des lymphoiden Gewebes, welche sicherlich abhängig vom Alter nicht unbeträchtlich sind,
sind wir für den Menschen nicht unterrichtet; für das Kaninchen liegt
aus dem Institut Hammars eine Arbeit von Hellmann (176a) darüber vor.

Die Kennzeichen der altersatrophischen Milz sind allgemeine Grössenabnahme — auch von Fall zu Fall von sehr verschiedenen
Graden, oft auffälligerweise fehlend, wenn sie erwartet werden könnte —,
Schwund der Pulpa und Verkleinerung der Malpighischen Körperchen, Vortreten des Gerüsts, man sieht es meist noch deutlich trotz
Schwellungen durch Blutinfektion, viel eigentümlicher ist aber das häufige
Ausbleiben der septischen Schwellungen und Erweichungen der Milz
im Greisenalter. Bindegewebe und elastische Fasern sind auch „vermehrt", und dies kommt wohl auch für die Gitterfasern in Frage.
Von diesen hat Matsui (271) gezeigt, dass ihr allgemeiner Aufbau
beim Neugeborenen schon vollendet ist, dass dann im Kindesalter lediglich eine Dickenzunahme erfolgt, so dass das Bild der Milz gegen das
15. Jahr bereits dem der ausgewachsenen Milz in bezug auf die Gitterfasern gleicht. Für Mensch (vergl. Hueck [196]) und Tier (Nasse für
Pferd, Quincke [342] für Hund) ist ferner die Zunahme des Hämosiderins in der alten Milz oft festgestellt; sie ist wegen der oben berührten Frage nach stärkerer physiologischer Abnutzung der Blutkörper
im Alter als etwaige Ursache der senilen Anämie von Bedeutung. Bei
Kindern finden sich seltener als bei Erwachsenen doppelbrechende Substanzen in der Milz; der Befund von lipoidhaltigen Zellen in der Milz
ist bei Kindern mehr an die Follikel, bei Erwachsenen mehr an die
Pulpa geknüpft (Kusunoki [227]). Damit stimmt die Angabe Poscha-

riskys (335) überein: der normal fehlende Fettgehalt der Milz ist in pathologischen Fällen abhängig in der Art der Ablagerung vom Alter: bei Kindern findet sich diese „fast nur" in den epitheloiden Zellen der Malpighischen Körperchen; beim Erwachsenen ist sie ausser in der Pulpa auch noch in den Trabekeln, in der Kapsel und in den Gefässen anzutreffen. Müller (zit. nach Biondi) hat in der Milz alter Tiere (Säugetiere, Reptilien, Vögel, Fische) globulifere Zellen mit einem körnigen Pigmente angetroffen.

Was die Zusammensetzung des Blutes in den verschiedenen Lebensaltern anlangt, so sinkt die bei Neugeborenen zu findende Polyzythämie (nach E. Schiff bis 8½ Mill. am 1. Lebenstage) im Verlauf von 10—14 Tagen zur Norm. Die sexuellen Differenzen (Normalzahl für Männer 5 Mill., für Frauen 4,5 Mill.) ergeben sich erst mit der Pubertätszeit, ja vorher soll beim weiblichen Geschlecht die Zahl der roten Blutkörperchen eher etwas höher sein (Stierlin, zit. nach Ehrlich-Nothnagel). Im Alter ist gelegentlich (Schwalbe [399], aber nicht regelmässig Oligozythämie vorhanden. Demgegenüber steht die Angabe Hammers, Kirchs und Schlesingers, dass bei Greisen (Zählungen bei 155 Menschen zwischen 60 und 95 Jahren) eine mässige Hyperglobulie häufig ist; dabei sei der Färbeindex reduziert. Sie erklären sich diesen Zustand als eine Schutzeinrichtung des hämopoietischen Systems, um die Sauerstoffbedürfnisse des alternden Körpers zu befriedigen[1]). Bei Tieren sind die Blutkörperchen für verschiedenes Alter von Sustschowa (436) gezählt worden: so ist z. B. die Zahl der roten Blutkörperchen beim Kalbe grösser als beim erwachsenen Rinde; allerdings nimmt die Zahl in den ersten Monaten nach der Geburt ab. Der Hämoglobingehalt ist beim Kalb niedriger als im Durchschnitt, steigt mit dem Alter erst an.

Ob das einzelne rote Blutkörperchen einen Prozess durchmacht, der sich mit dem Altern vergleichen lässt, muss dahingestellt bleiben. In vielen Arbeiten ist die Rede von alten und jungen Blutzellen, Pfitzner (329a) hat bereits die Entkernung für einen Altersvorgang erklärt. Vassale und Zanfrognini (460) wollen junge und alte Erythrozyten des Blutes durch eine Färbung unterscheiden können. Künstliche Anämien, besonders durch Aderlässe, müssten, wenn durch Regeneration das Blut eben ersetzt ist, bewirken, dass verhältnismässig viel „junge" Blutzellen im Blute sich befinden. Die Untersuchung solchen Blutes durch obige Massnahmen erhöhen nun, wie die Untersuchungen von Morawitz und Pratt, von Sattler (874) und von Snapper (415) gezeigt haben, die Resistenz der roten Blutkörperchen

---

[1]) Eine ältere Arbeit von Solowjow (418) zit. nach Mühlmann (292) war mir nicht zugänglich.

gegenüber Giften, besonders anisotonischen Lösungen. Es fragt sich aber, ob es angängig ist, dafür die „Jugend" der kreisenden Blutkörperchen verantwortlich zu machen, zumal die Blutkörperchen nach jenen Massnahmen sichtlich verändert sind (Pachydermie!). Allerdings ist erhöhte Resistenz auch immer am Blut von neugeborenen Tieren aufgefallen; eine Reihe von solchen Differenzen der Blutbeschaffenheit in verschiedenen Lebensaltern, welche besonders hinsichtlich gewisser Immunitätsprobleme Interesse beanspruchen, finden sich von Sachs (367) zusammengestellt; erst nach vier Lebenswochen fand sich mittlere Empfindlichkeit der Erythrozyten. Der verschiedene Gehalt an Lezithin spielt, z. B. für die Kobragifthämolyse, dabei eine Rolle. Bei dieser Gelegenheit sei auch daran erinnert, dass auch in bezug auf eine ganze Reihe von Immunkörpern sich das Blut von jüngsten und älteren Tieren unterscheidet, auch der Komplementgehalt ist nach der Geburt gering (J. Langer, Sachs [366], G. Müller [309], Halban und Landsteiner). Das spezifische Gewicht des Blutes ist beim Neugeborenen am grössten (1,06), sinkt in den ersten Lebensjahren und steigt wieder an (L. Jones, zit. nach Hermann). Die Gesamtblutmenge soll beim Kinde grösser sein, nämlich $^1/_{10}$—$^1/_{15}$ des Körpergewichts gegenüber $^1/_{19}$ beim Erwachsenen ausmachen. Die Untersuchungen über den Einfluss des Alters auf die Blutgerinnbarkeit müssen noch fortgesetzt werden; für die ersten Lebenswochen liegen Angaben von E. Flusser (130) vor. Über den Cholesteringehalt des Blutes sagt Landau (231), übrigens entgegen älteren Angaben, dass er im Alter sinke. Die Blutalkaleszenz soll nach dem Säuglingsalter sich steigern Pfaundler [328]).

Viel beträchtlicher als die Unterschiede im roten Blutbild sind bekanntlich zwischen Kindern und Erwachsenen die Verschiedenheiten des weissen Blutbildes. Ich beschränke mich[1]) auf einige wenige Zahlenangaben. Nach Schleip beträgt die Zahl der Lekozyten bei Kindern zwischen $^1/_2$—15 Jahren 10 000 Leukozyten, dabei sind bis zum 5. Lebensjahre die neutrophilen Leukozyten in der Minderzahl; genauere Zahlen gibt D. Rabinowitsch (344): die neutrophilen mehrkernigen Leukozyten steigern sich von 30 $^0/_0$ (der Gesamtleukozyten) im 1. Lebensjahr auf 70 $^0/_0$ bis zum 15. Jahr; die Lymphozyten sinken in dieser Zeit von 60—30 $^0/_0$; nach Rabinowitsch erreicht die Zahl der Leukozyten die der Lymphozyten im 6. Lebensjahr; die Zahl der grossen Mononukleären (1—3,3 $^0/_0$) schwankt nicht mit dem Alter. Zelenski (491) hat das Verhalten des neutrophilen Blutbildes bei gesunden und kranken Säuglingen studiert; der besonderste Befund für dieses Lebensalter ist der, dass — angeblich auch ohne pathologische Reizung — öfter un-

---

[1]) Ältere Angaben bei Schwinge (402).

reife Leukozytenformen bis zu Myelozyten im Blute zu finden sind. Mastzellen sollen ja auch im Blute jugendlicher Gesunder häufiger sein (Ebner-Kölliker). Über die Alterskurve der weissen Blutkörperchen beim Kaninchen berichtet Lindberg (242).

c) Knochen und Knorpel.

Wachstum und Altern der Knochen würde insofern unser besonderes Interesse beanspruchen, als die Grösse des Skeletts jeweilig einen Massstab für das Gesamtwachstum abgibt und mit der Einstellung des Längenwachstums der Skeletteile der Mensch die wichtigste Wachstumsperiode seines Körpers abschliesst. Wir können aber hier nicht den Ablauf des Skelettwachstums im einzelnen verfolgen, obwohl durch die verschiedenzeitig erlangte Reife der einzelnen Teile des Knochensystems wichtige Indikatoren für die Erreichung bestimmter Altersstufen gegeben sind. Besonders seit der ausgedehnten Anwendung der Röntgenstrahlen haben diese Verhältnisse auch rein klinisch für die Diagnose von Wachstumshemmungen und anderen Anomalien eine grosse Bedeutung erlangt.

Wir begnügen uns hier mit zweierlei Hinweisen: Erstens mit der Hervorhebung einiger Skelettmarken, die für den klinischen und den pathologisch-anatomischen Nachweis des Entwicklungsgrades wichtiger Skeletteile in Betracht kommen, zweitens mit einer allgemeinen Erörterung der Vorgänge des Wachstumsabschlusses.

Bekanntlich wird die Einstellung des Wachstums in den sog. Wachstumslinien (Epiphysenfugen, Nähte) begleitet von dem Schwunde der Fugen, d. h. von der knöchernen Vereinigung der vorher durch wuchernden Knorpel getrennten Knochenteile. Die Wachstumabschlüsse sind ebenso wie das Auftreten der Knochenkerne Marksteine in der Entwicklung während der Wachstumsperiode. Auf die gerichtsärztliche Wichtigkeit der letzteren braucht, als zu bekannt, hier wohl kaum hingewiesen zu werden.

Einige Hinweise auf die grosse einschlägige Literatur über die fötale und postfötale Entwicklung des Skelettes dürften genügen. Mit der fötalen Periode befasst sich eine Arbeit von Lambertz (229a), mit der kindlichen eine solche von Fujinami (136a); die Entwicklung der Knochen der Extremitäten behandeln Wilms und Sick (481a).

Bei Grashey (149a) und bei Köhler (216a) findet man alles Wichtigere vereinigt, insbesondere auch die Grenzen des Normalen soweit als möglich angegeben. Skelettvarietäten bespricht im Zusammenhang mit der normalen Entwicklung H. Fischer (129a). Mit den Knochen speziell in gerichtsärztlicher Beziehung beschäftigt sich eine Abhandlung von Told (454a). Die Ossifikation des Fussskelettes hat eine Bearbeitung durch Hasselwander (168a) gefunden, die Wirbelsäule durch Bela Alexander (5a), die Schädelbasis durch Schüller (394a), das Schädelwachstum und die Formgestaltung des Schädels u. a. durch R. Virchow (462a) und neuestens Thoma (446). Für die Hand nenne ich noch v. Ranke (345a) und Behrendsen (40a), das Knie Ludloff (260a), für das Bein H. Hahn (156b), für den Fuss Bade (30b).

Einzelne wichtigere Fugenschlüsse seien noch nach Erdheim (115a) aufgezählt:

Zur Zeit der Geburt: Synchondrosis intersphenoidalis.

1. Jahr: Synchondrosis intraoccipitalis post.

2. u. 3. Jahr: Sychondrosis der Halswirbelbögen.

4. Jahr: Synchondrosis zwischen Bogen und Körper des 1. Kreuzbeinwirbels.

5.—7. Jahr: Vereinigung des Zahns mit dem Körper am Epistropheus.

6.—7. Jahr: Synchondrosis intraoccipitalis ant.

Zur Zeit der Pubertät: Knorpelfugen der langen Extremitätenknochen. Zwischen 15. und 20. Jahr Synchondrosis sphenooccipitalis Stoccada (425a).

Nach der Pubertät schwindet die Fuge am sternalen Ende der Clavicula, die basale sekundäre Epiphyse des Proc. corac. der Wirbelkörper, der Crista ilei, der Tuberositas ischiadica.

Wegen der verschiedenartigen Hemmungen, welche der Abschluss des Knochenwachstums erfahren kann, sei noch auf das Wesen des Fugenschlusses in histologischer Hinsicht etwas eingegangen. Erdheim (115a) hat noch jüngst sehr richtig auf eine strenge Unterscheidung der verschiedenen, sich beim normalen Längenwachstum abspielenden Vorgänge gedrungen. Das Fugenwachstum ist durch die enchondrale Ossifikation bedingt; genauer gesagt, ist es der erste Akt derselben, nämlich die Knorpelwucherung, von der der Längenzuwachs abhängt. Die Knorpelwucherung endigt mit der Aufnahme von Kalk in den Knorpel; der zweite Akt besteht in der vom Knochenmark ausgehenden, vaskulären Auflösung des verkalkten Knorpels; der dritte Akt in dem Ersatz des abgebauten Knorpels durch osteoblastisch entstehenden Knochen.

Jede dieser Phasen kann für sich gestört werden, und es wird im pathologischen Teil unsere Aufgabe sein, auch die Wachstumsstörungen prinzipiell auf die Verletzung der verschiedenen elementaren Phasen des normalen Knochenwachstums zurückzuführen. Der normale Abschluss des Knochenwachstums ist davon abhängig, dass zu einer bestimmten richtigen Zeit die betreffende Fuge zunächst in der Neubildung verkalkenden Knorpels innehält und dass bei Stillstand dieses Prozesses die anderen beiden Phasen so lange weitergehen, bis aller

Fugenknorpel in Knochen übergeführt ist. Ist dieser verbraucht und kein neuer vorhanden, so steht das Wachstum von selbst still. Dies letztere ergibt sich von selbst und ist verständlich; nicht aber verstehen wir die Bedingungen für die Einstellung der präparatorischen Knorpelwucherung. In Wirklichkeit greifen die Prozesse viel unmerklicher als hier geschildert ineinander ein und gegen das Ende der Wachstumsperiode tritt nicht ein plötzlicher Stillstand ein, sondern die Vorgänge pflegen zu verebben, aber in der angegebenen Reihenfolge. Eine sichtbare Äusserung der Annäherung an den Wachstumsabschluss ist die Ausbildung des sog. „Grenzbalkenabschlusses". Nach Sumita (435) ist geradezu das Aufhören des Längenwachstums der Knochen durch Verhinderung der Berührung von Knorpel und Markräumen infolge Ausbildung des „Grenzbalkenabschlusses" bedingt.

Wie am Gefässsystem nähern sich bei dem Skelett wirklich krankhafte und physiologische Abnutzungserscheinungen. Die bekannte Verkleinerung der Körpergrösse im höheren Alter ist eine Folge des unter Verschlechterung der Knochensubstanz bzw. deren Tragfestigkeit durch das ganze Leben anhaltenden Knochenumbaues[1]. Was die ebenfalls bekannte senile Knochenbrüchigkeit betrifft, so genügt nach Ribbert (349) zu ihrer Erklärung die Rarefizierung des Knochens nicht, sondern es muss ausserdem noch mit einer Veränderung der Knochengrundsubstanz hinsichtlich der Bindung von Kalksalzen gerechnet werden. Das Wesen der senilen Osteoporose ist uns jedoch nicht näher bekannt. Nach Pommer (334a) besteht das Wesen der senilen Knochenatrophie nicht in stärkerer Resorption, sondern in mangelnder Apposition, indem die Regeneration dem Verbrauch nicht mehr die Wage hält. Thoma (445, 446) hat kürzlich für den Schädelknochen angegeben, dass das in jugendlichem Alter gebildete Knochengewebe einen grösseren mittleren Zellgehalt als das des späteren Lebens besitze. Da der Zellgehalt jedoch von einer Anzahl nicht näher zu verfolgender Bedingungen abhängig ist, so kann man auf ihn auch die senile Veränderung der Grundsubstanz nicht zurückführen; im allgemeinen führt die senile Atrophie des Knochengewebes histologisch den Weg zurück, den der Knochen bei seiner Ausbildung genommen hat, nämlich Umwandlung der Knochenbälkchen in fibrilläre Substanz. Sauerborn (376) will diese fibröse Atrophie zu einer Metaplasie stempeln. Die Kenntnis der Altersveränderungen am Skelett sind auch insofern von praktischer Bedeutung, als, wie Grashey (149) am Röntgenbild gezeigt hat, dieselben mit Entzündungsherden oder Verletzungsfolgen verwechselt werden können.

---

[1] Dabei sei nicht vergessen zu betonen, dass die Atrophie und die Verschmälerung der Zwischenwirbelscheiben im Alter bisweilen mehr als die Hälfte der normalen Dicke beträgt (Mehnert [274]).

Nur kurz sei an die Diskussion über den Eisengehalt kalkhaltiger Gewebe, speziell der Knochen, erinnert, weil von einer Anzahl Autoren, u. a. Gierke (143), Sumita (435) der Eisengehalt als eine Besonderheit embryonaler und kindlicher Knochen bezeichnet worden ist. Nach Sumita ist die Reaktion am deutlichsten an den nicht rasch wachsenden Knochen; so viel steht wenigstens fest, dass die Reaktion am fertig ausgebildeten Knochengewebe nicht zu erzielen ist (Schmorl, Orth, Sumita).

Dass die Altersveränderungen von Knochen sehr nahe Beziehungen zu den Knochenkrankheiten, nicht nur im vorgeschrittenen Alter, haben, zeigt die Disposition der Jugendlichen zur Osteomyelitis und, um noch ein zweites Beispiel zu nennen, die Frage nach der Beziehung zwischen dem Wachstum der Rippenknorpel und der Lungentuberkulose. Was die Osteomyelitis angeht, so scheint nach Lexer (241) die Bevorzugung jugendlicher Knochen durch sie auf der besonderen Art der Gefässversorgung des wachsenden Knochens zu beruhen. Sowohl die Beschaffenheit der Arterien (Endarterien) als ihr Verlauf, ihr relatives Kaliber und ihre Anzahl wechselt mit dem Alter. Zudem ist ein Unterschied in der Blutversorgung zwischen kurzen und langen Röhrenknochen. Mit der Vollendung des Wachstums nimmt die (relative?) Zahl der Arterienverzweigungen in den langen und kurzen Röhrenknochen ab. Die Gefässe nach der Gelenkmembran zu entwickeln sich besonders kräftig erst nach dem Kindesalter.

An den Rippen hält die Wachstumsfähigkeit des Knochens am längsten an (Schmorl), mit individuellen Verschiedenheiten im allgemeinen bis zur Mitte des 3. Lebensjahrzehnts; von den Rippen stellt die erste am ehesten ihr Wachstum ein. Sumita (455) meint, dass wegen Druckes des Schultergürtels am obersten Rippenring am wenigsten Wachstumsreize zur Geltung kämen. Ob es richtig ist, dass damit auch zugleich das frühe Einsetzen seniler und pathologischer Veränderungen begründet ist, mag dahingestellt bleiben. Die für die Lehre der mechanischen Disposition zur Tuberkulose wichtigen Untersuchungen über die anormale Verfestigung und Kürze der ersten Rippenknorpel haben über das Wesen dieser Verfestigung, nämlich ob sie einer Altersveränderung entspricht, keine Auskunft gegeben. Die andere Frage, ob die Thorax-Apertur-Stenose die Tuberkulose mit bedingen kann, geht uns hier nicht weiter an.

Nach röntgenologischen Erfahrungen [Grödel (158a), Köhler (216a)] findet man bei über 25 Jahre alten Individuen fast immer mehr oder weniger vollständige Ossifikation des ersten Rippenknorpelpaares. Andere Rippenknorpel sind häufig vom 24. Jahre ab in beginnender Verknöcherung, die unteren dann meist stärker als die oberen.

Ausser den Rippen haben noch andere Teile des Skeletts eine spezielle Bearbeitung ihres Wachstums und ihrer Altersveränderung erfahren. So z. B. der ganze knöchern-muskulöse Atmungsapparat durch Mehnert (274), die Wirbelsäule durch Aeby (3) und Fischel, der Schädel durch Welker (477) und neuerdings durch R. Thoma (446), Kopf- und Gesichtsform in verschiedenen Lebensaltern wurden beschrieben von C. Röse (354).

H. Chiari (78, 79) beschrieb bei alten Leuten eine Einsenkung der Stirnbeinschuppen oder der Scheitelbeine im Bereich der Sutura coronalis. Schmorl bestätigte diese Beobachtung; die Veränderung ist anscheinend bedingt durch Umbau des Schädels infolge seniler Atrophie des Gehirns. Früher wies Schwalbe auf ein Flacherwerden des senilen Schädeldaches entsprechend der Verminderung des Schädelgehaltes hin. Weber (471) beschrieb eine symmetrische Schädelatrophie.

Nur kurz sei erwähnt, dass Schmey (383) bei senilen Hunden am Schädel, aber auch am übrigen Skelett (Rippen, Schulterblatt) usw. eine besondere Form der senilen Erweichung beschrieben hat, die in der Bildung fibrösen Marks, Umbau und Bildung neuen geflechtartigen Knochens besteht, wobei die ursprüngliche Form erhalten wird und die er Osteodystrophia rareficans senilis nennt.

Knorpel.

Die eigentlichen Alterserscheinungen des Knorpels vor seiner Senilität bestehen in der wechselnden Anwesenheit von Fett und Glykogen, sowie in der allmählichen Zunahme von Pigment. Das letztere ist nach Hueck (196) ein Lipofuscin, es vermag bekanntlich die Knorpel, z. B. der Rippen, recht stark zu bräunen. Es tritt sowohl in der Grundsubstanz als in den Kapseln und im Innern der Knorpelzellen auf. Fett in Tropfenform ist zwar schon im embryonalen Knorpel vorhanden, aber seine Menge nimmt zu und seine Anordnung wechselt mit dem Alter; die letztere Veränderung ist Zaccarini (487) geneigt, als eine Folge von Fettresorption zu deuten. Das Glykogen lässt nach Guizetto (152) im Kindesalter zunächst die perichondralen Partien frei, gegen das 20. Jahr wandert immer mehr Glykogen dorthin, während die zentralen Partien davon frei werden. Dieser Zustand verstärkt sich im höheren Alter; geprüft wurden hauptsächlich die Trachealringe; ähnlich verhält es sich auch mit Epiphysenknorpeln und mit elastischen Knorpeln.

Zu den schon als krankhaft anzusehenden Veränderungen der Knorpel gehören die Erweichung, Auffaserung, Verkalkung und Vaskularisation der Grundsubstanz. Sumita (435) bezeichnet in Übereinstimmung mit Kaufmann nur das vorzeitige oder abnorm starke Auftreten dieser Erscheinungen als pathologisch. Mit der Zerfaserung und dem Zerfall der Grundsubstanz ist die makroskopisch erkennbare asbestartige Degeneration verknüpft. Als sichere pathologische Produkte sind die senilen Cysten anzusehen.

Über die Alterserscheinungen der quergestreiften Muskulatur ist wenig bekannt. Sie entspricht in den wesentlichsten Dingen der des Myokards. Auf ihre braune Entartung hat Hotzen (193) erst jüngst aufmerksam gemacht.

d) Drüsen mit innerer Sekretion.

Wir haben an früherer Stelle erörtert, wie die Drüsen mit innerer Sekretion häufig für den Eintritt und die Gestaltung des Alters des Gesamtkörpers verantwortlich gemacht worden sind und sind dabei zur Ablehnung des Gedankens an ein zentrales Altersorgan gekommen. Die Drüsen mit innerer Sekretion altern auch nicht voraus, sondern sie altern mit, wie, soll in den folgenden Abschnitten, soweit es bekannt ist, gezeigt werden.

Genügend reichliche Gewichtsbestimmungen liegen zur Zeit noch nicht vor. Eine tabellarische Zusammenstellung der Durchschnittsgewichte von Nebennieren, Schilddrüse und Pankreas auf Grund der Messung in 102 Fällen von S. Wideröe (479) sei hier angeführt.

Gewicht in cg	Alter				
	4 Monate	8 Monate	12 Monate	16 Monate	6 Jahre
Nebennieren . . .	31,1	23,1	21,7	18,5	12,5
Gl. thyreoidea . .	16,6	12,5	15,0	14,7	16,1
Pankreas	52,3	64,4	63,3	66,8	71,4

Gewicht in g	Alter in Jahren							
	0—10	11—20	21—30	31—40	41—50	51—60	61—70	71—
Nebennieren . . .	19,1	14,3	12,1	11,5	12,8	12,8	13,6	14,0
Gl. thyreoidea . .	14,6	19,6	17,4	19,1	21,9	17,1	22,9	21,0
Pankreas	66,3	66,1	70,5	69,4	65,3	70,1	63,5	65,0

Schilddrüse.

Das Gewicht der Schilddrüse ist bereits beim Neugeborenen von der geographischen Lage abhängig. Kesselberg bestimmte es für kropffreie Gegenden auf 1,55 g, für Bern auf 4,1—6,5 g. Im ersten Lebensjahr nimmt das Gewicht bei beiden Arten ab [Weibgen, Kloeppel (216)]; aber bis zur Pubertätszeit bleiben die Berner Schilddrüsen doppelt so schwer als diejenigen aus Kiel, Berlin und Königsberg (Isenschmid, 204). Das relativ bedeutende Gewicht der Schilddrüse in den späteren Fötalmonaten und um die Zeit der Geburt erweckt den

Eindruck besonderer funktioneller Anspannung um diese Zeit oder wenigstens eines Reizzustandes. Staemmler (422) will diesen Gedanken auch mit den mikroskopischen Befunden aus dieser Altersperiode stützen; er weist auf die Ähnlichkeit der Basedow-Schilddrüse mit dem Bild der Neugeborenen-Schilddrüse hin, in bezug auf den Kolloidmangel und die Epitheldesquamation.

Die weitere Entwicklung geht dann, zunächst wieder makroskopisch betrachtet, so vor sich, dass die Gebirgslandschaft-Schilddrüse bereits zur Zeit der Pubertät ihr „Normalgewicht" erreicht [Kloeppel (216)]. Jenseits des 65. Lebensjahres fällt sie durch besonders auffallende Atrophie auf, während sonst eine mässige senile Atrophie die Regel ist. Nach Wideroe (479) und Gundobin (153) soll allerdings die Schilddrüse bis ins späte Alter zunehmen (die letzte Zahl Wideroes würde seiner Angabe nicht entsprechen). Gundobin hebt eine vorübergehende Steigerung des Wachstums während der Pubertätszeit hervor.

Als charakteristisch in mikroskopischer Hinsicht wurden für die kindliche Schilddrüse folgende Befunde geschildert: kleine Follikel mit keinem oder wenigem hellem, „dünnflüssigem" [L. R. Müller (307)] Kolloid, runde und ovale Gestalt der Follikel, gelegentlich mit Abzweigungen, einschichtiges kubisches bis zylindrisches Epithel, oft in Desquamation. Mit dem Alter nehmen die Follikel an Zahl und Grösse zu und das Kolloid vermehrt sich; die Epithelien werden dabei abgeflacht. Das Bindegewebe wird spärlicher, besonders an den interfollikulären Zügen; erst im höheren Alter tritt wieder deutliche Bindegewebsvermehrung auf, die Follikel werden wieder kleiner und rund, das Kolloid wird dunkler färbbar, das Epithel kubisch und anscheinend fester aufsitzend. Diesen Ausführungen liegen H. Kehls (215) Angaben zugrunde. Die meisten dieser Angaben sind schon bei Isenschmid (204) zu finden; von Einzelheiten aus den Beschreibungen des letzteren Autors sei noch erwähnt die Regelmässigkeit von Zellknospen in den Arterien bei jugendlichen Schilddrüsen, sowie die häufigen Intimaverdickungen derselben. Entgegen Biondi, der behauptet hatte, dass die Vergrösserung der Follikel beim Wachstum durch Dehnung infolge stärkerer Füllung geschehe, lässt Isenschmid sie aus einer Vermehrung der Wandelemente hervorgehen. Das Wachstum der Gesamtdrüse beruhe aber auch auf Neubildung von Follikeln, die durch Teilung alter und durch Sprossung bewirkt werde; Verschmelzungen von Follikeln durch Untergang der trennenden Septen seien im kindlichen Alter selten. Die Lymphgefässe seien im höheren Alter häufiger und stärker gefüllt. Clerc (84, 85), der sein Augenmerk besonders auf die Schilddrüse im hohen Alter gerichtet hat und dasselbe Material wie Isenschmid in Händen hatte, spricht allerdings von geringer

Füllung der Lymphgefässe mit Kolloid. Sonst betont er auch die Abnahme der Follikelgrösse, Entartungserscheinungen der Zellbestandteile in Form von Quellungen, die Zunahme fetthaltigen Pigments. Zunehmende Verfettungen der Drüsenzellen im Alter sind an der Schilddrüse schon länger bekannt [vgl. Erdheim (114)] und neuerdings von Haeberli (155a) wieder betont worden. Dabei bestehen die Fettsubstanzen in jüngeren Altern grösstenteils aus Neutralfett, in älteren Drüsen aus Gemischen von Lipoiden. Nach Wölfler ist die senile Involution der Thyreoidea noch gekennzeichnet durch „Sklerose der Grundsubstanz, gleichmässige Umwandlung in fibröses Gewebe, Schwund der Drüsenbläschen und Umwandlung derselben zu atrophischen kleinkernigen Drüsenzellkonglomeraten". Nach Baumann enthält sowohl die kindliche als die senile Schilddrüse wenig Jod.

Die Altersanatomie der Schilddrüse des Kaninchens behandelt eine Arbeit von Häggeström (156c).

Hypophyse.

Über das mit dem Alter absolut und relativ wechselnde, aber für Mann und Weib teilweise eine verschiedene Alterskurve zeigende Gewicht der Hypophyse haben Erdheim und Stumme (116), sodann neuerdings Simmonds (414a) genügende und, wie ich bestätigen kann, richtige Zahlen beigebracht.

Durchschnittliches Hypophysengewicht in cg

beim Mann I, bei Nulliparen II, bei Frauen mit verschiedener Graviditätsanamnese III, nach Erdheim und Stumme				nach Simmonds (800 Wägungen)		
Lebensjahrzent	I	II	III	Alter	Männlich	Weiblich
10—20	56,3	55,8	60	0— 1	14,8	
21—30	59,3	59,5	71,3	1— 5	26,6	
31—40	64,3	64	74,6	6—10	38,5	
41—50	61,4	84	68,9	11—15	50,0	
51—60	60		75,5	16—20	68,8	70,1
61—70	61,2		75,7	21—30	73,3	80,1
				31—40	74,1	81,4
Nur die Zahl 84 für Nullipare zwischen 40 und 50				41—50	68,7	77,5
Jahren scheint mir dem Zufall und einer zu kleinen				51—60	66,6	79,8
Zahl von gemessenen Fällen (Durchschnitt von nur				61—70	66,0	75,4
3 Fällen) entsprungen zu sein; sie dürfte um etwa				71—80	69,7	73,0
10—20 cg zu hoch sein.				81--90	59,9	75,5

Um die Zeit der Geburt scheint die Hypophyse wie die Schilddrüse eine Periode gesteigerten Wachstums durchzumachen. Bei Mann und Weib wächst sie nach Abschluss des allgemeinen Körperwachstums noch etwas.

Jeder Teil der Hypophyse hat seine besonderen Altersverände-rungen. Von den chromophilen Zellen des Vorderlappens, die sich schon beim Neugeborenen in die bekannten zwei Hauptgruppen trennen, sind die acidophilen vor den zyanophilen differenziert. Im höheren Alter treten die Eosinophilen an Zahl zurück, die Basophilen sind reichlich, die Hauptzellen nehmen stetig mit dem Alter ab. Nach Kraus (220) sollen erstere sich dabei in Hauptzellen zurückverwandeln. Bei Säuglingen, wie bei Embryonen fand Kraus (221, 222) im Vorder-lappen oft geschichtete Konkremente mit fettsaurem Kalk. Derselbe Autor sowie Castelli (73) hat die mit dem Alter wechselnde Verfettung der Zellen verfolgt; am wenigsten findet man in jungen Jahren davon an den Basophilen, die zuerst fettreicheren Eosinophilen verarmen vom 15. Lebensjahr ab, die Basophilen erst im hohen Alter. Nach Erd-heim und Stumme nehmen in den Basophilen und in den Haupt-zellen die Fettgranula im Alter zu. Doppelbrechende Substanzen sammeln sich in der Hypophyse erst im höheren Alter als Ausdruck gesunkener Zellfunktion; nicht doppelbrechende staubartige Verfettung ist dann auch im Interstitium jenseits des 40. Jahres vorhanden. Die sudanophilen, in den Gefässen anzutreffenden Massen sollen sich auf die drei ersten Lebensjahrzehnte beschränken. Dem Mittelteil (pars inter-media) hat Aschoff (28) seine Aufmerksamkeit geschenkt. Der zuerst vorhandene zystische Spalt teilt sich in zahlreiche kolloidgefüllte Bläschen auf. Ihre auskleidenden Epithelien wandeln sich in eigenartige basophile Elemente um, welche meist um die Pubertätszeit in den Hinterlappen einwandern; diese Einwanderung, schon von Thom (444), Erdheim (115), Cohn (86) und Tölken (456) als ein Produkt der Altersentwicklung erkannt, hört im Greisenalter wieder auf.

Der Hinterlappen unterliegt der senilen Atrophie weit weniger als der vordere, aber er wird lockerer und poröser [E. J. Kraus (220)]. Histologisch fällt an ihm die mit dem Alter sich steigernde Pigmen-tierung der Gliafasern auf, welche freilich schon sehr frühzeitig [Cohn (86)] einsetzt. Vogel (463) meint, dass dieses Pigment den oben er-wähnten einwandernden Zellen entstamme. Dann dürfte es nicht vor der Pubertätszeit auftreten.

Eine eigentümliche, mit dem Alter zusammenhängende Beobach-tung von Erdheim (115) sei noch erwähnt, wonach Plattenepithel-haufen in der Hypophyse und Rachendachhypophyse beim Kinde nie, in der Pubertätszeit selten, im Mannes- und Greisenalter fast stets und zwar zunehmend gross und zahlreich angetroffen werden.

Eine systematische Betrachtung der Altersanatomie der Hypophyse beim Kaninchen bringt eine Arbeit von Björkmann (50a).

Pankreas.

Von Altersveränderungen des Pankreas ist mir ausser der Tatsache, dass diese Drüse die senile Atrophie der anderen Parenchyme mitmacht, und ausser der Angabe Tokumitsus, dass die Zahl der Langerhansschen Inseln im Kindesalter im Zunehmen ist, um dann im jugendlichen Alter abzufallen und im Greisenalter sich wieder zu vermehren, nichts bekannt. Die grössten Zahlenwerte für das Gewicht fand Wideroe (479) (vgl. obige Tabelle), im mittleren Alter. Clarks (83) Zahlen sind zu spärlich, besonders in Hinsicht darauf, dass die physiologische Schwankungsbreite sicher sehr gross ist, worauf auch Heiberg 174) hinweist. Die genauesten Gewichtsberechnungen habe ich, z. T. auf Grund von Wägungen W. Müllers 1921 mitgeteilt (2. Beitr. Bd. 69).

Thymus.

Bei keinem anderen Organ ist über die normale Ausbildung, den normalen Lebenslauf und Zeit wie Art der normalen Rückbildung so gestritten worden, wie beim Thymus. Es kann hier nicht unsere Aufgabe sein, die ganze grosse Literatur hierüber anzuführen. Ich begnüge mich mit einigen neueren Angaben.

Gewicht der Thymusdrüse nach Hammar.

	Neu-gebor.	Lebensalter in Jahren								
		1—5	6—10	11—15	16—20	21—25	26—35	36—45	46—55	56—65	66—75
Thymusgewichte	13,26	22,98	26,10	37,52	25,58	24,73	19,87	16,27	12,85	16,08	6,0

Die Gewichtszahlen von Hammar (157) halte ich für unser deutsches Material für zu hoch. Schridde (392) gibt neuerdings auf Grund eigener Beobachtungen an: das Gewicht des Thymus beträgt beim Neugeborenen 12 g, während der Pubertätszeit 20—25 g, vom 20.—25. Jahre schwindet die Drüse. Darin, dass die Ausbildung zwischen dem 10. und 15. Jahre ihren Höhepunkt erreicht, stimmen Schridde und Hammar überein, während Friedleben, Rolleston, Hart den Thymus sein Höchstgewicht gegen Ende des 2. Lebensjahres erreichen lassen. Hart (167) meint, dass es dann während des ganzen Kindesalters stationär bleibt. Wenn man während dieser Zeit ein Zurückgehen beobachte, so sei es immer im Zeichen krankhafter Involution. Den Massstab für letztere gebe die in den freien, wie in den retikulären grossen Thymuszellen dabei anzutreffende Verfettung ab. Am nächsten steht der physiologischen die Hunger-Involution; auch sie reisst zunächst den Bestand an Lymphozyten ein; aber beide erfolgen „reaktionslos", während der pathologische Schwund des Thymus durch Sklerosierung gekennzeichnet sei. Derselben Meinung sind in Beziehung hierauf Tixier und Feldzger (451). Diese lassen auch die physio-

logische Rückbildung erst nach dem 8.—10. Jahre einsetzen. Hammar
(157) hat den ganzen Lebenslauf des Thymus in 5 Perioden eingeteilt
und jedes Stadium genau beschrieben. Roncorni (360) stimmt ihm
darin zu, dass in allen Altern beim Menschen beträchtliche Reste der
Drüse, bestehend aus Mark- und Rindensubstanz, zu finden sind. Nie
fehlen die charakteristischen epithelialen Bildungen des Marks und was
im besonderen die Hassalschen Körperchen anlangt, so bleibt auch ihre
Neigung zu Kalksalzen ganz unvermindert. Nach Hart (l. c.) sollen
sie sogar bis ins hohe Alter aus modifizierten Retikulum-Zellen immer
neu entstehen.

Abgesehen von den erwähnten Vorgängen am bestehenden Parenchym, zeichnet sich die Altersatrophie des Thymus bekanntlich durch
das Auftreten von Fettgewebe (Waldeyer) aus. Von ihm hat Th.
Hermann (178) vor kurzem noch besonders nachgewiesen, dass es fast
immer erst nach der Geburt innerhalb des Thymus anzutreffen ist. Es
entwickelt sich aus dem Bindegewebe (Tamemori, 439), was kaum
besonders hervorgehoben zu werden braucht. Tamemori hat dann
noch genauere Merkmale für die physiologische Involution, ż. B. hinsichtlich der gegenseitigen Anordnung der atrophierenden Parenchym-
teile, der Lage der Hassalschen Körperchen u. dgl. angegeben.

In Übereinstimmung mit Herxheimer vermisste Kawamura
(213) bei Neugeborenen doppelbrechende Substanz im Thymus, fand sie
hingegen schon vor dem zweiten Lebensjahre. Tamemori gibt an,
dass das Fett innerhalb der Parenchymzellen mit dem Alter des Individuums immer spärlicher wird.

Von Besonderheiten der zelligen Zusammensetzung wäre nur zu
nennen, dass Schridde (393) und Tamemori (439) von den eosinophilen Zellen angeben, dass sie mit dem Alter immer spärlicher werden,
vom 12. Jahre ab so gut wie nicht vorhanden sind [Schridde (393)].
Reichlich sind sie nur im fötalen Leben. Über die Altersinvolution des
Kaninchenthymus haben Söderlund und Beckmann (416) berichtet.
Holmström (191) gibt auch für den Kaninchenthymus eine Vermehrung der tropfigen als degenerativen Rückbildungsprozess aufzu-
fassenden Verfettung der Thymuszellen an.

Nebenniere.

Bezüglich der Gewichtskurve sei auf die oben wiedergegebene Tabelle von Wideroe hingewiesen. Bei Berechnung des Gewichts-
verhältnisses zum Körper ist besonders deutlich, dass die Nebennieren
im jugendlichen Alter relativ gross sind, dann etwa bis zum 4. Lebensjahrzehnt sinken, um schliesslich durch geringe Beteiligung an der
Altersatrophie sogar wieder etwas anzusteigen. Der absolute Gewichts-

verlust der Nebenniere im Alter ist nach Landau (230a) gering. Nicht richtig dürfte die Angabe Scheels (378b) sein, dass die Nebenniere des 5jährigen Kindes wieder das Gewicht derjenigen beim Neugeborenen erreiche. Durch Schilf (Zeitschr. f. Konst.-Lehre Bd. 8, 1922) habe ich Untersuchungen über Nebennierengewichte mitteilen lassen.

Ausgezeichnet ist die menschliche Nebenniere durch einen an eine bestimmte Zeit gebundenen höchst eigentümlichen Umbau der innersten Rindenzone, dessen Bedeutung noch durchaus unklar ist; es ist kaum mehr als eine Möglichkeit, wenn man darauf hinweist, dass hierdurch andere Beziehungen von Rinde und Mark hergestellt werden. Im wesentlichen handelt es sich, wie zuerst Thomas (448) gezeigt hat, um ein Verschwinden der beim Neugeborenen besonders hyperämischen innersten Rindenschicht innerhalb des ersten Lebensjahres, bei gleichzeitig erfolgendem starkem Wachstum des Marks unter Vermehrung der Sympathikusbildungszellen; durch Elliot und Tukket (107) war nur bekannt, dass in den ersten Lebensmonaten das Mark wenig, die Rinde ständig wächst. Kern (215a) gibt unabhängig von Thomas eine genaue Beschreibung des Vorganges, den er in 4 Stadien einteilt:

1. Stadium der kapillären Hyperämie der noch undeutlichen Reticularis.
2. Vollentwickelte Entartung mit grosstropfiger Verfettung. Sie dauert vom ersten Lebensmonat bis zum Ende des ersten Jahres. Unterdessen bildet sich in der äusseren Rinde die bekannte Gliederung (Glomerulosa, Fascicularis) aus. In der Zone des Zerfalls vermehrt sich die faserige Zwischensubstanz.
3. Stadium der Markkapselbildung. Unter zunehmendem Schwund der degenerierten Zellen bildet sich die eben erwähnte faserige Zwischensubstanz am Ort der entarteten Zone zu einem Bindegewebsstreifen aus, wobei Mark und Rinde immer noch nicht die spätere scharfe Trennung zeigen.
4. Stadium der Entfaltung der Markkapsel durch das sich entwickelnde Markgewebe. Unter Rückbildung des bindegewebigen Grenzstreifens nähern sich und verschwinden Mark und Rinde wieder. Dieser Prozess dauert vom Ende des ersten Jahres bis zum Wachstumsabschluss.

Nach Landau (230a) erreicht die Ausbildung der bleibenden Nebenniere ihr Ende schon im 2. Lebensjahre, aber mit starken individuellen Verschiedenheiten. Die Bedeutung des ganzen Umwandlungsprozesses liegt in der Erreichung der spezifisch menschlichen grossen Oberflächenentfaltung der Nebennierenrinde.

Dass das Pigment der Reticularis mit dem Alter ständig zunimmt (Poll [334], Thomas [448]) muss jedem geübten Anatomen auffallen. Bis zum 20. Jahre pflegt es nach Landau (230a) ganz zu fehlen, wenn es auch im 2. Jahrzehnt nicht so selten, meist vom 15. Jahr ab angetroffen wird. Im Greisenalter ist es eher spärlicher als im höheren Mannesalter und bei Männern stärker als bei Frauen gleichen Alters. Tuczek (459) hat seine Natur als Alterspigment mikrochemisch, soweit dies möglich ist, erwiesen. Nach Poll (334) sollen sich im höheren Alter nochmals Mark und Rinde durch eine zarte bindegewebige Grenzschicht nicht selten voneinander abgrenzen. Eine diffuse Bindegewebsvermehrung im Alter hebt auch Landau und zwar mit besonderer Beteiligung der Glomerulosa hervor.

Über den mit dem Alter wechselnden Fettgehalt der Rinde liegen sehr sorgfältige Untersuchungen vor; zuerst haben Kaiserling und Orgler (259) betont, dass in der Nebennierenrinde von Kindern fast ausschliesslich anisotrope Tropfen, bei älteren Individuen auch gewöhnliche Fetttropfen auftreten. Dann hat Hermann (179) auf die Abhängigkeit des Fettbestandes der Rinde vom Alter hingewiesen, und Napp (314) näher ausgeführt, dass die Nebennierenrinde im allgemeinen in der Jugend fettreicher sei und dass je nach dem Alter die Fettverteilung sich ändere, indem man das Fett unter 20 Jahren, besonders in der Zona glomerulosa, weniger in der Reticularis, gar nicht in der Fasciculata finde; beim Erwachsenen hingegen sei die letztere fetthaltig und umgekehrt die Glomerulosa nur ganz gering. Eine besonders genaue Beschreibung des Verhaltens des Fettgehaltes der Nebennierenrinde in verschiedenen Altersstufen, mit besonderer Berücksichtigung der mikrochemischen bzw. physikalischen Seite, hat Kawamura (213) gegeben.

Die genauesten Angaben über die mit dem Alter wechselnde Mächtigkeit und Zusammensetzung der verschiedenen Schichten der Nebennierenrinde verdanken wir Landau (230a). Im 1. und noch im 2. Jahrzehnt des Lebens ist die Glomerulosa, die er mit anderen für die Keimschicht hält, besonders breit, im 3. Jahrzehnt weniger, aber bei Frauen mehr als bei Männern. Dieser Unterschied nimmt im 4. Lebensjahrzehnt noch zu, mit dem höheren Alter und dem hierbei physiologischen Schwund der Glomerulosa verwischt sich der Unterschied zwischen den Geschlechtern. Dabei ist in der Jugend der Lipoidgehalt der Glomerulosa viel beträchtlicher als der der übrigen Schichten; mit dem Alter lässt auch dieser Unterschied nach; die Altersveränderungen setzen beim Weibe später ein als beim Manne.

In bezug auf die „Normalität" der Befunde muss man dabei ganz besonders vorsichtig sein. So kann Sabrazes und Husnot (366) unmöglich Recht gegeben werden, wenn sie die im höheren Alter häufigen kleinen Rindenadenome und knolligen Hyperplasien als eine physiologische Alterserscheinung hinstellen, sie kommen deshalb auch zu dem wohl nicht richtigen Schluss, dass im Gegensatze zu den anderen Organen die Nebennieren keine Neigung zu seniler Atrophie zeigten. Das gleiche ist in bezug auf das Vorkommen lymphozytärer Infiltrate der Rinde und des Marks der Fall. Sie gehören nach Landau (230a) zum Bilde der atherosklerotischen, bzw. senilen Schrumpfung der Nebenniere und bezüglich der letzteren bemerkt er, dass eine Grenze zwischen beiden sehr schwer zu ziehen wäre.

Vom chromaffinen System, damit vom Nebennierenmark, kann man wohl behaupten, dass es im Alter abnehme. Nach Kohn ist aber die „Verminderung" desselben beim Erwachsenen auf das relativ geringe postembryonale Wachstum zurückzuführen. Die bekannten zelligen Jnfiltrate trifft man im Mark entschieden häufiger mit dem Alter an (Thomas [448]). Comessatti (88) behauptet, dass der Adrenalingehalt der Nebenniere zwischen 60 nnd 70 Jahren am grössten sei. Ingier und Schmorl (202) bestimmen ihn für Neugeborene auf 0,16 mg ansteigend bis zum 8. Jahre auf 3,96 und auf ein durchschnittliches Gewicht von 4,59 mg zwischen dem 10. und dem 89. Lebensjahr. Mit der Methode von Folin fand Lucksch (260), dass der Adrenalingehalt nach der Geburt abnimmt, dann bis zum 30. Lebensjahre ansteigt, dann konstant bleibt, bis er schliesslich wieder eine Abnahme zeigt. In den Markzellen fand Kawamura eine auf das Alter über 30 Jahre beschränkte topfige lipoide Substanz.

Über Altersveränderungen des Venensystems der Nebenniere handelt eine Arbeit Landaus (230), die mir nicht zugänglich gewesen ist.

Andere Drüsen mit innerer Sekretion.

An den Epithelkörperchen (Parathyreoideae) fallen ähnliche Altersunterschiede in der zelligen Zusammensetzung wie an der Hypophyse auf; die peripheren Teile färben sich zuerst nach Haberfeld (154) viel heller als die zentralen Teile, da das Protoplasma ihrer Zellen heller und grösser ist. Die Peripherie wird von ihm geradezu als Wachstumszone bezeichnet, bis zum 10. Jahre fehlen die chromophilen Zellen überhaupt, später nehmen sie mit dem Alter ständig zu; Fettgehalt (Erdheim) und Kolloidgehalt werden mit dem Alter grösser und im hohen Alter tritt (ähnlich wie bei Lymphknoten und in der Submukosa des Darms) Fettgewebe auf. Die Bildung sekretführender geschlossener Drüsenbläschen aus soliden kompakten Massen ist sicher unter normalen Verhältnissen erst ein Erwerb späterer Lebensalter [Erdheim (115)]. Todyo (453) behauptet gegen Erdheim, dass die Fettdurchwachsung nicht parallel mit dem Alter zunehme.

Auch in der Zirbeldrüse (Epiphysis) wechselt mit dem Alter das Aussehen der „sekretorischen" Zellen. Die sog. plasmatischen Zellen

der Drüse atrophieren im Alter und gewisse Fasern, welche Ausläufer
der Drüsenzellen sein sollen, vermehren sich im Alter [F. R. Walther,
(467)]. In der Vermehrung des gewöhnlichsten feinsten Stützgerüstes,
welche daneben hergeht, unterscheidet sich die Zirbeldrüse nicht von
anderen senilen Geweben (Achucarro). Schon die äussere Gestalt der
Drüse ist vom Alter abhängig. In der Jugend ist sie kugelig, im Alter
flach [Münzer, Marburg (265)], die Grösse scheint vom Alter unabhängig. Zysten sind nach Marburg schon in der Neugeborenen-
Zirbeldrüse zu finden. Rückbildungserscheinungen sollen deutlich schon
mit der Pubertät einsetzen, ja oft bereits vom 7. Lebensjahr an merklich sein [Münzer (310)]. Während die Zirbel des Neugeborenen sich
durch scharfe Absetzung des Läppchens auszeichnet, verwischt sich die
Struktur später. Im Alter nimmt auch hier das Bindegewebe zu (oder
tritt nur durch Atrophie des Parenchyms mehr hervor) In das Bindegewebe, aber auch in das Parenchym lagert sich in der rückgebildeten
Drüse Hirnsand ab. Da sich die ursprünglich schon vorhandenen
4 verschiedenen Kernformen der Zellen durch alle Alter erhalten und
bis ins höchste Alter hinein „funktionstüchtige" Drüsenzellen angetroffen
werden, so muss der Zirbeldrüse auch über ihre Involution hinaus eine
physiologische Bedeutung zuerkannt werden [Münzer (310)].

Das Vortreten des bindegewebigen Gerüstes im Alter gilt auch für
die Karotisdrüse [Mönckeberg (289), Schaper] und für die
Steissdrüse [v. Ileb-Koszonska (187)]. Die Bedeutung dieses allgemeinen Vorganges liegt für die Drüsen mit innerer Sekretion darin,
dass sich zwischen die sezenierenden Epithelien und die Kapillarwand
ein undurchdringlicher Filz von Bindegewebe legt.

e) Atmungsorgane.

Am genauesten hat Mehnert (247) für einen grossen Teil des
Respirationstraktus die Altersveränderungen angegeben, wenigstens soweit sie die dabei stattfindenden Lageveränderungen betreffen. Zusammenfassend kann man sagen, dass es sich um ein Herabrücken des
ganzen Systems, um eine Alters-Ptose des ganzen Apparates
handelt, ganz ähnlich wie die Ptose der Baucheingeweide vom Magen bis
zum Beckenboden. Mehnerts Monographie, die auch frühere Angaben
über dasselbe Thema bringt, ist aber reich an Einzelheiten über den
Verlauf und die Wirkung dieses „Alters-descensus". Eine senile Erscheinung ist dieselbe aber nicht, sondern das Herabsteigen z. B. des
Kehlkopfes, gemessen an der Lage des Ringknorpels im Vergleich zum
Dornfortsatz des 6. Halswirbels, lässt sich schon vom 15.—30. Jahr als
erheblich, dann bis zum 60. Jahre als gering nachweisen; erst dann
erfolgt die eigentliche senile Ptosis. Quincke (342), der auf die

klinische Bedeutung dieser Verschiebungen aufmerksam gemacht hat, schlägt für die Senkung der Halseingeweide den Namen Trachelentero-ptose ($\tau\varrho\acute{\alpha}\chi\eta\lambda o\varsigma$ = der Hals) vor und spricht in dem gleichen Sinne auch von einer Myloptosis ($\mu\acute{v}\lambda\eta$ Unterkiefer), Glosso- und Laryngoptosis im besonderen. Nach Mehnert verschieben sich nun mit dem Alter in derselben (kaudalen) Richtung die Luftröhre (wichtig für den Stand der Bifurkation), die unteren Lungenränder, der Zwerchfellstand, das Brustbein. Entsprechend neigen sich die Rippen abwärts, der Sternal-winkel der Rippen ändert sich, die Rippenwölbung flacht ab. In patho-genetischer Hinsicht nicht unwichtig dürfte seine Angabe sein, dass die Lungen rascher sinken als der Brustkorb. Auch die Rippenneigung nimmt, wie die Senkung von Luftröhre und Kehlkopf, zuerst rasch, dann langsam zu, ist aber eine Wachstums- und keine Greisenerschei-nung. Als Ursache hat Mehnert die Abnahme des Muskeltonus und die Relaxation des Bindegewebes angegeben. Dass diese Nachgiebigkeit durch die Wirkung des an den Aufhängeapparaten zerrenden Gewichtes der betreffenden Körperteile bedingt ist, hat Quincke noch besonders nachgewiesen, indem er die Senkung der Halsorgane bei demselben Menschen im Wechsel von horizontaler zu vertikaler Körperlage ge-messen hat. Der Unterschied bei diesem Versuch ist bemerkenswerter-weise im Alter über 60 Jahre am beträchtlichsten. Man wird sich gleich-wohl hüten müssen, den Habitus paralyticus bzw. phthisicus für den Ausdruck vorzeitiger Seneszenz zu halten, wenn auch der senile Thorax manche Ähnlichkeit mit dem paralytischen hat. Das Abwärtsrücken des Kehlkopfes hat übrigens auch ganz physiologische Gründe, wenigstens soweit das frühe Tiefersteigen während des Körperwachstums in Betracht kommt. Es hängt mit dem besonderen Längenwachstum des Halses zusammen, hierdurch ändert sich, da die Halseingeweide mit der Hals-wirbelsäule anscheinend nicht gleichen Schritt halten, sodann das gegen-seitige Verhältnis von Nase zu Kehlkopf; diese sind beim Neugeborenen mit dem kurzen Hals einander ungleich näher als beim Erwachsenen und damit hängt für den ersteren die Möglichkeit der gleichzeitigen Atmung und Nahrungsaufnahme zusammen, wie Hasse (168) des Näheren ausgeführt hat.

Die bekannteste Altersveränderung des Kehlkopfes ist die Ver-knöcherung seines knorpeligen Skelettes, in erster Linie des Schild-knorpels. Sie ist jedoch keine unbedingt eintreffende Veränderung; man sieht ja besonders bei Weibern oft bis ins hohe Alter weich erhaltene zartgerüstige Kehlköpfe. Nach Schottelius (390) enthalten die Kehlkopfknorpel erst von der Pubertät ab Blutgefässe; da der Vorgang im wesentlichen derselbe ist wie bei der Luftröhre; hier aber eine grössere Rolle spielt, soll er gleich bei Besprechung dieser Erwähnung finden. Nach E. Fränkel erfolgt die Versteifung der Trachea wesentlich später als die des Kehlkopfes, die nicht selten schon im 2. Lebensjahrzehnt beobachtet ist. Dass auch die Stimmbänder sich mit dem Alter ändern, und zwar hinsichtlich der Form der am Vorderende eingelagerten, gelblichen, aus elastischen Fasern zusammengesetzten Knötchen, hat Imhofer (201) erwähnt. Am Kehldeckel sieht man häufig eine Umbiegung des oberen Randes nach vorn; Lindemann bezeichnet diese Anteflexio epiglottidis als eine Alterserscheinung, die verstärkt und verfrüht werden kann durch krankhafte Abnutzung der Luftwege. Die Anfänge, bestehend in Entartung des Knorpels und Verfall der elastischen Fasern fand er mikroskopisch oft schon in frühen Jahren (15—20). Mit den Altersveränderungen der Luftröhre hat sich Simmonds (411) zuerst genau beschäftigt. Während die Trachea jugendlicher Menschen eine zylindrische Gestalt besitzt, kann die Trachea vom Greise entweder abnorm weit, oder abnorm eng sein; im ersteren Falle fehlen Verknöcherungen an den Knorpeln und die Dilatation findet am häutigen Abschnitt statt. Nicht zu verwechseln ist damit die Ausweitung durch Schwächung der Wand bei chronischen Katarrhen und wie ich hinzusetzen möchte, jene durch berufliche Überdehnung. Im anderen Falle, bei der abnorm engen Trachea, der sog. Alters-Säbelscheidentrachea, findet sich ausgedehnte Verknöcherung der Trachealknorpel. Die Veränderung wird selten vor dem 50. Lebensjahr und überhaupt fast nur bei Männern angetroffen. Es handelt sich um eine wahre Ossifikation; sie beginnt am vorderen Bogen auf Grund dort vorher erfolgter Knorpelerweichung. Hierdurch erhält die Luftröhre die genannte, durch Zunahme des Tiefendurchmessers gekennzeichnete Form und in dieser erstarrt sie durch die folgende Verknöcherung. Schottelius (l. c.) hatte schon früher auf den streifigen und faserigen Zerfall der Knorpelgrundsubstanz der Trachealringe aufmerksam gemacht, der schon vor der Pubertät sich bemerklich machen kann. Er meinte, dass die Ossifikation im späteren Alter regelmässig eintrete, und dass für die Ausbreitung der Vaskularisation die Ausdehnung der Degenerationsherde des Knorpels massgebend sei. Engelbrecht (106) hat die der Ossifikation vorausgehenden Veränderungen einer Untersuchung unterzogen. Er fand Fett in den Knorpelhöhlen schon 4—10 jähriger Individuen; er hält die Zerklüftung des Knorpels für einen neben Verfettung und Verkalkung einhergehenden Prozess und für die wesentliche Bedingung der Gestaltveränderung der Knorpelringe. Die Abplattung erfolge erst, wenn durch Ablagerung der Kalksalze die Mitte des Bogens brüchig geworden ist.

Über die Altersveränderungen der Lungen ist neben dem allgemein Bekannten wenig zu sagen, als klassisch kann man die von

Rokitansky (359a) gegebene Beschreibung der senilen Atrophie ansehen. Nur muss hervorgehoben werden, dass (meines Wissens) keine speziellen Untersuchungen über die Frage vorliegen, ob dem senilen Emphysem der Lunge eigentümliche Prozesse zugrunde liegen. Gewöhnlich wird angegeben, dass auch diese Atrophie des Lungengewebes auf einem im Alter allgemein vorkommenden Degenerationsprozess der elastischen Fasern mit folgender Rarefikation des Lungengewebes beruhe.

Über die feineren und frühen Altersveränderungen liegen noch wenig mitgeteilte Kenntnisse vor. Recht bedeutsam mutet im Vergleich zu der noch bei vielen Organen hervortretenden späten Entstehung des elastischen Gerüstes die Entdeckung Linsers (245) an, dass in der Lunge das elastische Gewebe bereits nach einem Monat des Lebens den vollen Entwicklungszustand wie beim Erwachsenen zeigt, wiewohl es sich im wesentlichen erst nach der Geburt ausbildet. Auch die allmähliche Pigmentierung durch Kohlenstaub, die Verschiedenheit der Ablagerung je nach dem Alter dürfte nach der Arbeit von Shingu nochmals genau untersucht werden müssen.

Den früher ausgeführten Volumenbestimmungen der Lunge (Beneke, Wesener) kann wegen Mängel der Methodik für die Frage des Wachstums der Lungen keine Bedeutung zugemessen werden; ferner können die senilen Lungen recht voluminös sein oder gemacht werden, ohne dass dies ihrer Gewebsmenge — und auf diese kommt es an — entspricht. Die absoluten Zahlen Mühlmanns (292), wonach die Lunge an Gewicht im hohen Alter (besonders bei Frauen, siehe Tabelle XII) zunehmen würden, sind mir nicht verständlich. Er behauptet, nicht pneumonische Lungen gewogen zu haben. Richtigere Gewichtszahlen für die senil atrophischen Lungen sind von Geist (240) angegeben worden.

f) Verdauungswege.

Die senile Atrophie der spezifischen, funktionell hochwertigen Gewebsteile ist auch am Magendarmkanal von oben bis unten das hervortretendste Merkmal des hohen Alters. Da der Stoffwechsel im Alter (nach einigen Angaben) vermindert ist, könnte man nicht nur diese Verminderung auf Rechnung jener Atrophie setzen, sondern den allgemeinen Schwund des Körpers auf die Verminderung der Resorption zurückführen. Wir haben in einem früheren Kapitel diese Anschauung bereits abgelehnt. Bei krankhaften präsenilen Atrophien der Darmschleimhaut tritt keineswegs allgemeiner Senilismus ein. Leider besitzen wir noch keine Methode, um den Schwund parenchymatöser Substanz am alternden Verdauungsschlauch zu messen. Die sehr frühzeitig postmortal einsetzende Desquamation, besonders an einigen Teilabschnitten, ferner die wechselnde Lichtungsweite erschweren, zusammen mit der gerade hier das

Gewicht sehr beeinflussenden verschiedenen Blut- und Saftfülle des Gewebes genaue messende Bestimmungen. Betont sei noch besonders, dass auch die glatte Muskulatur ein Parenchym für sich, mit eigenen Altersschicksalen ist; einige histologische Veränderungen werden unten bemerkt werden. Längenbestimmungen haben den Einwand gegen sich, dass die individuellen Schwankungen, besonders auch abhängig von der Ernährungsart, zu grosse sind. Mühlmann (292), der die Angaben früherer Autoren mit Recht kritisiert, bringt selbst zahlenmässige Beiträge zu der Frage nach Wachstum und Alter des Darmes. Man kann auch aus seinen Zahlen nur herauslesen, dass die individuellen Schwankungen zu grosse sind, um den Gewichtsverlust, der durch senile Atrophie möglich ist, ausser Frage zu stellen. Er behauptet, dass die relative Darmmasse während der ganzen Lebenszeit dieselbe bleibt (3—4%) und dass die senile Atrophie nur die submuköse, nicht die epitheliale Schicht ergreife. Indem er ferner ein Wachstum bis ins Greisenalter für die Schleimhaut behauptet, verwechselt er Wachstum und Regeneration. Jedenfalls sprechen seine eigenen Angaben eher für Herabgehen des absoluten Gewichtes der Darmwand im Alter.

Neben der Schleimhaut und der Muskulatur sind es vor allem die lymphatischen Apparate, deren Ausbildung und Zusammensetzung vom Alter sich abhängig erweisen und zwar von der Mundhöhle bis zum Dickdarm. Der Unterschied der Alter in dieser Hinsicht springt ja in die Augen und hat auch, wie die Diskussionen über Appendizitis ergeben haben, vielleicht eine pathogenetische Bedeutung. Für die Balgdrüsen der Zunge hat Ostmann (324) in Nachprüfung von älteren Mitteilungen Köllikers gefunden, dass mit zunehmendem Alter eine Vermehrung der Drüsen bei gleichzeitiger Verminderung ihrer Dichtigkeit (durchschnittlich weniger Exemplare auf 1 qcm) statthat. Nicht ohne Interesse ist auch die Feststellung von Goslar (147), wonach eine Auswanderung von Lymphozyten in die Lakunen der Mandeln erst im extrauterinen Leben sich einstellt, frühestens beim 8 Tage alten Kinde; vor der Geburt sind die Tonsillen überhaupt frei von Lymphknötchen. Berry (47) betont für den Wurmfortsatz der ersten Lebensmonate die Abwesenheit des lymphoiden Gewebes, welches dann erst wieder nach dem 30. Jahre abnimmt. Berry und Hack (48) schildern noch genauer das erste Erscheinen von Follikeln 14 Tage nach der Geburt, erst nach 32 Wochen ist der Wurmfortsatz eine „funktionierende Drüse". Nagoya (312) verlegt das Stadium der reichlichsten Follikelentwicklung zwischen das 11. und 16. Lebensjahr. Auch ihre Gestalt ändert sich im Laufe des Wachstums; zuerst sind sie unregelmässig begrenzt, dann rundlich, zuletzt wieder unregelmässig. Nach dem 40. Jahre findet eine deutliche Verkleinerung der Appendixfollikel statt und die Lage der bleibenden Follikel nähert sich der

Lichtung. Er zitiert Dobrawolkski, nach welchem die Keimzentren in den Follikeln des Magens bei älteren Leuten fehlen. Aschoff (17), der ebenfalls die geringe Ausbildung der Mukosa und Submukosa am Wurmfortsatz der Neugeborenen hervorhebt, betont noch die häufige Anfüllung der Lymphbahnen mit Lymphozyten im Kindesalter, die keine Entzündungserscheinung sei. Auch nach Oberndorfer (316) behalten die Follikel bis zum 3. Jahrzehnt den kindlichen Typus, um später der fortschreitenden Atrophie anheimzufallen, die nach Berry und Hack (48) um das 60. Jahr zum Verschwinden der lymphatischen Knötchen führt. Aschoff (17) und Max Meyer (283) bringen die Seltenheit der Appendizitis im ersten Lebensjahr mit der geringen Ausbildung der Lymphknötchen in Zusammenhang.

Von sonstigen Veränderungen der Beschaffenheit des Wurmfortsatzes im Laufe des Lebens sei die Ausbildung der Falten der Schleimhaut und hierdurch der pathogenetisch (nach Aschoff) wichtigen Buchten, sowie die veränderliche wichtige Zusammensetzung der Schleimhaut erwähnt. Was das Deckepithel anlangt, so verschwinden normalerweise die bei der Geburt zahlreichen Becherzellen später mehr und mehr. Im Blinddarmanhang des Neugeborenen fehlen ferner zum Unterschied von allen übrigen Lebensaltern die Plasmazellen (Aschoff).

Wie sehr selbst konstante Altersbefunde in ihrer Deutlichkeit individuell und örtlich schwanken, zeigt wohl am besten das wechselvolle Verhalten der Pigmentierung der Darmmuskulatur im Alter. Wir haben es wie bei der braunen Atrophie des Herzens mit einer im Alter immer mehr zunehmenden Ablagerung des Abnutzungspigments zu tun, welches durch besondere Umstände leicht jene pathologischen Grade erreicht, welche dann bereits die makroskopische Diagnose Hämochromatose zulassen. Dieses letztere Vorkommnis ist offenbar geographisch sehr verschieden verbreitet. Während man z. B. in München sozusagen täglich diese Hämochromatose des Darmes sieht, finde ich in meinem jetzigen Material in Jena im allgemeinen nur die physiologischen Vorbilder desselben. Am genauesten hat wohl Göbel (144) die Pigmentierung der Darmmuskulatur untersucht. In 100 Fällen fand er jedesmal ausser in 4 Fällen nach dem 13. Jahre, Pigment; das Jejunum ist am stärksten, das Ileum schwächer, Cökum, Kolon sind wenig oder gar nicht beteiligt; die Längsmuskulatur wird stärker besetzt als die Ringmuskulatur oder die Muscularis mucosae (am Magen ist gelegentlich, aber vielleicht nur in krankhaften Fällen, letztere gefärbt). Nach Göbel ist der Magen sehr selten und dann nur der Brückesche Muskel pigmentiert. In der Schleimhaut des Dickdarmes haben Henschen und Bergstrand (177) im Anschluss an ihre Untersuchungen über Melanose bei etwa der Hälfte aller Individuen über 60 Jahre ein säurefestes die Eisenreaktion ablehnendes Pigment gefunden, welches sie den Abnutzungspigmenten vergleichen, von dem sie aber sagen, dass es mit dem Alter als solchem nichts zu tun habe.

Über die Verschiedenheiten in dem Verhältnis zwischen oberen Speise- und Luftwegen in verschiedenem Alter hat sich Hasse (168) in sehr bemerkenswerter Weise verbreitet. Bei Neugeborenen sind beide ganz getrennt; deshalb vermag der Säugling während des Trinkens ruhig zu atmen. Das sog. Cavum salivale parotideum fehlt dem Neugeborenen; auch die übrige Gestaltung der Speichelwege ist anders beim kleinen Kind als beim Erwachsenen. Kolsters Ausführungen über Längen- wachstum der Speiseröhre sind mir nicht zugängig gewesen.

Von den Altersveränderungen des Magens sind solche zu nennen, die die Gestalt und Lage und seine mikroskopische Zusammen- setzung betreffen. Zuerst hat Meinert (zit. nach Simmonds [412] auf die vom Alter abhängige Lage des Magens aufmerksam gemacht. Simmonds (412) teilt aus eigener Anschauung hierüber folgendes mit: beim Fötus und beim Neugeborenen ist der Magen ganz von der Leber überlagert; (dies rührt zum Teil von der Stellung des Magens, zum Teil von der Grösse der Leber her); häufig ist bei Säuglingen eine Drehung des Magens derart zu beobachten, dass die grosse Kurvatur mit der Konvexität nach der vorderen Bauchwand gerichtet ist. Die kleine Kurvatur verläuft mehr horizontal als später, wie überhaupt im mittleren Lebensalter dann der Magenschlauch eine mehr vertikale Stellung an- nimmt. Dazu trägt wohl auch die aufrechte Körperhaltung bei. Bei älteren Individuen findet man oft recht enge Mägen, besonders bei solchen, welche die senile Gastroptose ausgeprägt zeigen.

Über das elastische Gewebe des Magens und des Darmes verschiedener Altersstufen liegen Untersuchungen von Meinel (275) und von Panca (325) vor. Nachweisbar mit der Elastinfärbung ist es erst einige Wochen nach der Geburt; seine regelmässige volle Anordnung er- hält es erst im mittleren Lebensalter. Im höheren Alter treten dann zwei bemerkenswerte Erscheinungen auf. Erstens findet man eine stärkere Entwicklung des elastischen Gewebes der Muskulatur an Kardia und Fundus und zweitens treten nun auch mit Deutlichkeit in der Schleim- haut elastische Elemente auf. Meinel fasst diese Erscheinungen im Sinn kompensatorischer Vorgänge auf, mit dem Erfolg, dass hierdurch die senile Schwächung der Muskulatur am Fundus ausgeglichen werden kann. Wir hätten hier also einen ganz ähnlichen Vorgang wie bei der Ausbildung der elastischen Intimaschichten vor uns. Panca dürfte vermutlich fehl gehen, wenn er die übrigens erst nach dem 1. Lebens- jahre zu beobachtende Entwicklung des elastischen Gewebes im Darm von einem Wechsel in der Ernährungsweise abhängig macht. Nur kurz sei bezüglich der noch lange nicht genügend histologisch, besonders histochemisch erforschten Struktur der Magenschleimhaut in ihrem Alterswechsel auf die Mitteilungen von D r ö s e über das Verhalten des Schleimes im frühen Kindesalter hingewiesen.

g) Leber.

Die Angabe M ü h l m a n n s (292), entnommen aus eigenen und fremden Gewichtsbestimmungen, dass das absolute Wachstum der Leber erst im Mannesalter, das relative Wachstum mit dem 15. Lebensjahr aufhört, halte ich nach eigenen Beobachtungen für zutreffend [1]). Nicht zustimmen kann man hingegen der Erklärung des Nachlassens des Wachstums; nach M ü h l m a n n (292) soll es daran liegen, dass die Arteria hepatica eine zu kleine Arterie ist, so dass mangelhafte Ernährung, mangelhafte Oxydation mit Anhäufung unverbrannter Substanz (Fett) und rückständiges Wachstum auftritt; ja er geht soweit, daraus „zu begreifen, warum in der Leber so häufig doppelkernige, also nicht völlig geteilte Zellen aufgefunden werden" und „warum so frühzeitig ein ganzer Leberlappen atrophiert und nekrotisiert" [2]). Das heisst die Dinge auf den Kopf stellen und Normales und Pathologisches durcheinandermengen. Jedes Organ bestimmt, von dem Gesamtbedürfnis des Körpers selbst reguliert, die Grösse seiner Zufuhr selbst und die Arterien sind in ihrem Kaliber abhängig vom Versorgungsgebiet. Die Leberarterie ist nicht pathologisch klein, ihre Kleinheit ist physiologisch; erst Überlastungen der Leber können dazu führen, dass sie nicht genügend arterielles Blut bekommt, aber dies ist, wenn auch vielleicht nicht so häufig, doch ebenso gut möglich an jedem anderen Organ (Herz, Lunge, Niere).

Nur in einer Hinsicht trägt vielleicht die „geringe" Versorgung mit arteriellem Blut zu dem eigentümlichen Bild der alten Leber bei; nämlich hinsichtlich der ungleichmässigen senilen Atrophie der Leberläppchen. Zwar nehmen im Alter alle Leberzellen an Grösse ab, aber besonders stark die zentral um die Zentralvenen herumgelegenen und sie sind es auch, welche diejenige Veränderung weitaus am stärksten zeigen, die wir bereits an einer Zahl anderer Parenchyme als regelmässige Begleiterscheinung des Alters gekennzeichnet haben, nämlich die Pigmentierung mit Lipofuscin. Nach R i b b e r t (349) ist allerdings der Grund, weshalb die Pigmentierung im Zentrum der Acini auftritt,

---

[1]) Nach J u n k e r (208) wächst die Leber beim Manne bis zum 40., beim Weibe bis zum 30. Lebensjahr.

[2]) Was das letztere betrifft, so ist die Bemerkung zum mindesten übertrieben, das Zurückbleiben des linken Lappens ist nicht so bedeutend als früher angenommen wurde, was auch T o l d t und Z u c k e r k a n d l (455) bestätigen.

in leichten Zirkulationsstörungen zu sehen, die sich im hohen Alter
wegen zunehmender Herzschwäche im venösen Gebiete geltend machen.
Es ist zuzugeben, dass in der Tat gleichzeitige Stauungen die Alterspigmentierung zu verstärken scheinen; ob mechanische oder chemische
Wirkungen (C. Mengel) hier in Betracht kommen, muss dahingestellt
bleiben. Je stärker atrophisch die Leberzellen sind, desto stärker erscheinen sie jedenfalls mit Pigment beladen; auch die äussere Form
der betreffenden Epithelien ändert sich. Einer genaueren Untersuchung
bedürfte auch noch die topographische Ausbreitung der Atrophie; da
der rechte Lappen anderes Blut (überwiegend aus anderen Quellgebieten)
erhält als der linke und die Läppchen des ersteren bedeutend grösser
sein sollen als die des linken, wenigstens beim Erwachsenen (Brissaud
und Dopler [59]), so wäre zu prüfen, wie sich die beiden Lappen an
der Atrophie beteiligen; der makroskopische Eindruck ist der, dass
zwar beide annähernd gleich, aber eher der linke stärker beteiligt ist.
Die ersten Anfänge der Alterspigmentierung will Maas (262) schon mit
4 Jahren gesehen haben. Von der geringen Leistungsfähigkeit solcher
senil atrophischer Lebern handelt eine Arbeit Coppiolis.

Wie in der Milz, den Lymphknoten, am Magen, nimmt in der
Leber mit dem Alter das elastische Gewebe sowohl der Kapsel als des
übrigen Glissonschen Gewebes, ferner auch die kollagenen Fasern zu
(Melnikow-Raswedenko [276]).

Weil mit dem mikroskopischen Befund teilweise in Berührung, sei
erwähnt, dass der Eisengehalt der Leber bei der Geburt am höchsten
(Bunge) ist, um, wenigstens beim Kalb (Krüger), bereits nach wenigen
Wochen auf den Gehalt der erwachsenen Tierleber zu sinken.

Eine Frage, die sich immer wieder bei der Betrachtung der Leber
jugendlichster Individuen aufdrängt, ist die: warum besitzt deren Leber
nicht die sog. Läppchenzeichnung der ausgewachsenen Leber?
Die Antwort hierauf scheint mir eine schon ältere Arbeit Toldts und
Zuckerkandls (455) zu geben, die sich mit den Form- und Texturveränderungen der Leber während des Wachstums beschäftigt. Zwei Vorgänge sind es, die in Betracht kommen und ineinandergreifen: erstens die
Ausbildung des Gefässsystems und zweitens die Wachstums- und Ver-
schiebungserscheinungen am Parenchym. Beim Kinde sind die Gefäss-
bezirke noch scharf gesondert, weil das Verhältnis und die Entfernung
der Pfortader zu den Lebervenenästen ganz andere sind. Erst mit der
Zeit stellen sich durch gegenseitiges Zwischenwachsen, Ausbildung von
Verästelungen und gleichzeitigem Umbau des Leberbalkens eine radiäre
Anordnung der Kapillarbezirke heraus. Diese Entwicklung von „Gefäss-
territorien höherer Ordnung" wird aber zeitlich und örtlich verschieden
durchgeführt. Die Bildung neuer Läppchen dauert nur so lange an,

als die Lebervenenwurzeln sich weiter vermehren. Durch Zunahme der Blutgefässe an Weite und Länge bei gleichzeitiger Dehnung und Massenzunahme der Zellbalken schreitet das Wachstum fort. Die Zellbalken zeigen hierbei einen anderen Bau als ursprünglich, indem aus einer schlauchförmigen Anordnung unter Änderung des Querschnittes durch Verschiebung der Leberzellen untereinander einfachere radiär angeordnete Zellreihen entstehen.

Als eine Eigentümlichkeit des histologischen Baus der Leber Jugendlicher hat Adler (2) die sog. „hellen Zellen" geschildert; sie sind mehr rund als die polyedrischen dunklen, die die Leberzellenreihen beim Erwachsenen zusammensetzen, und haben helles Protoplasma. Gegen Ende des ersten Lebensjahres treten sie an Zahl zurück, werden zwischen dem 8. und 16. Jahr spärlich und sind beim Erwachsenen nur selten anzutreffen. Adler denkt sie als Jugendformen, fand sie gewöhnlich in der Peripherie der Läppchen, frei von Pigment und Fett und nicht selten mehrkernig oder in Mitose. Auch in Fällen, in denen der Untergang von Leberzellen Ersatz notwendig machte, fand er sie angereichert. Hajami (170) hat die Bedeutung der hellen Zellen als Jugendstadien angezweifelt und sie für besondere Funktionsstadien, bzw. für das Produkt besonderer Ernährung erklärt. Die Frage wäre wert, nochmals geprüft zu werden, da ihr eine prinzipielle Bedeutung insofern zukommt, als die Feststellung der Identität von regeneratorisch verjugendlichten Zellen mit den Zellen, die wirklich die Leber jugendlicher Individuen kennzeichnen, von Wichtigkeit wäre. Die hellen polyedrischen Zellen haben übrigens schon Toldt und Zuckerkandl (455) gesehen und beschrieben; ausserdem noch andere Jugendformen, nämlich gewisse runde Zellen, die aber bald nach der Geburt verschwinden. Die Grössenzunahme der Leberzellkerne bestimmten diese beiden Autoren bei Neugeborenen auf 8,58—12,5 μ, meist 9,6 μ, bei Erwachsenen auf 7,0—9,36 μ, meist 8 μ. Die Meinung Hartnigs, dass die Volumenzunahme der Leber lediglich auf einer Zunahme des Zellumfanges beruhe, weisen sie zurück.

h) Niere.

Die Niere ist beim Neugeborenen sozusagen gross angelegt. Während des ersten Lebensjahres bereits geht ihr relatives Gewicht rasch herunter, d. h. sie wächst nicht in dem Massstabe weiter, in dem der Körper wächst. Es lässt sich dies in zweierlei Weise erklären; entweder bedarf der Fötus in den letzten intrauterinen Monaten und der Neugeborene nach der Geburt einer grossen Nierenmasse, oder aber es wird von vornherein an der Niere mehr Substanz ausgebildet, als zur Funktion ausgebildet und gebraucht wird. Die letztere Ansicht vertritt Külz (225), gestützt auch auf mikroskopische Befunde, in seiner Arbeit

über das postfetale Wachstum der menschlichen Niere, die als ein Muster
in der Bearbeitung des Wachstumsproblems einzelner Parenchyme gelten
kann. Nach Mühlmann (292), welcher das Fazit aus früheren fremden
und eigenen Gewichtsbestimmungen zieht, wächst die Niere an Masse
bis zum 20. oder 30. Lebensjahr; auch er bemerkt, dass sie hinter dem
übrigen Körper mit dem Wachstum vom 2. Lebensjahr zurückzubleiben
beginnt.

Die Form behält die wachsende Niere getreulich bei, wie sich aus
Messungen von Külz (225) über das Verhältnis von Länge zu Breite
in verschiedenem Alter ergibt. Dabei ist das Wachstum von Rinde
und Mark ganz verschieden, nämlich in der Rinde etwa viermal so stark
als im Mark: die Rinde ist beim Neugeborenen durchschnittlich 1,8 mm,
beim Erwachsenen 7—8 mm dick, das Mark verdickt sich nur auf das
Doppelte. Im Laufe des ersten Lebensjahres allein verzweifacht sich
die Rindendicke, ohne dass das Mark merklich zunimmt. Dabei lässt
sich noch folgende für die Entwicklung der Niere wichtige Beobachtung
machen. Jedem, der das mikroskopische Bild der Neugeborenen-Niere
mit demjenigen des Erwachsenen vergleicht, muss auffallen, dass beim
letzteren die äusseren Rindenschichten nur von Harnkanälchen ein-
genommen und von Glomeruli frei sind. Auf diese Schicht hat zuerst
wohl Hyrtl das Augenmerk gelenkt und hat sie Cortex corticis genannt. Sie ist erst eine Errungenschaft des Wachstums und zwar der
Gewebsverschiebungen, die sich durch Wachstumsveränderungen an den
Glomerulis und an den Kanälchen ergeben.

Da Wachstum, wie wir immer wieder gesehen haben, entweder
durch Vermehrung oder durch Grössenzunahme erfolgt, so fragt sich,
ob an den verschiedenen Nierenapparaten beides stattfindet. Schon
Toldt hat sich dahin geäussert, dass sich eine Neubildung von Teilen
höchstens noch 6—8 Tage nach der Geburt nachweisen lässt. Nach
Eckardt (105) nehmen die Glomeruli nach der Geburt an Zahl nicht
zu, wohl aber an Grösse; die Tubuli contorti werden in den ersten
Jahren sehr viel dicker und länger, später nur mehr länger. Auch
Külz (225) ist der Meinung, dass eine Vermehrung von Glomerulis und
Harnkanälchen dann nicht mehr stattfindet; zu demselben Ergebnis ist
noch kürzlich Waschetko (468) durch Zählungen an Rattennieren gekommen. Das einzelne menschliche Malpighische Körperchen vergrössert sich im Durchmesser von etwa 118 beim Neugeborenen bis
etwa 240 beim Erwachsenen, was auf die Volumenvergrösserung berechnet, das Achtfache ausmacht. Dabei muss wohl beachtet werden,
dass die Glomeruli derselben Niere wenigstens in dem ersten Lebensjahre unter sich durchaus ungleich sind, indem die subkapsulär gelegenen wesentlich kleiner sind als die der Marknachbarschaft. Der

Unterschied verschwindet fast schon im 2. Lebensjahr und ist bei ausgewachsenen Nieren gar nicht mehr festzustellen. Da das Wachstum der peripheren Glomeruli stark ist, während die markwärts gelegenen fast stille stehen, so holen die ersteren die letzteren ein im Verlaufe der ersten (drei) Lebensjahre. Ein auffälliger Unterschied zwischen kindlicher und ausgewachsener Niere ist ferner die Dichtigkeit in der Anordnung der Glomeruli. Nach Külz (225) kommt auf einen gewissen Rindenbezirk beim Neugeborenen die fünffache Zahl von Glomerulis wie auf die (mikroskopisch) gleich grosse Fläche beim Erwachsenen. Dabei muss wieder beachtet werden, dass die Verteilung der Glomeruli keine gleichmässige ist, sondern dass die äussere Rinde reicher an solchen ist wie die innere, bis wiederum zum zweiten Lebensjahr. Külz schätzt diesen Unterschied auf das 2—4fache am einen und anderen Orte.

Das Auseinanderrücken der Glomeruli ist natürlich bedingt durch das Wachstum der Harnkanälchen, welches in zweierlei Richtung erfolgt, indem sowohl die Dicke als die Länge zunimmt. Die letztere ist nicht gut zu messen, ohne dass wir tadellose Isolationsmethoden besitzen; für das Dickenwachstum gibt Külz an, dass ihr Durchmesser sich verdoppelt. Er beträgt beim Neugeborenen 18—34, beim Manne 40—64 μ. Das Längenwachstum lässt sich aus der stärkeren Schlängelung mit zunehmendem Alter und aus der Ausbildung einer rein aus Kanälchen zusammengesetzten äussersten Rinde (des oben genannten Cortex corticis Hyrtls) schliessen.

Weniger als Glomeruli und Kanälchen der Rinde sollen nach Külz die Schleifen und Sammelröhrchen wachsen. Die Messungen stossen auf hier nicht näher zu erörternde Schwierigkeiten; jedoch gibt Külz noch an, dass die aufsteigenden Schenkel der Schleifen ein ausgiebigeres Wachstum haben als die absteigenden, was sich aus dem bedeutenderen Längenunterschiede beider in der Erwachsenen-Niere ergebe. Die Durchmesser schwanken bei Jugendlichen sehr viel stärker als bei älteren. Vielleicht ist auch hier eine ungleichmässige Reifung wie an den Glomeruli anzunehmen. Steinebach (424) hat den Wert der mikroskopischen Grössenbestimmung und damit die Zuverlässigkeit der Ergebnisse der Külzschen Untersuchung bestritten wegen der wechselnden Grösse der gemessenen Objekte in verschiedenen Schichten und Richtungen. Meines Erachtens für die Punkte, die hier in Betracht kommen, nicht ganz mit Recht. Er stellte grosse individuelle Verschiedenheit in der Rindenbreite und deren Unabhängigkeit vom Gesamtvolumen der Niere fest. Er gibt aber zu, dass die Rindenbreite wie das Volumen in der Wachstumszeit zunimmt und im Alter zurückgehen; die Rindenbreite sieht er als wesentlich abhängig von der Ausbildung der Harnkanälchen an.

Pohl (333) hat bei seinen Untersuchungen über die Ausreifung der Niere eine Reihe von Eigentümlichkeiten der ersten kindlichen Niere aufgezählt, in Hinsicht deren diese während des ersten Lebensjahres gewissermassen noch fötale Verhältnisse darbietet; als solche nennt er: 1. Den Glomerulussaum, d. h. das Verbleiben eines hohen Epithelsaumes bis etwa zum 6. Monate, wobei sein Verschwinden allerdings nicht gleichmässig bei allen Glomerulis erfolgt. 2. Den dunklen Rindenrand; dieser ist der optische Eindruck, den die starke dichte Kernfärbung der noch unausgebildeten Harnkanälchen der äusseren Rinde verleiht, er ist nichts anderes als der schon genannte Cortex corticis von Hyrtl in seinen Anfängen; der Ausbau der Kanälchenanlagen vollendet sich meist binnen 4 Monaten, verschleppt sich aber häufig bis zum Ende des ersten Lebensjahres. 3. Das reichliche Bindegewebe; seine Rückbildung zwischen den Kanälchen ist eine Erwerbung des ersten Halbjahres. 4. Die bindegewebig entartenden Glomeruli; sie sollen das Ergebnis zuerst überschüssig angelegter, sodann verödender Glomerulusanlagen sein; sie seien besonders zwischen dem 6. und 12. Monat, aber noch bis ins 7. Jahr anzutreffen (nur? Ref.). 5. Die drüsigen Zellhaufen, aufzufassen als unverbrauchte Reste von Harnkanälchenanlagen, diese embryonale Nierensubstanz werde allmählich aufgearbeitet.

Die Niere der Greise bietet bekanntlich schon äusserlich ein verschiedenes Bild dar; der Befund der Fettvermehrung ex vacuo im Hilus wechselt, desgleichen wechselt die Beschaffenheit der Oberfläche; es gibt ganz glatte neben den fein granulierten senilen Atrophien; im letzteren Fall scheinen lokale Stauungen und Atrophien mitzuspielen. Sarzarin führt die senile Runzelung auf die Atrophie der Schaltstücke um die Venen herum zurück. Wir hätten also wie bei der Leber eine Mitwirkung von Stauung. Nach Kaufmann (212) gehört zum Bild der senilen Atrophie der Schwund von Harnkanälchen, dem dann als Ausdruck der Inaktivitätsatrophie Schwund der zugehörigen Glomeruli folge; andere Autoren sind der Ansicht, dass der Vorgang umgekehrt verlaufe, nämlich dass sich an das Versiegen der Tätigkeit von Glomeruli der Untergang der zugehörigen Harnkanälchen anschliesse. Auch der Anblick der Schnittfläche von senil-atrophischen Nieren ist nicht einheitlich, was Farbe und Verhältnis von Mark und Rinde betrifft; ganz entschieden trifft es nicht immer zu, wenn, wie üblich gesagt wird, das Merkmal der senilen Atrophie sei der gleichmässige Schwund von Mark und Rinde; letztere kann vorwiegend beteiligt sein, ohne dass entzündliche Schrumpfungen mitspielen. Durch Messung ist festgestellt, dass die einzelnen Epithelarten der Rinde im Alter kleiner werden [1]. Das

---

[1] Eine Beschreibung der senilen Niere durch Farno (127) ist mir nicht zugänglich gewesen. Dass die arterio-sklerotische Niere mit der senil-atrophischen Niere identisch sein soll [Hirschfeld (186)], dem wird nicht zugestimmt werden können.

Alterspigment schlägt sich ausser in den absteigenden Schenkeln der Schleifen (Sehrt, Lubarsch, W. Fischer) auch in den Sammelröhrchen (Segawa (404), nach Schreyer (391) in den Hauptstücken und im Anfangsteile der hellen Schleifenschenkel nieder. Es nimmt mit dem Alter zu, findet sich da aber doch nicht so konstant und nicht von genau derselben chemischen Beschaffenheit wie in Herz und Leber. Maas (262) fand die ersten Andeutungen bereits mit $^3/_4$ Jahren. Segawa (404) bezeichnet Menge und Intensität der Pigmentierung als dem Alter (oder der Schwere der Krankheit) entsprechend, den Lipoidgehalt aber um so geringer. Schliesslich sind noch als Alterserscheinungen zu nennen die Vermehrung feinsten Bindegewebes, besonders die Verstärkung der Basalmembranen nach Kayser Petersen (214), ferner die Verteilungen des Fettes und halbphysiologische Verfettungen. Nach Prym (340) findet sich Fett im Epithel der Harnkanälchen bei Kindern in etwa 40%, bei Erwachsenen in etwa 89%; gewisse Lokalisationen fand er nur bei Kindern. Fett im Markinterstitium der Niere fand Prym (339) nur bei Personen über 40 Jahren, hier in 70 unter 180 Fällen. W. Fischer und Segawa (404) erwähnen dieses Fett auch. Bei Leuten über 60 Jahren ist es nach Prym immer vorhanden, er hält mit Recht auch die Verbreiterung des Markgerüstes für eine physiologische Alterserscheinung; dieser Ansicht sind auch Löhlein und Kayser-Petersen (214). Der letztere, der sich ebenfalls mit den verschiedenen Fettablagerungen in der Niere befasst hat, nennt nach Aschoffs Vorschlag die Verfettung der Nierenpapillen „Fettinfakt" die Verbreiterung des Interstitiums mit sekundärer Verfettung Alterssklerose des Nierenmarks. Sie beginnt schon im 2. Jahrzehnt und findet sich jenseits des 60. Jahres immer.

Von der Harnblase sind meines Wissens nur durch Casper (72) Altersveränderungen mitgeteilt worden. Er hebt als solche hervor: Bindegewebsdegeneration der Muskulatur (perifaszikuläre Bindegewebsvermehrung), Neubildung zwischen den Muskelbündeln (intrafaszikuläre Bindegewebsentwicklung), Ersatz des Muskels durch elastisches Gewebe. Das letztere interessiert wegen der ähnlichen Vorgänge an Gefässen, Magen, Leber, Milz usw. Casper bringt die genannten Veränderungen mit der im Alter zunehmenden Unvollkommenheit der Harnblasen-Entleerung in Zusammenhang.

i) Männliche Geschlechtsorgane.

Bevor wir auf die einzelnen Teile des Sexualapparates des Mannes eingehen, mag hervorgehoben sein, dass diese untereinander in solchem Abhängigkeitsverhältnis stehen, dass sie nicht nur miteinander zu reifen, sondern auch die Alterserscheinungen gleichmässig zu zeigen scheinen:

als Merkmale rechnen wir dabei die Pigmentierung und die Atrophie, die wir im einzelnen gleich näher betrachten müssen. Eine Ausnahme bildet natürlich die Prostata-Hypertrophie; sie ist aber keine physiologische, sondern eine pathologische Alterserscheinung; es begleiten sie keine analogen Vorgänge an den Hoden und den Samenbläschen.

Hoden.

Es kann Mühlmann (292) nicht Recht gegeben werden, wenn er behauptet, der Hoden wachse bis in das Greisenalter hinein; absolut genommen ist es sicher falsch, und was die Verhältniszahlen zum Körper anlangt, so sind seine Zahlen viel zu spärlich, um eine wirkliche Alterskurve aufstellen zu können. Zuzugeben ist, dass man nicht selten bei alten Männern mächtige Hoden sieht. Aber bei einem Organ, welches wie übrigens auch das Ovar, so grosse natürliche Unterschiede in der Ausbildung zeigt, und bei dem auch das individuelle Schicksal von so viel Faktoren abhängig ist, kann das nicht wundernehmen. Die grossen Greisenhoden bedeuten oft nichts, als dass die männliche Menopause noch nicht eingetreten ist. deren Erscheinen ja über viel breitere Zeiträume verteilt ist, als der im allgemeinen auf ein Jahrzehnt beschränkte Eintritt der Klimax beim Weibe.

Über die Altersveränderungen der Hoden in histologischer Hinsicht liegt eine grosse Reihe von Beobachtungen vor. Zusammenfassend hat über die Altersschicksale von Hoden, Nebenhoden und Samenteilen Spangaro (420) berichtet. Auch bei Eberth (104) findet man viele brauchbare Angaben hierüber, ferner bei Arthaud (14) und Griffiths. Im allgemeinen wird die senile Atrophie des Hodens vom 50. Lebensjahre ab gerechnet; sie ist makroskopisch gekennzeichnet durch Verkleinerung und Erschlaffung; auf die Pigmentierung kann man sich nicht verlassen; sie fehlt oft und oft ist sie kein Zeichen seniler Atrophie. Spangaro unterscheidet 2 Arten von Altersschwund; bei dem „atrophisch-senilen" Hoden findet er eine Abnahme der Spermatogenese, ein Schwinden der Zellbeläge der Hodenkanälchen bis auf Spermatogonien und Sertolische Zellen und völlige Verödungen von Hodenkanälchen, den „normal-senilen" Hoden hingegen sieht er gekennzeichnet durch die noch vorhandene Spermatogenese und durch die Zunahme von hyalinen und elastischen Gebilden.

Mit Spangaros Angaben über die jugendliche Hodenentwicklung ist Kyrle (229) nicht einverstanden; er wirft ihm vor, dass er Krankhaftes für normal halte. Kyrle selbst kommt zu dem stutzig machenden Ergebnis, dass bei einem hohen Prozentsatz von Knaben und Jünglingen (bis zum 18. Jahr), nämlich 86 mal unter 110 untersuchten, sich am Hoden Zeichen von Entwicklungshemmungen nachweisen liessen; als solche Zeichen schildert er Mangel der epithelialen Differenzierung, Reichtum an interstitiellem Gewebe. Die Unterentwicklung sei die Folge angeborener, durch Krankheiten höchstens verschlimmerter Zustände. Der normale Hoden zeige von der Geburt an jeweils einen ganz bestimmten Typus in der Lagerung der Kanälchen zueinander, die sich dicht zusammenschlössen, normal sei die Spärlichkeit des Zwischengewebes. Den Befunden Kyrles widersprach Mita (286), der unter Leitung W. H. Schultzes die Altersentwicklung der männlichen Keimdrüse von der Geburt bis zur Pubertät verfolgte. Er konnte bei Neugeborenen nur selten unterentwickelte Hoden finden und gibt solche nur zu, wenn jene noch schmale Kanälchen und reichliches Zwischengewebe enthalten, in welchem sich Zwischenzellen von embryonaler Art erkennen lassen. In der Zeit von der Geburt bis zum 11. oder 12. Jahre findet eine langsame Entwicklung in zwei Richtungen statt; erstens bilden sich die Kanälchen aus und zweitens reift das Bindegewebe, indem es mehr und mehr fibrös wird. Sodann nehmen die Kanälchen zu, die Zwischenzellen, der Fettgehalt[1]) ändern sich, es bildet sich die hyaline Grenzmembran. Spermiogenese wurde zuerst im 13. Jahre beobachtet, mit 15 Jahren ist der Reifezustand in histogenetischer Beziehung erreicht; aber die Masse nimmt noch bis zum 20. Jahre zu; als Massstab für den Entwicklungszustand sieht Mita (286) den Entwicklungszustand der Samenkanälchen an. Vom Rete testis teilt er mit, dass es oft bis kurz vor der Pubertät lichtungslos ist; auch die Samenkanälchen höhlen sich erst in der Pubertätszeit; frühere Samenbildung ist verfrüht und bedeutet einen minderwertigen Zustand. Elastische Fasern treten vom 13. Jahr ab auf. Chronische Erkrankungen stören den geschilderten normalen Ablauf der postfötalen Entwicklung, wogegen angeborene Fehler selten sind. Voss (464) trat auf die Seite Kyrles und meint, dass die Meinungsverschiedenheiten zwischen Kyrle und Mita-Schultze auf der Verkennung des häufigen Ödems des kindlichen Hodens beruhen. Kyrle (228) hat jüngst nochmals das Wort genommen und bleibt bei seiner Meinung, dass das Vorhandensein eines gewissen Reichtums an Interstitium ein Merkmal für Unterentwicklung sei, während Mita diesen Zustand für normal hält. Für das Greisenalter schildert Simmonds eine besondere Form der Fibrosis testis, gekennzeichnet durch primäre Verödungsprozesse der Kanälchen und gleichzeitige Wandverdickung. Als Ursache sieht er mit Wahrscheinlichkeit Arteriosklerose an und somit ergibt sich, was Simmonds auch überhaupt meint, dass es sich nicht um eine reine Altersveränderung handelt. Als solche scheint er (413, 414) die Verdickung der Wand und Verengerung der Lichtung der Kanälchen anzusehen. Wie

---

[1]) Fett findet sich kurz vor der Spermiogenese zuerst extratubulär.

M. Fraenkel lehnt er damit die Auffassung von Spangaro, der die Obliterationsvorgänge für die senile Hodenatrophie als charakteristisch bezeichnete, ab.

Die Zwischenzellen haben ihre eigenen freilich eng mit den anderen Teilen verbundenen Schicksale. Sie schwinden, nachdem sie bekanntlich im embryonalen Hoden einen grossen Raum einnehmen, nach Mita (286) schon im 9. Embryonalmonat. Nach Hansemann (162) verschwinden sie mit 14—15 Jahren mehr und mehr im umgekehrten Verhältnis zu der Entwicklung der Hodenkanälchen. Für die ersten Lebensjahre gibt v. Hansemann an, dass die Zwischenzellen besonders protoplasmareich sind. Kasai (211), der sonst die obigen Angaben im allgemeinen bestätigt, hebt das Gegenteil, die Protoplasmaarmut der Zwischenzellen im ganzen Kindesalter, hervor. Gegen den Pubertätseintritt fand Kasai mit Hofmeister (189) eine vorübergehende Zunahme der Zwischenzellen. Im hohen Alter lässt er sie an Zahl zunehmen (wie Thaler und Spangaro); v. Bardeleben (31) gibt an, dass die Zwischenzellen im Laufe des Lebens Lage, Form und innere Struktur verändern. Die Pigmentierung der Zwischenzellen tritt nach Kasai (221) erst nach dem 20. Lebensjahr auf, nach Maas (262) nimmt sie dann bis zum 60. Jahre zu. v. Hansemann findet die Hoden älterer Männer oft ganz pigmentfrei (nach Kasai haben die sozusagen frisch nachgewucherten Zwischenzellen kein Pigment), die Pigmentierung ist nach v. Hansemann keine Pigmentatrophie; eine solche Pigmentierung findet nur an den Hodenkanälchen statt; hinzuzufügen ist, dass Pigmentierung vom Alter abhängig und zwar nach Maas (262) ab 24.—30. Jahr, auch in Nebenhoden stattfindet; die Zwischenzellen sind auch schon bei Neugeborenen fetthaltig. Von den epithelialen Hodenkristallen sei nur kurz erwähnt, dass sie in allen Lebensaltern (Spangaro, Thaler [443]) angetroffen werden und dass die bazillenförmigen Kristalle der Sertolischen Zellen vor der Pubertät nicht vorhanden zu sein pflegen (Spangaro)[1].

Am Samenstrang tritt mit dem Alter eine Zunahme des Fettgewebes, eine Erweiterung der Venen und eine Rückbildung der Muskelfasern des Cremaster auf (Eberth [104]).

Prostata.

Über die Altersentwicklung der Prostata hat Hada (155) kürzlich berichtet. Nach ihm erfolgt Lumenbildung der Drüsengänge zu Ende

---

[1] Eine ältere Arbeit von Pawlow (326) über die Veränderungen des Hodens während des Alters war mir nicht zugänglich. Eine neuere Arbeit vergleichender Natur über den Einfluss des Alters auf die Hodenzellen bei Batrachiern von Nussbaum sei erwähnt.

der Fötalzeit oder erst nach der Geburt; während des Kindesalters wird das zuerst zylindrische Epithel immer niedriger, ein Wachstum der Drüsenschläuche ist aber bis zur Pubertät kaum zu verzeichnen. Erst dann differenzieren sich Drüse und Epithel zu dem bekannten reifen Bilde. Während im Knabenalter nur wenige Fetttröpfchen auffallen, füllen sich in der Pubertätsperiode die Zellen basal und perinukleär mehr und mehr mit Lipoiden; eine Abnahme derselben ist erst wieder in hohem Alter bemerkbar. Bemerkenswert ist weiter die Entwicklung des Zwischengewebes; beim Kinde ist es nur aus Bindegewebe zusammengesetzt, das reife fibromuskuläre Zwischengewebe ist ein Erwerb der postfötalen Entwicklung, die elastischen Fasern treten darin erst mit dem Alter hervor. Mit 30 Jahren kann die Entwicklung der Prostata als abgeschlossen angesehen werden. Die senilen Veränderungen, die fast ausnahmslos nach dem 50. Jahre einsetzen, bestehen in hyaliner Entartung der Drüsen, Atrophie derselben und der Muskulatur mit Ersatzproliferation von Bindegewebe. Die letztere bewirkt nach Hada (155) eine Grössenzunahme. Die drüsigen und die andersartigen Hypertrophien kann man wohl nicht als reine senile Erscheinung ansehen. Entgegen Simmonds (414) bin ich der Meinung, dass es echte senile Atrophie der Prostata gibt. Als Zahlen gibt Simmonds an: Gewicht der Prostata zwischen 20 und 40 Jahren etwa 20 g, zwischen 40 bis 60 Jahren etwa 20 g und jenseits 60 Jahren 24 g.

Samenblase.

Bei den Altersveränderungen der Samenblase sind zu berücksichtigen das Verhalten der elastischen Fasern, der verschiedenen Pigmente und des Bindegewebes, im übrigen nichts den Samenblasen Eigentümliches, so dass sie fast als ein Paradigma der typischen Alterserscheinungen angesehen werden können. Die elastischen Fasern, und zwar vor allem die als charakteristisch gelagert anzusehenden subepithelialen entwickeln sich nach Oberndorfer (316) erst in der Pubertät. Akutsu (4) fand sie noch bei 16—17 jährigen Jünglingen schwach ausgeprägt; einen Schwund im Alter konnte er nicht finden; desgleichen Namba (313). Auch er konnte kräftige Fasern im allgemeinen erst nach der Pubertät nachweisen; die früheste Entwicklung ist freilich bis ins fötale Leben zurückzuverfolgen, und zwar entsteht auch hier das Fasernetz der Gefässe und wohl auch der äusseren Bindegewebsschichten früher als das des subepithelialen Ringes und des Balkenstromas.

Die ihrer chemischen Natur und Form nach etwas verschiedenen beiden Pigmente der Samenblasen, nämlich das epitheliale und das muskuläre, welch letzterem auch das bindegewebige nach Chemie und Lebenslauf anzugliedern ist, entstehen in verschiedenen Zeiten. Das

Epithelpigment zeigen schon Schnitte der Samenblase der ersten Kinderjahre; dabei sind die Körnchen kleiner als bei älteren Kindern (Namba [313]). Maas, Oberndorfer (316), Akutsu und Namba halten diese wie auch die Pigmentierung der glatten Muskelzellen für einen Altersvorgang. Die letztere findet sich aber nach Oberndorfer (316) von der Pubertät ab gleich stark und wird bei ihm als ein Vorstadium des degenerativen Schwundes der Muskulatur angesehen, der mit dem Ersatz derselben durch Bindegewebe im Alter endigt. Auch Namba setzt als untere Altersgrenze für das Vorkommen das Pubertätsalter.

Die von Chiari (80) in drei Fällen gefundene senile Verkalkung der Ampullen, der Samenleiter und der Samenblasen möge kurz erwähnt sein, wiewohl sie nicht physiologischen Charakter trägt.

Als Altersveränderungen nennt Simmonds (414) noch Enge der Bläschen, Starrheit der Wandungen und weissliche Färbung der Innenfläche.

k) Weibliche Geschlechtsorgane.

Eierstock.

Bei keinem Organ dürften wohl Durchschnittszahlen so wenig gegeben werden können als beim Eierstock, so sehr schwankt hier die Norm und bei keinem Organ wohl besagt die reine Masse vielleicht so wenig über die wahre Struktur und wohl auch über die Funktionsgrösse als beim Eierstock. Während man nach der äusserlichen Reifung des Organs und des Körpers annehmen sollte, dass seine spezifische Tätigkeit in den Pubertätsjahren erst erwacht, zeigt die mikroskopische Untersuchung, dass schon längst vorher solche Prozesse sich abspielen, die wir für eine Funktion des geschlechtsreifen Ovariums halten müssen. So hat noch neuerdings E. Runge (365) den Nachweis erbracht, dass der Befund von „wachsenden" Follikeln bereits beim neugeborenen Mädchen regelmässig ist und als physiologisch angesehen werden muss; man braucht freilich nicht ganz damit einverstanden zu sein, dass die Häufigkeit eines Befundes ihn zu einem physiologischen stempelt. Im zweiten Lebensjahr traf er bereits häufig (in über drei Viertel der Fälle) Follikularzysten und ebenfalls oft Corpora albicantia an. Jedenfalls nähern sich die Ovarien in bezug auf den mikroskopischen Bau, sogar in Hinsicht auf das Stroma (Runge) den Ovarien Erwachsener bereits in dem ersten Lebensjahrfünft, so dass sie von diesen kaum noch, ausser durch ihre Grössenverhältnisse unterschieden werden können.

Mit der Menopause atrophiert das Ovarium; es fragt sich, ob man das gleich setzen darf einer senilen Atrophie. Nach meiner Meinung ist diese Frage noch nicht ganz erledigt, besonders da die Atrophie noch lange nach Eintritt der Menopause anhält und weil wir auch über

die nicht ovogenetischen Funktionen des Ovars recht wenig wissen. Als
das typische Merkmal des Eierstocks in der Menopause müssen wir vorläufig das Aufhören in der Follikelbildung ansehen; die senile Atrophie
führt aber zum Schwund der ganzen Keimdrüse in allen Stücken. Die
äussere Form des senilen Eierstocks, den die häufig gewundene
Oberfläche (Ovarium gyratum), die derbe Beschaffenheit, das fast zucker-
gussartige schwielige Ansehen der Rinde auf der Schnittfläche auszeichnen,
ist nach G. Bien (217), zitiert nach Tandler und Gross (440), nicht
bedingt durch die Schrumpfung der Corpora fibrosa. Aschoff (22) erwähnt
noch als eigenartig für den Eierstock der Greisin die Verlagerung der
Corpora candicantia und fibrosa von der Rinde in die Marksubstanz,
völliger Verlust der Primordialfollikel, Vermehrung des fibrillären Gewebes der Rinde. Sein Schüler Sohma (417) hat sich mit der im senilen
Eierstock auseinanderzuhaltenden senilen Alterssklerose der Mark- und
Hilusgefässe, charakterisiert durch das besondere Befallensein der Intima,
und der noch zunehmenden Ovulationssklerose der zu den Corpora
gehörigen Gefässe, beschäftigt. An der letzteren ist überwiegend die Media
beteiligt; diese ist in frühem Lebensalter arm an elastischen Fasern.
Das Fasernetz wird fertig erst mit Eintritt der Geschlechtsreife, um
allerdings im höheren Alter auch wieder samt dem nachträglich noch
mitgewucherten Bindegewebe zu schwinden. Auch die neugebildeten
Intimarohre atrophieren sekundär. Einzelheiten hat ferner Doljan (99)
angegeben, der u. a. behauptet, dass man Follikel nie mehr nach dem
54. Jahre finde, nach dem 80. Jahre nur mehr bindegewebige manchmal
verkalkte Massen (das letztere ist nie physiologisch). Weber (472)
spricht bei Beschreibung des senilen Eierstocks von einer Verdickung
der Albuginea auf das 2—3fache. Hermann Schuster (396) hingegen vermisst eine eigentliche Albuginea im Alter; das Stroma beginne
gleich unter dem Epithel; übrigens gibt auch Weber die undeutliche
Grenze zwischen Stroma und Albuginea an. Follikel sind nach ihm
noch zu finden im Alter, aber selten. Das Mark ist durch reichliches
kernarmes Bindegewebe und durch die Corpora albicantia ausgezeichnet.
Das Oberflächenepithel ist nach beiden zuletzt genannten Autoren
niedrig kubisch, zuweilen platt, nicht flimmernd. Die verschiedenen
Zysten sind pathologische Produkte, aber es verdient doch bemerkt zu
werden, wie Walthard und Kahlden beobachtet haben, dass das
Keimepithel im Alter öfter drüsenartig sich entwickelt. Über die Alters-
verhältnisse der interstitiellen Drüse ist noch nicht gearbeitet worden;
Bouvir (55) erwähnt nur, dass die Interstitialzellen mit dem Alter
abnehmen.

Angaben über die Altersanatomie des Kaninchen-Eierstocks finden
sich bei Valberg (459b).

9

Gebärmutter.

Von den Formveränderungen des Uterus im Laufe des Lebens, die zu einem wechselnden Verhältnis von Cervix und Corpus oder wenn wir die von Aschoff neu empfohlene und begründete Dreiteilung von Cervix, Isthmus und Corpus uteri annehmen, braucht kaum die Rede zu sein, weil sie zu bekannt sind. Nur dass der Isthmus seine eigenen Altersschicksale hat, wie Ogata (319) gezeigt hat, dürfte hervorgehoben werden.

Zuvor ein Wort über die postfötale histologische Entwicklung der Gebärmutter. Bereits bei neugeborenen Mädchen lassen sich — wir folgen der Darstellung von Ogata (319) — Muskel- und Bindegewebszellen, beide aber noch in einem unreifen Zustande, färberisch voneinander trennen. Die Muskelzellen sind da noch protoplasmaarme kurzspindelige Elemente. In den ersten 12 Jahren vermehrt sich überwiegend das fibrilläre Gewebe, und zwar in einem Masse, dass die Uteruswand danach überwiegend aus Bindegewebe zu bestehen scheint. Von den bereits längeren Muskelfasern ist jede von reichlich kollagenen Fasern umsponnen. Mit Beginn der Menstruationsperiode lockert sich das Bindegewebsgerüst, und die deutlich vortretenden Muskelzellen reifen durch Entwicklung der fibrillären Struktur. Jedoch erreicht nach Ogata (319) die Uterusmuskulatur die Höhe ihrer Differenzierung erst mit Vollendung des zweiten Jahrzehnts. Dabei bleibt die Mischung der beiden Gewebsarten in den verschiedenen Schichten der Wand ungleich; die äusseren behalten dauernd überwiegend Bindegewebe. Mit dem Klimakterium ändert sich das Verhältnis von Bindegewebe zu Muskelgewebe in rückläufigem Sinn; die Muskulatur schwindet, ihre Einzelelemente verkleinern sich und verlieren ihren feinen streifigen Bau; allein die Grenzmuskulatur gegen die Schleimhaut erhält sich besser. Auch in den äussersten Schichten soll der Myofibrillenschwund geringer sein.

Die elastischen Fasern nehmen mit dem Alter beträchtlich zu [Feist (128), Moraller und Hoehl (291)], die Schleimhaut atrophiert aber, wie wir gleich sehen werden, nicht gleichmässig. Den Schwund der Ausführungsgänge, der zur Zystenbildung führt, darf man wohl nicht als eine rein senile Erscheinung auffassen. Wie am Eierstock, so sind diese auch für die Gebärmutter schwer rein herauszuschälen, da die Mitwirkung der physiologischen und pathologischen Gefässveränderungen auf das Bild der Involution sich geltend machen. Als physiologische Gefässveränderungen sind die bekannten, am Durchschnitt des alten Uterus schon bei der Sektion so deutlich in die Augen springenden Graviditätssklerosen anzusehen, eine so wenig rückgängige Veränderung, dass man beinahe die Kinderzahl einer Frau an ihnen ablesen kann. Mit den Gefässveränderungen verschiedener Natur haben sich Sasc-

Schwarz, Pankow (325a), Kon und Karaki (210), Fränkel beschäftigt. Man sieht aus diesen Arbeiten, wie schwierig die Atherosklerose des Uterus und ·die menstruellen und puerperalen Sklerosen auseinander zu halten sind.

Den Schleimhautschwund wollen Kon und Karaki (219) auch auf die Sklerose der Uteringefässe zurückführen. Die senile Schleimhautatrophie ist nach Ogata (319) im Isthmus immer besonders stark, während dieser Abschnitt nach demselben Autor im ganzen weniger im Alter zu schwinden scheint als seine Nachbarteile ober- und unterhalb. Mit dem Schleimhautschwund und der besonderen Enge des Isthmus im Alter hängen wohl auch die dort typisch lokalisierten Stenosen und Atresien des Gebärmutterkanals zusammen, mit dem Schwund der Drüsen geht eine Verdünnung der Gesamtschleimhaut bei auffälliger Sklerosierung ihres Bindegewebes einher. Durch alle diese Besonderheiten, zu denen auch häufig eine auffällige andere Gefässfüllung tritt, wird der Isthmus des senilen Uterus zu einem stark markierten Abschnitt.

H. Hegar (193) hat auch für die Schleimhautstruktur am kindlichen Isthmus Merkmale in bezug auf die Dicke und den Verlauf von Schleimhautfalten u. a. angegeben. Er betont mit Recht die eigentümliche Wachstumsruhe des Uterus während der Kinderjahre bis zur beginnenden Reife, wie von der 5. Lebenswoche bis zum 9. Jahre kaum Grössenunterschiede wahrnehmbar seien; er betont ferner mit Bayer die grosse Formverschiedenheit des reifen Uterus und die Unabhängigkeit seiner variablen Gesamtform vom Alter.

Die ausführlichste Beschreibung der allmählichen, feineren Strukturverschiebungen des Gebärmutterkanals verdanken wir Björkenheim (50). Zur fötalen Zeit ist das zylindrische Epithel am höchsten (R. Meyer); nach der Geburt wird es niedriger, im Alter kann es, wenigstens streckenweise, kubisch bis endothelähnlich flach werden (so auch Klein) und die Zilien abwerfen (Möricke). Dieser Prozess verfrüht sich gelegentlich („Präsenilität des Epithels"). Das Plattenepithel der Portio hat im Alter eher die Neigung, höher hinauf zu reichen, also die Übergangsstelle der Epithelarten rückt höher. Das Interstitium der Schleimhaut entwickelt sich im Laufe der Jahre und empfängt seine stärkste Anregung durch stattgehabte Schwangerschaften. Danach sieht man echte kollagene Fasern; im Klimakterium vergrössert und verdichtet es sich. Dasselbe findet mit dem Bindegewebe der Scheidenschleimhaut statt und gleichzeitig erfolgt die Umgestaltung der Fasern; sie werden der Oberfläche parallel gerichtet. Elastische Fasern sollen in der Schleimhaut des Corpus erst nach der Menopause anzutreffen sein und sich noch im hohen Alter vermehren. In der Cervixschleimhaut sind sie postfötal immer vorhanden.

9*

Es würde zu weit führen, hier noch genauer auf die postnatale Entwicklung der Schleimhaut des Gebärmutterkanals einzugehen; ich begnüge mich, auf den Atlas von Moraller und Hoehl (291), und ferner auf die Bedeutung der einschlägigen Kenntnisse für die Pathologie hinzuweisen, um auch krankhafte Erscheinungen, ich nenne nur die in Hinsicht der Epithelverhältnisse von R. Meyer (282) genauer studierte Pseudoerosion der Neugeborenen, zu verstehen.

Den typischen Altersveränderungen der Scheide, so der Glättung der Schleimhaut unter Verschwinden der Schleimhautleisten, ist meines Wissens nicht genau nachgeforscht worden. Von der Bartholinischen Drüse erwähnen Treves und Keith (458), dass sie nach dem 30. Lebensjahr atrophiert.

Die Tuben werden im Alter dünner, die Schleimhaut atrophiert, wobei die Hauptfalten der Bindegewebswucherung etwas dicker werden, die Seitenfalten verschwinden. Die Lichtung verkleinert sich und kann bekanntlich veröden, was aber nicht zum physiologischen Bilde gehört. Die Flimmerzellen werden zu niedrigen kubischen bis endothelartigen Zellen, die Muskelzellen bilden sich wie am Uterus zurück, vor allem an der Längsmuskelschicht, erst später an der inneren Ringmuskulatur. Die Gefässe erleiden dieselben Veränderungen wie im Uterus und Ovarium. Auch hier schwindet unter Zunahme von Bindegewebe und elastischen Fasern die muskulöse Media. Jenseits des 60. Jahres verschwinden schon die Flimmerungen der Schleimhautepithelien, aber Reste finden sich davon noch über 80 Jahren. In bezug auf die elastischen Fasern gehen die Meinungen auseinander. Während Geist (139), dessen genauen Angaben ich im vorigen gefolgt bin, mit Buchstab angibt, dass das elastische Gewebe in der geschlechtsreifen Tube sehr spärlich ist, und dann überhaupt schwindet, meint Hörmann (188), dass es mit dem Alter sich vermehre.

Milchdrüse.

Sie ist vielleicht dasjenige Organ, welches die Altersveränderungen zu den unregelmässigsten Zeiten zeigt. Die Altersatrophie sollte normalerweise nicht vor der Menopause einsetzen. Es ist das Verdienst Hedingers (171) gezeigt zu haben, dass nicht so selten alle Kennzeichen der senilen Mamma schon ein Jahrzehnt früher sich bemerkbar machen. Es ist das einerseits wiederum ein Beweis für die Möglichkeit, dass ein Organ isoliert altert, andererseits zur Erkennung des betreffenden Leidens von praktischer Wichtigkeit.

Wir beginnen, wie immer, zuerst mit dem Bau der kindlichen Milchdrüse, indem wir uns besonders auf die ausführlichen Arbeiten von Brouha (61) und Berka (46) stützen. Wenige Tage nach der

Geburt bildet sich das Kolostrum der Neugeborenen und als histologisches Korrelat der Sekretion finden sich die Epithelien der zweischichtigen Milchgänge von Fetttropfen erfüllt. Acini im Sinn der erwachsenen laktierenden Mamma werden aber hierbei nicht gebildet, sondern der Drüsenkörper besteht lediglich aus Milchgängen ohne „Endbläschen". Von diesen Milchgängen besorgen die Endabschnitte die Absonderung. In dem lockeren, häufig noch durch eigene Färbung hervorzuhebenden Bindegewebe der Drüsenumgebung finden sich ausser den in allen Lebensaltern anzutreffenden Zellformen auch Eosinophile, hingegen keine Mastzellen, die ihrerseits nur im Alter vorkommen. Der Reichtum an elastischen Fasern ist in der Milchdrüse von Kindern äusserst gering; sie vermehren sich erst nach der Geschlechtsreife, die Entwicklung wird gesteigert durch Schwangerschaften; im 4. Dezennium besitzen sowohl die Drüsenhüllen als das grobe Stroma der Milchdrüse reichlich elastische Fasern. Ihre wirkliche Vermehrung erscheint nach den vorliegenden Angaben noch ins 4. Jahrzehnt zu reichen, sodann setzt aber mit der Rückbildung der ganzen Drüse eine Verquellung, Verbreiterung und Verbröckelung derselben ein. Sie treten nur besonders hervor, weil die übrigen wirklich schwindenden Gewebe zurücktreten. Diese Angaben finden sich durch die neuesten Untersuchungen von Liperowsky (246) ganz bestätigt. Das bei jugendlichen Weibern im Vordergrunde stehende Bindegewebe erleidet im Alter die weit stärkeren Verluste; aber auch die Drüsen im ganzen und in ihren Bausteinen schwinden an Grösse und wahrscheinlich auch an Zahl. Einiges über die Veränderungen der Brustwarze mit dem Alter findet sich bei Th. Banca (35a).

Das Wachstum des Epithels ging ursprünglich während der Zeit der geschlechtlichen Reifung durch Sprossungen, Astbildung der Milchgänge vor sich. Im Alter besteht das Drüsengewebe wiederum nur aus Milchgängen, ihre Epithelien werden einschichtig und abgeplattet. Indem sie stellenweise schwinden, verwachsen die sich zusammenlegenden bindegewebigen Unterlagen; ein auf diese Weise verödeter Milchgang lässt sich noch durch das verfilzte Polster seiner alten elastischen Schlauchhüllen nachweisen.

Tietze (450) und Berka (46) haben am atrophierenden Parenchym auch Wucherungserscheinungen nachgewiesen, welche beide für reine Altersveränderungen zu halten scheinen. Sie bestehen in Überschichtungen von Epithel, in Neubildungen ähnlich denen im Zystadenom, auch Ausfüllung der Gänge mit dem proliferierten Epithel und Zystenbildungen sahen die genannten Autoren. Tietze fand solche Befunde in einem Viertel der untersuchten 17 Milchdrüsen von über 40 Jahre alten Frauen und will einen häufigen Übergang derselben in Krebs gefunden haben.

1) Zentralnervensystem.

Vom Zentralnervensystem ist das Wachstum nur für das Gehirn genauer erforscht und auch dieses nur in grossen Zügen. Über das Rückenmark liegen kaum Angaben vor und über das physiologische Wachstum der Nerven, die doch wie die Gefässe und Muskeln der Längenzunahme des Skeletts folgen müssen, ist mir in der Literatur der letzten Jahre nichts bekannt geworden. Was das Wachstum des Gehirns anlangt, so müssen wir hier von unserem gewöhnlichen Plan, die Massenzunahme und die Differenzierung zu verfolgen, abgehen, da die postfötale Entwicklung in letzter Hinsicht beim Gehirn einen so ungleich grösseren Weg als bei den übrigen Organen zurücklegt, dass es zu weit führen würde, hier den Spuren von Flechsig, Meynert, Gudden und Monakow zu folgen, kurz die ganze Ausstattung des Gehirns und Rückenmarks mit all den Apparaten zu verfolgen, deren Ausbildung jedenfalls so lange dauert, als das Wachstum des Gesamtkörpers; ganz abgesehen davon, dass auch späterhin noch Neuerwerb, den wir freilich anatomisch nicht nachweisen können, möglich ist. Bei keinem Organ hat die Konstruktion der Gewichtskurve so wenig für die wirkliche Leistung etwas zu sagen, als beim Gehirn; denn im Vergleich zum Körpergewicht erreicht das Gehirn seine maximale Grösse beim Neugeborenen wie u. a. auch Mühlmann aus eigenen und zahlreichen fremden Wägungen berechnet. Daraus aber schliessen zu wollen, wie Mühlmann es tut, dass „das Gehirn von der ersten Stunde des Lebens ab insuffizient ist", ist unsinnig. Das absolute Wachstum hört mit dem 14.—15. Jahre ganz auf [nach W. Müller (305) mit dem 6. Jahre], nachdem seine zuerst steil in die Höhe gehende Kurve bereits nach dem 2. bis 3. Lebensjahre stark abflacht. Das Gewicht des Gehirns verdoppelt sich nach neueren Bestimmungen [Handmann (157)] binnen der ersten $^3/_4$ Jahre, verdreifacht sich bis zum 6.—8. Jahre, nachdem es beim Neugeborenen durchschnittlich 400 g (beim männlichen), 380 g (beim weiblichen) betragen hat. Nach Handmann erreicht das Gehirn um das 18. Jahr sein endgültiges Gewicht, beim Weibe wahrscheinlich etwas früher (diese Angabe wiederholt sich auch bei Autoren, die einen früheren Wachstumsabschluss ausrechnen); ein regelmässiges Verhältnis zur Körpergrösse ist bei Erwachsenen nicht, wohl aber bei Neugeborenen festzustellen. Die Altersatrophie wird merklich vom 60. Jahre ab (nach Wilhelm Müller vom 65. Jahre ab) und nimmt dann zu; auch sie setzt beim Weibe früher ein als beim Manne. Diese Ergebnisse wurden bestätigt von Rudolf (264), dessen Schlussfolgerungen auf einem anderen Wege, nämlich durch Berechnung der mit dem Alter zunehmenden Differenzen zwischen Hirnvolumen und Schädelkapazität, erreicht wurden.

Am Gehirn sind pathologische und physiologische Altersveränderungen schwer auseinander zu halten, wie die Arbeiten des letzten Jahrzehnts gezeigt haben. Das betrifft weniger die makroskopischen Kennzeichen (allgemeinen Schwund, Verschmälerungen der Windungen, leichte Verdickung der Häute, Vermehrung der Knorpelplättchen am Rückenmark, Erweiterung der Kammern, leichte Konsistenzzunahme) als die mikroskopischen Läsionen; es war schon ein grosser Fortschritt als Alzheimer zeigte, dass man histologisch arteriosklerotische und senile Demenz unterscheiden könne. Die Veränderungen bei der letzteren sind aber nicht zu trennen von den Befunden bei senilen Hirnen ohne Demenz [Ernst (118), Chiari]. Jedenfalls beruht aber die senile Demenz nicht auf arteriosklerotischer Grundlage. Auch hier haben wir gelegentlich vor Eintritt sonstiger Senilität diese als typisch senil erkannten Veränderungen, ein weiterer Beweis, dass auch das Gehirn den übrigen Organen im Altersschwund vorauseilen kann. Als charakteristisch werden besonders die sog. senilen Plaques angesehen; nach den neuesten Untersuchungen von Perusini (327) sind diese Redlich-Fischerschen Flecke zwar in bezug auf Zahl, Grösse und Verbreitung in Übereinstimmung mit der Schwere der Fälle bei Dementia senilis, aber nicht in jedem senilen Gehirn konstant vorhanden. In zweiter Linie werden gewöhnlich die Alzheimerschen Fibrillenveränderungen genannt; von ihnen sagt Perusini (327), dass sie sowohl bei normalen Greisen, wie bei den verschiedenen Formen der senilen Demenz vorkommen, aber ihnen ebenfalls fehlt die Konstanz des Vorkommens als senile Erscheinung. Auch Schönfeld (389), desgleichen Chiari haben diese Ansicht ausgesprochen. Abbildungen dieser senilen Flecken und der Alzheimerschen Veränderungen der Neurofibrillen gibt neuerdings Ciarla (82). Ernst (118) nennt unter den Altersveränderungen noch die senile Chromolyse, den Zerfall und Schwund von Nisslschen Granulis, die Verkleinerung der ganzen Ganglienzellen, die Verarmung der Dendriten an Fortsätzen und spricht von einer Sklerose der Nervenzellen als dem schliesslichen Ergebnis dieser Prozesse. An den Stellen, wo Markscheiden und damit Nervenscheiden zugrunde gehen, wie in den Randschichten des Rückenmarks, in der Tangentialschicht der Rinde, tritt eine Altersgliose ein. Die Zunahme der Zahl der Corpora amylacea bei Zerfall von nervöser Substanz mit dem Alter findet sich schon in Orths Diagnostik erwähnt. Dass durch den Schwund spezifischer Substanz auch der sog. Etat criblé bedingt sein soll, mag nur kurz erwähnt sein.

Für die Ganglienzellen der sensiblen Ganglien hat Cajal einige von ihm erhobene Befunde mit dem Alter in Beziehung gebracht. Erstens einmal gewisse Fensterungen der Ganglienzellen in der Nähe oder Ursprungsgegend des Achsenzylinders; sie scheinen vielleicht

mit der Knäuelbildung der Alzheimerschen Fibrillenveränderungen
etwas zu tun zu haben; zweitens sog. „zerrissene, oder senile Zellen",
an denen kleine runde gliöse Zellen zu nagen scheinen; sie sehen wie
angefressen aus, ein Befund, der an die früher erwähnte Neuronophagie
Metschnikoffs erinnert; drittens Zellen mit nicht durch Silbernitrat
darstellbaren Pigmentkörnern; meist fehlen ihnen Nervenfortsätze; man
findet sie nur im Alter und sie sind nach Cajal vermutlich abgestorbene
oder verfallende Zellen. Damit kommen wir zur Frage des Pigments
am Zentralnervensystem als eines Alterszeichens überhaupt. Am ein-
gehendsten hat sich Mühlmann (294, 299, 300) damit befasst; aber
er hat die mikrochemische Seite dabei zu wenig berücksichtigt: desgleichen betont er zu sehr ihren degenerativen Charakter. Dabei tritt
Pigment an gewissen Stellen schon in den ersten Lebensjahren auf; als
Vorstufen des lipoiden Pigments bezeichnet er fettige Körnchen in
Ganglienzellen; in der Substantia nigra findet man Pigment schon mit
2 Monaten regelmässig jedenfalls vom 2. Lebensjahre an; auch hier ist
es zuerst ungefärbt, hellglänzend, dann goldgelb, dann immer dunkler;
im 10. Jahre kann man es schon als braun bezeichnen; in mittleren
Jahren nimmt, so meint Mühlmann, die Pigmentierung wieder etwas
ab. Gegenüber der von diesem Autor betonten verschiedenen Färbbarkeit durch Osmiumsäure sind die von Hueck (196) genauer studierten
anderen Reaktionen sehr viel wichtiger. Er wies nach, dass an einigen
Stellen Pigmente verschiedener Art gemischt sind, nämlich Lipofuscin
und Melanin, z. B. am Locus coeruleus, an der Substantia nigra, meist
auch an den Ganglienzellen der sympathischen Ganglien, wobei das
Melanin, das später auftretende von beiden sein kann, während in Ganglienzellen der Grosshirnrinde nur Lipofuscin, in manchen der Substantia
nigra nur Melanin gefunden wird.

Vom senilen Kleinhirn bemerken Anglade und Calmette (7),
dass es keine allgemeine Atrophie erleide; es zeige scharfbegrenzte peri-
vaskuläre Sklerosen, besonders gern in der Nähe der Purkinjeschen
Zellen [vergl. ferner Calmette (66a)]. Für die Zellen des menschlichen
Adergeflechtes ist durch Ciaccio und Scaglioni (81) die Umwandlung
des Lipoids der mittleren Lebensalter in Fettpigment festgestellt, für
die Plexuszellen von alten Tieren haben sie noch genauere Befunde
über Morphologie (Mitochondrien) und Chemie dieser Zellen ausfindig
gemacht.

Von den Altersveränderungen der Adergeflechte ist in einer
Jugendarbeit Ernst Häckels (156) die Rede. Sie bestehen in einer
sehr allmählichen Pigmentierung, in einer Abplattung und Verkleinerung
der Epithelzellen, in einer Ausreifung des noch beim Neugeborenen
recht primitiven Bindegewebes. Bei Säugetieren, wie Hund, Ratte,

Kaninchen, entspricht der Alterspigmentierung des Menschen die Verfettung der Deckzellen.

Über die senilen Veränderungen des Rückenmarkes ist wenig Besonderes zu sagen; sie stimmen in bezug auf die Altersgliose und die Pigmentierung mit denjenigen des Gehirns überein. Einar Rohde (359) hat sie genauer geschildert; aus seinen Schilderungen sei nur noch hervorgehoben, dass die senile Gliose besonders um die Gefässe und in den Hintersträngen sich lokalisiert, dass sie der Sklerose der Arterien lokal und in bezug auf Intensität entspricht und dass diese von allgemeiner Arteriosklerose unabhängig ist. Im übrigen sei auf die Aufsätze von Mijake (283a), Siemerling (410a), Léri (239), Hübner (194), Spielmeyer (421a) verwiesen.

Über die Dura, welche im allgemeinen derber und dicker zu werden pflegt, liegt bezüglich der mit dem Alter auch eintretenden Verkalkung eine genauere Angabe von H. R. Schmidt (387) vor, welche besagt, dass die im Alter regelmässigen, durch poröse pathologische Erscheinungen wie vermehrten Hirndruck, verstärkte Kalkablagerungen, unter 16 Jahren niemals gefunden werden. In der Dura älterer Menschen sind ferner nach M. B. Schmidt und nach Prym (338) häufig Züge epithelähnlicher Zellen zwischen den derben Bindegewebsfasern zu finden, die nach Schmidt von der Endotheldecke der Arachnoidea abstammen und für die Entstehung gewisser Neubildungen bedeutsam sind.

Haut.

Die groben Veränderungen der Haut und ihrer Teilgebilde, wie der Haare, sind zu bekannt, als dass sie hier erwähnt zu werden brauchten. Nicht zu vergessen ist neben der senilen Verdünnung und dem Elastizitätsverlust auch die bei weissen Menschenrassen zunehmende, bei farbigen Rassen abnehmende Pigmentierung der Haut. Die Änderung der elastischen Spannung kann gemessen werden [Bönniger, Schade (377)]; zur Erklärung der stehenden Falten der alten Gesichter müsste aber auch noch die Hautmuskulatur herangezogen werden, deren Altersveränderungen meines Wissens noch nicht feststehen. Die feineren mikroskopischen Altersveränderungen des elastischen Gewebes der Haut sind nach Neumann von Sederholm (403) und von M. B. Schmidt (385) genauer untersucht worden. Sie sind nach dem letzteren besonders deutlich in der Haut des Gesichts, der Lippen und Wangen zu verfolgen und bestehen in einem scholligen und körnigen Zerfall, sowie hyaliner Verklumpung; die ersten Veränderungen sind in den oberen Kutisschichten wahrzunehmen, und zwar finden sich die beschriebenen Veränderungen regelmässig vom 50. Jahre ab. Als primär ist wohl der Schwund des Bindegewebes anzusehen, wodurch das vorhandene elastische

Netz zusammenrückt. Erst an die Umlagerung schliesst sich die Quellung zu hyalinen Balken und der Zerfall zu Kügelchen an. Neumann hatte die ersten Veränderungen als körnige Trübung bezeichnet. Du Mesnil de Rochemont und Reitzenstein wollen gegenüber M. B. Schmidt nichts von Veränderungen an den elastischen Fasern gesehen haben. Das Ergrauen der Haare ist wiederum einer der Altersvorgänge, die durch krankhafte Bedingungen sich verfrühen können und als alleinig auftretende Erscheinung auch das auf ein Organ beschränkte Altern beweisen; die Kenntnis des Vorganges setzen wir als bekannt voraus. Wenn man nach den primären Veränderungen am Haarboden forscht, so darf man vielleicht daran erinnern, dass die nervösen Endapparate an den Haaren, die sogenannten Haarscheiben, bei Greisen recht schwer nachzuweisen sind. Von den Beziehungen des Alters zu der Farbe der Haare und der Augen handelt ein Aufsatz von Uschida (469a). Als Lebensdauer des einzelnen Kopfhaares nennt Stöhr (426) den Zeitraum von 1600 Tagen.

Eine den Veränderungen durch Röntgenstrahlen ähnliche Beschaffenheit der Haut beschreibt Lenthal Cheatle (77) und bringt sie mit dem Alter in Verbindung; er spricht dabei von „biotriptischen" Veränderungen, sie bestehen darin, dass die Haut dünn, glatt, schuppend und pigmentreich wird. Worin das Besondere gegenüber der allbekannten senilen Hautveränderung besteht, wird durch die Erörterungen nicht ganz klar, es sei denn, das Besondere sei seine Erklärung, wonach es sich um neurotrophische Störungen handelt. Schliesslich seien noch Untersuchungen von G. Schöne (338) genannt, über das Wachstum der Haare; sie betreffen aber weniger das natürliche Wachstum und die Altersveränderungen als vielmehr die Fragen der Regeneration und des Farbenwechsels. Über die verschiedene Zusammensetzung des Schweisses in verschiedenem Alter berichtet die vergleichend physiologische Untersuchung von Pugliese (340a). Im Anschluss an die Haut sei auch noch der mit dem Alter wechselnden Beschaffenheit des Fettgewebes gedacht. Zuerst hat wohl Langer darüber berichtet. Nach Beatson (38, 39) soll sich die Änderung der chemischen Zusammensetzung während der Pubertät vollziehen; dabei steige der Gehalt an ungesättigten Fettsäuren von 44 auf 60%. Wacker (566) hat dies nicht bestätigen können. Fest steht nur, dass das Fett im jugendlichen Lebensalter einen höheren Schmelzpunkt und eine niedrigere Jod- und höhere Verseifungszahl (also weniger Ölsäure) besitzt, als beim Erwachsenen. Dies ergibt sich auch aus den von Munk in Eulenburgs Realenzyklopädie gebrachten Zahlen. Wir erwähnen diese chemischen Angaben nur flüchtig, um daran die Bemerkung zu knüpfen, dass die makroskopisch auffällige Gelbfärbung des Fettes im

Alter mit diesen chemischen Änderungen wohl nicht zusammenhängen dürfte; wohl aber hängt nach Wacker (465) die im Alter von ihm festgestellte Anhäufung der Cholesterinsubstanzen damit zusammen. Merklicher und frühzeitiger als im Fettpolster der Haut ist diese im Depotfett des Gekröses. Bei Versé (461) findet sich die Bemerkung, dass bei Neugeborenen das Mesenterium ärmer an doppelbrechender Substanz ist, als das übrige Fettgewebe und er führt dies auf die andersartige Zufuhr der Nahrungsstoffe im fötalen Leben zurück.

m) Sinnesorgane (Auge und Ohr).

Die Kenntnis der reinen Altersveränderungen am Gehörsorgan ist fast gleich Null. Eine systematische Untersuchung vom inneren Ohr greiser Individuen existiert nicht; nur in Fällen, wo bei alten Leuten Funktionsstörungen des Gehörs auftreten, ist auf die Veränderungen geachtet worden; jedoch ist nicht ausgemacht, wieviel von ihnen auf die Krankheit zurückzuführen, wieviel dem Alter in die Schuhe zu schieben ist. Nach Analogie anderer Organe durfte man erwarten, dass die höchst differenzierten Apparate, die Sinneszellen und die Nervenfasern einen Altersschwund aufweisen. Dies ist es nun auch, was Manasse (264) bei der chronischen progressiven labyrinthären Taubheit beobachtet hat. Er sieht die Atrophie der spezifischen Elemente und die Bindegewebsneubildung dabei als durch das Alter selbst bzw. „durch die dazu gehörige Arteriosklerose" (Jaehne) bedingt an; dies ist nun aber gerade die Unterscheidung, die zu machen notwendig ist, Jaehne (199) hat in Bestätigung der Befunde von Manasse bei der Altersschwerhörigkeit Atrophie des Cortischen Organs, hydropische Degeneration des Lig. spirale und gewisse Veränderungen an den Nervenapparaten, besonders am Ganglion spirale, den Nervenstämmchen, sowie an den Maculae und Cristae acusticae festgestellt; er betont die Identität der anatomischen Veränderungen bei der Altersschwerhörigkeit mit den Veränderungen, welche Manasse bei der labyrinthären progressiven Schwerhörigkeit erhoben hat. Das genauere Studium des Baues des ganzen Gehörapparates in verschiedenen Lebensaltern dürfte vielleicht auch noch pathologische Früchte zeitigen, es sei nur an die Studien Wittmaaks über die Pneumatisation des Warzenfortsatzes und an die verschiedene Länge und Weite der Eustachischen Röhre in verschiedenem Alter erinnert.

Viel genauer sind die Altersveränderungen des Auges bekannt, ja man kann sagen, dass das Sehorgan auch in dieser Beziehung eines der beststudierten Objekte ist. Es würde zu weit führen, hier alle bekannten Einzelheiten aufzuführen; vielmehr sei bezüglich dieser auf die Arbeiten von L. Weiss (475), Maxim. Salzmann (372), v. Hippel

(185), Hess (182) und Attias (28, 29) verwiesen: wir begnügen uns
hier mit der Hervorhebung einiger wichtiger, besonders solcher Veränderungen, welche von prinzipieller Bedeutung für die Kenntnis des
Alters sind. Nach Salzmann ist die Abweichung in der Gestalt des
Bulbus von der Kugelgestalt beim Neugeborenen grösser als später; der
Hornhautdurchmesser ist um diese Zeit verhältnismässig mässig gross;
die Hornhaut ist dabei am Rande stärker gekrümmt als in der Mitte,
also umgekehrt wie beim Erwachsenen. Das Stroma von Hornhaut,
von Sklera und im Uvealtraktus sind im jugendlichen Alter reicher an
Kernen als im ausgewachsenen Auge; dem Uvealtrakt fehlt in so frühem
Alter das Pigment; die Pigmentierung der vorderen Grenzschicht entwickelt sich bereits in den ersten Lebenstagen. Auch über die besondere Beschaffenheit der Netzhaut, der Pupille, der Iris, der Linse findet
man für das Neugeborenen-Alter Angaben bei Salzmann.

Am raschesten wächst das Auge im ersten Lebensjahre, sodann
findet nochmals nach dem 14. Jahre eine kleine Beschleunigung statt;
bemerkenswert ist vielleicht auch, dass das Mass des Wachstums bei
Auge und Gehirn etwa dasselbe beträgt, nämlich das 3,25fache (Gehirn
3,76fache) von der Geburt bis zum Wachstumsabschlusse ausmacht.
Die Hornhaut kann mit 1 Jahr als fast ausgewachsen gelten. Das
Wachstum des Bulbus ist in seinen einzelnen Teilen eben ein sehr ungleichmässiges; der Abschnitt zwischen Fovea centralis und der Pupille
wächst überhaupt postfötal gar nicht. Am ersten Wachstumsschub
beteiligt sich besonders der vordere Abschnitt, am Pubertätswachstum
der hintere des Bulbus. Die Ausbildung der Fovea benötigt mehrere
Monate nach der Geburt, die Markscheiden reifen im Sehnerven innerhalb der ersten drei Wochen.

Die Linse besitzt durch das ganze Leben hindurch Wachstum; es
ist am stärksten ebenfalls im 1. Jahr. Sie ändert im Verlaufe des
Wachstums Grösse, Form, Konsistenz und Färbung; der Zuwachs an
Fasern soll während des ganzen Lebens anhalten und durch fortschreitende Wasserverarmung teilweise ausgeglichen werden (vgl. Hess 182);
das appositionelle Wachstum nimmt aber doch wie alle physiologischen
Neubildungserscheinungen im Alter ab. Die Neugeborenen-Linse ist
durch eigene Spannung fast kugelig; die senile Linse ist sagittal viel
kürzer als äquatorial. Die Gelbfärbung der Linse nimmt mit dem
Alter immer höhere Grade an, desgleichen nimmt die Linsenhärte zu;
die zentralen Fasern werden nämlich immer wasserärmer, spröder und
platter; der Linsenkern wird auf Kosten der Rinde grösser, auch die
Weichheit der senilen Rindenschichten lässt mit dem Alter nach (Hess).
Die Linsenkapsel verdickt sich, ihr Epithel wird niedriger. Die elastischen Fasern sind in der Linse bereits ein Ergebnis des ersten Jahr-

zehnts, ihre Menge soll aber bis zum 30. Jahre etwas zunehmen (Salzmann).

Nach Salzmann können die physiologischen Alterserscheinungen zum Teil als eine Verstärkung der Wachstumserscheinungen angesehen werden, z. B. die eben genannte Linsensklerose, die Verdickung der Glasmembranen u. a. mehr. Auch hebt er selbst für die bekanntesten Alterserscheinungen, mit Recht, die Schwierigkeit der Unterscheidung zwischen normalen und krankhaften senilen Erscheinungen am Auge hervor. Man wird die krankhaften häufig auch als eine Steigerung der normalen Abnutzungen und anderer Vorgänge ansehen dürfen; so den Arcus senilis und die Linsentrübungen; eine gewisse Rolle spielen die allmählichen Verfettungen z. B. in den verschiedenen Schichten der Sklera (Attias) beim Gerontoxon, bei der gleich benannten Veränderung in der Linse (neben Fuchsinophilie und Vakuolisierung in den Linsenfasern), in den Muskelfibrillen des Corpus ciliare (Attias), in der Tränendrüse (Traina 457), ferner die ·Sklerosierungen, so in den Gefässen der Chorioidea, im Bindegewebe und in den Muskeln des Corpus ciliare, in den äusseren Augenmuskeln. Das Wesen der senilen Drusen der Chorioidea ist nicht geklärt. Auf die Beziehungen der anatomischen Veränderungen zu der Herabsetzung der Funktionen im Alter (Abnahme der Akkommodation durch die Linsensklerose, senile Miosis durch Rigidität des Sphincter pupillae) sei zum Schluss nur kurz hingewiesen. Es gibt, abgesehen von den bekannten Augenerkrankungen im Alter, wie dem Altersstar, der Linsenluxation, für die man die mannigfachsten physiologischen Veränderungen der Augengewebe, bzw. des Gesamtkörpers [1] verantwortlich machen wollte, einige an das hohe Alter gebundene, rein pathologische Erscheinungen, die hier aber nur genannt sein sollen; es ist die senile Makulaerkrankung [Haab, Harms (165)], Schindler, Hirschberg) und die Neuritis optica retrobulbaris senilis (Higier 184). Für diese ist eine Beziehung zu den normalen Alterserscheinungen am Auge noch nicht erbracht. Die Zusammenhänge zwischen Arteriosklerose und Augenveränderungen hat Rohmer besprochen.

---

[1] Vgl. die Theorie Römers (353) über die Entstehung der Cataracta senilis durch Auftreten von Autozytotoxinen im Alter.

Wachstum und Altern.

Von

Prof. **R. Rössle**, Basel.

Zweiter (pathologischer) Teil.

———

Inhaltsverzeichnis.

Erster Abschnitt: Pathologie des Wachstums.

Zweiter Abschnitt: Pathologie des Alterns.

Erster Abschnitt.

Pathologie des Wachstums.

Literatur.

1. **Abderhalden, E.**, Studien über die von einzelnen Organen hervorgebrachten Substanzen mit spezifischer Wirkung. Pflügers Arch. der ges. Physiol. Bd. 162. 1915 u. 176. 1919.
2. **Abels, H.**, Chondrodystrophie, Festschrift für M. Kassowitz. J. Springer, Berlin 1912.
3. **Adler, L.**, Metamorphosestudien an Batrachierlarven. 1. Exstirpation endokriner Drüsen. A. Hypophyse. Arch. f. Entwicklungsmechanik 1914. Bd. 39. B. Thymus. C. Epiphyse. Ebendort 1914. Bd. 40.
4. **Akerlund, Ake**, Entwicklungsreihen in Röntgenbildern von Hand, Fuss, Ellenbogen usw. Hamburg, Gräfe u. Sillen. 1918.
5. **Allen, M.**, The parathyreoid glands of thyreoidiless bufolarvae. Journ. of exp.-zool. 1920. Vol. 30.
6. **Amsler, C.**, Zur Lehre der Splanchnomegalie bei Akromegalie. Berl. klin. Wochenschrift 1912. Nr. 34.
7. **Anton, G.**, Kindlicher Riesenwuchs mit vorzeitiger Geschlechtsreife und familiärer Riesenwuchs mit und ohne Vergrösserung des Türkensattels. Monatsschr. f. Psych. Bd. 39. 1916.
8. **Apert**, Dystrophie en rélation avec les lésion des capsules surrénales. Soc. de pédiatr. Bull. méd. 21 Déc. 1910.
9. **Arnheim**, Partieller Riesenwuchs. Virch. Arch. Bd. 151. 1898.
10. **Aron**, Über Körperbau und Wachstum von Stadt- und Landkindern. Berl. klin. Wochenschr. 1919. Nr. 31.
11. **Derselbe**, Untersuchungen über die Beeinflussung des Wachstums durch die Ernährung. Berl. klin. Wochenschr. 1915. Nr. 21.
12. **Asch**, Frühreifer Scheinzwitter. Berl. klin. Wochenschr. 1911. Nr. 52.
13. **Aschenheim, Erich**, Schädigung einer menschlichen Frucht durch Röntgenstrahlung. Arch. f. Kinderheilk. Bd. 68. 1920.
14. **Aschner, B.**, Demonstration hypophysektomierter Hunde. Wien. klin. Wochenschr. Dez. 1909.
15. **Derselbe**, Über einen Fall von hypoplastischem Zwergwuchs mit Gravidität nebst Bemerkungen über die Ätiologie des Zwergwuchses. Monatsschr. f. Geb. u. Gyn. Bd. 32. 1910.
16. **Derselbe**, Funktion der Hypophyse. Pflügers Arch. Bd. 146. 1912.
17. **Aschoff, L.**, Über einen Fall von angeborenem Schilddrüsenmangel. Deutsche med. Wochenschr. 1899. Nr. 33. Vereinsbeil. S. 203.
18. **Ascoli, G.**, und T. Legnani, Delle alterazioni consecutive all' ablazione dell' ipofisi. Internationaler Kongress der Pathologen in Turin 1911. Torino Unione tipografico 1912 und Münch. med. Wochenschr. 1912. Nr. 10.
19. **Askanazy, M.**, Die Zirbel und ihre Tumoren in ihrem funktionellen Einfluss. Frankf. Zeitschr. f. Pathol. Bd. 24. 1921.
20. **Derselbe**, Chemische Ursachen und morphologische Wirkungen bei Geschwulstkranken, insbesondere über sexuelle Frühreife. Zeitschr. f. Krebsforsch. 9. 1910.

21. **Askanazy** und **Brack**, Sexuelle Frühreife bei einer Idiotin mit Hypoplasie der Zirbel. Virch. Arch. Bd. 234. H. 1.
22. **Axhausen**, Osteogenesis imperfecta oder frühe Osteomalazie als Grundlage der idiopathischen Osteopsathyrosis. Deutsche Zeitschr. f. Chir. Bd. 92. 1908.
23. **Babak, F.**, Einige Gedanken über die Beziehung der Metamorphose bei den Amphibien zur inneren Sekretion. Zentralbl. f. Physiol. Bd. 10. 1913.
24. **Bachauer** und **Lampart**, Der Rohrersche Index als Kriterium für die Auswahl zur Amerikaspeisung. Münch. med. Wochenschr. 1920. 45.
25. **Ballantyne**, Antenatal Pathology and Hygiene. Cap. XIX. 334. Edinburg 1902.
26. **Ballet**, Gigantisme et goître exophthalmique. Arch. de neur. Bd. 19. 1905.
27. **Baltz, Herm.**, Ein Beitrag zur Variation gleichlanger Neugeborener. Zeitschr. f. Kinderheilk. Bd. 26. 1921.
28. **Bamberg** und **Huldschinski**, Über angeborene Knochenbrüchigkeit. Jahrbuch f. Kinderheilk. Bd. 78. 1913. Ergänzungsbd.
29. **Barber, Hugh**, Renal Dwarfism, Quart. Journ. of med. Vol. 14. Nr. 55. 1922.
30. **Bardeen**, The height-weight index of build in relation of linear and volumetric proportions and surface area of the body during postnatal development. 272. Publ. der Carnegie-Institution in Washington. 484. 1920.
31. **Basch, H.**, Über die Ausschaltung der Thymus. Wien. klin. Wochenschr. 1903.
32. **Derselbe**, Zur Thymusexstirpation bei jungen Hunden. Monatsschr. f. Kinderheilk. 7. 9. 1908.
33. **Bauch, B.**, Partieller Riesenwuchs mit Dolichozephalie. Deutsche med. Wochenschrift 1919. Nr. 27. S. 745.
34. **Bauer, Julius**, Konstitutionelle Disposition zu inneren Krankheiten. Springer, Berlin. 2. Aufl. 1921.
35. **Bauer, K. H.**, Osteogenesis imperfecta. Deutsche Zeitschr. f. Chir. Bd. 134. 1920.
36. **Derselbe**, Über Identität und Wesen der sogenannten Osteopsathyrosis idiopathica und der Osteogenesis imperfecta. Deutsche Zeitschr. f. Chir. Bd. 160. 1920.
37. **Bayon**, Über angeblich verfrühte Synostose bei Kretinen und die hypothetischen Beziehungen der Chondrodystrophia foetalis zur Athyreosis. **Zieglers** Beitr. zur path. Anat. Bd. 36. 1904.
38. **Benda**, Beitrag zur normalen und pathologischen Histologie der menschlichen Hypophysis cerebralis. Berl. klin. Wochenschr. 1900. Nr. 52.
39. **Berblinger, W.**, Die Hypophyse bei Hypothyreosis usw. Mitt. aus d. Grenzgeb. d. Med. u. Chir. Bd. 33. 1921.
40. **Derselbe**, Über Riesen- und Zwergwuchs. Med. Klin. 1911. 41.
41. **Berliner, Max**, Über die Beziehungen des proportionellen Brustumfanges zum Index der Körperfülle bei männlichen Individuen im Wachstumsalter. Berl. klin. Wochenschr. 1920. Nr. 2.
42. **Derselbe**, Untersuchungen über den Habitus der Zwerge. Zeitschr. f. experim. Pathol. u. Therap. Bd. 22. 1921.
43. **Derselbe**, Normalgewicht und Ernährungszustand. Berl. klin. Wochenschr. 1921. Nr. 3.
44. **Bernhardt, Hans**, Kritische Bemerkungen zur Tauglichkeit des Rohrerschen Index für die Auswahl der Kinder zur Quäkerspeisung. Berl. klin. Wochenschr. Bd. 58. Nr. 17. 1921.
45. **Bernheim-Karrer**, Demonstration von Knochenpräparaten eines Falles von Mongolismus. Verhandl. d. deutsch. Ges. f. Kinderheilk. 24. Versammlg. Dresden. 1907.
45a. **Bertolotti**, Polydactylie et tératome hypophysaire. Nouvelle Iconogr. de la Salpêtrière. Bd. 27. 1914/15 und Contribution à l'étude du gigantisme acromégalo-infantile. Ebenda 1910. Bd. 23.
46. **Bick**, Zwei Fälle von partiellem Riesenwuchs. Altonaer ärztl. Ver. 29. 11. 1916. Münch. med. Wochenschr. 1917. Nr. 2. S. 54.
46a. **Bickel, A.**, Zur pathologischen Physiologie der Avitaminosen. Deutsche med. Wochenschr. 1922. Nr. 29.
46b. **Biedl, A.**, Physiologie und Pathologie der Hypophyse. Bergmann, Wiesbaden-München 1922.
47. **Bierens de Haan**, Entwicklung von Rieseneiern von Echiniden. Ref. Naturw. Wochenschr. 1915. Nr. 13.
48. **Bilski, Fr.**, Über den Einfluss des Lebensraumes auf das Wachstum der Kaulquappen. Pflügers Arch. Bd. 188. 1921.

49. **Bircher, E.,** Entwicklung und Bau des kretinen Skelettes. Fortschr. a. dem Geb. d. Röntgenstr. Ergänzungsbd. 21. Hamburg 1909.
50. **Bircher, H.,** Der endemische Kropf und seine Beziehungen zur Taubstummheit und zum Kretinismus. Basel 1883.
51. **Derselbe,** Die gestörte Schilddrüsenfunktion als Krankheitsursache. Ergebn. d. allgem. Pathol. u. d. pathol. Anat. von **Lubarsch-Ostertag.** Bd. 8. 1902.
52. **Birk,** Unterernährung und Längenwachstum beim neugeborenen Kinde. Berl. klin. Wochenschr. 1911. Nr. 27.
53. **Biedl, A.,** Zur Schilddrüsenfrage. Wien. klin. Wochenschr. 1901. S. 1278.
54. **Derselbe,** Innere Sekretion. Urban u. Schwarzenberg, Berlin Wien. 3. Aufl. 1916.
55. **Bloch,** Observations sur les nains du Jardin d'Acclimatation. Bull. et mém. Soc. Anthrop. Paris. Sér. 5. T. 10. p. 533.
56. **Bloch,** Über die bleibende Hypertrophie einer Extremität infolge Verschlusses ihrer Hauptvene. Berl. klin. Wochenschr. 1909. Nr. 14.
57. **Bloch, C. E.,** Klinische Untersuchungen über Dystrophie und Xerophthalmie bei jungen Kindern. Jahrb. f. Kinderheilk. Bd. 39. 1919.
58. **Blühdorn** und **F. K. Lohmann,** Untersuchungen über das Schicksal schwer ernährungsgestörter Säuglinge im späteren Kindesalter. Klin. Wochenschr. Nr. 21. 1922.
59. **Boeckh,** Über Zwergbecken. Arch. f. Gynäk. Bd. 43. 1893.
60. **Bobbitt,** The growth of Philippine children. Pedagogical Seminary. Vol. 16. 1909.
61. **Bokofzer,** Quäkerspeisung und der **Rohrer**sche Index. Deutsche med. Wochenschrift 1921. Nr. 21.
62. **Bollinger,** Über Zwerg- und Riesenwuchs. Sammlung gemeinverständlicher Vorträge von **Virchow** und **Holtzendorf.** Berlin 1885. Heft 455.
63. **Bornhardt, A.,** Über die Bezeichnung der Körperbeschaffenheit durch Ziffern. St. Petersb. med. Wochenschr. 1888. Nr. 48.
64. **Bouchard, A.,** Du nanisme à propos de la naine dite Princesse Paulina. Journ. de méd. de Bordeaux. XIV. 1884—85.
65. **Bourneville,** Fin de l'histoire d'un idiot myxoedemateux. Arch. de neurol. Tome 16. 1903.
66. **Derselbe,** État du squelette d'un malade atteint d'idiotie myxoedemateux. Compt. rend. Soc. de biol. 1891/1894.
67. **Bourneville et Bord,** Cas d'idiotie mongolienne. Rev. d'hyg. et méd. infantile. Tom. 5. 1906. p. 222.
68. **Bournier,** Tumeur de l'hypophyse avec arrêt du développement du squelette. Presse méd. 94. 1911.
69. **Breus** und **Kolisko,** Die pathologischen Beckenformen. Deuticke, Leipzig-Wien. 1900.
70. **Brissaud, E.,** De l'infantilisme myxoedemateux. Nouv. Iconogr. de la salpêtr. Tom. 10. 1897.
71. **Derselbe,** Sur les rapports réciproques de l'acromegalie et du gigantisme. Soc. méd. des hôp. 14 Mai 1896.
72. **Derselbe,** Vorrede zu **Launois** und **Roy** Sur les géants. Paris 1904.
73. **Brissaud et Meige,** Gigantisme et acromegalie. Journ. de méd. et de chir. pratiques. 25 Janv. 1895.
74. **Brüning,** Ein Miniaturkind. Anatom. Hefte **Merkel-Bonnet.** Bd. 57. 1919. Nr. 171—173.
75. **Derselbe,** Experimentelle Studien über die Entwicklung neugeborener Tiere in länger dauernder Trennung von der Mutter. Jahrb. f. Kinderheilk. 80. 1914.
76. **Derselbe,** Zur Frage der Kriegsneugeborenen. Deutsche med. Wochenschr. Nr. 21. 1918.
77. **Brugsch, Th.,** Allgemeine Prognostik. Urban-Schwarzenberg, Berlin 1918.
78. **Buchold, Frieda,** Über den Einfluss der Kriegsernährung auf die Entwicklung der Neugeborenen. In.-Diss. Berlin 1917.
79. **Buday** und **Jansco,** Ein Fall von pathologischem Riesenwuchs. Deutsches Arch. f. klin. Med. Bd. 60. 1898.
79a. **Budde, M.,** Über vorzeitige Wachstumsfugenverknöcherung und ihre Beziehungen zur Chondrodystrophia foetalis. Frankf. Zeitschr. f. Pathol. Bd. 28. 1922.
79b. **Buschke, A.** und **A. Peiser,** Klin. Wochenschr. 1922. Nr. 44.

80. Camerer, W., Gewicht und Längenwachstum der Kinder. Pfaundler-Schlossmanns Handbuch d. Kinderheilk. Bd. 1. 2. Aufl. 1910. Vogel, Leipzig.

81. Derselbe, Untersuchungen über den Verlauf des Längen- und Gewichtswachstums und deren Beziehungen bei chronischer Unterernährung. Württemb. ärztl. Korrespondenzbl. 76.

82. Cameron, A. T., and Carmichael, The comparative effects of parathyreoid feeding on growth and organ hypertrophy in the withe rat. Amer. journ. of physiol. Vol. 58. 1921.

83. Ceelen, Über Myxödem. Ziegl. Beitr. Bd. 69. 1921.

84. Ceni, C., Die Genitalzentren bei Hirnerschütterung. Arch. f. Entw.-Mech. Bd. 39. 1914.

85. Derselbe, Das Gehirn und die Nebennierenfunktion. Arch. f. Entw.-Mech. Bd. 48. 1921.

86. Chiari, H., Eigenartiger Zwergwuchs (Rachitis kombiniert mit Polyarthritis rheumatica chron.). Verhandl. d. deutsch. Pathol. Ges. 14. Tag. 1910.

87. Chlumsky, Über das Wachstum der Kinder und die Längenveränderungen bei Erwachsenen. Wien. klin. Rundschau 1908.

88. Chose, Efim, Über den Einfluss durchgemachter Rachitis auf die Körpermasse von Schulkindern. In.-Diss. München 1914.

89. Clerc, Gigantisme eunuchoide. Bull. et mém. Soc. méd. Hôp. 1913. Paris.

90. Comte, Hypophyse und Beziehungen zur Schilddrüse. Ziegl. Beitr. 23. 1898.

91. Conradi, Vorzeitiges Auftreten von Knochen- und eigenartigen Verkalkungskernen bei Chondrodystrophia hypoplastica, histologische und Röntgenuntersuchungen. Jahrb. f. Kinderheilk. Bd. 80. 1914.

92. Cotronei, Primo contributo sperimentale allo studio delle relazioni degli organi nell' accrescimento e nulla metamorfosi degli Amfibi Anuri. Bios 1913. Vol. 2.

93. de Coulon, Über Thyreoidea und Hypophysis bei Kretinismus. Virch. Arch. 147. 1897 und In.-Diss. Bern 1896.

94. Cussing, St., Über symptomatische Differenzierung krankhafter Zustände der zwei Lappen der Hypophyse. Amer. Journ. Med. Sciences. Philadelphia Nr. 3. 1913.

95. Dana, Santos Mamai, le géant péruvien. Journ. of nerv and mental diseases. Nov. 1893. p. 725.

96. Davenport, Experimentelle Morphologie. New York 1908.

97. Derselbe, Height-weight Index of build. Amer. Journ. of Phys. Anthropol. Vol. III. H. 4. Oct.-Dec. 1920.

98. Delboeuf, Nains et géants. Bruxelles 1883. Bull. de l'académie royale des sciences. 51. Jahrg. 2. Serie 1882. Ref. Kosmos Bd. 13. 1883,

99. Demel, Rudolf, Beobachtungen über die Folgen der Hyperthymisation. Mitteil. a. d. Grenzgeb. d. Med. u. Chir. Bd. 34. 1922.

100. Dibbelt, W., Die Bedeutung der Kalksalze für die Schwangerschafts- und Stillperiode. Ziegl. Beitr. Bd. 48. 1910.

101 Dieterle, Th., Die Athyreosis. Untersuchungen über Thyreoaplasie, Chondrodystrophia foetalis und Osteogenesis imperfecta. Virch. Arch. Bd. 184. 1906.

102. Derselbe, Über endemischen Kretinismus und dessen Zusammenhang mit anderen Formen von Entwicklungsstörungen. Jahrb. f. Kinderheilk. Bd. 64. 1906.

103. Dieterich, Oskar, Beiträge zur Therapie schlecht heilender Wunden. Elektrolytische Versuche an Pflanzen und Menschen. Münch. med. Wochenschr. Nr. 2. 1921.

104. Dietrich, A., Die Entwicklungsstörungen des postfötalen Lebens in Schwalbe, Die Morphologie der Missbildungen des Menschen und der Tiere. Jena, G. Fischer.

105. Derselbe, Zwerge und Riesen. Kosmos 1921. H. 7.

106. Derselbe, Chondrodystrophie. Dem. in d. Kölner wiss. Ges. Ref. Münch. med. Wochenschr. 1920. Nr. 33. S. 947.

107. Derselbe, Der Perioststreifen bei Chondrodystrophie. Verhandl. d. Deutsch. Path. Ges. 18. Tagung Jena. Jena 1921.

108. Derselbe, Vergleichende Untersuchungen über Chondrodystrophie und Osteogenesis imperfecta. Festschrift zur Feier des 10 jährigen Bestehens der Akademie für prakt. Medizin in Köln. Bonn, 1915. Marcus.

109. Divrak, R., und Wagner v. Jauregg, Über die Entstehung des endemischen Kretinismus nach Beobachtungen in den ersten Lebensjahren. Wien. klin. Wochenschrift 1918. Nr. 6.

110. Dollinger, A., Beiträge zur Ätiologie und Klinik von schweren Formen angeborener und früh erworbener Schwachsinnszustände. Monograph. a. d. Ges.-Gebiet der Neurol. u. Psych. Berlin, Springer. 1921.

111. Donaldson, The effect of underfeeting on the Percentage of water in the brain usw. Journ. of compar. Neurol. and Psych. 1910. Nr. 20.

112. Duken, J., Über Chondrodystrophie. Zeitschr. f. Kinderheilk. Bd. 26. 1920.

113. Durante und Tzélépoglon, Un cas d'hypertrophie mammaire (mastite diffuse hypertrophique). Arch. de méd. exp. Tom. 28. Nr. 18. 1919.

114. Ecker, Alex, Zur Kenntnis des Körperbaus schwarzer Eunuchen. Abhandl. d. Senkenberg. Naturf.-Ges. Bd. 5. Nr. 64. 1864.

115. Derselbe, Der männliche Kastrat. In.-Diss. Freiburg 1898.

116. Eichhorst, Über Veränderungen in der Hypophysis cerebri bei Kretinismus und Myxödem. Deutsches Arch. f. klin. Med. Bd. 124. 1917.

117. Eiken, Osteogenesis imperfecta und ihre Beziehung zur gemeinen Osteomalazie. Zieglers Beitr. Bd. 65. 1919.

118. v. Eiselsberg, Wachstumsstörungen bei Tieren nach frühzeitiger Schilddrüsenoperation. Arch. f. klin. Chir. 49. 1895.

118a. Eljakim Salvator, Entwicklungsstörungen am Skelett im Gefolge von juveniler Arthritis deformans. Zeitschr. f. Kinderheilk. 33. Bd. 1922.

119. Erdheim, J., Über Schilddrüsenaplasie. Zieglers Beitr. Bd. 35. 1904.

120. Derselbe, Nanosomia pituitaria. Zieglers Beitr. Bd. 62. 1916.

121. Escherich, Die Grundlagen und Ziele der modernen Pädiatrie. Berlin, S. Karger. 1905.

122. Evans, J., Some manifestations of pituitary growths. Brit. med. Journ. Dec. 2. 1911.

123. Exner, A. und Boese, Über experimentelle Exstirpation der Glandula pinealis. Zeitschr. f. Chir. Bd. 107. 1910.

124. Falta, Die Erkrankungen der Blutdrüsen. Berlin, Springer 1913.

125. Fechheimer, Kleinplastik der Ägypter. Berlin, Cassirer 1921.

126. Feldmann, Über Wachstumsanomalien der Knochen. Zieglers Beitr. 19. 1896 und In.-Diss. Freiburg 1896.

127. Finkbeiner, Kretinismus und endemische Ossifikationsstörungen. Med. Klinik. 1922. 18.

128. Finkelstein, H., Pathologie und Therapie der Ernährungsstörungen des künstlich ernährten Säuglings. Jahreskurse f. ärztl. Fortbildung. Lehmann, München. 13. Jahrg. 1922. H. 6.

128a. Fischer, Bernhardt, Die Beziehungen des Hypophysentumors zu Akromegalie und Fettsucht. Bergmann, Wiesbaden 1910 und Frankf. Zeitschr. f. Path. Bd. 5. 1910.

129. Fischer, Josef, Die histologischen Veränderungen bei Osteogenesis imperfecta mit besonderer Berücksichtigung des Gehörorgans. Zeitschr. f. Ohrenheilk. Bd. 81. 1921.

130. Fischer, Eugen, Die Rassenmerkmale des Menschen als Domestikationserscheinungen. Zeitschr. f. morphol. Anthropol. Bd. 18. 1914.

131. Fischer, H. Martin, Das Ödem. Dresden, Steinkopff 1910.

132. Foà, Patologia degli organi a secrezione interna. Congr. delle Szienze 1912. Ref. Patologica. 5. 1913. p. 654.

133. Derselbe, Hypertrophie des testicules et de la crête après l'exstirpation de la glande pinéale chez le coq. Arch. ital. de biol. Tom. 57. 1912.

134. Fraenkel, Manfred, Die Röntgenstrahlen in der Gynäkologie. Berlin 1911.

135. Frangenheim, Chondrodystrophische Zwerge. Fortschr. d. Röntgenstr. Bd. 17.

136. Frankenstein, Kurt, Der Einfluss von Krankheiten auf das Wachstum der Frühgeburten von der Geburt bis zum 9. Lebensjahre. Zeitschr. f. Kinderheilk. Bd. 27. 1920.

137. Freudenberg, E., Untersuchungen zur Ossifikationsfrage. Verhandl. d. Ges. f. Kinderheilk. Jena 1921. Ref. Monatsschr. f. Kinderheilk. Bd. 22. 1921.

138. Freudenberg, E., und P. György, Über Kalkbildung durch tierische Gewebe. Biochem. Zeitschr. Bd. 110. 1920, Bd. 115. 1921, Bd. 118. 1921 und Bd. 121. 1921.

139. Freund, W., Zur Pathologie des Längenwachstums bei Säuglingen und über das Wachstum debiler Kinder. Jahrb. f. Kinderheilk. Bd. 70. 1910.

140. **Fritsche** und **Klebs**, Beiträge zur Pathologie des Riesenwuchses. Leipzig, F. C. W. Vogel. 1884.
141. **Fritze**, Über Megalenzephalie. In.-Diss. Jena 1919 und Zeitschr. f. angewandte Anatom. u. Konstitutionslehre. Bd. 5. 1920.
142. **Fuchs**, Riesenwuchs bei Neugeborenen und über den Partus serotinus. Münch. med. Wochenschr. 1903. Nr. 33 u. 34.
143. **Derselbe**, Riesen und Zwerge. Kosmos 9. Jahrg. Bd. 17. 1885.
144. **Derselbe**, Ein Beitrag zur Lehre der Osteogenesis imperfecta. **Virch.** Archiv 207. 1912.
145. **Funk, Casimir**, Die Vitamine. 2. Aufl. Bergmann, München 1922.
146. **Gans, O.**, Zur Pathogenese der Knochenwachstumsstörungen. Frankf. Zeitschr. 16. 1914.
147. **Garnier**, Les nains et les géants. Paris 1884.
148. **Gasne, G.**, et A. **Londe**, Application de la radiographie à l'étude d'un cas de myxoedeme. Compt. rend. de soc. biol. 1898. I. Nr. 12.
149. **Geigel**, Der Kanon der jungen Soldaten. Münch. med. Wochenschr. 1919. Nr. 52.
150. **Getzowa, Sophie**, Zur Kenntnis des postbranchialen Körpers und der branchialen Kanälchen des Menschen. **Virch.** Arch. Bd. 205. 1911.
151. **Gigon, Alfr.**, Über Zwergwuchs und Riesenwuchs mit einem Beitrag zum Studium verwandter Entwicklungsstörungen im Organismus. Schweiz. Arch. f. Neurol. u. Psych. Bd. 9. 1921 u. Bd. 10. 1922. Ref. Kongr. Zentralbl. f. die ges. inn. Med. Bd. 22. H. 13. 1922. S. 531.
152. **Gilbert** und **Rathery**, Nanisme mitral. Presse méd. 1900. Nr. 37 u. 38.
153. **Gilford, Hastings**, Ateleiosis, a disease characterised by conspicuous delay of growth and development. Med.-chir. Transaction. Vol. 85. London 1902.
154. **Derselbe**, Case of asexual Ateleiosis. Clinic. sect. Proc. Royal Soc. of Medic. Vol. 4. Nr. 2. London 1910.
155. **Derselbe**, The disorders of post natal growth and development. London 1911.
155a.**Gley**, Die Lehre von der inneren Sekretion. E. Bircher, Bonn – Leipzig 1920.
156. **Goldzieher, M.**, Über Zirbeldrüsengeschwülste. **Virch.** Arch. Bd. 213. 1913.
157. **Gottlieb, Kurt**, Die Pathologie der Dystrophia adiposogenitalis. **Lubarsch-Ostertags** Ergebn. d. allg. Path. u. pathol. Anat. 19. Jahrg. II. Abt. 1921.
158. **Gudernatsch, J. F.**, Fütterungsversuche an Amphibienlarven. Verh. d. anat. Ges. Bd. 26. 1912 und Amer. Journ. Anat. Vol. 15. 1914.
159. **Guggenheimer, Hans**, Über Eunuchoide. Deutsches Arch. f. klin. Med. 107. 1912.
160. **Guinon, G.**, Sur l'acromégalie. Gaz. des hôp. 9 Nov. 1889. p. 1163.
161. **Guleke, N.**, Zwergwuchs infolge prämatur. Synostose. Arch. f. klin. Chir. 83. 1907.
162. **Gundobin, A. P.**, Die Besonderheiten des Kindesalters. Deutsch von Rubinstein. Berlin. allg. med. Verlagsanstalt 1912.
163. **Gutzeit** (zit. nach **Askanazy**). In.-Diss. Königsberg 1896.
164. **György, T.**, Über Quellungsvorgänge im Knorpel. Deutsche Ges. f. Kinderheilk. Jena 1921. Ref. Monatsschr. f. Kinderheilk. Bd. 22. 1921. H. 2.
165. **Götting**, Über die bei jungen Tieren durch kalkarme Ernährung und Oxalsäurefütterung entstehenden Knochenveränderungen. **Virch.** Arch. Bd 197. 1909.
166. **Habermann**, Ein Fall von Riesenwuchs beider Schläfenbeine. Festschr. f. **Urbantschitsch**. Verlag Urban-Schwarzenberg. Wien. 1919.
167. **Häberlin** und **Schwend**, Methode zur zahlenmässigen Darstellung des körperlichen Zustandes. Zeitschr. f. soz. Hyg. 1921. H. 8.
168. **Häberlin** (Wyk-Föhr), Über die körperliche Entwicklung von Kindern im Frieden und Krieg. Arch. f. Kinderheilk. 66.
169. **Häcker, V.**, Entwicklungsgeschichtliche Eigenschaftsanalyse. G. Fischer, Jena. 1918.
170. **Derselbe**, Allgemeine Vererbungslehre. Braunschweig 1921. 3. Aufl.
171. **Hagenbach**, Osteogenesis imperfecta tarda. Frankf. Zeitschr. f. Pathol. Bd. 6. 1911. S. 398.
172. **Hahn**, Über den reinen partiellen Riesenwuchs. Zentralbl. Grenzgeb. d. Med. u. Chir. 16. 1912.
173. **Hahn, A.**, Einige Beobachtungen an Riesenlarven der Rana escul. Arch. f. mikr. Anat. Bd. 80. 1912.

174. Hahn, Ed., Über den rein partiellen Riesenwuchs. Grenzgeb. d. Inn. Med. u. Chir. 16. 1913.
175. v. Hansemann, Echte Nannosomie. Berl. klin. Wochenschr. 1902. Nr. 52.
176. Hansemann, Deszendenz und Pathologie. Berlin, A. Hirschwald. 1909.
177. Hart, C., Die anatomischen Grundlagen der Osteopsathyrosis idiopathica. Ziegler Beitr. Bd. 59. 1914.
177a. Derselbe, Neotenie und Infantilismus. Berl. klin. Wochenschr. 1918. 26.
178. Derselbe, Zum Wesen und Wirken endokriner Drüsen. Berl. klin. Wochenschr. 1920. Nr. 5.
178a. Derselbe, Funktion der Thymusdrüse. Jahrb. f. Kinderheilk. Bd. 86. 1917.
179. Derselbe, Über Beziehungen zwischen endokrinem System und Konstitution. Berl. klin. Wochenschr. 1917. Nr. 45.
179a. Heiss, Hilda, Untersuchungen über die Epiphysennarbe des menschlichen Skeletts. Arch. f. Entwickl.-Mech. 1922. Bd. 50.
180. Heller, Emil, Über den Ablauf der Ossifikation in kropfendemischen und kropffreien Gebieten. Bruns Beitr. z. klin. Chir. 94. 1914.
181. Herter, C. A., Intestinaler Infantilismus. Übersetzung von Ludwig Schweiger. Leipzig-Wien, Deutike. 1909.
182. van Herwerden, M. A., Der Einfluss der Nebennierenrinde des Rindes auf Gesundheit und Wachstum verschiedener Organismen. Biolog. Zentralbl. Bd. 42. 1922. Nr. 3.
183. St. Hilaire, Geoffroy, Histoire générale et particulière des anomalies de l'organisation chez l'homme et les animaux. Paris 1852.
184. Hirsch und Blumenfeldt, Innere Sekretion und Gesamtstoffumsatz des wachsenden Organismus. Zeitschr. f. Path. u. Ther. Bd. 19. 1918. S. 494.
185. Höber, R., Lehrbuch der Physiologie des Menschen. 2. Aufl. Springer, Berlin 1920.
186. Hochwart, Franke, Zur Diagnose der Zirbeldrüsentumoren. Deutsche Zeitschr. f. Nervenheilk. 37. 1909.
187. Hödlmoser, Über einen Fall von Zwergwuchs, verbunden mit angeborener Enge des Aortensystems. Wien. klin. Wochenschr. 1899. Nr. 15.
188. Hofmeister, F., Experimentelle Untersuchungen über die Folgen des Schilddrüsenverlustes. Beitr. z. klin. Chir. 11. 1892.
189. Holmgren, Über den Einfluss der Basedowschen Krankheit und verwandter Zustände auf das Längenwachstum. In.-Diss. Stockholm 1909. Leipzig, Metzger u. Wittig. 1909.
190. Derselbe, Über das Längenwachstum bei Hyperthyreosis. Med. Klinik 1910. Nr. 24.
191. Hoskins, R. G., und A. D. Hoskins, Über die Wirkung der Verfütterung von Nebennierensubstanz. Arch. of internal medicin. 1916.
191a. Hotz, Gerhard, Über endemische Struma, Kretinismus und ihre Prophylaxe. Klin. Wochenschr. 1922. Nr. 42.
192. Houssay, E., et Hug, Action de l'hypophyse sur la croissance. Compt. rend. des séances de la soc. de biol. Tom. 85. Nr. 37. 1921.
193. Houzé, Infantiler Zwergwuchs. Bull. de la soc. d'Anthrop. de Bruxelles IX.
194. Hueter, C., Hypophysistuberkulose bei einer Zwergin. Virch. Arch. f. pathol. Anat. Bd. 182. 1905.
194a. Hunziker und Wyss, Systematische Kropftherapie. Schweizer med. Wochenschr. 1922. Nr. 3.
195. Hurler, Gertrud, Über einen Typ multipler Abartungen, vorwiegend am Skelettsystem. Zeitschr. f. Kinderheilk. 24. 1920.
196. Hutchinson, Woods, La glande pituitaire considerée comme facteur de l'acromegalie et du gigantisme. New York med. Journ. 14. Juli 1900.
197. Derselbe, Un cas d'acromegalie chez une géante. Amer. journ. of med. scienc. Aug. 1895. p. 190.
198. Huth, Albert, Ernährungszustand und Körpermasse. Zeitschr. f. Kinderheilk. Bd. 30. 1921.
199. Hutinel, Les maladies des enfants. Paris 1909.
200. Ibrahim, J., Chronische Arthritis des Kindesalters. Verh. d. deutsch. orthopäd. Ges. Bd. 12.
201. Ingier, A., Über Morbus Barlowi an Föten und Neugeborenen. Nord. Med. Arch. 1915. Abt. II. N. F. 16.

202. Isenschmidt, R., Histologische Veränderungen im Zentralnervensystem bei Schilddrüsenmangel. Frankf. Zeitschr. Bd. 21. 1918.

203. Jaenicke, Der Einfluss der Kriegsernährung anf die Körperbeschaffenheit der Schulkinder in Apolda und der Rohrer sche Index. Monatsschr. f. öffentl. Gesundheitspflege 1920.

204. Jansen, M., Das Wesen und Werden der Achondroplasie. Zeitschr. f. Chirurg. Bd. 32. 1913 und Enke, Stuttgart 1913.

205. Joachimstal, Über Zwergwuchs und verwandte Wachstumsstörungen. Deutsche med. Wochenschr. 1899. Nr. 17 u. 18.

206. Jödicke, Ein Beitrag zum eunuchoiden Riesenwuchs. Zeitschr. f. d. ges. Neurol. u. Psych. 44. 1919.

207. Johannessen, Chondrodystrophia foetalis hypoplastica. Ziegl. Beitr. z. pathol. Anatom. Bd. 23. 1898. H. 2.

208. Josefson, Die Pseudoepiphysen, ein Stigma der endokrinen Hemmung des Skelettwachstums. Fortschr. a. d. Geb. d. Röntgenstr. 24. 1916.

209. Josefson und Sundquist, Abnormes Längenwachstum bei ungenügender Entwicklung der Genitalien. Deutsche Zeitschr. f. Nervenheilk. 39. 1910.

210. Josephson, Riesenwuchs. Hygiea 66. 1904.

211. Kahlenberg, Louis, und Tine Rodney, Einfluss von Säuren, Laugen und Salzen auf Wachstum. Botanical Gazette 22. 1896.

212. Kahn, R. H., Zur Frage der Wirkung von Schilddrüse und Thymus auf Froschlarven. Pflügers Arch. Bd. 163. 1916.

213. Kardamatis, Osteogenesis imperfecta. Virch. Arch. 212. 1913.

214. Kassowitz, Karl, Zur Frage der Beeinflussung der Körperlänge und Körperfülle durch die Ernährung. Zeitschr. f. Kinderheilk. Bd. 30. 1921.

215. Derselbe, Infantiles Myxödem, Mongolismus und Mikromelie. Wien 1902.

216. Kaufmann, Untersuchungen über die sogenannte fötale Rachitis. Berlin 1892.

217. Kaup, Konstitution und Umwelt im Lehrlingsalter. Münch. soz.-hyg. Arbeiten. Lehmann, München 1922.

218. Derselbe, Einwirkung der Kriegsnot auf die Wachstumsverhältnisse der männlichen Jugendlichen. Münch. med. Wochenschr. 1921. Nr. 23.

219. Derselbe, Ein körperproportionales Gesetz zur Beurteilung der Längen-, Gewichts- und Indexabweichungen einer Populationsaltersgruppe. Münch. med. Wochenschrift 1921. Nr. 31 u. 32.

220. Kermauner, Fehlen beider Keimdrüsen. Zieglers Beitr. Bd. 54. 1912.

221. Keyser, Achondroplasie: its ocurrence in man and in animals. The Lancet 1906. S. 1599, 9/VI.

222. Kirberg und Marchand, Über die sogenannte fötale Rachitis (Mikromelia chondromalacea). Zieglers Beitr. f. pathol. Anat. Bd. 5. 1889.

223. Kisch, E. H., Eunuchoider Fett- und Hochwuchs. Prager med. Wochenschr. 15. 1914. S. 169.

224. Klebs, Beobachtungen und Versuche über Kretinismus. Arch. f. experim. Pathol. Bd. 2.

225. Klose, H. und W. Vogt, Klinik und Biologie der Thymusdrüse mit besonderer Berücksichtigung ihrer Beziehung zu Knochen- und Nervensystem. Beitr. z. klin. Chir. Bd. 69. 1910.

226. Klinger, R., Versuche über den Einfluss der Hypophyse auf das Wachstum. Pflügers Arch. 177. 1919.

227. Kniebe, J. L., Der Einfluss verschiedener Fettsäuren und fettsauren Salze, sowie Cholestearins und Cholins auf Wachstum und Entwicklung von Froschlarven. Zeitschr. f. Biol. Bd. 71. 1920.

228. Koch, Walter, Über die russisch-rumänische Kastratensekte der Skopzen. Veröffentl. a. d. Kriegs- u. Konstitutionspathol. Bd. 2. 1921. H. 3. Jena, Fischer.

229. Köhler, A., Vollzählige proximale Metakarpalepiphysen (Fall von infantilem Myxödem). Münch. med. Wochenschr. 1912. S. 411.

230. Kötz, A., Wachstumssteigerung einer Körperhälfte im Kindesalter. Monatsschr. f. Kinderheilk. 8. 1919. H. 15.

230a. Kon Iutaka, Hypophysenstudien. Ziegl. Beitr. Bd. 44. 1908.

231. Kraus, Erik Joh., Zur Kenntnis der Nanosomie. Ziegl. Beitr. Bd. 65. 1919. S. 535.

232. Kraus, F., Körpermasse und Körperproportion in Zusammenhang mit Entwicklung, Wachstum, Funktion als Gegenstand der Konstitutionslehre. Militärärztl. Sachverständ.-Tätigkeit. Bd. 2. 1917. Jena, G. Fischer.

233. Krieser, Rechnerische Untersuchungen des Körperfüllenindex Rohrers. Zeitschr. f. Konstitutionsl. Bd. 8. 1921.

234. Krizenechi, Jarosl., Über den Einfluss des intermittierenden Hungers auf das Wachstum. Naturw. Wochenschr. Bd. 17. 1918. Nr. 27.

235. Kütting, A. (Giessen), Über die Geburtsgewichte und Entwicklung der Kinder in den ersten Lebenstagen, sowie über die Stillfähigkeit während des Krieges. Zentralbl. f. Gynäk. 1921. Nr. 5.

236. Kundrat, H., Über Vegetationsstörungen und über Wachstumsstörungen des menschlichen Organismus. Wien. klin. Wochenschr. 28. 1893.

237. Läwen, Zur Kenntnis der Wachstumsstörungen am Kretinenskelett. Deutsche Zeitschr. f. Chir. Bd. 101. 1910.

238. de Lange, Cornelia, Nanosomia vera. Jahrb. f. Kinderheilk. 89. 1919.

239. v. Lange, Die Gesetzmässigkeit im Längenwachstum des Menschen. Jahrb. für Kinderheilk. 57. 1903.

240. Langer, K., Wachstum des menschlichen Skeletts mit Beziehung auf die Riesen. Wien. Sitzungsber. d. Kais. Akad. d. Wiss. 1871. Math.-naturwiss. Klasse Bd. 31. 1872.

241. Langhans, Anatomische Beiträge zur Kenntnis der Kretinen. Virchows Arch. Bd. 149. 1897.

241a. Langstein, Ernährung und Wachstum der Frühgeborenen. Berl. klin. Wochenschrift 1915. 124.

242. Langstein, L., und J. Edelstein, Die Rolle der Ergänzungsstoffe in der Ernährung wachsender Tiere. Zeitschr. f. Kinderheilk. 16. 1917 und 17. 1918.

243. Lascoux, Paul, Etude sur l'accroissement du poids et de la taille des nourrisons. Thèse de Paris 1908.

244. Launois, Quelques cas de nanosomie. Bull. de soc. anthropol. de Lyon 1913.

245. Launois et Roy, Etude biologique sur les géants. Paris 1904. Masson et Co.

246. Launois, Essai biologique sur les nains. Le Bull. méd. 1919.

247. Launoy, L., Thyreoides, Parathyreoides, Thymus. Paris, Bailliere et fils. 1914.

248. Lehmann, W., Über erworbenen Riesenwuchs der linken unteren Extremität und angeborener Naevus. Deutsche med. Wochenschr. 1919. 41.

249. Lehnerds, Fr., Phosphorsklerose, Strontiumsklerose. Jahrb. f. Kinderheilk. Bd. 72. 1910.

250. Derselbe, Der Einfluss des Strontiums auf die Entwicklung des Knochengewebes wachsender Tiere bei verschiedenem Kalkgehalt der Nahrung. Zeitschr. d. ges. exper. Med. Bd. 1. 1913.

251. Leriche, De l'achondroplasie chez l'adulte. Gaz. des hôp. Paris 1904.

252. Levi, E., Contribution à la connaissance de la microsomie essentielle hérédofamiliale. Nouv. Iconogr. de la Salpêtr. 5. 1910.

253. Levi, Margar., Nanosomie und innere Sekretion. Zeitschr. f. klin. Med. Bd. 82. 1915.

254. Lindemann, Über Osteogenesis imperfecta. In.-Diss. Berlin 1903.

255. Linser, Über die Beziehungen zwischen Nebennieren und Körperwachstum, besonders Riesenwuchs. Beitr. z. klin. Chir. 37. 1903.

256. Lipschütz, A., Über den Einfluss der Ernährung auf die Körpergrösse. Bern 1918.

256a. Derselbe, Zur Physiologie des Phosphorhungers im Wachstum. Pflügers Arch. 143. 1911.

257. Livi, Atti della societa Romana di Antropologia V. 1898.

258. Lotz, A.. Partieller Riesenwuchs. In.-Diss. Berlin 1914.

259. Looser, E., Über Osteogenesis imperfecta tarda. Verh. d. deutschen Path. Ges. IX. 1905.

260. Lubinski, K., Über Körperbau von Stadt- und Landkindern. Monatschr. f. Kinderheilk. Bd. 15. 1919.

260a. Lucien, M., et J. Parisot, Glandes surrénales et organes chromaffines. Paris 1913.

261. Luschka, H., Mass und Zahlenverhältnis des menschlichen Körpers. Tübingen, Moser. 1871.

262. **Maas, H.**, Zur Pathologie des Knochenwachstums. **Virchows** Arch. Bd. 238. 1922. H. 1.

263. **Mc Crudden**, Die Bedeutung des Kalziums für das Wachstum. Deutsches Arch. f. klin. Med. 110. 1913.

264. **Manouvrier**, Sur le nain Auguste Tuaillon et sur le nanisme simple avec ou sans microcéphalie. Bull. soc. anthrop. Paris. Sér. 4. T. 7. 1896.

265. **Derselbe**, Observation sur quelque nains. Ibid. T. 8. 1897.

266. **Marburg**, Zur Kenntnis der normalen und pathologischen Histologie der Zirbeldrüse. Arbeit. a. d. neurol. Instit. Wien. 17. 1909.

267. **Marburg**, Hypertrophie, Hyperplasie und Pseudohypertrophie des Gehirns. Arbeit. a. d. neurol. Instit. Wien. 13. 1906.

268. **Marchand, F.**, „Missbildungen" in **Eulenbergs** Realenzyklopädie der gesamten Heilkunde. 1912. p. 780—781.

269. **Derselbe**, Sitzungsbericht. Naturwissenschaftl. Ges. Marburg. 1899.

270. **Maresch**, Kongenitaler Defekt der Schilddrüse bei einem 11jährigen Mädchen mit vorhandenem „Epithelkörperchen". Zeitschr. f. Heilk. Bd. 19. 1898. H. 4.

271. **Derselbe**, Zur Kenntnis der polyglandulären Erkrankungen. Verh. d. deutsch. pathol. Ges. München 1914.

272. **Marie, Pierre**, Sur deux types de déformation des mains dans acromégalie. Soc. méd. des hôp. 1 Mai 1896.

273. **Martin, Rudolf**, Lehrbuch der Anthropologie. Jena, Fischer. 1915.

274. **Marum, Gottl.**, Über eine erwachsene chondrodystrophische Zwergin. Frankf. Zeitschr. f. Pathol. Bd. 24. 1921. Ergänzungsh.

275. **Massalongo**, Sull' acromegalia. Rif. medica 157, 158. Juli 1892.

276. **Mathias, E.**, Über Geschwülste der Nebennierenrinde mit morphogenetischen Wirkungen. Virch. Arch. Bd. 236. 1922.

277. **Matti, H.**, Untersuchungen über die Wirkung experimenteller Ausschaltung der Thymusdrüse. Mitteil. a. d. Grenzgeb. d. Med. u. Chir. Bd. 24. 1912.

278. **Meinshausen**, Die Zunahme der Körpergrösse des deutschen Volkes vor dem Kriege, ihre Ursache und Bedeutung für die Wiederherstellung der deutschen Volkskraft. Arch. f. soz. Hyg. u. Demogr. Bd 14. 1920. H. 1. Leipzig, Vogel.

279. **Mellanby, Edw.**, Experimental Rickets. London 1921.

280. **Mendel, Laf. B.**, Das Wachstum. Erg d. Physiol. Bd. 15. 1916.

281. **Mettenleiter, Theod.**, Über einen chondrodystrophischen, vermutlich aus der Merowingerzeit stammenden Zwerg. Zeitschr. f. Konstitutionsl. Bd. 8. 1921.

282. **Meyer, L. F.**, Die Bedeutung des Wassers für den wachsenden Organismus. Die Naturwissensch. 1913. H. 23.

283. **Michel**, Osteogenesis imperfecta. Virch. Arch. 173. 1903.

284. **Miloslavich, E.**, Über einseitigen Nebennierenmangel. Zeitschr. f. Pathol. 1920. Bd. 30. Nr. 17.

285. **Morgulis, Sergius**, Studien über die Inanition in ihrer Bedeutung für das Wachstumsproblem. Arch. f. Entwicklungsmech. d. Organismen. Bd. 34. 1912.

286. **Moro, E.**, Fötale Chondrodystrophie und Thyreodysplasie. Jahrb. f. Kinderheilk. Bd. 66. 1907.

287. **de Mortillet, A.**, La Prinzesse Paulina. Bull. soc. d'Anthropol. de Paris. Sér. 3. T. 8. Paris 1885.

288. **Moussu**, Effets de la thyréodectomie chez nous animaux doméstiques. Compt. rend. soc. biol. 1892. p. 271.

289. **Nagel**, Prinzess Pauline. Pediatries Vol. II. Nr. 8. New York and London 1896.

290. **Nazari, A.**, Il Policlinico. Soz. med. 13. 1906.

291. **Nelle, Wilhelm**, Die Beschaffenheit des Gehirns bei kongenitalem Myxödem. Deutsche Monatsschr. f. Zahnheilk. 1922. H. 2.

292. **v. Neugebauer, F. L.**, Hermaphroditismus beim Menschen. Leipzig, Klinkhardt. 1908.

293. **Neuhaus, Georg**, Einfluss der Hungerblokade auf Leben und Gesundheit der Bevölkerung. Vorwärts 17. Dez. 1918.

294. **Nièpec, B.**, Traité du goître et du crétinisme etc. Paris 1851.

295. **Niklas, Fr.**, Osteogenesis imperfecta. Ziegl. Beitr. 61. 1916.

296. **Nonne, M.**, Kasuistik. Deutsche Zeitschr. f. Nervenheilk. Bd. 25. 1916.

297. **Nopcsa, Fr. Baron**, Über Dinosaurier. Zentralbl. f. Min., Geol., Pal. 1917. Nr. 9—10, Nr. 15—16. Naturwiss. Wochenschr. 1918. Nr. 20.

298. Novak, J., Die Bedeutung der weiblichen Genitalien für den Gesamtorganismus. Frankl, Hochwart, Noorden, Strümpell. Die Erkrankungen der weiblichen Genitalien. Jahrb. f. inn. Med. Wien. Bd. 1. 1912.
299. Oberndorfer, Partieller primärer Riesenwuchs des Wurmfortsatzes, kombiniert mit Ganglionneuromatose. Zeitschr. f. ges. Neurol. u. Psych. Bd. 72. 1921.
300. Obmann, K., Über vorzeitige Geschlechtsentwicklung. Deutsche med. Wochenschr. 1916. Nr. 7.
301. Ogle, C., Sarcoma of pineal body. Transactions of the pathol. Society of London Vol. 50. 1899.
302. Osborne, T. B., und L. B. Mendel, Über die Wirkung des Aminosäurengehaltes der Diät auf das Wachstum von Hühnern. Journ. of Biol. Chem. Vol. 26. 1916.
303. Oestreich und Slawyk, Riesenwuchs und Zirbeldrüsengeschwulst. Virch. Arch. 157. 1899.
304. Oyamada, M., Über Riesenkinder. Beitr. z. Geb. u. Gyn. 27. 1911.
305. Paltauf, Über den Zwergwuchs. Wien 1891.
305a. Park, E. und McClure, The results of thymus exstirpation in the dog. Amer. journal of children diseases. Chicago 1919. 18.
306. Parrot, La syphilis héréditaire et la rachitis. Paris 1886. zit. bei Kaufmann.
307. Peiper, A., Längenwachstum und Ernährung bei Säuglingen. Jahrb. f. Kinderheilk. Bd. 90. 1919 Nr. 5.
308. Pelikan, Gerichtliche medizinische Untersuchung über das Skopzentum in Russland. Giessen 1876, zit. nach Sellheim.
309. Peller, S., Längengewichtsverhalten der Neugeborenen und Einfluss der Schwangerenernährung auf die Entwicklung des Föten. Deutsche med. Wochenschr. 1917. 27.
310. Derselbe, Wien, Rückgang der Geburtsmasse als Folge der Kriegsernährung. Wien. klin. Wochenschr. 1919. Nr. 28.
311. Pende, Nicola, Klinischer Begriff und Pathogenese der Infantilismen. Deutsches Arch. f. klin. Med. Bd. 105. 1913.
311a. Derselbe, Das Gesetz der morphogenetischen Korrelation von Viola und die Grundlagen der Pathologie des Wachstums. Zeitschr. f. Konstitutionslehre. Bd. 8. 1922. H. 5.
312. Peritz, G., Über Eunuchoide. Neurol. Zentralbl. 1910. Nr. 23.
313. Petersilie, P., Das Hypophysengewicht beim Manne und seine Beziehungen. In.-Diss. Jena 1920.
314. Pfaundler, M., Über die Behandlung angeborener Lebensschwäche. Münch. med. Wochenschr. 1907. Nr. 29—31.
315. Derselbe, Hungernde Kinder. Münch. med. Wochenschr. 1912. Nr. 5.
316. Derselbe, Körpermass-Studien an Kindern. 1916. Berlin, Springer.
317. Derselbe, Über Körpermasse von Münchner Schulkindern während des Krieges. Münch. med. Wochenschr. 1919. Nr. 31.
318. Derselbe, Über die Indizes der Körperfülle und über „Unterernährung". Zeitschr. f. Kinderheilk. Bd. 29. 1921.
319. Pfeiffer, L., Pathologische Wuchsformen. Korrespondenzbl. d. allg. ärztl. Vereins v. Thüringen. Jahrg. 37. 1905.
320. Pick, Ludwig, Über kongenitalen Riesenwuchs bei Mensch und Säugetier. Ref. Berl. klin. Wochenschr. 1913. Nr. 21.
321. Derselbe, Zur Einteilung und pathologischen Analyse des partiellen Riesenwuchses. Zieglers Beitr. Bd. 57. 1913.
322. Pirquet, C. v., Eine einfache Tafel zur Bestimmung von Wachstum und Ernährungszustand bei Kindern. Berlin, Springer. 1913.
323. Pöch, Rudolf, Zwergvölker und Zwergwuchs. Mitteil. d. K. K. Geograph. Ges. 1912. Nr. 5 u. 6. Ref. in Naturwiss. Wochenschr. 1913.
324. Poncet et Leriche, Les nains d'aujourdhui et les nains, d'autrefois. Nanisme ancestral. Achondroplasie ethnique. Revue de chir. 1903.
325. Dieselben, Atavistische Form von Zwergwuchs. Lyon méd. 1903. Nr. 43.
326. Porak, De l'achondroplasie. Mémoire des nouvelles. Arch. d'obst. et de gynéc. Clermont 1890.
327. Porak et Durande, Les micromélies congénitales (Achondroplasie vraie et dystrophie périostale). Nouvelle Iconographie de la Salpêtrière 1905. 18 année. Nr. 5.

328. **Porter**, Achondroplasia. Notes of three cases. Brit. med. journ. London 1907.
329. **Preiswerk**, Ein Beitrag zur Kenntnis der Osteogenesis imperfecta (**Vrolik**). Jahrb. f. Kinderheilk. 1912.
330. **Pribram**, Die Bedeutung der Quellung und Entquellung. Kolloidchem. Beihefte 2. 1910/11.
331. **Priesel, A.**, Ein Beitrag zur Kenntnis des hypophysären Zwergwuchses. **Ziegl.** Beitr. Bd. 67. 1920.
332. **Pütter**, Vergleichende Physiologie. Jena, Fischer. 1911.
333. **Quetelet**, Über den Menschen und die Entwicklung seiner Fähigkeiten. Brüssel 1835.
334. **Rahn, O.**, Biochemische Betrachtungen über Vererbung, Körpergrösse, Lebensdauer. Biochem. Zeitschr. 74. 1916.
335. **Rammelt, W.**, Über Mammahyperplasie. In.-Diss. Berlin 1916.
336. **Ranke**, Der Mensch. Leipzig 1887.
337. **Ranke und Voit**, Arch. f. Anthrop. 1886.
338. **Rankin, Mackay, Lunn and Cranke**, Achondroplasie. Brit. med. journ. 5. Jan. 1907.
339. **Rautmann, Herm.**, Untersuchungen über die Norm, ihre Bedeutung und Bestimmung. Jena, G. Fischer. 1921.
340. **Ravenna**, Nouvelle Iconographie de la Salpêtriere. T. 36. 1913.
341. **Rebatte et Gravier**, Gigantisme eunuchoide. Nouv. Icon. Salpêtr. T. 26. 1913.
342. **v. Recklinghausen**, Sektion eines 18jährigen Zwerges. Deutsche med. Wochenschrift 1890. Nr. 48.
343. **Derselbe**, Rachitis und Osteomalazie. Jena 1910.
344. **Redlich, Emil**, Ein Fall von Gigantismus infantilis. Ges. d. Wien. Ärzte. Ref. Wien. klin. Rundschau. 1906. Nr. 26.
345. **Reiche, A.**, Das Wachstum der Frühgeburten in den ersten Lebensmonaten. Zeitschr. f. Kinderheilk. Bd. 13. 1916.
346. **Rischbieth, H. and A. Barrington**, Eugenies Laboratory Memoirs XV. Traesury of human inheritance. Parts VII and VIII. Section XV a. Dwarfism.
347. **Reschke, K.**, Verlängerung der Röhrenknochen bei Arthritis deformans Jugendlicher. Deutsche Zeitschr. f. Chir. Bd. 168. 1921.
348. **Richon et Jeaudelize**, Castration pratiquée chez le lapin jeune. Compt. rend. soc. biol. 59. 1905 et 68. 1910.
349. **Robin**, Sur un indice d'élancement destiné à remplacer les formules de gras ou de migre. Bull. soc. anthrop. Paris 1880.
350. **Rössle, R.**, Demonstration von zwei Fällen von Dystrophia adiposo-gen. Ref. Münch. med. Wochenschr. 1916. Nr. 37.
351. **Derselbe**, Zur Kenntnis des echten Zwergwuchses. Münch. med. Wochenschr. 1917. Nr. 32.
352. **Derselbe**, Myxödem durch totale Thyreoaplasie. Korrespondenzbl. d. allg. ärztl Ver. Thür. N. 1920. 112.
353. **Derselbe**, Hypertrophie und Atrophie. Jahreskurse f. ärztl. Fortbildung. 1922 Januarheft.
354. **Derselbe**, Innere Krankheitsbedingungen. Kap. in **Aschoffs** Lehrbuch I. Teil. G. Fischer, Jena. 5. Aufl
355. **Rohrer, Fr.**, Eine neue Formel zur Bestimmung der Körperfülle. Korrespondenzbl. d. deutsch. Ges. f. Anthrop., Ethnol. u. Urgeschichte. Jahrg. 39. 1908. Nr. 1/2.
356. **Derselbe**, Der Index der Körperfülle als Mass des Ernährungszustandes. Münch. med. Wochenschr. 1921. Nr. 19.
357. **Derselbe**, Die Kennzeichnung der allgemeinen Bauverhältnisse des Körpers durch Indexzahlen. Münch. med. Wochenschr. 1921. Nr. 27.
358. **Romeis**, Der Einfluss innersekretorischer Organe auf Wachstum und Entwicklung von Froschlarven. Die Naturwissensch. 8. Jahrg. 1920. H. 4.
359. **Derselbe**, Beeinflussung minder veranlagter schwächlicher Tiere durch Thymusfütterung. Münch. med. Wochenschr. 1921. Nr. 14.
360. **Derselbe**, Versuche zur Isolierung des Schilddrüsenhormons. Arch. f. Entwickl.-Mech. Bd. 50. 1922.
361. **Rothmann, M.**, Über familiäres Vorkommen von **Friedreich**scher Ataxie, Myxödem und Zwergwuchs. Berl. klin. Wochenschr. 1915. Nr. 2.

362. Roux, W., Ges. Abhandlung über Entwicklungsmechanik. Leipzig 1885. I. S. 758.
     II. S. 48.
363. Rubner, M., Das Problem der Lebensdauer in seiner Beziehung zu Wachstum
     und Ernährung. München-Berlin 1908.
364. Salomon, Fr., Die Geraer Schulkinder zu Beginn des Jahres 1921. Monatsschr.
     f. öffentl. Gesundheitspfl. 1921.
365. Salzberger, Eunuchoide. Neurol. Zentralbl. 1911. Nr. 10.
366. Sarteschi, U., La sindrome epifisaria macrogenito somia precose ottenuta speri-
     mentalamente nei manifere. Patologica 5. 1913.
367. Sawidowitsch, W., Einfluss der Ernährung und Erkrankung auf das Wachstum
     des Gehirns im 1. Lebensjahre. In.-Diss. Berlin 1914.
368. Schaafhausen, Verhandl. d. naturhistor. Vereins d. preuss. Rheinl. u. Westfal.
     Sitz. v. 10. Jan. 1868.
369. Schäfer, Hans, Beitrag zur Lehre von den Entzündungen spezifischer und nicht
     spezifischer Natur in der Hypophyse. In.-Diss. Jena 1919.
370. Scheidt, W., Anthropometrie und Medizin. Münch. med. Wochenschr. 1921. Nr. 51.
371. Derselbe, Untersuchungen über die Massenproportionen des menschlichen Körpers.
     Zeitschr. f. Konstitutionslehre. Bd. 8. 1921.
372. Schilder, P., Über Missbildungen der Schilddrüse. Virchows Arch. Bd. 203.
     1911. H. 2.
373. Schlaginhaufen, Otto, Pygmäenrassen und Pygmäenfrage. Verhandl.-Schrift
     d. naturforsch. Ges. in Zürich. Jahrg. 61. 1916.
374. Schlesinger, Eug., Unterschiede im Wachstum bei Schulkindern und jungen
     Leuten von verschiedener Konstitution und aus verschiedenen Bevölkerungsschichten.
     Strassb. med. Zeitg. Jg. 14. 1917. H. 10/11.
375. Derselbe, Das Wachstum der Knaben und Jünglinge vom 6.—20. Lebensjahr.
     Zeitschr. f. Kinderheilk. Bd. 16. 1917.
376. Derselbe, Wachstum und Gewicht der Kinder und der heranwachsenden Jugend
     während des Krieges. Münch. med. Wochenschr. 1919. Nr. 24.
377. Derselbe, Hyperplasie und Hypersekretion der Schilddrüse bei Kindern und
     Jugendlichen. Zeitschr. f. Kinderheilk. Bd. 27. 1920.
378. Derselbe, Der Rohrersche Index als Mass zur Beurteilung der Entwicklung
     der Kinder. Münch. med. Wochenschr. 1920. 53.
379. Derselbe, Die Wachstumshemmung der Kinder in den Nachkriegsjahren. Münch.
     med. Wochenschr. 1922. Nr. 5.
380. Schmidt, A., Zur Kenntnis des Zwergwuchses. In.-Diss. München 1891 und
     Archiv f. Anthropol. 20. 1891.
381. Schmidt, Die Stellung der Pygmäenvölker zur Entwicklungsgeschichte der
     Menschen. Stuttgart 1910.
382. Schmidt, M. B., Die Bedeutung der Knorpelmarkkanäle für die Systemerkran-
     kungen des wachsenden Skelettes. Korrespondenzbl. f. Schweiz. Ärzte. 1910. Nr. 30.
     Verhandl. d. deutsch. pathol. Ges. 9. 1905 u. 13. Tag. in Leipzig 1909.
383. Derselbe, Die allgemeinen Entwicklungshemmungen der Knochen, Chondro-
     dystrophia foetalis, Osteogenesis imperfecta. Lubarsch-Ostertag, Ergebn. d.
     allg. Pathol. u. d. pathol. Anat. IV. 1897. S. 599—632.
384. Schmidt, Phil., Über den Einfluss der Kriegsernährung auf das Körpergewicht
     der Neugeborenen. Monatsschr. f. Geb. u. Gyn. Bd. 47. 1918.
385. Schmolck, Mehrfacher Zwergwuchs in verwandten Familien eines Hochgebirgs-
     tales. Virch. Arch. Bd. 187. 1907.
386. Schmorl, Die pathologische Anatomie der rachitischen Knochenerkrankungen.
     Ergebn. d. inn. Med. u. Kinderheilk. Bd. 4. 1909.
387. Derselbe, Über die Beeinflussung des Knochenwachstums durch phosphorarme
     Ernährung. Arch. f. exp. Path. u. Pharm. Bd. 73. 1913.
388. Schloss, E., Die Pathologie des Wachstums im Säuglingsalter. Berlin 1911.
     Karger.
389. Schmincke, A., Zur Frage der angeborenen Akromegalie. Verhandl. d. deutsch.
     path. Ges. München 1914. 17. Tagung.
390. Scholz, Klinische und anatomische Untersuchungen über den Kretinismus. Berlin
     1906.
391. Schorr, Chondrodystrophia adolescentium sivi tarda. Mitt. a. d. Grenzgeb. d. inn.
     Med. u. Chir. Bd. 25. 1913.

392. Schiötz, Carl, Wachstum und Krankheit. Zeitschr. f. Kinderheilk. Bd. 13. 1916.
393. Schubert, Wachstumsunterschiede und atrophische Vorgänge am Skelettsystem. Deutsche Zeitschr. f. Chir. Bd. 161. 1921.
394. Schultz, A., Über einen Fall von Athyreosis congenita (Myxödem) mit besonderer Berücksichtigung der dabei beobachteten Muskelveränderungen. Virchows Arch. 232. 1921.
394a. Schulz, Paul, Wachstum und osmotischer Druck bei jungen Hunden. Zeitschr. f. Kinderheilk. Bd. 3. 1911/12.
395. Schulze, Werner, Versuche über den Einfluss endokriner Drüsensubstanzen auf die Morphogenie. Kaulquappenfütterungsversuche mit Epithelkörperchen. Archiv f. Entwicklungsmech. Bd. 48. 1921.
396. Derselbe, Über Schilddrüsenexstirpation bei Froschlarven. Münch. med. Wochenschrift 1922. 30.
397. Schwalbe, Ernst, Missbildungen der äusseren Form aus Morphologie der Missbildungen. III. Teil. 1. Lief. Jena, G. Fischer. 1909.
398. Schwerz, F., Die Riesin Margareta Marsian. Anatom. Anzeiger. Bd. 49. 1916. Nr. 15.
399. Selle, Gerhard, Über Vererbung des echten Zwergwuchses. Inaug.-Diss. Jena 1920.
400. Sellheim, Kastration und Knochenwachstum. Beitr. z. Geb. u. Gynäkol. Bd. 2. 1899.
401. Siegert, Der Mongolismus. Ergebn. d. inn. Med. u. Kinderheilk. Bd. 6. 1910.
402. Derselbe, Der chondrodystrophische Zwergwuchs. Ergebn. d. inn. Med. u. Kinderheilk. Bd. 8. 1912.
403. Siemens, Vererbung und Konstitutions-Pathologie. Springer. 1921.
404. Sierp, H., Jahrb. f. wiss. Botanik. Bd. 53. 1913.
405. Simon, Th., Le corps de l'écolier. Soc. Alfred Binet (Psychol. de l'enfant et pédag. exp.) Iconogr. 21. Nr. 11/12 et Iconogr. 22. Nr. 1/2. 1921.
406. Simmonds, Zwergwuchs bei Atrophie der Hypophyse. Deutsche med. Wochenschrift 18. 1919.
407. Sperk, Bernh., Über das Normalgewicht. Wien. klin. Wochenschr. 1921. Nr. 18.
408. Spiegelberg-Hertoghe, Die Rolle der Schilddrüse bei Stillstand und Hemmung des Wachstums und der Entwicklung des chronischen gutartigen Hypothyreoidismus. München 1900.
409. Sprinzels, Demonstration eines Falles von Hypophysen-Tumor mit Zwergwuchs. Wien. klin. Wochenschr. 1912. S. 937.
410. Stein, Marianne, und Edm. Herrmann, Über künstliche Entwicklungshemmung männlicher sekundärer Geschlechtsmerkmale. Archiv f. Entwicklungsmech. 48. 1921.
411. Steinach, Histologische Beschaffenheit der Keimdrüsen bei homosexuellen Männern. Arch. f. Entwicklungsmech. Bd. 46. 1920.
412. Sternberg, Karl, Über echten Zwergwuchs. Ziegl. Beitr. Bd. 67. 1920.
413. Derselbe, Zur Frage der Zwischenzellen. Verhandl. d. deutschen pathol. Ges. Jena 1921. 18. Tag.
414. Sternberg, M., Vegetationsstörungen und Systemerkrankungen der Knochen. Notnagels Handb. d. spez. Pathol. u. Ther. Bd. 7. 1899.
415. Derselbe, Akromegalie und Riesenwuchs. Zeitschr. f. klin. Med. 1895.
416. Stettner, Beeinflussung des Wachstums von Kaulquappen durch Fütterung mit Thymus und Geschlechtsorganen. Jahrb. f. Kinderheilk. Bd. 83. 1916.
417. Derselbe, Anregung rückständigen Wachstums durch Röntgenstrahlen. Münch. med. Wochenschr. 1919. Nr. 46.
418. Derselbe, Ossifikation und soziale Lage. Münch. med. Wochenschr. 1920. Nr. 38.
419. Derselbe, Über den Einfluss von Krankheiten und Pflegeschaden auf die Ossifikation. Ref. Münch. med. Wochenschr. 1920. S. 1079.
420. Derselbe, Über die Beziehungen der Ossifikation des Handskeletts zu Alter und Längenwachstum bei gesunden und kranken Kindern von der Geburt bis zur Pubertät. Arch. f. Kinderheilk. Bd. 68 u. 69. 1920/21.
421. Derselbe, Über die Bedeutung exogener Wachstumseinflüsse. Ges. f. Kinderheilk. Jena 1922. Monatsschr. f. Kinderheilk. Bd. 22. 1921. H. 2.
422. Stewart, Internat. med. Kongr. zu London 1913.
423. Stilling, H., Osteogenesis imperfecta. Virchows Arch. Bd. 115. 1889.

424. Stoccada, Fabio, Untersuchungen über Synchondrosis sphenooccipitalis und der Ossifikationsprozess bei Kretinismus und Athyreosis. Zieglers Beitr. Bd. 61. 1916.

425. Stöltzner und Salze, Beiträge zur Pathologie des Knochenwachstums. Berlin, Karger. 1901.

426. Stöltzner, W., Monatsschr. f. Kinderheilk. 1913.

427. Derselbe, Pathologie und Therapie der Rachitis. Berlin 1904.

428. Derselbe, Die zweifache Bedeutung des Kalziums für das Knochenwachstum. Pflügers Arch. Bd. 122. 1908.

429. Derselbe, Zur Ätiologie des Mongolismus. Münch. med. Wochenschr. 1919. Nr. 52.

430. Derselbe, Die Rachitis als Avitaminose. Münch. med. Wochenschr. 1921. Nr. 46.

431. Stolte, K., Über Störungen des Längenwachstums der Säuglinge. Jahrb. f. Kinderheilk. Bd. 74. 1913.

432. Strauss, Adolf, Anatomische Untersuchungen eines noch im Wachstum begriffenen übergrossen Skeletts eines 27 jährigen. Zeitschr. f. Konstitutionsl. Bd. 8. 1921.

433. Sukennikowa, Über einen Fall von Athyreosis congenita. Inaug.-Diss. Berlin 1919.

434. Sumita, Beitrag zur Lehre über die Chondrodystrophia foetalis (Kaufmann) und Osteogenesis imperfecta (Vrolik). Deutsche Zeitschr. f. Chir. Bd. 107. 1910.

435. Tandler und Gross, Die biologischen Grundlagen der sekundären Geschlechtscharaktere. Berlin, Springer. 1913.

436. Taruffi, Cesare, Della Microsomia. Rivista clinica di Bologna. T. 8. Bologna 1878.

437. Taruffi, Hermaphroditismus und Zeugungsfähigkeit. 1908.

438. Thiele, Der Einfluss der Krankheiten, insbesondere der Tuberkulose auf das Wachstum und den Ernährungszustand der Schulkinder. Berl. klin. Wochenschr. 1915. Nr. 36.

439. Thoma, R., Untersuchungeu über das Schädelwachstum. Virch. Arch. Bd. 224. 1917.

440. Thomas, Erwin, Über riesenwuchsähnliche Zustände im Kindesalter. Zeitschr. f. Kinderheilk. 5. 1912.

441. Derselbe, Arachnodaktylie. Zeitschr. f. Kinderheilk. Bd. 10 1914.

442. Tiedje, Die Unterbindung am Hoden und die Pubertätsdrüsenlehre. Jena, G. Fischer. 1921.

443. Tobler, L., und Bessau, Allgemeine pathologische Physiologie der Ernährung und des Stoffwechsels im Kindesalter. Wiesbaden 1914.

444. Tornier, Über die Art, wie äussere Einflüsse den Aufbau des Tieres abändern. Verh. d. deutsch. zool. Ges. 1911.

445. Tschirch, Zur Frage der Kriegsneugeborenen. Münch. med. Wochenschr. 1916. Nr. 47.

446. Tschirzinsky, Die Entwicklung des Skeletts bei Schafen und normale Bedingungen bei unzulänglicher Ernährung und bei Kastration der Schafböcke in frühem Alter. Arch. f. mikrosk. Anat. Bd. 75. 1910.

447. Uhlenhuth, Ed., Experimental gigantism produced bei feeding pituitary gland. Proc. of the soc. f. exp. biol. and med. Vol. 18. 1920.

448. Derselbe, The internal secretions in growth and development of amphibians. Amer. naturalist. Vol. 55. 1921. Nr. 638.

449. Valentin, Vermehrtes Längenwachstum und Coxa valga bei Knochentuberkulose. Arch. f. Orth. u. Unfallchir. Bd. 17. 1920.

450. Variot, La clinique infantile. 15 Dec. 1907 et 1 Mai 1908.

451. Derselbe, Note sur la dissociation de la croissance chez les débiles. Bull. soc. pédiatr. 1908.

451a. Velasquez, Des Meisters Gemälde. Deutsche Verlagsanstalt Stuttgart-Leipzig 1905.

452. Virchow, R., Zur Pathologie des Schädels und des Gehirns. Abhandl. d. wiss. Med. Frankf. a. M. 1856. S. 885—1014.

453. Derselbe, Knochenwachstum und Schädelformen mit besonderer Berücksichtigung auf Kretinismus. Virchows Arch. 13. 1858.

454. Virchow, Über einige Merkmale niederer Menschenrassen am Schädel. Abhandl. d. K. Akad. d. Wiss. Berlin. Physikal. Kl. 2. Abt. 1875.
454a. Derselbe, Beziehung von Hypophyse und Akromegalie. Berl. klin. Wochenschr. 1889. Jahrg. 26. 81.
455. Derselbe, Zwergenkind. Zeitschr. f. Ethnol. Bd. 14. Berlin 1882.
456. Derselbe, Fötale Rachitis, Kretinismus und Zwergwuchs. Virchows Arch. Bd. 94. 1883.
457. Derselbe, Amerikanischer Zwerg. Zeitschr. f. Ethnol. Bd. 15. 1883. S. 306.
458. Derselbe, Der Riese Winkelmeier aus Oberösterreich. Verhandl. d. Berl. Ges. f. Anthropol. 25. Okt. 1885 u. Zeitschr. f. Ethnol. 1885.
459. Derselbe, Der Riese Lewis Wilkens. Ebenda.
460. Derselbe, Über Myxödem. Berl. klin. Wochenschr. 1887. Nr. 8.
461. Vogt, H., Die mongoloide Idiotie. Klin. Jahrb. f. Psych. u. Nervenkrankh. Sommer 1906. Nr. 3.
462. Wagner v. Jauregg, Über den Kretinismus. Mitt. Ver. Ärzte v. Steiermark 1893. 4.
463. Walter, Über Wachstumsschädigungen junger Tiere durch Röntgenstrahlen. Fortschr. a. d. Geb. d. Röntgenstr. 19. 1912.
464. Waser, Br., Beobachtungen über das Längenwachstum gesunder und ernährungsgestörter Säuglinge. Zeitschr. f. Kinderheilk. Bd. 97. 1920.
465. Weber, Friedl, Phyletische Potenz. Naturwiss. Wochenschr. 1920. Nr. 43.
466. Wegelin, Über die Ossifikationsstörungen beim endemischen Kretinismus und Kropf. Korrespondenzbl. f. Schweiz. Ärzte. Bd. 46. 1916. Nr. 20.
467. Derselbe, Knochen von zwei Fällen von kongenitaler Athyreosis. Schweiz. med. Wochenschr. 1912. 16.
468. Wegelin und J. Abelin, Über die Wirksamkeit der menschlichen Schilddrüse. Arch. f. exp. Path. u. Pharm. Bd. 89. 1921.
469. Weil, Artur, Die Körpermasse der Homosexuellen als Ausdrucksform ihrer spezifischen Konstitution. Arch. f. Entw.-Mech. Bd. 49. 1921.
470. Derselbe, Ref. Berl. klin. Wochenschr. 1921. Nr. 41. S. 1225.
471. Weimann, W., Zur Kenntnis der Verkalkung intrazerebraler Gefässe. Zeitschr. f. d. ges. Neurol. u. Psych. Bd. 76. 1922.
472. Derselbe, Über Hirnverkalkung. Med. Ges. Jena. 1. März 1922.
472a. Wengraf, F., Über Rachitis und Wachstum. Klin. Wochenschr. 1922. Nr. 42.
473. Werner, Paul, Über einen seltenen Fall von Zwergwuchs. Arch. f. Gynäkol. Bd. 104. 1915.
474. Weygandt, W., Über Virchows Kretinentheorie. Neurolog. Zentralbl. 1904. Jahrg. 23 u. Verhandl. d. phys.-med. Ges. Würzburg. N. F. 38.
475. Derselbe, Weitere Beiträge zur Lehre vom Kretinismus. Verhandl. d. phys.-med. Ges. zu Würzburg. 1905. N. F. Bd. 37.
476. Derselbe, Zwergwuchs. Ref. Münch. med. Wochenschr. 1914. Nr. 12.
477. Wieland, E., Spezielle Pathologie des Bewegungsapparates im Kindesalter. Handbuch d. Path. d. Kindesalters v. Schwalbe-Brüning. Wiesbaden 1912.
478. Derselbe, Die mongoloiden Wachstumsstörungen. Schwalbe-Brüning, Handbuch d. allg. Path. u. d. path. Anat. d. Kindesalters. 2. Bd. Wiesbaden 1913.
479. Derselbe, Die Kassowitzsche Irrlehre von der angeborenen Rachitis. Jahrb. f. Kinderheilk. Bd. 64. 1916. S. 360.
480. Derselbe, Partieller Riesenwuchs. Dem. Med. Ges. Basel. Ref. Berlin. klin. Wochenschr. 1917. S. 884.
481. Wiesermann, Chondrodystrophie. In.-Diss. Marburg 1908.
482. Wildbolz, H., Ein Fall von kongenitaler Anorchie. Korrespondenzbl. f. Schweiz. Ärzte. 1917. Nr. 39.
483. Windle, B. C. A., Zwergwuchs. Erg. d. Anat. u. Entw. Bd. 13. 1903.
484. Winkler, Riesenwuchs bei Pflanzen. Z. f. Botanik. Jahrg. 8. 1916.
485. Witthauer und Stapf, Zwei Fälle von (halbseitigem) Riesenwuchs. Korrespondenzbl. d. Allg. Ver. v. Thür. 8. Jahrg. 1879. Nr. 1.
486. Wohlhauer, Atlas und Grundriss der Rachitis. Lehmanns Med. Atl. Bd. 10. 1911.
487. Wolff, Bruno, Demonstration eines neugeborenen Kindes von abnorm starker Entwicklung. Z. f. Geb. u. Gyn. Bd. 45. 1901.
487a. Derselbe, Über fetale Hormone. Handbuch der Biochemie des Menschen und der Tiere von Oppenheimer. Jena, G. Fischer. 1913. Ergänz.-Bd.

488. Wyss, Über einen Fall von angeborener halbseitiger Körperhypertrophie. Arch.
     f. Kinderheilk. Bd. 68. 1920.
489. v. Wyss, R., Beitrag zur Kenntnis der Entwicklung des Skeletts von Kretinen
     und Kretinoid. Fortschr. a. d. Geb. d. Röntgenstr. Bd. 3. 1899—1900.
490. Ylppö, Arvo, Zur Physiologie, Klinik und zum Schicksal der Frühgeburen.
     Zeitschr. f. Kinderheilk. 24. 1919.
491. Derselbe, Das Wachstum der Frühgeborenen von der Geburt bis zum Schul-
     alter. Zeitschr. f. Kinderheilk. 24. 1919.
492. Derselbe, Einige Kapitel aus der Pathologie der frühgeborenen Kinder. Klin.
     Wochenschr. 1922. Nr. 25.
492a. Zangemeister, W., Die Altersbestimmung des Fötus nach graphischer Methode.
     Zeitschr. f. Geburtsh. u. Gynäkol. Bd. 69. 1911.
493. Zimmermann, Alf., Beitrag zur Kenntnis der Hypertrophie angeborenen Ur-
     sprungs. In.-Diss. Greifswald 1902.
494. Zingerle und Scholz, Beitrag zur pathologischen Anatomie der Kretinengehirne.
     Zeitschr. f. Heilk. 1906.
495. Zöllner, Friedr., Ein Fall von Tumor der Schädelbasis, ausgehend von der
     Hypophyse. Arch. f. Psych. Bd. 44. 1908.

I. Einleitung.

Seit dem Erscheinen des ersten physiologischen Abschnittes dieser
Abhandlung sind ein paar Jahre verstrichen. In diesen Jahren hat
sich das Augenmerk eines viel grösseren Teils der deutschen medizinischen
Welt, als es früher der Fall war, auf die Fragen des Wachstums und
Alterns gelenkt. Verschiedene Umstände haben dazu beigetragen:
erstens hat der Krieg (der übrigens auch an der verspäteten Abfassung
dieses 2. Teiles Schuld trägt) durch die Hungerblockade die besondere
Aufmerksamkeit auf die Störungen der Entwicklung unseres Nach-
wuchses gerichtet; die Sorge um seine Aufzucht unter misslichen
Ernährungsverhältnissen sah in der Beeinträchtigung des Wachstums
der Kinder einen Massstab für die Wirkung der Unterernährung; für
Familie, Schule und Staat wurde so das Wachstumsproblem ein dring-
liches. Diese Dringlichkeit drückt sich deutlich in der vermehrten
Beschäftigung der forschenden Ärzte mit unserem Gegenstand aus;
ein Blick vor allem in das pädiatrische Schrifttum zeugt davon, wie
rege und vielseitig die Wachstumsfragen neuerdings in Angriff genommen
wurden. Nicht als ob die Kinderheilkunde früher an ihnen vorbei-
gegangen wäre, dazu waren sie für den Kinderarzt immer zu wichtig;
aber neben die experimentelle und physiologisch-chemische Forschung
trat unter dem Zwang der Gegenwart die Massenuntersuchung anthropometrischer Art und die statistische Methode. Auch die Prüfung der
Erholung von den Kriegsschäden geschah und geschieht noch unter
Verwendung des Wachstumsfortschrittes als Indikator; die Meinungsverschiedenheiten über die Brauchbarkeit der verschiedenen „Indizes“
zeigt dies zur Genüge; das Urteil über die Wirkung der wohltätigen
Massenspeisungen, besonders der durch die amerikanischen Quäker
in Deutschland durchgeführten Ernährungsorganisationen gründete sich
auf Berechnungen der veränderten Körperproportionen, besonders des
Verhältnisses von Körpergewicht zu Körperlänge (Rohrerscher Index).

Neben diesem Massenexperiment, massig in bezug auf die Zahl der ernährten Individuen und in bezug auf die vorwiegende Berücksichtigung der Quantität der Nahrung liefen die in kleineren Beobachungsreihen ausgeführten Ernährungsversuche qualitativer Natur zur Erforschung der „akzessorischen Nährstoffe". Auch zu der Vitaminforschung hat, wie wir ebenfalls noch genauer sehen werden, das Wachstumsproblem nahe Beziehungen. Manche Vitamine haben geradezu die Eigenschaft von „Wuchsstoffen".

Das zweite Gebiet, welches die Physiologie und Pathologie des Wachstums in der letzten Zeit stark befruchtet hat, ist die Lehre von der inneren Sekretion. Auch hier sind „Wuchsstoffe" zu vermuten in den verschiedensten Inkreten[1]); die Versuche, Wachstum durch Fütterung oder sonstige Einverleibung solcher zu beeinflussen, sind gerade in den letzten Jahren zahlreich und erfolgreich gewesen; daneben hat sich ein reicher Schatz pathologischer Kasuistik angesammelt, der in mancher Beziehung noch lehrreicher gemacht werden kann. Vor allem ist die qualitative neben der quantitativen Abänderung des Wachstums, die Beeinflussung des Habitus, die äussere wie innere Dimensionierung des Körpers, welche nicht genau genug beschrieben und gemessen werden kann. Eine menschliche „Exterieur"-Kunde, wie sie der Veterinär und der Rassenzüchter längst besitzen, muss geschaffen und auf die inneren Proportionen des Körpers ausgedehnt werden.

Einen dritten Anstoss hat unser Forschungsgebiet durch die Arbeiten über die Beziehungen der Sexualität zu den Vorgängen des Wachstums und des Alterns erhalten. Vor allem sind es die Forschungen Steinachs, im besonderen seine aufsehenerregende Schrift „Verjüngung durch experimentelle Neubelebung der alternden Pubertätsdrüse".

Der Steinach-Rummel in der Öffentlichkeit ist glücklicherweise bereits abgeklungen; seine Lehren von der Pubertätsdrüse und von der künstlichen Verjüngung des Menschen haben unter Praktikern und Theoretikern scharfe Ablehnung erfahren; es sind da aber noch wichtige Punkte, welche — als unbezweifelbare Beobachtungen — das höchste Interesse verdienen und auf die in einem späteren Kapitel noch einzugehen sein wird.

Allgemeine Vorbemerkungen zur Pathologie des Wachstums und Alterns.

Die einzelnen Formen des pathologischen Wachstums und des pathologischen Alterns, welche den Inhalt der folgenden Kapitel ausmachen werden, können nur verstanden werden, wenn wir uns zuerst über die Prinzipien der Entwicklungsstörungen klar werden, die ihnen zugrunde liegen. Diese Prinzipien erstrecken sich in erster Linie auf das „Wie" und „Wann" jener Störungen. Insofern die Frage, wie die

---

[1]) Im folgenden wird der Ausdruck „Inkret" für die Gesamtabsonderung einer innersekretorischen Drüse, der Ausdruck „Hormon" aber für die (vermuteten) wirksamen Fraktionen (Einzelstoffe) des Mischsaftes „Inkret" verwendet.

Störungen entstehen, sich deckt mit der Frage nach dem „Warum“, soll sie vorläufig bis zum nächsten Abschnitt über die pathologischen Beeinflussungen des Wachstums zurückgestellt werden; soweit das „Wie“ aber gleichbedeutend ist mit „inwiefern“, sollen hier einige Richtlinien gegeben sein. Aber besonders eng hängen die Fragen der kausalen und der formalen Pathogenese auf unserem Gebiete mit der Frage nach dem „Warum“ zusammen.

Wenn auch der Inhalt einer „Pathologie des Wachstums und des Alterns“ im wesentlichen sich mit einer „Pathologie der postfötalen Entwicklung“ deckt, so ist dies doch durchaus nicht vollständig der Fall, und zwar weder in bezug auf den Zeitpunkt der Entstehung noch in bezug auf den Zeitpunkt des Sichtbarwerdens der Entwicklungsstörung. Erstens gibt es auf unserem Gebiete krankhafte Erscheinungen, die im fötalen Leben nicht nur angelegt werden, sondern auch „ausbrechen“, wie z. B. die Chondrodystrophie, sondern es gibt noch viel zahlreichere, welche wenigstens in Störungen ihren Grund haben, die recht weit ins fötale Leben zurückreichen, ja schon in der ersten Anlage begründet sein können, man denke an den Zwergwuchs durch Thyreoaplasie und an den primordialen (erblichen) Zwergwuchs. Was Schwalbe mit seinem „teratogenetischen Terminationspunkt“ für die angeborenen Missbildungen meinte, gilt selbstverständlich auch für alle späteren Entwicklungsstörungen, und zwar um so mehr, als in vielen Fällen mit einer gewissen Latenz der Erscheinungen gerechnet werden muss: eine Wachstumshemmung oder -schwankung kann langer Hand vorbereitet sein und erst viel später sich auswirken. Die Bedingungen einer solchen Latenz können sehr mannigfaltige und oft wegen dieser Mannigfaltigkeit unübersehbar sein. Zwei Beispiele mögen das Gesagte veranschaulichen. Die Schilddrüse ist zweifellos in einem später zu erörternden Sinne ein Wachstumsorgan, aber offenbar erst von einem bestimmten Lebensabschnitt an (welcher vielleicht individuell wechselt); vor diesem Lebensabschnitt ist also die Beschaffenheit, ja sogar die Existenz der Schilddrüse gleichgültig, später nicht mehr; auf diese Weise erklären wir uns die Tatsache, dass das kongenitale Myxödem klinisch bei der Geburt und bis gegen Ende des ersten Lebenshalbjahres nicht in Erscheinung zu treten braucht, während sein „teratogenetischer Terminationspunkt“ spätestens im 2. Fötalmonat, nämlich zur Zeit der morphogenetischen Differenzierung der Schilddrüse zu suchen ist. Das zweite Beispiel möge dasselbe für eine lokale Entwicklungsstörung zeigen; bekanntlich ist das Milchgebiss durch die Rachitis unbeeinflusst; obwohl sein Erscheinen oft gerade in die Erkrankungszeit trifft, ist seine Entwicklung doch zu sehr vorgeschritten, als dass es quantitativ und qualitativ noch gestört werden könnte; wohl aber pflegt durch die Rachitis die zweite Garnitur Zähne in Mitleidenschaft gezogen zu werden, und zwar erfahrungsgemäss gerade diejenigen, welche um diese Zeit sich entwickeln, nämlich die Schneidezähne des definitiven Gebisses. Da diese erst mit 6—8 Jahren durchbrechen, so haben wir bei dieser lokalen Entwicklungsstörung eine klinische Latenz von etwa 5—7 Jahren.

Ausser der Wichtigkeit des teratogenetischen Terminationspunktes für die Art und Form auch der postfötalen Entwicklungsstörungen und ausser der Bedeutung der Latenz derselben sollen die Beispiele noch auf einen bisher zu wenig beachteten Punkt in der Pathogenese dieser Störungen hinweisen, nämlich den, dass Art und Stärke der Störung von dem Stadium abhängt, in dem das gestörte Organ sich befindet. Der Unterschied zwischen dem Milchgebiss und den einzelnen Teilen des späteren Gebisses spricht hier deutlich: es gibt kritische Zeitpunkte in der Anlage von Geweben und im allgemeinen werden diese um so empfindlicher sein, je früher sie von störenden Einflüssen getroffen werden; da aber jede Stufe der Differenzierung ihre eigene Empfindlichkeit hat, so wird z. B. am Zahn eine frühere Störung eine nicht nur quantitativ, sondern auch qualitativ andere Folge haben als eine um Weniges später einsetzende Störung. Damit man nicht glaube, dass mit diesem wohl ohne weiteres einleuchtenden Hinweise etwas sehr Banales ausgesprochen sei, möchte ich darauf hinweisen, dass die Fruchtbarkeit dieses Gedankens noch gar nicht ausgebeutet ist, weder für die allgemeinen noch insbesondere für die lokalen Wachstumsstörungen. Um ihn auszubeuten, müssten wir allerdings noch viel genauere Kenntnisse der feineren Entwicklungsgeschichte der Gewebe vor und nach der Geburt haben; dass unter dieser Voraussetzung auch Zustände wie die Hypoplasie von Herz und Gefässen, überhaupt „Infantilismen" aller Art, vor allem auch die wichtigen Hemmungen der genitalen Reifung unter diese Gesichtspunkte fallen und mit der Methode der zeitlichen Bestimmung ihrer Teratologie zu bearbeiten wären, liegt auf der Hand [1]).

In diesem Zusammenhang erscheint es auch gleich wichtig, auf das Verhältnis von allgemeinen und lokalen Wachstumsstörungen einzugehen. Das Vorkommen von allgemeinen solchen Störungen kann ja im Hinblick z. B. auf den proportionierten Zwergwuchs nicht geleugnet werden; man hat hier den unmittelbaren Eindruck einer gleichsinnigen und allenthalben im Körper gleich stark ausgeprägten Verminderung des Wachstums ohne qualitative und zeitliche weitere Störung; zur rechten Zeit ist in allen Teilen dabei die endgültige, wenn auch verkleinerte Form erreicht. Immerhin ist selbst bei gewissen Formen des proportionierten Zwergwuchses ein Zweifel an dieser Auffassung möglich; Zwergwuchs ist, wie wir sehen werden, unmittelbar auf alle Fälle durch eine Störung der Wachstumszonen des Skeletts verursacht, wobei das Wachstum in verschiedener Weise verringert sein kann (s. u.). Wir können uns nun sehr wohl vorstellen, dass dabei nichts anderes vorliege als eine lokale, allerdings an allen Knochen (kraft einer spezifischen Wirkung) lokalisierte Wachstumsstörung der Epiphysenfugen mit Verminderung der zellulären osteoplastischen Funktion, die dem Längenwachstum zugrunde liegt. Wir können uns weiter vorstellen, dass (wie im ersten Teil dieser Schrift bereits ausgeführt ist) das Skelett der Schrittmacher für das Wachstum der übrigen Organe ist; teilweise könnten wir dies verstehen, indem wir für Muskeln, Sehnen, Bindegewebe, Blutgefässe und Haut Beispiele zur Verfügung hätten, dass sie unter der Wirkung von Zug Wachstumsvorgänge zeigen; nur für die inneren

---

[1]) Es ist bei klarer Überlegung dieser Sachlage nicht recht verständlich, wie Schwalbe den Begriff der Missbildung auf die fötalen Entwicklungsstörungen beschränken möchte, da doch prinzipiell die Geburt auch in Hinsicht der Pathogenese von Entwicklungsstörungen keine biologische Caesur bildet.

Organe würde diese Vorstellung versagen bzw. auf schwachen Füssen
stehen, insofern als wir keine Kenntnis über die Auslösung der physiologischen Grössenzunahme, etwa von Lungen, Leber, Milz und anderen
Eingeweiden haben, es sei denn, dass wir auf die Wirkung der Aktivität
zurückgriffen; Spannung, Druck, Entspannung mechanischer Natur,
Auslösung von geweblicher Apposition durch veränderte Lage (Wachstumsverschiebung) als Quelle der Grössenzunahme der inneren Organe
kennen wir nicht; wohl aber ist es denkbar (wenn auch keineswegs
bewiesen), dass unter dem primären Wachstumsdruck des, wie oben
gesagt, vorangehenden Skeletts zunächst auf mechanischem Weg die
erstgenannten Gewebe zunehmen, dann wegen deren Massenzunahme
durch die stofflichen Korrelationen die inneren Organe im Sinne einer
vermehrten Inanspruchnahme zum Wachstum angeregt werden, gleichsam durch Aktivitätshypertrophie wachsen. Es ist dabei, der Einfachheit
halber, nur von physikalischer, genauer gesagt, mechanischer Anregung
des Wachstums die Rede gewesen und nicht von den zweifellos auch
vorhandenen chemischen Anregungen; wir dürfen diese wohl nicht
nur für die zelluläre Tätigkeit im Bereich der Knochenneubildung (wie
sie später erörtert werden wird) annehmen, sondern werden mit ihr
auch an den inneren Organen rechnen müssen. So hypothetisch nun
auch die hier entwickelten Gedankengänge sind, so sollte damit erstens
die Abhängigkeit des übrigen Körperwachstums vom Skelettwachstum
und zweitens gezeigt werden, dass lokale Wachstumsstörung, welche am
Skelett einsetzt, zu einer allgemeinen werden kann und unter Umständen
muss und dass „allgemeine Wachstumsstörung" nur eine formale,
aber keine ätiologische oder pathogenetische Diagnose ist. Die Abhängigkeit des Körper- von dem Knochenwachstum zeigt sich z. B. in den
Fällen, wo zwergwüchsige Menschen nach langem Stillstand des Wachstums solches plötzlich nachzuholen beginnen; diese Erscheinung tritt
in geringerem Grade ja auch in kleinerem Massstabe bei Kindern infolge
von Krankheiten und Ernährungsstörungen (vgl. Kap. II, 6) vorübergehend auf und hat ihr physiologisches Vorbild in den normalen Intensitätsschwankungen des Wachstums, wodurch allerdings der natürliche
Rhythmus des Wachstums, die abwechselnden Perioden der Streckung
und des Nachlassens des Längenwachstums bzw. die Abstufung und
Verteilung der Wachstumsvorgänge bedingt ist, entzieht sich unserer
Kenntnis. Man könnte sich aber sehr wohl vorstellen, dass das nacheinander erfolgende Eingreifen verschiedenartiger Wachstumsimpulse
durch das Erwachen der Tätigkeit immer neuer Wachstumsorgane
eine Rolle spielt; gewisse pathologische Erscheinungen liessen sich in
dem Sinne deuten, dass zum normalen Gesamtwachstum die Summierung
chemischer Arbeit aus verschiedenen, das Wachstum beeinflussenden
Organen, insbesondere Gehirn und Drüsen mit innerer Sekretion gehört
und dass Verstärkung oder Ausfall bestimmter Posten in dieser Summe
die zeitlichen und formalen Verschiedenheiten der Wachstumsstörungen
erklärt. Besonders deutet darauf das verschiedene zeitliche Einsetzen
und die spezifische Disproportionierung der verschiedenen Formen des
Riesen- und Zwergwuchses. Wie allerdings die genauere Reihenfolge
des Eingreifens der verschiedenen Wachstumsorgane geordnet ist, lässt
sich noch nicht sagen. Im ersten Stadium des Lebens verdankt jeden-

falls der „Wachstumstrieb" seine Kraft dem Impuls der Befruchtung. Im künstlichen parthenogenetischen Versuch erschöpft sich die Anregung des Wachstums ziemlich rasch und wir dürfen daraus vorsichtig schliessen, dass die Zellteilung bei der natürlichen Befruchtung quantitativ und wohl auch qualitativ doch noch anders beschaffen ist als bei der experimentell die Gastrulation hervorrufenden Zytolyse (vgl. I. Teil, S. 710); wie lange aber die stoffliche, fermentativ denkbare Stimulierung durch den Samenfaden im befruchteten Ei bzw. in dessen geweblichen Abkömmlingen nachhält, ist gar nicht zu sagen; es ist durchaus möglich, dass ein unerschöpflicher Anteil das Leben hindurch vorhält und wir dürfen, geblendet durch die auffälligen Beeinflussungen des Wachstums von seiten der innersekretorischen Drüsen, diesen schon aus dem Grunde nicht allzu viel zumessen, weil wir sonst mit der einfachen zoologischen Tatsache in Widerspruch geraten, dass es in der Tierwelt (von den Pflanzen ganz abgesehen) dauerndes Wachstum bis zur artlichen Endform ohne solche Drüsen gibt. Eine genauere vergleichend anatomische und physiologische Prüfung des Wachstumsproblems unter Zugrundelegung dieses leitenden Gesichtspunktes wäre sehr wertvoll. Jedenfalls sind die „Wachstumsorgane", wie Schilddrüse, Thymus, Hypophyse, usw. wenigstens hinsichtlich eben dieser Funktion eine verhältnismässig späte phylogenetische Erwerbung. Die eben genannte Reihe der Wachstumsorgane würde übrigens vermutlich der Reihenfolge entsprechen, in der sie nacheinander wirksam in das Räderwerk der Wachstumsmaschine des Organismus eingreifen. Inwieweit noch andere Drüsen, wie Keimdrüsen, Nebennieren, Epiphyse, Pankreas dazu gehören, soll später erörtert werden; es erscheint vorläufig wahrscheinlicher, dass weniger eigentliche Wachstumswirkungen als Reifungswirkungen von diesen ausgehen; ganz unklar ist ferner die Rolle des Gehirns; ich möchte es selbst als Wachstumsorgan ziemlich hoch einschätzen; aber auf welche Weise es so wirkt, insbesondere ob direkte oder indirekte Antriebe von ihm aus erfolgen, entzieht sich vorläufig der Beurteilung; mit indirekten Wirkungen müssen wir übrigens auch wohl zum Teil bei den Drüsen mit innerer Sekretion rechnen.

Es war eben die Rede von einem Unterschied zwischen Wachstums- und Reifungswirkungen. Obwohl im folgenden diese Unterscheidung hauptsächlich aus praktischen Gründen beibehalten werden soll, ist zunächst doch ihre begriffliche Berechtigung zu prüfen. Im ersten Teil dieser Abhandlung ist (S. 709) die Beziehung der beiden Hauptphänomene, nämlich von Wachstum und Altern zueinander, dahin klargestellt worden, dass beide biologischen Vorgänge Teilerscheinungen des übergeordneten Prozesses der Entwicklung sind, dass beide sich nur dem inneren Wesen nach, und zwar hauptsächlich im Ziele, nicht aber zeitlich unterscheiden. Zeitlich fallen sie vielmehr vollkommen zusammen, indem das Altern gleichzeitig mit dem Wachstum also mit den ersten Zellteilungen des befruchteten Eies beginnt und diese letztere erst mit dem Tode endigt. Denn wir verstehen unter Wachstum nicht nur den Zuwachs an spezifischer Masse bis zur Erreichung der endgültigen Form und des Gewichts des „ausgewachsenen" Organs oder Organismus, sondern jede Art protoplasmatischer Neubildung zur Erhaltung der Gesundheit und des Lebens, also auch die physiologische Regeneration.

Die „Entwicklung zum Tode" oder das Leben umfasst also zwei biologische Erscheinungskreise, die sich nicht ganz, aber zu einem guten Teil decken, nämlich Wachstum und Altern. Die sich nicht deckenden Teile sind reines Wachstum und reines Altern; beide können wir nur begrifflich, aber nicht praktisch sondern; am ehesten können wir — zur Verdeutlichung — sagen, dass das allererste Lebensstadium fast reines Wachstum, das letzte fast reines Altern ist; der grosse Teil aber, im Bereich dessen die beiden Kreise sich decken, ist gekennzeichnet durch die Differenzierungs- oder Reifungsvorgänge. Unter solchen verstehen wir alle im Leben neu auftretenden morphologischen und sonstigen Bildungen; dazu gehören nicht nur die histologischen Ausscheidungen neuer Strukturen, wie die Entwicklung von Fibrillen, Grundsubstanzen, paraplastischen Substanzen überhaupt und nicht nur gestaltliche und chemische Differenzierung der Einzelzellen, sondern natürlich auch die Entwicklung von Beziehungen zwischen Zellen und Organen, d. h. die Erzeugung von organischen Zusammenhängen bis zur Ausgestaltung des niemals fertigen Gesamtorganismus. Niemals fertig: denn an vielen, wenn nicht allen Teilen dieses Organismus ruht dieser Prozess nie; wie die Griechen (vgl. Hippokrates nach Fuchs) von der Seele gesagt haben, dass sie bis zum Lebensende wachse, so können wir dies (im Sinne von Differenzierung) gewiss vom Seelenorgan, dem Gehirn behaupten. In den Differenzierungsprozessen die beiden Phänomene Wachstum und Altern noch auseinanderhalten zu wollen, geht nicht; nehmen wir z. B. das Auftreten von neuen Knochenkernen im Skelett, die Bemarkung von Nervenbahnen, die ersten korrelativen Verknüpfungen zwischen zwei innersekretorischen Organen, so sind das Erwerbungen sozusagen neuer Stadien der Entwicklung, in denen ebensowohl Wachstums- als Altersvorgänge spielen. Ich kann hier nur auf einen Teil der Gründe eingehen, welche meines Erachtens zwingen, erstens reines Wachstum und zweitens reines Altern von der Differenzierung zu trennen, aber die letztere als ein Produkt beider biologischer Grundvorgänge, sozusagen als die Wirkung ihrer Mischung anzusehen. Zum ersteren (Trennung des reinen Wachstums von der Differenzierung) zwingt die Betrachtung, dass Wachstum immer wieder in Form reiner Apposition normal, z. B. in der Ontogenese vorkommt, ferner dass es pathologische Fälle im grossen wie im kleinen gibt, wo Wachstum sich ohne Reifung vollzieht, im grossen bei gewissen Formen des Riesenwuchses (eunuchoider Gigantismus), im kleinen an den Geschwulstzellen; ferner auch das Experiment, wonach Wachstum sich anregen, Reifung aber gleichzeitig sich hindern oder wenigstens verzögern lässt (vgl. S. 427 ff.); zum zweiten (Trennung des reinen Alterns von der Differenzierung) zwingt die Tatsache, dass es eben reines Altern ohne fortschreitende Differenzierung gibt: das makroskopische Bild der Progerie, das mikroskopische Verhalten von Nerven- und Muskelzellen liesse sich anführen; beweisender ist aber die Tatsache, dass die einzelligen Organismen altern, ohne dass eine differenzierende Entwicklung, etwa neue morphologische Erscheinungen an ihnen aufträten und sich vor dem physiologischen Alterstod nur zu retten vermögen durch Selbstverjüngung (Kernrevolution aus sich heraus) oder durch Mischung des Protoplasmas mit anderen Individuen in der Konjugation.

Die hier auseinandergesetzte Auffassung von dem Verhältnis von Wachstum und Altern scheint insofern im Widerspruch mit der im ersten Teile dieser Abhandlung (1917) ausgeführten Meinung Minots, wonach die Differenzierung die wesentlichste Ursache des Alterns sei, während hier ein von der Differenzierung unabhängiges „reines Altern" des Protoplasmas angenommen und aus diesem Altern, zusammen mit den Wirkungen des reinen Wachstums und als Resultante entwicklungsmechanischer Prozesse, die zunehmende Differenzierung abgeleitet wird. Das eine ist vorläufig so hypothetisch wie das andere; ich möchte aber glauben, dass der Widerspruch kein grosser ist; es lässt sich nicht leugnen, dass mit zunehmender Differenzierung die Neubildungsfähigkeit abnimmt und dass an vielen Geweben mit einer gewissen, artlich bestimmten Reife ein Wachstumsabschluss in dem Sinne erzielt wird, wie er sich dem Laien am Makroorganismus darstellt; weiter lässt sich nicht leugnen, dass die Erschöpfung des appositionellen Wachstums (der spezifischen Massenzunahme) dem Gewebe eine teilweise neue Lebensform aufzwingt, die erfahrungsgemäss im immer reineren Altersprozess zu einer Erschöpfung der Lebensvorgänge überhaupt führt. Und so wird man zu der freilich unbewiesenen Vorstellung geführt, dass die Differenzierung sowohl vom Altersprozess bedingt ist als ihn andererseits bedingt und dass auf diesem Circulus vitiosus die unaufhaltbare, irreversible „Entwicklung zum Tode" beruht.

Jeder, der sich mit unseren Problemen befasst hat, wird zugeben, dass die begriffliche Trennung und Umgrenzung der Erscheinungen, die zum Wachstum und Altern gehören, ausserordentliche Schwierigkeiten macht. Die im vorhergehenden gegebene Anschauung ist ein Versuch, theoretisch begründete Vorstellungen vom Wesen jener Erscheinungen so zu ordnen, dass wir sie im folgenden bei der speziellen Pathologie der Störungen des Wachstums und des Alterns praktisch gebrauchen können. Er läuft, um es nochmals kurz zu sagen, darauf hinaus, ein reines Wachstum und ein reines Altern zu unterscheiden und die Reifungserscheinungen als beiden Kreisen zugehörig zu betrachten.

Es wird als ein Prüfstein für diesen Versuch gelten können, ob die aus ihm theoretisch abzuleitenden Möglichkeiten hinsichtlich der Abweichung von der Norm wirklichen Krankheitsbildern entsprechen.

Die krankhaften Abänderungen des Wachstums- und Altersvorganges können nach dem Gesagten bestehen in Änderungen des (reinen) Wachstums, des reinen Alterns und der Reiferscheinungen; es können dabei gestört sein jeweils die Harmonie der Form und die Harmonie des zeitlichen Ablaufs, natürlich auch beide zusammen.

Was das Wachstum anlangt, so werden die Wachstumstriebe gehemmt oder gesteigert sein können; dies wird an dem primären (von der Befruchtung ausgehenden) Wachstumstrieb (s. oben) oder an den sekundären einsetzen können; diese sekundären Wachstumstriebe sind vielleicht nur Antriebe oder Hilfsursachen des Wachstums; sie sind mannigfaltiger Natur, zum Teil hormonaler Art und werden später noch genauer erörtert. Schon in dieser Hinsicht ist das Wachstum ein sehr zusammengesetzter, weil vielfach bedingter Vorgang; aber auch in lokaler oder morphologischer Hinsicht ist er dies, wie wir gleich bei der Erörterung des Knochenwachstums und der verwickelten Vorgänge an den Epiphysenlinien (die für das Längenwachstum bestimmend sind) sehen werden. Im grossen wie im kleinen — da eins vom andern abhängig — kann, ganz allgemein gesprochen, eine Änderung des Wachstumsergebnisses liegen: an einer fehlerhaften Anlage, sozusagen einem übermässig kleinen oder grossen Wachstumskapital, an der mangelhaften oder übertriebenen Vermehrung des Kapitals. Der primordiale Zwergwuchs gilt als eine Verkleinerung der Kapitalsanlage, der symmetrische Riesenwuchs kann sehr wohl von einer übertrieben grossen solchen herrühren. Eine mangelhafte Vermehrung haben wir in der Chondrodystrophie, im infantilistischen, thyreogenen Zwergwuchs usw. Die letzteren sind aber bereits keine reinen Wachstumsstörungen mehr. Neben den allgemeinen Wachstumsstörungen gibt es lokale: sie sind etwa auf ein Glied, einen Knochen oder eine Knochengruppe (z. B. Schädel) oder ein Organ beschränkt, führen häufig zur Asymmetrie und sind nicht zu verwechseln mit den Wachstumsstörungen, bei denen durch unharmonische Verteilung des Wachstums unter Beibehaltung der Symmetrie, aber unter Disproportionierung Missgestaltung sich ergibt.

Solche Formen des Misswuchses sind am Skelett durch Erkrankungen der endochondralen Ossifikation bedingt, also sozusagen in dem früher gegebenen Sinne multiple oder systematische Lokalerkrankungen der Epiphysenlinien. Hierzu gehören die Disproportionierungen des Körpers durch Chondrodystrophie und Rachitis.

Erhaltung oder Störung der normalen Proportionen kann aber nicht als Einteilungsprinzip für die Wachstumsstörungen angenommen werden. Es muss dies im Gegensatz zu der üblichen Klassifikation des Zwerg- und Riesenwuchses in den Lehrbüchern betont werden. Es geht dies — ganz abgesehen davon, dass die Dimensionierungen schon des normalen wachsenden und ausgewachsenen Körpers stark schwanken und eine unzuverlässige morphologische Ordnung immer besser durch eine ätiologische ersetzt wird — deshalb nicht, weil ein- und dieselbe Ursache bald Misswuchs mit falschen Verhältnissen, bald proportionierte Hemmung oder Steigerung erzeugt; dies gilt in ausgesprochenem Masse von der Rachitis, in geringerem vom Infantilismus und von der Hypothyreosis. Wenn z. B. der rachitische Zwergwuchs schlechthin zum „disproportionierten Zwergwuchs" gerechnet wird, so ist dies einfach nicht richtig, weil es gar nicht selten Fälle von ganz oder fast ebenmässiger Hemmung des Wachstums durch frühere Rachitis gibt. Ferner gibt es beim infantilistischen Zwergwuchs bald Fälle, in denen eine Körpergestalt vorliegt, die derjenigen des primordialen, also meist typisch wohlproportionierten Zwergwuchses zum Verwechseln ähnlich ist, bald solche, die sich in prägnanter (später zu besprechender) Weise sofort als mehr oder minder disproportioniert erweisen.

Bei der Betrachtung der Pathologie der Reifungen müssen wir die Störungen der Reifungserscheinungen selbst trennen von den Störungen, die durch die abgeänderte Reifung erzeugt werden. Ein und dieselbe Erscheinung kann übrigens sowohl Folge als Ursache sein: nehmen wir z. B. das Einsetzen der Pubertät, so wissen wir, durch wieviele Umstände es verhindert oder zum mindesten verzögert werden kann; andererseits wissen wir auch gelegentlich die Bedingungen für das verfrühte Einsetzen oder die Verstärkung der Pubertätserscheinungen anzugeben. Ihrerseits führt dann aber die Mangelhaftigkeit des sexualen Apparats zu Folgen für Stoffwechsel, Psyche, Wachstum und Habitus. Nachdem oben gezeigt worden ist, wieweit man den Begriff der Reifungserscheinungen zu fassen haben wird, so können wir hier nicht auf einzelne Reifungserscheinungen und ihre Störung eingehen; es würde dies ein Buch für sich geben; man denke nur an die Variationen und krankhaften Abwegigkeiten der geistigen Entwicklung; Plus- und Minusvariation in der Stärke der hormonliefernden Drüsen, Früh- und Spätreife somatischer und psychischer Fähigkeiten, alles gehört hierher. Wir werden uns hier darauf beschränken, diejenigen Verhältnisse der Reifung zu erörtern, welche Beziehungen zum allgemeinen Körperwachstum haben.

Am reinen Altersprozess kennen wir dieselben Verirrungen: Verfrühung, Verspätung, Verstärkung und Schwächung (vgl. Kap. III); nicht selten treffen Verfrühung und Verstärkung einerseits, Verspätung und Schwächung andererseits zusammen, übrigens genau wie beim Wachstum und bei den Reifungserscheinungen; die Pubertas praecox ist nicht selten mit Hypergenitalismus verbunden, der Eunuchoidismus besteht aus Verzögerung und Minderung der Geschlechtlichkeit. Eine weitere Ähnlichkeit in den Abänderungen des Wachstums und des Alterns besteht darin, dass auch in letzterem Disharmonien auftreten können, und zwar in einem zweifachen Sinne: erstens indem gewisse Altersstadien, statt überwunden zu werden, bei fortschreitender sonstiger Entwicklung bestehen bleiben können; dies würde gleichbedeutend sein mit einer Hemmung der weiteren natürlichen Entwicklung; hierzu gehören alle möglichen Formen des somatischen und psychischen Infantilismus; zweitens können, kraft einer besonderen, wohl meist minderwertigen Anlage oder infolge unphysiologischer Abnutzung (Überanstrengung, Laster, Gifte) Teile des Organismus einem vorzeitigen Altersprozess anheimfallen. Es ist ja schon an anderem Orte auseinandergesetzt worden; dass man schon am normalen Organismus von einem verschiedenartigen Altern der einzelnen Gewebe sprechen kann; die einzelnen Gewebe altern sozusagen nebeneinander (nicht miteinander) in ihrem eigenen Tempo; einen Massstab hierfür geben die Höhe der Differenzierung, Zeichen des Wachstums (Erneuerungsfähigkeit) und die spezifischen Alterszeichen (vgl. I. Teil, Kap. III, 7 und 8).

Es wäre nun am Platze, den Vorgang des natürlichen Wachstums für die einzelnen Gewebe zu schildern, um später darauf die Analyse des krankhaft abgeänderten Wachstums aufbauen zu können. Da stellt sich aber sofort eine grosse Unkenntnis der Verhältnisse für die allermeisten Organe heraus. Wir denken uns die natürliche Grössenzunahme in derselben Form fortgesetzt, in der die erste Anlage nach der Herausdifferenzierung aus dem indifferenten embryonalen Keimgewebe wuchs, nämlich in Form der (mitotischen) Vermehrung der spezifisch gewordenen Parenchymzellen in organischer geweblicher Mischung mit dem häufig ebenfalls eigenartig ausgebildeten Stütz- und Gefässapparat, daneben aber eine mit dem Alter zunächst gleichzeitige Zunahme der Zellengrösse; Herzmuskelfasern, Leberzellen usw. des kleinen Kindes sind kleiner als die des Erwachsenen. ¡Wir haben also im normalen Wachstum dieselben beiden Vorgänge wie bei der pathologischen oder wenigstens nur halbphysiologischen Hypertrophie: ein zahlenmässiges und ein grössenmässiges Wachstum der Zellen, Hyperplasie und Hypertrophie im engeren Sinne. Mit der Anwendung dieser allgemeinen Kenntnis auf die einzelnen Organe geraten wir aber sofort in die Brüche; gemessen sind ein paar Grössenunterschiede zwischen kindlichen und erwachsenen Zellen, aber wie im einzelnen sich etwa das Wachstum der Leber oder der Lungen, der Herzklappen oder gar des Ohrs oder des Auges, eines Nerven usw. gestaltet, ist unbekannt. So wissen wir deshalb auch nicht, in wie vielfachen Formen das Wachstum vielleicht erfolgt, ob wir etwa in den Geweben des Körpers mit der Lokalisation des Wachstums an bestimmte Wachstumszonen, wie beim Skelett, zu rechnen haben oder ob es — etwas noch daneben oder ausschliesslich allgemeines, d. h. gleichmässig verteiltes Wachstum gibt. Der Befund von Mitosen an beliebigen Stellen im gesunden Parenchym der Leber, der Nieren, der Nebennieren usw. spricht, sofern diese Mitosen nicht etwa bloss regeneratorischer Natur sind, dafür, dass die normale Neubildung während des Wachstums nicht bloss von „Indifferenzzonen" oder Wachstumszonen ausgeht; vorläufig hat die Annahme am meisten für sich, dass bei Erreichung einer gewissen Differenzierungshöhe sich die Zellen nur aus sich heraus vermehren können; man würde sonst mit der absonderlichen Vorstellung zu rechnen haben, dass das Wachstum eines Drüsenschlauches aus der Nebenniere oder ein Harnkanälchen durch Nachschub aus einer Indifferenzzone sich „auswüchse", wobei die Differenzierung der Zelle je nach der erreichten Entfernung vom Keimboden sich mehrfach ändern müsste, zumal ja wohl nicht jede Strecke des Epithelschlauches seine eigene Wucherungszone haben könnte.

Wir vermissen diese fehlenden Kenntnisse vom Wachstum der meisten inneren Organe bisher nicht sonderlich, weil aus der Pathologie scheinbar kein dringendes Problem daran geknüpft ist; wieweit dies richtig ist, soll hier nicht erörtert werden; jedenfalls kennen wir keine Zustände, in denen das Wachstum dieser Organe selbständig abgeändert erscheint, wenn wir von den Hypoplasien einzelner Organe, etwa einer Niere absehen. Aber Zwergwuchs oder Riesenwuchs allein der Eingeweide oder einzelner Teile bei andersartigem Verhalten des Skeletts und damit der äusseren Gestalt gibt es nicht; die Organe eines Zwerges sind alle zwerghaft, die eines Riesen (wenigstens im allgemeinen) entsprechend gross. Die „Splanchnomegalie", worunter man eine abnorme Grösse der Eingeweide (der Bauchhöhle) versteht, kommt nur gleichzeitig mit einer allgemeinen Tendenz zum Riesenwachstum vor. Die Verknüpfung des Skelettwachstums mit dem Wachstum der inneren Organe auch unter den pathologischen Verhältnissen des Zwerg- und Riesenwuchses — für das normale Wachstum haben wir dieses Abhängigkeitsverhältnis schon erörtert (S. 389 ff.) — lenkt nun das Augenmerk auf die Histologie des Knochenwachstums; freilich nicht etwa als ein für die übrigen Gewebe typisches Beispiel; vielmehr stellt es entschieden in vieler Hinsicht etwas ganz Eigenartiges dar.

Da wir aber die pathologischen Entgleisungen der verwickelten physiologischen Knochenneubildung nur verstehen können, wenn wir vorher seine normalen Einzelheiten verstanden haben und da ausserdem speziell in den Epiphysenfugen der krankhafte Misswuchs, der den Inhalt der folgenden Kapitel ausmachen wird, seinen Sitz hat, so müssen wir zunächst das normale Knochenwachstum einer Analyse unterziehen. Die Normalität ist zunächst gegeben in einem richtigen Mass sowohl des Längen- als des Dickenwachstums und in der Wahrung eines richtigen Verhältnisses beider; wir gehen dabei im folgenden von der Betrachtung der knorpelig angelegten Skeletteile aus und lassen die sog. Bindegewebsknochen (Schädel) beiseite. Die Pathologie des Wachstums bietet nun Beispiele für alle denkbaren Abänderungen eines richtigen Masses in quantitativer und zeitlicher Hinsicht und Abänderungen jenes Verhältnisses: Hemmung führt zu Zwergwuchs, Steigerung zu Riesenwuchs; gleichzeitige Hemmung und Steigerung zum sog. proportionierten, ungleichsinnige zum unproportionierten Zwerg- und Riesenwuchs. Beispiele für Änderungen in dem harmonischen Verhältnis zwischen Längen- und Dickenwachstum geben die Chondrodystrophie und die Osteogenesis imperfecta; erstere ist ausgezeichnet durch kurze dicke (plumpe), letztere durch lange dünne (zarte) Knochen. Das Längenwachstum wird im wesentlichen von der endochondralen Ossifikation, das Dickenwachstum durch periostale Neubildung besorgt. Daraus ergibt sich aber schon: die Chondrodystrophie ist eine Erkrankung der endochondralen, die Osteogenesis imperfecta eine solche des periostalen Knochenwachstums. Die Chondrodystrophie führt als Störung des Längenwachstums zum Zwergwuchs, aber auf eine ganz besondere Art, nämlich durch mangelnde Wucherung des Knorpels (wie die Namen dieser Krankheit besagen: statt Chondrodystrophie ist auch die noch genauere Bezeichnung Achondroplasie gebräuchlich). Hier haben wir aber erst eine mögliche Störung des Längenwachstums. Eine kurze Schilderung der normalen enchondralen Verknöcherung an der Grenzlinie zwischen der bereits knöchernen Diaphyse (Knochenschaft) und der knorpeligen Epiphyse (Gelenkende) an einem Röhrenknochen wird uns ein Verständnis weiterer Störungsarten verschaffen. Wir werden dabei zunächst die morphologische Seite des Ossifikationsproblems ins Auge fassen, und zwar unter besonderer Berücksichtigung zweier, für uns in erster Linie in Betracht kommender Vorgänge, nämlich einerseits die Komponenten der geweblichen Apposition, die für die Längenzunahme massgebend sind und andererseits die Entstehung und Vollendung des normalen Wachstumsabschlusses. Schon das Beispiel der Chondrodystrophie hat gezeigt, dass nicht der Gesamtvorgang der progressiven Ossifikation gestört zu sein braucht, sondern dass schwerwiegende Folgen aus krankhaft geänderten Teilvorgängen sich ergeben können. Ja, es zeigt uns, dass schon die Vorbereitung der Ossifikation, soweit wir darunter „Verknöcherung" verstehen, ausfallen und damit alle weiteren Stadien abgebrochen werden können, sozusagen wird das ganze Längenwachstum im Keime hier erstickt.

Wenn wir mit Erdheim (120) den ganzen Vorgang des Knochenwachstums in den Epiphysenlinien in drei Akte zerlegen, nämlich die epiphysäre Knorpelwucherung bis zur präparatorischen Verkalkung, die Auflösung des verkalkten Knorpels durch Gefässsprossen des diaphysären Knochenmarks, den osteoblastischen Aufbau des endgültigen

Knochens, so verstehen wir rein morphologisch genommen am besten den ersten Akt; von ihm ist es zweifellos, dass er massgebend ist für das Längenwachstum; die Bedeutung hingegen der flüchtigen Verkalkung wird eine statische sein und hat so wenig wie der darauf erfolgende Abbau des verkalkten Knorpels mit dem Wachstum als solchem etwas zu tun; hingegen ist der Aufbau des durch osteoblastische Tätigkeit entstehenden Knochens ein Wachstumsvorgang, aber ohne Bedeutung für die Verlängerung des betreffenden Knochens, hat vielmehr als das Reifungsstadium in morphologischer und in chemischer Hinsicht zu gelten.

Aufhören des Längenwachstums kann nach dem Gesagten geschehen nur durch Sistierung der Knorpelwucherung; dies ist mit und ohne qualitative Änderung des histologischen Baues bei den verschiedenen Formen des Zwergwuchses, wie wir sehen werden in verschiedener Weise, der Fall. Beim normalen Abschluss des Körperwachstums geschieht dies auch; die besondere Form desselben besteht darin, dass erstens die Knorpelwucherung nachlässt und schliesslich stille steht und dass durch Weiterwirken des 2. und 3. Aktes aller neugebildete Knorpel noch aufgezehrt und durch Knochen ersetzt wird. Hierdurch erst kommt der Fugenschluss zustande; es gibt Fälle, in denen die Abweichung von der Norm darin besteht, dass über die normale Zeit hinaus bei Aufhören des 1. Aktes gleichzeitig Akt 2 und 3, jedenfalls 3, ganz gehemmt werden; das Ergebnis ist die Persistenz der Epiphysenfugen. Persistenz von I bei Mangelhaftigkeit von II und III führt zu rachitisartigen Bildern: genügendes Längenwachstum bei ungenügender Verknöcherung. Erst der Schwund des Fugenknorpels, Überführung allen Knorpels in Knochen bringt den endgültigen Stillstand des Längenwachstums hervor.

Was die chemische Seite der Wachstumsvorgänge an den Knorpelfugen anlangt, so ist es das Ossifikationsproblem im engeren Sinne, der Akt der Verknöcherung, welcher, wegen seiner Beziehung hauptsächlich zur Rachitis, ärztliches Interesse in erster Linie beansprucht hat. Man muss sich dabei aber klar sein, dass damit die Frage über die Auslösung der Knorpelneubildung in den Hintergrund tritt und diese Frage ist auch für das Ossifikationsproblem im engeren Sinne vielleicht deshalb nicht gleichgültig, weil die Verkalkung nicht am Knorpel schlechthin, vielmehr an einem durch die Wucherung besonders gearteten Knorpel zu erfolgen hat. Diese besondere Artung spielt wohl keine geringe Rolle.

Vorläufig lässt sich darüber nur folgendes sagen: Wie in allen jugendlichen und wuchernden Zellen besteht daselbst ein besonderer Turgor durch erhöhten Wassergehalt und dieser Zustand der Quellung begünstigt die Durchlässigkeit für Kristalloide und Kolloide [Pribram (330)]. Das durch die Kapillaren der Knorpelmarkkanäle und des bereits fertigen Diaphysenmarks an die mit erhöhtem intrazellulären osmotischen Druck ausgestatteten jungen Knorpelzellen herangebrachte Blut liefert nun die für die Verkalkung notwendigen oder geeigneten Ionen ab. Das Wort „jung" ist dabei im Sinne sowohl von „eben neugebildet" als im Sinne von „einem jugendlichen Organismus angehörig" gebraucht. Die Ablieferung ist abhängig nicht nur von der Anwesenheit und geeigneten Beschaffenheit der im Blutplasma gelösten Salze — das ist selbstverständlich —, sondern von der Reaktion der empfangenden Zellteile. Für wachsende Pflanzenteile hat M. H. Fischer saure Reaktion angegeben, für tierische Zellen ist es meines Wissens noch nicht festgestellt. Jedoch hat sonst der Vorgang der Kalkimprägnation, der zur Fertigstellung des Knochens aus unreifer Vorstufe führt, in letzter Zeit eine weitgehende Klärung durch die Arbeiten Freudenbergs und Györgys gefunden, nachdem das Problem, häufig nicht ganz richtig als „Ossifikationsproblem" bezeichnet, bereits durch Kassowitz, Stöltzner und vor allem Pfaundler in Angriff genommen war. Der letztere hatte eine elektive „Adsorption" von Kalzium-Ionen aus Lösungen durch Epiphysen-Knorpel festgestellt. Nach Freudenberg und György (137, 138) scheint nun keine Adsorption, sondern eine chemische Bindung vorzuliegen. Der Knorpel ist an sich Na-reich und Ca-arm, bei der Ossifikation (richtiger: Verkalkung) treten an Stelle von Na-Ionen Ca-Ionen und mit zunehmendem Kalkgehalt geht eine Entquellung und damit eine Verfestigung einher. Die Verdrängung des Na-Ions aus seiner leicht dissoziierbaren amphoteren Verbindung mit den kolloidalen Eiweisskörpern des Knorpels geschieht erst bei einem gewissen Schwellenwert der Kalziumkonzentration. Diese ist identisch mit dem Ca-Gehalt des Blutes und so ergibt sich die schon oben als selbstverständliche Vorbedingung für die Kalkablagerung betonte Kalziumspannung des Blutes. Es gelang, in vitro Unterschiede zwischen Kalbsknorpel und menschlichem Knorpel, von jugendlichen wachsenden und ausgewachsenen Menschen zu zeigen: „die Konstitution der Knorpelmasse ändert sich also im Laufe des Wachstums"; es gelang ferner, zu zeigen, dass von Kationen der Knorpel am begierigsten Magnesium und Kalk, sodann Strontium aufnimmt und dass bei nicht zu saurer Reaktion in Anwesenheit von KPO_4-Ionen in vitro eine künstliche knochenartige Masse aus Knorpelstücken durch Bildung eines unlöslichen Kalziumphosphat-Kolloid-Komplexes entsteht. Dieser Kalziumphosphateiweissverbindung ist die Entquellung zuzuschreiben. Da Knorpel mit geringem Kalkgehalt besser quillt als solcher mit höherem Kalkgehalt, so ist mit Krasmogorski eine Bedingung der rachitischen Epiphysenverdickung erklärt. Die Bindung von Kalk wird aufgehoben durch tryptische Verdauung, durch Autolyse, durch Harnstoff und Ammoniaksalze. Nebenbei gesagt, werfen die Untersuchungen Freudenbergs noch Licht auf andere Formen der Verkalkung, als deren wesentliche Vorbedingung schon Recklinghausen die Herabsetzung des lokalen Stoffwechsels angesehen hat.

Ausser den histologischen und chemischen Befunden an den Wachstumszonen der Knochen ist für das Verständnis pathologischer Vorkommnisse die Kenntnis der Gesamtreifung des Skeletts wichtig; schon bei der Erörterung des Unterschieds von reinem Wachstum und Differenzierung haben wir die Entwicklung der Knochenkerne als Beispiel der in Wachstum und Altern eingeschalteten Reifungsvorgänge der Gewebe genannt, wie dies auch neuerdings Stettner (421) getan hat und eben auch die Ausbildung von Knochen an Stelle des aufgelösten verkalkten Knorpels so bezeichnet. Im zeitlichen Ablauf dieser Reifung und in der Reihenfolge ihrer Einzelerscheinungen sind krankhafte Verschiebungen nicht selten und können für die Diagnose der Wachstumsstörungen wichtig werden, genau wie die röntgenologische oder anatomische Feststellung der generellen Beschaffenheit der Knorpelscheiben. Wenn auch schon im ersten Teil der Abhandlung (Kap. III 8c)

einige Gesichtspunkte und wichtigere Einzelheiten über den Verlauf
der Ossifikation des Skeletts und besonders das Auftreten der Knochenkerne und das Verschwinden der epiphysären Knorpelscheiben hervorgehoben wurde, so sei doch nochmals teils auf dieselben, teils auf andere,
für die weiteren Ausführungen in Betracht kommenden Punkte hingewiesen. Während nach Lambertz in den Längenmassen der knöchernen
Diaphysen im Fötalleben vom 3. Monat ab geringe individuelle Unterschiede zu verzeichnen sind, nehmen später die individuellen Variationen
entschieden mit dem Alter immer mehr zu; sie sind aber für die als
Reifungserscheinungen aufgefassten Knochenkernbildungen viel stärker.
Als erster aller Epiphysenkerne pflegt im 9. oder (!) 10. Fötalmonat
derjenige des distalen Femurendes zu erscheinen, dann meist noch vor
der Geburt derjenige an der proximalen Epiphyse der Tibia und zuweilen
ein solcher im Oberarmkopf. Jeder erfahrene Obduzent weiss, welche
Unzuverlässigkeit diesen Kernen z. B. in gerichtsärztlicher Hinsicht
für die genauere Altersbestimmung von menschlichen Früchten zukommt
und dass im Vergleich dazu die Körperlänge zuverlässiger zu sein
scheint. Wenn man diese Variationen aber bisher als zufällige oder
sehr komplex bedingte angesehen und nicht weiter erläutert hat, so
scheint doch durch die experimentellen Feststellungen über die Wirkung
hormonaler Stoffe auf Wachstum und Reife (Gudernatsch usw.) und
durch den gleichzeitigen Befund pathologischer Schilddrüsen und des
Fehlens der Knochenkerne der unteren Femurepiphyse bei Neugeborenen
Licht auf die Bedingungen dieser Variationen zu fallen.

Die enchondrale Ossifikation der Diaphysen der langen Röhrenknochen beginnt beim Menschen in der 8. Woche, zuerst am Oberarm-,
dann an den Unterarm- und Oberschenkelknochen im Inneren der zuerst
vorhandenen zarten periostalen Knochenmanschette. Die Markhöhlen-
bildung fängt im 3. Monat meist in der Tibia an. Auch später im ganzen
Kindesalter finden sich oft bedeutende zeitliche Schwankungen im
Erscheinen der Knochenkerne, sowohl der Epiphysen wie z. B. der
kurzen Knochen der Hand- und Fusswurzel. Auch hier bedürfen die
individuellen Bedingungen meist noch ganz der Aufklärung. So verschiedenartig sie uns erscheinen, so haben sie vielleicht doch einen gemeinsamen Nenner. Wieweit Gebrauch und Nichtgebrauch einen Einfluss
hat, ist gewiss eine wichtige Frage und entzieht sich vorläufig ganz
unserer Beurteilung. Ganz generell meint Lambertz, dass die Funktion
für die Verknöcherung in der Ontogenie nicht massgebend sei; beim
menschlichen Neugeborenen sei die Ausbildung des knöchernen Skeletts
ein Abbild seiner Hilflosigkeit im Vergleich zu gewissen neugeborenen
Tieren; das Skelett eines neugeborenen Schweines entspricht hinsichtlich
der Ausbildung etwa dem eines 7—9jährigen Kindes. Lambertz
unterscheidet für den embryonalen Körper sieben grössere Ossifikations-
bezirke, welche phylogenetische und funktionelle Einheiten bilden
und in der Art und Reihenfolge der Ossifikation eine gewisse Unabhängigkeit voneinander erkennen lassen: 1. Die Belegknochen des Viszeral-
teiles des Kopfes, 2. die primordialen, 3. die Belegknochen des Schädels
(Skelett des Neuralrohres am Kopfe), 4. die Extremitäten, 5. die Rippen
(Skelett des Viszeralrohres am Rumpf), 6. die Wirbelbogen (Skelett
des Neuralrohres am Rumpf), 7. die Wirbelkörper (Ersatz des ursprüng-

lichen Achsenskeletts). Diese Einteilung sei hier erwähnt, obwohl sie zur Zeit noch nicht pathologisch verwertbar erscheint.

Wie die Anfänge, so können wir auch den Abschluss der Ossifikation nur ganz kurz berühren. Die Aufzehrung des nicht mehr weiter wuchernden Knorpels führt zur knöchernen Vereinigung von Dia- und Epiphyse und damit zur Bildung der sog. „Epiphysennarbe" Jul. Wolffs (= Epiphysennaht" Bourgerys). Hilda Heiss (179a) hat über den endgültigen Bau dieser Zone neuerdings Untersuchungen angestellt: die Stelle der früheren Wachstumslinie bleibt daran erkennbar, dass an ihr zwei nach Masse und Verlaufsrichtung unterscheidbare Spongiosaarchitekturen zusammenstossen, und zwar trifft dies für alle Röhrenknochen zu. An der Ausbildung der Querlamellen haben sowohl die Dia- als die Epiphyse durch Abbau des Fugenknorpels teil und es scheint, dass ihre Struktur bzw. das Mass ihrer bleibenden Ausprägung mehr von der funktionellen Beanspruchung als von Alter und Geschlecht abhängig sei.

II. Das unnatürliche Wachstum.

A. Allgemeine Pathologie des Wachstums.
Ätiologie der Wachstumsänderungen.
1. Allgemeine Analyse der Wachstumsstörungen.

Die Wachstumsstörungen können nach dem früher Gesagten bestehen in Veränderungen des Verlaufs mit und ohne Erreichung des rassenmässigen Endzieles und in Veränderung der Körpergestaltung, so dass eine normale Grösse oder ein ebenmässiger Wuchs nicht erreicht wird. Sehr häufig laufen Störungen des zeitlichen und Störungen des harmonischen Ablaufs des Wachstums nebeneinander her. Alle Untersucher sind sich nun darin einig, dass es eine strikte Norm auf dem Weg bis zum Wachstumsabschluss nicht gibt, sondern dass im Tempo des Anwuchses und in der feineren Ausgestaltung des Skeletts, z. B. hinsichtlich des Auftretens der Knochenkerne und der Zeit des Epiphysenschlusses starke Schwankungen noch in die natürlichen Grenzen fallen (z. B. Aron, Stettner). Leider vermögen wir nun das Wachstum der inneren Organe nicht klinisch zu verfolgen; selbst wenn wir eine Methode besässen, um sie am Lebenden so zur Anschauung zu bringen, dass wir ihre Masse zu beurteilen vermöchten, so würden sich doch weitere Schwierigkeiten hinsichtlich der Deutung ergeben; denn die Masse, geschätzt nach den Umrissen des Profils (etwa im Röntgenbild) oder durch das errechnete Volumen würde uns nicht instand setzen, den wahren Wachstumsansatz, die reine zugenommene Parenchymmasse zu schätzen, weil Blutgehalt und die Mästung mit Ablagerung von Reservestoffen (Glykogen, Fett, selbst Eiweiss) mit in Rechnung zu ziehen sind. Pathologisch-anatomische Beobachtungen über den Gang des Wachstums liegen für die meisten inneren Organe, aber auch z. B. für Muskeln noch nicht in ausreichendem Masse für normales Material vor, weil die Überzahl der in Betracht kommenden Autopsien kranke Kinder und kranke jugendliche Erwachsene betrifft. Unter Berechnung des Fettpolsters, welches, nebenbei bemerkt, den reinsten Typ eines Depotgewebes darstellt, lässt sich klinisch die Aus-

bildung der Muskulatur abschätzen, was z. B. im Verhältnis zu anderen
anthropometrischen Messungen, vor allem aber wegen der Beziehungen
zum Knochensystem lehrreich ist.

Dieses letztere Organ ist, wie bekannt, dasjenige, dessen Grössen-
entwicklung uns den Massstab für die Beurteilung des allgemeinen
Wachstumszustandes, aber in fortgesetzter Beobachtung auch die
sichersten Anhaltspunkte zur Abschätzung des Verlaufes des Wachstums darbietet. Jeder Laie richtet zunächst sein Augenmerk auf die
Körperlänge eines beobachteten Individuums, wenn von Wachstum
die Rede ist, und auch für den Arzt ist sie die Grundlage jeder Messung;
da sie von den Wachstumsvorgängen in den Knochen unmittelbar abhängig
ist und diese in der Norm auch bei genauerem Zusehen den sichersten und
feinsten Indikator für den Fortschritt der Körperentwicklung abgeben,
so ergibt sich die Wichtigkeit der Verfolgung der Skelettverhältnisse
von selbst. Da sind aber zwei Punkte von Bedeutung: einmal die Frage,
inwieweit bei genauerer Betrachtung die Beobachtung der Skelettbeschaffenheit ein Urteil über die Wachstumsverhältnisse des übrigen
Körpers gestattet und zweitens die Analyse des Skelettwachstums
selbst. Was die erste Frage anlangt, so darf wohl nur mit gewissen Ein-
schränkungen vom Skelett auf das Verhalten der anderen Organe und
den Fortschritt ihrer Entwicklung geschlossen werden. Ganz abgesehen
von dem Vorkommen von Knochenerkrankungen, auch systematischer
Natur, gerade an den Wachstumszonen der Knochen (Syphilis, Rachitis,
Chondrodystrophie) zeigen uns auch gewisse·Formen der äusseren Disproportionierung des Körpers, aber auch gewisse Missverhältnisse zwischen
äusserer Körpergestalt und der Ausbildung innerer Organe, die teilweise
Unabhängigkeit der wachsenden Körperteile voneinander; wir können
uns diese auch gut dadurch vorstellen, dass wir das verschiedene Bedürfnis
der wachsenden Gewebe nach Baustoffen und zudem nach verschiedenen
Baustoffen beachten; es lässt sich leicht der Fall vorstellen, dass, bei
krankhafter Zufuhr oder krankhaften Ausscheidungen, im Blute zwar
noch die nach Menge und Art genügenden Anwuchsstoffe für die Muskeln
aber nicht für die Knochen oder für das Gehirn vorhanden sind. ,,Lang
aufgeschossene“ Individuen haben ein deutliches Missverhältnis zwischen
Knochenlängen und Muskelmassen. Bei dieser Gelegenheit sei bemerkt,
dass das Augenmerk der bisherigen Beobachter sich entschieden zu
ausschliesslich auf die Längenentwicklung und zu wenig auf das Dickenwachstum und auf das Verhältnis beider gerichtet hat. Bei verschiedenen
krankhaften Zuständen, z. B. der Rachitis, wird Hypotonie der Muskulatur beobachtet, aber es ist nicht ausgemacht, ob diese nur von verminderter
aktiver Spannung oder etwa von einem Missverhältnis zwischen dem
Längenwachstum des Muskels und der Knochen, an denen er inseriert,
herrührt. Als Beispiele für Missverhältnis zwischen äusserer Statur
und dem Entwicklungsgrad innerer Organe sind die Hypoplasien von
Sexual- oder Zirkulationssystem, häufig wiederum mit über-durch-
schnittlicher Körpergrösse zu erwähnen. Also nicht mit völliger Sicherheit gibt die Feststellung des Skelettzustandes den Massstab für die
Beschaffenheit der übrigen Organe. Es gibt zweifellos Abirrungen der
Gesamtentwicklung, die wir pathologische Wachstumsverschiebungen
nennen können.

Der zweite Punkt hinsichtlich der Beurteilung des jeweilig erreichten Entwicklungsgrades betrifft die genauere Analyse des Wachstums. Wie schon oben ausgeführt wurde, wird das Wachstumsziel nicht durch Zellvermehrung und Zellvergrösserung allein erreicht, sondern es spielt die Differenzierung der Zellen, die Entwicklung von Geweben mit spezifischer und unspezifischer Interzellularsubstanz im Wachstumsprozess eine grosse Rolle; auch innerhalb der Zellen, z. B. der Drüsenzellen, bedarf es zur Reifung der letzten chemischen Leistungen langer Zeit, die bei vielen weit in die postfötale Periode hineinreicht. Nun sind wir wiederum, auch hinsichtlich dieser Seite der Entwicklung wie für das reine Massenwachstum, soweit sie die inneren Organe anlangt, sehr ungenügend unterrichtet; denn diese Entwicklung geht sicher noch weiter, z. B. an Herz, Nieren, Leber, als uns die heutigen mikroskopischen Methoden zu zeigen vermögen. Und wiederum sind wir andererseits für das Skelett in der glücklichen Lage, die Entwicklung nicht nur hinsichtlich der Massen (Längen- und Dicken)-Zunahme, sondern auch der Differenzierung zu verfolgen. Letztere besteht in dem Auftreten neuer Wachstumszentren für spezifisches Gewebe, den Knochenkernen und die Vollendung der Reifung ist deutlich gegeben mit der Ossifikation der Knorpelfugen. Da es eine normale Reihenfolge für diese beiden Vorgänge gibt, besitzt man in der röntgenologischen Beobachtung der Skelettreifung die Möglichkeit, bei normalen Individuen nicht nur eine annähernd objektive Altersbestimmung zu treffen, sondern pathologische Abänderungen im Auftreten und Verschwinden dieser Wachstumsmarken im Vergleich zur Norm quantitativ anzugeben, etwa in der Weise, dass man angibt, der Patient sei in seiner Skelettentwicklung ungefähr um so und soviele Jahre zurück.

Die Analyse des Skelettwachstums in pathologischen Fällen ergibt nun, dass seine einzelnen Funktionen zusammen oder getrennt gestört werden können, nämlich appositionelle Längenzunahme, Auftreten der Kerne und Schluss der Epiphysen-Diaphysenfugen. Stettner (418, 420), der an einem grossen, systematisch durchgearbeiteten Material diese Verhältnisse für das Handskelett von Kindern von der Geburt bis zu 13 Jahren verfolgt hat, fasst letztere beiden Erscheinungen, also den Befund der Ossifikation, als „Reifung“ oder „Differenzierung“ zusammen und unterscheidet dann in dem Verhältnis zwischen Alter, Längenwuchs und Differenzierung folgende möglichen und auch tatsächlich vorkommenden „Korrelationsstörungen“:

Alter: Längenentwicklung.	Differenzierung:	beschleunigt. verzögert.
Alter: Differenzierung.	Längenentwicklung:	gesteigert. vermindert.
Längenentwicklung: Differenzierung.	Alter:	zu hoch. zu gering.

Dissonanz von Alter — Längenentwicklung — Differenzierung.

Gegenüber Störungen, wie sie durch Krankheiten, Unterernährung und dergleichen entstehen, erweist sich im allgemeinen die Differenzierung empfindlicher als der Längenwuchs [Stettner (419, 420)]. Ein Beispiel ist das Myxödem, bei dem das Längenwachstum stärker als die Ausbildung von Knochenkernen gehemmt zu sein pflegt. Vorübergehende Hemmungen werden gewöhnlich bald ausgeglichen und wir werden mehrfache Beispiele kennen lernen, wo dies unter Umständen nach beträchtlichen und jahrelangen Wachstumsstillständen, zum Teil sogar zu einem Alter, wo sonst Längenwachstum nicht mehr stattfindet, erfolgt (s. beim infantilistischen Zwergwuchs) und Beispiele, wo solches Aufholen mittels eines Tempos geschieht, welches das Mass normaler Wachstumsleistung wesentlich überschreitet. Solche Beobachtungen haben u. a. Czerny und Keller an Frühgeburten, Friedenthal, Stettner (418) u. a. bei Rekonvaleszenz nach Ernährungsstörungen Reiche an Zwillingen (345) gemacht. Auch experimentell ist dies (wie schon im ersten Teil, Seite 729, erwähnt wurde) von Aron an zeitweise unterernährten Ratten gezeigt worden. Der Wachstumsprozess kann als eine nicht besonders empfindliche Funktion des kindlichen Körpers bezeichnet werden, denn es gehört, wie wir ebenfalls sehen werden, ein gehöriges Mass von Gesundheitsstörung dazu, um Hemmungen oder gar Stillstände im Wachstum zu bewirken. Auch die gegenteilige Wirkung, Verstärkung des Wachstums durch Krankheiten ist behauptet worden (Näheres Seite 434). Beispiele für das zeitliche Auseinanderstreben von Längenwachstum und Knochenkern-Reifung hat Stettner (421) mitgeteilt: Ein $3^{1}/_{2}$jähriges Mädchen (mit Neigung zu Ekzemen) war in der Körperlänge um 12 cm zurück, entsprach aber in bezug auf die vorhandenen Knochenkerne dem Alter von 5 Jahren; die Mutter war kleinwüchsig (140 cm). Mit Recht betont Stettner, dass man in einem solchen Fall die Prognose auf spätere Kleinwüchsigkeit des Kindes selber stellen könne, wie überhaupt vorzeitiges Auftreten von Knochenkernen Vorbote von früherem Epiphysenschluss sei.

Ein mikrozephales Mädchen von $9^{1}/_{2}$ Jahren mit 134 cm (also einem Wachstumsplus von etwa 8 cm) zeigt ein fast reifes, vor dem Abschluss stehendes Skelett. Diesen Fall (den ich selbst geradezu als „zerebralen Misswuchs" — siehe unten) bezeichnen würde, bringt Stettner selbst mit der Erkrankung des Gehirns (Enzephalitis) in Zusammenhang und bemerkt, dass bei Gehirnstörungen häufig tiefergehende Abweichungen des Wachstums, besonders „Reihenfolge-Störungen" vorhanden seien. Die „Reihenfolgestörung" im Auftreten der Knochenkerne ist sicherlich von prinzipieller Wichtigkeit als Beispiel für andere Vorkommnisse, in denen das regelrechte Nacheinander der Entwicklung abgeändert wird. Als Ursachen dafür sind lokale oder allgemeine Schädigungen des Körpers anzusehen, die — wie bereits früher auseinandergesetzt — zu Zeiten angreifen, in denen eine neue Stufe der Entwicklung fällig ist. Es kann dann sein, dass die Störung der Gesundheit diese Entwicklung hemmt oder ausschaltet, die übrige Entwicklung aber unter Einbusse dieser Zwischenstufe fortschreitet. Diese Ausfälle können somatischer oder psychischer Natur oder bei gewissen Korrelationen, z. B. denen von Sexualsphäre einerseits, Habitus und Temperament andererseits, beide Seiten betreffen. In ähnlicher Weise erklärt Stettner die Zurückhaltung von Knochenkernen, während die normal darauf folgenden zu rechter Zeit und ungehemmt erscheinen.

Die Latenz des Wachstums bei pathologischer Hemmung hat ihr physiologisches Vorbild in den normalen Schwankungen des Wachstums;

aber wir wissen nicht, ob die Perioden der stärkeren und geringeren Streckung der Kinder durch Schwankungen des Wachstumstriebes oder des Wachstumserfolges bedingt sind, ja wissen überhaupt nicht, worauf dieser grosse Rhythmus beruht (vgl. das in der Einleitung Gesagte S. 391 ff.). Suchen wir nach Erklärung durch Vergleich mit anderen rhythmischen Wachstumsvorgängen in der Natur, so liegt die Heranziehung der Wachstumsschwankungen bei Pflanzen nahe. Die Frage, inwieweit diese letzteren in der Organisation der betreffenden Lebewesen, wieweit sie durch äussere Einflüsse bedingt sind, ist von den Botanikern sehr verschieden beantwortet worden. Während Schimper meinte, dass es einen Wechsel von Ruhe und Wachstum an Pflanzen auch im gleichmässigen Klima der Tropen gäbe, wo die Folge von Jahreszeiten wegfalle und dass mithin die jahreszeitlichen Schwankungen am Wachstum dieser Pflanzen auf Eigenschaften ihrer inneren Struktur beruhten, sind Klebs und Lakon (224) der Ansicht, dass Ruhe im Wachstum nur auf einer äusseren Zwangslage beruhe und dass „nur die Gesamtheit der Aussenbedingungen" für die Entwicklung des Organismus massgebend sei. Aber die Verhältnisse sind beim Menschen doch insofern ganz anders, als wir vorläufig eben die Aussenbedingungen für die Periodizität im Wachstum nicht zu erkennen vermögen und das Moment, welches dabei für das Wachstum der Pflanze die ausschlaggebende Rolle spielt, nämlich die Zufuhr von organischer Substanz und von Salzen, mit einem Wort, die Ernährung für den Menschen nur die später zu kennzeichnende beschränkte Rolle spielt und ausserdem nicht zu erkennen ist, dass den menschlichen Wachstumsperioden parallel etwa Perioden verschiedener Assimilation laufen. Leider vermögen wir Wachstumsstillstände nur aus dem Ergebnis der Hemmung, nämlich am Kleinbleiben, an der Störung der Beziehung „Grösse zu Alter", aber nicht an morphologischen Kennzeichen zu erkennen; darin macht nur wieder das Skelett eine interessante Ausnahme. Schon länger sind Beobachtungen bekannt, nach welchen bei gewissen Krankheiten der Kinder Verdichtungslinien in der Nähe und parallel der Epiphysenfugen im Röntgenbilde auftreten. So sind sie bei Poliomyelitis und Myatonia congenita von Reyher, bei chronischer Arthritis von Morgan Rotsch (zit. nach Stettner) gesehen und als Zeichen von Knochenatrophie gedeutet worden. Bekannt ist die Beschreibung des knöchernen „Querbalkens" bei Myxödem von Dieterle (101, 102), auf die wir bei der Besprechung des thyreogenen Zwergwuchses noch zurückkommen werden. Stettner (419) hat nun gefunden, dass die gleiche Erscheinung als Ausdruck jeder Art von verminderter Wachstumstätigkeit an den Knorpelfugen zu finden ist. Sie beginnt mit einer Verdichtung der Randlinie der Diaphyse neben den Fugen und erscheint im Röntgenbild zur Zeit, während welcher keine neue Knorpelwucherung heranrückt, in einer intensiveren Imprägnierung der gerade entstehenden, zur Verkalkung bereiten Zone der Knorpelgrundsubstanz; mikroskopisch fand Dieterle bei seinem Querbalken einen Streifen von Osteoblasten, der sich durch Einlagerung von Salzen vor die Fuge legt. Bei Erneuerung des Wachstums setzt nun keine sofortige Auflösung ein, sondern der Streifen rückt, überlagert von neuen und normal zusammengesetzten Diaphysenanteilen in die Diaphyse sozusagen hinein; Reste solcher, bei wiederholten Stillständen parallel geschichteter Querstreifen der Diaphysenenden sind unter Umständen noch nach Jahren zu bemerken; es pflegen dann nur die äusseren Teile stehen zu bleiben, während die inneren, der Knochenmarksröhre anliegenden, verschwinden. Besonders deutlich fand Stettner die Streifen, die er als diagnostisch wertvoll für Wachstumshemmungen anspricht (Tillier hielt sie für akzessorische Epiphysen), am Radius; er sah sie bei Hirnerkrankungen, Rachitis, Morbus Barlowi, Darmerkrankungen, Pneumonien, Ruhr, exanthematischen Krankheiten, Diphtherie, Grippe, Otitis, Empyem, Status lymphaticus und Skrophulose. Ob, analog diesen Befunden an Knochen, auch für andere ständig wachsende Körperteile in- und ausserhalb des Kindesalters, wie für Haare, Nägel, Blut Beobachtungen über Unterbrechungen des Wachstums vorliegen, habe ich nicht finden können. Es sei aber (nochmals) auf die Schädigung der Zahnentwicklung durch Krankheiten hingewiesen, die den Körper zur Zeit der Anlage der definitiven Zähne befallen, also im frühesten Alter.

Das Ziel des Wachstums ist die Erreichung einer bestimmten Form und Grösse und damit — bei entsprechender Altersreifung — einer bestimmten Leistung. Erreicht ist das Ziel, wenn Masse und Leistung sich in den Grenzen halten, die als individuelle Variationen erfahrungsgemäss in Abweichung von dem rassemässigen und — setzen wir hinzu — familiären Durchschnitt sich ergeben. Denn die Vererbung bewirkt eine individuellere Einschränkung des Wachstumsergebnisses, als sie durch die Zugehörigkeit zur Rasse erzwungen ist. Wenn wir auch über die Vererbung der Körpergrösse in Familien nicht genau unterrichtet sind, so gilt doch ganz allgemein die „Statur" als vererblich (vgl. Göthes bekannten Vers: „Vom Vater hab' ich die Statur" usw.). Brugsch (79) ist der Frage klinisch-statistisch genauer nachgegangen und findet, dass in der Tat Hoch-, Mittel- und Kleinwüchsigkeit vererbliche Merkmale wie andere somatische Besonderheiten der Statur, etwa die Form des Thorax, sind. Die Störungen in der Erreichung des durch Vererbung gesetzten Zieles sind eben nicht nur an sich in sehr mannigfacher Weise möglich, wie wir sehen werden, sondern so zahlreich, weil das Ziel eben spät, am Ende der aufsteigenden Entwicklung, erreicht wird. Die endgültige Reife, also z. B. die schliessliche „normale" Körpergrösse, müssen wir als ein Optimum ansehen, als den günstigsten Zustand, in dem das betreffende Individuum zu leben vermag. Dies führt auf die bisher fast ganz vernachlässigte Frage, warum der Mensch dieser und jener Rasse gerade eine durchschnittliche Grösse von so und so viel Zentimetern hat. Die Zweckmässigkeit einer bestimmten Grösse bei einer gegebenen Körperform müssen wir, überzeugt vom Sinn jeder Anpassung in der Natur, wohl annehmen, können sie aber nicht, selbst nicht in gröbsten Zügen beweisen; wenn wir schon nicht verstehen, dass ein Kaninchen nicht weiter wächst, als es tut, versagt erst recht unsere Fähigkeit eines Verständnisses für die feineren Unterschiede etwa zwischen Menschenrassen, zumal wir die Einflüsse von Klima, Nahrung, Lebensweise nicht übersehen. Ganz ausnahmsweise haben sich gelegentlich Biologen in dem angegebenen Sinn mit der Frage der Beziehung zwischen Körperform und Leistungsgrösse beschäftigt, so Delboef (98) und Fuchs (143); der letztere hat den Versuch gemacht, eine Erklärung dafür zu geben, warum etwa für kleine Tiere die Arthropoden — speziell die Insektenform, für grosse Tiere im allgemeinen die Säugetierform die vollkommenste ist. Wir gehen nicht näher darauf ein, weil das Problem sich von dem der Gefahren bei den pathologischen Gestaltungen der Körperform doch zu weit entfernt.

Wohl aber erlauben uns andere Erfahrungen aus der Zoologie einen Einblick in die Bedingtheiten der Körpergrösse. V. Häcker (169) hat in seiner entwicklungsgeschichtlichen Eigenschaftsanalyse eine Zusammenstellung dieser normalen Bedingtheiten gegeben; danach kommen Grössenunterschiede unter nahe verwandten Tieren vor als Ernährungsmodifikationen (Beispiele aus der Ornithologie: Schnepfen, Schreiadler, Gimpel; aus der Insektologie: Holzkäfer, Schmeissfliege usw.), als erbliche Geschlechtsdifferenzen ($\male$ oder $\female$) und schliesslich als erbliche Rassenmerkmale.

Auch pathologische Grössenabweichungen sind in der Pflanzen- und Tierwelt nicht unbekannt. Bei den Pflanzen unterscheidet z. B. Sierp (404) Kümmerzwerge und echte Zwerge, welcher Unterschied auch bei analogen menschlichen Abnormitäten wohl gemacht werden kann; im ersteren Falle handelt es sich um Misswuchs durch Hemmung der normalen Entwicklung aus äusseren Gründen, vor allem Störungen des Stoffwechsels in weitestem Sinn, im zweiten Fall um Missbildung. Lehrreich ist nun, dass die pflanzlichen Kümmerzwerge immer eine geringere Zellengrösse als die normalen Individuen haben; sie geht, z. B. bei kümmernden Brennesseln, bis auf die Hälfte der Norm herab. Bei echten Zwergen wechselt der Befund der Zellgrösse, ja es kommt sogar übermässige Grösse der Zellen beim pflanzlichen Zwerg vor. Riesen- und Zwerghaftigkeit lässt sich gelegentlich auf sichtbare Abänderungen der ersten Anlagen zurückführen. So fand Boveri gelegentlich unter den Eiern von Seeigeln Riesenexemplare, doppelt so gross als normale; ihre Entstehung führte er auf Unterdrückung einer Reifeteilung zurück, womit gesagt ist, dass der Kern mit einer doppelt so grossen Chromosomen- zahl versehen wäre, als ihm sonst zukommt. Herbst und Zurstrassen hingegen führten dieselbe Abnormität (letzterer bei Askaris) auf Ver- schmelzung zweier Ovozyten oder reifer Eier zurück; erwähnenswert ist noch die grössere Mutterähnlichkeit der Nachkommen aus solchen Rieseneiern. Was aus solchen bivalenten Eiern schliesslich wird, ist nicht genügend verfolgt; bei Bierens de Haan (47) findet sich die Angabe, dass die Entwicklung derselben über den Pluteus hinaus nicht gedeiht und er vermutet, dass Gastrulae und Plutei aus solchen Riesen- eiern die Doppelzahl der Zellen von normalen Stadien haben. Driesch sah durch Verschmelzung von zwei normalen Echinodermen-Blastulae Riesenbildung entstehen. Es kommen jedoch auch Gigasformen bei den Pflanzen vor ohne Verdoppelung der Chromosomen und Häcker (169a, 170), der die neuesten Beispiele von Riesenformen aus dem Tier- und Pflanzenreiche in seiner allgemeinen Vererbungslehre zusammen- gestellt hat, vermutet wohl mit Recht, dass Riesenwuchs auf verschiedene Weise zustande kommen kann. Ein von Winckler (484) genauer auf- geklärtes Vorkommen von Riesenwuchs bei Pflanzen sei noch erwähnt: durch Pfropfung verwandter Pflanzen (Tomate und Nachtschatten) gelingt es, infolge Verschmelzung von diploiden somatischen Zellen im Verwachsungsgewebe tetraploide (d. h. mit der doppelten Chromosomenzahl ausgestattete Riesenzellen zu erhalten. Für den Menschen, bei dem Riesenwuchs viel seltener als Zwergwuchs vorkommt, und dann meist wohl durch Änderung der sekundären Triebkräfte des Wachstums (endokrine Störungen), kommt eigentlich nur für den vererblichen, primordialen Zwergwuchs die Frage einer von Haus missgebildeten Anlage in Betracht; deshalb sei schliesslich noch erwähnt, dass es zwergwüchsige Amphibienbastarde mit haploider Chromosomenzahl (O. Hertwig) und von Cyclops viridis eine Zwergform gibt, die statt 12 nur 6 Chromosomen besitzt (zit. nach Häcker, l. c.).

Mit diesen Hinweisen sind wir bereits auf die ätiologischen Grundlagen der Wachstumsstörungen gestossen. Eine Klassifikation dieser Störungen würde am besten nach genetischen Gesichtspunkten erfolgen und es wird, soweit heute möglich, die spezielle Pathologie der Zwerg- und Riesenwuchsformen in den späteren Kapiteln (B 1 u. 2) danach eingeteilt werden. In diesem allgemeinen Kapitel sollen zuerst noch die einzelnen endo- und exogenen Faktoren zur Sprache gebracht werden, welche dem normalen Wachstum Abbruch tun können: zuerst die in der Anlage selbst kongenital oder wenigstens angeborenen Fehler des Ausgangsmaterials für das spätere Wachstum, sodann die Einflüsse der Ernährung, der inneren Disharmonien durch Erkrankung oder Fehlbildung der akzessorischen Wachstumsorgane, weiter die Einflüsse von Krankheiten und solche sozialer und klimatischer Natur.

Was zunächst die Frage der fehlerhaften Beschaffenheit des Ausgangsmaterials anlangt, so erwähnten wir bereits bei Besprechung der vergleichend-biologischen Beobachtungen, dass wir beim Menschen über Verdoppelung oder Halbierung der Chromosomenzahl nichts wissen. Spemann erhielt durch Verschmelzung zweier Eier, selbst von verschiedenen Spezies (z. B. bei Triton) Riesenembryonen, denen allerdings nur eine kurze Entwicklung gegönnt war. Auch Zellmessungen fehlen bei menschlichen Zwergen und Riesen. Metrogene und sonstige intrauterine Einflüsse sind zuweilen als Erklärung, z. B. für die Genese der Chondrodystrophie (s. Kap. B c 6) angenommen worden. Bei Zwillingen kommt es unter Umständen zur Konkurrenz in bezug auf Raum und Ernährung; dabei ist mehr das Gewichts- als das Längenwachstum geschmälert; deshalb sind die Erfahrungen lehrreich, welche besagen, dass Zwillinge diese Hemmung nach der Geburt sehr rasch überwinden [Reiche (345)]. Eineiige Zwillinge sind weiter interessant dadurch, dass ihre Wachstumskurven parallel laufen und ihre Ähnlichkeit so weit geht, dass sie sogar durch interkurrente Erkrankungen gleichsinnig gestört werden. Leider wissen wir noch so gut wie nichts über das Verhalten der späteren Zwerge und Riesen in der Fötalzeit; selbst Frühstadien der Chondrodystrophie sind meines Wissens kaum bekannt. Auch fehlt meistens die Kenntnis von Grösse und Gewicht der später misswüchsigen Personen bei der Geburt. Häufig wird angegeben, dass die primordialen Zwerge schon auffällig klein zur Welt kamen, während dies beim infantilen und thyreogenen Zwergwuchs nicht der Fall sein soll. Umgekehrt ist weder das Wachstumsergebnis für die auffällig kleinen, noch dasjenige für die sog. Riesenkinder bekannt. Mit „auffällig kleinen Kindern" sind natürlich nicht die Frühgeburten, sondern zur rechten Zeit geborene, einfach hypoplastische Kinder gemeint. Es kommt dies zweifellos nicht selten vor. Auf das Vorkommen der reinen Hypoplasie im Säuglingsalter und den gleichmässig gegenüber der Norm gesenkten Verlauf der Wachstumskurve solcher ganz gesunden, nur klein angelegten Kinder haben L. Tobler und Bessau aufmerksam gemacht. Übrigens sind die Meinungen geteilt: Camerer jun. gibt an, dass die Kinder mit abnorm kleinem Geburtsgewicht lange Zeit, bis zu 6 Jahren, hinter Kindern mit mittlerem Geburtsgewicht bei ungestörtem Aufwuchs zurückbleiben; Aron (11) will dies aber nicht allgemein aufrecht erhalten. Nach W. Freund (139) ist die Längenzunahme in den ersten 6 Monaten, angegeben in Prozent der Geburtslänge, bei den kleinsten Neugeborenen am grössten und nimmt mit zunehmender Geburtslänge immer mehr ab. Einige Zahlen Freunds mögen dies veranschaulichen:

$$\text{Neugeborene bis } 45 \quad \text{cm wachsen in 6 Monaten um } 28{,}1\,\%$$
$$\text{\hspace{4em},,\hspace{3em} von } 46\text{—}50 \text{ ,,} \quad \text{,,} \quad \text{,, } 6 \quad \text{,,} \quad \text{,, } 25{,}2\,\%$$
$$\text{\hspace{4em},,\hspace{3em} über } 50 \quad \text{,,} \quad \text{,,} \quad \text{,, } 6 \quad \text{,,} \quad \text{,, } 22{,}5\,\%$$

Dabei sind allerdings wohl auch gewöhnliche Frühgeburten mitberücksichtigt; von ihnen hat schon früher v. Pfaundler (314) nachgewiesen, dass die Massenzunahme, normales Gedeihen vorausgesetzt, bedeutend grösser ist als beim reifgeborenen Kinde; erst im Alter von 3 Monaten war in einem solchen Fall der prozentuale Zuwachs (das Massenwachstums-„Potential" Escherichs[1]) auf den des reifen Neugeborenen herabgesunken. Da das betreffende Kind 3 Monate zu früh geboren war, so hat es im Vergleich zu einem normalen Kind in seinen ersten drei extrauterinen Lebensmonaten nicht nur die Entwicklungsarbeit geleistet, die sonst einem Kind in der mütterlichen Kuvöse des Uterus teilweise vom mütterlichen Organismus abgenommen wird, sondern auch die Erhaltungsarbeit, die der postfötale Kampf ums Dasein schon dem jüngsten Säugling zumutet. Auch Reiche (345) fand, dass die verfrühte Geburt keine Störung in der natürlichen Wachstumskurve hervorruft, so dass Länge und Gewicht so verlaufen, als ob die Monate nach der Frühgeburt intrauterin verlaufen wären. Aber nur ein näher (z. B. nach der Ursache der Frühgeburt) zu kennzeichnender Teil der Frühgeborenen gedeiht in so musterhafter Weise, dass kein Unterschied mit reifgeborenen Kindern gleichen Konzeptionsalters zu bemerken ist. Ylppö (492) hat bei seinen Nachforschungen über das Schicksal Frühgeborener gefunden, dass 40—50 % von ihnen das Schulalter erreichen, eine erhebliche Anzahl gewisse körperliche und geistige Minderwertigkeiten bis ins Alter bewahrt und dass die Beeinträchtigung des Massen- und Längenwachstums sich am stärksten im zweiten extrauterinen Halbjahr bemerkbar macht. Meist findet man schliesslich um das 5.—6. Lebensjahr einen völligen Ausgleich, nur bei ganz geringen Geburtsgewichten (unter 1000 g) erweist sich die unzeitige Geburt

---

[1] Genau gesagt, versteht Escherich (12) unter Lebenspotential die Fähigkeit eines Lebewesens, „mittels Assimilation und Energieumsatz sich in seiner Lebensfähigkeit zu erhalten, zu wachsen und fortzupflanzen". Als Mass dieser Fähigkeit kann man mit den Einwänden, welche Pfaundler (314) geltend gemacht hat, z. B. die Zunahme der Körperlänge oder des Gewichts in der Zeiteinheit, bezogen auf die Längen- bzw. Gewichtseinheit ansetzen.

nachhaltiger von Schaden; wohl mit Recht betont er neben der allgemeinen Lebensschwäche die Unreife der chemischen (z. B. der Ver-
dauungs-)Funktionen; solche Kinder leiden später oft an Rachitis und
Anämie. Auch Langstein (242) bemerkt, dass sehr kleine Frühgeborene
(unter 1000 g) niemals eine normale Entwicklung zeigen und weist wie
Pfaundler auf die Wichtigkeit von Erkrankungen der Mutter hin,
die einen wesentlichen Einfluss auch auf das spätere Verhalten der
Frühgeborenen haben. Dass eine gute Konstitution gegenüber wachstumshemmenden Einflüssen einen gewissen Schutz gewährt, wird zwar
von vornherein einleuchten, aber es müssten doch noch mehr Beweisstücke dafür beigebracht werden; Stolte (431) erwähnt, dass muskel-
starke Kinder nicht so leicht von Wachstumshemmungen befallen werden
als dürftige, welke, blasse Kinder. Noch greifbarer konstitutionsver-
schlechternd als die Krankheiten der Mutter, wie Lues und Tuberkulose
(auch Eklampsie soll dazu gehören) wirken nach neueren Erfahrungen
Beschädigung des Fötus durch Bestrahlung. So hat Aschenheim (13)
von einem $3^1/_2$jährigen, mikrozephalen, imbezillen Knaben mit langsamer körperlicher und geistiger Entwicklung, schlechter Sehkraft
berichtet, der mit Krämpfen behaftet war und dessen Mutter, als sie mit
ihm schwanger ging, vom Ende des ersten Schwangerschaftsmonats ab
2 mal mit Röntgentiefenbestrahlung wegen Myom behandelt wurde. Bei
Geburt mass das Kind 52 cm, der Kopfumfang 34 cm, zur Zeit der
Beobachtung der letztere 42 (statt $49^1/_2$). Auch nach der Geburt war das
allgemeine Wachstum zurückgeblieben. Es liegen in der Literatur auch
sonst schon Schädigungen des Keims in Form von (Hyperämie und)
Blutungen der Meningen und des Gehirns vor (nach Aschenheim
durch Heineke, Obersteiner, Rodet-Bertin). Dass aber — vielleicht
indirekt auf zerebralem Wege — auch das allgemeine Wachstum geschädigt werden kann, beweist ein Fall eigener Beobachtung. Stettner (417)
teilt eine Beobachtung von Wachstumshemmung bei einem im 7. Monate
frühgeborenen Knaben mit, dessen Mutter sich im ersten Schwanger-
schaftsmonat wegen Blutungen einer Tiefenbestrahlung, dann wegen
Struma einer Operation unterzogen hatte; der Knabe hatte mit 4 Monaten
ein Gewicht von 1550 g und ein Längendefizit von 8 cm, mit 9 Monaten
ein solches von 16,5 cm. Ausser dem Längenwachstum war auch die
Knochenreifung zurückgehalten, denn er besass bis zum 17. Monat
noch keinen Knochenkern in der ganzen Hand. Bemerkenswerterweise
war er noch mit Hypospadie, Leistenhernie und Nystagmus behaftet.
Die eben angegebene eigene Beobachtung betrifft einen Fall, wo ein
zur Zeit der Beobachtung 4jähriges Mädchen mit ungewöhnlich starker
synostotischer Mikrozephalie 54 cm bei einem Schädelumfang von 28,5
und einem Brustumfang von 29,0 mass. Die Mutter war im 2. Schwanger-
schaftsmonat wegen Myom bestrahlt worden.

Das Gegenbild zu den hypoplastischen und den lebensschwachen
(„debilen") Kindern zeigen die sog. Riesenkinder. Als solche werden
bald Kinder mit über 4000, bald solche erst über 5000 g bezeichnet.
Allerdings hätten in unserem Falle, wo es sich um die Frage nach dem
Vorkommen von Wachstums-abschwächungen und -verstärkungen und
nach dem Schicksal solcher Kinder handelt, nur diejenigen Riesenkinder
Interesse, von denen mit einiger Sicherheit aus Kenntnis des Kon-

zeptionsalters behauptet werden kann, dass sie nicht einfach übertragen (Partus serotinus), sondern nur reif und dabei übermässig massig und lang sind. Da diese Unterscheidung bisher nicht genügend gemacht ist, hat auch die bisherige Literatur [Fuchs, Jakoby, Oyamada (304) u. a.] hier kein Interesse. Ausserdem sind diese Kinder und leider auch nicht die Extreme unter ihnen weiter in ihrer Entwicklung verfolgt worden. Wo Sektionen überhaupt vorgenommen sind, fehlen Angaben über den Entwicklungsgrad des Skelettsund der Wachstumsorgane. An der schon im embryonalen Leben vorhandenen Variabilität des Wachstums kann nach eigenen und fremden Untersuchungen (am besten Zangemeister, 492a trotz dessen gegenteiliger Meinung) kein Zweifel sein. Ich sah u. a. ein totgeborenes Riesenkind, das seine 53 cm bei bekanntem Befruchtungstermin in höchstens 260 Tagen erreicht haben musste.

2. Einfluss der Ernährung auf das Wachstum.

Die engsten Beziehungen verknüpfen das Wachstum mit der Ernährung; dies ergibt sich schon aus dem Wesen des Wachstums als eines der Urphänomene des Lebens. „Die Gesetze des Wachstums erkennen, heisst dem Wesen des Lebensprozesses näher zu treten", sagt Rubner (363). Vom pathologischen Standpunkt ist zu sagen, dass die häufigsten Wachstumsstörungen ihren Grund in Ernährungsstörungen haben. Wir werden also bei der Ätiologie der ersteren die Einflüsse eines ungenügenden Stoffwechsels in erster Linie berücksichtigen. Einiges ist darüber schon im ersten Teil (Kap. II, Abschnitt 15 und 16) ausgeführt worden. Die Heizung, deren die Wachstumsmaschine im Körper für sich bedarf, ist schwer zu beurteilen; einerseits scheint es, aus der laienhaften Beobachtung des täglichen Lebens, als ob wachsende Individuen, besonders zu den letzten Streckungen und zur Vollendung der Entwicklung, besonders grosser Nahrungsmengen bedürfen; gemessen sind diese nicht; sollte sich dieser Anschein bewahrheiten, so bliebe immer noch die Frage, ob soviel eingeführt werden muss, weil so viel zum allgemeinen Anwuchs nötig ist oder ob der Körper etwa zu den verschiedenen Perioden des Wachstums besondere Stoffe braucht und diese nur in kleinen Mengen in der Nahrung vorfindet, so dass, um dem Bedürfnis nach ihnen zu genügen, sehr viel Nahrung durch den Körper durchgeschickt werden muss, so wie etwa zur Gewinnung von kleinen Mengen von Radium die Verarbeitung grosser Quantitäten des Muttergesteins (Pechblende) notwendig ist. Für das Kind sind wir durch berühmte Stoffwechselprüfungen von Rubner und Heubner dahin unterrichtet, dass das Wachstum mit kleinen Eiweissmengen betrieben wird, so kleinen, dass der Mindestbedarf an Eiweiss bei Hunger nur wenig überschritten wird. Unterernährung macht sich offenbar dann erst an der Wachstumsfunktion geltend, wenn gewisse Depots aufgezehrt sind, denn das Wachstum geht noch bei deutlicher (äusserlicher!) Unterbilanz weiter; wird es auf Kosten der eigenen Körperbestände unterhalten, so kommt es, wie wir im 1. Teil ausgeführt haben, zu Disproportionen des Wachstums. Übrigens macht Aron (11) darauf aufmerksam, dass nach klinischen Betrachtungen der Nahrungsbedarf gleich grosser, gleich schwerer und gleich alter Kinder keineswegs derselbe sei; damit ist aber noch nicht gesagt, dass dies speziell auch für die Wachstumsfunktion gilt.

Da das Wachstum nur unter Neubildung lebendiger und spezifisch organisierter Substanz möglich ist und solche aus Stoffen der Nahrung herkommen muss, so scheint es, als ob es unter den Funktionen der Gewebe eine Sonderstellung im Verhältnis zum Stoffwechsel innehabe. Und doch ist kein prinzipieller Unterschied zu anderen Funktionen, etwa der Lieferung eines Sekretes, der Erhaltung eines Gewebsbestandes, der Entwicklung einer Hypertrophie. Aus diesem prinzipiellen Grund, aber auch wegen der experimentellen Erfahrungen, besonders wegen der Fortdauer des Wachstums im Hunger erscheint die Definition Rouxs, wonach Wachstum Überkompensation im Ersatz des Verbrauchten ist, nicht zutreffend. Es kommt hinzu, dass Wachstum auch gar nicht an Verbrauch (lokale Dissimilation) geknüpft erscheint und weder durch Inaktivität verringert, noch durch Aktivität immer gesteigert wird.

Bei der Beeinflussung des Wachstums durch Hunger ist natürlich scharf zu unterscheiden zwischen einer allgemeinen Unterernährung und der Möglichkeit der Entziehung einzelner für das Wachstum bestimmter Gewebe besonders nötiger Stoffe; die Bedeutung des letzteren, des „partiellen" Hungers ist vorläufig nur für das Skelett und auch da nur teilweise beforscht worden; es ist aber durchaus denkbar, dass partielle Wachstumshemmungen, auch anderer Organe, etwa des Gehirns, der Geschlechtsorgane durch partiellen Hunger vorkommen. Wir wissen darüber nichts. Es bestehen überdies noch Beziehungen zwischen allgemeinem und partiellem Hunger, auf die meines Wissens noch nicht aufmerksam gemacht worden ist, dahingehend, dass Einbusse an bestimmten, wichtigen Nahrungsmitteln beim allgemeinen Hunger vielleicht ein stärkeres Bedürfnis für andere, besondere Stoffe, z. B. für Wasser und Salze schafft. Die Verwässerung der Gewebe beim Hunger ist ja sehr vieldeutig; da sie sich aber beim Menschen wie in der Tierreihe zurück bis zu hungernden Salamandern [S. Morgulis (285)] regelmässig findet, spricht ihre Gesetzmässigkeit doch für einen starken Durst der Gewebe bei Hunger. Es wird wohl auch hierauf beruhen, dass die Hungerwirkung durch Durst stark gesteigert wird.

Zweifellos haben die einzelnen Komponenten der Nahrung sehr verschiedene Bedeutung für das Wachstum. In Hinsicht auf das Wasser, auf Salze, Säuren und Laugen liegen viele experimentelle Untersuchungen von seiten der Pflanzenphysiologen vor [Louis Kahlenberg und Rodney Truc (211)]; auch die Kolloidchemie [vgl. M. H. Fischer (131) und Pribram (330)] hat sich dieses Problems bemächtigt. Inwieweit schon bei der Befruchtung Quellungsvorgänge das Wachstum auslösen und später unterhalten, wird noch weiter Gegenstand der Forschung sein müssen. Die Wasseraufnahme durch die embryonalen Zellen selbst ist natürlich kein Wachstum, wohl aber vermag sie vielleicht die für das wahre Wachstum nötige osmotische Drucksteigerung und die mit ihr verbundene weitere Stoffaufnahme und Stoffkonzentration zu bewerkstelligen (vgl. Davenport, Backman). Auch lokale Wachstumsprozesse, z. B. bei sich krümmenden Pflanzentrieben, sind auf osmotische Unterschiede zurückgeführt worden[1]).

---

[1]) Es sei in diesem Zusammenhange auch auf das Referat Freudenbergs „Über Wachstumspathologie im Kindesalter" auf der Tagung der Gesellschaft für Kinderheilkunde in Leipzig September 1922 hingewiesen.

Die Bedeutung des Wassers für das menschliche Wachstum ist schliesslich auch klinisch untersucht worden und obwohl noch die genauere Unterscheidung der Hunger- und Durstwirkungen bei allgemeiner Unterernährung aussteht, ist doch auf die Wachstumsförderung durch Wasserzufuhr bei Säuglingen nach vorhergehendem Wachstumsstillstand aufmerksam gemacht worden [L. F. Meyer (282)].

Die Versuche, speziell das Knochenwachstum durch Entziehung oder Zufuhr bestimmter Stoffe zu beeinflussen, haben zu keinen deutlichen Ergebnissen geführt. So prüfte Schmorl (387) die Wirkung phosphorarmer Nahrung, erhielt bei den Versuchstieren aber nur Erscheinungen, die an die Barlowsche Krankheit erinnerten, allerdings ohne Blutungen, aber mangelhafte Ablagerung von Knochensubstanz sowohl an der Compacta als an der Spongiosa und Störung der endochondralen Ossifikation, also im ganzen nur Osteoporose; eine deutliche Wachstumsstörung wurde nicht erzielt. Fütterung mit kalkarmer Nahrung machte nach Dibbelt am schwangeren Muttertier Osteoporose, während die Föten gesund bleiben; in den Versuchen Göttings (165) traten rachitisähnliche Veränderungen an den kalkentbehrenden Tieren auf. Die Ähnlichkeit bestand aber nicht in der wesentlichen Erscheinung des Kalklosbleibens der osteoiden Substanz, sondern in einer gesteigerten Resorption verkalkten Knochens; eine Abänderung der appositionellen Vorgänge der Wucherungszone wurde nicht beobachtet. Das negative Ergebnis Göttings verdient deshalb hervorgehoben zu werden, weil Bunge bei mehreren Tiergattungen eine Wachstumssteigerung durch den Zusatz von Kalk zu der Nahrung der säugenden Tiermutter gesehen haben will; ferner hat F. H. Mc Crudden bei infantilistischem Zwergwuchs mit Störungen des Stoffwechsels, besonders mit Darmstörungen, starke Kalziumausscheidung aus dem Darm (nicht aus den Nieren) festgestellt, er will diese Störung des Kalkstoffwechsels bei anderen Formen des Zwergwuchses nicht beobachtet haben und bringt sie im obigen Fall in ursächlichen Zusammenhang mit der Wachstumshemmung; zu verwundern ist, dass er dabei die Knochen fest fand und dass er die Hemmung durch eine Verminderung des Wachstumstriebes erklärt. Gans (146) fütterte Hunde mit quantitativ ungenügender, aber qualitativ passender Nahrung, sodann mit falsch zusammengesetzter Nahrung und erzielte in beiden Versuchsreihen nur eine gewisse Osteoporose. Lehnerdt prüfte den Einfluss des Strontiums auf die Entwicklung des Knochengewebes wachsender Tiere bei verschiedenem Kalkgehalt der Nahrung und fand, dass bei Kalkmangel das Strontium das Kalzium nicht ersetzen kann, wobei das neugebildete Knochengewebe weich, osteoid bleibt. An sich setzt Strontium die Resorption von Knochen herab und steigert — ähnlich wie Phosphor (vgl. die Phosphorsklerose des Knochens nach Wegner) die Apposition. Nur insofern die Menge des neugebildeten Knochens vom jeweiligen Kalkangebot abhängig ist, beeinflusst Kalkmangel das Wachstum; zunächst passt sich aber die Osteogenese der verringerten Kalkzufuhr durch Umbau und zunehmende Porosität (s. oben) an, ohne dass das Längenwachstum nachlässt.

Wenn jungen Tieren (Ratten) nach der Entwöhnung von der Mutter eine reichliche und einseitige Ernährung mit Fett und Eiweiss

dargeboten wird, so erfolgt nach den Beobachtungen Brünings (77)
sofort erhebliche und stetige Gewichts- und Grössenzunahme; hingegen
sinkt bei einseitiger Kohlenhydraternährung das Gewicht und diese
Einbusse wird auch bei darauffolgendem Übergang zu gemischter Nahrung
nicht völlig ausgeglichen; die Röntgenuntersuchung der Knochen ergibt
nichts diesen Störungen Entsprechendes. Aron (11) bemerkt, dass
Eiweissmilch bessere Fortschritte erzielt, wenn es sich darum handelt,
verlorenes Wachstum wieder einzugewinnen. Nur Eiweiss gestatte
über die Norm gesteigerten An- und Ausbau, d. h. Streckung und Füllung.

Die deutlichsten Ausschläge hinsichtlich der Wirkung ungenügender
Ernährung auf das Wachstum geben natürlich die Beobachtungen
von Ersatz der natürlichen Ernährung an der Mutterbrust durch
„künstliche" Ernährung, ein Problem, welches natürlich die Pädiatrie
nach allen möglichen Richtungen verfolgt hat und auf das wir hier
nur einige Streiflichter werfen können. Das „beste Wachstum" ist
natürlich bei Kindern an der Mutterbrust und bei Ammenkindern [1]);
darnach abgestuft [nach Peiper (307)] bei Buttermehlnahrung oder
Halbmilch mit $17^0/_0$ Rohrzucker; langsamer erfolgt Wachstum bei
Halbmilch allein und am geringsten bei Eiweissmilch. Trennung von
der Mutter hemmt auch bei Tieren (Ratten) das Wachstum [Brüning (77)].
Junge mit Mehl ernährte Hunde zeigen nicht nur im Gewicht, sondern
auch im Längenzuwachs Einbusse an Wachstum [Paul Schulz (394a)].

Auf der Suche nach den wachstumsnötigen und wachstum-
förderlichen Stoffen in der natürlichen und künstlichen Nahrung
hat man vielleicht bisher allzusehr die einzelnen Bestandteile im Auge
gehabt, während manches dafür spricht, dass, abgesehen von der Frage
nach der grossen Rolle, welche die „Vitamine" neben Wasser, Salzen,
Eiweissen, Zucker und Fetten nicht nur für das Gedeihen, sondern
auch für das Wachstum der Kinder haben, in der „Mischung" als solcher
ein wesentlicher Faktor liegt. Die Milch wäre danach nicht bloss eine
Summe von wirksamen Nährstoffen, sondern in ihr potenzieren sich
gewisse Stoffe vielleicht so, wie wir dies von auxiliären Arzneimitteln
heute wissen. Es ist daher möglicherweise nicht bloss die fermentartige
Wirkung eines unbekannten Vitamins, sondern eine solche Potenzierung,
welche den Befund von Hopkins erklärt, wonach Zusatz einer sehr
geringen Menge Milch zu einem Nahrungsgemenge, welches trotz
genügenden Kalorienwerts zum Wachstum nicht ausreichte, Wachstum
herbeiführte. Ein solches Gemenge war z. B. Kasein, Stärke, Rohrzucker, Schweinefett und Mineralstoffe. Abderhalden (1) konnte
zeigen, dass diese Wirkung sich über die einzelne Generation hinaus
erstreckte. Bei Hühnern erweisen sich nach Osborn und Mendel (302)
gewisse Mengen Aminosäuren in der Nahrung zum Wachstum unent-
behrlich, besonders Tryptophan, Lysin, Zystin. Das an Tryptophan
und Lysin reiche Laktalbumin förderte das Wachstum von Hühnern
und Ratten bedeutend; die bei Mangel solcher Stoffe zurückgebliebenen

---

[1]) In diesem Zusammenhang sei an die artlich verschiedene chemische Zusammensetzung der Milch erinnert, die man seit Bunge mit dem Wachstumstempo der betreffenden
Tierart in Verbindung bringt. Nach einer von Höber wiedergegebenen Tabelle von Milch-
analysen ergibt sich, dass die Kaninchenmilch 12 mal eiweissreicher und fast 24 mal reicher
an Ca, Mg und P ist als die menschliche Milch.

Hühnchen boten sonst keine pathologischen Befunde. Auch gleichzeitiges Fehlen von Arginin und Histidin führt nach Akroyd und Hopkins zu Wachstumsstillstand. Künstliche Gemische reiner Hauptnahrungsstoffe genügen nach Langstein und Edelstein (242) jungen Ratten nicht zur Aufrechterhaltung regulären Wachstums, Plasmon, Kasein, Stärke und Palmin erweisen sich in diesem Sinn als insuffizient und wurden erst durch Zusatz von Rüböl und Hefe genügend, durch Extrakt aus Weizenkleie gebessert. Nicht nur Wachstums-, sondern allgemeine Entwicklungshemmung ist bei solchen „Avitaminosen" die Folge, denn es bleibt z. B. die Geschlechtsreife aus, der Tod erfolgt unter den Zeichen hämorrhagischer Diathese wie bei anderen Avitaminosen. Lehrreich ist auch das Auftreten von Keratomalazie am Auge. Zusatz von Hefe beschleunigte oder förderte wenigstens das Wachstum. Mc Callum hatte bei Ratten durch fettfreie Kost Stillstand des Wachstums eintreten sehen; massgebend ist dabei der Mangel des „fettlöslichen A-Stoffes", der sich im Butterfett, Eidotter, Extrakt von Hoden und Nieren, im Rinderfett und Lebertran, nicht aber in Talg und Schweinefett vorfindet. Beim menschlichen Kinde, welches lipoide Stoffe entbehrt, z. B. bei Entzug der Vollmilch oder durch sonstigen Fettmangel, tritt ebenfalls Hemmung des Wachstums ein; C. E. Bloch (57) bezeichnet dies als „Dystrophia adiposo genetica" und verweist auf die japanische Krankheit „Hikan" (Mori). Da hier nicht die ganze Literatur über die Wachstumsstoffe der natürlichen und künstlich zusammengestellten („gereinigten") Nahrung wiedergegeben werden kann, sei auf den Bericht von L. B. Mendel (280) in den Ergebnissen der Physiologie verwiesen. Ferner sei auf den Abschnitt über die rachitische Wachstumsstörung hingewiesen, da der avitaminotische Charakter der Rachitis durch die Arbeiten der letzten Jahre (besonders Mellamby) wahrscheinlich gemacht ist. Die Wachstumseinbusse durch vitaminbedürftige Zustände erklärt Bickel (46a) aus dem Hungerzustand, den jede Avitaminose hervorrufe, weil dadurch eine gewisse Unfähigkeit der Zellen zur Ausnützung der tatsächlich dargebotenen Nahrungsstoffe erzeugt werde.

Aron (11) fand Zurückbleiben der Längen- und Gewichtszunahme bei eiweiss- und salzarmer Diät (auch Frauenmilch), dagegen lebhaftes Skelettwachstum bei Gewebsschwund und damit Gewichtsstillstand (also im ganzen „Umbau") bei eiweiss- und kalkreicher Nahrung; das Ergebnis ist ein Missverhältnis zwischen Gewicht und Länge, eine Disproportion (Variots Wachstumsdissoziation oder „ponderale Atrophie").

Der Begriff „Ernährungsstörung" ist ein sehr vieldeutiger und deckt sich jedenfalls nicht immer mit irgendeiner Art Hunger; es verstecken sich in ihm auch andere Möglichkeiten der Wachstumsbeeinflussung [1]); wollte man ihn klassifizieren, so müsste man zunächst unmittelbare und mittelbare Ernährungsstörungen unterscheiden; zu den ersteren würden alle Defizite der dargebotenen Nahrung und die

---

[1]) Vgl. damit die folgende Begriffsbestimmung Finkelsteins: Als „Dystrophien" oder „dystrophische Zustände" bezeichnen wir alle jene chronischen Störungen, deren Symptomatologie sich erschöpft mit einer Verschlechterung des Ernährungszustandes und einer Verringerung oder Hemmung des Gewichtswachstums (und zum Teil auch des Längenwachstums).

Störungen der Verdauung in den ersten Wegen des Stoffwechsels zählen,
unter letzteren die Störungen des intermediären Stoffwechsels, z. B.
das Fieber. Es hat sich klinisch herausgestellt, dass gerade hinsichtlich
der Einwirkung auf das Wachstum die „Ernährungsstörungen" sehr
verschieden einzuschätzen sind: Während z. B. intermittierender Hunger,
also z. B. Fasten, nicht nur keinen schädlichen, sondern im Gegenteil
einen förderlichen Einfluss auf das Wachstum haben soll [Seland,
russische Medizin 1888, zit. nach v. Pfaundler (315)], haben sich infek-
tiöse Darmerkrankungen und Allgemeinerkrankung als besonders hemmend erwiesen [1]). In der Praxis muss zwischen Massenwachstum
(Gewichtszunahme) und Längenwachstum um so schärfer unterschieden
werden als das erstere viel weniger Wachstum in dem hier interessierenden
Sinne, als Mästung (Depotbildung) ist und das letztere von dieser unabhängig ist. Es ist bereits der Untersuchungen Camerers und Variots
gedacht worden. Die physiologische Längenwachstumskurve des Säuglings ist eine stetige, und zwar eine im ersten Halbjahr steiler, gegen
Ende des Jahres flacher ansteigende Linie. Der durchschnittliche Längenzuwachs beträgt im ersten Vierteljahr 9 cm, im zweiten 8, im dritten 3,
im vierten 4 cm. Genauere Angaben für nicht gedeihende Säuglinge
verdanken wir weiter Freund (139), Aron (11), Birk (52) und Waser
(464), für das Säuglingsalter. Freund (139) ging von der Beobachtung
aus, dass Stickstoff selbst dann angesetzt wird, wenn das Gewicht des
Kindes stillsteht oder abnimmt; er fand, dass bei geringer Unterernährung
die Wachstumskurve in ihrer Hebung nicht verändert wird; erst schwerere
Störungen (s. unten) vermögen Hemmung des Wachstums zu bewirken.
Mässig unterernährte Säuglinge von milcharmen Ammen zeigen bei sehr
langsamer Gewichtszunahme normales Längenwachstum. Ein Fall
von Camerer war sogar überlang. Birk meint, dass der Wachstumstrieb für gesund bleibende Säuglinge verschiedener Geburtslänge der
gleiche sei, weil die Längenwachstumskurven parallel liefen; aber erstens
zeigt doch schon die verschiedene Länge bei der Geburt die Verschiedenheit des Wachstums in utero, und da wir wissen, dass die Geburt selbst
keine Unterbrechung des Wachstums (s. unten) setzt, so dürfte jenes
Parallelgehen, wenn es überhaupt aus Birks Kurven hervorgeht, auf
Rechnung der kurzen Beobachtungszeit des ersten Lebensjahres gesetzt
werden, die im Vergleich zur ganzen Wachstumszeit zu kurz erscheint,
um Wachstumskurven verschiedener Individuen mit Sicherheit zu
vergleichen. Wichtiger erscheint Birks Feststellung, die sich zum Teil
aus einer Gegenüberstellung mit Freunds Befunden ergab, dass Unterernährung bei jüngeren, speziell neugeborenen Säuglingen härter in
das Wachstum eingreift als bei älteren solchen, und er bestätigt, dass
nur absoluter und langer andauernder Gewichtsstillstand von Hemmung
der Längenzunahme begleitet ist. Stolte und Waser betonen den
Unterschied des Einflusses der verschiedenen Ernährungsstörungen
auf das Wachstum (s. unten). Eben genügende Ernährung scheint einen
„Kampf der Teile im Organismus" (W. Roux) auszulösen; so ist es zu

---

[1]) Der Botaniker Lakon sagt, dass bei den Pflanzen optimale Wachstumsbedingungen dann gegeben sind, wenn alle aufgenommenen Nährstoffe restlos verkonsumiert
werden. Speicherung von organischer Substanz ist das erste Zeichen von Wachstumshemmung.

erklären, wenn Aron (11) auf Grund von Versuchen und klinischen Beobachtungen angibt, dass dabei Skelett, Hirn, auch Geschlechtsorgane auf Kosten von Fett und Muskulatur zunehmen. Der äusserliche Verlust an normalen Proportionen entspricht dann einer durch lokale Unterernährung bewirkten inneren Disharmonie (vgl. I. Teil, S. 728 und 729).

Richtung und Grad, so erworbener Disharmonien hängen wohl auch von den konstitutionellen Veranlagungen und von der Zeit, zu welcher die Schädigung einsetzte, ab. Im Bereich des Skeletts äussern sich innere Disharmonien, wie oben bereits auseinandergesetzt, als „Reihenfolgestörungen" (Stettner) der Reifeentwicklung. Stettner hat bei den schon oben erwähnten Untersuchungen über die Entwicklung des Handskeletts im Kindesalter gerade bei Unterernährung neben einfachen Hemmungen solche Abweichungen der Reihenfolge im Auftreten der Knochenkerne gesehen und es scheint, dass einmal im kritischen Zeitpunkt der Entstehung von einer Hemmung betroffene Knochenkerne sich schwer erholen und von anderen, jünger entstandenen überholt werden. Die Verfolgung des Problems der Konkurrenz verschiedener Organe bei Unterernährung, längst schon den Physiologen bekannt, aber in pathologischer Beziehung wohl auch von grösserer Bedeutung, als bisher beachtet wurde, stösst auf grosse Schwierigkeiten, weil die Ursachen der schwereren Wachstumshemmungen, wie Krankheiten, an sich das Verhältnis und die Beschaffenheit der Organe (z. B. durch Entartungen) verändern. Nach Sawidowitsch (367) hat die Art der Ernährung z. B. keinen Einfluss auf das Wachstum des Gehirns im Säuglingsalter, solange die künstliche Ernährung das richtige Mengenverhältnis der notwendigen Bestandteile behält; hingegen werde Wachstumsstillstand des Gehirns durch fett- und lipoidarme Nahrung erzeugt.

Wenn es richtig ist, dass die einzelnen Erscheinungen der menschlichen Entwicklung Zeiten höchster kritischer Empfindlichkeit, besonders in ihren Anfängen haben, so müssen sich die Folgen einer Schädigung oft erst nach vielen Jahren zeigen können und wir werden z. B. über die Wirkungen der Hungerblockade während des Weltkrieges erst dann genauer unterrichtet sein können, wenn alle während des Krieges noch in Entwicklung befindlich gewesenen Individuen in Deutschland und Österreich ihre Entwicklung werden abgeschlossen haben. Zur Zeit haben wir nur ein vorläufiges Urteil über die rasch eingetretenen und unmittelbaren Wirkungen der Unterernährung durch die Belagerung Deutschlands.

Schon während des Krieges war das Augenmerk auf zwei mögliche Ausschläge der Unterernährung gerichtet: erstens auf den Einfluss der Unterernährung von Müttern auf die Beschaffenheit ihrer Leibesfrucht, zweitens auf das Wachstum kleinerer und grösserer Kinder, besonders von Schulkindern. Was die erste Frage anlangt, so hat sich mit fast vollkommener Übereinstimmung ergeben, dass die Kriegsernährung auf das Geburtsgewicht der Neugeborenen keinen Einfluss ausgeübt hat [vgl. u. a. Tschirch-Jena (445), Mössmer-Posen, Ruge II und Buchhold, Berlin, H. Brüning-Rostock (78), Phil. Schmidt (384), Kütting, Giessen (235)]. Tschirch bemerkt, dass die Kinder

der „Hausschwangeren", d. h. derjenigen Frauen, welche eine Zeitlang
vor der Entbindung in der Klinik daselbst einer gewissen Ruhe pflegen
konnten, schwerer waren als die anderen. Nur Peller (310) ist gegenteiliger Meinung: nach ihm ist die Ernährung der Schwangeren ein
wesentliches Moment in der Entwicklung des Fötus und mitbestimmend
für seine Länge und sein Gewicht. Seine Zahlen, in Wien (!) gewonnen,
sind so gross, dass auch die beobachtete, nicht bedeutende Abnahme
der Neugeborenen-Masse Beachtung verdient.

Die Ergebnisse der Messungen und Wägungen an Schulkindern während und nach dem Kriege, soweit sie bisher erschienen
sind, aufzuzählen, würde wegen der grossen Zahl der Arbeiten zu weit
führen. Zusammenfassend ist zu sagen, dass die Angaben verschiedener
Autoren während der ersten Hälfte des Krieges günstig lauteten; wenn
man erst ein gewisses Misstrauen gegen die Ableugnung der Blockade-
wirkung haben konnte, so wissen wir doch, dass vor dem Kriege die
durchschnittliche Ernährung eher überreichlich war und dass eben
das Wachstum lange Zeit sich nicht stören lässt; so ist es nicht ver-
wunderlich, dass erst vom Jahre 1917 ab Hemmungen beobachtet und
beschrieben wurden und dabei zunächst nur von Gewichtsrückgang
die Rede war [Häberlin (168), Stettner (418)], eher ist zunächst eine
leichte Steigerung von 2—3 cm vermerkt [Thiele (438), Schlesinger].
v. Pfaundler (317) und E. Schlesinger (374, 376) berichten über-
einstimmend, der erstere für Münchener, der letztere für Strassburger
Kinder, dass die dann einsetzende Einbusse an Längenzuwachs besonders
die Kinder gutsituierter Eltern betraf, am stärksten die Gymnasiasten
[Schlesinger (374)], wo sie sogar die Verminderung des Gewichtswachstums überwog; die sozialen Grössenunterschiede (s. unten) wurden
fast ausgeglichen, lang aufgeschossene Knaben waren selten zu sehen;
die „pathologische Wachstumspräzipitation" der reichen Kinder (von
Pfaundler) verschwand. Um absolute Masse zu geben, so betrug der
Rückstand der Länge im Schulalter nach Schlesinger (376) gegenüber 1913 2 cm, nach Neuhaus-Köln (293) bei Knaben 4 cm (1918),
bei Mädchen 3 cm.

Die Erholung von Wachstumshemmungen nach Ernährungsstörungen erfolgt im Experiment wie in der klinischen Beobachtung
ganz überraschend schnell und auch vollständig, wenn nicht etwa dauernde
Nachwirkungen durch Krankheiten vorliegen (Aron, Morgulis). Krizenecki (234) berechnete die Wachstumsintensität von Tritonen nach
Aussetzen der Hunger-Hemmung und bei Wiedereinstellung normaler Ernährung auf das 3—4fache von derjenigen der Kontrolltiere. Seine Deutung,
dass hier das Ergebnis einer im Hunger erlernten besseren Ausnützung
der Nahrung vorliege, dürfte wohl das Richtige treffen. Bemerkenswerterweise überwuchsen die Hungertiere bei der Erholung die Kontrolltiere um 11—19%. Krizenecki meint danach, dass durch Hunger
die Wachstumsfähigkeit einer Art über ihre Norm gesteigert werden
kann. Vom intermittierenden Hunger ist bekannt, dass er zu stärkeren
Abzehrungsgraden als fortgesetzter Hunger führen kann; auch in bezug
auf die Wachstumsschädigung verhält er sich verhängnisvoller: die
Tiere erholen sich bei wiederholten Hungerperioden nicht mehr so leicht
und so vollkommen; Erfahrungen, die wohl auch auf den Menschen

anwendbar sind. Das Aufholen des versäumten Wachstums nach Stillstand infolge Unterernährung ist von Waser (464) mit bis zu 8% Zunahme berechnet worden; der normale relative Zuwachs beträgt höchstens 6,5%. Blühdorn und Lohmann haben (an einem allerdings kleinen Materiale) Nachforschungen über das spätere Schicksal schwer ernährungsgestörter Säuglinge im vorgeschrittenen Kindesalter angestellt und haben dabei keine Einbusse am Längenwachstum und am geistigen Fortschritt, höchstens eine gewisse Untergewichtigkeit feststellen können.

Schliesslich sei noch ein Wort über scheinbare Wachstumshemmungen gesagt. Nach Camerer fehlt den Säuglingen in den ersten 3 Wochen eine Längenzunahme, ja man finde, so meinte er, zuweilen ein Zurückgehen der Länge; er schob dies auf die Umformung des Schädels und die Rückbildung der „Kopfgeschwulst". Diese Angaben sind von anderen, z. B. Birk (52) nicht bestätigt worden und im grossen und ganzen bleibt es bei der oben angegebenen Gesetzmässigkeit, dass die Geburt für das Längenwachstum keine Cäsur abgibt. Ein zweites Mal erfolgt eine scheinbare Wachstumshemmung beim Übergang in die aufrechte Körperhaltung zur Zeit der Erlernung des Gangs; auf sie hat Waser (464) aufmerksam gemacht und sie mit der veränderten Krümmung der Wirbelsäule und der Kompression der Zwischenwirbelscheiben und Gelenkpolster erklärt; er fügt die Bemerkung hinzu, dass in den darauffolgenden Monaten sich vermehrtes Wachstum zeige, anscheinend durch den Reiz der aktiven Bewegung.

3. Einfluss endokriner Störungen auf das Wachstum.

Im vorhergehenden war mehrfach schon von der Tatsache die Rede, dass Störungen des Wachstums ungleichmässig eingreifen und die Harmonie des Organismus verderben können, sei es, dass Disproportionen der äusseren Gestalt sich ergeben, sei es, dass innere Wachstumsverschiebungen durch Kümmerwachstum einzelner Organe sich als Folge zeigten. Aber auch das Umgekehrte kann sich ereignen: dass primäre innere Disharmonien zu sekundären Wachstumsstörungen führen. Es betrifft dies hauptsächlich die Tätigkeit der sekundären Wachstumstriebe und der Wachstumsregulation, wie sie von den Organen mit innerer Sekretion und vom Nervensystem ausgeht. Die Rolle des letzteren ist vorläufig schwer zu umgrenzen; sie erscheint aber bisher unterschätzt und wir werden weiter unten (Kap. B c 5) auf die Ausfallserscheinungen des Wachstums bei Hemmung z. B. der Gehirnentwicklung besonders aufmerksam machen. Mit dem Ausdruck „trophoneurotische Störungen" werden häufig Erscheinungen zusammengefasst, welche teilweise lokale Wachstumsvorgänge betreffen, so die bei Nervenleiden (Leitungsunterbrechungen) gesehenen Störungen des Wachstums von Haaren, Nägeln usw. Was die Beeinflussung des Wachstums durch Inkrete anlangt, so überblicken wir die Minusseiten derselben besser als die Plusseiten; d. h. es wird in reinen Fällen des Fehlens einer Drüse meist deutlich, inwiefern sie an dem normalen Wachstumsergebnis beteiligt ist, während im Gegensatz zu der Wirkung der Hypofunktion die Frage der Hyperfunktion viel undurchsichtiger ist. Nicht selten haben wir bei anscheinend gleichem experimentellen Eingriff und gleichem pathologisch-anatomischen Befund ein verschiedenes Ergebnis, und zwar nicht nur in bezug auf die feinere Modellierung des Körpers, sondern auf die Grundfunktion des Längenwachstums, z. B. bei Aplasie oder Hypoplasie der Keimdrüsen. Solche Widersprüche sind durch oft unübersehbare Ungleichförmigkeit des Ausgangsmaterials bedingt: Unterschied des Alters, der Rasse, der individuellen Konstitution, der Jahreszeit, zu welcher z. B. ein experimenteller Eingriff stattfindet, sind Bedingungen für den Verlauf der spontanen oder gewollten Störung. Nirgends prägt sich beim Menschen oder selbst beim Säugetier die individuelle Reaktionsweise schärfer aus als im Gebiet der hormonalen Wirkungen und der regulatorischen Funktionen des Nervensystems. Es ist daher nur ganz allgemein richtig, wenn von einer wachstumsfördernden Gruppe der Drüsen mit innerer Sekretion und von wachstumshemmenden gesprochen wird. Zu der ersteren zählt man die Schilddrüse, die Hypophyse, den Thymus, zu den letzteren Hoden und Eierstock.

Im vorliegenden Zusammenhang soll nur eine allgemeine Übersicht über die Abhängigkeit der Körpermasse von den bekannten innersekretorischen Drüsensäften gegeben und dabei besonders auch das Verhalten des Skeletts berücksichtigt werden. Einiges ist darüber bereits im I. Teil (Kap. II, 14) ausgeführt worden.

Entsprechend der dominierenden Stellung, welche die Schilddrüse als Lieferantin sekundärer Wachstumstriebe im Körper einnimmt, einer Stellung, aus welcher sie sozusagen nur selten bei abnorm zusammengesetzter Blutdrüsenformel verdrängt werden kann, finden wir bei ihr am reinsten Gegensätze zwischen Hypo- und Hyperfunktion. Auf der einen Seite haben wir die Hypothyreosis bei kongenitaler Aplasie und Hypoplasie, bei operativer Wegnahme oder Verkleinerung (ein Beispiel, welches gerade im jugendlichen wachstumsfähigen Alter kaum je mehr vorkommt), beim endemischen Kropf; auf der anderen Seite die Thyreotoxikosen, Morbus Basedowi, Basedowoide und Kropfherz. Beim infantilen Myxödem durch Schilddrüsenmangel ist die Körperform, je nach dem Grad der Verkümmerung der Drüse mehr oder minder zwergwüchsig, plump, untersetzt; die Knochen selbst werden meist ebenfalls als plump beschrieben und abgebildet, sind es aber nicht immer; so sah ich (352) in einem Fall von völliger kongenitaler Athyreosis bei einem 28jährigen Weibe ein ganz graziles Skelett. Im Tierversuch ist ein Unterschied zwischen Pflanzen- und Fleischfressern. Erstere bekommen dicke, letztere (Hund) behalten schlanke Knochen; die Knorpelfugen sind klein und ihr Verschluss verzögert; es liegt aber meist kein völliger Stillstand, nur eine sehr starke Verzögerung der Knorpelwucherung und des Knorpelabbaues vor. Beim endemischen Kretinismus, dessen Schilddrüsenstörung wohl fraglos, aber schwer mit dem pathologischen Befund in Übereinstimmung zu bringen ist, haben wir eine ähnliche Körperform, auf die Besonderheiten des Skeletts soll erst bei Besprechung der einzelnen Zwergwuchsformen eingegangen werden. Den abgeschwächten, „gutartigen" Hypothyreoidismus hat Hertoghe genauer studiert und auch eine Anzahl Messungen angegeben. Das Gegenbild des Hyperthyreoidismus hielt man allgemein im Kindesalter für selten; erst neuerdings mehren sich die Angaben darüber. Zuerst hat Holmgren (189, 190) angegeben, dass jugendliche Individuen mit Zeichen der Basedowschen Erkrankung von hohem Wuchse seien und dass dieser von frühzeitiger Synostosierung der Wachstumszonen an den Handgelenken begleitet werde [1]; das gleichzeitige Vorkommen von Struma mit Tachykardie im Wachstumsalter sei meist mit Grosswüchsigkeit verbunden, die den Durchschnitt gleichalteriger Kinder (meist sind es Mädchen), gleicher sozialer Lega um 5 cm übertreffe; bei Struma ohne Tachykardie sinke dieser Unterschied auf 0,9 cm. Da bei erwachsenen Basedow-Kranken Hochwuchs nicht angetroffen wird, so beweist die übermässige Länge bei basedowkranken Kindern die wachstumsübertreibende Wirkung der gereizten Schilddrüse. Die weitere Beobachtung dieser Kinder lehrt, dass sie bei gleicher Körpergrösse wie Normale, aber da sie die betreffende Grösse früher erreichen, in einem jugendlicheren Alter als Normale ihr Skelettwachstum abschliessen. Wir sehen also das gleiche Wachstumsergebnis in überstürztem Tempo erreicht. Holmgren sieht darin einen gesetzmässigen Ausgleich, um allzu starke Variabilität der Grösse zu verhindern, ein Streben zur „Konzentration der Körperlänge um die Norm". Die thyreogene Abhängigkeit der Körperlänge im Wachstumsalter und des Zustandes der Ossifikation ist dann noch von Schiötz (392) erörtert worden. Messungen in dem als Kropfbezirk bekannten norwegischen Bezirk Mjösen ergaben für Kinder gleicher sozialer Herkunft bei Behaftetsein mit Kropf kurz vor der Pubertät stärkeres Wachstum; übrigens tritt die Vergrösserung der Schilddrüse selbst erst um diese Lebenszeit deutlich in die Erscheinung; dabei waren aber selten Symptome von Hyperthyreoidismus; er meint also, eher seien Körperwachstum und Schilddrüsenwachstum koordinierte Erscheinungen und nicht ersteres vom letzteren abhängig, zumal in späteren Jahresklassen der Unterschied mit dem Nachlassen („Degeneration"!) des Kropfes sich abschwäche; vielleicht disponiere besondere Körperlänge nicht nur für die Krankheit Kropf, sondern auch für andere Wachstumskrankheiten, womit die später noch zu besprechende Frage nach dem Verhältnis zwischen Krankheitsdisposition und Wachstum angeschnitten wird. Schlesinger (377) bestätigt die Schiötzschen Beobachtungen und fügt hinzu, dass die Knaben mit hyperplastischer Schilddrüse bis zum Ende der Wachstumszeit, also etwa 20 Jahren, ihre Altersgenossen um mehrere Zentimeter zu überragen pflegen, wobei der Grad des Kropfes nichts auszumachen und ungewöhnliche Grade von Hochwuchs nicht aufzutreten pflegen. Im Gegenteil sind die Grössten unter Altersgenossen so gut wie nie mit Kropf behaftet. In diesem Zusammenhange sei auch daran erinnert, wie selten gerade in denjenigen Gegenden Deutschlands, welche die höchststämmigen Einwohner haben, Kropf vorkommt. Andererseits ist es bekannt, dass in Kropfgegenden die durchschnittliche Grösse der Bevölkerung gering ist; allerdings ist Kropf etwas sehr Uneinheitliches. Es bleiben aber doch genug Beispiele dafür, dass im Rahmen der Norm wie in pathologischen Fällen Wachstum durch eine Steigerung der Schilddrüsenbetonung des Körpers sehr leicht gesteigert wird. Der Habitus solcher Kinder hat weitere gemeinsame Züge in psychischer und geschlechtlicher Frühreife und in dem lebhaften, zuweilen nervösen Temperament; sie sind sehr oft blond, reich behaart

---

[1] In einem selbst beobachteten Fall |von Basedowscher Erkrankung bei einem 12jährigen übertrafen die Körperproportionen den Durchschnitt kaum nennenswert. Das Kind war aber sonst (besonders geistig) „sehr gut entwickelt".

und von hübschen Zügen. Schliesslich betonte noch kürzlich Stettner (419) die Steigerung des Längenwachstums und eine gewisse Frühreife der Ossifikation bei hyperthyreotischen Zeichen. Bei parenchymatöser Struma allein, z. B. auch den Neugeborenen, soll nichts Abweichendes zu sehen sein; auch Schlesinger (377) betont ihr spurloses Verschwinden. Jedoch muss ich mit Wegelin (466) bemerken, dass zusammen mit kongenitaler Struma sehr oft im Gegenteil ein in der Reifung der wenigen zur Zeit der Geburt vorhandenen Kerne zurückgebliebenes Skelett vorgefunden wird. Wegelin (466) betont die Häufigkeit des Fehlens des unteren Epiphysenkerns des Oberschenkels bei reifen Neugeborenen in einer Kropfgegend wie derjenigen Berns. Nach Hunziker und Wyss (194a) bewirkt die Schweizer Kropfprophylaxe stark gesteigertes Längenwachstum der Kinder.

Der Einfluss der Hypophyse auf das Wachstum ist viel schwerer als der der Schilddrüse abzuschätzen. Erstens ist sie anatomisch und zweifellos auch funktionell nicht so einheitlich wie die letztere, zweitens kommen weder angeborene noch erworbene reine Defekte der Hypophyse vor; drittens wechselt sie zweifellos mit dem Alter und individuell viel stärker ihre Bedeutung. Im ganzen genommen ist sie nicht, wie dies schon behauptet wurde, die wichtigste Wachstumsdrüse, wohl aber kann sie sich in dieser Hinsicht sozusagen einmal krankhaft vordrängen. Zweifellos gibt es einerseits einen hypophysären Zwergwuchs, andererseits einen hypophysären Riesenwuchs; beim ersteren pflegen die Knochen schlank, beim letzteren plump zu sein, wobei wir hier auf die Frage nach den Beziehungen des hypophysären Riesenwuchses zu der Akromegalie nicht eingehen wollen (vgl. unten S. 521). Die Skelettverhältnisse bei Hypo- und Hyperpituitarismus sollen ebenfalls erst später besprochen werden. Auch ohne die Krankheit Akromegalie kommt akromegaloider Habitus mit plumper, besonders breiter Körpergestalt und derben, aber oft nachgiebigen Knochen (Kyphose, Plattfüsse, X-Beine) vor (vgl. die Abbildung eines solchen in meinem Artikel „Allgemeine Krankheitsursachen" in Aschoffs Lehrbuch (354). Die Frage, ob schon unter natürlichen Grössenverhältnissen eine Beziehung zwischen Körperlänge und Hypophysengrösse besteht, hat bisher nicht erledigt werden können; die Beziehung beschränkt sich auf die allgemeine Regel, dass grössere Menschen im allgemeinen schwerere Hypophysen besitzen [P. Petersilie (313)]. Eine Abhängigkeit besonderer Körpergrösse von besonders hohem Gewicht hat sich nicht ergeben; hingegen gibt es eine Angabe von Nopsca, wonach die Sellae turcicae der vorweltlichen Riesendinosaurier eine unverhältnismässige Grösse gehabt haben sollen und Hahn (173) behauptet, bei den sog. Riesenlarven der Amphibien (Rana esculenta) relativ und absolut grosse Hypophysen gesehen zu haben.

Die Rolle des Thymus im Wachstumsprozess ist noch viel undurchsichtiger als diejenige der Hypophyse, weil er ein vergängliches Organ ist, dessen Normalgewichte immer noch strittig sind, weil ferner primäre Atrophien und operative Verluste nicht vorkommen und weil das Experiment der Thymektomie wegen der Schwere des Eingriffes trotz verbesserter Technik (Klose, Matti) immer noch den Ausfall des Thymus nicht rein herausbringt[1]). Was schon bei der Hypophyse zu einem gewissen Teil der Fall war, nämlich dass neben Wirkungen auf das Wachstum solche auf die Reifungserscheinungen zutage treten, dürfte in erhöhtem Masse für die Thymusdrüse gelten, besonders hinsichtlich ihrer gesicherten Relationen zu den Keimdrüsen und zur Schilddrüse. Auf dem Umwege aber über die Beeinflussung der Reifungsprozesse ist ein indirekter Einfluss auf das Wachstum nicht nur denkbar, sondern sehr wahrscheinlich, sei es, dass der Wachstumsabschluss verfrüht oder verspätet, das Eingreifen der antagonistischen Keimdrüsen überstürzt oder gebremst wird. Hart (178 a) meint, dass der Thymus die Proportionierung des Wachstums besorge. Die Rolle der Thymusdrüse bei der Basedowschen Krankheit ist ebenfalls ein hierher gehöriges Moment, welches nicht genügend geklärt ist. Der häufige Befund eines sog. Status thymico-lymphaticus bei allen möglichen endokrinen Wachstumsstörungen und zwar sowohl Minus- als Plusvarianten pathologischer Natur verwirrt die Sache des Thymusproblems noch mehr, ganz abgesehen davon, dass an der pathogenetischen Einheit und gegen die Häufigkeit dieses Status eine immer schärfere Kritik eingesetzt hat. So ist also für den Menschen die Rolle der Thymusdrüse als Wachstumsfaktor ganz unklar, wenngleich die verbesserten Experimente ein Zurückbleiben junger Tiere (Hunde) nach Thymektomie einstimmig melden. Neben der Beeinflussung des Wachstums soll auch eine solche des Kalkstoffwechsels vorhanden sein [Launoy (247)].

Bei den Nebennieren rückt die Beziehung zum Wachstum schon ganz in den Hintergrund, wohl bleiben aber deutliche Korrelationen zu gewissen Reifeerscheinungen, und zwar weniger unter physiologischen Verhältnissen und gar nicht bekannt aus Experimenten: Hypernephrektomie ist bei den meisten Tieren tödlich, Hyperepinephrie experimentell nicht erzeugbar; also weder reine dauernde Ausfallserscheinungen noch Überladung des Körpers mit Nebennierenhormonen ist im Versuch gelungen. Die pathologisch-anatomische Kasuistik spricht nicht für starke Abhängigkeit des Wachstums von den Nebennieren: Fälle von Morbus Addisonii und sonstiger chronischer Nebenniereninsuffizienz sind bei Kindern äusserst selten, in den wenigen Fällen der Literatur (z. B. bei Bittorf) habe ich nichts von abnormer Statur dabei vermerkt gefunden. Die Neugeborenen mit weitgehender doppelseitiger Zerstörung der Nebennieren leben nicht lange genug, um Veränderungen des Wachstums zu zeigen und einseitiger Nebennierenausfall hat offenbar keinen Einfluss. Dass Aplasie beider Nebennieren mit guten Proportionen beim Neugeborenen mit Akranie und bei ganz normaler Skelettbeschaffenheit die Regel ist, sei nebenbei erwähnt. Hyperfunktion der Nebennieren ist meines Wissens nur für den Erwachsenen beschrieben worden (Neusser). Es bleibt nur der öfter beschriebene Fall von vorzeitiger Geschlechtsreife bei Nebennierentumoren. In einem solchen Fall, der mit männlicher Körper- und Gesichtsbehaarung bei einem 18 jährigen Mädchen verbunden war, bestimmte ich die Körperlänge zu 119 cm, das Gewicht zu 33 kg; es lag ein ziemlich proportionierter Zwergwuchs

---

[1]) E. Park und Mc Clure (305a) bezweifeln auch neuerdings die Gültigkeit der bisherigen Exstirpationsversuche am Thymus. Pribram beschrieb nach Thymusexstirpation beim Menschen Verschwinden der Fugen.

vor. (Näheres über den Fall siehe 2. Abschnitt, Kap. III, 1). Linser (256) beschrieb einen Knaben von $5^1/_2$ Jahren mit malignem Adenom der Nebenniere; seine Körpergrösse und allgemeine Entwicklung entsprach derjenigen eines 14—15 jährigen Knaben. Eine Mitteilung von Apert (8) über „Dystrophie" durch Nebennierenveränderungen kenne ich nur aus dem Titel der Arbeit. Schliesslich sei noch erwähnt, dass in den bisher sezierten Fällen von Progerie (Gilford) oder Nanisme sénile von Variot eine sklerotische Atrophie der Nebennieren gefunden wurde (Lucien und Parisot).

Den Keimdrüsen wird ganz allgemein eine das Wachstum hemmende Einwirkung zugeschrieben; als Beweis dafür wird angeführt, dass mit der Vollendung der Geschlechtsreife das Wachstum, wenigstens das der Länge, abgeschlossen wird; dabei bleibt unverständlich, dass im Gegensatz dazu die erwachende Pubertät mit einem starken Antrieb des Wachstums zusammenfällt; irgendein Zusammenhang liegt da vor, denn die frühere geschlechtliche Reife der Mädchen ist mit einer früheren letzten Streckung und einem früheren Wachstumsabschluss verbunden. Die rassenmässigen Unterschiede des Pubertätseintrittes und des Wachstumsabschlusses lassen ebenfalls gesetzmässige Beziehungen erkennen: die spätreifenden germanischen, besonders die nordischen Rassen, haben eine wesentlich höhere Gestalt als die südländischen (romanischen und orientalischen). Bei den Frauen oft mehr als bei den Männern ist auch der rassenmässige Unterschied der Statur auffallend; dort bei später Reife Hochwuchs mit bedeutender Beinlänge, hier bei früher Geschlechtsreife untersetzte, kurzbeinige Statur (oft „Sitzriesen"!). Jenseits der physiologischen Variabilität geht diese Gesetzmässigkeit ins Extrem: Es stehen sich gegenüber die Pubertas praecox (vorzeitige Geschlechtsreifung) mit untersetztem Kleinwuchs durch frühzeitigen Epiphysenschluss und der Eunuchoidismus mit Hypogenitalismus und einer Statur, bei der die Unterlänge (Abstand der Symphyse vom Erdboden) die Oberlänge (Abstand der Symphyse von der Scheitelhöhe) beträchtlich überragt; dabei ist der Epiphysenfugenschluss verzögert. Die Kastratenformen bei Tier und Mensch liefern weitere Beweise im selben Sinne: Wallach und Ochse überragen mit dem Widerrist, wesentlich infolge von Hochbeinigkeit den Hengst und den Stier. Auch in feineren Einzelheiten ist durch frühzeitige Wegnahme der Keimdrüse das Wachstum des Skeletts (Becken!) abgeändert. Die pathologisch-anatomische Kasuistik zeigt nicht selten ganz aus dem eben umrissenen Rahmen herausfallende Beobachtungen. So sind nicht nur die seit den Untersuchungen Alexander Eckers (1864) bekannten und vor allem durch Tandler und Gross (435) bestätigten und erweiterten Habitusbilder der Kastraten keineswegs konstant [1]), sondern man bekommt gelegentlich gerade das Gegenteil

---

[1]) Die neueste Untersuchung über Kastraten, nämlich die eben erschienene Abhandlung von Walter Koch über die russisch-rumänische Kastratensekte der Skopzen, bringt auf Grund von 10 genau ausgemessenen Fällen folgende Einteilung:
    1. Gewöhnlicher Typ von hagerer mittelgrosser Statur mit langen Extremitäten.
    2. Typus mit hagerem Riesenwuchs.
    3. Hypophysärer Typ:
       a) akromegaler Art,
       b) adipöser Art.
Koch betont, dass „Riesenwuchs" (besser wohl Hochwuchs) nur durch Kastration vor der Pubertät ausgelöst wird.

von dem theoretisch zu Erwartenden zu sehen. So habe ich in einem Fall von Aplasie der Ovarien (S.Nr. 592/18 des pathologischen Instituts Jena) bei einem 39jährigen Weibe ebenmässigen, etwas gedrungenen Kleinwuchs von 133,5 cm (dabei Unterlänge von 67,5, Oberlänge von 66 cm!) gesehen, während man bei einem solchen Hypogenitalismus hohe Statur und Langbeinigkeit erwarten müsste. Ebenso beschrieb kürzlich R. Neurath zwei junge männliche Individuen mit verspäteter Geschlechtsreife, unverknöcherten Epiphysenfugen und Überwiegen der Unterlänge bei zurückgebliebener Körperlänge. Ähnliche Schwierigkeiten bietet das Körperbild bei jugendlichen Patienten mit Dystrophia adiposo-genitalis. Da es hier nie zu einer vollwertigen Funktion der Keimdrüsen gekommen ist, müsste man eunuchoiden Hochwuchs erwarten; meist fehlt er oder ist nur angedeutet, indem bei mittlerer oder geringer Körperlänge die Unterlänge frühzeitig etwas überwiegt. Freilich gehört diese Krankheit primär nicht in den Kreis des Dysgenitalismus, sondern zum pituitären Misswuchs. Dadurch wird aber, wie wir sahen, die Erklärung des Verhaltens des Wachstumsprozesses nicht leichter. Man flüchtet dann gern zur Annahme einer „pluriglandulären Störung" (Claude und Gougerot); aber man muss gegen Fälle, die nicht zur Autopsie und zur genauen mikroskopischen Untersuchung kamen (wie z. B. diejenigen Goldsteins), misstrauisch sein; zum mindesten sollte, wie es Falta (124) vorschlägt, scharf unterschieden werden zwischen dem Krankheitsbild pluriglandulärer Symptome (wozu auch das sicher von der Thyreoidea allein ausgehende Myxödem gehören würde) und den pluriglandulären Drüsenerkrankungen, bei denen autoptisch an mehreren Drüsen innerer Sekretion Veränderungen gefunden werden, wie bei Faltas allerdings äusserst seltener „multipler Blutdrüsensklerose". Dabei sollen Schilddrüse, Keimdrüsen, Hypophyse und Nebennieren beteiligt sein; da die Fälle, wenn man nicht die später genauer zu besprechende „Progeria" hinzuzählen will, ausschliesslich Erwachsene betreffen, so ist die Beteiligung des Wachstums an der multiplen Blutdrüsensklerose noch nicht bekannt. Novak (298) glaubt aus den bisherigen Erfahrungen schliessen zu müssen, dass die Kombination von Hyperfunktion der Hypophyse und Hypofunktion des Genitale zum Riesenwuchs, das Zusammenwirken einer Hypofunktion der beiden Systeme zum Zwergwuchs führt. So viel erscheint nach allem sicher, dass es bezüglich der Wirkung des Ausfalls oder der Überbetonung von Blutdrüsen 2. Ranges ausserordentlich auf die vererbte Konstitution und auf den Zeitpunkt der Erkrankung ankommt. Messbare Eigentümlichkeiten sollen übrigens selbst bei denjenigen abnormen Zuständen der Sexualsphäre nachweisbar sein, deren somatische Grundlage zur Zeit nicht bekannt ist. Dies letztere gilt trotz Steinach (411), (vgl. Sternberg (415), Tiedje (442), früher Hansemann und Benda) für die Homosexualität, die nach den letzteren Autoren im histologischen Hodenbild nicht erkennbar ist. Weil (469) hat als Eigenart für die Körpermasse der männlichen Homosexuellen ein gewisses Überwiegen der Unterlänge und eine Verschiebung des Verhältnisses der Schulterbreite zur Beckenbreite zugunsten letzterer beschrieben. Bei homosexuellen Frauen sei hingegen eine Annäherung an die männliche Schulter-Hüftbreiten-Proportion festzusetzen. Damit nähert sich also gewissermassen der Typus der Homosexuellen der heterologen bzw. eunuchoiden

Geschlechtsform. In der Aussprache (470) zu dem Vortrag Weils sind erhebliche Einwände dagegen erhoben worden, insbesondere der, dass feminine Züge auch bei zweifellos normal empfindenden Männern nicht selten nachweisbar und die konstitutionelle Ätiologie der Homosexualität sehr häufig nicht nachweisbar sei. Wenn überhaupt, trifft vielleicht die Beobachtung Weils nur für einen bestimmten Teil der Fälle zu.

Schliesslich ist noch die Zirbel (Epiphysis) als ein Faktor im Wachstumsprozess zu erwähnen. Seit Askanazys erster Beobachtung im Jahre 1893 ist eine ganze Reihe von Fällen beschrieben worden, in denen bei Zirbelgeschwülsten genitale Frühreife oder Riesenwuchs oder beides vorlag, zuerst von Gutzeit (163), sodann von Östreich und Slawyk (303) und Ogle (301). In dem Falle von Östreich und Slawyk war der 4jährige Knabe 108 cm lang und 20 kg schwer, also wie ein 7—8jähriger; im Falle Frankl-Hochwarts war der $5^{1}/_{2}$jährige Knabe so gross wie ein 9jähriger, der Genitalbefund entsprach dem eines 18jährigen. Über genauere Messungen, welche auf besondere Proportionen solcher Patienten schliessen liessen, habe ich nichts finden können. Bezüglich der Körperfülle wechselt aber der Zustand von dem Extrem der Fettsucht bis ins andere Extrem der kachektischen Fettlosigkeit. Marburg (266) deutete letztere als Zeichen von Apinealismus. Die Experimente Foàs (133), wohl die zuverlässigsten auf dem Gebiete der Entfernung der Zirbeldrüse beim Tiere (Huhn) und daher zur Deutung menschlicher Befunde am wertvollsten, führten zu einer vorübergehenden Wachstumshemmung, dann zu rascher Gewichtszunahme und zur Hypertrophie der primären und sekundären Geschlechtscharaktere. Sarteschi (366) erhielt bei Säugetieren durch Pinektomie „Macrogenitosomia praecox". Danach würde der Apinealismus nur einen geringen Einfluss auf das Wachstum, aber einen starken auf die sexuellen Reifeerscheinungen haben bzw. im Sexualgebiet lokales Wachstum auslösen. Der Befund in den menschlichen Fällen verwickelt sich dadurch, dass die überwiegende Mehrzahl von den bisher gesehenen Tumoren der Zirbeldrüse (andere Störungsweisen sind bisher nicht bekannt) Teratome sind [1]); nach Askanazy (21) von 11 Zirbeltumoren mit genitaler Frühreife 8 (bzw. 10). Die Frage, ob Hypo-, Hyper- oder Dyspinealismus, wird nicht nur durch die Notwendigkeit erschwert, genau festzustellen, wieviel von der Drüse zerstört ist, sondern ob der Tumor selbst einen hormonalen Einfluss ausüben kann; dies ist — entsprechend der Analogie, mit dem für die Akromegalie verantwortlich gemachten eosinophilen Drüsenzellen — Tumor des Hypophysenvorderlappens — nicht allein denkbar für Adenom und Karzinom der pinealen Drüsenzellen, sondern Askanazy (19, 20) hat die Meinung vertreten, es könnten die embryonalen Gewebe des Teratoms massgebend für die Ausbildung des Krankheitssyndroms sein. In seiner letzten Arbeit über diesen Punkt (21) rechnet er auch mit der Möglichkeit eines gleichzeitigen solchen onkogenen Einflusses und der Zerstörung der Zirbel mehr oder minder hohen Grades.

---

[1]) Der neuerdings von Askanazy und Brack (21) beschriebene Fall von sexueller Frühreife bei einer Idiotin mit Hypoplasie der Zirbel (0,04 statt ca. 0,157 g) ist nicht rein, da bei der bestehenden Mikrozephalie (Hirngewicht von 720 g) und Porenzephalie dyszerebrale Wachstumseinflüsse vorgelegen haben können. (NB. wog der Thymus 39 g; die Schilddrüse war nach Art der Basedow-Schilddrüse vergrössert.)

4. Beziehungen der experimentellen Endokrinologie zur Pathologie des Wachstums.

'In dem vorhergehenden Abschnitte haben zwei Seiten der Wachstumspathologie wiederholt berührt werden müssen, nämlich 1. die Beeinflussung des Wachstums durch Krankheiten, und zwar nicht nur solchen Krankheiten, die von innersekretorischen Drüsen ausgehen, und 2. die experimentellen Bemühungen, vermittels von Tierversuchen die hormonale Bedingtheit des Wachstums aufzuklären. Bevor wir auf den ersten Punkt eingehen, soll der heutige Stand der experimentellen Endokrinologie, soweit er das Wachstumsproblem betrifft, kurz gekennzeichnet werden.

Über die eine Seite dieses Forschungsgebietes gibt die beifolgende Tabelle Auskunft. Aus ihr ist in übersichtlicher Weise ersichtlich, durch welche Eingriffe künstliche Abweichungen des normalen Wachstumsgangs gelungen sind.

Zur Tabelle ist noch zu bemerken, dass nur diejenigen Autoren genannt sind, welche grundsätzlich neue Ergebnisse hinsichtlich der Wachstumsbeeinflussung durch experimentelle chirurgische Eingriffe erzielt haben. Es sind also z. B. die Vorläufer der gelungenen Exstirpation der Hypophysis (Paulesco, Biedl) nicht genannt, weil ihre Versuche hinsichtlich der Wachstumsbeeinflussung nichts beigebracht hatten, da sie nicht an jugendlichen Tieren ausgeführt waren. Oder es sind Namen weggelassen, die nur als Bestätigung anderer Befunde hätten aufgezählt werden müssen. Übrigens macht die Tabelle trotz darauf gewendeter Sorgfalt keinen Anspruch auf Vollständigkeit; eine solche wäre nur durch sehr grosse Mühe und wohl auch dann nicht sicher erzielt worden [1]).

Ein anderer Weg ist die Einverleibung von hormonalen oder harmonzoischen Stoffen. Unter „Harmozonen" versteht Gley (155a) die Hormone von „morphogenetischer" Wirkung, d. h. die am Aufbau der Gewebe beteiligten innersekretorischen Stoffe. Auf diese Weise sind in den letzten Jahren bedeutsame Ergebnisse erzielt worden. Zuerst hat Gudernatsch (158) gezeigt, dass man durch Fütterung von Kaulquappen mit Schilddrüse eine Beschleunigung der Körperdifferenzierung, eine Verfrühung der Metamorphose, aber gleichzeitige Wachstumshemmung erzielen kann, durch Verfütterung von Thymus eine Verstärkung des Wachstums. Diese Befunde wurden von Abderhalden (1) und von Romeis (360), Cotronei, Kahn (212), Stettner (416) u. a. bestätigt und erweitert. Der erstere klärte die Tatsache, dass jene Drüsensubstanzen auch auf dem Wege der Fütterung wirksam seien, damit auf, dass er zeigte, dass die Wirkungen ebensowohl mit den frischen Organextrakten als mit den durch Vorverdauung

---

[1]) Nachträglich kann ich noch das Ergebnis von partiellen und totalen Schilddrüsenexstirpationen nach dem Vorbild Adlers durch Werner Schulze (39) an Kaulquappen angeben: Partielle Exstirpation macht Verzögerung der Metamorphose, totale verhindert die Weiterentwicklung völlig. Nachträgliche Fütterung von Thyreoidea-Substanz im letzteren Fall setzt sie wieder in Gang. Die histologische Untersuchung ergibt dabei Hypertrophie von Epithelkörpern, Hypophyse und Thymus; die Ovarienentwicklung wird nicht gehemmt.

Einfluss experimenteller Exstirpationen innersekretorischer Drüsen auf das Wachstum.

Organ	Autor und Jahr	Tierart	Eingriff Wachstumsbeeinflussung	Ergebnis	Andere Erscheinungen
Schilddrüse	Hofmeister 1892	Kaninchen	Thyrektomie mit Erhaltung von Epithelkörp.	Zurückbleiben im Wachstum, kindl. Myxödem, Zwergwuchs	Chronische Kachexie.
	v. Eiselsberg 1895	Schafe, Ziegen, Schweine, Kalb	Thyrektomie	Wachstumshemmung	Apathie, Idiotie bei Schaf und Ziege
	Moussu 1892	Schwein	Thyrektomie	Zurückbleiben im Wachstum	Myxödematöse Veränderungen
	Lanz 1904	Hühner	Thyrektomie	Wachstumshemmung	Ablage kleiner, dünnschaliger Eier
	A. Biedl 1901	Hunde	Thyrektomie	Wachstumshemmung	Meist keine Verblödung
	M. Allen 1920	Kaulquappen von Bufo	Thyrektomie	Ausbleiben der Metamorphose	Entwicklung zu neotenischen Riesenquappen
Hypophyse	B. Aschner 1909	Hunde	Vollständige Hypophysektomie von der Mundhöhle	Zurückbleiben im Wachstum	Fettsucht, Genitalatrophie
	Ascoli und Legnani 1911	Hunde	Vollständige Hypophysektomie usw.	Zurückbleiben im Wachstum	Verzögerung der Ossifikation und Dentition, Erhaltenbleiben der Epiphysenfugen, Fettsucht Hemmung der Geschlechtsreife
	Foà 1912	Ratten und Hähne (junge)	Exstirpation der Hypophysis	Hypertrophie der Hoden	
	Adler	Kaulquappen (Temporaria)	Hypophysektomie	Gesteigertes Wachstum	Stillstand der Gonaden-Entwicklung, später Atrophie der Schilddrüse
	Houssey u. E. Hug 1921	Hunde	Hypophysektomie	Zwergwuchs	Fettsucht, Stupidität, Infantilismus, gut ausgebildete Verknöcherung
Epiphyse	A. Exner und Boese	Kaninchen	Exstirpation bzw. Thermokauterisation	Kein Einfluss auf Wachstum	Keine Nebenerscheinungen
	Foà 1912	Kaninchen, Hühnchen, Hunde	Epiphysektomie	Vorübergehende Entwicklungshemmung	Hypertrophie u. beschleunigte Entwicklung der Sexualmerkmale
	Berkeley	Meerschweinchen	Epiphysektomie	Zurückbleiben im Wachstum	
	Sarteschi 1913	Junge Hunde und Kaninchen	Epiphysektomie	Rasche Entwicklung	Frühe Geschlechtsreife, Adipositas

Organ	Autor und Jahr	Tierart	Eingriff Wachstumsbeeinflussung	Ergebnis	Andere Erscheinungen
Keimdrüsen	Sellheim 1899	Hähne, Hündinnen	Kastration	Verstärktes Längenwachstum	Verzögerung des Wachstumsabschlusses, Änderung der Proportionen
	Richon und Icandelize 1910	Kaninchen	Kastration	Verstärkes Längenwachstum	
	Tandler 1913	Mensch, Rehe, Wild, Rind	Kastration	Verstärktes Längenwachstum	Hochbeinigkeit, Eunuchoidismus
Thymus	Basch 1903	Hunde	Thymektomie	Hemmung des Wachstums	Verminderung der Länge und des Gewichts sowie der Festigkeit der Knochen
	Klose und Vogt 1910	Hunde	Thymektomie	Hemmung des Wachstums	Brüchigkeit und Biegsamkeit der Knochen
	Matti 1912	Hunde	Thymektomie	Hemmung des Wachstums	Osteoides Gewebe
	Conticée	Hühner	Thymektomie	Verstärkung des Wachstums	Gewichtszunahme
	Hart 1920	Axolotl	Thymektomie	Hemmung des Wachstums	

(Magen-, Pankreas- und Darmsaft) gewonnenen Säften zu erhalten seien. Alle Untersucher haben bisher das gleiche Ergebnis erzielt: durch Schilddrüsenwirkung hervorgerufene verfrühte Rückbildung des Schwanzes, Entwicklung der Extremitäten, Abmagerung, so dass im allgemeinen kleine lebhafte Frösche entstehen; bei Thymuswirkung plumpe, grosse Quappen, die oft wie wassersüchtig aussehen; bei Hypophysis- und Eierstockssaft war kein regelmässiger Ausschlag zu erzielen; auch Mischwirkungen ergaben keine festen Befunde; wenn aber Thymus oder Schilddrüse beigemengt waren, traten deren Wirkungen hervor; am deutlichsten war das letztere bei den Versuchen von Werner Schulze (395) mit Verfütterung von Epithelkörperchen. Als reine Wirkung derselben hatten Romeis und Cotronei (zit. nach Schulze) Förderung des Wachstums und der Entwicklung, Prior im Gegenteil Hemmung beider geschildert; Schulze zeigte (in Übereinstimmung mit Giacomini), dass nach anfänglicher Wachstumssteigerung, welche nur durch die Futtereigenschaften der Epithelkörper bedingt sind, durch diese keine spezifische Beeinflussung der Entwicklung (Wachstum und Reifung) zu bemerken ist; die geringsten Beimengungen von Schilddrüse machen sich aber sofort im Versuch bemerkbar. Ed. Uhlenhuth hält den Thymus für die Entwicklung der Larve (Axolotl, Salamander und Kaulquappen) für einflusslos, Schilddrüse und Hypophysis füreinander ähnlich, immerhin für bestimmte Funktionen von unterschiedlicher spezifischer Wirkung. Wo die normale Entwicklung von selbst beim

Larvenstadium halt macht, da fehlt wie bei Proteus angineus die Schilddrüse. Ferner seien Unterschiede zwischen den Gattungen wie der, dass z. B. die Entwicklung der Beine bei Salamandern nicht so wie bei den Kaulquappen unter der Herrschaft der Schilddrüse stünde. Das Schilddrüsenhormon habe keinen Einfluss auf die Entwicklung der Geschlechtsorgane und einen geringen auf Pigment, Zunge und Gaumenzähne. Die Hypophysis regele mit Vorderlappen Wachstum und Entwicklung; in einer anderen Arbeit teilte Uhlenhuth (448) mit, dass Fütterung von Hypophysis-Vorderlappen an junge Axolotl erst in Stadien nach der Metamorphose das Wachstum steigert und beschleunigt. Hinterlappen wirkt eher hemmend. M. A. v. Herwerden (182) fand, dass geringe Mengen getrockneter Nebennierensubstanz das Wachstum von Daphnia-Kulturen fördert, die Geschlechtsreife und die Generationsfolge beschleunigt; Froschlarven werden dadurch grösser und lebhafter als Kontrollen; einen Einfluss auf ihre Metamorphose hat es aber nicht.

Eine etwas andere Fragestellung wählte Romeis (359) insofern, als er von verschieden geartetem Ausgangsmaterial ausging und dieses durch Fütterung mit Thymus zu beeinflussen versuchte. Wenn er seine Kaulquappen in eine kräftige, eine mittlere und eine schwächliche Gruppe einteilte, so wirkte die Fütterung mit Thymussubstanz bei den minder „Veranlagten" am förderlichsten und es wurden die vorherigen Gruppenunterschiede mehr oder weniger ausgeglichen. Wegelin und Abelin (468) verwandten zur Fütterung gesunde und kranke menschliche Schilddrüsen und sahen, dass kolloidfreie und entsprechend jodfreie Schilddrüsen von Neugeborenen im Froschlarvenversuch unwirksam sind. Schon dies Ergebnis ist insofern bedeutsam, als es Schlüsse über die Anwendbarkeit dieser ganzen Methode auf die menschliche Pathologie zulässt. Eine der wichtigsten Fragen ist das Wesen der endokrinen Wachstumsbeeinflussung und der Zeitpunkt ihres Beginnes; bezüglich der ersten Frage besagen die Versuche Gudernatschs und seiner Nachfolger nicht viel. Ob die innersekretorischen Drüsen den primären Wachstumstrieb nur regulieren oder ob sie selbständige, sekundäre Wachstumstriebe darstellen, wird nicht klarer. Hart (178) stellt sich die Hormonwirkung als direkten Zellreiz vor, der Assimilation und Teilung steigert. Beweise gibt es aber vorläufig nicht; wohl aber stimmt das Ergebnis von der Wirkungslosigkeit der normalen Neugeborenen-Schilddrüsen mit den Erfahrungen der Klinik und der pathologischen Anatomie, wonach im allgemeinen thyreogene Wachstumsstörungen erst geraume Zeit nach der Geburt einsetzen. Übrigens soll sich der wachsende Organismus gegenüber Schilddrüse auch anders verhalten als der ausgewachsene (Hirsch und Blumenfeld)[1]. Kolloidstrumen waren bei Wegelin und Abelin wirksamer als parenchymatöse; aber eine Basedowstruma hatte, obwohl kolloidarm, starke typische Wirkung; sie vermuten wirksame Substanz auch im Epithel, Graham misst dem Jod den grössten Einfluss zu. Romeis versuchte, die wirksame Substanz des Schilddrüsenhormons zu isolieren, und es gelang ihm, eine eiweissfreie, unter Umständen auch jodfreie Substanz aus frischer Drüse zu

---

[1] Nach Romeis wirkt die Fütterung mit endokrinen Stoffen nur von dem Zeitpunkte ab, wo die betreffenden Kaltblüterlarven die betreffenden endokrinen Organe aus eigener Entwicklung besitzen.

extrahieren, welche wie die ganze unveränderte Drüse im Kaulquappenversuch wirkte; die Substanz ist abiuret, schwefelfrei und gibt keine Millonsche Reaktion. Es fehlt wahrscheinlich der Tryptophankomplex, was im Hinblick auf die Versuche Kendalls zur Reindarstellung des Schilddrüsenhormons und seiner Behauptung, dass sein „Thyroxin" ein solches und ein Tryptophanderivat sei, bemerkenswert ist. Von Kniebe (227) wurde dann versucht, die Wirkung der Drüsensäfte mit chemisch bekannten Mitteln nachzuahmen; er fand, dass Wachstum und Reifung von Kaulquappen durch gewisse Fettsäuren und deren Salze (ölsaures Natron, Oleinsäure und Triolein) gehemmt, durch andere (Stearin, Palmitinsäure) eher gefördert wird; die Entwicklungshemmung durch Thymusstoffe soll eine Folge der darin enthaltenen Fette von niederem Schmelzpunkt sein; Cholestearin erwies sich von keinem merklichen Einfluss. Hier wie in den vorher genannten Versuchen trat die prinzipiell bedeutsame Erscheinung zutage, dass die verschiedenen Seiten der Entwicklung (Wachstum und Differenzierung — zur Differenzierung gehört der Übergang zur Landform bei den Amphibien) bis zu einem hohen Grade von einander unabhängige Wege gehen können. Die Harmonie der Entwicklung gewährleistet eine normale Spezialentwicklung der innersekretorischen Drüsen und ist nach deren Ausbildung ihrerseits durch die Normalität dieser Drüsen gewährleistet. In demselben Sinne hat auch Hart (179) das Verhältnis der Gesamtentwicklung zu den innersekretorischen Störungen aufgefasst. Hart hat weiter — im Anschluss an ähnliche Versuche von Batak und Laufberger — gezeigt, dass man Differenzierung erzwingen kann; es ist ihm gelungen, durch Schilddrüsenfütterung den kiemenatmenden Axolotl in einen in der Natur nicht vorkommenden Molch zu verwandeln. Hart (178) bezeichnet geradezu die Thymusdrüse als reines Wachstumsorgan, die Schilddrüse als das Organ der harmonischen Differenzierung.

Es ergab sich weiter, dass bei allen diesen künstlichen Störungen der Entwicklungen lokale oder allgemeine Missbildungen auftraten. So stellte Hart fest, dass bei den Riesenquappen durch Thymusfütterung Entwicklungshemmungen der Schilddrüse sich fanden, so dass die Tiere geradezu als hypothyreotisch verändert oder myxödematös anzusprechen waren; dem entsprach auch ihr Gesamthabitus und ihr Verhalten. Die Thymuswirkung wäre demnach — mindestens zum Teil — indirekte Thyreoideawirkung. Auch spontan sich abwegig entwicklende Gelege von Froscheiern zeigen nach Eidmann falsche endokrine Zusammensetzung bereits in jüngeren Kaulquappenstadien; so zeichneten sich die Individuen einer aus auffällig kleinen Eiern hervorgegangenen Zwergkultur durch kleine Hypophysen und Anomalien der Schilddrüse aus; der primäre oder sekundäre Charakter der Hypoplasien der Drüsen (auch Thymus war beteiligt) ist nicht aufgeklärt. Dass schon Änderungen der Ionenkonzentration im umgebenden Wasser Wachstumsstörungen, z. B. Verzwergung, bei Embryonen von Fischen und Fröschen erzeugen können, konnte z. B. Tornier (444) zeigen. Adler, dessen interessante Exstirpationsversuche endokriner Drüsen bei Kaulquappen in der Tabelle S. 428 angegeben sind, sah bei Überreife der Froscheier Thymushyperplasie und Schilddrüsenhyperplasie (vom Bau menschlicher Basedowstrumen) sich entwickeln.

Bei höheren Tieren in Jugendstadien durch Verfütterung von hormonhaltiger Nahrung das Wachstum zu beeinflussen, scheint bisher nicht gelungen zu sein; R. Hoskins und D. Hoskins (191) wollen aber durch Fütterung mit getrockneter Nebennierensubstanz bei wachsenden Ratten Vergrösserung von Hoden und Ovarien gesehen haben. Durch Injektion von artgleichem Hypophysensaft oder wiederholte Implantation von Vorderlappengewebe hat Klinger (226) keinen Einfluss auf das Wachstum bei jungen Meerschweinchen gesehen. Cameron will durch Verfütterung von Schilddrüse bei weissen Ratten Hypertrophie von Herz, Leber, Nieren, Nebennieren, Milz und Lymphdrüsen bei Verkleinerung der Thyreoidea selbst gesehen haben. Epithelkörperchen hingegen waren unwirksam. Nach Rud. Demel (99) hat Transplantation von Thymus bei Ratten unter 8 Monaten zum Unterschied von der wirkungslosen Fütterung mit Thymus Förderung des Längenwachstums zur Folge, und zwar wirken die Überpflanzungen um so ausgesprochener, je jünger das Tier ist, von dem die transplantierte Drüse stammt.

Die Beeinflussung des intrauterinen Wachstums gelingt durch Eingriffe in den Stoffwechsel der Mutter. So ist dies M. B. Schmidt mit eisenarmer Ernährung der trächtigen Tiere (Mäuse), A. Ingier (201) durch Fütterung schwangerer Meerschweinchen mit Hafer und Wasser gelungen; abgesehen von Neigung zu frühzeitigem Absterben und Zurückbleiben im Wachstum zeigten die Jungen Erscheinungen wie bei Basedowscher Krankheit. Dass Röntgenstrahlen die Entwicklung stören können, haben wir bei den Menschen schon oben (S. 404) berichtet; Manfred Fraenkel (134) hat künstlichen Zwergwuchs bei der Nachkommenschaft von weiblichen Meerschweinchen beobachtet, die er kurz nach der eigenen Geburt mit Röntgenstrahlen misshandelt und später mit einem gesunden Bruder gepaart hatte. Auch bei Walter (463) sind Wachstumsschädigungen junger Tiere durch Röntgenstrahlen angeführt. Umgekehrt ist es bekannt, dass durch andere Strahlendosen ein Wachstumsreiz z. B. auf heilende Knochenbrüche, ferner auf gehemmte Ossifikation ausgeübt werden kann und Stettner (417) glaubte, Anregung des Wachstums durch Bestrahlung des Kopfes (Hypophyse!) empfehlen zu können; er beobachtete zwei Fälle, in denen ein durch Krankheit um Jahre rückständiges Wachstum unter dem Impuls der Röntgenbestrahlung rasch nachgeholt wurde.

Wachstumsbeeinflussungen vom Gehirne aus sind von Ceni berichtet. Zuerst hat er (84) Atrophie des sexualen Parenchyms der Keimdrüsen mit Hypertrophie des Zwischengewebes, ferner Vergrösserung der Schilddrüse in Form einer Kolloidstruma durch Hirnverletzung bei höheren Wirbeltieren erzeugt, sodann neuerdings (85) durch Entfernung des Vorderhirns bei Tauben vorübergehende Hypertrophie der Nebennieren (bei gleichzeitiger Atrophie der Keimdrüsen). Letzteres Ergebnis erscheint schwer in Übereinstimmung zu bringen mit dem häufigen Befund des Nebennierenmangels bei Anenzephalie, besonders bei Verkümmerung des vorderen Grosshirns, wobei freilich wieder der Unterschied des Alters bei den geschädigten Individuen eine Rolle spielen mag.

Dass von aussen kommende Schädigungen auf dem Umweg über empfindliche innersekretorische Drüsen das Wachstum beeinträchtigen

können, wird noch mehrfach (z. B. im Kapitel des Infantilismus) hervorzuheben sein. Hier sei in diesem Zusammenhange nur erwähnt, dass
nach Buschke und Peiser (79b) das Thallium durch Giftwirkung auf
endokrine Wachstumsorgane hemmend auf das Wachstum wirkt (Atrophie der Schilddrüse und der Keimdrüsen); dieselbe Wirkung äussert
sich auch bei Thalliumfütterung im Kaulquappenversuch.

5. Beeinflussung lokaler Wachstumsvorgänge.

Im vorhergehenden haben wir schon mehrfach Beispiele dafür
kennen gelernt, dass neben allgemeinen Wachstumseinflüssen besonders solche lokaler Art sich geltend machen konnten; gelegentlich
stiessen wir auch, wie eben bei den Cenischen Versuchen, auf spezifische
Fernwirkungen. Es ist schwer, wenn nicht unmöglich, eine Grenze
zwischen solchen lokalen Wachstumsförderungen und dem
Vorgang der Hypertrophie zu ziehen. Zweifellos gibt es sog. korre-
lative Hypertrophien; es werden dabei meist auf hormonalem Wege
Massenzunahmen von Gewebe ausgelöst: bekannt ist die Anregung
des Wachstums durch Einspritzung embryonalen Gewebsbreies (Starling); bei jungen Ratten hat Goetsch (zit. nach Weil) durch Verfütterung von Hypophysenvorderlappen von Rindern Wachstums-
beschleunigung und frühe Entwicklung der Sexualorgane gesehen (von
Wulzen allerdings nicht bestätigt); Einführung von Corpus luteum
oder Plazenta hemmt bei jungen männlichen Tieren (Ratte, Meerschwein
und Kaninchen) den spezifischen männlichen Apparat der Sexualorgane
nach M. Stein und E. Hermann, ruft aber eine Hypertrophie der
Mamma und der Reste des Müllerschen Ganges hervor. Hier liegen
also organotrope, spezifisch affine Hormonwirkungen den lokalen Wachstumsvorgängen zugrunde.

Nicht alle lokalen Wachstumsvorgänge sind aber solchen Fernwirkungen zuzuzählen; es würde hier zuweit führen, dem Problem der
Auslösung von Wachstum in Geweben überhaupt nachzugehen; begründete Vorstellungen haben wir übrigens hierüber nur in sehr beschränktem
Masse; unter den Bedingungen der Gewebsneubildung werden aufgezählt
die Entlastung (Ribbert), die Wirkung von örtlichen Zerfallsprodukten,
die Zirkulationsverhältnisse (Hyperämisierung). Wir würden uns aber
zu leicht in das Gebiet der regeneratorischen Wachstumsvorgänge verlieren, wollten wir dies hier weiter verfolgen. Es sei nur das Ergebnis
von interessanten Versuchen O. Dieterichs (103) kurz angeführt,
welcher nicht nur regeneratorisches, sondern hypertrophierendes Wachstum ausgelöst sah durch vermehrte Zufuhr von gewebsnotwendigen
Salzen durch den elektrischen Strom.

Wir beschränken uns hier auf die Aufzählung einiger typischer
Beispiele von lokalen Wachstumsvorgängen, wie sie vor kurzem
Schubert (393) in einer Arbeit über Wachstumsunterschiede und
atrophische Vorgänge am Skelettsystem zusammengestellt hat. Beseitigung von natürlichen oder unnatürlichen Hemmungen des Wachstums
spielen zunächst eine gewisse Rolle: so sah v. Langenbeck vor Durchtrennung der Hautbrücke bei Syndaktylie Verkürzung der Finger,
nach Durchtrennung der Brücke setzte normales Wachstum ein; Haab
beschrieb Verlängerung des Radius bei angeborener Luxation seines

Köpfchens im Ellenbogengelenk. Ferner sind mechanische und entzündliche Reize imstande, Knochenwachstum zu verstärken: Verletzungen des Epiphysenknorpels (Ollier, Bidder). Einschlagen von Nägeln, Elfenbeinstiften in die Tibia, Ätzungen, Ausschneiden von Perioststücken (Ollier, Bidder, Haab, Maas, v. Langenbeck), Entnahme von Knochenspänen (Schubert), Ausheilung von Osteomyelitis, auch wenn sie in der Diaphyse oder im benachbarten Knochen sitzt (Treudel), gehören hierher. Noch deutlichere Fernwirkungen in einem Gliede haben wir in Gestalt der Beinverlängerung bei Koxitis (Schubert) oder Gelenkmäusen (Real). Auch Valentin (449) sah Verlängerung des Beins bei Coxa valga und Knochentuberkulose. Als gemeinsames Moment sieht Schubert die Veränderung der Kreislaufverhältnisse, die entzündliche oder sonstige reflektorische Hyperämisierung an.

6. Beeinflussung des Wachstums durch Krankheiten.

Die Beziehungen zwischen dem Wachstum und den Krankheiten sind mannigfaltige und wir haben sie im vorhergehenden mehrfach, z. B. bei der Erörterung des Einflusses der Ernährungsstörungen berühren müssen. Sie sind überdies gegenseitige, indem nicht nur das Wachstum beeinflusst werden kann durch Krankheiten, etwa des Stoffwechsels, der innersekretorischen Drüsen, des Nervensystems, sondern umgekehrt das Wachstum selbst eine pathogenetische Bedeutung hat. Auf diese letztere Möglichkeit wollen wir erst in einem späteren Abschnitt eingehen und hier nur untersuchen, in welchem Sinne und durch welche Krankheiten der Wachstumsprozess beeinflusst wird.

Neben der Schädigung im Sinne einer Hemmung kommt vielleicht auch eine Förderung im Sinne einer Verstärkung vor. Sehen wir von der im Volk weit verbreiteten Anschauung, dass Bettlägerigkeit selbst bei schwereren Gesundheitsstörungen zu vermehrtem ‘Längenwachstum führt, ab, so gibt es auch einige wissenschaftliche Stimmen, die sich im selben Sinne äussern: so wird Charcot dafür angeführt (das Originalzitat habe ich nicht finden können) und Chlumsky (87) hat bei Typhus verstärktes Wachstum (einmal 6 cm bei einem 17jährigen Mädchen, einmal 7 cm) gesehen. Sicherlich sollte darauf noch genauer geachtet werden. Friedenthal behauptet Wachstumssteigerung in der Rekonvaleszenz von Masern, Scharlach, Pneumonie, Pfaundler verlangt Beweise. Holmgren (190) meint, dass solche Wachstumsanregungen indirekt dadurch zustande kommen, dass bei Infekten die Schilddrüse gereizt wird und dann sozusagen durch vorübergehende Hyperthyreose jener Zustand sich einstellt, den er spontan so häufig vor der letzten Streckung beobachtet hat und über den S. 421 berichtet wurde.

Darüber scheint sonst weitgehende Übereinstimmung zu herrschen, dass nicht jede, ja nicht einmal jede schwerere Krankheit das Längenwachstum bremst; so wird es nach Hutinel (199) durch Typhus nicht beeinträchtigt, häufig auch nicht durch Tuberkulose und Lues [Aron (11)] und durch leichtere Infektionskrankheiten, wie Masern, Varizellen usw. [Freund (139)]. Chlorose soll ebenfalls keinen Einfluss haben (Sommerfeld). Wenn es im Gegensatz dazu durch schwerere Krankheiten gehemmt oder gar aufgehoben wird, so sind die Bedingungen dafür im einzelnen nicht immer durchsichtig; zum Teil sind es sicher Hunger- oder Durstwirkungen wie bei Dekomposition oder Pylorusstenose, bei der nach Waser (464) der Stillstand ein völliger sein kann (auch die rasche Erholung des Wachstums bei letzterer spricht hierfür!); zum Teil sind es Vergiftungen (wie bei Fettnährschaden?) und bei fieberhaften Infekten, zum Teil Konkurrenz lebenswichtiger Organe, krankhafte Ausscheidung (Kalk?), Wegfall der normalen Wachstumsreize u. dgl. mehr. Auch lokale Störung wachstumswichtiger Organe kommen in letzterer Hinsicht in Betracht, z. B. Schädigungen des Gehirns durch Geburtstraumen und ihre Nachwirkungen, durch Meningitis (Stettner), durch chronische Arthritis [Ibrahim (200)]. Wir sehen dabei ganz von den ätiologischen Faktoren ab, die geradezu zu einem Zwerg- oder richtiger Kleinwuchs führen können, wie Herzfehler [„Nanisme mitral" von Gilbert und Rathery (152)], Lues, Rachitis, obwohl letztere nach Chose (88) so gut wie keinen bleibenden Nachteil für das Längenwachstum schafft (vgl. das Kapitel Rachitischer Zwergwuchs S. 496). Bei der Tuberkulose kommt es natürlich auf die Art und den Grad an und wenn oben gesagt wurde, dass sie ohne Einfluss sein kann, so gibt es doch andererseits genaue Prüfungen, die ihr eine grössere Rolle als Wachstumshemmnis zuschreiben. So hat Thiele (438) merkliches Zurückbleiben von Länge und Gewicht bei Schulkindern vom Zeitpunkt der Einschulung ab, bei Knaben bis gegen die Pubertät bei nachweisbarer tuberkulöser Ansteckung festgestellt; bei Mädchen bis zur Mitte der Schulzeit; ihm folge dann bei diesen ein rasches Nachholen der Länge ohne entsprechende Auffüllung des Gewichts, so dass dann die Disproportion des Habitus phthisicus sich ergebe. Über die Lues gibt Stettner (420) an, dass ihre Wirkungen nicht einheitlich seien, meist mache sie starke Verzögerung, oft gänzlichen Stillstand des Wachstums; dabei leidet Längenwachstum und Differenzierung; hingegen wirke die Osteochondritis syphilitica manchmal als Anreiz zu vorzeitiger Reifung. Bei Status lymphaticus sehe man Hemmung im Auftreten der Knochenkerne; aber Stettner macht mit Recht auf die dabei mitspielenden interkurrenten Erkrankungen aufmerksam und ähnlich ist es mit dem Habitus asthenicus; aber ein typisches Verhalten ergibt sich nicht, es sei denn, dass eine gewisse Fortdauer des Längenwachstums verbunden sei mit sonstigen Hemmungen, so dass eine gewisse übermässige Grazilität sich ergeben müsste. Zuletzt sei noch der sog. intestinale Infantilismus erwähnt; unter diesem versteht Herter (181) einen krankhaften Zustand des kindlichen Körpers, der durch auffällige Verzögerung im Wachstum des Skelettes, der Muskeln und der verschiedenen Organe gekennzeichnet und mit einer chronischen Darminfektion verbunden ist. Diese wiederum besteht in einer Überentwicklung und Fortdauer der bakteriellen Flora des Brustkindes über die Säuglingsperiode hinaus; mit diesem Verharren des Bacillus bifidus und infantilis, Ausbleiben des Kolibazillus ist eine mangelnde Kalzium- und Magnesiumresorption verbunden; klinisch ist bei guter Entwicklung des Gehirns und der geistigen Fähigkeiten eine mässige Anämie, schnelle Ermüdung, übermässiger Appetit, unregelmässige Verdauung und starke Auftreibung des Leibes zu bemerken. Die Zurückhaltung des Wachstums geht bis zum Zwergwuchs.

7. Beeinflussung des Wachstums durch soziale und klimatische Einflüsse.

Dass Krankheiten, welche im Grunde nichts anderes sind ·als Überschreitungen der unmittelbaren Anpassungsbreite, in den Gang des Wachstumsmechanismus eingreifen können, wird uns auf den ersten Blick nicht so wundernehmen, als dass dieselbe Wirkungen durch besondere Eigentümlichkeiten der allgemeinen Lebenshaltung, durch Einflüsse des Milieus sich ergeben. Die treibenden und hemmenden Kräfte sind dabei im einzelnen noch weniger greifbar, zumal ihr Angriff sich auf grössere Zeiten verteilt und die Wirkung sich fast unmerklich einstellt; daher muss man sich noch immer mit denselben allgemeinen Ausdrücken begnügen, wie sie einer der ersten und berühmtesten Wachstumsforscher, nämlich Quetelet, anwandte, indem er sagte, dass „Armut und Anstrengungen“ zu den Bedingungen gehören, welche das Wachstum hemmen. Experimentell sind diese Dinge viel schwerer zu verfolgen als statistisch. Ich erwähne einen Versuch von Hofbauer über das Wachstum von Fischen, der hierher gehört: Er fand, dass Karpfen um so besser wuchsen — gleiches Futter vorausgesetzt —, je mehr Wasser ihnen als Lebensraum zur Verfügung stand. Fr. Bilski (48) prüfte die gesetzmässige Beziehung zwischen Zahl der Individuen und Grösse der Behälter einerseits, Wachstum der Tiere (gemessen am Gewicht), andererseits bei Zuchten von Kaulquappen und fand denselben Einfluss des Lebensraumes, mit zunehmendem Alter der Froschlarven zunehmend deutlich; je weniger Tiere, desto günstiger die Bedingungen des Wachstums in einem bestimmten Wasserquantum, wobei Erneuerung des Wassers keine Rolle (im Sinne der Verhinderung von Vergiftung durch Stoffwechselprodukten) spielte. Wordruff und Pütter (zit. nach Bilski) hatten nämlich als Ursache des schlechteren Gedeihens bei starker Besetzung der Zuchtgläser wachstumshemmende Selbstvergiftung angenommen. Gleichsam einen Versuch am Menschen stellt der weltberühmt gewordene Fall des Kaspar Hauser dar, der während seiner ganzen Kindheit im Dunkeln eingesperrt, bei ausreichender einseitiger, jedenfalls fleischloser Nahrung aufgezogen worden war; er ist ein Beispiel von Wegfall einer grossen Zahl sonst auf das Kind einwirkender äusserer und funktioneller Reize: Licht, Bewegung, geistige und sinnliche Anregung fehlten fast vollkommen. Zurückgehaltene Entwicklung bei guten, jedenfalls durchschnittlichen Fähigkeiten war das Ergebnis einer etwa 16jährigen Gefangenschaft. Aus dieser befreit, holte er, noch dazu zuerst unter ungünstigen Umständen (Feuerbach) das Versäumte fast überstürzt nach. Was das Wachstum angeht, so ist genügend beglaubigt, dass er, in Freiheit gesetzt, im etwa 17. Lebensjahr, in heutiges Längenmass übersetzt, etwa 147 cm gross war und dass er im Verlauf von wenigen Wochen 5 cm wuchs.

Neben den speziellen Eigentümlichkeiten der Umwelt, welche für die Entwicklung des wachsenden Menschen in Betracht kommen, wie Nahrung, Wohnung, Kleidung, Arbeit, Schlaf, Klima, soziale Lage, welche Unterschiede zum Teil geradezu eine Klassifikation der Menschen gestatten, sind Einflüsse allgemeinster Art am Werke, etwa solche, denen jeder Kulturmensch, gehöre er irgendeinem „Milieu“ an, untersteht, Einflüsse, die man unter der Bezeichnung „Domestikation“ zusammenzufassen pflegt. Wir haben schon erwähnt, dass man besonders starke Schwankung um die mittlere Körpergrösse bei Menschen- und Tierrassen damit in Verbindung bringt; ja die Rassenmerkmale des Menschen selbst und damit natürlich in erster Linie auch seine Proportionen, werden von der Domestikation abgeleitet [E. Fischer (150)]. Nicht ganz geklärt ist die in verschiedenen europäischen Kulturländern festgestellte Zunahme der mittleren Körpergrösse bei Rekruten im Verlauf des letzten Jahrhunderts: so hat Bolk [zit. nach Lipschütz (256)] eine Längenzunahme von 12 cm bei holländischen Rekruten in den Jahren 1850—1907, Arbo [zit. nach Holmgren (190)] für schwedische Rekruten in den Jahrgängen von 1841—1870 eine solche um mehr als 2 cm, Meinshausen (278) für 20jährige Deutsche für den Zeitraum von 1892—1912 Zunahme von Länge, Gewicht und Brustumfang festgestellt. Schwiening hat solche Angaben auch noch aus anderen europäischen Staaten zusammengestellt (Österreich, Italien, Belgien, Frankreich, Schweiz, Norwegen, Russland). Für Norwegen beispielsweise gibt Daal einen durchschnittlichen Längenzuwachs von 1 cm für 1 Jahrzehnt an. Wegfall früherer sozialer Hemmungen, frühzeitigerer Abschluss des Wachstums, Wachstumsantrieb durch verbesserte oder verstärkte Pflege und Ernährung besonders im Kindesalter, Änderung des biologischen Nationalcharakters der Rasse, unmerkliche Änderungen des Klimas sind lauter Möglichkeiten der Erklärung. Die deutschen Verhältnisse seien aber noch etwas genauer berücksichtigt. Schon Schwiening hatte eine Beziehung zwischen Körpergrösse des einzelnen und Grösse seines Geburtsortes gefunden, derart, dass Grossstädte durchschnittlich grössere Einwohner als Kleinstädte oder Dörfer haben. Auch Meinshausen (278) hatte auf die besondere Grösse der Berliner, aber ihre gleichzeitig des Breitenwachstums ermangelnde Statur hingewiesen. In einer neueren Arbeit unterzog er die Rekrutenjahrgänge des Regierungsbezirkes Frankfurt a. d. Oder aus den Geburtsjahren 1872 und 1892, also den Stellungsjahren 1892 und 1902, einem Vergleich und fand, dass die durchschnittliche Körpergrösse der Zwanzigjährigen um 1,2 cm in diesem Zeitraum zugenommen hatte, am wenigsten bei der Landbevölkerung. Der Brustumfang hatte ebenfalls zugenommen und es bestätigte sich die frühere Erfahrung, dass je grösser die Geburtsgemeinde war, desto grösser und schmächtiger war auch der Körperbau und desto geringer das Gewicht. Der Beruf beeinflusst die körperliche Entwicklung, besonders ist das Breitenwachstum abhängig von Muskelarbeit und Bewegung in freier Luft, wobei in Rechnung gezogen wurde, dass allerdings auch umgekehrt der Körperbau und die somatische Veranlagung eine Rolle bei der Berufswahl zu spielen pflegen. Nicht berücksichtigt sind noch meines Erachtens die erblichen Momente in diesen ganzen Aufstellungen.

In einer noch unveröffentlichten Untersuchung haben Herta Böning und ich festgestellt, dass ein Vergleich der Statur der Schulkinder Jenas aus dem Anfang der achtziger Jahre (nach den Messungen Wilhelm Müllers) mit dem Wuchs der gleichalterigen Schulkinder aus dem Jahre 1921 (bei gleicher Jahreszeit) ergab, dass die letzteren, und zwar Knaben und Mädchen, ihren früheren Altersgenossen schon vom sechsten Jahre ab um mehrere Zentimeter voraus waren.

Die Abhängigkeit der durchschnittlichen Grösse einer Bevölkerung von der Beschaffenheit ihrer Gegend ist nicht zu bezweifeln; ein gutes Beispiel hierfür sind die von Collignon (zit. nach Schlaginhaufen) untersuchten Bewohner der Grafschaft Limousin in Frankreich. Das Klima ist rauh, der Boden unfruchtbar, Nahrung und Wasser schlecht; die Eingeborenen und die frühzeitig als Kinder dorthin Verzogenen kümmern; aber Eingeborene, die anderswo aufgezogen werden, unterscheiden sich nicht von dem übrigen französischen Durchschnitt. Von dem Einfluss der unbekannten Kropfnoxe auf das Wachstum in Gegenden, wo endemischer Kretinismus herrscht, und der dabei gewöhnlich beobachteten durchschnittlichen Kleinheit der Bevölkerung (Heller, Livi, Holmgren u. a.) wird an anderer Stelle die Rede sein. Eine klimatische Bedingung, die bei dem Einfluss einer Gegend auf das Wachstum mit in Rechnung zu ziehen ist, ist ferner die Sonnenbestrahlung; auf sie werden zum Teil die schon früher erwähnten (I. Teil, Kap. II, 16) jahreszeitlichen Schwankungen des Wachstums zurückgeführt. Zum Teil sind die Angaben über diese Schwankungen widersprechend; doch stimmen die meisten seit den ersten Beobachtern (Malling-Hansen, Daffner) dahin überein, dass stärkerer Wachstumsanstieg hinsichtlich Längenzuwachs in den Sommermonaten besonders im Frühjahr stattfindet.

Die Unterschiede der kindlichen Körperlänge bei sozialen Unterschieden sind lange und oft Gegenstand der Beobachtung gewesen (Hasse, Kotelmann, Landsberger, Schmidt-Monnard, Rietz, Ranke, Samosch, Axel Key, Oppenheimer und Landauer, v. Pfaundler, Pfitzner, Weissenberg, Stettner). Die Ungleichheiten sind so regelmässig, dass keine statistische und klinische Arbeit über einen mit dem Wachstumsproblem zusammenhängenden Gegenstand sie unberücksichtigt lassen darf. Die Herkunft der Patienten bzw. der beobachteten Gruppen muss genau angegeben werden, da zwischen Land- und Stadtkindern, zwischen arm und reich, zwischen den Besuchern der verschiedenen Schulen erhebliche Differenzen bestehen. Neben den bereits im ersten Teil (Kap. II, 16) berichteten Untersuchungen v. Pfaundlers und seines Schülers Dikanskis sind neuerdings zahlreiche systematische Messungen und Beurteilungen des kindlichen Gesamtwachstums veröffentlicht worden. Vergleiche von Land- und Stadtkindern stammen von Kisskalt, Aron (10) und Lubinski (260) sowie Schiötz (392) und Stettner (420). Während Kisskalt geneigt war, bei seinem Königsberger Beobachtungsmaterial die gefundene Differenz auf Rassenunterschiede zurückzuführen und damit die beträchtlichere Körpergrösse der überwiegend germanischen Stadtkinder gegenüber der geringeren bei der litauischen Landbevölkerung zu erklären, haben die übrigen solche Unterschiede der Länge auch ohne Unterschiede der Rasse nachgewiesen (Breslauer Kinder). Am weitesten voraus sind immer Gymnasiasten ihren Altersgenossen, was auch Schlesinger bestätigt[1]). Während aber Aron der Meinung v. Pfaundlers beipflichtet,

---

[1]) Auch der Unterschied in der Körperlänge zwischen den „Einjährigen" und den übrigen Militärpflichtigen gehört hierher: von den ersteren erreichten 54,3°/₀ die Länge von 171 cm und darüber, von den letzteren nur 30,9°/₀.

dass der Vorsprung der gut situierten Kinder — er beträgt mehrere Zentimeter — einen Stich ins Pathologische hat und als die Norm das Verhalten der Landkinder zu betrachten ist, hält Schlesinger das grössere Wachstum wohlhabender Kinder für das Normale; hingegen sind sich alle darin einig, dass jede Disproportion abwegig ist und als solche wird auch von Schlesinger das Zurückbleiben der Breitenentwicklung und des Körpergewichts bei den Wohlhabenden angesehen. Jedenfalls müssen die Perioden physiologisch gesteigerten Längenwachstums wie diejenige vom 6.—9. Jahre von einer Periode der Verlangsamung und des Aufholen des Gewichts und der Breite (etwa vom 9.—11. Jahre) gefolgt sein; auch der zweiten Periode eines gesteigerten Längen- und Gewichtswachstums vom etwa 11.—16. Jahre mit dem Höhepunkt jährlicher Längenzunahme im 14., des Massenwachstums im 15. Jahre (Schlesinger) folgt wieder eine Periode des Überwiegens des letzteren über das erstere bis zum Abschluss der Längenentwicklung, worauf dann die Breitenentwicklung noch weiter geht. Die Ergebnisse Schlesingers entsprechen denen Axel Keys und Weissenbergs. Als Massstab für die Feststellung der Norm dienen, wie näher im nächsten Kapitel angeführt werden wird, die Anwendung gewisser Indizes, die klinische Abschätzung auf Disproportion und die Verfolgung von Wachstumskurven. Der schon besprochene Index ponderalis von Livi (253) ist z. B. bei Gymnasiasten und anderen Mittelschülern am niedrigsten, bei Landkindern am höchsten. Das Extrem des lang aufgeschossenen, schmalbrüstigen Gymnasiasten, wie ihn etwa der „Simplizissimus“ richtig karrikiert, ist ein allzu offenkundiges Produkt einer Misserziehung, eine traurige Spezies Mensch, deren Disproportion man nicht mit dem Anthropometer nachzuweisen braucht und dem im neuen Deutschland der Militärdienst sehr fehlen wird. Die individuelle Wachstumskurve soll etwas Stetiges haben; Schlesinger findet sie bei gut situierten Knaben häufiger sprunghaft, unterbrochen und ungleichmässig; auch dies wäre ein Kennzeichen des abnormen Verlaufs. Schulanfang und Abiturientenexamen fallen nach Schlesinger wohl nicht zufällig mit den „Tiefpunkten des Wachstums“ zusammen; sie gehören eben auch zu den „psychischen Diätfehlern“ (Pfaundler), die auf das Soma wirken.

Ähnlich wie bei den Mass- und Gewichtsverhältnissen ergeben sich auch hinsichtlich des Auftretens der inneren Reifeerscheinungen soziale Unterschiede; bekannt ist die spätere geschlechtliche Reifung der Angehörigen körperlich arbeitender Stände und der Landkinder, ferner der spätere Zahnwechsel (Röse) solcher; aber auch der Aufmarsch der Knochenkerne ist bei solchen verspätet, wie Stettner (420) bei seinen systematischen Untersuchungen des Röntgenogramms der Hand verfolgt hat, wobei er als Normalgruppe seines Beobachtungsmaterials die „mittelwüchsigen Arbeiterkinder“ genommen hat.

8. Die Beurteilung des Wachstums.

Die Beurteilung des Wachstums als eines der wichtigsten Lebensprozesse geht den medizinischen Forscher und den praktischen Arzt in zwei Hinsichten an: einmal hat er über das jeweilige Wachstumsergebnis zu urteilen, insofern als Störungen des Wachstums für seine

Diagnose und für sein Handeln wichtig, ja massgebend sein können;
er richtet sich dabei nach der Untersuchung des augenblicklichen Zustandes, durch Abschätzung oder anthropometrische Messung und
durch Vergleich mit der Norm, die er im Gedächtnis oder in seinen Büchern
schwarz auf Weiss hat. Das, was er dabei kritisch zu beobachten hat,
können wir auch mit dem kurzen Worte „Wuchs“ oder „Statur“ bezeichnen und er wird sein Urteil über den Wuchs abgeben nach der
Richtung, ob die Körperlänge und die Proportionen zu dem artgemäss
normalen, d. h. durchschnittlichen Bilde für das betreffende Lebensalter stimmen. Seine Erfahrung wird ihm bald sagen, dass er seinen
Anforderungen an Durchschnittlichkeit keine zu engen Grenzen setzen
darf, weil sowohl in bezug auf die Körperlänge als in bezug auf die übrigen
Masse mit zunehmenden Jahren mit zunehmender Variabilität zu rechnen
ist und die „Norm“ besonders von dem Zeitpunkt ab, wo eine individuellere Gestaltung einzusetzen pflegt, also etwa vom 10. Lebensjahre
ab oder um die Pubertätszeit eine gewisse Breite erhält. Von den beiden
Aufgaben erstens der Bestimmung der absoluten Körpergrösse, zweitens
der Feststellung der Ebenmässigkeit macht die erste keine Schwierigkeiten und erfordert nur (wie jede andere Messung), dass man sich an
die Forderungen der Fachmänner (in diesem Falle der Anthropologen),
also an eine anerkannte Methodik halte. Aber Täuschungen sind nicht
möglich, wenn das Längenmass bei aufrechter Körperhaltung abgenommen wird, zumal es zwei wenig von Weichteilen bedeckte knöcherne
(End)-Punkte des Körpers zu bestimmen hat; anders alle in horizontaler
Richtung abzunehmenden Masse, besonders die Umfänge von Rumpf
und Gliedern, aber auch Durchmesser und Abstände von denselben,
die nicht genau, d. h. knöchern vorgeschrieben sind. Hier kommt im
grossen ein Hemmnis der Beurteilung des Wachstums zutage, welches
auch im kleinen und sowohl morphologisch als physiologisch eine Rolle
spielt, nämlich die Unterscheidung des echten Wachstums von Anwuchs
schlechtweg. In seinen Studien über die Beziehung von Wachstum
und Ernährung hat Rubner (363) den Unterschied zwischen echtem
Wachstum und Depotbildung bereits klar herausgestellt und während
wir früher nur Mästung mit Fett kannten, wissen wir heute auch von
Eiweissmästung und bis zu einem gewissen Grade von Zuckermästung.
Die Fettspeicherung, der ein eigenes Organ, das Fettgewebe, dient, ist
überdies ein die äussere Körperform stark mitbedingendes Element
und wenn es auch der einen Seite fast banal erscheint, zu betonen, dass
das „Dickwerden“ kein Wachstum ist, so muss doch daran erinnert
werden, wie gewisse Masse, Hals und Brustumfang, aber auch Oberarm und Wade durch die wechselnde Korpulenz unter den anthropometrischen Massen an Wert einbüssen. Man braucht auch nur ein paar
Mal gesehen zu haben, welche grazilen Skelette sich in grossen Fett-
massen verstecken können, dann wird man mit der Annahme eines
„plumpen“ oder „untersetzten“ Körperbaus bei Fettleibigen vorsichtiger.
Umgekehrt führt starke Abmagerung besonders bei Kindern häufig
zu der falschen Diagnose „Unterentwickelt“, während es sich nur um
Unterernährung handelt. Auch der gegensätzliche Irrtum, bei wirklichen
Entwicklungsdefiziten von „Unterernährung“ zu sprechen, ist nicht
selten. Eine ausgezeichnete Kritik der Variationen dieser diagnostischen

und logischen Fehler hat Pfaundler (318) gegeben. Er schlägt für den Zustand übermässiger und untermässiger Körperfülle die Bezeichnung „übervoll“ und „untervoll“ vor.

Jedes Augenblicksbild aus dem Wachstumsgang soll beim Gesunden den Eindruck einer harmonischen Körpergestalt geben; wir haben dafür eine Abschätzung, die durch unwillkürliche Übung entsteht und fast so fein ist wie diejenige für die Formen der Gesichtszüge; nur sind wir wohl nicht mehr so anspruchsvoll, wie es die Griechen wahrscheinlich gewesen sind, bei denen die körperliche Kultur eine viel grössere Rolle gespielt hat und bei denen vermutlich wegen der viel besseren Durchführung einer gymnastischen Erziehung viel mehr Männer das Optimum ihrer durch Erbgang möglichen körperlichen Entwicklung erreicht haben. Bei uns muss zum Teil die Berufsarbeit, sofern sie überhaupt mit Muskeltätigkeit verbunden ist, das Defizit decken, das sonst andere Lebensweise, unser ganzer Domestikationszustand, uns beibringt; daher auch die schon an anderer Stelle hervorgehobene grosse Häufigkeit von Entwicklungshemmungen oder einseitiger Entwicklung bei unseren Mittelschuljünglingen, mit der Folge von Wachstums-„Dissoziationen“, um einen von Variot für das unharmonische Wachstum im Kleinkindesalter geprägten Ausdruck [1]) erweitert zu gebrauchen. Auf die grosse Bedeutung der mit Muskelgebrauch verbundenen Berufsarbeit für das Breitenwachstum der Jünglinge haben neuerdings wieder Lubinski (260), Meinshausen (278) und Kaup (217) hingewiesen. Lubinski, der hinsichtlich des „übertriebenen Längenwachstums“ gut situierter und stubenhockerischer jugendlicher Angehöriger gut situierter Klassen, besonders der Gymnasiasten (ausgerechnet heissen diese Unglücksmenschen auch noch Gymnasiasten!) auf dem Standpunkte Pfaundlers von der krankhaften Proteroplasie dieser jungen Leute steht, meint geradezu, gegen pathologisches Längenwachstum tauge am besten Muskelarbeit. Während ich glaube, dass körperliche Arbeit, in nicht übertriebenem Masse ausgeübt, alles aus dem Körper herausholt, was an Entwicklungsmöglichkeiten in ihm schlummert, meint Kaup (217), dass berufliche Arbeit sogar imstande ist, Abweichungen von der im Erbplane vorgesehenen Individualentwicklung herbeizuführen. Die Frage ist nicht erledigt und nur zu erledigen erstens durch den Nachweis, dass bestimmte Berufsarbeit, was für Einzelheiten nicht geleugnet werden soll, den Körper sozusagen durch aufgezwungene Anpassung in eine bestimmte Form presst, was an der besonderen somatischen Ähnlichkeit der älteren Lehrlinge erwiesen werden könnte, zweitens durch den Nachweis, dass Körperformen erzielt werden, die nach der Statur der Eltern nicht erwartet werden. Aber durch unsere Unkenntnis der Vererbung der letzteren wird es hapern!

So wie es durch die ungleichbare Variabilität keine alleinige Norm gibt, so existiert auch nicht bloss eine Harmonie, es gibt eine Harmonie am Körper des Schnelläufers und eine solche am Körper des Athleten, der Gewichte stemmt; es gibt für jede Leistung ein Optimum der Gestalt, von den Tierzüchtern in der „Exterieurkunde“ schon viel länger erkannt.

---

[1]) Genauer gesagt, versteht Variot unter Wachstumsdissoziation die ungleichmässige Störung des Gewichts- und Längenwachstums, etwa bei Ernährungsstörungen.

Scheidt (371) hat das Verständnis für die individuelle Befähigung
zu besonderen Kraftleistungen in einer Untersuchung über die Massenproportionen des Körpers angebahnt, da die linearen körperlichen Verhältnisse darüber keinen genügenden Aufschluss geben. Das Individuelle
ist und bleibt wie im Leben so auch in der Kunst der Reiz, Harmonie
allein genügt nicht und alle Versuche, die menschliche Gestalt in angeblich möglichst hochgetriebener Harmonie in künstliche Kanons zu bannen
oder rechnerisch zu konstruieren [Dürer, Schadow, Sperk (407),
Pende-Viola (311a)] hat noch immer zu ebenso unbefriedigenden,
kalten und leblosen Lösungen geführt als der umgekehrte Versuch, die
gegebene menschliche Körperform geometrisch zu erforschen [vergleiche
Luschka (261)].

    Neben der Beurteilung des Wuchses als des Augenblickszustandes
des Wachstums durch eine zeitlich beschränkte, vielleicht nur einmalige
Beobachtung, gibt es noch eine zweite Aufgabe, nämlich den Gang
des individuellen Wachstums zu beurteilen. Der Besitz unserer
medizinischen Literatur an solchen individuellen Wachstumskurven
ist ausserordentlich gering; wir kennen den Gang des Wachstums so
gut wie ausschliesslich als eine aus statistischen Massenuntersuchungen
konstruierte Linie. Das ist sehr bedauerlich; denn vermutlich wäre
aus den individuellen Gangarten des Wachstums bei seinen innigen
Beziehungen zur übrigen Entwicklung und bei seiner Abhängigkeit
von inneren und äusseren Schicksalen seines Trägers viel mehr als nur
eben die Eigenart des Wachstumsverlaufs im Einzelfalle herauszulesen.
Hier kann man auf die Arbeit einsichtiger,. methodisch bewanderter
und für wissenschaftliche Fragen begeisterter Schulärzte hoffen. Die
bisher vorliegenden wenigen Angaben, in erster Linie die bekannten
von Camerer (80), der mehrere Kinder, darunter seine eigenen, viele
Jahre hindurch mass, einige vom 1.—10., 5.—16. und 8.—19. Lebensjahr, genügen nicht, zumal vielleicht oder wahrscheinlich noch Familien-
eigentümlichkeiten (auch eine wichtige Frage!) im Wachstumsverlauf
sich verraten; sodann nennt Gundobin (162) noch russische Autoren,
aber ohne dass aus seinen Angaben sicher hervorgeht, ob diese die individuellen Kurven in ihren mir nicht zugänglichen Arbeiten verzeichnet
haben. Für das Säuglingsalter liegen mehr Reihenbeobachtungen für
das einzelne Kind, z. B. von Freund und von Birk (52) vor. Vermutlich enthält auch die die Beobachtungen Variots zusammenfassende
Arbeit von Paul Lascoux (242) solche. Eine weitere Lücke betrifft
das Wachstum innerer Organe im Verlaufe der Kindheit; zur Ausfüllung
dieser Lücke kann natürlich nur die statistische Methode mit Zusammenstellung des Durchschnitts möglichst zahlreicher Fälle der gleichen
Altersstufe in Betracht kommen; die bisher vorliegenden Angaben
sind zumeist aus allen möglichen Sektionen gewonnen, und da wir über
das Ausmass der Atrophie der Organe bei zehrenden Krankheiten des
Kindesalters schlecht unterrichtet sind und der sehr wechselnde Blutgehalt nicht berücksichtigt ist, so taugen die vorliegenden Zahlen noch
nicht viel. Schliesslich fehlen auch noch Kurven, welche den individuellen
Zuwachs im Verhältnis zu der jeweils vorher erreichten Stufe veranschaulichen, so wie es Minot für das embryonale Alter und andere für
Säuglingsalter und Kindesalter in Durchschnittswerten errechnet haben.

Wir müssen uns darüber klar sein, dass die Anthropometrie eine morphologische Methode ist und dass die mit ihrer Hilfe durchgeführte Analyse des Wuchses oder des Wachstumsverlaufes nur eben dieses und damit nur einen Teil des Entwicklungsgrades bzw. des Entwicklungsganges eines Individuums klarzustellen vermag. Es muss dies aus dem Grunde hervorgehoben werden, weil über die begrenzte Brauchbarkeit der Messmethode und der Proportionsbestimmungen sowie vor allem der sog. Indizes keine allgemeine Klarheit herrscht. Das hat sich bei der Streit um die Eignung des Rohrer-Index (siehe unten) zu Zwecken der Auslese von Kindern nach ihrem Ernährungszustande gelegentlich der Quäkerspeisung deutlich gezeigt; hier lag die Forderung oder sozusagen ein öffentlicher Auftrag vor, mittels einer anthropometrischen Formel eine nicht anthropometrische Aufgabe zu lösen. Noch weniger als zur Kennzeichnung des Ernährungszustandes eignen sich aber diese Formeln zur Beurteilung der Gesamtentwicklung oder der Konstitution [vgl. auch Häberlin und Schwend (167)], soweit damit Reaktions- und Leistungsfähigkeit gemeint ist: die Diagnose etwa des Eunuchoidismus würde sich nie aus einer tabellarischen Zusammenstellung von Zahlen allein ergeben trotz besonderer dimensionaler Körpergestaltung. Es gehört also klinische Beobachtung, Beschreibung und Prüfung hinzu. So sehr die Methodik des Anthropologen bisher leider im klinischen und pathologischen Forschungsbetrieb unterschätzt worden ist, so sehr ist vor zu grossen Hoffnungen auf ihre Hilfe bei Problemen, die ihrer Natur nach nichts damit zu tun haben, zu warnen. Erforderlich ist freilich auch eine einwandfreie Technik [vgl. Scheidt (370)].

Die grosse individuelle Variabilität des Wachstumsverlaufes ist im Laufe unserer Erörterungen schon mehrfach hervorgehoben worden. Wir müssen sie aber von einem bestimmten Gesichtspunkt aus noch einmal kurz betrachten. Wenn ein Kind seinen Altersgenossen in der Entwicklung voraneilt oder hinter ihnen zurückbleibt, so besteht eine doppelte Möglichkeit: erstens, dass es sich nur um eine zeitliche Variation, um eine Veränderung des Tempos und sonst nichts an der Entwicklung handelt. Solches Verhalten sollte man mit Proto- und Hysteroplasie nach dem Beispiel Pfaundlers bezeichnen, aber zunächst ohne Charakterisierung nach dem Werte. Diese vorzeitige und verspätete Entwicklung lässt sich wiederum einteilen in eine harmonische und in eine disharmonische; die letztere wäre dann die zweite oben gemeinte Möglichkeit; dabei liegt nicht bloss ein verändertes Tempo einer im Inneren nicht gestörten Gesamtentwicklung vor, sondern eine in Einzelerscheinungen abwegige Entwicklung, sei es partielle Proto- oder Hysteroplasie, sei es beides durcheinander. Will man ausser dem zeitlichen Moment auch etwaige qualitative Abwegigkeit deutlich machen, so wäre von „Dysplasien" zu reden, z. B. von einer Angiohysterodysplasie, wenn es sich um eine mit falscher Zusammensetzung der Gefässwand verbundene Entwicklungshemmung derselben handelt.

Gerade Wachstum und übrige Entwicklung können sich in abnormen Fällen trennen und ihre eigenen Wege gehen, wofür in diesen Blättern mannigfaltige Beispiele zu finden sind. Daraus ergibt sich die Veranlassung auch für das Wachstum allein analoge, die Beschleuni-

gung und die Verspätung kennzeichnende Termini zu bilden. Ich schlage
dafür die Ausdrücke Proinotrophie ($\pi\varrho o\iota\nu o\varsigma$ verfrüht, antizipierend),
für die Wachstumsübertreibungen, Bradytrophie ($\beta\varrho\alpha\delta\upsilon\varsigma$, langsam,
verspätet) für die Hemmungen des Wachstums vor; will man die Be-
schleunigung als Fortgang besonders ausdrücken, so kann man Tachy-
trophie und schliesslich für unzeitgemässes Wachstum ganz allgemein
„Akairotrophie" ($\dot\alpha\kappa\alpha\iota\varrho\acute o\varsigma$, unzeitgemäss) sagen. „Dystrophie" ist schon
gebräuchlich und wird im Sinne von Misswuchs in speziellen Fällen
verwendet, der allgemeine Ausdruck für Misswuchs wäre „Kakotrophie"
im Gegensatz zur „Eutrophie". Ich bemerke noch, dass das Wort „$\tau\varrho\varepsilon\varphi\omega$"
nach Ansicht eines kompetenten Kenners der griechischen Sprache,
meines Jenaer Kollegen Zucker, der mich auch sonst beraten hat,
nicht bloss Ernährung, sondern Wachstum ausdrückt, so dass also auch
die Verwendung des Wortes „Hypertrophie" im üblichen Sinne durchaus zutrifft.

Die statistische und die individuelle Verfolgung von Wachstumskurven wird auch die verschiedene Wirkung von allgemeinen Störungen
auf die Anteile der Entwicklung zu untersuchen haben, so die Dissoziation des Gewichts- und des Längenwachstums (auch jenseits des
Säuglingsalters), die Dissoziation des Skelett- und Organwachstums,
die Dissoziation von Wachstum und Reifung, ferner die Spätwirkungen
dieses Auseinandergehens der Entwicklungsharmonie und die Erholungen
von Entwicklungsstörungen allgemeiner oder partieller Art. Einiges
haben wir darüber durch die Prüfung der Nachwirkungen der Hungers-
not des grossen Krieges 1914—1918 kennen gelernt, Kaup (218) hat
z. B. als Einbusse infolge der Blockade bei jungen Lehrlingen von $13^1/_4$
bis $15^1/_4$ Jahren, die also etwa seit ihrem 8. Jahre den Wirkungen der Nah-
rungsentziehung ausgesetzt waren, für die Körperlänge ein Weniger um $2^0/_0$,
für das Körpergewicht um $5^0/_0$ festgestellt und erwähnt ähnliche Messungen von Poetter aus Leipzig, der dort 1919 für das Ausschulungsalter
eine Abnahme der Länge um $3^0/_0$ und des Gewichts um $12^0/_0$ gegenüber
der Vorkriegszeit fand. Schlesinger (379) berechnete nun, dass der
Einfluss der Kriegszeit auf das Längenwachstum in der Nachkriegszeit
länger als derjenige auf das Gewicht gedauert hat, ebenso wie anfangs
des Krieges der Gewichtszuwachs als labiler zuerst beeinträchtigt worden
war; das Längenwachstum konnte bei Kindern mittleren Alters 1921
noch etwa um 1 Jahr zurück sein; 1921 setzte dann eine deutliche Besse-
rung, häufig unter sprunghaften Wachstumssteigerungen ein; Schlesinger verzeichnet auch einen verzögerten Eintritt der Pubertät; die
sozial günstiger gestellten Kinder, nun die Volksschüler, nicht die Mittel-
schüler, glichen die erlebten Hemmungen rascher aus; bei den jüngeren
Klassen waren die Nachwirkungen Ende 1921 stärker als bei den höheren.
Schliesslich ist auch für die vorliegende Fragestellung noch wissens-
wert, dass die Hebung des Körpergewichts mehr durch Massenwachstum
als durch Fettansatz bedingt war.

Die Aufgabe, eine menschliche Gestalt durch Massangaben zu
kennzeichnen, kann eine verschiedene sein: Erstens eine wissenschaftliche; in diesem Fall muss eine möglichst eingehende anthropometrische
Aufnahme erfolgen; für die durchschnittlichen Erfordernisse medizinischer
Arbeiten auf dem Gebiet der Habituslehre wird das genügen, was Martin

(273) in seiner kurzen Anweisung „Anthropometrie“ (373) gefordert hat. Zweitens aber interessiert es für die Praxis und den Klinikbetrieb, mit wie wenig Bestimmungen man zur genügenden Charakterisierung des allgemeinsten somatischen Habitus eines Patienten auskommen kann. In dieser Beziehung verdient eine Berechnung Sperks (407) Erwähnung: ein einziges Mass kann wegen der starken individuellen Variationsbreite nicht ausreichen; die Konkurrenz der individuellen Variationen drückt sich in folgendem aus:

Die Gewichtsvariation betrug bei 1500 Soldaten . . . . 51 kg
Die Gewichtsschwankung betrug bei Soldaten bei Berücksichtigung gleicher Körperlänge. . . . . 45 kg
Die Gewichtsschwankung betrug bei Soldaten bei Berücksichtigung gleicher Körperlänge und Sitzhöhe . . . . 35 kg
Die Gewichtsschwankung betrug bei Soldaten bei Berücksichtigung gleicher Körperlänge und gleichem Brustumfang . . . 23 kg
Die Gewichtsschwankung betrug bei Soldaten bei Berücksichtigung gleicher Körperlänge, gleicher Sitzhöhe und gleichem Brustumfang . . . . 15 kg

Man kann daraus ersehen, dass das Minimum von Bestimmungen die Feststellung von Körperlänge, Körpergewicht und Brustumfang ist, eine Forderung, der auch die meisten Autoren folgen, die sich mit der Verwendung von Indizes in letzter Zeit beschäftigt haben. Die Mehrzahl der Indizes setzt das Körpergewicht in ein Verhältnis zu irgendwelchen Längenmassen des Körpers, sei es Gesamtlänge, Sitzhöhe, Rumpflänge usw. Aber dabei fehlt die Berücksichtigung eines Horizontal- oder Breitenmasses, das den Körper zu kennzeichnen gestattet, und da ist nach der einleuchtenden Meinung vieler allen anderen Massen der Brustkorbumfang vorzuziehen, zumal er an sich als ein besonders wichtiges Element der Konstitution durch seine äussere Ausstattung mit Muskeln, durch seine Arbeitsform und durch die Bedeutung seines Organinhaltes zu gelten hat. (Dass auch hier die Masse nur im Zusammenhalt mit dem Lebensalter und mit dem klinischen Befund wertvoll sind, braucht man bei dem Vorkommen des starr dilatierten Thorax und anderer krankhaften Ereignisse, die die rein zahlenmässige Bewertung schmälern, kaum anzuführen.)

Ohne auf eine Qualifikation der einzelnen Vorschläge näher eingehen zu wollen, seien im folgenden die wichtigsten bisher angegebenen Indizes erwähnt. Die einfachste und älteste Formel ist das sog. Zentimetergewicht von Quetelet $\frac{G\,(kg)}{L\,(cm)}$; nachdem es wegen seiner mathematischen Inkorrektheit häufig [z. B. von Pfaundler (316, 318)] abgelehnt worden ist, hat es neuerdings aus Gründen, die anzuführen zu weitläufig wäre, wieder Verteidiger, wenn auch in modifizierter Form [vgl. Kaup (219)] gefunden; der tatsächlichen Wachstumskurve entspricht ein schon im Jahre 1835 von Quetelet (333) gefundenes, von Pfaundler (318) neuerdings berechnetes Verhältnis von P : L, nämlich $\frac{P^2}{L^5}$. „Die Quadrate des Gewichts der verschiedenen Lebensalter verhalten sich wie die fünften Potenzen des Wuchses.“ Ein Index, der Gewicht und

Länge in einer jedenfalls arithmetrisch einwandfreien Form zueinander in Beziehung setzt, ist der von Livi (257); er heisst Index ponderalis und lautet $ip = \dfrac{100\sqrt[3]{G}}{L}$; der Livische Index nimmt mit der kindlichen Körperfülle vom ersten bis zum etwa 9. Lebensjahr etwas ab und bleibt von da durch Jahrzehnte konstant; sein Wert beträgt dann 23—24. Es ist bei einem Blick auf die Struktur klar, dass er bei Schlankheit, Magerkeit, Unterernährung gering, bei Untersetztheit, Korpulenz, Plethora gross ist. Der Rohrersche Index ist nichts anderes als der in die 3. Potenz erhobene Livische Index, dieser wird dadurch rechnerisch bequemer. Rohrer selbst (356, 357) bezeichnet ihn als Körperfüllenindex $J = 100 \cdot \dfrac{\text{Körpergewicht}}{\text{Körperlänge}^3}$. Nach Pfaundler u. a. ist vom Standpunkt der Stereometrie kein Einwand gegen seine Verwendung zur Beurteilung der Querschnittsentfaltung des Körpers zu sehen; Pfaundler (318) sagt: Unter der Voraussetzung einer Bruttodichte des Körpers $= 1$ erscheint der Rohrer-Index als eine korrekte Masszahl für die relative Körperfülle des Menschen. „Vom physiologischen Standpunkte aus“, fährt er an anderer Stelle fort, „ist gegen diese Indizes einzuwenden, dass sie Gewicht für Volumen setzen, ferner dass sie im Zähler andere Faktoren als im Nenner stehen haben und dass die Variation gewisser Körperteile verschieden stark auf Zähler und Nenner wirkt. Auf den störenden Einfluss dieser Momente werden Unstimmigkeiten zwischen dem Indexbefund und dem ärztlichen Eindruck von Körperfülle zurückgeführt.“ Die letztere Bemerkung bezieht sich darauf, dass der Rohrer-Index als objektives Hilfsmittel für die Auswahl speisungsbedürftiger Kinder, bei der durch die Quäker Amerikas eingeleiteten Hilfsaktion von dem ärztlichen Beirat der Kinderhilfemission, der aus namhaftesten deutschen Gelehrten bestand, empfohlen worden war. In der von diesem Beirat herausgegebenen Tabelle, die unter Berücksichtigung gewisser individueller Schwankungen den Rohrer-Index für Knaben und Mädchen vom 6.—15. Lebensjahre angibt, ist von dem „aus Körperlänge und Gewicht auf Grund des Rohrerschen Index der Körperfülle ermittelten“ „Entwicklungszustande“ die Rede, eine Bezeichnung, die nach dem früher Gesagten unzutreffend ist, weil die Ermittlung des „Entwicklungszustandes“ weit aus der Erfassungsmöglichkeit durch einen Index liegt. Aber auch um die Erfüllung des speziell beabsichtigten Zweckes der Tabelle, dem Arzte bei der Beurteilung des Ernährungszustandes der Schulkinder eine objektive Handhabe zu geben, erhob sich ein Streit der Meinungen, der uns freilich hier nur teilweise angeht. Jedenfalls ergab sich — ganz abgesehen davon, dass die Zahlen jener Tabelle sehr hoch gegriffen erscheinen — (ihre angebliche Abkunft von den ebenfalls weit über dem gewöhnlichen Durchschnitt befindlichen Zahlen Camerers scheint nur teilweise zuzutreffen) rein empirisch, dass die Auswahl der Kinder nach der Berechnung ihres Körperfüllenindex nicht angängig war, weil das Ergebnis der ärztlichen — von Mass und Zahl unabhängigen Beurteilung — häufig widersprach. Nachdem schon Schlesinger (378) unter Betonung der Präponderanz der in die 3. Potenz gesetzten Körperlänge im Nenner des Rohrer-Index dessen Eignung zu dem gedachten Zwecke geleugnet, und andere zahlreiche Stimmen sich sonst dagegen erhoben hatten, haben Häberlin und Schwend (167) eine lesenswerte ganz allgemeine Kritik an sämtlichen Indizes unter Verwerfung ihrer Verwendung zu anderen Zwecken als denen der Habitusbestimmung geübt; die klarste Auseinandersetzung darüber verdanken wir aber Pfaundler (318), der schon vor dem Krieg mit den Indizes hatte arbeiten lassen (316) und in seinen Körpermassstudien an Kindern (316) auch das wichtige Problem der Körperdichte angeschnitten hatte. Insbesondere wies nun Pfaundler auch auf die Bedeutung der verschiedenen Zusammensetzung (Dichte) und auf die Bedeutung des Anteils des Rumpfes und der unteren rasch wachsenden Extremität an Länge und Gewicht des Gesamtkörpers hin; die Beine machen z. B. im mittleren Alter von der Länge fast die Hälfte, vom Körpergewicht nur etwa ein Drittel aus; mithin muss jede Abweichung, die die Beine betrifft, im Längenwerte mehr als im Gewichtswerte, zumal bei einem Index wie dem von Rohrer zum Ausdruck kommen. Rohrer selbst (356) teilt durchaus die von Bachauer, Lampart und Schlesinger u. a. Bedenken [1]) gegen die Verwendung seines Index zur Abschätzung des Ernährungszustandes, hält aber seine Eignung für die Beurteilung der Querschnittsentfaltung aufrecht, da diese ja sich aus dem Breitenwachstum (des Skelettes) und der Ausbildung der Weichteile zusammensetze: nur innerhalb einer Breitenklasse könne mithin sein Index ein Mass des individuellen Ernährungszustandes darstellen. Um also sonst der Forderung eines brauchbaren Index zu genügen, müsse also der doppelten Bedingtheit der Körperfülle durch Skelettwachstum und Weichteilauflage Rechnung getragen werden und so schlägt er als Index des Ernährungszustandes vor $J \cdot E = 100 \cdot \dfrac{\text{Gewicht}}{l_1 \cdot l_2 \cdot l_3}$, wobei l_1 die Körperlänge, l_2 die Körperbreite (Schulterbreite), l_3 die Körpertiefe (Thoraxdurchmesser) ist. Berliner (41) ist ein Anhänger des einfachen Rohrer-Index und weist sein Parallelgehen mit dem in seiner Bedeutung von Brugsch (79) hervorgehobenen Brustumfang nach. Bobitt (60) hat die Umkehrung des Rohrer-Index $L^3 : 100\, P$ vorgeschlagen. Kaup (319) kommt bei seiner Beurteilung der Indizes zu dem Schluss, dass diejenigen von Livi und Rohrer bei gleichen Längenvarianten „ausgesprochene Staturindizes" sind. Gleicher Rohrer- oder Livi-Index kann nur bei geometrisch ähnlichen Körpern verschiedener Länge etwa desselben Ernährungszustandes gefunden werden. Er kommt dann zu dem Schluss, dass „das Querschnitt-Längenverhältnis und der Brustumfang in seiner Stellung zur Körperlänge und zum Körperquerschnitt dürften die sichersten Anhaltspunkte für die morphologische Beurteilung des Habitus und des inneren Organbaues sein dürften".

Pirquets Index „Gelidusi" (Gewicht linear durch Sitzhöhe dividiert) $\dfrac{\sqrt[3]{G \cdot 10}}{Si}$ hat seine Gegner und Befürworter wie der Rohrersche, aber erstere sind zahlreicher; er hat den scheinbaren Vorteil, ein alterskonstanter Index zu sein (in dem die störende Beinlänge weg-

---

[1]) Einwendungen sind auch gemacht von Gastpar, Huth (198), Jaenicke (203), Bernhardt (44), Bokofzer (61), Krieser (233).

gelassen ist), aber dieser Vorteil ist ein scheinbarer, denn, wie Pfaundler richtig bemerkt, kann es keinen der Wirklichkeit entsprechenden alterskonstanten Index überhaupt geben, da die postfötale Ontogenese ja durch fortwährende Änderung der Proportionen, zumal des Längenquerschnittsverhältnisses sich auszeichnet; ausserdem gilt noch mehr als bei Livi-Rohrer das Bedenken der Ungleichwertigkeit von Zähler und Nenner und schliesslich sind die Ansichten über seine praktische Brauchbarkeit sehr verschieden. Pirquet hat auch eine einfache Tafel zur Bestimmung von Wachstum und Ernährungszustand bei Kindern nach den Durchschnittszahlen von Camerer herausgegeben (322).

Es ist oben bemerkt worden, dass gegen den Rohrerschen Index eingewendet wurde, dass die Zahl für die Körperlänge in die 3. Potenz erhoben sei und dadurch unverhältnismässig grosse Ausschläge bei geringen Schwankungen der Länge sich ergaben. Pfaundler fand aber keinen Vorteil darin, den Index so zu gestalten, dass die Körperlänge nur ins Quadrat erhoben wurde, während Davenport (97) einen solchen Index $P : L^2$ empfiehlt. Bardeen (30) (ebenfalls zitiert nach Kaup) und Robin (349) haben ebenfalls Indizes in Vorschlag gebracht, die wie der zuletzt erwähnte von Rohrer die Bedeutung des Körperquerschnitts im Verhältnis zur Körperlänge herausheben. Auch Bornhardt (63) sucht dies, aber in wenig anerkannter Form durch die Formel:

$$\frac{\text{Länge} \times \text{Brustumfang}}{\text{Gewicht}}$$

zu erreichen. Pirquets „Konstitutions-Index" $RC = L - (G + B)$, wobei B Brustumfang bedeutet, wird von Martin (273) trotz seiner mathematisch nicht einwandfreien Konstruktion gelobt [1]. Desgleichen seien nur kurz erwähnt Kaups eigene Berechnungen und Vorschläge (219), deren Erörterung hier zu weit führen würde und die ich nicht ganz beurteilen kann. Oeders Modifikation der bekannten Brocaschen Zahl $(G\,(kg) = L\,(cm) - 100)$ in Form des Ersatzes der Körperlänge durch die doppelte Entfernung des Scheitels von der Symphysenmitte $= S$, also $G = 2 \times S - 100$; schliesslich erwähne ich noch eine Ergänzung Martins zum Rohrer-Index, welche noch mal das Bedürfnis nach Berücksichtigung wichtiger frontaler Masse zeigt:

$$\frac{\tfrac{1}{2}\ \text{Schulterbreite} + \tfrac{1}{2}\ \text{Beckenbreite}}{\text{Körperlänge}}$$

Alle diese und die übrigen zahlreichen Indizes zeigen das Bestreben an, sich Rechenschaft über die individuelle Körpergestaltung in den wichtigsten Wachstumsrichtungen zu geben; sie haben aber natürlich nur Wert im Vergleich mit zuverlässigen Vergleichsobjekten oder Normzahlen. Ich habe an anderer Stelle ausgeführt (353), dass der Begriff der Norm verschieden aufgefasst werden kann; erstens einmal als statistische oder sozusagen geradezu als wissenschaftliche Norm und als solche kann nur ein reeller Durchschnitt in Betracht kommen; über die Methode seiner Feststellung für biologische Objekte mit starker Streuung sind sich die Fachleute noch nicht einig. Ich verweise aber

---

[1] Simons (405) ähnlicher „Robustizitäts-Index" lautet: $R = \text{Länge} - \left(\text{Gewicht} + \dfrac{\text{inspiratorischer und exspiratorischer Brustumfang}}{2}\right)$.

auf eine in prinzipieller Hinsicht hochwichtige, wenn auch in ihrer Methodik nicht unbestrittene Arbeit Rautmanns (339), welcher mit Hilfe der Kollektivmasslehre unter Anwendung des zweiseitigen Gaussschen Gesetzes für eine Anzahl anatomisch und physiologisch wichtiger Masse die Norm errechnet hat. Er hat bei diesem auf Fechner zurückgehenden Verfahren allerdings eine Forderung nicht ganz eingehalten, welche immer leicht schon in das der Verwertung unterworfene Material eine subjektive Note hineinträgt, das ist die Forderung einer von Wunsch und Neigung vollständig unbeeinflussten Auswahl der Einzelobjekte. So erhält Rautmann für Körpergrösse, Gewicht, Brustumfang, Respirationsbreite, Herzgrösse (röntgenologisch), Pulszahl und Blutdruck Werte, aus denen er sozusagen seinen normalen deutschen Jüngling zusammensetzt, in Wirklichkeit haftet aber seinen Mittelwerten etwas von jener zweiten Form der Norm an, die man die idealische Form nennen kann. Es ist die Norm der eugenischen Forderung, weil die in Wirklichkeit repräsentiert wird von den Besten ihrer Alters- oder Berufs- oder einer sonstigen Gruppe. Rautmann hat seine Zahlen nämlich bei der Musterung von deutschen Soldaten zum Fliegerberuf gewonnen, zu welcher und zu welchem nur die körperlich Tüchtigsten, meist auch gleichzeitig an soldatischen Charaktereigenschaften hervorragenden Leute zugelassen wurden. Es ist daher richtiger, in solchem Falle nicht von der Norm, sondern von einem Kanon zu sprechen, wie es Geigel (149) bei Lösung der gleichen Aufgabe wie Rautmann getan hat. Auch Sperk (407) hat einen solchen Kanon eines „Normalindividuums" konstruiert.

Zukunftsaufgabe wird es schliesslich sein, zwischen dem somatischen und psychischen Habitus eines Menschen Korrelationen zu finden, die gestatten, aus den äusseren Merkmalen auf die körperliche und geistige Konstitution zu schliessen und damit diagnostische und prognostische Aussagen zu machen, die uns heute noch nicht möglich sind.

B. Spezielle Pathologie des Wachstums.

1. Hemmungen des Wachstums.

Zwerg- und Kleinwuchs.

a) Begriff des Zwergwuchses.

Wie alle anderen pathologischen Begriffe beruht der des Zwergwuchses auf dem Vergleich mit der Norm. Dass ein Individuum sich erheblich in der Körperlänge von seinen Genossen unterscheidet, ist eine Wahrnehmung, die man Jedermann zutrauen darf. Je weiter der Gesichtskreis des Einzelnen ist, desto mehr wird er aber seinen Massstab über die Verhältnisse einer eng umgrenzten Population ausdehnen und nicht einmal Halt machen bei den Rassen. Der gebildete Europäer wird zum mindesten einen europäischen Massstab aus eigener Erfahrung anlegen können. Aber weiterhin wird es nicht zweckmässig sein, den Massstab zu verallgemeinern bzw. bei Statistik der Körpergrösse und Aufstellung des „normalen Durchschnitts" die Rassegrenzen fallen zu lassen; erstens weil in der Tat die Körperlänge ein wichtiges Rassen-

merkmal und zweitens weil es normale Zwergrassen gibt, die als ganze
Populationen aus dem Rahmen der übrigen Völker heraustreten. Ob
es sich bei diesen Zwergrassen um eine Anpassung an besondere klimatische Einflüsse oder um die Vererbung und Ausbreitung einer ursprünglich pathologischen Mutation handelt, ist noch nicht ausgemacht
und kann, solange wir nichts Genaueres über die rassenmässige Modellierung des menschlichen Körpers durch seine Umwelt wissen, nicht entschieden werden. Schon die antike Literatur meldet sagenhafte Pygmäenvölker in Afrika. Aber seit Schweinfurth (1870) die erste sichere Kunde
von solchen an den Nilquellen brachte, sind viele weitere Entdeckungen
und Fundorte, auch Abbildungen, Messungen beigebracht worden,
so von W. M. Stanley, Wissmann, Wolf aus Zentralafrika, ferner
aus Westafrika (Abongos), von der Agamanengruppe im Indischen
Ozean, von den Philippinen (sog. Negritos), aus Neuguinea (Mafulu) usw.
Hier kann auf die Frage des rassenmässigen Zwerg- und Kleinwuchses
nur insoweit eingegangen werden, als sie pathologische Probleme berührt. R. Virchow (454) hat die kleinwüchsigen Lappen und Busch-
männer für pathologische Stämme, hervorgegangen aus degenerativer
Verkümmerung durch Ungunst der Lebensverhältnisse erklärt, ist aber
mit seiner Meinung nicht durchgedrungen; Pöch (323) z. B. hält den
Buschmann für eine gesunde, wohl angepasste Steppenform des Menschen,
die Negrillos Zentralafrikas für eine ebenfalls entartungsfreie Urwald-
form. Kollmann vertrat die Ansicht, dass die jetzt lebenden Rassen
aus Klein- oder Zwergwüchsigen hervorgegangen sind, die letzteren also
sozusagen die älteste Menschenform darstellen. Auch dies ist nach
Schlaginhaufen (373) und Martin (273) durchaus unwahrscheinlich,
da die paläozoischen Menschenreste einerseits nicht zwergrassig, andererseits der Körperbau der Pygmäen nicht primitiv, sonderlich nicht in
bezug auf den Schädel ist. Nicht so sehr primitive als kindliche (infantile)
Züge wollte W. Schmidt als gemeinsame Eigentümlichkeit der Zwergvölker erkennen können; er erklärte sie für Kindheitsrassen der Mensch-
heit, etwa vergleichbar dem Stehenbleiben der Entwicklung des Individuums beim infantilistischen Zwergwuchs. Aber weder lässt sich
das Hervorgehen der heutigen Formen aus kleinwüchsigen Vorfahren
(trotz der im vorigen Kapitel angeführten Beispiele von Veränderungen
der Körpergrösse in historischer Zeit), noch der infantile Habitus der
heutigen Zwergvölker nachweisen. Es erkennt jeder Geübte aus den
publizierten Abbildungen, z. B. denen von Pöch (323), dass bei den
Rassenzwergen durchaus die Proportionen ausgewachsener Menschen
vorhanden sein können, mit den Besonderheiten, die auch sonst Kleinwuchs der kindlichen Form annähern (verhältnismässig grosser Kopf,
kurze Arme usw.).

Da die Veränderlichkeit der Körpergrösse, gerade auch bei zivilisierten
Völkern, unter den Einflüssen, die wir im vorigen Kapitel zahlreich,
aber wohl sicher noch nicht vollständig aufzählen konnten, eine grosse
ist, so war es notwendig, sich für die Diagnose „Zwergwuchs" auf ein
gewisses Mass zu verständigen und zweckmässig, zwischen Zwergwuchs
einerseits und dem durch die natürliche Schwankung der mittleren Körpergrösse gegebenen normalen Minimum andererseits den „Kleinwuchs"
einzuschieben. Als oberste Grenze, bis zu welcher man Zwergwuchs

rechnen soll, ist bald 106 (Bollinger), bald 112 (Quetelet), bald 120 cm vorgeschlagen worden. Berliner rechnet als „Hyposomie" bei Männern die Grösse unter 150 cm, bei Frauen unter 138 cm. Die Rautmannschen Berechnungen (339) der Grenzen der mittleren und äussersten Körper grösse nach der Fechnerschen Methode werden später erwähnt. Eine Einigung über diese Grenze ist nicht erzielt worden, und es verschlägt nicht viel, weil erfahrungsgemäss auch die Zwerge eines und desselben einheitlichen und unverkennbaren Typs sehr verschieden gross sind und die meisten Exemplare gerade um die Grösse von 110 cm herum variieren. Ausserdem ist auch der Zwerg häufig noch wachstums- oder spätwachstumsfähig, wird auch meist im jugendlichen Alter als unabgeschlossene Form beobachtet und gemessen. [So mass der englische Zwerg J. Hudson nach G. St. Hilaire (183) mit 18 Jahren bis 30 Jahren 18 englische Zoll, kurze Zeit darauf 45 Zoll, Schaafhausens (368) Zwerg war ebenfalls erst mit 30 Jahren weitergewachsen); an diesem Massstab gemessen, könnte man übrigens die menschlichen Zwergrassen gar nicht als Zwerge bezeichnen, da z. B. die Akkas von Zentralafrika eine durchschnittliche Körpergrösse von 1,50 m (Mann) und 1,42 (Weib) haben. Das ist Kleinwuchs; die durchschnittliche Grösse des deutschen Soldaten beträgt 1,64 cm. Martin (273) bezeichnet deshalb mit anderen in seinem Lehrbuch der Anthropologie diese kleinwüchsigen Völker, wie die Weddas aus Ceylon (Sarasin) als Pygmoide.

Das sporadische Vorkommen von pathologischem Zwergwuchs ist auf der ganzen Erde bekannt, und zwar für mehrere Formen der Nannosomie (die übliche Schreibweise Nanosomie für Zwergwuchs ist unrichtig). Sowohl für erblichen wie für dysgenitalen wie für chondrodystrophischen Zwergwuchs sind Beispiele aus vielen Ländern bekannt. Es sei besonders auf die Tafeln der Veröffentlichung des Francis Galton Laboratoriums über Zwergwuchs durch Rischbieth und Barrington (346) verwiesen; es finden sich daselbst Beispiele aus Indien, China und vielen europäischen Ländern. Pöch (322) bildet einen chondrodystrophischen Zwerg aus Melanesien ab. Desgleichen haben wir in zahlreichen Museen den Beweis für das Vorkommen der meisten heute bekannten Zwergwuchsformen in historischen Zeiten, von ägyptischen Statuetten [vgl. Fechheimer (125)] über Rom und Neapel zu den Höfen des Mittelalters, an denen die nicht idiotischen Zwerge gesuchte Artikel waren; in einem Masse, dass uns die Portäts berühmter Zwerge durch Künstler ersten Ranges (Velasquez, Paolo Veronese, Carenno) überliefert sind und dass von fürstlichen Liebhabern, wie der Katharina von Medici und der Grossfürstin Natalie, Schwester Peters des Grossen, sowie der Gemahlin des grossen Kurfürsten, Versuche der Sammlung [1]) und Fortpflanzung der Zwerge angestellt wurden. Aus den künstlerischen Nachbildungen ist die Diagnose der Form des Zwergwuchses noch heute zu stellen, natürlich besonders sicher für die Formen, welche die auffälligsten und typischsten Disproportionen zeigen, wie die Chondrodystrophie; aber auch erst jüngst erkannte Typen, wie der hypophysäre Zwergwuchs (Nannosomia pituitaria) lassen sich

---

[1]) Natalie vereinigte bei einer Zwergenhochzeit 93 Zwerge, aber 1909 konnte man im Jardin d'Acclimatisation 200 Zwerge in Paris vereinigt sehen.

mit Wahrscheinlichkeit vermuten; so dürfte z. B. die Maria Barbola des Velasquez (451a) dazu gehören, während von Antonio el Ingles (loc. cit. S. 80) zweifellos zum primordialen Zwergwuchs gehört, El primo (ebendort S. 67) desgleichen, Sebastian de Morra (ebendort S. 66), lauter Hofzwerge Philipps des Vierten, ein Chondrodystrophiker sein dürfte.

Es ist lehrreich zu sehen, dass die Diagnose hier durch das von Künstlerhand gegebene Bildnis sich sicherer gestaltet als bei zahlreichen wissenschaftlich veröffentlichten, anatomisch beschriebenen Fällen sogar der Neuzeit. Es ist sehr schwierig, sich in der angeschwollenen Kasuistik der Literatur des Zwergwuchses zurecht zu finden. Bei dem Fortschritt, den die junge Lehre von der inneren Sekretion für unsere Kenntnisse über normales und krankhaftes Wachstum gebracht hat, kann es nicht wunder nehmen, dass viele frühere Schlüsse überholt, viele Beschreibungen, in denen auf die uns heute wesentlichen Dinge nicht geachtet ist, ungenügend sind. Aber es fehlt nicht bloss häufig die Sektion oder bei der Sektion der Befund an den innersekretorischen Wachstumsorganen, sondern sogar der am Skelett, ganz zu schweigen von dem erstaunlichen Mangel an Angaben über die äusseren Proportionen. Es kann nicht genügend hervorgehoben werden, wie dringend notwendig die Anwendung regelrechter anthropologischer bzw. anthropometrischer Methoden bei allen Arbeiten auf dem Gebiete der Pathologie des Wachstums ist. Nur klinisch beobachtete Fälle dürften vielfach trotz Röntgenaufnahmen heute nicht mehr genügen. Die Röntgenologie ist für unser Gebiet ein enormer Fortschritt, aber ihre Anwendung ist jungen Datums; erst 1898 [Gasne und Londe (148)] und 1899 [Joachimsthal (205)] finden wir die ersten Beispiele. Zudem vermag keine Methode allein, weder die Körpermessung, noch die Durchleuchtung, noch die Sektion den Einzelfall genügend zu kennzeichnen. Wir wissen z. B., dass das Verhalten der Ossifikation bei verschiedenen Typen der Nannosomie das gleiche sein, auch der Habitus (Fettpolster, Geschlechtsmerkmale, Proportionen) täuschen kann. Nur alle zusammen vermögen die Diagnose zu sichern, noch dazu die heutige Diagnose! Denn dass wir mit der Klassifikation des Zwergwuchses zu Ende sind, ist nicht anzunehmen. Es fehlt uns auch noch ganz eine genügende Klinik des Zwergwuchses; über den Stoffwechsel eines Zwerges gibt es nur eine einzige Angabe von Voit; da die meisten Zwerge auf Jahrmärkten in Liliputanertruppen zu sehen und nicht krank sind, entziehen sie sich der klinischen Beobachtung und die wenigen systematischen Untersuchungen sind nicht genügend oder deshalb überholt, weil die nachträgliche Diagnose der betreffenden Zwergwuchsform heute nicht mehr möglich [1]) ist.

Über die Häufigkeit des Zwergwuchses lassen sich wegen der schlechten Abgrenzung gegen Kleinwuchs und Norm und wegen Vielgestaltigkeit der Formen keine Angaben machen. Immerhin sei erwähnt, dass Ranke (336) bei militärischen Messungen in Bayern unter 45 421 jungen Rekruten 43 „zwerghafte" mit einer Körperlänge unter 140 cm fand.

---

[1]) Voit und Rankes (337) Beschreibung des 80jährigen „Generals Mite", eines infantilistischen Zwerges, ist gleichzeitig anatomisch-deskriptiv und ernährungsphysiologisch.

Auch die Erforschung der Ätiologie des Zwergwuchses liegt noch sehr im argen. Die persönliche und die Familienanamnese sind häufig schwer zu erhalten. Die grösste Lücke pflegt die erstere hinsichtlich systematischer Messung in allen Stufen des Kindesalters, vor allem auch hinsichtlich der Länge und des Gewichtes bei der Geburt aufzuweisen. Sodann kommen für den dysgenitalen und den hypophysären Zwergwuchs die Bestimmung der Zeit, zu welcher das Wachstum abwegig wurde, wesentlich in Betracht. Infektionskrankheiten, Traumen spielen sicherlich bei beiden Formen als auslösende Schädigungen eine grosse Rolle. Was die Familiengeschichte angeht, so sind mehrere Formen des Zwergwuchses erblich, vor allem der primordiale Zwergwuchs und bis zu einem gewissen Grad die Chondrodystrophie. Reiches Material hierüber ist bei Rieschbieth und Barrington (346) (Treasury of human inheritance) niedergelegt, aber zum grossen Teil ist es noch unbearbeitetes Rohmaterial. Eine Zwergenfamilie, deren Stammbaum die meisten bisher bekannten behafteten Mitglieder (10) aufweist, habe ich selbst zusammengesucht und durch meinen Schüler Selle (399) veröffentlichen lassen; in dieser Familie konnte der Zwergwuchs als dominant mendelndes Merkmal wahrscheinlich gemacht werden. Nicht selten tritt Zwergwuchs, z. B. Chondrodystrophie und infantiler Zwergwuchs nur in einer Generation (unter Geschwistern) gehäuft auf; ich selbst kenne einen Fall von zwei chondrodystrophischen Brüdern, hingegen habe ich in mehreren Fällen von anatomisch untersuchter chondrodystrophischer Mutter nichts von Andeutung dieser Krankheit bei dem Kinde sehen können. Dafür sezierte ich einmal zusammen eine kleinwüchsige ebenmässig gewachsene 35jährige Mutter von 139 cm und 40 kg Körpergewicht und deren Kind, welches im gut beglaubigten 9. Monat der Schwangerschaft nur $42^{1}/_{2}$ cm Länge besass (S.-Nr. Jena 670/18). Wenn eben gesagt wurde, dass das der Vererbung des Zwergwuchses gewidmete Werk des Galton Laboratoriums für Eugenik von Rieschbieth und Barrington mehr Rohmaterial enthält, so ist das so zu verstehen, dass dortselbst kein Versuch einer modernen Analyse der Vererbung der Abnormität unternommen ist. Während ich mit Hansemann in der Vererblichkeit eine grundlegende Erscheinung einer besonderen Zwergwuchsform erblicke, sind die genannten englischen Autoren durch die Auffassung, dass es nur einen Typus „echten Zwergwuchses" (ihre sog. Ateleiosis) gibt und dass dieser häufig mit Infantilismus verknüpft und dann unfruchtbar sei, entschieden gehemmt. Rieschbieth teilt mit und bildet ab einen Fall, in dem ein Vater mit „echtem Zwergwuchs" (offenbar primordialen Typs) mit einer zweifellos chondrodystrophischen Zwergin einen angeblich infantilen zwerghaften Sohn zeugte, der bei der Beobachtung 18 Jahre alt war. Unter den ganzen Stammbäumen ist nicht ein einziger, der die Abstammung eines zwerghaften Individuums von einer Zwergin aufwies. Wir können hier nicht auf die verschiedenen Möglichkeiten einer Erklärung eingehen; die Frage müsste einmal für sich untersucht werden.

Endlich seien hier noch einige Beispiele für die Körpergrösse von Zwergen, ohne Berücksichtigung der Art, sondern lediglich der Grösse nach angeordnet, aufgeführt:

Autor	Name des Zwerges	Alter	Grösse
Joest	Hilany Aybe v. Sinai	60	38 cm
Buffon	Bébé (Ferry)	37 ♂	43,3 „
Birch Virey		37 ♀	43 „
	Tom Pouce	51 ♂	55 „
Windle	Peter der Grosse	19 ♂	56,5 „
Topinard		20 ♀	56 „
Bloch		19 ♀	59,5 „
Linné	Wiebe Lokes	26 ♂	66 „
Tressau	Borulawski	22 ♂	77,5 „
Dupré		25 ♂	74 „
Ranke	„General Mite“	16 ♂	82,4 .,

Dies sind nur untere Extreme aus der häufig nicht kontrollierbaren Literatur als Beispiele für die Möglichkeit der Lebensfristung bei kleinster menschlicher Leibesform. Als Durchschnitt von 26 Zwergen fand Boeckh (59) (ohne Rachitis) 113,6 cm. Unter 100 cm gibt es im allgemeinen fast nur Zwerge von kindlichem Alter (Weygandt).

b) Systematik des Zwergwuchses.

Die Klassifikation der Zwergwuchsformen liegt heute noch sehr im Argen, weil sie nicht nach einem einheitlichen Prinzip vorgenommen werden kann. Zwar könnte man als solches die Körperform wählen, aber hierzu unterscheiden sich mehrere, sicher differente Formen nicht genügend. Befriedigend wäre eine Einteilung nach pathogenetischen Prinzipien, aber sie ist wohl nicht völlig durchführbar. Soweit als möglich, soll eine solche im folgenden versucht werden. Die Einteilung, die ich für den Zwergwuchs (das Wort ist hier im weitesten Sinne gebraucht) vorschlagen möchte, ist folgende:

1. Primordialer Zwergwuchs.
2. Dysgenitaler Zwergwuchs.
   a) Infantilistischer Zwergwuchs.
   b) Sexogener oder glandulär-dysgenitaler (gametatrophischer und gametohypertrophischer) Zwergwuchs.
3. Hypophysärer (dyspituitärer) Zwergwuchs.
4. Thyreogener (dysthyreotischer) Zwergwuchs.
5. Dyszerebraler Zwergwuchs.
6. Chondrodystrophie (Achondroplasie).
7. Rachitischer Zwergwuchs.
8. Seltene, fragliche und Mischformen.

Die Berechtigung der vorgeschlagenen Einteilung liegt in der Mangelhaftigkeit aller bisherigen Klassifikation; sie hat zunächst die Absicht, alle bisher sicher isolierten Gruppen aufzuzählen und noch Platz für künftige Einschiebungen zu gestatten. Eine prinzipiell andere Systematik dürfte voraussichtlich nicht so bald möglich sein; das pathogenetische Moment ist als Einteilungsprinzip fast durchwegs gewahrt; nur die Nr. 2a (infantilistischer Zwergwuchs) ist symptomatischer Art; aus gleich zu erwähnenden Gründen kann aber auf ihre Abgrenzung als wohl charakterisierter Typus nicht verzichtet werden.

Eine beliebte Unterscheidung ist noch vielfach die in echten und unechten Zwergwuchs. Mit echt wird dabei sehr verschiedenes gemeint; teils soll damit gesagt sein, dass er auf der angeborenen oder vererbten Änderung der ganzen Körperanlage beruht: dies ist aber häufig weder zu beweisen noch zu leugnen (z. B. für infantilistischen, hypophysären, dysgenitalen und sogar für den rachitischen Zwergwuchs); auch käme man mit der sehr nötigen Unterscheidung von kongenital und konnatal (angeboren, aber uterin erworben) für den Zwergwuchs durch Missbildung von Wachstumsorganen, ja auch für den chondrodystrophischen, ins Gedränge. Ferner wird „echt" in dem Sinne gebraucht, dass der Zwergwuchs nicht vorgetäuscht wird, etwa durch Verkrümmungen der Wirbelsäule und der Beine; in diesem Sinne spricht schon Humphrey 1868 von echtem oder wahrem Zwergwuchs; dann weiss man aber wieder nicht, wohin mit der Rachitis, da bei dieser dann echter und unechter Zwergwuchs vorkommt.

Die Trennung in proportionierten und unproportionierten Zwergwuchs ist ebensowenig brauchbar: Denn einen wirklich proportionierten Zwergwuchs gibt es nicht, durch genaue Messung an sehr schönen Exemplaren von infantilistischen [Rössle (351)] und primordialen Zwergen konnte ich zeigen, wie die Angabe, die „echten" Zwerge seien proportioniert, ja in einem Masse, dass sie gleichmässig verkleinerte Erwachsene („Erwachsene, betrachtet durch ein umgekehrtes Opernglas", Daniel und Philippe, Meige) darstellen, gar nicht zutrifft; Kopf, Arme, Breitenlängenindex, irgendetwas tritt immer aus dem Rahmen, meist der Kopf. Warum kann man denn auf Photographien fast alle Zwerge sofort erkennen, auch ohne dass Massstäbe oder Vergleichspersonen und Gegenstände mit abgebildet sind? Es kommt hinzu, dass bei gewissen Typen, wie bei der Nannosomia pituitaria, der äussere Habitus sehr wechselt; von gedrungenen fettsüchtigen Kurzbeinigen bis zu eunuchoiden kenne ich aus eigener Erfahrung [(351) und Kon (230a)] Beispiele. Ausserdem wird häufig fehlerhafterweise „unproportioniert" mit verkrüppelt identifiziert; ersteres liegt vor bei ungleichmässigem Wachstum der Länge an verschiedenen Körperteilen; letzteres bei Verbiegungen. Die gleichen Einwände richten sich gegen die Bezeichnung symmetrischer und asymmetrischer Zwergwuchs; hier kommt hinzu, dass in der Anatomie das Wort symmetrisch nicht nur im ursprünglichen Sinne von „ebenmässig" gebraucht wird, sondern meist abgekürzt für bilateralsymmetrisch, indem mit Störungen der Symmetrie am Körper gewöhnlich Ungleichheiten zwischen rechts und links gemeint sind.

Auch die Trennung in postfötalen und fötal entstandenen Zwergwuchs geht nicht an, erstens weil wir über den teratogenetischen Termin bei den meisten nicht Bescheid wissen, für mehrere Formen zwischen Anlage und Auslösung zu unterscheiden hätten und zweitens weil es Formen gibt, die sowohl durch frühzeitige als durch späte Entwicklungsstörung entstehen können, z. B. der dysthyreotische durch angeborene Aplasie (kongenitales Myxödem) als durch Schwund der Schilddrüse während der Kindheit (thyreoprives Myxödem).

Das Bedürfnis ,die für den oberflächlichen Blick wohlgestalteten, man könnte fast sagen, normalen Zwerge von den missgestalteten Zwergen, wie den Chondrodystrophikern, den verkrüppelten Rachitikern und den unförmigen Schilddrüsenkretins abzusondern, hat zu mehrfachen Versuchen der Untergliederung der ersten Gruppe geführt. Ein Vorschlag Kundrats (236), zwischen Vegetationsstörungen (womit Anomalien des Wachstums gemeint waren) und Wachstumsstörungen (durch Krankheiten) zu trennen, ist glücklicherweise auch nicht durchgedrungen, da man mit ihm aus den gleichen wie oben erwähnten Gründen in die Brüche kommt; es gibt ja Beispiele genug, wo eine Anomalie zu einer Krankheit wird, und unter den Zwergwuchsformen wäre heute nur eine, welche man den Kundratschen Vegetationsstörungen zuzählen dürfte, das ist der primordiale Zwergwuchs.

Dieser Ausdruck stammt von Hansemann (175); seiner Haupteinteilung in proportionierten oder echten und unproportionierten Zwergwuchs vermag ich aus den gegebenen Gründen nicht beizupflichten, wohl aber besteht seine 1892 gegebene Unterscheidung des echten oder proportionierten Zwergwuchses in eine primordiale, d. h. in der Anlage bedingte, daher nicht nur angeborene, sondern oft nachweislich vererbte Nannosomie einerseits und eine infantile Nannosomie mit normaler Geburtsgrösse, aber aufhörendem Wachstum während der Kindheit andererseits unseres Ermessens noch immer zu Recht, trotz der Unklarheit des Ausdrucks „infantilis" und trotz der verschiedenen Auffassungen über den Begriff des Infantilismus überhaupt. Es hat übrigens schon Garnier (147) die angeborene Zwergwüchsigkeit von der Hemmung im Kindesalter unterschieden. Es ist schon erwähnt, dass das Werk von Rieschbieth und Barrington (346) eine eigene Nannosomia infantilis überhaupt nicht gelten lässt, sondern den Infantilismus als eine häufige Kombination anderer Zwergwuchsformen, besonders des primordialen Zwergwuchses ansieht. Nach meinen Erfahrungen bildet der angeborene vererbliche Zwergwuchs fast immer Individuen, welche Geschlechtsreifung zeigen; nur wegen der Schwierigkeit der Heirat, d. h. Partner zu finden, tritt er häufig vereinzelt auf, während der infantilistische Zwergwuchs richtig sporadisch auftritt und durch seine Anamnese und seine Geschlechtskümmerung genügend gekennzeichnet ist. Bloch (55) und Launois (246) sind auch der Unterscheidung Garniers und Hansemanns beigetreten.

Fast gleichzeitig (1891) mit dem eben erwähnten Hansemannschen Vortrag beschrieb Paltauf (305) seinen berühmt gewordenen Zwerg Micholajek. Es ist wunderlich, dass die erste wirklich gute anatomische Beschreibung eines Zwerges eine derartig heillose Verwirrung in der Frage des Zwergwuchses angerichtet hat; statt eher zur Klärung zu führen. Dies rührt erstens davon her, dass auch heute noch — nachträglich — der „Paltauf-Zwerg" schwer mit Sicherheit in eine moderne Zwergenkategorie unterzubringen ist und zweitens davon, dass sehr bald nach Paltaufs Arbeit neue Gesichtspunkte für Beurteilung von Wuchsstörungen in der Lehre von der inneren Sekretion auftauchten, die Paltauf nicht berücksichtigt haben konnte. Geradezu verhängnisvoll war aber, den Einzelfall Paltaufs nur wegen der klassischen Beschreibung und ohne dass er etwa sonst nicht vorkommende Merkmale besessen hätte, von nun ab häufig als Klasse für sich bei den Einteilungen des Zwergwuchses zu führen [vgl. z. B. Faltas (124) Einteilung: Echter Zwergwuchs zerfällt in 1. primordiale Nannosomie, 2. Paltaufscher

Typ, 3. echter Infantilismus]. Wir kommen auf die Eigenschaften des Paltauf-Zwerges und auf die Deutungen, die er erfahren hat, noch zurück.

Wir sehen uns also zu einer Ablehnung der bisherigen Klassifikationsversuche gezwungen, wie sie entweder für den gesamten Zwergwuchs (immer einschliesslich des pathologischen Kleinwuchses) von Hansemann(175), Breus und Kolisko (71), Dietrich (104), Schwalbe (397), Rieschbieth und Barrington(346), Windle (483) oder für den echten Zwergwuchs, z. B. von Falta, Breus und Kolisko (l. c.) vorgenommen wurden. Eine Anzahl Autoren gebrauchen auch den Ausdruck „hypoplastischer Zwerg"; z. B. zählen Breus und Kolisko (71) neben dem chondrodystrophischen, dem echten (worunter sie nun ihrerseits den Paltaufschen Typ verstehen), dem kretinistischen (welcher Ausdruck aus später anzugebenden Gründen ebenfalls nicht empfehlenswert ist) und dem rachitischen Zwergwuchs einen „hypoplastischen Zwergwuchs" auf, der sich von den übrigen noch dazu im wesentlichen nur durch eine „quantitative Störung" des Wachstums unterscheiden soll. Auch Aron und Aschner (15) verwenden diese missverständliche oder nichtssagende Bezeichnung. Den gleichen Nachteil, dass man nicht weiss, ist mit ihr etwas Symptomatisches oder Ätiologisches gemeint, hat übrigens auch die Bezeichnung „infantilistischer Zwergwuchs"; ihre Anwendung ist aber erstens einmal angebracht, weil wir nicht entscheiden können, ob der Dysgenitalismus dabei das Primäre ist und weil andererseits diese Form als Erscheinung nicht selten ganz rein auftritt. Ja, sie ist eine der häufigsten Zwergwuchsformen überhaupt; wie wir auch gleich hinzufügen wollen, scheint es sich wirklich hierbei um „universellen Infantilismus" zu handeln, von dem Hart (179) deshalb wohl mit Unrecht sagt, dass er „ausserordentlich selten" sei.

Zum Schlusse über die Erörterungen der Einteilung des Zwergwuchses muss noch hervorgehoben werden, dass meist nur die Gesamtbetrachtung eines Falles imstande ist, ihn zu katalogisieren. Dazu gehört ausser der Feststellung, dass es überhaupt ein Zwerg ist, also der Feststellung der Körperlänge die genaue Messung und Kennzeichnung der Proportionen, gehören Angaben über die Fettverhältnisse, über die Grössenverhältnisse und die (auch mikroskopische) Beschaffenheit der Drüsen mit innerer Sekretion sowie über den Zustand der Ossifikation (Skelettreife), die Bestimmung der geschlechtlichen und psychischen Differenzierung, also mit kurzen Worten: alle bekannten ätiologischen und symptomatischen Merkmale des Wachstums und der Altersreifung gehören zur Charakteristik. So wertvoll also einzelne Stigmata sein können, ja vielleicht wie Schilddrüsenmangel, Mikromelie sogar entscheidend für die Diagnose, so wenig ist meist auf sie Verlass; Hemmungen der Ossifikation, Hypoplasie des Genitale, verhältnismässig grosser Kopf sind vieldeutig; eine noch so klassische Beschreibung der Zwergbecken wie bei Breus und Kolisko (71) wäre ohne einen übrigen Befund bei denselben Autoren wertlos. Freilich je genauer man der Natur auf die Finger sieht, desto mehr enthüllt sie auch im einzelnen noch die Sonderart des Geschehens kraft der obwaltenden Verknüpfung der Körperteile untereinander; so lernen wir aus dem Verhalten des Thymus oder der Hypophyse bei Schilddrüsenabnormitäten schliesslich diese wiederum vermuten und noch kürzlich hat Sternberg (414) den Nachweis versucht, aus dem mikroskopischen Bild der Hoden die sonst schwierige Differentialdiagnose zwischen Nannosomia infantilis und Nannosomia pituitaria zu entscheiden: Die Hoden mit Hypoplasie hält er für pathognomonisch für Infantilismus, diejenigen mit sekundärer Atrophie beweisend für hypophysären Zwergwuchs. Hier scheint vielleicht doch der Befund bei weiteren Zwergwuchsarten und das Alter der Erkrankung und der Erkrankten bei den Hypophysenzwergen nicht genügend berücksichtigt. Bei der bisher ungenügenden Charakteristik des infantilistischen Zwergwuchses wäre die Konstanz des Hodenbefundes von grossem Wert, würde aber vielleicht auch in einem später genauer zu besprechenden Sinne auch noch als primäres pathogenetisches Moment in Frage kommen.

c) Formen des Zwergwuchses.

Wir wenden uns nun zur Besprechung der einzelnen Zwergwuchsformen. Es wird dabei selbstverständlich nicht möglich sein, die ganze riesige [1]) (und noch dazu aus den angegebenen Gründen) vielfach unbrauchbare Kasuistik zu erwähnen; wir beschränken uns auf die allgemeine Charakteristik der Formen und die Heranziehung prinzipiell wichtiger Fälle.

1. Der primordiale Zwergwuchs.

Der Ausdruck primordialer Zwergwuchs stammt von Hansemann und ist identisch mit dem hypoplastischen Zwergwuchs von Breus und Kolisko und mit der essentiellen, heredofamiliären Mikrosomie Levis; als Ursache wird eine von Haus aus verkleinerte Anlage angesehen, deren Wesen freilich nicht feststeht; auch embryonale Stadien sind nicht studiert; die Frühstadien der Kindheit desgleichen nicht; dagegen scheint, soweit man nachträglich Angaben erhalten kann, festzustehen, dass diese Individuen schon allzu klein auf die Welt kommen, obwohl davon Ausnahmen vorkommen sollen. Wären Befruchtungstermine bekannt, so liesse sich der Unterschied schon im fötalen Wachstum präzisieren. Die Harmonie des Wachstums ist nicht gestört, das Wachstumsergebnis sind gute Proportionen, jedenfalls die besten unter allen Zwergwuchsformen, aber es ist eine beträchtliche Minusvariante. Nur die Dimensionen, nicht die Proportionen sind abnorm, sagt Dietrich (105). Nach eigenen Erfahrungen bewegt sich die Körpergrösse solcher Zwerge bei ausgesprochener Erblichkeit zwischen 110 und 130 cm. Über die Erblichkeit wüssten wir mehr, wenn solche Personen leichter als Ehehälften angenommen würden und wenn nicht der natürlich untaugliche Versuch ihrer Kreuzung mit dem unfruchtbaren infantilistischen Typ gemacht würde. Ich kenne zwei Zwergfamilien, wo von einem primordialen Zwergbrüderpaar mit normalen Frauen gesunde und kranke Kinder (ca. 50 %) gezeugt wurden [Selle (399)]. Der betreffende Stammbaum enthält 10 Zwerge in drei Generationen, wobei die zwerghaften Mitglieder der Familie sich besonders ähnlich sahen; der bekannte Stammbaum der Familie

---

[1]) Das englische Zwergwuchswerk von Rieschbieth und Barrington (346) aus dem Jahre 1912 enthält 664 Literaturnachweise!

Magri von Taruffi (436) weist 6 Zwerge einer Generation (Vettern und Basen) bei gesunden Eltern auf. Levi (252) sah Grossvater, Vater und Tochter primordial zwergwüchsig. Die Intelligenz ist eine gute oder durchschnittliche und hängt mehr von äusseren Umständen und von dem sozialen Niveau als vom Zwergwuchs ab. Es gibt untersetzte und schlanke Gestalten unter diesen Zwergen. Die sekundären Geschlechtsmerkmale und der Eintritt der Pubertät sowie die Etappen der Skelettreifung bis zum Fugenschluss sind regelrecht. Die Lebensdauer ist nicht verkürzt. Zuweilen stösst man in der Literatur auf die Angabe, es gäbe Mischfälle von primordialem und infantilem Zwergwuchs und Bauer (34) führt mich als Zeugen dafür an, ohne dass ich es behauptet hätte. Ich habe mich bisher von einem Vorkommen der Kombination von Zwergwuchstypen bei der Untersuchung von nahezu 50 Zwergen nicht überzeugen können; ihre Möglichkeit ist natürlich nicht abzuleugnen, denn weshalb sollte ein primordialer Zwerg nicht die Anlage oder das Schicksal haben, infantil gehemmt zu werden? Aber gibt es in der Literatur bereits beweisende Fälle? Es ist nicht unwichtig dies zu prüfen, da es von grundsätzlicher Bedeutung ist, ob ausserhalb des Rahmens eines seltenen Zufalls Kombinationen oder gar Übergänge von einer Zwergwuchsform in die andere vorkommen, von Bedeutung deshalb, weil die Anlage zum allgemeinen Infantilismus nicht feststeht und durch Verknüpfung mit dem primordialen Zwergwuchs deutlicher gemacht würde und weil in der Konstitutionspathologie die Neigung besteht, ähnliche Krankheitsbilder aus einer unbestimmten „allgemeinen Degeneration" abzuleiten und eine solche auch für die Wachstums- und Entwicklungsfunktion (J. Bauer) anzunehmen. Bevor aber dieser Schritt getan wird, müssen Diagnose und Wesen der einzelnen Zwergwuchsformen viel besser begründet sein, als sie es heute sind. In einem Doppelfall Joachimstals (205) handelte es sich um zwei Schwestern von 36 Jahren mit angeblichem Stillstand des Wachstums im 10. Jahre, 114 und 116 cm Länge, beide regelmässig menstruiert seit 20 Jahren und mit vollendeter Verwachsung der Epiphysenlinien, also im wesentlichen mit Merkmalen des primordialen Zwergwuchses. Da die Anamnese über den Gang des Wachstums häufig sehr unsicher ist, sind Zweifel berechtigt, ob aus den für Infantilismus sprechenden Angaben vom Aufhören des Wachstums mit 10 Jahren genügt, um einen Mischfall zu diagnostizieren. Levi, dessen Arbeit mir im Original nicht zugänglich war, soll zwar den erblichen, essentiellen Zwergwuchs scharf von dem infantilistischen trennen wollen, aber von dem ersteren behaupten, dass er häufig infantile Züge annehme. Um Stellung zu nehmen, müsste man die Beschreibung seiner Fälle genau kennen. Das letztere führt meines Erachtens bei Pende (311), den J. Bauer ebenfalls als Gewährsmann für die Kombination von primordialem und infantilistischem Zwergwuchs anführt, dazu, dass dies gar nicht zutrifft. Es ist lehrreich, seine zwei Fälle kurz anzuführen:

1. 17jähriger Lyzealschüler von 134 cm Körperlänge, bei Geburt normal gross, mit regelrechter Entwicklung bis zum 5. Lebensjahr, dann Verlangsamung des Wachstums. Starke Genitalhypoplasie, Fehlen aller sekundären Geschlechtscharaktere, Fettverteilung erinnert an die weibliche, Epiphysenfugen offen, sehr guter Verstand mit Selbstbeobachtung und Reife der Kritik, auch an sich. Weite Sella turcica. Lymphozytose.

2. 19^1/$_2$jähriger Jüngling aus psychopathisch und syphilitisch belasteter Familie, wuchs langsam (Kinderkrankheiten!), war mit 16 Jahren wie ein 5—6jähriger Knabe; damals Appendizitisoperation; in den nächsten 2 Jahren fast um 15 cm gewachsen; jetzt mit 19 Jahren 142 cm (wie ein 12—13jähriger). Überentwicklung des vorher kleinen Genitale und psychische Zeichen von Hypergenitalismus; Schwachsinn seit früher Jugend. Gesichtsausdruck wie bei frühzeitiger Senilität, männliche Stimme. Viele eosinophile Leukozyten im Blute. Erhaltene Fugen.

Dazu ist zu bemerken: Keiner von beiden ist Zwerg, insbesondere nicht primordialer Zwerg; ich halte auch den ersten nicht für einen infantilistischen Zwerg, sondern für eine Dystrophia adiposo-genitalis mit Kleinwuchs, den zweiten für degenerativen Kleinwuchs durch angeborene Lues. Der Fall von E. Kraus (231), von J. Bauer als Kombination von primordialer Nannosomie mit allerhand Entwicklungsstörungen des Gehirns und der Hypophyse bezeichnet, ist in seiner Deutung durchaus unsicher und soll deshalb erst im letzten Abschnitt der seltenen und unklaren Zwergwuchsformen besprochen werden; im Sinne J. Bauers kann er zunächst nicht aufgefasst werden; für primordialen Zwergwuchs zumal fehlte jede Handhabe; er ist nach meinem Dafürhalten ein Mischfall aus hypophysären und zerebralen Elementen, von Kraus selbst als hypophysärer Zwerg aufgefasst. Auch gleiche Hinweise Faltas (124) überzeugen nicht vom Vorkommen von „Übergängen“ des primordialen in den infantilistischen Zwergwuchs. Eine Beobachtung von Stewart (422) kann ich nur aus ihrer Anführung bei J. Bauer bringen: Ein 20jähriger Mann mit allgemeiner Myotonie, entwickelten Genitalien, aber schwacher Geschlechtsbehaarung, seit dem 14. Lebensjahr im Wachstum gehemmt, besass eine Schwester, deren Wachstum mit 12 Jahren aufgehört hatte, die aber seit dem 14. Jahre regelmässig menstruierte. Fünf Geschwister dieser beiden wurden wegen abnormer Grösse vorzeitig geboren, weitere 7 waren gleichfalls bei der Geburt abnorm gross und starben gleich. Diese Beobachtung hat zwar nichts mit dem primordialen Zwergwuchs zu tun, zeigt aber im vorliegenden Zusammenhang, dass andere Wachstumsstörungen verschiedener Tendenz und von entschiedenem degenerativen Charakter in Familien gehäuft vorkommen, was ich aus eigener Erfahrung durchaus bestätigen kann. Für den primordialen Zwergwuchs aber möchte ich gerade den degenerativen Charakter völlig leugnen, und zwar nicht nur wegen des mangelnden Beweises der Mischung mit anderen Formen, sondern auch wegen der Vollwertigkeit der Lebensfunktionen der so beschaffenen Zwerge. Es ist nicht ganz verständlich, wie Hansemann, der gerade den guten Namen „primordialer Zwergwuchs“ erfand, zu der Äusserung kommen konnte, man sollte von Zwergwuchs (Nannosomie) nur dann sprechen, wenn die Kleinheit des Individuums soweit geht, dass Funktionsstörungen des Individuums sich ergeben. Gerade weil diese nicht vorhanden sind, in dem es sich schliesslich um reife, höchstens vom sozialen Standpunkt aus nicht vollwertige Individuen handelt, ist auch der Name „Ateleiosis“ von H. Gilford (153) zu verwerfen, da erstens Gilford damit primordiale und infantile Zwerge bezeichnet, z. B. von „Asexual Ateleiosis“ spricht (in diesem Sinne wird der Ausdruck auch von Rieschbieth und Barrington übernommen trotz ihrer daran geübten Kritik als vager Bezeichnung) und zweitens weil Gilfords Terminus das Nichterreichen des Entwicklungszieles, einen „Aufschub (delay) des Wachstums und der Entwicklung", ausdrückt, was nur für die infantilistischen und nicht für den primordialen Zwergwuchs passt.

Missbildungen scheinen im Gegenteil beim echten vererblichen primordialen Zwergwuchs eine Seltenheit zu sein. Hingegen will ich nicht leugnen, dass es eine Abart des primordialen Zwergwuchses gibt, der als Missbildung für sich anzusehen ist, sporadisch in Familien neben und gleichzeitig mit anderen Missbildungen auftritt. Ein lehrreiches Beispiel dieser Art hatte ich kürzlich Gelegenheit zu beobachten. Es handelte sich um ein kleinwüchsiges 21 jähriges Schwesternpaar (Zwillinge) von 141,2 cm, beide mit kongenitalem Schlüsselbeinmangel und schweren Zahnanomalien behaftet, sonst proportioniert und geschlechtlich vollreif. In der Familie waren sonst mehrfach Zwillingsgeburten vorgekommen. In solchen Fällen erscheint der Kleinwuchs als Teilerscheinung allgemein missgebildeter Anlage.

Was nun schliesslich das Wesen des primordialen Zwergwuchses angeht, so ist zunächst darauf hinzuweisen, dass nicht genügend reines, neueres und damit kritisch brauchbares Sektionsmaterial vorliegt.

Aus eigener Erfahrung kann ich nur die Sektion von zwei Fällen von weiblichem Kleinwuchs (und zwar ohne infantilistische Züge) anführen: Im ersten Fall (S. N. 670/18, Jena) handelte es sich um eine unverheiratete 35 jährige, geschlechtlich vollentwickelte Taglöhnerin, die im Wochenbett nach Frühgeburt im 8. Schwangerschaftsmonate der Grippe erlag: die Körperlänge betrug 139 cm. Die Proportionen waren die einer Erwachsenen. Die erste Periode soll erst mit 22 Jahren aufgetreten sein. Die makro- und mikroskopische Untersuchung der Drüsen mit innerer Sekretion bot nichts Abweichendes dar. Ihr durch Frühgeburt zur Welt gekommenes Kind war nicht abnorm klein, soweit die Berechnung des Schwangerschaftstermins zu beurteilen erlaubte.

Im zweiten Falle handelte es sich um eine 36 jährige Bahnarbeitersfrau, die einer Katatonie und chronischer Lungentuberkulose erlag. Der Körpergrösse von 139 cm entsprach bei schmächtigem, aber ebenmässigem Körperbau ein Körpergewicht von 25 kg. Sie hatte geboren, war in jeder Beziehung reif, die Nähte und Fugen des Skelettes geschlossen; die inneren Proportionen der Organe, insbesondere Gewichte und feinere Beschaffenheit der innersekretorischen Drüsen waren normal; nur sprangen die Hypophyse mit 820 mg, die Nebennieren mit 13 g und die Schilddrüse mit 28 g im Verhältnis zum Gesamtkörper etwas hervor. Über die Angehörigen habe ich in beiden Fällen nichts erfahren, so dass ich nicht sagen kann, ob die Personen, welche zweifellos keine infantilistischen Züge an sich tragen, zu der vererblichen Art des primordialen Zwergwuchses gehörten. v. Hansemann notierte — ich zweifle, ob mit Recht — bei der Sektion eines solchen Falles grosse Thymusdrüse, Erhaltensein der embryonalen Nierenfurchung, abnorme Länge des Mesokolons, trichterförmigen Abgang des Wurmfortsatzes als infantilistische Züge. Aschner (15) beschrieb ein 16 jähriges kleinwüchsiges Mädchen (132 cm) von grazilem proportionierten Körperbau, welches ein „reifes", 46 cm langes und 1900 g schweres Kind mit einem Kopfumfang von 30 cm zur Welt brachte. Das nach einigen Tagen gestorbene Kind zeigte angeblich bei der Sektion nichts Abweichendes.

Mangels genügender pathologisch-anatomischer Grundlagen sind wir auf die Deutung verwiesen. J. Bauer (34) sagt: „In derartigen Fällen etwas anderes als eine germinative Anomalie des Gesamtorganismus, eine konstitutionell verringerte Wachstumstendenz sämtlicher Körpergewebe anzunehmen, wäre absurd." Dieser Erklärungsversuch scheint zu eng gefasst: denn nicht allein um die Tendenz handelt es sich, im Gegenteil: die Wachstumstendenz könnte sogar als dieselbe wie normal angesehen werden, da sie das Wachstumsziel ja in derselben Zeit erreicht. Der Wachstumstrieb erschöpft sich weder früher noch ist er verringert: wenn quantitativ ein anderes Wachstumsergebnis herauskommt, so kann dies auch daran liegen, dass ein normaler Wachstumstrieb sich an einer verringerten Wachstumsmasse auslebt. Anhaltspunkte für diese Möglichkeit haben wir schon bei der Besprechung der experimentellen, teratologischen und entwicklungsmechanischen Beobachtungen angeführt; dabei war wieder die doppelte Möglichkeit der Hypoplasie schon in der ersten Anlage oder der Einbusse an Anlagematerial in den ersten Furchungsstadien. Schwalbe (397) meint sogar, dass ein primordialer Zwergwuchs auch noch durch spätere, d. h. im Embryonalleben erlittene Entwicklungshemmung entstehen könne und gibt folgendes Schema:

1. Nannosomie durch primären Defekt des unbefruchteten Eies

2. Nannosomie durch sekundären Defekt des befruchteten Eies

3. Nannosomie durch Entwicklungshemmung
   a) Nannosomie durch embryonale Entwicklungshemmung.

= Nannosomia primordialis

   b) Nannosomie durch postfötale Entwicklungshemmung.

= Nannosomia infantilis.

Nach diesem Schema müsste es, da die Geburt ja keine biologische Grenze für normale und krankhafte Entwicklung ist, fliessende Übergänge zwischen den beiden Formen des „wahren" Zwergwuchses geben; indessen ist dies aus den angegebenen gewichtigen Gründen gar nicht wahrscheinlich, vielmehr spricht die ganze Semiotik der beiden Arten für getrenntes selbständiges Vorkommen, desgleichen das Fehlen wirklich sicher beobachteter Mischformen oder des gleichzeitigen Auftretens in Familien.

Für das erste Auftreten erblichen Zwergwuchses bei einer Familie müssen wir uns auch, falls wir überhaupt eine Deutung versuchen wollen, an vergleichend biologische Erfahrungen halten. Versuche an Pflanzenkeimen besagen, dass Abkömmlinge verspätet entstandener Individuen als harmonisch verkleinerte Zwerge erscheinen können und dass deren Nachkommenschaft wiederum zwergwüchsig ist. Solche Linien zeichnen sich allerdings bei Pflanzen sonst durch Entartungscharaktere wie frühzeitiges Absterben und Unfruchtbarkeit aus.

Eine wesentliche Lücke ist ausser genauen Sektionen auch der Mangel fortlaufender individueller Wachstumskurven für Fälle von primordialem Zwergwuchs. Als einen wesentlichen Punkt haben wir immer wieder die Angeborenheit des Zustandes bezeichnet. Es sind aber bisher nur ganz wenig Fälle bereits bei der Geburt gemessen, so die von Nagel (289) und Welker, Virchow (455), Bouchardt (64), de Mortillet untersuchte „Prinzess Pauline", die bei ihrer Geburt 30 cm, mit 17 Jahren 93 cm mass. Von C. de Lange (239) stammt das vorläufig beste Beispiel von früh verfolgter „Nannosomia vera":

	Gewicht	Länge
Bei der Geburt . . .	1250 g	34 cm
Ende des 1. Jahres .	2500 g	
Ende des 2. Jahres .	3000 g	54 cm
3. und 4. Jahr. . . .	4000 g	62—64 cm
5. Jahr	5000 g	70 cm
Zuletzt 7. Jahr . . .	5000 g	70 cm

Der Fall ist nicht ganz rein, weil Mikrocephalie vorlag, die der Arbeit beigegebene Abbildung zeigt deutlich vogelkopfartigen Schädelbau; psychisch und in bezug auf die Ossifikation lag ein Reifedefizit von mehreren Jahren vor; auch bestand beiderseitiger Kryptorchismus bei dem 7 jährigen Knaben. H. Brüning (76) beschrieb ebenfalls kürzlich ein „Miniaturkind" von 48 cm und 2350 g im Alter von 17 Monaten; bei der Geburt hatte es 39 cm und 1500 g; sie fand 14 Tage zu früh statt; es bestand keine familiäre Belastung; bei guter geistiger Entwicklung bot es jeweils die Proportionen eines gleichaltrigen Kindes. Es hatte Leistenhoden und Hühnerbrust. Die Sektion (Tod an Bronchopneumonie) wies relativ grosse Organe nach.

2. Der dysgenitale Zwergwuchs.

Unter dieser Bezeichnung sollen hier alle Fälle stärkerer Wachstumshemmung zusammengefasst werden, welche mit Misswachstum der Keimdrüsen und nur mit diesem verknüpft sind. Diese letztere Einschränkung ist deshalb nötig, weil es zweifellos Typen gibt, bei denen neben Misswuchs der Geschlechtsorgane andere, und zwar wesentliche Störungen der somatischen Konstitution vorliegen, so z. B. Hypogenitalismus beim thyreogenen und hypophysären Zwergwuchs, Hypergenitalismus (auch mit allgemeinen Wachstumsstörungen) durch Tumoren der Epiphysis, der Nebennieren, der Keimdrüsen.

Hieraus würde sich bereits die Notwendigkeit ergeben, zur Klassifikation des Einzelfalls unterscheiden zu können, ob Gründe letzterer Art bei gleichzeitigem Dysgenitalismus und Wachstumsstörung angeschlossen werden können; am häufigsten tritt die Aufgabe heran bei Klein- und Zwergwuchs mit Hypogenitalismus. Alle Grade sind da zu verzeichnen, von einer geringen Abschwächung der primären und sekundären Sexualcharaktere bis zum vollkommenen Ausbleiben jeder geschlechtlichen Reifung; das abgestufte Ergebnis solcher Störungen stellt sich dann in jenen Bildern dar, die man mit Gande als Infantilismus, Puerismus, Juvenismus bezeichnet [1]).

Es verdient betont zu werden, dass diese Ausdrücke nicht besagen, dass die Störung in dem und jenem Stadium erfolgt ist, sondern dass das Bild der Hemmung dasjenige eines Stehenbleibens auf der und jener Entwicklungsstufe ist. Damit ist schon gesagt, dass eine heute erfolgte Störung nicht sogleich den ganzen Wachstumsapparat anhält, vielmehr sagt die Erfahrung und die genaue Beobachtung, dass dieser Mechanismus noch eine Zeitlang weiter läuft, meist ungeordnet, hier 'mehr wie dort gebremst, ja nicht selten nur auf gewisse Zeiten unterbrochen; freilich dauern die Latenzperioden des Wachstums in solchen Fällen gelegentlich Jahrzehnte und dann erwacht plötzlich wieder der zurückgehaltene Wachstumstrieb.

Aus dem vorigen ergibt sich nun wieder, dass wir etwa bei einem 18 jährigen Patienten, der die Ausmasse eines 8 jährigen Knaben hat,

---

[1]) Dazu noch einen Fötalismus (embryonale Mikrosomie Ballantynes) hinzuzufügen, einem schön durchgeführten Schema zuliebe, hat keine tatsächliche Berechtigung. Von Beibehaltung gewisser fötaler Formen kann höchstens bei einem nicht hierher gehörenden Zwergwuchstyp, nämlich der Chondrodystrophie, gesprochen werden.

nicht folgern können, dass die Wachstumshemmung etwa in einem
Alter von 8 Jahren eingesetzt hat, sondern gewöhnlich ergibt die Anamnese
einen um mehrere Jahre früher erfolgten Stillstand; gewöhnlich handelt
es sich auch gar nicht um Stillstand, sondern um Verlangsamung des
Wachstumsprozesses. Ferner stellt sich heraus, dass jener 18jährige
Patient zwar die Körperlänge eines 8jährigen Knaben, aber meist nicht
dessen Proportionen hat; es sind also krankhafte Verschiebungen der
Verhältnisse eingetreten. Auf die Bedeutung des Nachweises auch
feinerer solcher Disproportionen werden wir weiter unten nochmals
zurückkommen.

Im folgenden werden wir der Kürze halber nur von infantilistischem Zwergwuchs sprechen und in dieser weiten. Fassung
auch den pueristischen Zwergwuchs und den juvenistischen Kleinwuchs
(ein „Zwergwuchs" wäre ja hier nicht mehr möglich, da das Jünglings-
alter über das Zwergenmass bereits hinausgewachsen ist) einbegreifen.
Besonders schwierig pflegt sich unter den oben genannten dysgenitalen
Zuständen mit Wachstumshemmung die Differentialdiagnose zwischen
primärem Dysgenitalismus, speziell essentiellem oder glandulärem allgemeinen Infantilismus und hypophysärem Zwergwuchs zu gestalten.
Der letztere ist regelmässig mit Verkümmerung der Geschlechtsorgane
und bei frühzeitigem Befallensein mit völliger Unterentwicklung verbunden; er hat in den letzten Jahren so entschieden an Boden gewonnen,
dass es fast scheint, als ob er sogar zu oft angenommen würde auf Kosten
der Diagnose „infantilistischer Zwergwuchs"; ja von Erdheim ist sogar
der letztere ganz aufgegeben und in die Gruppe des hypophysären Zwergwuchses aufgenommen worden. Aber zur Zeit ist es am Einzelfall fast
nie (trotz Röntgenbild der Sella turcica) nur auf Grund der klinischen
Diagnose, sondern höchstens der genauesten Autopsie möglich, die hypogenitalen Erscheinungen sekundärer Natur als solche zu erkennen;
von den drei theoretischen Möglichkeiten, dass der Dysgenitalismus
primär, den anderen Dysfunktionen koordiniert oder drittens untergeordnet ist, müssen wir immer noch alle drei als vorkommend aufrecht
erhalten.

Der primäre oder glanduläre Dysgenitalismus wäre dann
so aufzufassen, dass ohne Eingreifen einer anderen hormonalen Störung
das ganze Krankheitsbild von den Geschlechtsdrüsen ausgeht. Aber
mit einem Versuch genauerer Erklärung kommen wir sofort in die Brüche:
denn wir vermögen die Verbindung des Dysgenitalismus mit der allgemeinen Wachstumsstörung theoretisch nicht herzustellen. Die Keimdrüsen sind keine eigentlichen Wachstumsorgane, sondern haben nur
einen geringen Einfluss auf Wachstum und Modellierung des Körpers;
insbesondere ist theoretisch bei primärer Hypoplasie des Genitale die
allgemeine Wachstumshemmung nicht zu verstehen, zumal frühe Kastration keinen Zwergwuchs, sondern eher das Gegenteil (Hochwuchs) erzeugt.
So schwebt das ganze Krankheitsbild der gleichzeitigen allgemeinen
Wachstumshemmung und der mangelnden Geschlechtsentwicklung, also
der sog. „infantilistische Zwergwuchs" in der Luft.

Es scheint mehr Berechtigung für sich zu haben, den infantilistischen Zwergwuchs nur als eine Spezialform der dysgenitalen Wachstumsstörung und dabei diesen Ausdruck mangels besserer Kenntnisse

als einen symptomatischen aufzufassen im Sinne von „Zwergwuchs mit Infantilismus", beide Erscheinungen als einander koordiniert aufzufassen, ferner davon eine andere Form abzutrennen, bei der der Dysgenitalismus der Wachstumsstörung übergeordnet ist; diesen · schlage ich vor, sexogenen Zwergwuchs zu nennen, um anzudeuten, dass dieser von den Geschlechtsdrüsen ausgeht, wobei man dann einerseits diesen wieder in eine hyposexuelle (gametatrophische) und eine hypersexuelle (gametohypertrophische) Unterform scheidet. Im folgenden soll nun der Beweis für das Vorkommen und für die Verschiedenheit dieser Formen erbracht werden.

a) Infantilistischer Zwergwuchs.

Wenn im vorigen der Kürze halber der infantilistische Zwergwuchs mit der Bezeichnung „Infantilismus mit Zwergwuchs" erläutert wurde, so ist jetzt dem hinzuzufügen, dass sein eigentliches Wesen in einer allgemeinen Entwicklungshemmung zu sehen ist, wobei die Elemente der Entwicklung, die wir in dieser Abhandlung stets scharf auseinandergehalten haben, nämlich Wachstum und Reifung gleichzeitig und meist gleichsinnig, d. h. gleich stark angehalten sind. Da diese Individuen nicht zu einer geschlechtlichen Vollreife gelangen, so können sie sich auch nicht fortpflanzen; das mehrfache Vorkommen in Familien, z. B. unter Geschwistern oder Vettern kommt vor; ich hatte kürzlich Gelegenheit, Angehörige einer Familie zu untersuchen, wo infantilistischer Zwergwuchs gehäuft unter Geschwistern bei gleichzeitigen, aber andere Familienmitglieder befallenden Missbildungen (Syndaktylie und Sechsfingrigkeit) auftrat. Die Hand- und Fussmissbildung war bereits mehrere Generationen erblich, der Zwergwuchs angeblich zum ersten Male bei 4 von 12 Geschwistern aufgetreten; aus der Literatur ist meines Erachtens aus Mangel an wissenschaftlicher Grundlage aus den älteren Beschreibungen und der bereits hervorgehobenen Schwierigkeit der literarischen Spätdiagnose über Vererbung nichts Sicheres zu sagen. Ganz allgemein wiederholt sich bei den betreffenden Individuen aber die Angabe, dass sie normal zur Welt gekommen, eine Zeitlang regulär gewachsen sind, worauf das Wachstum im Anschluss an ein Trauma, eine schwere oder leichte Erkrankung oder ohne sichtliche Veranlassung verlangsamt oder stillgelegt wurde. Bezüglich des Traumas ist insofern ein Fragezeichen zu machen, als es wohl sicher für die hypophysären Wachstumsstörungen eine Rolle spielt, aber eine fragliche Bedeutung für den (damit leicht verwechselbaren) infantilistischen Zwergwuchs besitzt. Der zeitliche Eintritt der Wachstumshemmung schwankt in der Mehrzahl der Fälle zwischen dem 4. und dem 9. Lebensjahr; im allgemeinen ist dann Wachstum und übrige Entwicklung um so gründlicher gebremst, je früher die Störung einsetzte, und die Wirkung der zeitlichen Verschiedenheit der teratogenetischen Terminationsperiode macht sich auch hier geltend oder, wie Virchow sich bei der Besprechung der kretinistischen Wuchsstörungen ausgedrückt hat: man kann aus der Grösse der Störung auf bestimmte Eintrittszeiten zurückschliessen. Deshalb kommt es vor, dass beim infantilistischen Zwerg- und Kleinwuchs, z. B. Sexualcharaktere (Schamhaare, Brüste sw.) angedeutet sein können.

Ohne hier auf die Definition des Infantilismus eingehen zu wollen, den wir als eine Reifestörung bei der Pathologie des Alterns noch genauer besprechen müssen, wollen wir auf die Beteiligung des ganzen Menschen bei dem infantilistischen Zwergwuchs aufmerksam machen. Die Hemmungen der psychischen Reifung sind mindestens ebenso charakteristisch wie die der somatischen; da aber die Individuen intelligent zu sein pflegen und also Erfahrungen sammeln, so kommt ein merkwürdiger Mischmasch auf geistigem Gebiet zustande, der verdiente noch genauer als bisher von fachmännischer psychologischer Seite analysiert zu werden: gewöhnlich ergibt sich eine innere Disharmonie zwischen kindlich unentwickeltem triebhaften Gebaren und dem Bewusstsein, in bezug auf Alter und Erfahrungen ein Erwachsener zu sein. Inwieweit die durchgehende Disharmonie des ganzen, nur im Verbrauch, aber nicht mit natürlicher Differenzierung alternden infantilistischen Zwergs auch die Ursache des meist frühen Todes ist, entzieht sich der Beurteilung. Jedenfalls drückt schon die äussere Körpergestalt Disharmonie aus. Es muss dies entgegen den Angaben hervorgehoben werden, wonach diese Zwerge einen kindlichen Körperbau mit kindlichen Proportionen besässen. Dies ist nur allgemein richtig und mag zum Vergleich mit dem primordialen Zwergwuchs, welcher in allen Altersstufen ein verkleinerter Mensch, schliesslich ein verkleinerter Erwachsener ist, hingehen. Aber eigene Messungen haben mir (351) an schönen infantilistischen Zwergexemplaren gezeigt, dass der Eindruck vom kindlichen Wuchs dieser Zwerge täuscht. In Wirklichkeit haben sie meist zu grosse Köpfe (übrigens z. B. schon von Virchow (457) für den amerikanischen Zwerg Fr. Flynn, genannt General Mite, 80,7 cm mit 19 Jahren, hervorgehoben), die übermässige Beinlänge ist, besonders im Vergleich zur Sitzhöhe, nicht im kindlichen Verhältnis, häufig sind auch Brust- und Hüftbreite zu stark, so dass Gestalten vorliegen, wie sie in keinem Alter normal vorkommen. Auch die Kopfhalslänge bleibt im Vergleich zur Körperlänge zurück. Die Röntgenuntersuchung zeigte mir eine ebensolche innere Disharmonie der Skelettentwicklung; die Entwicklungsstufe der einzelnen Skeletteile stimmt meist weder mit dem tatsächlichen Alter noch mit einem der Körperlänge entsprechenden Alter überein; sie lag im ganzen höher, als es dem juristischen Alter entsprach; auch ungleichmässige Hemmungen (Reihenfolgestörungen) scheinen häufig zu sein. Im allgemeinen verbleiben die Wachstumsfugen des Skelettes lange Zeit, oft dauernd, offen, deshalb ist auch eine Erneuerung des Wachstums, wie bereits erwähnt, jederzeit, auch noch in den 30iger Jahren, in Form geringerer oder stärkerer Nachschübe möglich; völlig eingeholt wird aber das Fehlende meines Wissens nie [1]).

Die Liliputanertrupps, welche gerade an infantilen Zwergen meist besonders reich sind, pflegen solche nachgewachsenen Mitglieder auszuscheiden. Ursprüngliche Wachstumsdefizite um 8—10 Jahre sind nicht selten und die schönen Exemplare bewegen sich gewöhnlich in den Grössen zwischen 95 und 115 cm.

---

[1]) Der polnische Edelmann Borwilawski, ein berühmter Zwerg, soll von 99 cm auf natürliche Grösse nachgewachsen sein. Er hatte zwei zwerghafte Geschwister. Er schrieb seine eigene Biographie (London 1778). Er wird wohl fälschlich zu den infantilistischen Zwergen gerechnet.

Die pathologische Anatomie auch des infantilistischen Zwergwuchses liegt noch im argen. Für einige ältere und älteste Sektionsfälle, z. B. den von Schaafhausen (368) bei dessen 61jährigem Zwerg die Epiphysenknorpel noch erhalten waren, lässt sich die Diagnose mit Wahrscheinlichkeit stellen. Dieser hatte 3 normale und mehrere (4?) zwerghafte Geschwister. Der Paltaufsche Zwerg, dessen Stellung fraglich ist, der aber zweifellos infantile Züge hat und von einer ganzen Anzahl Autoren (z. B. Weygandt) für einen infantilistischen Zwerg angesehen, ja z. B. von Falta und Erdheim (120) als das Prototyp eines solchen aufgefasst wird, soll später genauer besprochen werden. Es ist übrigens durchaus wahrscheinlich, dass formes frustes beim infantilistischen Zwergwuchs nicht so selten sind, dass dadurch nur Teilhemmungen auftreten und dass von dem klassischen Bild des wirklichen allgemeinen Infantilismus (wie es der infantilistische Zwergwuchs sein kann) mit Agenitalismus Abschwächungen gerade in der Wachstumssphäre und im sexuellen Gebiet vorkommen, vielleicht sogar dadurch ermöglichte Zeugungsfähigkeit.

Aus eigener Erfahrung kann ich über zwei Fälle berichten:

1. 56jährige Pfründnerin, 130 cm gross, gestorben nach Operation eines Fibroadenoms ganz hypoplastischer Mammae; desgleichen waren Uterus, Ovarien, Hypophyse und Epiphyse hypoplastisch; der Hypophysenstiel auffällig kurz. Keine Thymusdrüse erhalten. Mikroskopisch kein abweichender Befund. Schamhaare schwach ausgebildet. Sonst typisch infantiler, aber doch gealterter Eindruck (S.Nr. 56/12).

2. 23jähriger Laufbursche mit Kleinwuchs von 146 cm. Proportionen der inneren Organe in Ordnung, abgesehen von sehr kleiner Hypophyse (330 mg) und Hoden, die sowohl Hypoplasie (mangelnde Differenzierung) als Atrophie (Verödung) aufwiesen. Schwache Ausbildung der sekundären Geschlechtsmerkmale. Todesursache: Chronische Lungentuberkulose (S.Nr. 314/18).

Dietrich zitiert Fälle und Sternberg (414) beschrieb neuerdings einen Fall, in dem das Trauma eine Rolle spielt. In den von Dietrich erwähnten Fällen handelte es sich um Hirnschädigungen, wie Blitzschlag mit Betäubung (Charwat) bei einem 11jährigen Knaben, ferner wiederholte Sturzverletzungen und Beilhieb auf den Scheitel bei einem Knaben von 11 Jahren (der ebenfalls klein und infantil blieb, Rohrer), schliesslich Schädelbruch bei einem 9jährigen Knaben mit 84 cm, dessen Wachstum nach der im 4. Lebensjahr erlittenen Verletzung zurückblieb (Schabad). Sternbergs Fall betrifft einen 19jährigen Jüngling ohne erbliche Belastung von 92 cm Körperlänge, wobei allerdings eine Kyphose mitgerechnet ist, die sich ebenfalls (wie wohl auch die Wachstumsstörung) im Anschluss an einen Sturz im 2. Lebensjahr entwickelt hatte. Der Schädelumfang war 50 cm, die Intelligenz ausgezeichnet. Die Fugen blieben offen; auch die übrigen Befunde, zumal an den unterentwickelten Hoden, waren die der allgemein infantil gehemmten Entwicklung. Dabei waren die endokrinen Drüsen alle von auffälliger Kleinheit, und zwar nicht durch Atrophie, sondern in Form der Hypoplasie. Sternberg rechnet seinen Fall, wie mir scheint mit Recht, zum infantilistischen Zwergwuchs und hält (wie bereits erwähnt) die Hypoplasie der Hoden den anderen Hypoplasien für koordiniert.

Recht auffällig ist nicht selten das stark greisenhafte Aussehen der infantilistischen Zwerge, die mit ihrer grauen welken und dünnen Haut, mit ihren schwachen Muskeln auch in dieser Beziehung einen ganz anderen Eindruck als die frischeren, kräftigeren und blühenderen primordialen Zwerge machen. Man versteht daher recht gut, wie Windle (483) dazu kommt (wenn er aus diesem Grunde dazu gekommen?), die Progeria noch als dritte Form des teratologischen echten Zwergwuchses aufzustellen, man könnte dem wegen des Aussehens der Progeria-Patienten (s. 2. Abschn., Kap. III, 2) zustimmen und die Progeria als den höchsten und tödlichen Grad des universellen Infantilismus ansehen, wenn nicht alle diese Patienten bisher in ganz jungen Jahren gestorben wären.

Wenn wir uns zur Theorie des infantilistischen Zwergwuchses, den wir vorläufig als die höchste Ausbildung des Infantilismus bezeichnen wollen, wenden, so berühren wir damit die Genese des Infantilismus selbst, der im übrigen in einem späteren Kapitel besprochen werden soll. Hier soll nur soweit davon die Rede sein, als es zum Verständnis der beigeordneten Wachstumsstörung notwendig ist. Wir finden die Meinungen hierüber einander gerade entgegengesetzt. Während die einen glauben, dass die Entwicklung dieser Störung in der Anlage gegeben ist, leugnen die anderen jeden vererblichen konstitutionellen Faktor; so spricht Wolff (487) von einer primären Keimesvariation; Hart (179a) meint, dass der universelle Infantilismus sehr selten sei und seine Entstehung einer gleichmässigen Schädigung des ganzen endokrinen Systems verdanke, die infantile Nannosomie (die er dem universellen Infantilismus nicht gleichsetzt), aber wohl auf Störung der Schilddrüsenfunktion beruhe. Im Gegensatz dazu rechnet Falta (124) den Infantilismus und den infantilistischen Zwergwuchs (den er mit dem Paltauf-Typ identifiziert) zu den Vegetations-Störungen, die nicht direkt auf Erkrankungen der Blutdrüsen beruhen.

Fassen wir das Gesagte zusammen, so erscheint der infantilistische Zwergwuchs seinem Wesen nach ungeklärt und wir müssen abwarten, ob sich für ihn ein lokalistischer Ausgangspunkt überhaupt findet. Da in meinen und Sternbergs Fällen die Hypophyse intakt (nur klein wie die übrigen Drüsen) war, so ist es nicht wahrscheinlich, dass diese Zwergwuchsform, wie es Erdheim glaubt, in den hypophysären Zwergwuchs aufgehen wird; eher ist die Vermutung auszusprechen, dass eine Anzahl Fälle (z. B. die nach Schädelverletzungen) dem dyszerebralen Misswuchs (s. 5. Abschnitt dieses Kapitels) unterzuordnen sind.

b) Sexogener Zwergwuchs.

Zur Aufstellung dieser Unterform des dysgenitalen Zwergwuchses, also einer glandulär (in den Keimdrüsen) bedingten Form des infantilistischen Zwergwuchses, veranlasst mich die Beobachtung, dass erstens nicht bloss Infantilismus, also Hypogenitalismus mit Wuchshemmung verbunden ist, sondern auch das Gegenteil Hypergenitalismus; zweitens dass auch Zwergwuchs mit starker Hypoplasie der Keimdrüsen ohne infantilistisches Aussehen vorkommt. In diesen Fällen scheinen nun eher Anhaltspunkte dafür vorzuliegen, dass die Hemmung des Längenwachstums abhängig ist von dem krankhaften Verhalten der Keimdrüsen, sei es direkt oder sei es indirekt.

Ich erwähne zunächst einen Fall eigener Beobachtung:

Eine im 39. Lebensjahr an Gliosarkom des Kleinhirns gestorbene Landwirtstochter von 133 cm zeigte bei der Sektion (S.-Nr. 592/18, Jena) eine bis auf undeutliche

Rudimente vollkommene Aplasie der Ovarien, auch die äusseren Genitalien waren kindlich, die sekundären Geschlechtsmerkmale fehlten. Trotzdem bot sie weder im Aussehen, d. h. in der Bildung und im Ausdruck des Gesichts noch in bezug auf die Proportionen deutliche kindliche Züge. Sie war intelligent gewesen und war bis zum 8. Jahre normal gewachsen. Thymus war nur in Resten vorhanden, die Schilddrüse etwas kropfig, die Hypophyse durch den Hydrozephalus abgeplattet (aber verhältnismässig gross, 1 g!). Ein Teil der Knorpelfugen, auch die Sutura sphenooccipitalis waren unverknöchert, ferner obere Humerus-, untere Radius- und Ulnaepiphyse. Der Erbsenbeinkern fehlte.

Es bestand also hier bei fast vollkommenem Fehlen der Ovarien ein starker Kleinwuchs, aber mit sehr geringen infantilistischen Zügen. Der Fall unterscheidet sich von den Fällen mit infantilistischem Zwergwuchs (s. voriger Abschnitt) durch die ausschliesslich auf die Genitaldrüse beschränkte Hypoplasie. Dies legt doch sehr den Gedanken nahe, dass hier diese dem Mangel an Wachstums- und Knochenreife nicht bei-, sondern übergeordnet sei.

Sieht man sich in der Literatur nach der Beschaffenheit der Körpergestalt bei Fehlen oder weitgehender Hypoplasie der Keimdrüsen um, so gibt es erstens nur wenig gut beglaubigte Fälle von totaler Anorchie und Anoophorie. Von Anorchie (Hodenmangel) sind bis 1860 von Gruber 7 Fälle zusammengestellt und seitdem keine mitgeteilt worden, aber die meisten halten entweder der Kritik nicht stand oder sind hier nicht verwertbar. Erst ein jüngster Fall (1917) von H. Wildbolz (482) ist als Vergleich brauchbar: es war ein 20jähriger geistig normaler Mann von 173,5 cm (!), also normaler Körpergrösse, ohne sekundäre Geschlechtsmerkmale, fettsüchtig, mit relativ langen Extremitäten, äusseren Genitalien wie bei einem 6—7jährigen Knaben, ohne fühlbare Prostata, ohne sexuelle Neigungen. Er war bis zum 14. Jahre langsam, später sehr rasch gewachsen. Die Epiphysenfugen waren erhalten, die Sella turcica erschien weit. Bei einer wegen Leistenschmerzen vorgenommenen Operation fand sich beiderseits eine blinde Endigung der Samenleiter; in einem daran befindlichen Gewebsknötchen der einen Seite fand Wegelin eine rudimentäre Gruppe von lichtungslosen, von elastischen Ringen umgebenen Kanälchen, ohne Epithel, die als Epididymisreste gedeutet wurden.

Von doppelseitigem Mangel der Eierstöcke gibt es bisher 15 Fälle (Riech, Courty, Hegar). An den bis 1903 mitgeteilten hat Halban Kritik mit dem Ergebnis der Nichtanerkennung geübt; seit damals sind keine neuen Fälle veröffentlicht. Auch nach der Zusammenstellung Kermauners (220) gibt es weder für Eierstöcke noch für Hoden Fälle, aus denen sich die Wirkung angeborenen Fehlens der Keimdrüsen auf das Wachstum erschliessen liesse. Für den gut präparierten Fall von Godard (61jähriger Mann), bei dem beiderseits rudimentäre, blind endigende Vasa deferentia vorhanden waren (mikroskopische Untersuchung fehlt!), ist leider die Körpergrösse nicht angegeben. Kermauner bemerkt übrigens ganz richtig, dass man beim Fehlen der Keimdrüsen überhaupt nicht von Mangel der Ovarien oder der Hoden sprechen könnte, da die Bestimmung des Geschlechts ja gerade von dem Nachweis der Keimdrüsen abhänge, sondern nur von „Sexus anceps", gleichgültig wie die übrige Beschaffenheit des meist missgebildeten oder hochgradig rudimentären Geschlechtsapparates sei.

Nun gibt es noch zwei krankhafte Zustände des Sexualorgans, welche hinsichtlich ihres Einflusses auf die Körperstatur Berücksichtigung verdienen, das ist der sogenannte Pseudohermaphroditismus und die Pubertas praecox.

In einem selbst beobachteten Fall von wahrscheinlich männlichem Scheinzwittertum bei einem 43jährigen Individuum bestand Kleinwuchs von 139 cm; das Individuum höchstwahrscheinlich irrtümlich als Mädchen getauft und erzogen, schliesslich einer Geisteskrankheit verfallen, hatte einen proportionierten, gedrungenen, männlich anmutenden Körperbau mit etwas kurzen Gliedern; es bestand Hypospadie dritten Grades, rudimentäre Vagina und Uterus, fraglicher Leistenhoden.

Eine Durchsicht der Literatur über Zwittertum lehrt, dass es nur ausnahmsweise mit Kleinwuchs, aber meines Wissens nie mit Zwergwuchs verknüpft ist (andererseits kommt auch Hochwuchs nicht vor). Unter den sehr zahlreichen Beobachtungen von Hermaphroditismus beim Menschen, welche F. L. v. Neugebauer (292) zusammengetragen hat, fand ich nur 6 Fälle von Kleinwuchs: Feldmann (62jähriger Patient mit „niederem Wuchs"), Fibiger (47jähriges Weib mit 143 cm), Lesser (Weib mit 146 cm), Swiecicki (23jähriger Mann mit 141 cm), Taruffi-Ravaglia (20jähriges Weib mit 138 cm), Buck (137 cm, Weib?). Man kann mithin aus dem oben geschilderten Vorkommnis noch keine Gesetzmässigkeit ableiten, jedoch dürfte auch bei Hermaphroditen noch mehr auf die Besonderheiten des Wuchses zu achten sein.

Die vorzeitige geschlechtliche Reifung ist meines Wissens als Ursache menschlicher Körperkleinheit bisher nicht genügend hervorgehoben worden; zunächst imponiert gewöhnlich das Gegenteil, nämlich der ebenso interessante gewaltige Wachstumstrieb, den wie bei zeitig, so bei unzeitig erwachender Pubertät das Wachstum erfährt, und zwar pflegt es, so viel ich aus Abbildungen ersehe, bemerkenswerterweise nicht nur in die Länge, sondern auch in die Breite zu gehen. Jedoch führt, wie es scheint, dieser Zustand unter Umständen früh zum Wachstumsabschluss, soweit die Pubertas praecox nicht etwa überhaupt durch ihre Veranlassung (Tumoren der Epiphysis, der Hoden, der Nebennieren) frühzeitig zu Tode kommt, bevor sich als Endergebnis doch ein Kleinwuchs herausgebildet hat; Zwergwüchsigkeit hierbei ist mir nicht bekannt. Sein physiologisches Paradigma hat dieses krankhafte Geschehen, in dem schon in einem früheren Kapitel erwähnten Parallelismus zwischen Körpergrösse und Pubertätseintritt, indem Individuen mit rassemässiger oder individueller Frühreifung klein und dabei kurzbeinig zu sein pflegen. Aus eigener Anschauung kenne ich zwei Fälle von Kleinwuchs bei verfrühter Pubertät: der eine betraf einen zur Zeit der Beobachtung 38jährigen Monteur, Vater gesunder Kinder, mit 138 cm Körperlänge; bei ihm hatten sich Erektionen und männliche Behaarung im Alter von 6 Jahren gezeigt und er selbst war geneigt, seine Kleinheit auf die damals begonnene starke Onanie zurückzuführen. Der zweite Fall war ein 18jähriges, ungewöhnlich üppig entwickeltes Mädchen von 142,9 cm, welches seit dem 10. Jahre menstruierte.

3. Hypophysärer (dyspituitärer) Zwergwuchs.

Aus der tabellarischen Zusammenstellung auf Seite 428 ist zu ersehen, dass nach übereinstimmenden neueren Versuchen die technisch einwandfreie Exstirpation der Hypophysis Zurückbleiben im Wachstum bei verzögerter Ossifikation, Fettsucht und Hemmung der Genitalentwicklung verursacht (Aschner, Ascoli und Legnani). Beim Menschen haben sich die Erfahrungen der letzten Jahre dahin zugespitzt, dass der Ausfall der Hypophysis sehr verschiedene Wirkungen haben kann. Er ist erstens abhängig vom Alter und wohl auch von der individuellen Blutdrüsenformel, zweitens von Grad und Art der Zerstörung, bzw. der Störung. Was den ersten Punkt anlangt, so scheint in der ersten Lebenszeit die Hypophysis jedenfalls auch nicht die Bedeutung zu haben wie später; jedenfalls macht weitgehende Zerstörung noch nicht die Symptome wie beim älteren Kind und beim Erwachsenen. So habe ich durch H. Schäfer in seiner Dissertation (369) einen Fall beschreiben lassen, in dem bei einem schwer syphilitischen Neugeborenen von 8 Tagen ausgedehnte syphilitische gummöse Nekrosen beider Hypophysenlappen von mir gefunden wurden. Will man dies nicht als Todesursache ansehen (wozu bei der eitrigen Leptomeningitis, die das Kind hatte, keine Veranlassung vorliegt), so muss man in Analogie wie beim angeborenen Schilddrüsenmangel und bei der geburtlichen Zerstörung der Nebenniere annehmen, dass alle diese Drüsen mit innerer Sekretion nicht die Bedeutung für Gesundheit und Fortbestand des Lebens haben, wie es später der Fall ist. Für den Erwachsenen hat nun Simmonds (406) bei Zerstörung wenigstens des Hypophysenvorderlappens das Bild der hypophysären Kachexie festgelegt und ich kann dies nach einem (in der eben genannten Arbeit von Schäfer ebenfalls mitverwerteten) Fall von syphilitischer Entzündung fast der ganzen Hypophyse bei einem erst 22jährigen Dienstmädchen bestätigen. Es sind bisher meines Wissens 8 Fälle genau beschrieben. Für Fernstörungen des Skeletts und der Genitalien ist wohl gewöhnlich auch die Entwicklung der Kachexie bis zum frühen Tode zu stürmisch. Aber andere Krankheitsbilder, die mit Sicherheit direkt oder indirekt mit der Hypophyse in Verbindung stehen, haben Beziehungen zum Wachstum und zur Geschlechtlichkeit, d. i. die Akromegalie, der hypophysäre Riesenwuchs, die Dystrophia adiposo-genitalis und der hypophysäre Zwergwuchs. Von diesen gehen uns zunächst die beiden letzteren hier an, nicht nur, weil beide zusammen vorkommen, das eine Krankheitsbild häufig beigemischte, schwache Züge des anderen zeigt, sondern weil beide auf einem Minus an pituitärer Wirkung zu beruhen scheinen, meist verursacht durch Zerstörung oder Erdrückung des Hirnanhangs durch Tumoren. Freilich, wie im einzelnen der Hypopituitarismus entsteht und welche Tumoren das eine, wann sie das andere rein verursachen, ist unklar. Es schält sich aber aus den Befunden immer mehr die Erkenntnis heraus, dass es die Unterbrechung der Verbindung zwischen Hypophyse und Gehirn ist, welche Dystrophia adiposo-genitalis macht [vgl. Gottlieb (157)] und dass es tumoröse Zerstörungen der Hypophysis im jugendlichen Alter sind, welche die Nannosomia pituitaria bewirken. Eine genauere Präzisierung ist vorläufig unmöglich und die oben erwähnten experimentellen Ergebnisse setzen sich aus Merkmalen beider Krankheitsbilder zusammen. Erdheim (120) meint, die Dystrophia adiposo-genitalis ist die Nannosomia pituitaria mit Adipositas und in solchen Fällen lädiere der Tumor nicht nur den Hypophysenvorderlappen, sondern auch die Hirnbasis; auf Störungen der Infundibulargegend will Erdheim im besonderen die Dystrophia adiposo-genitalis und speziell auch die Fettsucht (Adipositas cerebralis!) zurückführen. Für solche Unterscheidungen ist das vorliegende Material noch nicht spruchreif, zumal wir nicht wissen, ob die Hypophyse eine Blutdrüse oder eine Gehirndrüse mit Ableitung des Sekretes zu empfindlichen, an den Ventrikeln gelegenen Zentren oder beides ist.

Von gut beglaubigten Fällen hypophysären Zwergwuchses gibt es etwa 5—6 mit Sektion, eine Anzahl klinischer Fälle ohne autoptische Kontrolle und deshalb zum Teil nicht genügend sicher gestellt. Die Ähnlichkeit mit infantilistischem Zwergwuchs kann eine sehr grosse sein; die Differentialdiagnose soll weiter unten nach Anführung der Kasuistik besprochen werden.

Die häufig als hypophysärer Zwergwuchs gedeuteten älteren Fälle von Hutchinson (196) und Hueter (194) [die auch z. B. Aschner (15) dazu rechnet] müssen fallen gelassen werden. Bei Hutchinson handelt es sich gar nicht um einen Zwerg, da sein 40jähriger Patient 155 cm lang war; über Intelligenz, Beschaffenheit des Genitale, Verhalten der Knochenfugen ist nichts berichtet; dass die Hypophyse sehr klein und in der Mitte zu zwei Dritteln durch Bindegewebe ersetzt war, genügt nicht. Ich stimme Erdheim zu, dass mit diesem Fall nichts anzufangen ist. Der Huetersche Fall von Zwergwuchs ist gar nicht von seinem Autor, sondern von anderen nachträglich als hypophysär getauft worden, und zwar aus dem Grunde, weil bei seiner Zwergin von 42 Jahren und 106 cm Körpergrösse mit abgeschlossenem Skelettwachstum und guten Proportionen sich als Teilerscheinung einer allgemeinen Tuberkulose auch eine Tuberkulose des Hirnanhangs mit Zerstörung von 2 Dritteln der Drüse fand. Gegen pituitäre Nannosomie spricht vor allem das Fehlen des Infantilismus; die verheiratete (!) Patientin hatte zwar angeblich nie die Regel, aber es waren sekundäre Geschlechtsmerkmale vorhanden und bei der Obduktion Narben sowie Corpora lutea in den grossen, derben Eierstöcken; ausser abnorm grossen Nebennieren war kein auffälliger Befund an den Drüsen mit innerer Sekretion. Hueter sagt selbst, dass die Hypophysentuberkulose hier mit dem Zwergwuchs nichts zu tun habe. Es dürfte sich wohl um eine primordiale Nannosomie handeln; leider lässt die Familienanamnese im Stich.

Der erste sichergestellte Fall von Nannosomia pituitaria ist Bendas 38jähriger Zwerg (38); bei ihm fand sich ein haselnussgrosser Infundibulumtumor, der einerseits in den Raum des Türkensattels hineinragte, wobei der Hypophysenvorderlappen starke Druckatrophie zeigte und der andererseits im Bereich des Tuber cinereum mit der Hirnbasis verwachsen war. Benda erklärte den Tumor für ein Teratom, Erdheim fasst ihn (wie die meisten bisher beschriebenen Tumoren bei hypophysärem Zwergwuchs) als Hypophysengangsgeschwulst auf. Die Hoden des Bendaschen Zwerges waren zweifellos infantil. Der zweite sichere Fall ist von mir seziert und durch Jutaka Kon (230a) publiziert worden.

Die daran geübte Kritik Erdheims muss ich insofern als richtig anerkennen, als wir den Fall nicht als kretinistischen hätten bezeichnen sollen; es war damit auch nicht gemeint, dass er thyreogener Natur sein sollte, vielmehr ist er ausdrücklich als Hypophysenzwerg erklärt, aber wir hätten für den schliesslich verblödeten Zustand des 37jährigen infantilen Mannes, der ein äusserlich ähnliches Bild wie die Schilddrüsenkretins bot (welkes, gedunsenes, greisenhaftes Aussehen mit stupidem Ausdruck, trockener Haut, dünner Kopf- und fehlender Geschlechtsbehaarung) den Ausdruck Kretinismus vermeiden sollen. An der Schädelbasis fand sich ein von uns als Teratom, von Erdheim wiederum als Hypophysengangstumor gedeutetes Gewächs, welches teilweise im Infundibulum in den 3. Ventrikel hineinragte, mit der Hauptmasse aber im Türkensattel sass und daselbst die Hypophysis stark abplattete. Die mikroskopische Untersuchung derselben bot nichts Besonderes. Ein Hypophysenstiel war nicht aufzufinden. Die übrigen Drüsen mit innerer Sekretion waren unversehrt, nur die Hoden zeigten hyaline Veródung der Kanälchen und Atrophie des spermatogenetischen Epithels. Der Fall war äusserlich ausgezeichnet durch einen vollkommenen eunuchoiden Wuchs bei einer Körperlänge von 127 cm, was in der Arbeit Kons noch nicht genügend hervorgehoben worden ist und durch eine Beschaffenheit der Haut, des Haares und der Gesichtszüge, die an thyreogene Störungen erinnerten.

Der dritte Fall ist der von Erdheim (120), ein Muster von genauer Beschreibung; über die Deutung, die Erdheim ihm und dem ganzen Krankheitsbild gibt, wird man freilich anderer Meinung sein können. Es handelt sich um einen 142 cm grossen, also kleinwüchsigen und nicht zwergwüchsigen, 38jährigen Mann mit hoher Stimme, mangelnden sekundären Geschlechtsmerkmalen, kleinem Genitale und offenen Knochennähten an Gliedmassen und Schädeldach, mässig fett. Innerhalb der Sella turcica fand sich ein „auf embryonaler Keimversprengung beruhender Hypophysengang-Mischtumor"; dieser hatte zu einer fast völligen Vernichtung der Hypophysenvorder- und Hinterlappen durch Druckatrophie geführt. Der Thymus war geschwunden (normale Involution!), Pankreas, Nebennieren, Epithelkörperchen, Mamma normal, Schilddrüse (10 g) und Hoden (2,2 g) klein, in den Hoden fehlte die Samenbildung, das Zwischengewebe war vermehrt, im ganzen wohl Atrophie und nicht Entwicklungshemmung. Was die Deutung anlangt, so identifiziert Erdheim die hypophysäre Wachstumshemmung mit der infantilistischen und diese mit dem Paltaufschen Zwergwuchs. Da aber Paltauf über die Hypophyse bei seinem Zwerg nichts berichtet hat und, wie wir sehen werden, dieser Zwerg viel eher zum (oben charakterisierten) infantilistischen Zwergwuchs gehört, so hat die Erklärung Erdheims etwas Gezwungenes an sich. Es kommt hinzu, dass man, wie wir gleich sehen werden, in dem Verhalten von Hoden und oft auch in demjenigen des Skeletts unter Berücksichtigung des Alters die Unterschiede zwischen infantilistischem und hypophysärem Zwergwuchs finden kann. Ein weiterer Fall stammt von M. Nonne (296) und betraf einen 38jährigen, körperlich und geistig zurückgebliebenen Angehörigen einer Liliputanertruppe; er hatte mit 5 Jahren erst laufen gelernt, mass mit 15 Jahren 115 und mit 23 Jahren 125 cm; mit 25 Jahren setzte plötzliches Wachstum ein, besonders der Beine (nach der Abbildung auch der Arme!), so dass die Proportionen des eunuchoiden Hochwuchses herauskamen bei Kleinwuchs (was hierbei nicht so selten ist; es war auch in meinem von Kon beschriebenen Fall und in einem von J. Bauer S. 252 abgebildeten Fall so). Die sekundären Geschlechtsmerkmale waren nicht ausgebildet, die Psyche die eines 12jährigen Kindes und es bestand Polyurie (6—8 l) ohne Zucker und Eiweiss. Die Sektion ergab im Türkensattel ein grosses, verkalktes „Teratom". Die Hypophyse war hierdurch bis auf einen kleinen Rest des Vorderlappens geschwunden, die Schilddrüse in mittlerem Grade „atrophisch", die Hoden wie beim Neugeborenen (histologische Charakteristik nicht genügend genau); die übrigen Drüsen ohne krankhafte Abweichung. Wie in meinem bzw. Kons Fall muss hier mit einer durch die angeborene Geschwulst schon von vornherein infantilistisch beeinflussten Entwicklung gerechnet werden und solche Fälle zeigen infolgedessen die grösste Ähnlichkeit mit allgemeinem und primärem Infantilismus, zumal wenn wie im Fall Nonnes der Tumor keine Symptome von Hirnstörung hervorruft. Ein weiterer Fall, von F. Zöllner (495) beschrieben, kommt als Beispiel für hypophysäre Wachstumsstörung nur insofern in Betracht, als dieselbe erst mit 17 Jahren einsetzte und daher nur zu Kleinwuchs (145 cm) führte. Die Sektion des bei seinem Tode 21jährigen Mannes ergab einen Tumor der Schädelbasis in Zusammenhang mit dem Vorderlappen der Hypophysis (Zellensorte nicht angegeben). Der Mann war mit 4 Jahren krank geworden, hatte einen „kindlich-weiblichen" Habitus angenommen und war fettsüchtig. Über die Knochenfugen und über die Hoden ist nichts Genaueres angegeben. Über einen Fall von Nazari (290), dessen Originalbeschreibung und Abbildung mir nicht zugänglich war und über den ich deshalb nur unsicher zu urteilen vermag, wird berichtet, dass der zuletzt 125 cm grosse 20jährige Zwerg in den ersten Lebensjahren normal sich entwickelt haben sollte; erst im 6.—7. Jahre trat Hemmung ein. Die Sektion (Todesursache: tuberkulöse Meningitis) ergab eine Zyste der Hypophysis mit makroskopisch völligem Druckschwund derselben, ferner Hypoplasie von Schilddrüse und Hoden. Über die Skelettreifung fand ich weder bei Nonne noch bei Nazari eine Notiz. Wegen des hypoplastischen Charakters der Hodenkleinheit trägt Sternberg Bedenken, die Fälle von Simmonds, Nazari und seinen eigenen dem hypophysären Zwergwuchs zuzuzählen; es scheint mir aber, dass eine lediglich hierauf gegründete Differentialdiagnose nicht angängig ist, zumal wegen der Möglichkeit, dass die hypophysäre Störung für beides, für Hypoplasie wie für Atrophie der geschlechtlichen Ausprägung verantwortlich gemacht werden kann, je nach dem Zeitpunkte des Eintritts der lokalen Störung am Hirnanhang; bei frühem Eintritt kann die Entwicklung ausbleiben, bei spätem sehen wir, wie ich dies auch für die hypophysäre Dystrophia adiposo-genitalis gezeigt habe, sekundären Schwund und Verödung des Hodens. Ich möchte jedenfalls den Fall von Simmonds mit dem Autor selbst für hypophysären Zwergwuchs halten: es war ein 21jähriger, ungefähr 110 cm grosser, ebenmässig gebauter Liliputaner mit guter Intelligenz und von mittlerem Ernährungszustand; es fehlte die geschlechtliche Entwicklung und die Neigung zum Abschluss des Skelettwachstums; die Hoden waren erbsengross (0,9 und 1,2 g), auch histologisch wie diejenigen eines Säuglings; Thymus reiner Fettkörper, Schilddrüse nur 2 g schwer, die Hypophyse nur 0,2 g (statt etwa 0,5 g), makroskopisch ohne Vorderlappen; mikroskopisch waren an dessen Stelle vereinzelte grosse und viele kleine Zysten, Reste von uncharakteristischer Drüsensubstanz des Vorderlappens, darum derbes, fibröses Gewebe. Simmonds nimmt an, dass es sich um Vernarbung des Vorderlappens durch embolischen Prozess in frühester Kindheit und eine sekundäre mit Atrophie der anderen innersekretorischen Drüsen gehandelt hat. Der Fall von Priesel (331) ist zunächst durch das ungewöhnlich hohe Alter des „Zwerges" ausgezeichnet; er wurde 91 Jahre, war seit dem 16. Jahre nicht mehr gewachsen, von proportioniertem, zierlichem Wuchs, 132 cm gross, allerdings die Extremitäten verhältnismässig kurz, überhaupt die Verhältnisse etwas kindlich; er war weiter intelligent und sexuell nicht abnorm; die Stimme war hoch und krächzend. Alle Fugen, auch die basalen Schädelnähte, waren geschlossen, die Schilddrüse „senil-atrophisch". Die Sektion ergab eine eigenartige, bisher nicht beschriebene Entwicklungsstörung des Hirnanhanges, nämlich eine teilweise Trennung des drüsigen Lappens vom hinteren nervösen, wobei die Neurohypophyse in Fortsetzung des Infundibulums ausserhalb der Sella an Stelle des oberen Teils des Hypophysenstiels sass. Der Vorderlappen selbst — und dies ist wieder der wichtigste Teil des Befundes — war zu einem dünnwandigen zystischen Gebilde verwandelt, welches den Türkensattel und ausser ihm eine unmittelbar unter ihm gelegene grössere Höhle im Keilbeinkörper ausfüllte. Vom Boden der Zyste lief ein wie die Wand der Zyste Hypophysendrüsenzellen enthaltender, bindegewebiger Fortsatz in den persistierenden Canalis craniopharyngeus. Die Nebennieren waren klein, die oberen Epithelkörper gross; der mikroskopische Befund an den Hoden sprach nach Priesel für gleichzeitige primäre Hypoplasie und senile Atrophie, nach Sternberg für Atrophie. Der jüngste als pituitäre Nannosomie gedeutete Fall ist der von E. J. Kraus (231); sicherlich liegt aber kein reiner Fall von hypophysärem Zwergwuchs dabei vor; nach meiner Auffassung mischen sich bei ihm pituitäre und zerebrale hemmende Einflüsse, weshalb ich ihn erst bei den zerebralen Typen der Wachstumshemmung besprechen möchte. Es ist überhaupt wahrscheinlich, dass auch sonst Mischfälle vorkommen, zumal der hypophysäre Zwergwuchs noch andere endokrine Krankheitsbilder streift, weil die Gegend der Hypophyse geradezu als ein endokrin-zerebrales Wettereck des Körpers bezeichnet werden kann.

Alle klinisch als Hypophysenzwerge gedeuteten Fälle aufzuzählen, ist unmöglich und unnötig, zumal, wie schon betont, die Diagnose häufig nicht genügend erhärtet erscheint. Einige gut beglaubigte Fälle seien lediglich wegen der Vervollständigung der Vielseitigkeit des klinischen Bildes angeführt:

Burnier 1911 (68): 26jähriger Mann, 125 cm, 32,5 kg; vom 8. bis zum 18. Lebensjahr fast nicht gewachsen, sodann in 5 Jahren um 8 cm grösser geworden; Aussehen wie 8jähriges Kind mit grossen Händen und Füssen; Genitalien klein, keine Geschlechtsmerkmale, Haut trocken und faltig, Schilddrüse atrophisch, leichte Polyurie, beiderseitige Optikusatrophie und bitemporale Hemianopsie, offene Fugen am Handskelett.

Evans 1911: 51jähriger „Zwerg" von 140 cm und 38 kg; Kopftrauma im 5. Lebensjahr, zwischen 12. und 14. Jahr Aufhören des Wachstums, Aussehen eines 14jährigen

Knaben mit kindlichem Genitale, Haut schuppend, trocken. Beiderseitige Atrophie des Optikus, links temporale Hemianopsie, starke Erweiterung der Sella turcica. Nach Hypophysenextrakt nur Vermehrung des Harns.

Sprinzels 1912: 17jähriger Zwerg von 106 cm, proportioniert, intelligent; im 3. Lebensjahr Sturz, Aufhören des Wachstums seit dem 5. Jahr. Haut trocken, Fett reichlich, keine geschlechtliche Behaarung, kindliche Stimme, Milchgebiss teilweise erhalten. Polyurie, Genitale wie bei einem 6jährigen, Ossifikation wie bei 4$^1/_2$—5jährigen Kind. Vergrösserte Sella im Röntgenbilde mit schattengebenden Massen und einem nach oben herausragenden Fortsatz.

Fassen wir nun das Bild der hypophysären Wachstumsstörung zusammen, so ist kein einziger Zug in dem Syndrom, der nicht einmal fehlen oder abgeschwächt sein könnte; andererseits mischen sich Züge aus fremden Krankheitsbildern hypophysärer, thyreogener, zerebraler und dysgenitaler Natur oft hinzu. Zu den nötigsten Merkmalen gehört die Wachstumshemmung, in ihrer Intensität äusserst schwankend, und der fast nie fehlende und meist generelle Infantilismus; nur die psychische Seite desselben scheint am ehesten abgestreift werden zu können. In Fällen, wo angeborene Gewächse schon früh den Hypophysenvorderlappen und die weiteren empfindlichen Zentren bis in den Ventrikelboden stören, kommt es zu gründlicheren Entwicklungshemmungen als bei kleinen und spät auftretenden Läsionen desselben. Früh befallene Patienten können in selten reiner Form Infantilismus zeigen; dies betrifft, wie ich (351) gezeigt habe, auch bei genaueren Messungen die Körperproportionen, die zum Unterschied vom infantilistischen Zwergwuchs wirklich kindliche sein können. In anderen Fällen tritt dann am ehesten der grosse Kopf, ein bedeutender Brustumfang, überhaupt die Breitenausdehnung aus diesem Rahmen heraus (z. B. auch bei Nonnes Abbildung sichtbar, 296). Die recht häufige besondere Körperfülle, zunächst mit kindlicher Fettpolsterung, gibt diesen Gestalten etwas puttenartiges. Während aber einerseits die verhältnismässig kurzen Extremitäten und das infantile Überwiegen der Oberlänge den kindlichen Eindruck verstärkt, kann auch das gerade Gegenteil, nämlich eine eunuchoide Hochwuchsproportion bei Kleinwuchs vorliegen (Rössle, Kon, J. Bauer). Auch in der Fettverteilung kann der Dysgenitalismus die kindliche Art in eine eunuchoide, asexuelle wandeln: daher dann die Ähnlichkeit des Habitus mit der Dystrophia adiposo-genitalis (Fälle von Kraus, Erdheim u. a.). Hinzu kommen Andeutungen der zwei Diabetesformen: Glykosurie und Polyurie (Rössle, Nonne, Berliner) ferner akromegale Züge (Bournier), ja sogar chondrodystrophische (Berliner, Biedl) und thyreogene (Geroderma, Haarausfall; gewöhnlich ist die Schilddrüse atrophisch). Das Verhalten der Intelligenz hängt ganz von der anatomischen Qualität der Hypophysenstörung und nicht von dieser als solcher ab. Die Epiphysenfugen pflegen lange, aber wohl nicht dauernd offen zu bleiben, wenigstens sind sie bei den älteren Patienten meist geschlossen gefunden worden; sicherlich besteht zunächst die Störung in mangelnder Proliferation der Knorpelzellen bei ganz entsprechender Verzögerung der Ossifikation.

4. Der thyreogene (dysthyreotische) Zwergwuchs.

Von allen endokrin bedingten Wachstumsstörungen ist die thyreogene die am längsten und sichersten bekannte. Es mag von der über-

ragenden Stellung der Schilddrüse im innersekretorischen System herrühren, dass das Krankheitsbild viel einheitlicher ist als der Zwergwuchs durch andere innersekretorische Störungen; ferner hat es seinen
Grund in dem Vorkommen der angeborenen reinen Aplasie und in der
Leichtigkeit, an die Schilddrüse chirurgisch heranzukommen und sie
zu entfernen.

Trotzdem ist die Stellung der dysthyreotischen Wachstumshemmung
im System noch nicht sehr lange gefestigt und es gibt auch in der Frage
der Zugehörigkeit von Krankheitsbildern zu den dysthyreotischen
noch Uneinigkeit; um gleich die wichtigste Streitfrage in dieser Hinsicht zu nennen, ist es die, ob oder inwieweit der endemische Kretinismus
auf Dysthyreosis beruht. Brissaud (72) fasste wahren Zwergwuchs,
Infantilismus und Myxödem in eine Gruppe zusammen; dies dünkt
uns heute nicht mehr berechtigt, da das Gemeinsame ausser dem mehr
oder minder „proportioniert“ verkleinerten Wuchs der Dysgenitalismus
ist, der für den primordialen Zwergwuchs nicht einmal zutrifft und
beim Hypothyreoidismus gering sein kann.

Aber es konnte schon als Fortschritt gelten zu einer Zeit, in der
man meist noch den kretinistischen Zwergwuchs mit der Chondrodystrophie identifizierte. Dieser Irrtum ging auf die Autorität Virchows
zurück, der einen typischen Fall von Chondrodystrophie (damals fötale
Rachitis genannt) für Kretinismus erklärte. Wie allmählich die Chondrodystrophie als eine besondere Wachstumshemmung erkannt wurde,
soll im übernächsten Kapitel geschildert werden.

Die ersten Experimente von Schilddrüsenexstirpation gehen auf
Schiff zurück, aber erst Ord erkannte 1878 klinisch den Zusammenhang zwischen Schilddrüsenveränderungen und dem klinischen Bilde, das
er als Myxödem bezeichnete; Charcot bezeichnete es als Cachexie
pachydermique; geklärt wurde der Zusammenhang erst durch die chirurgischen Erfahrungen von Kocher und Reverdin (1882 und 1888).
Es war natürlich, dass die grössten Erfahrungen über die Bedeutung
morphologisch veränderter Schilddrüsen dort in Bern gesammelt wurden,
wo man auch ihre chirurgische Entfernung häufig vornehmen und die
Folgen studieren konnte und umgekehrt. Die Beobachtung, dass Wachstumshemmungen zusammen mit dem endemischen Kretinismus vorkommen, ist natürlich sehr alt (Wegelin zitiert einen Bericht der Gebr.
Wenzel in Wien über das Skelett von Kretinen aus dem Jahre 1802);
aber erst spät ist die regelmässige Beziehung zwischen der endemischen
kretinistischen Blödheit und dem gehäuften Auftreten von Kropf erkannt worden (Virchow) und erst das systematische Studium des
Kretinismus hat dazu geführt, individuell und statistisch seine Einbusse an Wachstum zu erforschen. So hat Virchow in seiner Würzburger Zeit die Kretins von Unterfranken aufgesucht und beschrieben
und später haben in der Schweiz, in Südostfrankreich und in Steiermark
ebenfalls amtliche Erhebungen stattgefunden. Heute lässt sich das
Ergebnis dahin zusammenfassen, dass in gleicher geographischer Häufung
verschiedene Arten „kretinistischer Degeneration“ vorkommen, nämlich nebeneinander endemischer Kropf, endemische Blödheit und endemische Taubstummheit und dass es vielfach Individuen gibt, bei welchen
auch alle diese Erscheinungen vereinigt sind. Die Frage ist nur, ob

und inwieweit der Kretinismus schlechthin thyreogener Natur ist, zumal
der anatomische Befund an der Schilddrüse ein sehr wechselnder ist
und nur gezwungen mit einer Hypofunktion in Übereinstimmung zu
bringen ist. Andererseits ist aber die Ähnlichkeit des Habitus, der
klinischen Symptome und der therapeutischen Beeinflussbarkeit so
stark, dass man trotz allen noch zu erwähnenden Einwänden nicht
umhin kann, den Kretinismus als Hypothyreosis im wesentlichen anzusehen und damit auch speziell die mit ihm verknüpften Wachstumsstörungen unter die dys- und hypothyreotischen zu zählen [1]).

Wir werden demnach hier zunächst die Wirkungen des endemischen Kretinismus auf Wachstum sowie inneren und äusseren Habitus,
dann dieselben bei der kongenitalen Athyreosis und der sonstigen
spontanen Hypothyreosis, schliesslich bei der experimentellen
und chirurgischen Hypothyreosis besprechen.

Der endemische Kretinismus.

Dass in Bezirken mit endemischem Kretinismus die durchschnittliche Körpergrösse unter dem Durchschnitt anderer Provinzen ist,
ist in verschiedenen Ländern (Österreich, Italien) nachgewiesen worden.
Die individuelle Wachstumshemmung der Kretins selbst ist ausserordentlich verschieden. Es gibt Fälle mit kaum merklicher Einbusse
und solche mit stärksten Graden des Zwergwuchses. Als „Extrem‟
führt Wagner v. Jauregg gelegentlich eines Berichtes über den Kretinismus in Steiermark einer 22jährigen Kretin mit 89 cm und einen
24jährigen mit 92 cm an. Im allgemeinen würde man kaum einen Kretin
finden, der das Mittelmass erreiche. Bei der Geburt sind die späteren
Kretins gehörig gross; nach Kocher schützt die mütterliche Schilddrüse vor der Entgleisung des Wachstums; erst vom 4.—5. Lebensmonat ab machen sich Störungen bemerkbar. Während die klinischen
Symptome des Kretinismus seit langem in den ersten Monaten, mindestens
in den ersten Wochen als latent angesehen werden, sind die anatomischen
Veränderungen des Skelettes, wie Th. Dieterle (101, 102) gezeigt hat,
zur Zeit der Geburt, ja gelegentlich schon am Ende des Fötallebens
nachweisbar und „beruhen auf einer gleichmässigen Schädigung aller
am Aufbau des Knochens beteiligten Gewebe‟: endochondrale und
periostale Knochenbildung nimmt gleichermassen ab, daher im frühen
Alter noch keine Proportionsstörungen; sowohl Apposition als Resorption
sind verringert, der Verkalkungsprozess ist unbehindert, das lymphatische
Mark ist in den Diaphysenenden in Fettmark verwandelt, die Markhöhle
wird verengert und der Knochen sklerotisch. Divrak und Wagner
v. Jauregg (109) haben die Frage, ob der Kretinismus „angeboren‟
und wie frühzeitig er zu erkennen sei, kürzlich am Ort der stärksten
Kretinenansammlung der Welt, nämlich im Murtal (Zeltweg) in Steier-

---

[1]) Diese Widersprüche lassen sich durch die klinisch und pathologisch-histologisch
wahrscheinlich gemachte Annahme von Hotz (191a) überbrücken, dass der Kretinismus
der Kropfgegenden zur Zeit seiner Entstehung keine Hypo-, sondern eine Hyperthyreose
ist und erst im vollendeten Stadium in eine Hypothyreose umschlägt. Bei jugendlichen
Kretinen entspricht das mikroskopische Bild eher einem Reizzustande, daher auch Besse-
rung oder Heilung durch Verkleinerung des Kropfes.

mark, nochmals geprüft, indem sie die Neugeborenen, bei welchen durchschnittlich etwa 8 von Hundert Kretins zu erwarten waren, jahrelang verfolgt haben. Sie kamen (in Übereinstimmung mit früheren Beobachtern, wie Maffei, Sensburg) zu dem Schluss, dass es keine „neugeborenen Kretins" gibt, dass die meisten späteren Symptome, insbesondere die Hemmung des Längenwachstums, völlig fehlen; verhältnismässig frühzeitig ist die Makroglossie, die Blässe des Gesichts (Cerletti und Perusini) und unter den Skelettwirkungen die Sattelnase zu sehen. Häufig bleiben die Kretins im Längenwachstum erst nach Jahren hinter ihren Altersgenossen zurück; die Zahnung pflegt zum Teil erheblich, meist aber 3—4 Monate später einzusetzen und später zum Abschluss zu gelangen. Der Verschluss der grossen Fontanelle ist verzögert, und zwar bemerkenswerterweise bei der Hälfte aller Zeltweger Kinder, nicht nur bei den Kretins, bis zum 4. Lebenshalbjahr (normal findet er nach Hutinel um den 14.—15. Monat herum statt). Hier sei gleich eingeschaltet, dass auch der übrige Verknöcherungsprozess der späteren Lebensjahre bei Nichtkretinen in kropfbehafteten Gegenden in 60—90°/₀ Verzögerungen aufweist [Heller (180)]. Was den Kropf anlangt, so ist er sicherlich zuweilen angeboren; aber auch nach Divrak und v. Jauregg ist er nicht gleichbedeutend mit Kretinismus; mancher Fall von endemischem Kretinismus heile in der frühesten Jugend aus. Wegelin fand (466), dass bereits bei der Geburt die Neugeborenen in dem kropfverseuchten Bern erhebliche Verspätungen im Auftreten der Knochenkerne im Vergleich mit Berliner Kindern aufweisen, ich selbst kann für Jena, wo Kropf geringen Grades bei einem grossen Bruchteil der Bevölkerung zu finden ist, bestätigen, dass Fehlen oder Kleinheit des Knochenkerns in der unteren Femurepiphyse fast nur zusammen mit angeborenem Kropf, aber auch mit stärkerer Hypoplasie der Thyreoidea, also jedenfalls mit abnormem Befund an der Schilddrüse vorkommt.

Zuerst hat, wie schon kurz erwähnt, die Schädelform der Kretins die Aufmerksamkeit auf sich gezogen. Es war vor allem R. Virchow (453), der durch seine Annahme, dass eine gesetzmässige Beziehung zwischen Kretinismus und einer prämaturen Synostose der Sutura sphenooccipitalis, eine jahrzehntelange Diskussion heraufbeschworen hat. Wir wissen heute, dass die Einziehung der Nasenwurzel, welche meist auf eine Verkürzung der Schädelbasis durch vorzeitige Verknöcherung der basalen Nähte zurückgeführt werden kann, bei allen möglichen Wachstumsstörungen vorkommt. Wir sind ihr beim primordialen und beim hypophysären Zwergwuchs begegnet und Virchow selbst hatte nachgewiesenermassen [Weygandt (474)] bei jener ersten Untersuchung (1851) keinen Fall von Kretinismus, sondern einen chondrodystrophischen Fötus in der Hand; wir werden bei Besprechung der Chondrodystrophie das Verhalten der Schädelnähte noch erörtern. Übrigens hat Virchow schon 1858 (453) folgende Einschränkung seines Befundes gegeben: „Der Kretinismus ist nicht an eine bestimmte Schädelform gebunden, und er bringt keinen spezifisch verschiedenen Schädel hervor. Synostotische Formen sind sehr häufig, aber die Synostosen finden sich bald an der Oberfläche, bald an der Basis. . . . Ob es Kretinenschädel ohne prämature Synostose gibt, ist noch nicht ermittelt." Virchow

selbst fand an allen untersuchten Kretins die tiefe Lage der Nasenwurzel, die er mit Wahrscheinlichkeit auf frühzeitige Synostose des
von ihm sogenannten „Os tribasilare" zurückführte. Ich überspringe
die ganze Literatur über diese Frage, erwähne nur die Weygandtschen
Nachprüfungen der Virchowschen Originalfälle, die schon vorher
geäusserten Zweifel an der Kretinennatur derselben durch Kirchberg
und Marchand (222), den von Kaufmann erbrachten Nachweis,
dass Chondrodystrophie mit Rachitis nichts zu tun habe, dass es fötale
Rachitis nicht gibt, dass Chondrodystrophie auch mit Kretinismus
nicht identisch ist und dass Virchows erster Fall eine Chondrodystrophie
war. Ich wende mich gleich zur letzten Arbeit auf diesem Gebiet, derjenigen von Stoccada (424). Er hat in 6 Fällen von Kretinismus die
Synchondrosis sphenooccipitalis histologisch untersucht und fand stets
eine Verkürzung des basilaren Teils des Os occipitale und des hinteren
Keilbeinkörpers; das Ergebnis ist nun, übrigens in Übereinstimmung
mit Langhans, auf dessen Befund wir zurückkommen, und mit
Bourneville (65, 66), dessen klassische Beschreibung eines myxödematösen Idioten hervorgehoben zu werden verdient, dass die basale
Synchondrose „nicht selten" bei Kretins erhalten bleibt, und zwar sogar
länger als die anderen Knorpelfugen. Die Synchondrose der Kretinen
unterscheidet sich dabei von derjenigen normaler Menschen durch die
besondere Beschaffenheit der Ossifikationszone: durch geringere Wucherung der Knorpelzellen, geringe Zahl und unregelmässige Anordnung der
primitiven Markräume sowie die hier zum ersten Male zu erwähnende
knöcherne Abschlusslamelle, durch jenen Grenzbalken, dem wir noch öfter
im mikroskopischen Bilde der Wachstumsstörungen begegnen werden
und dem wir in geringerem Grade auch bei der einfachen Wachstumshemmung durch interkurrente Krankheiten (S. 405) begegnet sind.
Er ist meines Wissens zuerst von Langhans bei Kretinismus gesehen,
histologisch untersucht und auf seine Veranlassung auch röntgenologisch
nachgewiesen worden.

Dieselbe Art Hemmung erfährt nun auch das übrige knöcherne
Skelett bei den Kretins; die meisten neueren Untersuchungen kommen
bezüglich der Histogenese zu dem Schluss, dass die wesentliche Störung
in einer „Schwäche" der Markkapillaren, einer Insuffizienz des Marks
(Langhans, Aschoff, Maresch, Dieterle u. a.) begründet ist;
ferner stimmen sie darin überein, dass die örtlich verschieden starke
Störung der Knorpelwucherung und der Knorpelzehrung zu der charakteristischen, wenn auch oft sehr mässigen Disproportionierung des
Körpers führt. Gerade die Schädelbasis scheint, soweit ein Vergleich
möglich ist, häufig am stärksten gehemmt zu werden, dann die Wirbelkörper (daher der gedrungene Bau des Rumpfes); nirgends aber ist
irgendein spezifischer Befund, etwa wie der bei Chondrodystrophie
oder bei Rachitis zu erheben; es geschehen nur Dinge im Bereich der
Wachstumszonen, die auch sonst vorkommen. Aus einem einzelnen
Skelettstück, etwa dem Becken (Breus und Kolisko) die kretinistische
Wachstumshemmung erkennen zu wollen, ist daher ein vergebliches
Bemühen. Von einer gewissen Regelmässigkeit ist höchstens die Unregelmässigkeit in der Ossifikation, Verspätungen und Reihenfolgestörungen
im Auftreten der Knochenkerne. Die Fugen pflegen lange Zeit, aber

nicht dauernd offen zu bleiben, wenigstens nicht alle; so geben wenigstens Breus und Kolisko (71) auf Grund der Prüfung von sechs Kretinenskeletten an. Paltauf hingegen sagt: „Wir kennen eine grosse Anzahl von Kretinenskeletten, es findet sich aber nicht eines darunter, welches durch Offenbleiben der Epiphysenfugen ausgezeichnet wäre.“ Ähnlich drückt sich H. Bircher (der ältere) (49) aus. Langhans (241) wiederum schreibt: „Bis jetzt ist bei keinem Kretinen die vorzeitige Verknöcherung irgendeiner Knorpelfuge nachgewiesen. Die knorpelig vorgebildeten Knochen wachsen sehr langsam in die Länge, die Epiphysen bleiben niedrig, die Ossifikationskerne in den Epiphysen treten sehr spät auf und die Epiphysenscheiben erhalten sich lange über den normalen Termin hinaus. Reste derselben sind noch im 45. Jahre nachzuweisen.“ Die hier wiedergegebenen Unstimmigkeiten beruhen entweder auf falscher Diagnose von Skelettsammlungspräparaten oder darin, dass Paltauf, H. Bircher u. a. nur Skelette von älteren Kretins vor sich gehabt haben. Deshalb sind Nachprüfungen der Frage an einem grossen Material mit Hilfe der Durchleuchtung, wie es durch v. Wyss (489) und E. Bircher (dem jüngeren) (51) geschehen ist, wertvoll. Aber auch diese Untersuchungen haben nicht ganz dieselben Ergebnisse gezeitigt: v. Wyss gibt an, dass bei den Kretinen der verminderten Körperlänge eine geringere Entwicklungsstufe des Skeletts entspräche, und zwar so, dass dieses dem Skelett eines normalen Kindes gleicher Länge gleichbeschaffen wäre. Die Reihenfolge in dem Auftreten der (unter Umständen um einige Jahre) verspäteten Knochenkerne ist nach Wyss (489) die normale. E. Bircher, hat entschieden die genauesten Angaben gemacht und da sie mit den sichersten von pathologisch-anatomischer Seite übereinstimmen, so dürften sie als die zuverlässigsten gelten; nach ihm zeigt das Skelett der Kretinen unregelmässige Wachstumsstörungen, so dass ein disproportionierter Bau sich ergibt.

Von einzelnen Befunden seien, unter besonderer Berücksichtigung der grossen Monographie von Scholz (390) (2486 Literaturnummern!) kurz folgende hervorgehoben: Der Schädel besitzt meist dicke und schwere Knochen, zeigt oft Erhaltung von Nähten (besonders der Stirnnaht), Prognathie, nicht selten Steilheit des Clivus und Weite der Sella turcica. Die unteren Extremitäten und die Wirbelsäule sind kurz, das Becken zeigt häufig allgemeine Verengerung [so auch Breus und Kolisko (71)]. Klebs sowie Paltauf (305) bezeichnen die Röhrenknochen der erwachsenen Kretins als plump und dick, desgleichen Kaufmann in seinem Lehrbuche, Langhans dagegen als schlank und in sich proportioniert. Der watschelnde Gang der Patienten soll nach den beiden ersten Autoren von der Kürze des Femurhalses und der schlechten Ausbildung der Epiphysenrundung herrühren. Läwen (237) hat auch für Kretinoide (mit geringen psychischen Störungen, Fehlen der myxomatösen Hautveränderungen und leidlicher Entwicklung der Geschlechtsorgane) noch Knochenveränderungen beschrieben, so z. B. eine besondere fleckige Form der Verknöcherung am Oberschenkelkopfe.

Da wir notwendigerweise zum Verständnis der thyreogenen Wachstumsstörungen auf die schon gestreifte Frage der Identität von endemischem Kretinismus mit Hypothyreosis bzw. mit sporadischem Kretinismus eingehen müssen, so sei auch noch ein Blick auf die übrigen Sektions-

befunde bei endemischem Kretinismus geworfen. An der Schilddrüse
gibt es keinen spezifischen Befund (Bayon und de Coulon); meist
ist sie kropfig, jedoch nicht selten noch mit anscheinend normalem
Gewebe versehen [nach Scholz (390) immer mit solchem]. Bei Dieterle
ist erwähnt, dass H. Bircher zwei Kretins beobachtete, die durch
Kropfoperation Tetanie und schweres Myxödem, also den klassischen
Hypothyreodismus, bekamen. Die Zweifel bei der Kretinenschilddrüse
gehen eben dahin, inwiefern man sie als funktionell minderwertig ansehen
muss: Degenerative und entzündliche Prozesse finden sich in ihr, ohne
dass Art und Mass an sich Aufschluss über den Körperzustand zu geben
vermöchten. Nach den neuesten Angaben von Hotz (191a) bietet das
histologische Bild der jugendlichen Kretinenschilddrüse die Zeichen
eines Reizzustandes, nämlich diffuse und nodöse, weiche und blutreiche
Struma mit kleinen Follikeln, dünnflüssigem Kolloid, hohem Epithel,
Papillenbildung und Lymphozytenherden; erst später tritt der Zustand
der nodösen und bindegewebigen Degeneration mit Atrophie und Mangel
an normalem Gewebe auf. An der Hypophysis pflegt nach den bisherigen
Untersuchungen kein besonderer Befund zu ersehen zu sein [de Coulon,
Schönemann, Comte, Scholz (390)]; nur Nièpec (294) findet sie
fast immer sehr gross (1,19—2,42 g!) und hart! Am Gehirn von Kretinen
sind ebenfalls keine spezifischen Befunde festgestellt worden. Neben
gelegentlichen Untersuchungen von Weygandt und von Bayon ist
die Arbeit von Zingerle und Scholz (390) zu nennen; als Gesamtergebnis kann man sagen, dass sich kein Unterschied gegenüber dem
Gehirn bei nicht thyreogener Idiotie ergibt: es laufen durcheinander
Entwicklungshemmungen und degenerativ-entzündliche Prozesse. Die
Haut der Kretins ist mehrfach Gegenstand der Untersuchung gewesen:
myxödematöse Schwellung wird sehr häufig (von E. Bircher in 60%
der Fälle) vermisst. Scholz gibt an, dass weder beim sporadischen
Myxödem noch beim endemischen Kretinismus die Angabe, dass Muzin
im subkutanen Gewebe nachweisbar sei, zutrifft. Die Keimdrüsen
werden als klein bzw. atrophisch geschildert, jedoch verdienen sie eine
neuere systematische Untersuchung. Die von Langhans (241) beschriebene Verfettung von Muskeln ist von Scholz nicht bestätigt.

Wenden wir uns nun zum sporadischen Myxödem mit Kretinismus, so wollen wir dabei im folgenden nur die höchstgradigen Fälle,
nämlich die totale Thyreoaplasie zunächst berücksichtigen, weil sie die
Wirkung des Hypothyreoidismus auf Wachstum und Organbeschaffenheit
in reinster Form zu zeigen und diese Wirkung mit dem Bilde des endemischen
Kretinismus zu vergleichen erlaubt. Von totaler Thyreoaplasie liegen
bisher, wenn ich recht zähle, an die 20 gut beglaubigte Fälle vor; die
Beglaubigung liegt in dem durch Serienschnitte erbrachten Nachweis,
dass beiderseits im Bereich des gewöhnlichen Schilddrüsenbettes kein
Schilddrüsengewebe auffindbar war. Die Fälle sind beschrieben von
Langhans, Bourneville, Aschoff (17), Pencker, Maresch (270),
Erdheim (119), Dieterle (101), MacCallum, Ungermann, Getzowa
(150), Schilder (372), Wegelin (467), Rössle (352), Schultz (394).
Meist findet sich heterotopes Schilddrüsengewebe in der Zungenbasis
im Bereich des Ductus lingualis versteckt oder strumös. Die Epithelkörperchen sind, wenigstens zum Teil, meist erhalten und an Stelle

der Seitenlappen der Schilddrüse ist meist in der Nähe des oberen Epithelkörperchens eine oder mehrere Gruppen von Zysten vorhanden, die seit Erdheim (119), Getzowa (150) und Schilder (372) als Reste des von Maurer sog. postbranchialen Körpers erklärt sind. Darüber, ob der letztere kolloidführende Follikel zu produzieren vermag (Schilder) oder nicht (Verdun, Getzowa), sind die Meinungen geteilt.

Einer der höchstgradigen Fälle, vielleicht sogar der mit der stärksten Entwicklungshemmung, ist der von mir (352) beschriebene einer 28 jährigen geistesschwachen Zwergin von 99 cm mit starkem Myxödem (der Fall ist in Aschoffs Lehrbuch, 1. Kapitel des allgemeinen Teiles abgebildet) (354). Hier fehlten auch die Zungenkeime und die Epithelkörperchen bis auf eines. Die Grösse und die guten Proportionen entsprachen einem 4 jährigen Kinde. Die Patientin starb an Leberzirrhose durch Verblutung aus Ösophagusvarizen; ausserdem fand sich schwere Arteriosklerose; Zirrhose sowohl ist öfter in Verbindung mit Hypothyreosis gesehen worden und die Arteriosklerosis ist bei hochgradigem Schilddrüsenmangel sowohl beim kongenitalen Myxödem als bei dem postoperativen Myxödem von Mensch und Tier (z. B. in den Experimenten von Eiselsbergs) die Regel gewesen. Am Skelett fand sich gleichmässige und allgemeine Hemmung des periostalen und endochondralen Wachstums, infolgedessen waren die Knochen, abgesehen von den leicht aufgetriebenen Epiphysenenden zierlich, die Knochensubstanz aber hart und spröde, die Markkanäle der Röhrenknochen eng. Die Fugen waren alle erhalten, einschliesslich der basalen Schädelnähte, sogar die grosse Fontanelle war offen. Das Gebiss war kindlich und zeigte zahlreiche Besonderheiten, die ich in der zahnärztlichen Dissertation von Nelle (291) habe beschreiben lassen. Die sekundären Geschlechtsmerkmale fehlten vollkommen, jedoch waren Uterus und Ovarien von geschlechtsreifer Gestalt und Grösse und die Eierstöcke wiesen atretische Follikel auf. Die Thymusdrüse war in einen reinen Fettkörper verwandelt; die Hypophyse war beträchtlich relativ vergrössert (725 mg), reich an Hauptzellen und enthielt zwei kleine strumöse Knoten aus solchen. Epiphyse, Pankreas und Milz waren unverändert, die äussere Nebennierenrinde entschieden sklerotisch. Ich habe diesen eigenen Fall hier etwas ausführlicher gebracht, weil er alle charakteristischen Befunde in sich vereinigt; er ist überdies neben einem Fall von Ungermann und einem von Bourneville das ältest gewordene Exemplar von Myxödem mit Zwergwuchs durch Thyreoaplasie; mein Fall wurde 28 Jahre, Ungermanns Fall war 30 Jahre, der von Bourneville mit 37 Jahren ist der längst lebige bisher gewesen. Die meisten Beobachtungen von Athyreosis betreffen Kinder von wenigen Monaten oder Jahren, schon der Fall Mareschs mit ungefähr 11 Jahren ist eine Ausnahme. Daher wissen wir auch noch wenig über das endgültige Ergebnis der Wachstumsstörung, über das Verhalten der Sexualität usw.

Wir haben nun aber auch genügend Anhaltspunkte für die Beurteilung der Frage gewonnen, ob der endemische Kretinismus eine Hypothyreosis und ob er als solche identisch mit dem athyreotischen Zwergwuchs ist. Man muss sagen, dass es leichter ist, sie zu bejahen, als sie zu verneinen; zunächst liegt es näher, eine zum mindesten hohe Verwandtschaft beider Krankheitsbilder anzunehmen. Für Wesens-

17*

gleichheit haben sich Kocher, Bayon und Weygandt ausgesprochen, gegen ihre Identität die beiden Bircher, Dieterle, Scholz u. a. Die Frage kann nur unter Berücksichtigung aller Krankheitserscheinungen betrachtet werden; man muss sagen, dass sich dann herausstellt, dass in bezug auf keine Einzelstörung prinzipiell andere Verhältnisse vorliegen: Wachstum, Intelligenz, geschlechtliche Reifung, Stoffwechsel, Habitus sind im selben Sinne abgeändert; alle zusammengenommen, geben aber wohl bei dem endemischen Kretinismus eine andere Summe als bei dem sporadischen. Der letztere ist, hochgradige Missbildung der Schilddrüse vorausgesetzt, in allen Symptomen eine Intensivierung des ersteren: so wird man wohl das Verhältnis beider Entwicklungskrankheiten zueinander am besten kennzeichnen. Gerade in bezug auf die Wachstumsvorgänge am Skelett, die uns hier in erster Linie angehen, wird man dies zeigen können. In beiden Fällen setzt die Störung zu gleicher Zeit ein; wenn in einem Fall von Athyreosis bei Erdheim (119) Anzeichen schon intrauterin gehemmten Wachstums waren, so entspricht auch dies nur den genannten Befunden von verspätetem Auftreten von Knochenkernen in Gegenden mit Kropf. Stoccada (424) betont ausdrücklich, dass auch die feineren histologischen Befunde hinsichtlich der mangelhaften Ausbildung der Markräume dieselben seien bei Athyreosis und Kretinismus und dasselbe mikroskopische Bild ist ja auch experimentell durch Thyreoektomie zu erzielen. Auch die Anwesenheit des „Querbalkens“, die Schlankheit der Knochen, das Offenbleiben der Epiphysenfugen ist beiden Störungen eigentümlich; der höhere Grad ist wieder beim sporadischen Kretin; fand doch Bourneville typischerweise bei seinem 36jährigen Zwerg auch noch die grosse Fontanelle offen! Dieterle meint, dass Gesichtsbildung und Charakter beim thyreoaplastischen Myxödem andere seien; aber kennt man ihn denn? Haben wir nicht gesehen, dass schwere Myxödempatienten schon in jüngsten Jahren zu sterben pflegen und was die gewöhnlichen Hypothyreosen anlangt, wie sie Hertoghe geschildert hat, so würde ein Vergleich mit dem endemischen Kretinismus darauf hinauslaufen, dass man zwei abgeschwächte, aus einer Wurzel stammende Krankheitsbilder gegeneinandersetzt und da sind natürlich Unterschiede nicht zu verwundern. Nach Scholz (390) soll der Stoffwechsel bei den Kretinen der Kropfgegenden ein anderer sein als der bei schilddrüsenlosen Individuen und sie sollen auf Schilddrüsendarreichung anders reagieren als die letzteren; hierbei sei bemerkt, dass Scholz sogar Zweifel dagegen ausspricht, dass die häufige Idiotie in kretinenreichen Gegenden mit der strumösen Entartung der Bewohner zusammenhängt. Er wie auch Eug. Bircher fassen ihre Anschauung dahin zusammen, dass der Beweis, der endemische Kretinismus sei eine Dys- oder Athyreosis, wenigstens nicht erbracht sei. Wichtig sei insbesondere auch die Unregelmässigkeit der kretinistischen Wachstumsstörung gegenüber der proportionierten Hemmung bei Athyreosis. Wir halten diese Zweifel für übertrieben und die thyreogene Natur dieses Zustandes und seine nahe Verwandtschaft zu allgemein anerkannten dysthyreotischen Zuständen für erwiesen. Es ist auch nicht zu verkennen, dass in den kritischen Erörterungen über diese Streitfrage häufig Missverständnisse und die Unkenntnis des „wahren“ Zwergwuchses eine Rolle gespielt hat. Dies findet seinen Ausdruck dann auch in der merkwürdigen Folgerung Stoccadas (424), dass vielleicht manchen Fällen von Zwergwuchs mit erhaltenen Knorpelfugen thyreogene Ursachen zugrunde lägen, eine Annahme, die sich auf nichts, als auf dem gemeinsamen Symptom der Persistenz und Ruhe des Knorpels in den Wachstumszonen des Skelettes gründet und deshalb mit Recht schon von Paltauf, Dieterle, E. Bircher, Kaufmann zurückgewiesen worden ist. Auch Sternberg (414) ist geneigt, eine besondere Form des echten Zwergwuchses vielleicht für thyreogen anzusehen. Wir kommen auf diesen Fall zurück.

Ein wichtiges Beweisstück für die thyreogene Natur der endemisch-kretinistischen Wachstumsstörungen ist das gleiche Verhalten der endokrinen Drüsen, z. B. der atrophische Thymus, die unveränderten Nebennieren und Bauchspeicheldrüse, die Halbhemmung des Genitale; nur die Befunde an der Hypophysis scheinen nicht einheitlich zu sein; dies sind sie aber offenbar als Hypothyreosis überhaupt nicht, wie die Prüfung durch Berblinger (39) erwiesen hat. Er fand in dem vergrösserten Organ Hauptzellenwucherung wie bei Schwangerschaft, aber nicht konstant. Auch Ponfick, Sainton und Rathery, Eichhorst (116) fanden die Hypophyse bei Kretinismus und Myxödem vergrössert, und zwar den Vorderlappen. Ich habe dies in meinem Falle von Myxödem, wo es ebenfalls zutraf (s. oben), als Surrogat-Hypertrophie für den Ausfall von Schilddrüse gedeutet. Mit Muskel- und Nervenveränderungen bei Athyreosis beschäftigt sich eine neue Arbeit von A. Schultz: bereits Marchand hatte bei zwei Individuen mit fast totaler Aplasie der Schilddrüse (35 und 15 Jahre alt) schollige Massen zwischen Sarkolemm und Faser gefunden; bei Schultz' Patientin von 7 Jahren und 73 cm Körperlänge fand sich dieselbe Veränderung an den verschiedensten Muskeln, z. B. der Zunge, der Speiseröhre, des Zwerchfells und desgleichen analoge Veränderungen in Form schleimiger Entartung an den Aortenklappensegeln, in Nervenscheiden, Gefässwänden, weniger in der Kutis. In meinem Fall von totaler Athyreosis (28 jährige idiotische Zwergin) habe ich an der Muskulatur ausser perinukleärer Fuszinablagerung nur vereinzelte Kernbänder, zum Teil zu blassen Schollen entartet und um die Fasern gelagert gesehen. Von besonderen röntgenologischen Befunden am Skelett sei noch erwähnt, dass A. Köhler (229) bei einem 12 jährigen Knaben mit infantilem Myxödem an allen Metakarpalknochen proximale Epiphysenlinien fand, während dies normal nur am ersten Metakarpus zu sehen ist; selten sind proximale Epiphysenkerne am zweiten und fünften Metakarpus. Sogenannte Pseudoepiphysen (knopfförmige Verdickung der Knochenenden) fand Josefson (208) in 55°/₀ aller Fälle von endokrinen Wachstumshemmungen, darunter besonders auch bei Hypothyreoidismus und speziell infantilem Myxödem. Erstaunlich rasch sollen die Wirkungen des Schilddrüsenausfalles an den Epiphysen zu sehen sein; so gibt Dieterle (102) an, dass die ersten Veränderungen des Knochenmarks bei Katzen nach Totalexstirpation der Thyreoidea bereits wenige Tage später an der Epiphysenlinie nachzuweisen sind.

Nachdem die Richtlinien für chirurgische Entfernung von Schilddrüsengewebe längst geschaffen sind, bekommt man heute selten Fälle von postoperativem Myxödem, zumal solche aus der Wachstumsperiode des Körpers, also mit den Folgen des Schilddrüsenausfalles für das wachsende Skelett zu sehen. Um einen Massstab für die Grösse des hierdurch bewirkten Wachstumsdefizits zu geben, erwähne ich einen älteren Fall von Grundler, der einen mit 10 Jahren totalthyrektomierten Mann mit 127 cm Körperlänge und völlig erhaltenen Epiphysenfugen beschrieb und einen neueren Fall von Wegelin (467), bei welchem ein 47jähriger Mann mit seit 34 Jahren bestehendem Schilddrüsenverlust 129 cm gross war und u. a. teilweise erhaltene Epiphysenscheiben (auch knorpelige Synchondrosis sphenooccipitalis) und hochgradige Arteriosklerose aufwies. In einem Fall von Myxödem durch Schrumpfung der Schilddrüse fand Ceelen (83) bei einer 57jährigen Patientin in der Schilddrüse kein Jod, in der Haut kein Muzin.

5. Der dyszerebrale Zwergwuchs.

Die Aufstellung dieser Form von Wachstumshemmung ist neu [1]), ich bin durch eigene Erfahrungen zu dem Schluss gekommen, dass hier eine besondere Form vorliegt, wobei allerdings die Bezeichnung Zwergwuchs nicht im engeren Sinne passt. Es bleibt vielmehr meistens bei geringfügigeren Hemmungen des Wachstums und somit entsteht nur Kleinwuchs. Die Bezeichnung „dyszerebral" bedeutet „zerebrogen"; es ist also damit gesagt, dass der Befund am Gehirn den übrigen Befunden, speziell am Körperbau, übergeordnet ist.

Was wir bisher an Formen der Wachstumshemmung besprochen haben, zeigte entweder eine völlige Unabhängigkeit der Hirn- und der Kopfentwicklung vom übrigen pathologischen Geschehen: dies war der Fall beim primordialen Zwergwuchs und wir werden diesem Verhalten auch beim chondrodystrophischen und beim rachitischen Zwergwuchs begegnen; beim infantilistischen Zwergwuchs fanden wir das Wachstum des Gehirns ungehemmt, für die mangelnde Reife, die im Psychischen sich ausdrückte, hatten wir kein anatomisches Substrat; auch die hypophysären Zwerge hatten meist grosse Köpfe und waren dazu intelligent, soweit nicht durch die Grösse der Tumoren der Hypophysengegend auch das Gehirn in Mitleidenschaft gezogen war. Dass das wachsende Gehirn auch recht unempfindlich gegenüber Angriffen auf die Gesundheit ist, welche das übrige Wachstum beeinträchtigen, und dass somit der Fall einer koordinierten Wachstumsstörung des Gehirns bei allgemeiner Hemmung nicht häufig sein kann, beweisen die schon kurz angeführten Untersuchungen von Sawidowitsch (367): eine nach leidlich genauer Schätzung durchgeführte Massenbestimmung des Gehirns lebender Säuglinge ergab, dass nur schwere allgemeine Ernährungsstörungen auch auf das Gehirn Einfluss haben; fettarme Kost soll zu Stillstand des Hirnwachstums führen, Kinder mit „ausschliesslicher" Kohlehydraternährung sollen kleine Schädel, Rachitis soll keinen Einfluss haben. Aber auch diese Ergebnisse sind wegen der nicht ganz einwandfreien Methodik nicht sicher genug; denn abgesehen von der unsicheren Messung des Gehirns am Lebenden spielen Blutgehalt und Turgor eine grosse Rolle für das Volumen (das Volumen soll sich sogar postmortal verändern können). Ferner sind die Elemente

---

[1]) Nach Abschluss des Manuskriptes ersehe ich aus einem Bericht des Kongresszentralblattes, dass Gigon (151) ebenfalls eine Nannosomia cerebralis aufstellt.

ndividueller oder erblicher Besonderheit unberücksichtigt und schliesslich möchte ich es selbst nicht für ausgeschlossen halten, dass nicht nur
das Gehirn vom Wohlbefinden des Darms oder anderer Organe abhängt,
sondern auch selbst für deren Normalität und Gesundbleiben massgebend ist. So erscheint diese Frage der Abhängigkeit des Gehirns
nicht geklärt und wir brauchen uns nur den Fall des thyreogenen Kretinismus zu betrachten, um zu erkennen, wie verwickelt sie liegt. Hier scheint
der Gehirnbefund dem übrigen hinsichtlich der Entwicklungshemmung
koordiniert und dementsprechend finden wir auch wenig gröbere und
gar keine spezifischen Befunde am Gehirn. Damit stimmt, dass auch
die darauf gerichteten Untersuchungen bei experimenteller Thyrektomie
vergeblich waren (vgl. Isenschmidt). Auch beim Myxödem frägt
man sich, wieviel ist direkte thyreogene Wirkung und wieviel indirekte
über das Gehirn. Es erscheint mir demnach nicht unwahrscheinlich,
dass nicht nur bei dem jetzt zu schildernden (reinen oder primären)
dyszerebralen Zwergwuchs, sondern auch in anderen Zwergwuchsformen, z. B. dem thyreogenen, dem infantilen und dem hypophysären
zerebrogene Faktoren stecken.

Freilich lässt sich noch nicht angeben, wann und wo eine Gehirn-
läsion geeignet ist, das Wachstum zu stören, und es ist unmöglich, etwa,
als Einteilungsprinzip oder überhaupt ·als wesentliches Moment eine
vorhandene oder fehlende Mikrozephalie beim Zwergwuchs ansehen
zu wollen, wie es Manouvrier (264) versucht hat. Vielmehr sind die
pathologisch-anatomischen Befunde vorläufig sehr mannigfaltig und
es lässt sich, wie gesagt, vorläufig kein Prinzip herausschälen, welches
gestattete, die fragliche Funktion des Gehirns zu lokalisieren. Dass
es aber eine solche gibt, dafür sprechen vergleichende und experimentelle
Erfahrungen und, einmal angeregt, werden sich auch die pathologischen
Befunde mehren. Erdmann sah bei Kaulquappen einseitigen Zwergwuchs durch Verkümmerung der gleichen Seite des Zentralnervensystems, Ceni (64) zeigte, dass Hirnverletzungen bei höheren Wirbeltieren Atrophie der Keimdrüsen machen (wobei die Schilddrüse kolloide
Hyperplasie aufwies). Im letzteren Fall hätten wir also einen Schwund
statt Erhaltung, gewissermassen das Gegenteil des Wachstums. Marburg (267) hat bereits früher die Meinung geäussert, dass Hyperplasien
von Hirnteilen, auch in Form von Tumoren, imstande sein könnten,
Wachstumssteigerungen an anderen Körperteilen (z. B. Genitale) auszulösen. Auch dies gehört hierher, weil die Frage der zentralen Wachs-
tumsregulationen oder richtiger gesagt, der Regulationen des Körper-
inventars, möglichst weit gefasst werden muss.

Natürlich können nur sehr frühzeitig erworbene Hirnstörungen
imstande sein, auf den Bestand des Körpers Einfluss zu gewinnen;
in der Tat sehen wir einen solchen bei Mikrozephalie, Porenzephalien,
fötaler oder frühinfantiler Enzephalitis. Eine ältere Arbeit von Feldmann (126) kommt zu dem Schluss, dass bei „psychischen Schwäche-
zuständen“, worunter er „angeborenen und in früher Jugend erworbenen
Blödsinn und ·Schwachsinn“ versteht, Verringerung und Verzögerung
des Wachstums, sowie gewisse Disproportionen (besonders langer Rumpf)
nachzuweisen sind. Dollinger (110) hingegen leugnet in einer eben

erschienenen Arbeit jede Korrelation von Längen- und Massenwachstum zur geistigen Entwicklung.

Wenn man die ältere und neuere Kasuistik des Zwergwuchses durchmustert, so stösst man keineswegs selten auf Beispiele von Kümmerwachstum, für welche bei genügend guter Beschreibung noch nachträglich die Diagnose „dyszerebrale Ursache" allein möglich erscheint. Dazu gehören z. B. mehrere Fälle von A. Schmidt, z. B. 19jähriger männlicher Zwerg mit Mikrozephalie und völliger Idiotie, an Gestalt wie ein 4jähriger Knabe, 93 cm gross, ohne erbliche Belastung, vom 1.—7. Jahre langsam, dann fast nicht mehr gewachsen. Dietrich (104) zitiert einen Fall von König, wo Stillstand des Körperwachstums infolge von Cysticercus cerebri im 15. Lebensjahr eingetreten war. Wahrscheinlich gehören auch die Fälle von Marchand (269) (25jähriger Zwerg von 120 cm und 19 kg mit „Nannozephalie"), sowie von Houzé (193) (24jähriger idiotischer Zwerg von 80 cm mit Mikrozephalie) hierher. Verlangsamung der Verknöcherung „wie beim Myxödem" erwähnt Dieterle für Idioten (ohne Athyreosis) und Falta (124) spricht kurz von dem Vorkommen von Zwergwuchs bei Mikro- und Porenzephalie. Vermutlich besteht bei höchstgradigen Fällen auch bedeutende Lebensverkürzung. Leider sind in der Literatur bei Sektionen von mikrozephalischen und porenzephalischen Kindern die Wachstumsdefizite häufig nicht angegeben. Über einen hochgradigen Fall von frühzeitiger Wachstumshemmung durch Mikrozephalie (5jähriges Mädchen von 48 cm, seit dem ersten Lebensjahr nicht gewachsen) habe ich oben berichtet. Von selbst sezierten Fällen erwähne ich:

1. 35jähriges Fräulein von 141 cm Länge mit angeborenem Schwachsinn infolge enzephalitischer Atrophie des Gehirns (860 g), besonders im Bereich beider Scheitellappen. Innersekretorische Organe ohne abweichenden Befund; kleinzystische Entartung der Eierstöcke, Gallensteine. Geschlechtliche Merkmale ausgeprägt. (S.-N. 468/13).

2. 29jähriges Weib von 146 cm Länge mit Epilepsie und Tetanie seit dem 3. bis 4. Lebensjahr infolge ausgedehnter Verkalkungen in beiden Stammganglien durch abgelaufene Enzephalitis. Körperbau proportioniert, weibliche Merkmale und Wuchs vorhanden. Epithelkörperchen trotz sorgfältigster, auch mikroskopischer Suche nicht auffindbar. Sonst innersekretorische Drüsen ohne abweichenden Befund, abgesehen von geringem (einheimischem) Kropf, die Ovarien normal, mit regulärer Ovulation, jedoch vielfache Missbildungen, z. B. Mikromelie von Zehen, Dermoidzyste des linken Ovars. Eine Schwester der Patientin ist mit schweren multiplen Missbildungen behaftet früh gestorben. (Dieser Fall ist in bezug auf den Hirnbefund schon von Weimann (471) veröffentlicht.) (S.-N. 79/21).

3. 47jähriges Dienstmädchen mit Imbezillität und Kleinwuchs von 137 cm Körperlänge bei 33 kg Körpergewicht. Umfang des knöchernen Schädels 47,5 cm, Gewicht des sehr einfachen Gehirns 1120 g, Schilddrüse 25 g, Hypophyse 900 mg, Nebennieren 10 g. Epithelkörperchen waren nicht auffindbar; die Nagelbetten der Finger alle blaurot und entzündet. Die Ovarien glatt, mikroskopisch mit normalen Ovulationsnarben und Sklerose der Ovarialgefässe; es fehlten aber jetzt reifende Follikel und Eier. Vor 13 Jahren hatte sie einmal entbunden. Die übrigen Drüsen mit innerer Sekretion ohne Veränderungen. Keine sichtbaren Thymusreste. Proportionierung des Körpers ebenmässig; Zähne gehörig, desgleichen Haare. (S.-N. 24/21).

Schliesslich erwähne ich noch den Fall von E. J. Kraus (231), der mir eher ein mit Hypophysenstörungen (des Hinterlappens!) verbundener Fall von zerebraler Nannosomie zu sein scheint als ein hypophysärer Zwergwuchs, für welchen ihn sein Autor hält. Es handelt sich um ein 27 jähriges Weib mit Idiotie und Epilepsie, sowie „zerebro-

genitale Fettsucht" (Dystrophia adiposo-genitalis). Die Körperlänge
betrug 3 Jahre vor dem Tode 115 cm, beim Tode 121 cm. Alle Epiphysenfugen waren verknöchert, der Wuchs proportioniert und weib-
lich. Menses waren nicht aufgetreten. Es bestand Mikroenzephalie
infolge schwerer porenzephalischer Hirndefekte. Alle Drüsen mit innerer
Sekretion klein, aber intakt, mit Ausnahme der Hypophysis, deren
Hinterlappen abnorm klein war, während der vordere nur ein kleines
basophiles Adenom enthält. Die Kleinheit der Neurohypophyse wird
von Kraus mit der genannten „Hypoplasie" (richtiger Atrophie) der
Hirnteile (und der Nervi optici) in Beziehung gebracht; sie wird auch
vielleicht mit der genitalen Dystrophie und Fettsucht in Verbindung
zu setzen sein. Die letztere scheint mir aber nicht ausgeprägt gewesen
zu sein. Gegen hypophysären oder „Paltauf"-Zwergwuchs spricht aber,
dass der Vorderlappen, abgesehen von Armut an eosinophilen Zellen
und dem kleinen Adenom ungestört war, dass Infantilismus oder völlige
Genitalatrophie nicht bestand und dass die Epiphysenfugen regulär
geschlossen waren.

6. Der chondrodystrophische Zwergwuchs.

Die chondrodystrophische Form des Zwergwuchses ist die best-
charakterisierte von allen, sowohl hinsichtlich des groben Habitus als
hinsichtlich der feineren morphologischen Merkmale, insbesondere der
mikroskopischen Grundlagen der Wachstumshemmung. Die darüber
gewonnene Anschauung drückt sich in den Bezeichnungen des Krankheitsbildes, Chondrodystrophie (Kaufmann 1893) und Achondroplasie,
(Parrot 1878) aus. Genauer gesagt, besteht das Wesen der Störung
in einer Hemmung der endochondralen Ossifikation bei ungehemmter
periostaler. Für die Knochen der Gliedmassen, an denen zunächst diese
Störung am augenfälligsten in die Erscheinung tritt, führt diese einseitige Bremsung des Wachstums zur Disproportion: die Röhrenknochen
werden kurz und plump, die ganzen Glieder (Arme und Beine) bilden'
in den höchsten Graden kümmerliche Stummel im Vergleich zu dem
scheinbar wohlgestalteten Rumpfe. Die früheren Bezeichnungen Mikromelie und Phokomelie [1] müssen fallen gelassen werden, da es auch
Kleingliedrigkeit gibt, die nicht chondrodystrophischer Natur ist. Die
vorübergehend, vor allem zunächst von Virchow (452) 1856 gemachte
Annahme von der rachitischen Natur der Veränderungen ist von Parrot
(306), Porrak (326), Kaufmann (216) 1892 widerlegt worden, und wir
wissen heute, dass es fötale Rachitis überhaupt nicht gibt. Ausser durch
den charakteristischen dackelartigen Misswuchs zeichnet sich die chondrodystrophische Zwergwuchsform dadurch aus, dass sie angeboren ist.
In irgendeiner Weise, die wir nicht übersehen, wirkt der Zustand zunächst
lebensgefährdend, und zwar sind es offenbar die stark ausgeprägten
Fälle, welche schon als Föten oder bei und nach der Geburt sterben.
Beispiele von chondrodystrophischer Wachstumsstörung sind aber, wie die
Zusammenstellung von Siegert (402) ergibt, aus allen Altersstufen
bekannt. Kinder, welche um die Klippe der letzten Fötalmonate herum-
kommen, pflegen mindestens eine mittlere Lebenszähigkeit zu besitzen,

---

[1] $\mu\varepsilon\lambda o\varsigma$ Glied, $\varphi o\varkappa o\varsigma$ Seehund.

denn diese Zwerge können alt werden; mir selbst sind keine Fälle von
Sektionen aus dem späteren Kindesalter, wohl aber eine Reihe Fälle aus
persönlicher Anschauung von Erwachsenen bekannt; Frauen mit Chondrodystrophie sind dann wieder durch die Fortpflanzung, d. h. durch die
Entbindung gefährdet, da das Becken mehr oder minder an dem Misswuchs beteiligt zu sein pflegt, nicht selten in Form des von Breus und
Kolisko (71) genauer geschilderten „chondrodystrophischen Zwerg-
beckens" (s. unten). Der älteste Fall ist der von Porter (328), er hat
ein Alter von 80 Jahren erreicht. Kaufmann hat drei Formen der
Chondrodystrophie unterschieden, eine Chondrodystrophia hypoplastica,
bei der sich die Veränderung auf eine mangelhafte Wucherung innerhalb
der Knorpelwucherungszone beschränkt, eine Chondrodystrophia malacica
mit Erweichungen der Knorpel und eine Chondrodystrophia hyper-
plastica, bei welch letzterer zwar keine Erweichung, aber eine ungeordnete
Wucherung des Knorpels in den Epiphysen stattfindet, so dass die
Epiphysen als dicke pilzartige Körper den kurzen Diaphysen aufsitzen.
Von diesen Formen scheint die malazische nur bei den Föten und Neugeborenen autoptisch beobachtet zu sein, die hypoplastische verknüpft
sich gelegentlich mit einzelnen hyperplastischen Erscheinungen. Eine
sichere röntgenologische Unterscheidung scheint nicht möglich zu sein
[Frangenheim (135)].

Ausser der Kurzgliedrigkeit sind noch eine Reihe anderer Merkmale vorhanden. In erster Linie die auf der gleichen Grundlage beruhende
Veränderung der Schädelform. Im ganzen ist der Schädel gross, da die
Bindegewebsknochen seines Daches an der Wachstumshemmung nicht
teilhaben; jedoch die aus knorpeliger Anlage hervorgehenden Basis-
knochen, das Os basilare (Hinterhauptsbein), der vordere und hintere
Anteil des Keilbeins, zu dritt von Virchow als Os tribasilare zusammengefasst, unterliegen denselben Störungen wie die übrigen Skelettknochen,
deren Längenwachstum an Knorpelfugen gebunden ist. Aus diesem
Grunde wird häufig bei Chondrodystrophie eine Verkürzung der Schädelbasis gefunden, deren äusseres Merkmal eine Einziehung der Nasenwurzel
ist; hierdurch wird dem Gesicht ein kretinoider Zug gegeben; es fehlt
hierbei jedoch häufig das Vortreten des Ober- und Unterkiefers (Prognathie). Die Verkürzung der Schädelbasis ist entweder bei Erhaltung
der Nähte (Synchondrosis sphenooccipitalis und intersphenoidalis) durch
Stillstand der Knorpelapposition (Hypoplasie des Knorpels nach Dieterle
(101) oder durch prämature Synostose der erstgenannten Synchondrose
bedingt. Diese soll normal erst gegen Ende des zweiten Lebensjahr-
zehntes verschwinden, während die intersphenoidale Knorpelfuge um
die Zeit der intrauterinen Reife oder bald nach der Geburt verknöchert.
Wie wir früher bereits erwähnten, hat diese prämature Synostose zu
der Verwechselung von chondrodystrophischen Objekten mit dem Kretinismus Veranlassung gegeben (Virchow). Dass Verkürzung der Schädelbasis auch durch Verkleinerung der Oberkiefer- und Nasenanteile des
Gesichts vorgetäuscht werden kann, hat Kaufmann gezeigt; M. Jansen
(204), auf dessen mechanische Theorie der Chondrodystrophie wir zurückkommen, führt alle diese Veränderungen, sogar einschliesslich der prämaturen Synostose, und auch die sog. Skoliose des Clivus Blumenbachi
auf eine Pressung der Schädelbasis in ihrer Längsrichtung (sagittal)

zurück. Leriche (251) fand gelegentlich ein so starkes Hervorspringen der Stirnhöcker, dass der Schädel einer mit dem Breitenteil nach vorn sehenden Birne glich. Übrigens haben an der Gestaltung des Gesichts die Weichteile keinen geringen Anteil und man muss dies, zusammen mit der Tatsache, dass im Gegensatz zu stark ausgeprägter Chondrodystrophie an den Gliedern die entsprechenden Veränderungen an Gesicht und Schädel verdeckt sein oder fehlen können, für die physiognomische Diagnose berücksichtigen.

Bevor wir weiter auf die anderen autoptischen Befunde am Skelett und den übrigen Organen eingehen, sei die Charakteristik des lebenden chondrodystrophischen Zwerges weiter ausgeführt. Die Muskeln pflegen kräftig entwickelt zu sein; nicht selten treten die männlichen Zwerge dieser Art als Zirkusklowns mit turnerischen Leistungen auf. (Am Skelett pflegen die Muskelansätze stark ausgeprägt zu sein.) Zu demselben Beruf befähigt sie die bei Chondrodystrophie im Gegensatz zu manchen anderen Zwergwuchsformen regelmässig vorhandene gute Intelligenz. Schliesslich ist noch ein gewisser Hypergenitalismus zu nennen; auch er ist wichtig, erstens als Gegensatz zu dem sonst bei Zwergwuchs so häufigen Hypogenitalismus, zweitens wegen der etwaigen semiotischen Bedeutung, insofern als dies Zeichen auf besondere endokrine Verhältnisse deuten könnte.

Was die noch nicht besprochenen Besonderheiten des Skelettes anlangt, so sind noch solche anzuführen, die zum Unterschied von den bereits berücksichtigten im äusseren Habitus nicht zur Geltung kommen: da ist zunächst die sehr charakteristische „Frontalstenose" des Wirbelkanals und des Foramen magnum; sie kann so hohe Grade erreichen, dass das Rückenmark der queroval verzerrten Lichtung des Wirbelkanals sich anpassen muss oder gar von ihm gedrückt wird; sie rührt von einer Störung im Längenwachstum des Bogenteils [Dieterle, Sumita (434)] bzw. einer frühen Verknöcherung zwischen Wirbelbogen und -körper (Breus und Kolisko). Die Beckenveränderungen sind wiederum sozusagen eine Spezialanwendung der chondrodystrophischen Störung: allgemeine Verengerung durch Verminderung der Grössenzunahme bei kräftiger Ausbildung der einzelnen Knochen infolge ungestörter periostaler Ossifikation; die Conjugata vera ist am stärksten verkürzt, der quere Durchmesser des Beckenausganges eher vergrössert, die Sitzbeinhöcker etwas nach aussen gewendet; die andere von Breus und Kolisko (71) geschilderte Form ist ein hochgradig abgeplattetes Becken mit einem nierenförmig gestalteten Beckeneingang; das Promontorium steht hoch und springt stark vor; der Schambogen ist weit und stumpfwinkelig, die Pfannen sind klein, das Kreuzbein ist stark geneigt und dabei fast horizontal gestellt, sein Kanal sehr eng. Die Rippen sind breit und plump, das Brustbein breit und dick, das Schlüsselbein (das allgemein als am wenigsten ergriffen geschildert wird) ist kurz, kräftig und stark gekrümmt; das Schulterblatt ist klein, mit groben Rändern. Neben der schon geschilderten plumpen Kürze der Arm- und Beinknochen ist noch eine gewisse Deformation der Gelenke (übertriebene Pronationsstellung, z. B. am Radiusköpfchen) zu erwähnen, ferner ein Missverhältnis zwischen der weniger verkürzten Fibula und der stärker gestörten Tibia, so dass das obere Köpfchen der Fibula am

Kniegelenk hinauf rückt, nach P. Marie und Guignon häufig an der Bildung der Kniegelenksfläche, nach Siegert sogar regelmässig teilnimmt, und das untere am Sprunggelenk durch Überstehen eine Varusstellung bewirken kann. Als besonders eigenartig gilt ebenfalls nach Breus und Kolisko die starke Verkürzung der Fussphalangen und auch der Metatarsalknochen, ferner die pilzförmige Gestaltung der Epiphysen, z. B. am Femur. Die tatzenartige, breite und gespreizte Hand (main en trident = Dreizack) wäre bereits bei der äusseren Erscheinung zu notieren gewesen. Wenn oben gesagt wurde, dass gelegentlich die typische Physiognomie des Chondrodystrophikers fehlt, so ist noch hinzuzufügen, dass auch das Zeichen der Wachstumsverkürzung an den langen Knochen, die Mikromelie, gelegentlich fehlen kann (Kaufmann, Johanneson u. a.), so dass es also auch leidlich proportionierte Fälle gibt.

Eine das Wachstum und die Form (Biegung) der langen Knochen wesentlich beeinflussende Bildung (die allerdings als regelmässig nur für die hypoplastische Form der Chondrodystrophie anzusehen ist, seltener bei der malazischen vorkommt) ist der sog. Perioststreifen, ein gefässhaltiges Bindegewebsband, welches sich von der Grenze der Dia- und Epiphyse aus zwischen beide hineinzuschieben pflegt und zuweilen schon mit blossem Auge zu sehen ist. Während man sich über die Wirkung dieses Streifens einig ist, hat er bis in die neueste Zeit immer wieder neue Deutungen erfahren. Die Wirkung ist zweifellos eine Unterbrechung der Wachstumslinie und damit eine Verhinderung der Berührung von Diaphysenmark und Epiphysenknorpel; findet das Einwachsen des Streifens zirkulär statt, so wird nur in einem axialen Gebiet die Bedingung endochondraler Ossifikation erhalten sein; erfahrungsgemäss keilt sich aber der Streifen einseitig ein und die Folge ist ausschliessliches Längenwachstum auf der entgegengesetzten Seite, mithin Knickung bzw. Verkrümmung der Knochen. Sie ist meist an den Rippen am stärksten. Die Deutungen, die der für Chondrodystrophie so charakteristische Perioststreifen erfahren hat, sind folgende: Kaufmann, Frangenheim und andere führen ihn auf eine aktive Einwucherung des Periosts bzw. des Perichondriums zurück, Eberth auf eine Einklemmung durch die Abknickung der Diaphyse gegen die Epiphyse, Storp ähnlich auf eine Einstülpung; Kirchberg und Marchand (222) sprechen von einem Überwuchern durch die breite Epiphyse und das ungehemmte periostale Dickenwachstum. Ich übergehe einige andere Meinungen und erwähne nur noch Kassowitz (215), der die Periostlamelle für einen der Länge nach getroffenen Gefässkanal ansieht und Dietrich, der sie in Analogie zu den Knorpelmarkkanälen setzt, eine Deutung, der ich mich anschliessen möchte. Die Knorpelmarkkanäle sind Gefässverbindungen des Perichondriums mit dem Diaphysenmark und sind, wie M. B. Schmidt und Schmorl gezeigt haben, überhaupt für Wachstumsstörungen des Knochens (Rachitis, Osteochondritis syphilitica, aber wahrscheinlich überhaupt für die Proportionierung (M. B. Schmidt) wichtig. M. B. Schmidt hat bereits vor Dietrich auf ihre Bedeutung für die Entstehung des Perioststreifens bei Chondrodystrophie aufmerksam gemacht, nach ihm und Dietrich wäre dieser also nichts anderes als der ungewöhnlich bindegewebsreiche Anteil eines Knorpelmarkkanals; es besteht eine krankhafte Ausbildung und

Persistenz desselben, während er unter normalen Umständen rasch vom Knochenmark aufgenommen wird. Dietrich geht dann noch einen Schritt weiter, indem er in dem Streifen nicht nur keine Hemmung des Wachstums, sondern eine Massnahme des Knochens sieht, diese Hemmung bzw. die Unterbrechung der endochondralen Ossifikation, nach Art einer Kallusbildung auszugleichen. Budde (79a) hält den Perioststreifen für ein Zeichen des Fehlschlagens der Bildung eines epiphysären Kerns: der Knorpel reagiere hier auf die Berührung mit einem Gefässzug nicht mit der normalen Wucherung. Für die Entscheidung dieser Fragen wäre eine bessere Kenntnis des schliesslichen Schicksals des Streifens wichtig; merkwürdigerweise liegen noch ausser im Falle Marum (274), (33jähriger chondrodystrophischer Zwerg von 108 cm) der einige Besonderheiten zeigte, keine mikroskopischen Untersuchungen für das Skelett erwachsener Chondrodystrophiker vor und ich selbst muss mich schuldig bekennen, in den von mir sezierten 3 Fällen (s. unten) versäumt zu haben, nicht mazerierte Knochen zu untersuchen. Nach Marum wird auch der Perioststreifen unter hyaliner Umwandlung der Fibrillen und Kalkeinlagerung nach Art der Knochenbildung im Kallus (in Bestätigung Dietrichs) zu Knochen. Jedenfalls wissen wir aus Beschreibungen und ich kann es aus eigener Beobachtung an Skeletten und aus Röntgenuntersuchungen bestätigen, dass der allgemeine Wachstumsabschluss durch Verknöcherung der Epiphysenfugen etwa zu normaler Zeit stattfindet; auch das Auftreten der Knochenkerne geschieht zur gehörigen Zeit [Stettner (420)]; mithin haben wir hier wieder einen Fall von Störung des Wachstums ohne Störung der Reifeentwicklung.

Die Deutung des Gesamtbildes der Chondrodystrophie ist ebenso bunt wie die von ihren Einzelerscheinungen. Das ausserordentlich frühe Auftreten, bereits in den ersten Schwangerschaftsmonaten (Lampe: 2. Monat! Siegert: 3.—4. Woche des Fötallebens!) sowie die Tatsache gelegentlicher Häufung des Leidens in Familien spricht für eine Fehlanlage im Keim und manche Autoren halten es deshalb für eine Missbildung, ein Vitium primae formationis (Kaufmann, Sumita, Wieland); Frangenheim spricht von einer Hemmungsbildung. Die Hemmung ist weiter in inneren und in äusseren Bedingungen gesucht worden. Es steht gewiss nichts im Wege, den Misswuchs des Knorpels in einer erblich oder individuell minderwertigen Anlage, etwa in einer chemischen Missbildung, welche die Differenzierung der spezifischen Grundsubstanz und damit das Wachstum des Knorpels stört, anzunehmen. Was die Frage der Vererblichkeit anlangt, so ist es immer misslich, eine solche wirklich anzunehmen, wenn dieselbe pathologische Erscheinung meist nicht vererblich vorkommt und wenn der Vererbungsmodus nicht festgelegt ist; bisher liegt ungeordnetes Material vor; es sind Fälle von Vererbung sowohl von Vaters wie von Mutters Seite her mitgeteilt (Porter, Porak, Poncet und Leriche, Decroly, Eichholz, Glässner, Falta u. a. [1]); ich selbst kenne durch Lommel ein chondrodystrophisches Brüderpaar. Nach Siemens (403) liegt zur Zeit die Frage

---

[1] Es sei auch auf 75 von Rieschbieth und Barrington (346) zusammengestellte Stammbäume von Chondrodystrophikern hingewiesen.

der Vererblichkeit so, dass diese zwar nicht ganz klar, aber wahrscheinlich sei. Dominantes Merkmal kann sie jedenfalls nicht sein, rezessiven Vererbungsmodus bei gesunden Eltern angenommen, wären zu einem Viertel kranke Kinder zu erwarten; in Wirklichkeit findet man aber nach Weinberg nur ein Sechszehntel; dies lässt daran denken, dass entweder noch besondere realisierende (auslösende) Faktoren zur Erscheinung der Chondrodystrophie nötig sind, oder dass die Statistik falsch ist, dadurch dass es auch nicht vererbliche Fälle (etwa wie beim primordialen Zwergwuchs, Rössle, s. oben) gibt, die bisher mitgezählt wurden. Die innere Ursache wird nun weiter häufig in innersekretorischen Störungen gesehen: Moro (286) brachte das Leiden mit Thyreodysplasie in Verbindung; aber erstens wechselt der Befund an der Schilddrüse sehr, meist ist sie unverändert, zweitens entspricht die Knochenveränderung, wie schon Dieterle gezeigt hat, gar nicht den thyreogenen Knochenveränderungen; Abels (2) hat, soweit ich aus Zitaten ersehen kann, für die hyperthyreotische Genese ebensowenig Beweisstücke beigebracht. Noch stärker verwischt wird neuerdings die Trennung von endemischem Kretinismus und Chondrodystrophie durch Finkbeiner (127); seine Gründe schlagen aber die seit jeher geltend gemachten Gegengründe nicht aus dem Felde. Übrigens sind auch andere endokrine Drüsen nacheinander mit der Chondrodystrophie in Zusammenhang gebracht worden: die Keimdrüsen (im Sinne eines Hypergenitalismus) von Poncet und Leriche, Lanze und Bertoletti [zit. nach J. Bauer (34)], die Hypophyse von Biedl, Hypophyse, Schilddrüse und Keimdrüse, vielleicht auch Thymus, zusammen also im Sinne einer polyglandulären Störung von Parhon und Shunda, sowie Rebattu, in neuester Zeit die Epithelkörperchen von A. Dietrich. Zunächst ist prinzipiell gegen diese Art Genese zu sagen, dass unmöglich in so früher Embryonalzeit, wie die Chondrodystrophie zu beginnen pflegt, die innersekretorischen Drüsen des Embryos auf die Entwicklung Einfluss haben können. Sogar für ein chemisch so mächtiges und phylogenetisch so früh zu endokriner Tätigkeit entwickeltes Organ wie die Schilddrüse fehlt im allgemeinen in der Ontogenese der Beweis regelmässiger chemischer Fernwirksamkeit.

Diesen chemischen stehen die mechanischen Hypothesen gegenüber. Da sollte nach Wiesermann (481) die Haut zu eng sein, sie ist aber im Gegenteil meist weit und faltig. Klebs, dem sich neuerdings Tendeloo anzuschliessen geneigt ist, sah die wesentliche Bedingung in einer Einengung des Fruchthalters und dadurch bewirkte Druckwirkung auf den Embryo (Uterus, Amnion); ähnlich äussern sich Rindfleisch und v. Franqué. Die genauest ausgeführte mechanische Theorie stammt von Murk Jansen (204), dem sich neuerdings im wesentlichen Duken (112) anschliesst. Sie läuft im wesentlichen darauf hinaus, dass der Embryo, der zunächst immer eine physiologische Mikromelie zeige, in bestimmten Wachstumsrichtungen durch Stauchung am Längenwachstum gehindert würde, und zwar erfolge dies im wesentlichen durch eine übertriebene Aufrollung in der Längsachse; der Grund hierfür liege in einem frühzeitigen Hydramnion; durch das dabei vermehrte Fruchtwasser strebe die Fruchtblase der Kugelgestalt zu und hierdurch würden die solcher Formung widerstrebenden Embryoteile gepresst:

der stark nach vorn überbogene Kopf erfahre einen Druck gegen das Gesicht („backward pressure") und einen Druck gegen das Hinterhauptsbein. Es sei gleich bemerkt, dass wir keinen Fall kennen, wo Pressung des Knochens in der Längsrichtung das Längenwachstum hemmt; wie sollte sonst belasteter Knochen wachsen? Ferner fehlt nicht selten bei der Chondrodystrophie gerade die Wachstumshemmung des Schädels. Auf noch schwacheren Füssen steht die Erklärung der Wachstumshemmung an den Gliedern, ganz unerklärt scheint mir diejenige der Arme. Gegen die Entstehung der Frontalstenose des Wirbelkanals durch Druck nach Jansen hat auch Duken Bedenken. Mir scheint die Theorie Jansens, die hier nur im groben Umriss wiedergegeben werden konnte, nicht einmal in formalgenetischer Hinsicht, viel weniger in kausalgenetischer zu genügen, vor allem auch, weil die chondrodystrophische Wachstumsstörung ja in das postembryonale Leben weitergreift. Auch Einzelfälle von Bedeutung, wie der, dass von Zwillingen der eine chondrodystrophisch war, der andere nicht, fügen sich schwer in die Jansensche Hypothese; ferner nicht das Vorkommen von Spätchondrodystrophie (Chondrodystrophia adolescentium sive tarda nach Schorr), desgleichen die Fälle von partieller Chondrodystrophie, etwa halbseitiger oder auf ein Glied beschränkter.

Die Chondrodystrophie ist schon bei vielen verschiedenen Völkerschaften gefunden worden: Rieschbieth (346) bildet einen chondrodystrophischen Chinesen, einen Neger aus Nyassaland und ebenso belastete Hindus ab, Pöch (323) einen damit behafteten Melanesier; Schorrs eben erwähnter Spätfall betraf eine 16jährige Mulattin. Poncet und Leriche (324) ging soweit, von einer „Achondroplasie ethnique" zu sprechen, worunter sie die physiologische Ausbreitung dieses Wachstumstyps unter den Zwergvölkern verstanden; diese Behauptung aber, die Pygmäen seien chondrodystrophischen Wuchses, hat einer Kritik (Bloch u. a.) ebensowenig standgehalten wie die andere Meinung Leriches (251), dass die Chondrodystrophie auf den Wuchs der menschlichen Vorfahrenreihe zurückzuführen sei (Chondrodystrophia ancestrae). Launois wollte alle Zwerge, mit Ausnahme der myxödematösen und rachitischen, zur Chondrodystrophie zählen, eine Einteilung, die wir nach dem bisher Gesagten kaum zu erörtern brauchen, zumal wir die ungemein charakteristischen Merkmale des chondrodystrophischen Zwergwuchses und damit seine Unterscheidbarkeit von anderen Formen genügend hervorgehoben haben. Dass es Chondrodystrophie zu allen geschichtlichen Zeiten gegeben hat, geht erstens aus den ägyptischen Darstellungen des Gottes Bes hervor, der ein naturgetreues Abbild der Chondrodystrophie ist und als bösartiger Dämon der Spätzeit der ägyptischen Kunst gilt, während die ebenso gestalteten Pätaken Schutzgötter der verkrüppelten Kinder waren [vgl. Fechheimer (125) und Duken (112)], ferner die ebenfalls schon erwähnten figürlichen Darstellungen von chondrodystrophischem Misswuchs aus dem übrigen klassischen Altertum und dem Mittelalter [vgl. Barrington und Rieschbieth (346)], schliesslich als kräftigster, aber vorläufig einzelstehender Beweis das aus der Merowingerzeit stammende, kürzlich von Mettenleiter (280) beschriebene Skelett eines wahrscheinlich 120 cm langen und schätzungsweise 45—50 Jahre alten chondrodystrophischen Mannes von einer Ausgrabung bei Gunzenhausen (Bayern). Über Chondrodystrophie bei Tieren findet man Angaben bei Keysser (221).

Zum Schlusse möchte ich noch kurz drei selbst untersuchte erwachsene Fälle von Chondrodystrophie unter ausschliesslicher Hervorhebung einiger besonderer, eben gestreifter und theoretisch bedeutsamer Punkte anführen:

1. 62jährige Näherin (S.-Nr. 49/17) von 108 cm Körperlänge und 31 kg Körpergewicht; an Verblödung (seniler Demenz) gestorben. Der chondrodystrophische Wuchs ist auf der ganzen linken Seite stärker ausgesprochen. Makrozephalie im wesentlichen durch Hyperostose des Schädels und sehr starke Erweiterung der Nebenhöhlen der Nase. Hydrozephalus. Fehlende senile Atrophie der Geschlechtsorgane. Es sind keine Missbildungen sonst vorhanden. Sämtliche Drüsen mit innerer Sekretion, auch mikroskopisch, ohne krankhafte Veränderungen. Nur fällt in der Hypophysis der Mangel einer Pars intermedia auf; die Epithelkörperchen (nur zwei obere sind vorhanden) sind fettdurchwachsen; ziemlich gross, enthalten nur helle Hauptzellen. Eine Karotisdrüse war nicht auffindbar. An den Epiphysenfugen makroskopisch nichts Besonderes. Knorpelknochengrenzen der Rippen verdickt. Der Beckeneingang war nierenförmig, das Becken platt. Keine Synchondrosis sphenooccipitalis, der Clivus sehr kurz (2,4 cm), desgleichen der Oberkiefer. Die Türkensattellehnen fehlen.

2. 33jährige verheiratete Frau mit chondrodystrophischem Kleinwuchs (1,49 m, 73,2 kg). Schwere Fettsucht. Herztod in der Narkose bei Kaiserschnitt; allgemein und besonders schwer verengtes Becken. Keine Anomalien ausser Hypoplasie der Pulmonalis. Die Drüsen mit innerer Sekretion, soweit untersucht, unverändert; die Gehirnsektion war verboten (S.-Nr. 536/17).

3. 33jährige verheiratete Frau mit chondrodystrophischem Kleinwuchs (136 cm, 44 kg) bzw. wie die vorige mit Chondrohypoplasie (Ravenna) (S.-Nr. 161/21). Der rechte Arm kürzer als der linke, besonders durch Verkürzung des Humerus. Herztod nach Kaiserschnitt wegen allgemein verengten Beckens (Conjug. vera 7,5 cm), Hypoplasie des Nebennierenmarks (dabei Gewicht der Nebennieren von 17 g!), des Herzens (218 g bei reichlichem epikardialen Fett). Sonst Drüsen mit innerer Sekretion ohne auffallenden Befund. Die Ovarien klein, Brüste gross. Schwache chondrodystrophische Gesichtsbildung. Das gleichzeitig sezierte männliche neugeborene Kind der Patientin zeigte keine Chondrodystrophie.

7. Der rachitische Zwergwuchs.

Die Rachitis kann erhebliche Körperkleinheit auf zweierlei Art verursachen. Erstens dadurch, dass sie die Beine und die Wirbelsäule durch Verkrümmung, erstere auch durch die Coxa vara verkürzt, das Becken neigt, das Fussgewölbe senkt. Dies ist aber kein wahrer Zwergwuchs, vielmehr ein unechter und dabei unproportionierter. Daneben scheint aber, mit und ohne Verbiegungen der zur Höhe beitragenden Skeletteile eine wahre rachitische Wachstumshemmung, meist allerdings nicht von bedeutender Stärke, vorzukommen. Die Diagnose ist oft nicht leicht, und zwar um so weniger, je freier von Rachitisresten der betreffende Körperbau ist; gelegentlich gelingt sie nur durch eine gesicherte Anamnese. Man muss sich aber jedenfalls vor Verwechselungen mit Wachstumsstörungen durch chronische Erkrankungen (Lues congenita, Herzfehler, Unterernährung) und mit versteckten Fällen von Chondrodystrophie (Chondrodysplasie) und mit sonstigem Zwergwuchs sehr hüten. Es kann hier nicht auf die zahllosen Versuche eingegangen werden, das Wesen der Rachitis aufzuklären; es sei nur hervorgehoben, dass es unwahrscheinlich geworden ist, dass sie eine Infektionskrankheit sei und dass sie mit primären Störungen im endokrinen System zu tun habe, dass die Forschung zur Zeit wichtige Beweispunkte für ihre avita-

minotische Natur beigebracht hat [vgl. u. a. a. C. Funk (145), Stöltzner (430)], d. h. dass der Mangel an antirachitischen Stoffen in der
Nahrung, speziell des sog. A-Faktors zur Rachitis führt. Zweifellos ist
es auch gelungen, echte Rachitis an Hunden durch Entziehung rachitis-
widriger Nahrungsbestandteile zu erzeugen [Mellanby (279)]. Die
chemische Natur des antirachitischen Faktors ist noch nicht sicher
gestellt, nur sein Vorkommen, vorzüglich in grünen Pflanzenteilen
und in dem Fett von Tieren, die sich von solchen nähren. Daher können
wir auch vorläufig keine begründete Vorstellung über seinen Einfluss
auf die histologischen Vorgänge in den Wachstumszonen des Skeletts
gewinnen, wir können nur, da die Krankheit in mikroskopischer Hinsicht ausgezeichnet studiert ist [Pommer, Schmorl u. a. (386)] sagen,
dass sie in einer Hemmung der Verkalkung normal angesetzter oder,
vorsichtiger ausgedrückt, quantitativ genügend reichlicher osteoider
Substanz besteht. Das Übermass an osteoider Substanz, welches tatsächlich bei der Rachitis anzutreffen ist, wird meist auf die dynamische
Reizwirkung der Belastung, auf Anpassung an die statische Insuffizienz
des erkrankten Knochens aufgefasst. Die funktionelle Störung besteht
bekanntlich in Erweichung bzw. Biegsamkeit der Knochen bei Rachitis;
als ihr charakteristisches histologisches Merkmal und ihre anatomische
Erklärung finden sich die unverkalkten „osteoiden Säume" an den
Oberflächen der Knochenbälkchen. Auf die Frage der Halisteresis,
d. h. der Kalkberaubung fertig verkalkten Knochens, die dabei auf-
tauchenden Sonderfragen bezüglich des abgeänderten Verhältnisses
von Apposition und physiologischer Resorption und der degenerativen
Knochenlösung in Form der „Thrypsis" von Recklinghausen (343)
wollen wir hier nicht näher eingehen, da sie keine erkennbaren Beziehungen
zu den rachitischen reinen Wachstumsstörungen haben. Diese werden,
wie ich nachträglich ersehe, auch von dem vorzüglichen Rachitiskenner
Wieland (477) von den rachitischen Wachstumsstörungen unterschieden,
indem er seine Darstellung der Rachitisfolgen im Handbuch der Pathologie des Kindesalters (von Schwalbe und Brüning) einteilt in Veränderungen des rachitischen Skelettes durch Wachstumseinbusse und
in Veränderungen desselben durch mechanische Störungen. Was die
ersteren anlangt, so habe ich mehrere Fälle (ältere Kinder und Erwachsene)
lebend untersucht, teils mit, teils ohne rachitische Deformitäten, wobei im
ersteren Fall (bei gleichzeitigen rachitischen Verbiegungen) die Verbiegungen
das Mass des Wachstumsdefizits nicht erklärten; autoptisch kenne ich
keine Fälle, die ohne merkliche Rachitisreste, z. B. rachitisches allgemein
verengtes Becken (unter Umständen als einziges Stigma) gewesen wären.
Wieland bildet einen 5jährigen Knaben von 80 cm Körpergrösse (also
mit einem Wachstumsausfall von 2 Jahren) mit leidlichen Proportionen,
jedenfalls ohne Deformitäten ab. Die Disproportion gab sich in der
übermässig gedrungenen Gestalt, den kurzen plumpen Beinen und dem
grossen viereckigen Schädel kund; sichere Rachitiszeichen fanden sich
an dem Patienten, der nach der Anamnese eine schwerste Säuglings-
rachitis hinter sich hatte, in Form noch klaffender Fontanellen und
Resten von Epiphysenverdickungen. Auch Breus und Kolisko,
Erdheim, v. Recklinghausen halten an der reinen rachitischen
Wachstumshemmung fest.

Einen höchst eigenartigen Fall von angeblich rachitischem Zwergwuchs mit Mikromelie haben Schrumpf und Chiari (86) beschrieben. Es handelte sich um ein 56jähriges Weib von 119 cm Körpergrösse mit auffällig kurzen Gliedern. Sie war bis zum 7. Jahre normal und gesund, dann im Anschluss an einen akuten Gelenkrheumatismus 8 Jahre bettlägerig, wobei sie die Bewegungsfähigkeit der Glieder fast ganz einbüsste. Während des Krankenlagers sollen Kopf und Rumpf normal gewachsen, die Glieder aber im Wachstum zurückgeblieben sein. Die geschlechtliche und geistige Entwicklung blieb nicht aus. Während Schrumpf den Fall mit Pierre Marie als eine einzigartige und unbekannte Form von Mikromelie auffasste, kommt Chiari auf Grund der Obduktion, speziell des Nachweises der Normalität der innersekretorischen Drüsen und der erheblichen Reste der Rachitis zum Schluss, dass rachitischer Zwergwuchs vorliegt und verwirft auch die Auffassung, dass die Hypoplasie des Skelettes eine Folge der ankylopoëtisierenden Arthritis chronica und der Muskelatrophie sein könne. Aber eine Rachitisanamnese fehlt.

Budde (79a) beschrieb Fälle, aus denen die Wahrscheinlichkeit vorzeitigen Fugenschlusses durch Rachitis und sogar lokalisierte (nicht allgemeine, z.B. auf den Femur beschränkte) Wachstumshemmung durch Rachitis hervorgeht.

Freilich scheinen solche Fälle nicht häufig zu sein und Statistiken und systematische Untersuchungen von Schulkindern haben ergeben, dass die Kinder mit Rachitis in der Anamnese gegenüber ihren Altersgenossen im Einschulungsalter so gut wie kein Zurückbleiben der Längenentwicklung zeigen [Chose (88)]. Ich gebe hier eine Tabelle von Chose (88) wieder, da sie die genauesten und am meisten systematischen Messungen über die vorliegende wichtige Frage enthält:

Pirquet-Index: $\dfrac{L^3}{P}$	Knaben		Mädchen	
	ohne Rachitis	mit Rachitis	ohne Rachitis	mit Rachitis
6 Jahre	70,48	72,36	70,88	72,06
7 Jahre	73,28	74,42	73,94	74,85

Livi-Index: $\dfrac{100^3 P}{L}$	Knaben		Mädchen	
	ohne Rachitis	mit Rachitis	ohne Rachitis	mit Rachitis
6 Jahre	24,20	24,00	24,16	24,03
7 Jahre	23,90	23,90	23,77	23,73

Stettner hat für eine Zahl von 150 rachitischen Kindern festgestellt, dass für die ersten 6 Lebensjahre eine Einbusse von 7,5 cm zu errechnen war, dass später aber ein Ausgleich bis auf 2,6 cm stattfand, bei mittelschweren und schweren Fällen gibt es aber Stillstand; die „Differenzierung" des Skelettes ist meist verzögert, gelegentlich beschleunigt, bei der schweren osteomalazischen Form, vielleicht durch Komplikation auch die Differenzierung erheblich verzögert. Man versteht dies auch ganz gut, weil bei der Rachitis der Mechanismus des Zuwachses in Länge (und Dicke) nicht erkrankt ist und es frägt sich, ob nicht in jenen Ausnahmefällen reiner rachitischer Wachstumsstörung hinter die Bezeichnung „rein" ein Fragezeichen zu setzen ist, da die Möglichkeit besteht, dass durch schwere Begleiterscheinungen der Rachitis und nicht durch diese selbst das Wachstum gehemmt wird. Dies lässt sich auch gegen die Angaben Wohlauers (486) von überraschend hohen Wachstumseinbussen durch Rachitis einwenden: Nach ihm blieben rachitische Knaben „desselben Milieus" im ersten Lebensjahr wenig (0,4 cm), in zweitem schon mehr (ca. 2,7 cm), im dritten beträchtlich (8 cm!; absolute Masse 79,66 gegen 87,64!) zurück, die Wachstumszunahme betrug vom Ende des ersten bis zum Ende des dritten Lebensjahres

bei Rachitikern   bei Gesunden   Unterschied
9,04   16,64   7,60

bei Mädchen merkwürdigerweise nur 1,73 cm.

Wenn man nach dem Gesagten hinter diese Angaben doch ein dickes Fragezeichen setzen muss, so lässt andererseits freilich auch der Anblick besonders schwer rachitisch erkrankter Diaphysengrenzen durch die gewaltige Zersprengung und Richtungsänderung des Säulenknorpels daran denken, dass bei besonders hohem Grad der Veränderung auch der Mechanismus des Längenwachstums dauernd gestört werden könnte. Während man an belasteten Skeletteilen die einzelne rachitische Veränderung gern im orthopädisch-mechanischen Sinne erklärt, zeigt das Beispiel der bei Rachitis über Gebühr offen bleibenden grossen Fontanelle (Schluss spätestens zu Beginn des 2. Lebensjahres) das tatsächliche Vorkommen gehemmten Knochenwachstums; Wieland (477) erwähnt den mangelnden Verschluss der Fontanelle und die anderen rachitischen Erscheinungen am Schädel, auch die Kraniotabes, als Beispiele für Wachstumseinbusse durch Rachitis. Ich selbst möchte glauben, dass dies auch für die gleichmässig verkleinerten rachitischen Becken zutrifft, für die die Bezeichnung „verengt" nicht glücklich ist. Auch hier ist nicht alles Belastungsveränderung. Es kommen wohl also neben den überwiegend wichtigen und zahlreichen Abänderungen des Wachstumsergebnisses durch mechanische Störungen auch quantitative Störungen durch Hemmung des Wachstumsprozesses selbst vor und es ist deshalb wohl nicht ganz richtig, wenn H. Maass (262) in einer eben erschienenen Arbeit die Pathologie der Rachitis nur in Störungen der Wachstumsrichtung durch krankhafte Druck- und Zugwirkungen sieht.

Auf die rachitischen Wuchsveränderungen oder, um mit Wieland zu sprechen, auf die mechanischen Störungen des Knochenwachstums einzugehen, liegt hier keine Veranlassung vor. Man kann hier eigentlich nicht von Zwergwuchs sprechen oder nur dann, wenn diese Form mit der ersten verbunden ist. In diesem Sinne sprechen auch Breus und Kolisko von einem verkrüppelten Zwergwuchs. Es genügt, nochmals darauf hinzuweisen, dass das O- und das X-Bein, die rachitischen Kyphosen und Skoliosen sehr erhebliche Minderungen der Körpergrösse

18*

zu verursachen vermögen. Aber gerade in den stärksten Fällen von rachitischem Zwergwuchs würde es sich lohnen, unter Berechnung des Längendefizites durch Verbiegung der Skeletteile ausfindig zu machen, ob daneben sich nicht auch die erstere Form von Hemmung des Längenwachstums versteckt. Es ist klar, dass Statistiken, wie die oben genannte von Chose (88), wonach früher rachitische Kinder schon bald keine Verkürzung gegenüber rachitisfrei gebliebenen Kindern aufweisen, nur auf der Verwendung gut ausgeheilter Fälle basieren können.

Wenn wir zum Schlusse nochmals die Ätiologie der Rachitis streifen, so geschieht es, weil wir auch bei den anderen Formen des Zwergwuchses aus dem pathologisch-anatomischen Befunde pathogenetische Schlüsse öfter zu ziehen vermochten. Für die Rachitis versagt aber der makro- und mikroskopische Sektionsbefund in dieser Hinsicht. Stöltzner (425) hat ganz recht, wenn er betont, dass es ausserhalb des Skelettes keinen für die Rachitis typischen Befund gäbe und dass alle Veränderungen, die in diesem Sinne ausgelegt worden sind, sekundärer Natur bzw. die Wirkung von Komplikationen der Rachitis sind. Auch die Frage der Markveränderungen (rachitische Myelopathie von Marfan, Aschenheim und Benjamin) dürfte wohl in diesem Sinne entschieden sein. Vor allem ist dies aber auch für die Drüsen mit innerer Sekretion hervorzuheben, welche — wie bei der Chondrodystrophie — nacheinander zur Erklärung der Rachitis-Genese herhalten mussten: die Nebennieren (Stöltzner), die Thymusdrüse (Klose, Mettenheimer), die Epithelkörperchen (Hecker). Jul. Bauer fasst Osteomalazie und Rachitis als kalziprive Osteopathie zusammen und meint, dass der Beweis für pluriglanduläre Störung als disponierendes Moment bei Rachitis (Störung des Gleichgewichts der Blutdrüsen) genügend gestützt sei. Die Frage der Ätiologie steht ihrerseits wieder in einem besonderen Zusammenhang mit der für uns hier wichtigsten Frage der reinen rachitischen Wachstumshemmung. Vom Standpunkt der avitamiotischen Genese der Rachitis hat F. Wengraf (472a) geprüft, ob bei unterernährten Kindern mit Wachstumshemmung und Rachitis durch Fütterung mit dem antirachitischen Nahrungsprinzip (A-Vitamin) die Wachstumshemmung beseitigt wird; in der Tat ist dies der Fall.

8. Seltene, fragliche und Mischformen des Zwergwuchses.

In diesem Abschnitt seien noch Beispiele von Wachstumsminderungen aufgeführt, die entweder selten oder fraglicher selbständiger Natur oder schliesslich kombinierter Natur sind; zuweilen treffen diese Bezeichnungen gleichzeitig zu.

Da wäre zunächst die mongoloide Idiotie oder der sog. Mongolismus (Langdon-Down 1865) zu erwähnen. Die Länge bei der Geburt ist eine mittlere, Vogt (461) sah aber abnorme Kleinheit, Siegert (401) auch ungewöhnliche Länge. Neben dem charakteristischen Gesicht mit den schlitzförmigen und schiefgestellten Lidspalten, der knopfförmigen Nase (ohne eingezogene, aber meist mit verbreiterter Nasenwurzel), dem häufigen Epikanthus fällt der kleine, runde und meist kurze Schädel auf. Der Hals ist im Gegensatz zum Myxödem schlank und auch die übrige Gestalt ebenmässig kindlich. Das Längenwachstum ist in den reinen Fällen anscheinend wenig gehemmt, aber es ist nicht immer zu sagen, ob ein reiner Fall vorliegt, da sich unmerkliche hypothyreotische Einflüsse beimengen und auf das Wachstum wirken können; gelegentlich gibt darüber erst der gute Erfolg der Thyreoidinbehandlung Auskunft [1]). Fontanellen und Nähte bleiben oft abnorm lange offen, die Zahnung ist verzögert, das Auftreten der verschiedenen Knochenkerne erfolgt zur rechten Zeit; gelegentlich ist aber da Verspätung und Störung der Reihenfolge beobachtet (Vogt, Bernheim-Karrer, Stettner). Die vielfach als eigentümlich angesehene Verkümmerung der Mittelphalanx des kleinen Fingers und die Krümmung desselben mit der Spitze nach einwärts wird von Stettner auch als sonst vorkommend geschildert. Auch Kürze des Daumens wird angegeben und von Siegert (401) gewisse Missbildungen am Metakarpus, besonders dem ersten. In mikroskopischer Hinsicht liegen noch keine genügend reichlichen Beschreibungen vor. Von Kassowitz und von Bernheim-Karrer ist eine gesteigerte Knorpelzellproliferation, abnorme Form der Markkapillaren, Degenerationen einzelner Knorpelzüge, Bildung von Fasermark und von quergestellten Knochenbändern angegeben. Letzteres habe ich in einem Falle sehr ausgeprägt gesehen. Aber Wieland, Lange, Siegert konnten solche Befunde nicht erheben. Ausser mit den genannten hypothyreotischen Einschlägen in das Krankheitsbild muss man sich auch mit rachitischen Komplikationen vorsehen, mit Missbildungen des Genitale (Hypospadie, Phimose, Kryptorchismus), des Herzens (Septumdefekte usw., Nabel und andere). Alles zusammengenommen, wissen wir über die mongoloide Wachsstumstörung weder anatomisch noch ätiologisch etwas Rechtes. Da der regelmässigste Befund und gleichzeitig derjenige, der mit der Klinik des Zustandes die engste Beziehung hat, in Veränderungen, allerdings wieder wechselnden Veränderungen des Gehirns (Mikrozephalie, Mikrogyrie und allgemeiner Entwicklungshemmung [H. Vogt (461)] besteht, so ist schliesslich auch zu erwägen, ob die Wachstumsstörungen bei mongoloider Idiotie nicht unter den von uns zusammengefassten dyszerebralen Zwergwuchs gehören. Höhere Grade von mongoloidem Zwergwuchs [Bourneville und Bond (67)] gibt es wohl nur mit zunehmendem Alter (17jähriger Patient von 118 cm, Bourneville) und sie sind sicher selten, auch anatomisch nicht klargestellt, die meisten Mongoloiden sterben früher, als dass man das Gesamtergebnis der Wachstumshemmung beurteilen könnte.

Ich gebe als Beispiele für die Grössenverhältnisse einige Beispiele eigener Beobachtung kurz an:

1. 7 Wochen altes weibliches Kind mit mongoloider Idiotie, Mikrozephalie (Gehirn 360 g), Körperlänge 53 cm, Körpergewicht 3000 g; Schilddrüse 2 g; zahlreiche kleine Missbildungen (471/19).

2. $9^1/_2$ Monate alter Knabe mit mongoloider Idiotie. Leichte Hemmung des Wachstums, 60 cm, 3910 g; Hypoplasie der Schilddrüse (1,2 g), Gehirn 620 g; zahlreiche Missbildungen u. a. Septumdefekt (47/21).

3. 16 Monate alter Knabe mit mongoloidem Habitus; 73 cm, 11 kg; Gehirn 900 g, Schilddrüse 2,4 g, Septumdefekt, offenes Foramen ovale und weitere Missbildungen (697/17).

4. $1^1/_4$jähriger Knabe, Mongolismus, 71 cm, 5670 g, Gehirn 760 g.

---

[1]) Stoeltzner (429) sah dreimal Mongolismus beim Kinde, nachdem die Mütter in der Schwangerschaft Zeichen von Hypothyreoidismus dargeboten hatten.

Weygandt (476) gibt an, einen mongoloid behafteten 24jährigen Mann mit 131 cm und einen 17jährigen mit 128 cm beobachtet zu haben.

Die Schwierigkeit der Beurteilung der Wachstumseinbusse trifft nun auch für die nächste Form von seltenem Zwergwuchs zu, für die Osteogenesis imperfecta (Vrolik im Jahre 1854, Stilling), in dem bisher fast nur Totgeburten und Kinder der ersten Lebensjahre damit behaftet gefunden wurden. Ein Fall von Preiswerk-Wieland (478) mit 3 Jahren und einer von Recklinghausen mit 2 Jahren sind Ausnahmen, infolgedessen wissen wir auch hier über das Mass der Wachstumshemmung nichts. Andere Bezeichnungen hierfür sind: Dysplasie periostale (französische Benennung der Krankheit), Osteoporosis congenita (Kundrat). Osteopsathyrosis foetalis (Knochenbrüchigkeit), Fragilitas ossium congenita (Klebs), myeloplastische Malazie (v. Recklinghausen). In diesen Namen sind die wichtigsten Erscheinungen des Krankheitsbildes und Anschauungen darüber ausgedrückt. Sie stellt sich dar als eine Störung der Knochenentwicklung, und zwar im besonderen der Knochenneubildung bei ungestörter und geordneter Wucherung des Knorpels und der übrigen Anteile der endochondralen Ossifikation, nämlich der präparatorischen Verkalkung, der Sprossung der Markkapillaren, jedoch nicht der Tätigkeit der Osteoblasten. Ob der ungenügende Aufbau von Knochenbalken nur auf verminderter knochenbildender Funktion derselben oder auch auf vermehrter Resorption beruht, steht dahin. Das Ergebnis ist eine die Festigkeit des Knochens beeinträchtigende Porosität; durch den ganz dürftigen, ja in schweren Fällen geradezu unzusammenhängenden Bau der Kortikalis ist der Widerstand gegen Biegungsbeanspruchung besonders herabgesetzt und die Folge sind zahlreiche, zum Teil intrauterin erfolgende, auch zum Teil bei der Geburt schon wieder verheilte oder postfötale Frakturen an den Knochen der Gliedmassen und den Rippen. Dass es nicht an der Verkalkung fehlt, dafür spricht die Härte der gebildeten Knochenbälkchen, die tadellose Kallusbildung mit Festigung der Bruchenden.

Infolge gewisser äusserlicher Ähnlichkeit, vor allem der Erscheinung der Kurzgliedrigkeit, wurde die Osteogenesis imperfecta zunächst mit der Chondrodystrophie zusammengeworfen. Sie unterscheidet sich aber nicht nur von ihr, sondern sie gilt heute als ihr gerades Gegenstück: dort bei der Osteogenesis imperfecta dünne, überzierliche poröse Knochen mit unbehinderter endochondraler, aber stark gestörter periostaler Apposition, hier bei der Chondrodystrophie kurze, plumpe, im Längenwachstum stark, im Dickenwachstum aber gar nicht behinderte sklerotisch verhärtete Knochen[1]). Im einzelnen sind noch hervorzuheben das begreiflich späte Auftreten in der Schwangerschaft, das Fehlen des Perioststreifens, die intensive Verkalkung bereits in der präparatorischen Verkalkungszone, ferner Einzelerscheinungen wie die auffällige Kürze der Fibula (Wieland), das Fehlen von prämaturen Syncstosen am Schädel (daher andere Gesichtsbildung) und die Beteiligung der häutig-bindegewebig angelegten Schädelteile an der Erkrankung (Weich-, Pergamentund Lückenschädel) bei der Osteogenesis imperfecta. Auch gegenüber

---

[1]) Eine sehr hübsche tabellarische Gegenüberstellung von Osteogenesis imperfecta und Chondrodystrophie gibt Lindemann (254).

der Rachitis mit ihrer Störung der Verkalkung bei normaler Tätigkeit der Osteoblasten sind die Unterscheidungsmerkmale nach dem Gesagten klar und so darf auch die Meinung, dass es sich um eine fötale Form der Rachitis handele, als erledigt gelten. Übrigens wechseln die histologischen Befunde in den einzelnen Fällen selbst in den am wichtigsten angesehenen Hinsichten, so die Zahl der Osteoblasten, die bald gleich Null, bald vermehrt [Buday (69), Jos. Fischer (129)] gefunden werden, ferner die Beschaffenheit des Marks, die Ausbildung osteoider Säume, die Resorptionserscheinungen, das Vorhandensein der Frakturen usw. Es würde, zumal die sich widersprechenden tatsächlichen Einzelbefunde an der gegebenen formal-pathogenetischen Gesamtauffassung nichts ändern können, zu weit führen hier weiter in diese Feinheiten zu dringen.

Über das Wesen der Osteogenesis imperfecta ist man sich nicht einig: Setzt man sie auch genetisch in Gegensatz zur Chondrodystrophie, so muss man sie für eine embryonale Missbildung des Periosts und des Endosts [Th. Dieterle (102)] ansehen; v. Recklinghausens Ansicht, dass es sich um eine primäre Markerkrankung handele, deren Wesen er mit der Wahl des Namens „myeloblastische Malazie" kennzeichnet, ist bisher nicht durchgedrungen. H. Bauer (35, 36), der in einer jüngst erschienenen Arbeit 43 Fälle von Osteogenesis imperfecta in der Literatur zählt, hat den wichtigen Befund von gleichzeitigen Störungen im inneren Aufbau der Milchzähne in Form einer unregelmässigen Anordnung der (den Osteoblasten vergleichbaren) Odontoblasten und einer krankhaften Zusammensetzung des Dentins (Analogon der Knochengrundsubstanz) erhoben, aus den gleichzeitigen Veränderungen zweier mesodermaler Gewebe, des Knochen- und des zahnbildenden, sowie anderer Einzelheiten (Beschaffenheit des Knorpels, der Arterienwände, des Periosts) schliesslich auf eine konstitutionelle tiefergreifende Systemerkrankung des Stützgewebes auf Grund fehlerhafter individueller Anlage.

Die wichtigste uns hier angehende Frage betrifft, ob und inwieweit Zwergwuchs oder überhaupt Wachstumshemmung durch Osteogenesis imperfecta bewirkt wird. Die Frage ist schwer zu beantworten. In Lehrbüchern, z. B. auch bei Kaufmann (6. Auflage S. 739) findet sich die Bemerkung, dass mikromeler Zwergwuchs dadurch entstehen könne. Aber abgesehen von der schon genannten Tatsache, dass es keine Fälle über 2—3 Jahre gibt, ist selbst die Beurteilung, ob bis zu diesem Alter Hemmung eingetreten ist, aus verschiedenen Gründen schwierig, erstens machen die Frakturen, wo sie vorhanden sind, etwas am Längenwachstum aus und scheinen, wenn in Epiphysennähe sitzend, mikromele Verbildung nach sich ziehen zu können; und zweitens stösst die objektive Altersbestimmung der toten Föten und Neugeborenen, d. h. die Diagnose ihres Konzeptionsalters wiederum auf Schwierigkeiten. Aber zweifellos gibt es Fälle ohne Frakturen und mit solchen, wo ganz offenbare Hemmungen des Längenwachstums nach Anamnese der Schwangerschaftsdauer, Proportionen und Zeichen der Reife festgestellt werden können, während andere wiederum keine Einbusse zeigen; zu den letzteren gehören die Fälle von Vrolik, Bidder, S. Müller, Dieterle (101) und Niklas (295); ferner ein eigener Fall einer Frühgeburt im 7. Monat mit 44 cm. Übrigens lässt sich leicht verstehen, dass auch ohne Knochenbrüche Verkürzung der Glieder bis zu deutlicher Mikromelie bei Osteogenesis imperfecta erfolgen kann oder muss: es fehlt erstens zuweilen am endochondralen Wachstum selbst, nicht etwa an der Knorpelwucherung, sondern an der Überführung in spongiösen Knochen; die Epiphysen sind dann gross und breit, die Diaphysen kurz, plump, wenig brüchig, aber biegsam, so dass man fast eine „zweite Art der Osteogenesis imperfecta" [Fuchs (144)] vor sich zu haben glaubt. Zweitens trägt unter Umständen zur Verkürzung auch noch ein Zusammenschieben des Knochens im Periostschlauch [Kardamatis (213)] bei.

Als Beispiele für Verringerung des Längenwachstums durch Osteogenesis imperfecta führe ich aus dem Schrifttum an:

Autor	Alter der Frucht	Länge der Frucht
Stilling	Frühgeburt 8 Monate	35 cm
Bode	Reifes weibliches Neugeborenes	37 „
Michel	Reifes Neugeborenes	37 „
Harbik	Frühgeburt 8 Monate	37 „
Bauer	Totgeborener weiblicher Fötus von 7 Monaten	37 „
Bamberg-Huld-schriski	Reifes Neugeborenes	35 „
Eiken	7 Monate, Frühgeburt	33 „
Fuchs	Totgeborener Knabe	34 „
Silberstein	5 Wochen	42 „
Scheib	3 Monate alt	34 „

Die in geringer Anzahl neuerdings beschriebene „idiopathische Psathyrosis" (Lobstein) wird jetzt mit Looser (259) meist als Osteogenesis imperfecta tarda aufgefasst; dagegen haben sich v. Recklinghausen (343) und Sumita (434) ausgesprochen; die bisherigen Beschreibungen lassen, sofern sie überhaupt genügend auf die Staturverhältnisse eingehen, noch kein sicheres Urteil über die Beeinflussung des Wachstums zu. Loosers Knabe mit Osteogenesis imperfecta tarda hatte normale Grösse. Einen ganz eigenartigen und sicherlich nicht reinen Fall hat Hagenbach (171) beschrieben; er tritt aus dem Rahmen der übrigen durch das Fehlen der Knochenbrüche und durch die Zerstörung der Hypophyse durch ein Sarkom. Es war ein 45 Jahre altes, geistig zurückgebliebenes Individuum, mit einer Körperlänge von 103 cm (dabei Kyphoskoliose und Senkung der Wirbelsäule ins Becken), sonst leidlich proportioniert und mit verschlossenen Knochenfugen. Das Skelett war im Zustande hochgradiger Osteoporose und in mikroskopischer Hinsicht von einer Beschaffenheit, die den Autor nach Ausschluss anderer Möglichkeiten bestimmte, sich für die Osteogenesis imperfecta zu entscheiden. Der Fall war noch behaftet mit mehrfachen Missbildungen (Hasenscharte, Wolfsrachen, Nierenverlagerung), die Ovarien präsenil. Für die Identität der Osteogenesis imperfecta congenita und der Osteopsathyrosis idiopathica (welch letztere dann als Osteogenesis imperfecta tarda zu bezeichnen wäre) ist auf Grund anatomisch-histologischer, klinischer und theoretischer Befunde und Überlegungen zuerst Hart (177) (12jähriger Knabe, Schnapstrinker, Diabetiker, 115 cm; nach meiner (Rs.) Auffassung, zum Teil azidotische Osteoporose!), dann K. H. Bauer (36) sehr eingetreten, wenn man auch seinen konstitutionspathologischen Gedankengängen von einer Systemerkrankung sämtlicher (!) Stützgewebe des Organismus noch nicht wird folgen können. Ich bemerke übrigens, dass ich histologisch in einem Fall von kongenitaler Osteogenesis imperfecta eine ausgedehnte Myositis gefunden habe. Die Ansicht Axhausens (22) von der osteomalazischen Natur der Fälle mit späterer Knochenbrüchigkeit, der bis zu einem gewissen Grade Eiken (117) beitritt, hat wenig Anhänger gefunden. Noch sind die anatomischen Untersuchungen über die Tarda-Form zu spärlich und insbesondere fehlt es an genügend Fällen, die sicher aus der ersten Kindheit sich gerettet haben trotz früh festgestellter Knochenbrüchigkeit. Bamberg und Huldschinski (28) geben eine Zusammenstellung von 165 Fällen beider Arten der Osteogenesis, dem Alter nach geordnet. Danach sind bisher beschrieben:

<pre>
       1. Lebensjahr . . . . 16 Fälle.
       2.—4. „   9   „
       5.   „   2   „
       8.—9. „   . . . . je 1 Fall
      12.—21. „   . . . . 7 Fälle
    über 21. „   3   „
    Kindheit ohne genauere Angaben   15   „
</pre>

Die kausale Entstehung der Osteogenesis imperfecta ist durchaus ungeklärt. Systematische Untersuchungen der Drüsen mit innerer Sekretion liegen noch wenig vor; aus denselben Gründen wie bei der Chondrodystrophie ist von vornherein wenig zu erwarten, wenn die Verhältnisse auch insofern etwas anders liegen, als die letztere noch weiter als die Osteogenesis imperfecta ins Embryonalleben zurückreicht, in eine Zeit, wo von inkretorischer Betätigung der Organe noch weniger die Rede sein kann als in den Fötalmonaten, die für die Entstehung der Osteogenesis in Betracht kommen. Nach Jos. Fischer (129) ist nach den Befunden am Felsenbein in einem Fall von Osteogenesis imperfecta zu vermuten, dass die Erkrankung nicht vor dem 7. Fötalmonat auftritt. Dietrich (108) hat versucht, den formalen, oben gekennzeichneten Gegensatz zwischen beiden Erkrankungen auch kausalpathogenetisch zu erweitern, indem er auf Grund histologischer Untersuchungen in zwei Fällen, allerdings vorsichtig, die Vermutung ausdrückt, dass die für das Knochenwachstum wichtigen Abkömmlinge des Schlundapparates, wie Thymus und Epithelkörperchen, in beiden Krankheiten eine verschiedene Ausbildung, nämlich bei der Chondrodystrophie eine gewisse Unterentwicklung, bei der Osteogenesis imperfecta eine mindestens sehr gute Ausgestaltung" zeigen. In der Tat waren in mehreren Fällen (Dietrich, Hart, Bauer) die Epithelkörperchen auffällig gross; es frägt sich aber sehr, ob dies nicht eher eine sekundäre Erscheinung ist. Über Vererblichkeit der Osteogenesis imperfecta liegen eine Anzahl Mitteilungen vor, auch über ihr gleichzeitiges Vorkommen mit Konstitutionsanomalien, speziell aus dem Bereich der Mesenchym-Derivate (H. Bauer); eine Gesetzmässigkeit über die Vererbung lässt sich aber noch nicht herausschälen.

Während wir im ganzen Verlauf unserer Darstellung des Zwergwuchses bisher immer nur Typen geschildert haben, die durch viele Einzelfälle der Literatur belegt waren, haben wir zum Schluss noch seltene und in ihrer Zugehörigkeit zu den bisher besprochenen Zwergwuchsformen fragliche Einzelerscheinungen zu besprechen.

Als das berühmteste Beispiel einer solchen ist der von Paltauf (305) im Jahre 1891 beschriebene Zwerg anzusehen. Aber er gehört nicht deshalb dazu, weil er etwa mit Sicherheit eine grosse Seltenheit darstellte, vielmehr weil seine wahre Natur nachträglich nicht mit Sicherheit zu bestimmen ist. Er ist ein lehrreiches Beispiel, wie eine an sich klassische und ihre Vorgängerinnen übertreffende naturwissenschaftliche Beschreibung versagt, sobald durch neue Forschungen Gesichtspunkte aufgestellt werden, die der Autor nicht berücksichtigt hat und nicht berücksichtigen konnte. Als Paltauf seine Arbeit veröffentlichte, waren die meisten, im vorhergehenden besprochenen Formen, nicht einmal der thyreogene Zwergwuchs genügend erforscht. Es ist an sich auch nichts dagegen zu sagen, dass Paltaufs Beschreibung die Veranlassung war, Fälle, die auf das von ihm gegebene Vorbild passten, als Paltaufschen Zwergwuchs zu bezeichnen und zusammenzufassen. Dies Vorgehen war aber alsbald nicht mehr angängig, als sich herausstellte, dass die Merkmale, die Paltauf angegeben hatte, zu einer Charakterisierung und insbesondere zu einer Unterscheidung einander ähnlicher Formen nicht mehr genügten und so ist nicht zu billigen, dass es immer noch Lehrbücher gibt, in denen ein Paltaufscher Zwergwuchs neben den primordialen, den infantilistischen Zwergwuchs und die übrigen gleichwertig gesetzt wird. In Wirklichkeit gibt es keinen Paltaufschen Zwergwuchs; es gibt höchstens die Aufgabe, herauszubringen, welcher Art der Paltaufsche Zwerg wirklich war.

Bevor wir an diese Aufgabe herantreten, sei der Fall Paltaufs kurz gekennzeichnet: Es war ein 49jähriger Mann von den Massen eines 7—8jährigen Knaben, lebend war er 112,5 cm lang, sein Skelett mass 111 cm, der Schädel war von einem Umfang von 54 cm, an der Basis verkleinert. Die Epiphysenfugen waren fast sämtlich offen, die Schilddrüse intakt.

Paltauf selbst grenzte seinen Fall gegen den kretinistischen, chondrodystrophischen und den rachitischen Zwergwuchs ab. Ich selbst möchte ihn am ehesten für einen Fall von infantilistischem Zwergwuchs halten, betone aber, dass — wie wir oben schon gesehen haben — diese Form vorläufig mehr durch negative als durch positive Kennzeichen bestimmt ist. Wenn Breus und Kolisko die Proportionen des Paltaufschen Zwerges als „überraschend schön" preisen, so kann ich dem nicht zustimmen, denn weder ihre von ihm wiedergegebene Abbildung zeigt die „Übereinstimmung mit den kindlichen Proportionen" noch die angegebenen Masse. Nach der ersteren ist er ganz entschieden langbeinig und das Verhältnis der Ober- zur Unterlänge verhält sich wie 54 : 57 cm. (Von anderen Massen seien noch genannt: obere Extremität 49, untere 59, Brustumfang 67, Handlänge 13.) Erdheim (120) hat neuerdings den Versuch gemacht, den Beweis für die hypophysäre Genese des Paltauf-Zwerges anzutreten. Seine Meinung wird gestützt durch den Befund einer sehr weiten Sella turcica neben dem Hypogenitalismus, der unversehrten Intelligenz und den offenen Knochenfugen (auch die Sphenookzipitalnaht war offen). Aber der Beweis kann nicht als erbracht angesehen werden und so können wir der Identifizierung von

Paltaufschem und hypophysärem Zwergwuchs durch Erdheim nicht zustimmen. Die thyreogene Entstehung hatte Paltauf trotz der kleinen Schilddrüse mit der Begründung abgelehnt, dass die Knorpelfugen des Skelettes bei Kretinen geschlossen seien. Wir haben gesehen, dass er sich hierin in einem Irrtum befand, insofern als wenigstens beim sporadischen Kretinismus — und nur ein solcher kam für seinen Fall in Betracht — die Fugen dauernd offen bleiben; allerdings sind auch bis heute keine Fälle von Athyreosis von dem Alter von Paltaufs Fall bekannt. Später hat aber die Ansicht, dass dieser thyreogen sei, in Breus und Kolisko, Stoccada (424) und Dieterle (102) Anhänger gefunden, zum Teil nun wieder gerade deshalb, weil die Fugen bei Paltaufs Zwerg offen waren, denn die Hypoplasie der Schilddrüse allein genügte nicht dazu. Der Befund am Genitale ist nicht genau genug berichtet, um nach den Kriterien Sternbergs (414) die Entscheidung zu ermöglichen, ob Entwicklungshemmung oder Atrophie vorlag. Der eine Hoden steckte im Leistenkanal und das Genitale sah knabenhaft aus. Falta (124) zählt den Paltauf-Zwerg überhaupt nicht zu den endokrin bedingten Wachstumshemmungen; dabei erklärt er ihn für ein infantilistisches Produkt, doch unterscheide er sich sozusagen gradweise genügend von dem seltenen allgemeinen Infantilismus, um ihn als eine eigene Gruppe zu führen. Auch Jul. Bauer (34) erklärt ihn für einen inkompletten Infantilismus; die Unvollständigkeit sieht er in dem Unbeteiligtbleiben der häutig präformierten Schädelteile im Gegensatz zur knorpelig angelegten Schädelbasis und durch die Disharmonie des Wachstums komme die kretinoide Beschaffenheit zum Vorschein, die den Paltaufschen und ähnliche Zwerge auszeichne.

Wie schwierig es sein kann, selbst auf Grund von Autopsien, die nach allen heute zur Verfügung stehenden Gesichtspunkten durchgeführt werden, die Diagnose von Zwergwuchsfällen zu stellen, haben uns nicht nur Fälle wie der von Priesel (331) (S. 475) und von E. Kraus (231) (S. 488 u. 475) gezeigt, sondern soll noch durch einen neuerdings beschriebenen Fall von Sternberg (414) belegt werden: Es war ein 20jähriger proportioniert gewachsener, 126 cm grosser Zwerg mit teilweise offenen Epiphysenfugen, geschlechtliche Entwicklung fehlte. Die Sektion ergab kleine, aber nicht auffällig hypoplastische endokrine Drüsen; mikroskopisch zeigte die Schilddrüse fast völligen Mangel an Kolloid, die Hoden waren teils unterentwickelt, teils zurückgebildet. Sternberg ist geneigt, eine auf Hypothyreose beruhende Nannosomie anzunehmen. Die Entscheidung ist schwierig, weil alle Kennzeichen für die verschiedenen Formen gemischt und doch nicht hochgradig ausgeprägt waren; eine einzige Drüse kann nicht mit Sicherheit verantwortlich gemacht werden, aber auch für eine polyglanduläre Entstehung sind nicht genügend sichere Anhaltspunkte vorhanden.

Wenn so schon zur Sektion gelangte Fälle in den Händen eines erfahrenen Beobachters mit einem Fragezeichen versehen werden müssen, wie viel eher wird es dann bei rein klinischen Beobachtungen der Fall sein, wo der wahre Zustand einer ganzen Reihe für das Wachstum massgebender Organe sich verstecken kann! Es kommt hinzu, dass einzelne Züge zuweilen geradezu auf eine falsche Fährte locken, so z. B. kretinoide Gesichtsform, welche auch bei sicher nicht thyreogenen Wachstums-

hemmungen auftritt, sogar bei der „normalsten" aller solcher, beim
primordialen Zwergwuchs. Wenn dann bei der interessanten Beobachtung
von Schmolck (385) solcher noch in einem versteckten Alpental gefunden
wird, ist die Diagnose, zumal ohne Röntgenapparat, nicht leicht. Ferner
erschwert die Komplikation des Zwergwuchses mit Rachitis (wie wir
gesehen haben, z. B. bei Mongolismus sehr häufig) die Diagnose: z, B.
beschrieb Berliner (42) einen Fall von primordialem Zwergwuchs mit
Rachitis und Morbus Barlowi. Auch in den Fällen Gulekes (161) von
„Zwergwuchs infolge prämaturer Synostose" war Rachitis vorhanden,
da sie aber sonst keine vorzeitigen Verknöcherungen zu machen pflegt,
vielleicht nur als Komplikation vorhanden: zwei Schwestern von 19
Jahren (mit 132,5 cm) und von 15 Jahren (mit 123 cm und teilweise
erhaltenen Fugen), sowie ein 19jähriges Weib (seit dem 9. Jahre nicht
mehr gewachsen) zeigten alle bzw. die meisten Skelettnähte verknöchert.

M. Budde (79a) meint, dass solche Fälle von bisher als krypto-
genetisch angesehener Fugenverknöcherung am ehesten auf einer Chondrodystrophia tarda beruhen könnten. Eljakim (118a) sah starke Verminderung des Längenwachstums an Röhrenknochen bei einem 58jährigen
Manne, der im neunten Lebensjahre eine Arthritis deformans erworben
hatte. Auch Rachitis mit Chondrodystrophie zusammen kommt offenbar
vor; so ist vielleicht ein Fall Gigons (Nr. 3; 151) eine solche Kombination.

Eine höchst interessante, aber sehr seltene Form für sich bilden
die zuerst von H. Gilford (155) beschriebenen Fälle von „Progeria".
Hier verbindet sich Zwergwuchs mit schwerster allgemeiner Entwicklungshemmung und einer Kachexie, die, noch mehr als die reine thyreogene, greisenhafte Züge trägt, so dass es zu dem paradoxen Bild der
mit infantilistischem Habitus verbundenen Senilitas praecox kommt.
Auch anatomisch mischt sich überstürzte Frühreife (prämaturer Verschluss von gewissen Nähten) mit Hemmungen (Persistenz anderer Nähte,
z. B. der Sutura sphenooccipitalis). Der erste Fall Gilfords aus dem
Jahre 1897 betraf einen 17jährigen Jüngling mit 113 cm (Wachstumsdefizit von 10 Jahren). Da wir diesen und die anderen bisher beschriebenen Fälle von Progeria bei der Besprechung des disharmonischen
Alterns genauer ansehen wollen, sei hier nur noch angeführt, dass die
Ätiologie durchaus fraglich ist. Von Keith wird ein gewisser Gegensatz
zur Akromegalie konstruiert, von anderen das Krankheitsbild bald als
Nebenniereninsuffizienz (Variot und Pironneau), bald als polyglanduläre Insuffizienz (Falta) erklärt.

Mehr theoretischer Konstruktion als wirklicher Beobachtung verdankt vorläufig der thymogene und suprarenale Zwergwuchs
seine Aufstellung. Weil Tiere nach Thymektomie im Wachstum zurückbleiben, wäre ja Mangel an Thymusdrüse imstande, Wachstum zu hemmen,
aber wir kennen keinen anderen Schwund des Thymus als die akzidentelle
Atrophie. H. Klose und H. Vogt (461) haben einmal geglaubt, einen
thymogenen Zwergwuchs in folgendem Fall vor sich zu haben: 17jähriger
idiotischer, zwerghafter Jüngling (Grösse nicht angegeben), ohne geschlechtliche Reifungszeichen, mit schwerer Muskelschwäche, dauernd
bettlägerig; die Haut war dick, die Haare fast ganz ausgefallen; es bestand
allgemeines Zittern; die Knochen (röntgenologisch nicht untersucht)
waren in einem gewissen Stadium vor dem Tode biegsam und federnd,

später brüchig. Eine Sektion ist nicht gemacht, leider auch keine Abbildung der äusseren Gestalt gegeben; gewiss ist eine überraschende Ähnlichkeit mit den Symptomen nach der Thymektomie bei jungen Hunden gegeben; aber ohne Sektion sind solche Fälle doch zu vieldeutig. Differentialdiagnostisch käme u. a. eben jene schwerste Form von Infantilismus in Betracht mit Zeichen von Greisenhaftigkeit, wie sie von Hastings Gilford als Progeria beschrieben ist.

Auf noch schwächeren Füssen steht der suprarenale Zwergwuchs. In einem Falle von Recklinghausens (342) war ein 18jähriger, 95 cm grosser, 10,5 kg schwerer, nach den heutigen Kriterien als infantilistisch zu bezeichnender Zwerg mit verkäsender Nebennierentuberkulose behaftet; sein Körperbau war durchweg wie der eines 10jährigen Kindes mit fast vollständigem Ebenmass, Penis und Hoden abnorm klein. Recklinghausen selbst berichtet nichts über die mikro- und makroskopische Beschaffenheit des sonstigen endokrinen Systems, meint aber (ohne mikroskopische Begründung), dass infantile Osteomalazie vorlag. Die Epiphysenfugen waren erhalten, desgleichen die Schädelnähte mit Ausnahme der Sut. sphenooccipitalis. Miloslavich (284) erwähnt bei einer 72jährigen infantilen, zwerghaften Frau angeborenen Mangel der rechten Nebenniere, Niere und des Ureters neben sonstigen Missbildungen. Der letztere Punkt bedarf der Betonung, da auch sonst Missbildungen neben Zwergwuchs, speziell infantilistischem, nicht selten sind und, wie z. B. Kryptorchismus [wie im Fall Schaaffhausens (368), Paltaufs (305)] dazu verleiten könnten, ursächliche Beziehungen aufzustellen [1]). In den genannten Fällen ist es natürlich mehr als fraglich, ob ein Zusammenhang zwischen dem Befund an den Nebennieren und der Wachstumsstörung besteht, ähnlich wie im Falle Hueters (vgl. S. 472) die Tuberkulose der Hypophysis vom Autor selbst als zufälliger Nebenbefund bei einem (nicht hypophysären) Zwerge aufgefasst wurde oder im Fall Hagenbachs (179) mit Knochenbrüchigkeit und Hypophysentumor, wo einiges der vom Verfasser gestellten Diagnose Osteogenesis imperfecta tarda widerstrebt. Freilich ausser Zufall und Ursache, gibt es noch eine andere Erklärungsmöglichkeit in solchen Fällen, auf die J. Bauer (34) mit Recht aufmerksam macht, das ist die Wahrscheinlichkeit, dass Krankheiten sich beim Zwergwuchs dorthin lenken, wo eine gewisse Disposition durch Organminderwertigkeit vorliegt, und dies sei im Bereich des endokrinen Systems der Fall. Diese Ansicht liesse sich auch durch die neueren Anschauungen über die anatomische Disposition zum Morbus Addisonii stützen, wonach Missbildungen und Hemmungsbildungen der Nebennieren eine Bedingung zur Entwicklung beiderseitiger Erkrankung der Nebennieren schafft (v. Hansemann u. a.).

Zu den zweifelhaften, jedenfalls noch unklaren Zwergwuchsformen gehört endlich der von H. Barber (29) sogenannte renale Zwergwuchs.

---

[1]) Nicht berücksichtigt habe ich hier die Fälle, wo durch reine lokale Missbildung — etwa der Knochen der unteren Extremität — abnorme Kleinheit hervorgerufen wurde. Als Beispiel des besseren Verständnisses wegen erwähne ich einen Fall von W. Perner (473), bei welchem eine 20jährige Frau, 125 cm mass infolge exzessiver Kürze der Unterschenkel; daneben bestanden andere Missbildungen in Form von Sechsfingerigkeit, Andeutung von Spalthand. Einen noch höheren Grad von Tibiadefekt als Ursache von Körperverkürzung sah ich bei einem auf Jahrmärkten als Löwenweib gezeigten weiblichen Individuum mit Vierfüsslergang und ebenfalls mit Polydaktylie.

Barber beschrieb 10 Fälle verschiedenen ausgesprochenen Unterwachstums (5 Knaben und 5 Mädchen), welches mit schleichender chronischer interstitieller Nephritis verbunden war. Es fand sich an den Nieren mikroskopisch eine interstitielle Entzündung und eine Arteriosklerose, die übrigens auf die Nieren beschränkt war, Blutdrucksteigerung bestand nicht. Der Tod erfolgte an Urämie. Das Skelett wies rachitische Veränderungen auf. Drüsen mit innerer Sekretion erwiesen sich normal. Die Kinder waren gewöhnlich seit der Geburt klein und blieben vom 6.—7. Jahre in der Entwicklung zurück. Der Beweis für die renale Genese des Misswachstums fehlt jedenfalls; in den wenigen Fällen von irgendwie gearteter Schrumpfniere des Kindesalters habe ich keine wesentliche Wachstumshemmung bisher gesehen. Es ist nicht ausgeschlossen, besonders da einmal Bruder und Schwester bei Barber betroffen waren, dass es sich umgekehrt um primären Zwergwuchs und sekundäre (vielleicht ihn verstärkende) Nephritis gehandelt hat.

Schliesslich sei noch zweier seltener von G. Hurler (195) mitgeteilter Fälle von „multiplen Abartungen, vorwiegend am Skelettsystem" gedacht, weil sie ebenfalls Zwergwuchs mit Missbildungen verbanden. Der eine war ein $4^3/_4$jähriger zwerghafter, disproportionierter, fettsüchtiger Knabe mit kammförmig gestaltetem Schädel (Trigonozephalus), Buckel und Trichterbrust, der andere ein 23 Monate alter geistig und körperlich zurückgebliebener Knabe mit Buckel und abnormer Schädelform und etwas Hühnerbrust; gemeinsam waren beiden Verkürzung der Schädelbasis, deformierter Schädel mit Nahtanomalien, Kyphose, Dentitionsstörungen, Kontrakturen der Endphalangen, Hypertrichosis und psychische Entwicklungshemmung; es fehlten Anhaltspunkte für Tuberkulose, Syphilis und Rachitis. Eine gewisse Hypothyreosis war nicht auszuschliessen; Obduktionen sind nicht gemacht.

C. Krankhafte Verstärkungen des Wachstums.

Hoch- und Riesenwuchs.

Der Riesenwuchs ist viel seltener als sein Gegenbild, der Zwergwuchs und er ist daneben viel weniger mannigfaltig, freilich auch wegen seiner Seltenheit viel weniger gründlich erforscht. Wie beim Untermass, so ist auch beim Übermass der Leiber die Grenze für die Diagnose „Riesenwuchs" Konvention. Bollinger rechnet den Riesenwuchs von 205 cm Körperlänge ab, während er die Individuen von 175—205 cm als hochwüchsig bezeichnet. Der Begriff des Hochwuchses ist dabei sozusagen noch mit dem Charakter des Normalen versehen, während der Riesenwuchs als etwas Pathologisches, als ein Exzesswachstum des Gesamtkörpers anzusehen ist. Die Umschreibung von Breus und Kolisko (41), dass Riesenwuchs durch eine das „Maximalmass" für das betreffende Alter und die Rasse übersteigende Körpergrösse gekennzeichnet sei, genügt nicht, da das Maximalmass nicht angegeben ist. In dieser Beziehung ist es als ein grosser Fortschritt zu bezeichnen, wenn Rautmann (339) auf Grund der Anwendung der Fechnerschen Kollektivmasslehre aus der natürlichen Häufigkeit bzw. Seltenheit der extremen Körpermasse beim Menschen die Grenzwerte rechnerisch festgelegt

hat wie folgt: Erwachsene Männer, die kleiner als 150 cm sind, bezeichnet
er als kümmerwüchsige bzw. Zwerge; bei einer Körperlänge von 150
bis 155 cm spricht er von „sehr kleinen", bei 155—165 von „kleinen"
Männern; 165—175 cm stellt die Mittelgrösse dar. Solche mit 175 bis
185 cm sind als „gross", 185—190 cm als „sehr gross" zu bezeichnen.
Jenseits von 190 cm würde nach Rautmann der Riesenwuchs beginnen.

Die Frage nach den Grenzmassen ist nicht ganz gleichgültig; je
niedriger man die Grenze für den Riesenwuchs ansetzt, desto grösser
wird die Kategorie jener hypertrophischen Menschen, welche man gerne
bisher als „normale Riesen" bezeichnet hat; sie zeichnen sich durch
gute Proportionen, gesunde Konstitution, ausgeprägte Geschlechtlichkeit, durchschnittliche Lebensdauer und entsprechende Leistungsfähigkeit aus. Zieht man die Grenze aber wie Bollinger sehr hoch, so gibt
es keine normalen, sondern nur disproportionierte Riesen, deren nach
vielen Richtungen unharmonische Konstitution wir weiter unten näher
zu schildern haben werden.

Bei der Beurteilung des übertriebenen Körperwachstums kommt
ausser der Berücksichtigung des Alters und der Rasse des Individuums
und ausser dem Augenblicksbilde einer einmaligen Beobachtung und
Messung auch noch der Gang des Wachstums in Betracht. So wie
es Zwerge dadurch gibt, dass das Wachstum lange Zeit, unter Umständen
jahrzehntelang aussetzt, so gibt es Riesen durch vorübergehende Überstürzung des Wachstums; solche Fälle finden sich häufig zusammen
mit der sog. Pubertas praecox; im Gegensatze zu dieser Verfrühung
von Entwicklung, bei der der Riesenwuchs nur eine Teilerscheinung
jener Gesamtstörung erscheint, gibt es solchen Riesenwuchs, bei dem
nur die Wachstumsvorgänge, ja häufig überwiegend nur diejenigen des
Skeletts gesteigert erscheinen, während die übrige Entwicklung zurückbleibt, ja sogar verspätet erscheinen kann; in dieser Form erscheint gerne
der Riesenwuchs, der in der Pubertätszeit und später beginnt, mit infantilistischen Erscheinungen verbunden ist und der gelegentlich auch
darin besteht, dass das an sich normale Wachstum, in Tempo und Verteilung nicht oder kaum abgeändert, sein natürliches Ende nicht finden
kann. Es können also, was die zeitlichen Abänderungen des Wachstums
angeht, Beschleunigung und abnorme Fortdauer zum Riesenwuchse
führen. Für die Möglichkeit der späteren Entstehung des Riesenwuchses
seien zwei Beispiele angeführt: die eine Beobachtung stammt von Peritz;
hier betrug die Körpergrösse mit 20 Jahren 163 cm, mit 35 Jahren
202 cm; in einem Falle von Launois und Roy (245) mit 21 Jahren 186,
mit 27 Jahren 199 und mit 30 Jahren 204 cm.

Was das höchst erreichbare Mass an Riesenwuchs anlangt, so hat
Langer (240) bemerkt, dass Fälle über 253 cm nicht beobachtet worden
sind; in der Tat kommen sie aber vor, wenn auch solche über 235 cm
bereits sehr selten (Breus und Kolisko) sind. Buschan [zit. nach
Dietrich [105)] führt nicht weniger als 8 Fälle über 253 cm an; aber
sie halten, soweit man sie nachprüfen kann, fast alle einer Kritik nicht
stand. Da ist der von ihm mit 2,83 m angegebene Cajanus aus Finland
(aus der Garde Friedrichs des Grossen); das Mass stammt von Topinard,
beruht aber, wie schon Langer gezeigt hat, auf einem Irrtum und ist

(aus dem unvollständigen Skelett, nur Femur!) auf 2,22 m (nach Langer
auf jedenfalls unter 2,44 m) zu schätzen. Wie ungenau die Angaben
sind, ergibt sich weiter gleich aus dem nächst grössten der Luschan-
schen Tabelle, dem Österreicher Winkelmeier, der — von Virchow
untersucht, bei Gilford abgebildet — bei 20 Jahren mit 2,78 m angegeben wird [von L. Pfeiffer (319)] mit 260 cm, während sein Mass
in Wirklichkeit rund 2,27 m betrug; es folgt Hans Kraw, der Banner-
träger des Erzherzogs Ferdinand von Tirol auf Schloss Ambras (von
Langer in Bild und Skelett untersucht), angegeben mit 2,75 m, in
Wahrheit wiederum wohl nicht über 2,22 m. Als grösste beglaubigte
Körperlänge darf vielleicht Marianne Wehde aus Brenkendorf bei
Halle gelten, die nach Ranke mit 16 Jahren 2,55 m hoch war und
160 kg wog. Diese ist um so bemerkenswerter, als sonst sich unter den
Riesen kaum Frauen finden (Launois und Roy bilden die „Riesin von
Missouri, Miss Ewing", Beobachtung von Hutchinson, 2,25 m mit
23 Jahren ab; ferner einen weiteren Fall von Hutchinson, die Lady
Ayama, mit 17 Jahren 202 cm gross). Ein von Topinard gemessener
österreichischer Riese soll auch 2,55 m hoch gewesen sein. Dann folgt
das von Cunningham beschriebene Skelett des Irländers Charles Bryne
mit 2,53 m, das Skelett des Kalmucken Luschkin (Lemolt), unge-
rechnet seiner — bei Riesen häufigen Kyphose — noch 2,54 m gross
(Moulage davon im Museum Orfila in Paris); das Skelett eines Schweden
aus der Garde Friedrichs des Zweiten nach Topinard von einer Körperlänge von 2,52 m; zuletzt sei noch unter den grössten der von Hutchinson beschriebene Riese Caleb mit 2,50 m genannt.

Im einzelnen ergeben sich auf dem Gebiete des Riesenwuchses
keine Gegenbilder zu den verschiedenen Typen des Zwergwuchses.
Nur bei gewissen ausgesprochen monoglandulären Unstimmigkeiten
des endokrinen Wachstumsapparates lassen sich solche nachweisen.
Dies ist insbesondere der Fall bei der Nannosomia pituitaria durch
frühzeitigen Ausfall der Hypophysis einerseits und der mit Akromegalie
verbundenen Gigantosomie infolge eines besonders gearteten Hyperpituitarismus andererseits. Im Bereich der Schilddrüse ist diese Gegensätzlichkeit nicht so ausgesprochen, denn dem myxödematösen Zwergwuchs durch Thyreoaplasie steht nur die meist geringfügige Wachstumssteigerung beim Hyperthyreoidismus zur Pubertätszeit (Holmgren)
gegenüber, aber kein wirklich pathologischer Exzess des Wachstums.
Der Fall von Ballet (26) über gleichzeitiges Vorkommen von Basedow-
kropf mit „Riesenwuchs" bei einem 19jährigen Mädchen ist eine Ausnahme. Auch experimentell hält sich die Wachstumssteigerung, die
sich durch Fütterung von Schilddrüse (Bircher bei Ratten) erzeugen
lässt, in mässigen Grenzen. In diesem Zusammenhang sei auch erwähnt,
dass Halban und auch Tandler bei jugendlichen Schwangeren starkes
Längenwachstum sahen, was sich mit der Schwangerschaftshypertrophie
des Hirnanhangs vielleicht verbinden lässt. In engen Grenzen hält sich
auch die entgegengesetzte Wirkung des Über- und Untermasses infolge
der inkretorischen Beeinflussung des Wachstums durch die Keimdrüsen:
auf der einen Seite baldiger Wachstumsabschluss mit kurzer und ge-
drungener Körpergestalt durch frühzeitige Pubertät, auf der anderen
Seite verspäteter Abschluss, übermässige Körperlänge und Hochbeinig-

keit durch verzögerte geschlechtliche Reifung bis zum Bilde des ans Riesenhafte grenzenden Eunuchoidismus.

Ein gewisser Widerspruch liegt nun in der Tatsache, dass bei vorzeitigem Erwachen der geschlechtlichen Funktionen das Wachstum nicht gehemmt, sondern im Gegenteil überstürzt bzw. verstärkt wird. Aber dieser Widerspruch ist nur scheinbar, indem ja auch der rechtzeitige Eintritt der Pubertät dem Ablauf eines neuen physiologischen Wachstumsschubs (die „zweite Streckung") Vorschub leistet. Bemerkenswerterweise pflegt die Körperstatur bei Pubertas praecox trotz des übertriebenen Wachstums der Körperlänge, das sonst zu lang aufgeschossener schmaler Gestaltung führt, deutlich untersetzt zu sein, entsprechend den gedrungenen Proportionen, die sich auch bei frühzeitigem physiologischen Ablauf der Geschlechtsreifung finden. Hingegen zeigen die Riesen mit Hypogenitalismus immer eine stark über die Oberlänge überwiegende Unterlänge.

Obwohl sich dem Habitus nach die Riesen in gewisse Kategorien scheiden lassen, dürfen doch keineswegs diese Verschiedenheiten einer Systematik des Riesenwuchses zugrunde gelegt werden, weil sehr ähnliche Habitusbilder wahrscheinlich bei ätiologisch ganz verschiedenen Formen sich finden. So hat schon Langer (240) darauf aufmerksam gemacht, dass es äusserlich zwei verschiedene Riesentypen gibt, nämlich untersetzte und schlanke. Dabei sind die letzteren in der Gestalt dem eunuchoiden Hochwuchs ganz ähnlich, ja wir können sagen, dass hier unmerkliche Übergänge vom dysgenitalen Hochwuchs zum Riesenwuchs führen. Die Gestalt der Hochwüchsigen hat Langer bereits gekennzeichnet: kleiner Kopf, kurze Wirbelsäule, dabei verhältnismässig langer Brustkorb, lange Arme und Beine, verminderte Schulter-, dagegen beträchtliche Hüftbreite. Den Riesenwuchs schildert er als eine Fortsetzung des normalen Aufbaues des Leibes mit eigenartigen Übertreibungen gewisser Proportionen. Die Missverhältnisse dabei sind aber nicht in demselben Masse weiter getrieben, wie sie eben beim Hochwuchs zutage traten, sondern die Proportionen nähern sich im allgemeinen wieder denjenigen bei Mittelgrösse; die grössten Riesen sind also nicht die längstbeinigen und kleinstköpfigen. Er sagt: „Gestalten, deren Proportionen in gleichem Masse wie die Körperhöhe gesteigert wären, sind undenkbar, sie sind mechanisch und in bezug auf die Vegetationsbefähigung unmöglich." Die Übertreibung der Norm findet sich am deutlichsten im Schädelskelett ausgeprägt: Die Teile, welche physiologisch den anderen in der Wachstumsintensität voraneilen, überflügeln sie beim Riesen erst recht; dies ist für den Unterkiefer, und zwar seinen unteren Rand, aber auch für den Oberkiefer und überhaupt für das Gesichtsskelett der Fall. Langer erinnert an den hübschen Ausspruch von Oken, dass die Kiefer „die Extremitäten des Kopfes" sind, und man kann dann zusammenfassend sagen, dass sämtliche Extremitäten beim Riesen eine gewisse Wachstumsübertreibung zeigen. Dabei ergibt genaue Berechnung, dass im Verhältnis zur Länge die Knochen der Arme und Beine selbst bei den plumpen Riesen schlank sind und diese innere Disharmonie hängt sicher wieder mit dem geringen Querschnitt der Muskulatur zusammen. Im ganzen ergibt sich trotz der imponierenden Höhe das Bild einer schwächlichen und kümmerlichen menschlichen Gestalt.

Leider versagt bisher die ätiologische Forschung beim Riesenwuchs viel mehr als beim Zwergwuchs und schon die anamnestischen Angaben sind meist ganz ungenügend, nämlich die Nachweise der Körpergrösse in der Aszendenz, der Geburtslängen und -gewichte für die später riesigen Individuen und die klinischen Daten über den Beginn und den Zeitpunkt des veränderten Wachstums. Von einem angeborenen Riesenwuchs ist dabei kaum je die Rede oder wenn, dann sind die Angaben, besonders bei Jahrmarktsriesen, mit Misstrauen zu betrachten. Andererseits wissen wir, wie schon erwähnt, leider so gut wie nichts über die späteren Schicksale von sog. Riesenkindern, als welche Winckel Neugeborene mit über 4000 g, Ahlfeld solche mit über 5000 g rechnet. Den Rekord macht eine Beobachtung von Ortega über ein Kind mit 11 300 g und 70 cm Länge. Solche Angaben und Ausnahmen haben aber für den Biologen keinen Wert, wenn nicht gleichzeitig das wahre Alter, d. h. das Konzeptionsalter der betreffenden menschlichen Frucht bekannt ist; denn nur wenn sich ein Übertragen durch die Mutter sicher ausschliessen lässt, ist eine intrauterine Wachstumssteigerung bzw. -beschleunigung als gesichert anzusehen. Während ich glauben möchte (auf Grund von Messungen bei Kindern, von denen der Konzeptionstermin bekannt war), dass das Wachstumstempo schon intrauterin ein recht verschiedenes sein kann, hält Zangemeister (492a) die Riesenkinder einfach für übertragene Kinder. In der Monographie von Launois und Roy (245) aus dem Jahre 1904, welche eine Zusammenstellung von 74 lebend oder tot oder im Skelett beobachteten Riesen gibt, ist nur ein einziger Fall (Le grand Charles, mit 21 Jahren 186, mit 27 Jahren 199, mit 30 Jahren 204 cm), welcher schon bei der Geburt durch Grösse bzw. durch besonderes Gewicht auffiel; Charles wog 21 Pfund. Häufig haben die Riesen grosse Eltern und Grosseltern. Bei ihm traf dies nicht zu. H. Gilford bildet ein Riesenelternpaar (Captain und Mrs. Bates, er 220, sie 226 cm gross) ab, welche miteinander ein allerdings früh gestorbenes Riesenkind zeugten, das bei seiner Geburt 76 cm lang und 10,7 kg schwer war. In einem Fall von Erw. Thomas (440): das bei der Untersuchung $6^1/_2$ Monate alte Kind wog bei der Geburt 8 Pfund und mass 58 cm, zur Zeit der Untersuchung 70 cm (statt etwa 62 cm) und 5200 g (war dabei sehr mager), waren die Grosseltern von hoher Statur. Wir fügen über diesen Fall gleich hinzu, dass seine Entwicklung ganz allgemein eine fortgeschrittene war: die grosse Fontanelle und die Kranznaht waren geschlossen, die beiden unteren medialen Schneidezähne durchgebrochen, Nase, Ohren, Hand, Fuss, Finger und Zehen fielen durch ihre Grösse auf; im Röntgenbild erwiesen sich die Knochenkerne gross und an Zahl verfrüht (z. B. der des Os triquetrum, sonst erst nach 2 Jahren fällig, bereits vorhanden). Erwähnt sei ferner eine Beobachtung von Beach, wonach das Kind einer Riesin bei der Geburt 10 773 g wog und 76 cm mass, also in diesen Verhältnissen einem etwa 1jährigen normalen Kinde entsprach. Bruno Wolff (487) untersuchte die Leiche eines in der Geburt gestorbenen, nicht übertragenen Riesenkindes von 5480 g, dessen Thymus und Thyreoidea „minimal entwickelt" waren, während die Grösse des Herzens derjenigen bei einem $1^1/_2$jährigen Kinde entsprach; er sieht — warum ist nicht recht einzusehen — darin einen Beweis, dass schon im fötalen Leben

Hormone auf das Wachstum einwirken. Hierfür gibt es aber auch sonst keine beweiskräftigen Befunde und dies ergibt sich auch objektiv aus einer zusammenfassenden Darstellung des Standes dieser Frage aus Br. Wolffs eigener Feder (487a). Gerade diejenigen Formen des Riesenwuchses, welche ohne Zweifel auf inkretorischen Störungen beruhen, pflegen verhältnismässig spät, jedenfalls nur selten in der ersten und zweiten Kindheit in die Erscheinung zu treten (vgl. die späteren Ausführungen über beschleunigtes Wachstum bei Pubertas praecox). Welche Momente diese Störungen auslösen, ist auch ganz oder fast unbekannt. Eine gewisse Rolle spielt in der Anamnese, besonders des später näher zu schildernden hypophysären Riesenwuchses, das Trauma. Dies trifft z. B. zu für den Riesen Lewis Wilkins, mit einer Körperlänge von 245 cm bei 22 Jahren (Virchow), für Jean Pierre Mazas, 212 om bei 21 Jahren (Meige und Brissaud) und für einen von mir untersuchten Fall (19jähr. Mann, 212 cm, Abbildung in Aschoffs Lehrbuch). Ein besonders schöner Fall solcher Art ist ferner der von Buhl beschriebene Riese Thomas Hasler, dessen Skelett in der Münchner pathologischen Sammlung aufbewahrt wird. Er hatte im 9. Lebensjahre einen Hufschlag gegen die linke Kinnseite erlitten. Sein Skelett — er mass im Leben 2,27 m und wog 155 kg — ist grobknochig, plump und zeichnet sich dadurch aus, dass der Schädel eine Art lokal ausgeprägten Riesenwuchses, Leontiasis ossea) zeigt. Der Türkensattel lässt vermuten, dass die Hypophysis nicht normal war. In anderen Fällen vermerkt die Anamnese den Beginn des Riesenwachstums nach Infektionskrankheiten (z. B. Typhus, Launois und Roy). Vererbung des Riesenwuchses ist, wie gesagt, äusserst selten gesehen worden; jedenfalls aber gibt es keine Form der Gigantosomie, die der früher geschilderten Nannosomia primordialis Hansemann darin entspräche, dass sie angeboren und vererblich wäre; deshalb ist es besser, den von Berblinger (40) angewendeten Ausdruck „Gigantosomia primordialis" vorläufig zu vermeiden. Eher sind Fälle bekannt, wo auf dem Boden einer allgemeinen minderwertigen familiären Konstitution Fälle von Riesenwuchs erscheinen. So hat Bieganski (zit. nach Jul. Bauer) einen riesenwüchsigen $14^1/_2$jährigen Jungen beschrieben, dessen Mutter diabetisch und schwer nervös war und in dessen Familie sonst mehrfache Fälle von Diabetes und Wahnsinn vorlagen. Die eigene Konstitution der Riesen zeigt vielfach klinisch und anatomisch Abwegigkeiten. Dabei ist freilich diese Tatsache im wesentlichen dahin zu deuten, dass der Riesenwuchs selbst eine Folge oder ein Merkmal jener abnormen Konstitution ist. Es ist schon erwähnt, wie selten selbst bei den niedrigeren Graden des Riesenwuchses die Diagnose „normaler Riese" zutrifft; zu einem normalen Riesen würde gehören, dass er entsprechend seiner dimensionalen Hypertrophie auch eine Hypertrophie an Leistungen, Riesenkräfte, strotzende Gesundheit, Langlebigkeit usw. aufwiese. In Wirklichkeit sind aber die Riesen, wie erwähnt, meist schwächlich, mit Belastungsdeformitäten behaftet, frühzeitigem Tod verfallen, bemerkenswerterweise aber die plumpen lebensfähiger als die schlanken. Die kümmerliche Körperkraft hängt aber nicht etwa mit der bei exzessiver Körpergrösse zu erwartenden relativ schlechteren Leistung zusammen: Zwar hat Delboeuf (98) in einer interessanten Studie über die beste bzw. zweckmässigste

19*

Körperform nachgewiesen, wie an sich bei übertriebener Länge der
Glieder infolge des veränderten Verhältnisses von Volumen der Muskulatur zum Volumen der ganzen Extremität die Leistung sinken muss:
mit der Vergrösserung der linearen Dimensionen eines Tieres nimmt
die Masse desselben im Kubus, der Querschnitt der Gliedmassen und
damit die Zahl der wirksamen Muskelfasern nur im Quadrate zu. Übrigens
hat schon Langer auf dieses Missverhältnis hingewiesen. Aber dies ist
es nicht allein, worauf die Schwäche der Riesen beruht; vielmehr besteht
eine solche in absolutem Masse, und zwar auch zu Zeiten, wo die „pathologischen Riesen" noch nicht als krank oder leidend angesehen werden
können. Wir müssen also diese Schwäche als Stigma allgemeiner Minderwertigkeit auf Rechnung der disharmonischen Konstitution setzen,
deren Äusserung auch bereits in der Entwicklung des Riesenwuchses
selbst gesehen werden muss. Auch in den experimentell gelungenen
Steigerungen des Wachstumsvorganges an Amphibienlarven, bei denen
es bekanntlich zu gleichzeitigen Störungen des natürlichen Ablaufs
der sonstigen Entwicklung (Metamorphose) kommt (s. S. 427 ff.), kann
man die Hinfälligkeit so beeinflusster und umgestalteter Riesentiere
als Folge der entstandenen Disharmonie ansehen. In manchen Fällen
ist diese sehr grober Natur, wie es Werner Schulze für seine Fütterungsversuche mit Epithelkörperchen geschildert hat (395), hierbei
zeigten die Frösche Erhaltung der unteren Kiemen neben geringfügiger
Ausbildung der Lungensäckchen bei gleichzeitig vorgeschrittener Umwandlung der Körperform und Umbau des Darmkanales.

Was ist nun aber als die Grundursache des Riesenwuchses anzusehen? Auch mit der Beantwortung dieser Frage werden wir nicht viel
mehr Freude als bei der Frage nach den auslösenden oder Hilfsursachen
erleben. Die Einteilung der auf den ersten Blick mannigfaltigen Riesenwuchsformen müsste natürlich eine pathogenetische sein, aber von der
Möglichkeit, eine solche zu geben, sind wir noch ziemlich weit entfernt.
Die besondere Schwierigkeit liegt an den vielen Übergängen zwischen
den einzelnen Typen, der Seltenheit guter autoptischer Untersuchungen
und dem Mangel an Experimenten. Schon über die Grundeinteilung
in normale und pathologische Riesen ist man uneinig. Von Langer
in seiner klassischen Schrift „Über das Wachstum des menschlichen
Skeletts mit Bezug auf den Riesen" vorgeschlagen, ist dieser Unterscheidung bald zugestimmt [z. B. Sternberg, Falta (124)], bald widersprochen (z. B. Breus und Kolisko, Biedl) worden. Als Kennzeichen
für den normalen Typ ist von Langer der proportionierte Wuchs, insbesondere das natürliche Überwiegen der Ober- über die Unterlänge
betont worden; der disproportionierte Wuchs der pathologischen Riesen
ist gekennzeichnet durch Überwiegen der Unterlänge; besonders ist
dies aber der Fall beim Hochwuchs. Ob der Hochwuchs aber immer
eine Kümmerform (forme fruste) des Riesenwuchses ist, ist zweifelhaft.
Denn einen typischen Hochwuchs finden wir — darauf haben besonders
eingehend Tandler und Gross, auch vergleichend anatomisch hingewiesen — bei gewissen Kastraten, beim Eunuchoiden. Bemerkenswerterweise führt aber weder die Kastration noch der reine Eunuchoidismus je zum Riesenwuchs, nämlich zu wirklich exzessiver Wachstums-
vermehrung und somit muss bezweifelt werden, dass Dysgenitalismus

als solcher in der Ätiologie des Riesenwuchses eine Rolle spielt. Hingegen erscheint er, wenn auch nicht regelmässig, als Begleitsymptom im Bilde des echten Riesenwuchses hypophysärer Herkunft und selbst abhängig von der hypophysären Störung. Hieraus ergibt sich, wie verschiedenartig ein und dasselbe hormonal als wichtig anzusehende Merkmal, der Hypogenitalismus nämlich, bald als Kardinalsymptom, bald als Nebenzeichen aufzufassen ist. Es ist allerdings noch eine dritte Annahme möglich, nämlich die, dass die Mitstörung der Keimdrüsen bei hypophysärem Riesenwuchs diesen verstärkt. Jedoch wissen wir nicht, ob überhaupt die Keimdrüsen imstande sind, das Wachstum direkt zu beeinflussen, und ob sie es auch (im Falle des dysgenitalen Hochwuchses) nicht regelmässig indirekt über die Hypophyse tun. Dafür spricht, dass wir ja Änderungen der Zusammensetzung der Hypophyse durch Kastration bei Tier (Fichera) nnd Mensch (Rössle) kennen.

Sicherlich ist auch nicht für jede krankhafte Wachstumssteigerung ein Ausfall von Keimdrüsenhormonen nötig; dies ersehen wir aus den meist vorübergehenden oder in jungen Jahren zum Tode führenden pathologischen Antrieben des Wachstums, die mit gesteigerter Gesamtentwicklung und überstürzter bzw. verfrühter Geschlechtsreife zusammengehen, ferner aus den nicht wenigen Fällen, wo der Riesenwuchs des Erwachsenen sich mit voller Potenz und sogar ausgeprägter Geschlechtlichkeit, allerdings meist vorübergehend, verträgt.

Es ergibt sich als Gesamteindruck bei einer Übersicht über unsere bisherigen Kenntnisse vom Riesenwuchs, dass es noch nicht viel einzuteilen gibt, weil es im Grunde genommen, von der seltenen Ausnahme des normalen Riesen abgesehen, nur eine Form des Riesenwuchses, und zwar eine pathologische gibt, das ist die hypophysäre und, wie wir sehen werden, meist in der akromegalen Sonderform. Keine andere endokrine Störung übertreibt den Wachstumsprozess bis zum Riesenwuchs. Freilich muss gleich hervorgehoben werden, dass der Einwand gemacht wurde, Riesenwuchs könne überhaupt nicht das Ergebnis einer monoglandulären Erkrankung sein, sondern verdanke seine Entstehung einer „Potenzierung des ganzen Blutdrüsensystems" (Falta); dies ist gleichbedeutend mit der Annahme pluriglandulärer Erkrankung, wobei mit dem Ausdruck Potenzierung nur ein Reizzustand verstanden sein muss, zumal Falta von einer meist bald folgenden raschen Erschöpfung, zuerst an den Keimdrüsen, spricht. Es fehlt aber bisher jeder Beweis für die gleichzeitige primäre Beteiligung mehrerer innersekretorischer Drüsen. Vielmehr scheinen, z. B. bei primärer hypophysärer Störung andere Drüsen in die endokrine Verwirrung hineingerissen zu werden (Keimdrüsen) und vermögen vielleicht sekundär die Ausschläge am Wachstumsprozess zu steigern, worauf schon oben hingewiesen wurde. Auch das Umgekehrte, primäre Genitalhemmung und sekundäre Einbeziehung der Hypophysis, ist nach dem Gesagten denkbar. Aus historischem Interesse sei noch erwähnt, dass Klebs den Riesenwuchs aus einer „Angiomatose" erklären wollte, d. h. er sah in einer allgemeinen Wucherung von „Gefässkeimen" die wesentliche Ursache der allgemeinen Hypertrophie. Auf schwachen Füssen steht auch der Hinweis Hansemanns, dass „bei einer grossen Anzahl Riesen" frühere Zeichen von Rachitis vorlägen; er bringt sogar ihre Langbeinig-

keit damit in Verbindung. Mittels einer hypophysären Theorie wollte
Fr. Baron Nopcsa (297) auch den Riesenwuchs der Dinosaurier erklären; bei diesen vorweltlichen Riesentieren soll die Hypophysengrube
„besonders gross" und die vermutliche Grösse der Hypophysis gerade
bei der grössten Riesenform, wie Diplodokus, am beträchtlichsten gewesen sein.

Eine ganz andere Anschauung über die Rolle der vergrösserten
Hypophyse beim Riesenwuchs bringt Gilford in seinem Buche „The
disorders of postnatal growth and developement" vor. Auch er teilt
den Riesenwuchs zunächst in zwei Formen: erstens eine einfache Makro-
somie, worunter er einen lediglich quantitativen Überwuchs, eine „allgemeine Hypertrophie ohne Degeneration" versteht; freilich widerspricht
er sich sofort dadurch, dass er zugibt, dass auch dabei „meist" Merkmale
hypophysärer Störung vorhanden sind. Unter den gut proportionierten
Riesen ohne Akromegalie nennt er den von Taruffi beschriebenen, auf
etwa 236 cm geschätzten Chinesen Chang, den Launois und Roy allerdings für deutlich akromegalisiert halten (grosser Unterkiefer, Kyphose;
keine Sektion!). Als zweite Form stellt Gilford die „degenerative
Hyperplasie" des Körpers auf; hier läge meist stärkerer Gigantismus,
Sterilität, Lebensverkürzung vor. Bei dieser Form sind drei Möglichkeiten vorhanden:

1. Ein primärer allgemeiner Überwuchs führt zum sekundären
Überwuchs einzelner Organe;

2. der allgemeine Überwuchs ist von vornherein mit lokalem Überwuchs verbunden;

3. ein primärer lokaler Überwuchs führt zu sekundärem allgemeinen
Überwuchs.

Diese Einteilung ist aber mehr einem Bedürfnis begrifflicher Klar-
stellung als tatsächlichen Vorkommnissen entsprungen. Gilford selbst
neigt, wie es scheint, dazu, die dritte Möglichkeit für den hypophysären
Riesenwuchs weniger wahrscheinlich zu halten als die, dass die tumorartige Umwandlung der Hypophysis bei Akromegalie mit Riesenwuchs
eher der Ausdruck eines allgemeinen Exzesswachstums ist und somit
Hypophysentumor und Gigantosomie koordinierte Veränderungen. Damit
fällt also die Annahme einer hyperpituitären, ja überhaupt fast die
Möglichkeit jeder endokrinen Wachstumssteigerung.

Sehen wir von diesem negativen Standpunkt zunächst ab und
wenden uns, unter vorläufiger Einteilung in einen normalen und pathologischen Riesenwuchs, den verschiedenen Formen des Riesenwuchses
zu, so wäre zunächst ein kurzes Wort über die sog. normalen Riesen
zu sagen. Damit waren wohlproportionierte, gesunde, kräftige Riesen-
menschen zu verstehen. Es ist in Wirklichkeit nicht leicht, aus Beschreibungen ohne Beigabe von Nacktbildern die früheren Angaben
zu beurteilen. Unter den wenigen als normal beglaubigten Riesen ist
der von Rud. Virchow 1885 demonstrierte Franzl Winkelmeier zu nennen,
seine Grösse ist bei Dietrich mit 278, bei Launois und Roy bald mit
259, bald mit 227 angegeben, während eine Abbildung bei Gilford
die Massangabe 228 cm trägt — ein Beweis weiter für die Schwierigkeit
von Nachprüfungen! —; er ist von Virchow selbst etwas muskelschwach,

aber als gut proportioniert bezeichnet, allein dies ist von Hutchinson sowie Launois und Roy an Hand von Bildern und Massen bezweifelt; es scheint jedenfalls, dass deutlicher Hochwuchs vorlag. Zu betonen ist auch, dass leichte akromegale Züge vor der Erforschung des klassischen Habitusbildes der Akromegalie sicher nicht aufgefallen und vermerkt worden sind und ein Individuum, wie es etwa Jul. Bauer in seinem Buche (Konstitutionelle Disposition zu inneren Krankheiten, 2. Auflage, Abbildung 20, S. 244) als akromegaloider Riesenwuchs wiedergibt, wäre früher sicherlich als proportionierter Riese bezeichnet worden. Insbesondere wird das gehörige Verhältnis von Unter- zu Oberlänge kaum je beim Riesen vorhanden sein; schon beim einfachen Hochwuchs ändert sich, wie bereits gesagt, diese Proportion; ein gutes Beispiel bietet hierfür die von Schwerz (398) beschriebene schwedische Riesin Margarete Warsian, welche sexuell und geistig normal entwickelt, mit 19 Jahren 194,2 cm mass. Schultern und Hüften waren breit, der Arm nahezu normal, Beine, besonders Oberschenkel aber relativ lang; die Epiphysenfugen waren schon völlig verknöchert. A. Strauss (432 gab kürzlich das Ergebnis der „anatomischen Untersuchung" eines noch im Wachstum begriffenen übergrossen Skeletts eines 27 jährigen Mannes aus der Würzburger anatomischen Sammlung heraus; es misst einschliesslich der bei Riesen so häufigen Kyphose 186 cm und befindet sich „an der unteren Grenze des Riesenwuchses". Hier sind Oberschenkel und Oberarm relativ kurz; aber er ist nicht als richtig proportioniert anzusehen, denn der Schädel ist klein, der Thorax sehr gross. Im ganzen findet Strauss daran infantile und atavistische Merkmale neben Anomalien der Wirbel, des Brustbeins, des Kreuzbeins, des Schulterblattes, einer 13. Rippe und eines 6. Lendenwirbels; unter den offenen Fugen wird auch die Sphenookzipitalfuge genannt; die Sella turcica war tief.

Aus dem Gesagten dürfte hervorgehen, auf wie unsicheren Grundlagen die Angaben über „normale" Riesen beruhen, indem einerseits beim Lebenden früher die Akromegalie oder der sonstige hypophysäre Einschlag übersehen wurde, sofern es sich überhaupt um Riesen (und nicht bloss um Hochwüchsige gehandelt hat) und indem andererseits aus dem Skelett allein und den daraus rekonstruierbaren Proportionen nichts Sicheres über die Art der Wachstumsstörung gesagt werden kann. Der Strausssche Fall kann ebenso gut eine dysgenitale als eine dyspituitäre Störung gewesen sein. Auf dem Gebiete des Riesenwuchses fehlen sehr die autoptischen Beobachtungen aus neuester Zeit, ausgeführt mit Berücksichtigung unserer heutigen endokrinologischen Kenntnisse. Das Werk von Launois und Roy über die Riesen aus dem Jahre 1904 zählt 14 sezierte Riesen auf; von diesen ist keiner, der nicht Veränderungen der Hypophyse in Form von geschwulstmässiger Vergrösserung gehabt hätte. Das autoptische Bild wäre danach so einheitlich, ja einförmig, dass man versteht, wie die beiden Autoren zu der Anschauung kommen, dass der Riesenwuchs stets hypophysärer Herkunft ist. Diese Anschauung, so alt sie bereits ist [2]), ist als das vor-

---

[1]) Eine normale Riesin hat kürzlich noch Gigon (151) beschrieben.

[2]) Es hat vielleicht ein geschichtliches Interesse, aus der klassischen Arbeit Langers vom Jahre 1871 zu erwähnen, dass Langer bemerkte, dass die Ausweitung der Sattel-

läufig letzte Ergebnis der Erforschung des allgemeinen Riesenwuchses anzusehen. Einwände können sich meines Erachtens zur Zeit weniger gegen die Systematik als gegen die nicht ganz geklärten Beziehungen des Riesenwuchses zur Akromegalie richten. Darüber gleich mehr; hier zunächst noch der Hinweis, dass sich also zwei Auffassungen gegenüberstehen: die eine, wonach es neben einem pathologischen Riesenwuchs einen normalen gibt (Langer, Pierre Marie, Guinon, M. Sternberg, B. Fischer u. a.); die zweite, als unitarisch zu bezeichnende Lehre, dass der Riesenwuchs immer pathologisch und dabei immer hypophysär bzw. akromegal sei (Brissand, H. Meige, Hutchinson, Launois und Roy).

Über die Theorie der Identität von Akromegalie und Gigantismus sei noch einiges gesagt. Pierre Marie, der Entdecker der Akromegalie, hatte noch keine regulären Beziehungen derselben zum Riesenwuchs angenommen, obwohl ihm das gleichzeitige Vorkommen bekannt war. Als später zuerst Masselongo (275), dann Brissaud und Meige (1895) behauptet hatten, dass Riesenwuchs und Akromegalie dieselbe Krankheit seien, wandte sich Pierre Marie (1896) dagegen. Übrigens hatte schon R. Virchow (454a) flüchtig einmal die Beziehungen beider Zustände gestreift (1889) und bei Langer (240) [s. Anmerkung] sowohl als bei Fritsche und Klebs (140) finden sich Hinweise auf Hypophysentumoren bei Riesen; Klebs fasste sie aber, als Teilerscheinung des Riesenwuchses des Schädelinhaltes auf. Erst Massolongo bezeichnete die Akromegalie als Spätriesenwuchs, Brissaud und Meige drückten sich dahin aus, dass die Akromegalie der Riesenwuchs des Ausgewachsenen sei. M. Sternberg (413), dessen dualistischen Standpunkt wir oben gekennzeichnet haben, hat zuerst statistisch auf die ungemein häufige Koinzidenz von Akromegalie und Riesenwuchs hingewiesen: 42% aller Riesen (auf 34 von ihm berücksichtigte Fälle) waren akromegal und umgekehrt ein Fünftel aller Akromegalen über mittelgross. Brissaud (71) hat sich dann noch selbst gegen die Einwände von Pierre Marie, zum Teil mit Hinweis gerade auf die zahlenmässigen Nachweise Sternbergs gewandt. Auch Biedl (46b) zweifelt an der völligen Identität von Akromegalie und Riesenwuchs. Gegen die Hypothese Brissauds spricht auch der Fall Bertolottis (45a): ein nur 165 cm langer, 19 jähriger Mann mit typischer Akromegalie und Hypophysistumor hatte erhaltene Epiphysenfugen, war aber trotz Akromegalie eben nicht übermässig gross. Derartiges findet seine Erklärung vielleicht in der später erwähnten Annahme Biedls von der verschiedenen harmozonischen Qualität der drei Epithelarten des Hypophysenvorderlappens. Woods Hutchinson (196, 197) verdanken wir nicht weniger als die Mitteilung von drei klassischen Sektionsfällen des hypophysären Riesenwuchses:

1. Die Riesin Lady Ayama, 17 jährig, 202 cm, aus dem französischen Jura; Verspätung der Epiphysenfugenschlüsse, Übertreibung der Unterlänge, akromegaloide Züge, besonders Hypertrophie des Unterkiefers, tumorartige Hypertrophie der Hypophysis

---

grube nur an solchen (Riesen)-Schädeln zu finden sei, deren Unterkiefer nach Grösse und Form monströs gestaltet sei, dass ferner die Ausweitung mit einer Entartung der Hypophysis in Verbindung zu bringen sei, wobei auch auf einen vermutlichen Kausalnexus dieser Entartung mit der deformen Bildung des Schädels und der Riesenhöhe des ganzen Körpers hingewiesen wird.

(nicht mikroskopisch untersucht); Mangel bzw. rudimentäre Beschaffenheit der sekundären und primären Geschlechtsmerkmale.

2. Der sog. peruvianische Riese Santos Mamai, 30jährig, 200 cm; akromegale Züge wie mächtiger Unterkiefer, grosser Thorax und Splanchnomegalie; Muskelschwäche; Tumor der Hypophysis (Vorderlappen). (Sektion durch Dana-Strong, mikroskopische Untersuchung der Hypophysis durch Hutchinson.)

3. Der Riese Mc Indoo, 18 Jahre, 204 cm, von grosser Körperkraft, aber zurückgebliebener Intelligenz, mit geschlechtlicher Reifung; Beginn raschen Wachstums mit 13 Jahren; deutliche akromegale Züge, wie Überwiegen des Gesichtsschädels, Grösse der Hände und Füsse, Erweiterung der Nebenhöhlen des Schädels. Die Sektion ergab ausserdem Tumor der Hypophyse, Zerstörung des linken Optikus, mangelhafte Entwicklung der Schilddrüse und der Hoden.

Nachdem Tamburini 1897, der 5 Riesenskelette aus italienischen Museen beschrieben hatte, schon mit der Meinung hervorgetreten war, dass die Vergrösserung der Hypophysis durch Tumorbildung bei den Riesen einem Zustand des Hyperpituitarismus entspräche und dieser den übergrossen Wuchs bewirke, bekräftigte Hutchinson diese Anschauung und sprach von der Hypophysis als einem Wachstumszentrum; was die Beziehungen zwischen Akromegalie und Riesenwuchs betrifft, so sah er in der Hypertrophie der Hypophysis die gemeinsame Grundlage beider pathologischer Zustände. Dem schlossen sich Launois und Roy in ihrem 1904 erschienenen Buche über die Riesen auf Grund eines gründlichen kritischen Studiums der bisherigen fremden Beobachtungen und eigener Untersuchungen (3 lebende Riesen und zwei Obduktionen von Riesen) an. Da bei einigen Riesen deutliche akromegale Züge fehlten, so gingen sie noch einen Schritt weiter und erklärten: auch diejenigen Riesen, die es noch nicht sind, würden später „akromegalisiert" sein. Eine Unterscheidung zwischen rein infantilistischen (besser gesagt, dysgenitalen) Riesen einerseits und akromegalen Riesen andererseits wollen Launois und Roy nicht zulassen, sondern formulieren ihre Anschauung dahin, dass der Riesenwuchs die Akromegalie der Menschen mit unverknöcherten Epiphysenfugen sei, gleichviel welches Alter sie besitzen. Es werden also hierbei die Entwicklungshemmungen, die man für infantilistisch anzusehen pflegt, nicht als wesentliches, sondern als akzessorisches Krankheitszeichen angesehen. Wir sehen hierbei davon ab, dass es unmöglich angeht, jene Hemmungen überhaupt als infantilistisch schlechthin anzusprechen und dass der Ausdruck „infantilistischer Riesenwuchs" ein Unsinn ist; denn zum Infantilismus, wenigstens zum allgemeinen Infantilismus gehört unbedingt das Zurückbleiben der Körpergrösse. Es wäre höchstens gestattet, von partiellem Infantilismus bei Riesenwuchs zu sprechen oder, wenn man die Hemmung des Wachstumsabschlusses als abhängig von den kümmernden Keimdrüsen ansieht, von dysgenitalem Riesenwuchs.

Über die Unmöglichkeit, einen eigenen „dysgenitalen Riesenwuchs" aufzustellen, haben wir schon oben gesprochen. Erstens kennt man keine gesicherten Beobachtungen hierüber und zweitens erscheint es auch theoretisch nach allen Kenntnissen, die wir sonst von den Folgen des Ausfalls der Keimdrüsen haben, unwahrscheinlich, dass das ungehemmte Wachstum auf diese Weise in Riesenwuchs ausarten könnte.

Die Frage über die Beziehungen der Akromegalie zum Riesenwuchs scheint mir aber doch auch noch nicht ganz geklärt;

dazu müssten wir mehr Fälle von jugendlicher Akromegalie bei noch offenen Wachstumszonen der Epiphysen kennen [1]), dazu müssten vor allen Dingen auch die histologischen Einzelheiten über die Hypophysistumoren bei akromegalen Riesen klarer gestellt sein. Vorläufig kennen wir den Hypophysenbefund bei Akromegalie leidlich genau; er ist in der Monographie B. Fischers (128a) genügend scharf umrissen, und seit ihrem Erscheinen hat sich gegen die dort festgelegten Ergebnisse kein zwingender Einwand ergeben. Die seltenen Fälle abgesehen, wo epitheliale Eosinophilie des Vorderlappens ohne Tumor bei echter Akromegalie gefunden wurde, ist das Vorhandensein eines gut- oder bösartigen eosinophilen Adenoms des Vorderlappens als regelmässiger und wohl auch ursächlicher Befund bei Akromegalie anzusehen. Biedl (46b) stimmt Pende zu, welcher der Ansicht ist, dass auch nicht eosinophile Tumoren (aus embryonalen chromatophoben Zellen) Akromegalie erzeugen können (,,Embryonalismushypophysarius"). Aber wie selten ist dies. Vergleicht man damit die mikroskopischen Diagnosen und Beschreibungen derjenigen Tumoren der Hypophysis, die bei Riesen gefunden wurden, so überlegt man sich leicht, dass hier ein unheimlicher Wirrwarr besteht, der freilich vielleicht nicht auf tatsächlichen Unterschieden, sondern nur auf den verschiedenen Kenntnissen und Auffassungen der Untersucher beruht: Tumor schlechtweg (Henrot, Fritsche und Klebs, Bourneville und Reynault), Angiosarkom [Buday und Janscó (79)], Sarkom, Epitheliom, so lauten einige Diagnosen. Es scheint mir also denkbar, dass die beiden Erscheinungen, Akromegalie und Riesenwuchs zwar nicht identisch sind, aber unter bestimmten, erst näher zu erforschenden Bedingungen zusammen auftreten müssen, sei es, dass besondere Veranlagung, besondere Tumoren, besondere Nebenwirkungen eosinophiler Tumoren dazu nötig sind. B. Fischer meint, dass besondere Entwicklungsstörungen als Grundlage für das gleichzeitige Auftreten beider Störungen des Wachstums vermutet werden können. Biedl (46b) stellt die Vermutung auf, es könnten die verschiedenen Zellarten des Hirnanhangs vielleicht verschiedenen Wachstumslokalisationen vorstehen, nämlich die Hauptzellen dem Wuchs der Weichteile, die eosinophilen Epithelien dem periostalen und die basophilen Epithelien dem endochondralen Knochenwachstum.

Die Literatur enthält bisher weder angeborene Fälle von Akromegalie — in dieser Hinsicht hat die Kritik Schminckes (389) aufräumend gewirkt —, noch sind sichere Fälle von solcher im ersten Kindesalter bekannt (Thomas). Vom portugiesischen Riesen Lopez wird allerdings berichtet, dass er als Kind schon akromegal gewesen sei. Thomas selbst hält Gigantismus und Akromegalie für zwei verschiedenartige Prozesse. Er selbst hat zwei Fälle von ,,riesenwuchsähnlichem" Zustande im Kindesalter beschrieben, von denen der eine schon weiter oben (S. 514) angeführt wurde.

Ich selbst habe die Sektion eines $5^1/_2$jährigen Knaben, Sohn eines Landwirtes (S.-Nr. 181/17), gemacht, der mit einer Länge von 118 cm bei ebenmässigem Körperbau einem 8—9jährigen Jungen glich; er litt an epileptischer Idiotie, war nicht erblich belastet, hatte seit dem 2. Lebensjahre nach Magendarmkatarrh Krampfanfälle, die sich im An-

---

[1]) B. Fischer (128a) sah einen Fall von Akromegalie bei einem Kinde ohne Zeichen von Riesenwuchs.

schluss an einen heftigen Schrecken (Biss durch ein Schwein und Sturz auf den Hinterkopf) verschlimmert hatten. Er starb sehr rasch an Masern; die Obduktion ergab starke Hirnschwellung, Hydrozephalus geringen Grades, keine Veränderung der Drüsen mit innerer Sekretion (Hypophyse leider nicht mikroskopisch nachgesehen); im Stirnhirn starke Entartungen von Ganglienzellen.

Die Natur solcher Fälle ist unklar, aber zweifellos gibt es im Kindesalter gewisse, meist vorübergehende Wachstumsbeschleunigungen, die sicherlich nicht hypophysärer Natur sind; schon Geoffroy St. Hilaire hat von einem Gigantisme temporaire gesprochen; in der Vorrede zu dem mehrfach angeführten Werke von Launois und Roy gebraucht Brissaud den Ausdruck „Crises passagères de gigantisme“. Sterben die Kinder während eines solchen pathologischen Wachstumsantriebes oder gar am Anfang eines solchen, so ist im Einzelfall natürlich nicht zu sagen, was daraus geworden wäre; meist aber liegt die Sache so, dass diesen Fällen Tumoren der Nebennieren, Keimdrüsen oder der Zirbeldrüse zugrunde liegen und dass es sich nicht nur um eine Beschleunigung des Wachstums, sondern eine Überstürzung der allgemeinen Entwicklung, vor allem auch um Pubertas praecox handelt; die Kinder pflegen an den betreffenden Geschwülsten zugrunde zu gehen. Übrigens möchte ich zwei Erfahrungen anführen, welche die Unabhängigkeit des Längenwachstums von der Förderung der übrigen Entwicklung zeigen.

1. $1^{1}/_{4}$ jähriges Mädchen, 77 cm lang (S.-Nr. 274/21), Herztod nach teilweiser Exstirpation eines malignen Adenoms der linken Nebenniere. Leichte Hypoplasie der rechten Nebenniere (1,1 g). Das Kind machte den Eindruck eines gut entwickelten und etwas reifer (als seinem Alter entsprach) aussehenden Mädchens. Die Schambehaarung war im Durchbruch, das äussere Genitale nicht kindlich, sondern mädchenhaft. Ovarium (0,57 g), Thymus (3,0 g), Pankreas (26 g) recht gross, aber mikroskopisch in Ordnung; Die Körperlänge von 77 cm entspricht durchaus der Norm des betreffenden Alters.

2. 17 jähriges, unter dem Namen „Hede, das Mädchen mit dem Johanniskopf“, auf Jahrmärkten gezeigtes Individuum, von mir 1919 untersucht, wobei ich einen rechtsseitigen Tumor im Leibe feststellte. Das Mädchen machte durch den Vollbart und den gedrungenen, in männlicher Weise stark behaarten Körper auf den ersten Blick den Eindruck eines Zwitters. Eine klinische Beschreibung lag durch Asch schon aus dem Jahre 1911 vor. Schon damals war das 9 jährige Kind als zwergwüchsig zu bezeichnen. Seit dieser Zeit ist es sicher nicht gewachsen.

Zur Zeit meiner Beobachtung hatte es eine Körperlänge von 119,6 cm. Am 27. März 1920 wurde ihr von Asch ein zweifaustgrosser rechtsseitiger Nebennierentumor ausgeschnitten; die mikroskopische Untersuchung und das Ergebnis der Sektion der an den Folgen der Operation gestorbenen H. hat Mathias (276) mitgeteilt.

Mathias gibt in der Arbeit, in der dieser Fall mitgeteilt ist, eine Zusammenstellung der bisherigen Beobachtungen von äusserlicher Geschlechtsumstimmung durch Nebennierengeschwülste; aus dieser geht hervor, dass nur gelegentlich dabei das Wachstum verstärkt ist, so in den Fällen Linser-Dietrich (255) (Knabe von etwas über $5^{1}/_{2}$ Jahren mit 138 cm [1]), Bulloch und Sequeira (11 jähriges Mädchen von 174 cm), H. Jump, H. Beates und W. Wayne (übermässige körperliche und geistige Entwicklung bei einem weiblichen Zwilling mit starkem Wachstum) mit Pubertas praecox und späterem Umschlag in Maskulinismus;

---

[1] Adenokarzinom der linken Nebenniere, kleine Thymus, Schilddrüse etwas klein, Hypophysis wohl fälschlich mit 3,5 g statt 0,35 g angegeben, da als nicht vergrössert und mikroskopisch unversehrt bezeichnet. Im Hoden Spermatogenese. Knochenentwicklung im Röntgenbild einem Alter von 13—14 Jahren entsprechend, Proportionen im allgemeinen kindlich.

Masse nicht angegeben; der andere Zwilling normal. Leider ist in den meisten, auch den sezierten Fällen nicht auf die Beschaffenheit der Epiphysengrenzen und der übrigen Knochenfugen geachtet, so dass es vorläufig nicht möglich ist, darüber zu urteilen, warum das Wachstum bald übertrieben, bald gehemmt ist; wahrscheinlich folgt einem ersten Antrieb dann mit der vorzeitigen Ausreifung der geschlechtlichen Charaktere auch bald der Stillstand des Längenwachstums, d. h. die natürliche Entwicklung ist in ihrem Ablauf lediglich zusammengedrängt; der Wachstumsabschluss schliesst sich an die Reifung der Sexualität an.

Dieselben vorübergehenden Wirkungen auf das allgemeine Wachstum treffen wohl auch für andersartig bedingte Formen der sexuellen Frühreife zu, nämlich für diejenigen, welche mit Hoden-, Eierstocks- und Zirbeldrüsengeschwülsten verbunden sind. Es würde zu weit führen, hier auf die einzelnen Fälle einzugehen, zumal die Ausbeute hinsichtlich der Wachstumsstörungen verhältnismässig gering ist, da die Beschreibung der Proportionen und der feineren Skelettverhältnisse auch hier über dem Interesse an der Beziehung zwischen Tumor und Genitalentwicklung häufig, ja meist vernachlässigt erscheint. Alles zusammengenommen, erscheint uns auch das Wachstum nicht unmittelbar von den verschieden lokalisierten Tumoren, sondern mittelbar durch die vorzeitig ausreifenden Geschlechtsdrüsen ausgelöst zu werden. Nicht immer ist es klinisch möglich, die besondere Form der hypergenitalen Frühreife zu erkennen: Mohr beschrieb ein 6jähriges Kind von 130 cm Körperlänge (Wachstumsplus von etwa 4 Jahren) mit Pseudohermaphroditismus masculinus und dem Aussehen eines Mädchens zur Pubertätszeit, Anton (7) ein 9jähriges, seit dem 3. Lebensjahre menstruierendes Mädchen mit einer die Norm um 30 cm überragenden Körperlänge (150 cm), Obmann einen 4jährigen Knaben mit 121 (statt etwa 99) cm Körperlänge, 68 (statt etwa 28) Pfund Körpergewicht, ungewöhnlich muskulös und untersetzt; sein Bild habe ich in Aschoffs Lehrbuch der pathologischen Anatomie wiedergegeben. Die Ossifikation entsprach der eines 8 bis 10jährigen Knaben; er kam in ärztliche Behandlung, weil er sich — bei ausgesprochenem Hypergenitalismus — im Spielen mit kleinen Mädchen eine Paraphimose zugezogen hatte.

Sehr schwer ist die Erklärung für die Tatsache, dass nun ebenso der Hypogenitalismus (fälschlich häufig mit Infantilismus identifiziert) zu einer Verstärkung des Wachstums führt; allerdings sind die Proportionen dabei denjenigen bei der hypergenitalen Wachstumsverstärkung entgegengesetzte. Hier betonen wir die untersetzte, breite Statur; dort finden wir die meist langaufgeschossenen und schlanken Gestalten des hypogenitalen Hochwuchses. Er kennzeichnet eine charakteristische Form des sog. Eunuchoidismus, worunter man eine spontane Hemmung der Sexualentwicklung mit Erzeugung eines besonderen Habitus versteht; in diesem Zusammenhang gehen uns nur die mit typischen Änderungen der Proportionen im Sinne eines langbeinigen Hochwuchses an [1]. Der Widerspruch, dass sowohl Hypergenitalismus bzw. genitale

---

[1] Wir berücksichtigen also hier nicht die klein- oder mittelwüchsigen, meist fettsüchtigen Eunuchoiden, wie sie z. B. von Voelckel, von Peritz (312) oder von Sänger beschrieben sind.

Frühreife als auch der Hypogenitalismus bzw. genitale Spätreife Wachstumsverstärkung hervorruft, ist vielleicht nur ein scheinbarer und erklärt sich aus quantitativen hormonalen Wirkungen: nur die geschlechtliche Vollreife hemmt, und zwar unabhängig vom absoluten Alter des Individuums, die osteogenetische Funktion der Wachstumszonen, geschlechtliche Halbreife regt sie an und unterhält ihre Fortdauer. Daher finden wir beim eunuchoiden Hochwuchs die Persistenz der Fugen und die zugehörige Fortdauer des Längenwachstums über das gewöhnliche Alter hinaus. Freilich erreicht dieses Spätwachstum nie die Grade eines echten Riesenwuchses; es ist daher die Unterscheidung von Brissaud in einen akromegalen und einen infantilen Riesenwuchs nicht aufrecht zu erhalten. Rebattu und Gravier (341), ferner Clerc (89) haben von „Gigantisme eunuchoide" gesprochen. Aber die Brissaudsche Bezeichnung „infantiler Riesenwuchs" ist nicht bloss deshalb unmöglich, weil kein Riesenwuchs, sondern vor allem auch, weil kein Infantilismus vorliegt; denn zum Infantilismus gehören, vom Psychischen abgesehen, wie wir in einem späteren Kapitel (III, 2) sehen werden, nicht bloss einzelne kindliche Züge (Fehlen geschlechtlicher Merkmale), sondern richtige kindliche Proportionen; Riesen mit kindlichem Körperbau gibt es nicht. Eher wäre der Ausdruck infantiler Riesenwuchs für die oben geschilderten (passageren) Überstürzungen des Wachstums bei Kindern zu gebrauchen, obwohl auch hier missverständlich.

Die Bezeichnung „eunuchoider Hochwuchs" ist demgegenüber in jeder Beziehung vorzuziehen, erstens weil daraus ersichtlich, dass es nur zu mässigen Übertreibungen der Körperlänge (Hochwuchs) kommt und dass diese mit einer für Eunuchen bekannten Disproportion verbunden ist. Der Ausdruck „Eunuchoidismus" stammt von Griffith und Duckworth. Bei Mensch und Tier ist die durch Kastration erzeugbare Disproportion — Überwiegen der Unterlänge über die Oberlänge durch übermässig lange Extremitäten (beim Menschen auch mächtige Spannweite der Arme) bei Offenbleiben der Epiphysenfugen bekannt, seit Alexander Eckers (114) Körperbeschreibung schwarzer Eunuchen und den Untersuchungen Pelikans (308) über das Skopzentum in Russland; unter den neueren Arbeiten sei besonders die bekannte Schrift von Tandler und Gross über die biologischen Grundlagen der sekundären Geschlechtscharaktere hervorgehoben. Als die primäre oder wenigstens unmittelbare Bedingung beim Eunuchoidismus darf wohl unzweifelhaft die Verkümmerung der Genitaldrüsen angesehen werden. Wie die Kastration nicht immer das Wachstum beeinflusst, sondern gelegentlich nur oder nur vorwiegend den Stoffwechsel verändert (Fettsucht), so ist auch der spontane Hypogenitalismus, wie gesagt nicht immer mit Hochwuchs verbunden; merkwürdigerweise kommt aber selbst bei Mittelwuchs nicht selten wenigstens die eigenartige Disproportion der Eunuchoiden zum Vorschein; dies zeigen Fälle von Salzberger (365) und von Guggenheimer (159). Eunuchoider Hochwuchs ist also mit eunuchoider Disproportion nicht gleichzusetzen; typische Fälle von gleichzeitigem Befund beider Erscheinungen findet man bei Taruffi (437), E. Redlich (344) (31 jähriger Mann von 182,5 cm, Spannweite 190,5; deutliche Hinterhauptsschuppe; Ossifikation wie bei einem 15—16 jährigen Knaben; hypoplastische Hoden), Josefson und

Sundquist(209) (34jähriges Weib von 183,6 cm; fälschlich als „Virago"
von den Autoren bezeichnet, in Wirklichkeit nicht Mannweib, sondern
eunuchoid mit mangelhaften weiblichen Merkmalen; partieller Riesenwuchs des 4. Fingers der rechten Hand, (E. H. Kisch (223) (16jähriger
Knabe, sehr gross, 176 cm und sehr korpulent, 121 kg statt etwa 50 kg;
starke Hypoplasie von Hoden und Penis; Mangel aller sekundären Geschlechtsmerkmale).

Unbekannt sind die Bedingungen, in denen im Einzelfall Hochwuchs aus hypogenitaler Ursache auftritt, insbesondere ist die Veranlassung zur Kümmerung der Geschlechtsorgane dunkel. Auch die
Beziehung zu den als Status thymico-lymphaticus und Status hypoplasticus aufgestellten Typen von Konstitutionsanomalien können nicht,
als gesichert angesehen werden, solange nicht diese selbst viel besser
als bisher festgelegt sind. Die Diagnose des hypogenitalen Hochwuchses,
der übrigens dem normalen rassemässigen Hochwuchs der Nordländer
mit später geschlechtlicher Reifung somatisch-anthropometrisch nahe
steht, ist nach dem Gesagten nicht schwer: übermässige Körperlänge,
Schlankheit, dünn- und langknochiges Skelett, verhältnismässig kleiner
Kopf, kurzer Rumpf, dabei lange, meist deutlich lordotische Lenden-
wirbelsäule, lange Extremitäten, Persistenz gewisser Epiphysenfugen
(z. B. distale des Radius und der Ulna), kleine Hoden, entsprechend
kleines äusseres Genitale; bei Weibern manchmal grosse Ovarien (nach
Sellheim hochstehend und follikelarm). So schildert auch Fr. Kraus
(232) den in gewissen Beziehungen als konstitutionell minderwertig
anzusehenden Hochwuchs; er bezeichnet z. B. den Habitus phthisicus
als Kümmerform des Hochwuchses.

Anhang.

Über lokalisierte Wachstumssteigerungen, insbesondere den partiellen Riesenwuchs.

Schon beim allgemeinen Riesenwuchs war uns die Tatsache begegnet, dass gewisse Teile des Körpers an ihm besonders beteiligt waren,
sei es, dass es sich um lokale Wachstumsexzesse einzelner Gewebe nach
Art von Missbildungen (Knochenauswüchse, Hyperostosen) handelte,
sei es, dass ganze Glieder vergrössert erschienen (wie in dem oben erwähnten Fall von Hochwuchs bei Josefson und Sundquist (209),
sei es schliesslich, dass — wie beim akromegalen Riesenwuchs — eine
systematische Bevorzugung gewisser Körperteile auffiel, z. B. besondere
Grösse der gipfelnden Teile, vor allem des Unterkiefers, der Hände
und Füsse, sowie gelegentliche Splanchnomegalie (Vergrösserung der
Eingeweide, vgl. Amsler). In einzelnen Fällen (Thomas Hasler
nach Buhl-Bollinger, der Riese Wilkins nach Dana) artete der
Wachstumsantrieb am Schädelknochen in eine Art Leontiasis ossea
bzw. osteoplastisches Sarkom (?) aus.

Dass es auch andere systemartig verteilte Wachstumsübertreibungen
gibt, die nichts mit Akromegalie zu tun haben, beweist das eigenartige
Krankheitsbild der sog. Arachnodaktylie (Achard), von dem ersten
Beschreiber Marfan (1896) auch Dolichostenomelie genannt; weniger

glücklich ist, weil sie falsche pathogenetische Vorstellungen erweckt, die Bezeichnung „Hyperchondroplasie" von Méry und Babonneix. Der Misswuchs besteht in einer — spinnenartigen — (Arachnodaktylie!) Verlängerung und Verschmälerung der Knochen des Hand- und Fussskeletts, Vorspringen des Kalkaneus, Hyperplasie einiger Gesichtsknochen (Nase, Kinn), einer gewissen Dicke der Ohren und der Gesichtshaut; die Kinder — bisher immer Mädchen — (ein halbes Dutzend Fälle sind bekannt) bekommen dadurch ein greisenhaftes Aussehen. In mehreren Fällen ist von abnormer Körperlänge und vorzeitigem Auftreten von Knochenkernen die Rede, so bei Thomas (441) (Geburtslänge von 70 cm), Selle (1 Tag altes Kind von 56 cm), Schmincke (389) (14 Monate altes Kind von 76 cm). Letzterer bezweifelt auf Grund genauer mikroskopischer Untersuchung — im Gegensatz zu B. Fischer — die hypophysäre Genese dieses Misswuchses.

Wir werden gut tun, uns überhaupt nicht zu ausschliesslich auf die Hypophyse als Wachstumsorgan (Hutchinsons Anschauung) einzustellen. Selbst bei streng lokalisierten Wachstumsübertreibungen sind zentrale, nervöse oder hormonale, durch spezifische chemischaffine Reizungen bedingte Antriebe durchaus denkbar. In gewisser Beziehung gehören z. B. auch die Zwitterbildungen mit Hypertrophie gegengeschlechtlicher Organe hierher. Experimentell haben Marianne Stein und Ed. Herrmann (410) durch Einverleibung „weiblicher Hormone" (aus Corpus luteum und Plazenta) bei jungen männlichen Tieren (Ratte, Meerschwein, Kaninchen) die Entwicklung der männlichen Keimdrüsen unterdrückt, dafür aber die sonst rudimentären weiblichen Anlagen, nämlich Mamma und Reste des Müllerschen Ganges hervorgerufen, wobei sich sowohl Muskulatur als Drüsen hyperplastisch entwickelten. Als weiteres Beispiel für die spezifischen Antriebe zum Wachstum durch chemische Fernwirkung wäre die Abhängigkeit des Schädelwachstums von der regulären Funktion der Schilddrüse anzuführen: beim Kretin leidet fast ausschliesslich oder doch vorzugsweise das Wachstum der Schädelbasis [vgl. Thoma (439)].

Hormonal bedingte Hypertrophien sind uns ja auch sonst in der Physiologie und Pathologie etwas Geläufiges; ich erinnere an die experimentelle Hyperplasie der Mamma bei jungfräulichen Tieren durch Einspritzung von Embryonalbrei (Starling u. a.), an die in anderem Zusammenhang schon oben angeführte Tatsache der Auslösung vorzeitiger geschlechtlicher Reifung durch verschiedene Tumoren (bei denen Askanazy als Gemeinsames ihre Zusammensetzung aus teratologisch embryonalen Geweben und deren stoffliche Inkretion annahm); vor allem ist an die chorioepitheliomartigen Neubildungen von Zirbeldrüsen, Lungen, Keimdrüsen und Nebennieren zu erinnern, bei denen starke Behaarung und auffallende Grösse der Hoden [z. B. Fall von Goldzieher (156)] beobachtet wurde. Das gleichzeitige Vorkommen ungewöhnlich starker Hyperostose des Schädels zusammen mit adenomatöser Hypertrophie der Epithelkörperchen, wie ich es in einem Falle (235/21) besonders ausgeprägt fand, gibt auch in der Richtung zu denken, dass vielleicht am ehesten beide Erscheinungen hier auf einen krankhaften Kalkstoffwechsel beruhen. (Die betreffende 64jährige Frau hatte hintereinander an 2 Krebsen, zuerst Mammakrebs, dann

Darmkrebs gelitten und war mit einer Masse von Fehlbildungen, auch Arteriosklerose und Fettsucht behaftet.) Das sind alles Beispiele für lokale Wachstumsübertreibungen aus chemischen Antrieben; ob dazu auch Wirkungen der Überernährung zuzuzählen sind, ist fraglich; das natürliche Wachstum ist in seinem Ausmasse sicherlich abhängig von der genügenden Zufuhr eines spezifischen Bedarfs (vergleiche die oben S. 417 mitgeteilten derartigen Hinweise über die Bedingungen des Gehirnwachstums durch Savidowitsch); es frägt sich aber, ob ein übermässiges quantitatives Angebot von Blut oder von in demselben vorhandenen spezifischen Baustoffen (durch qualitative Änderung der Blutzusammensetzung) imstande ist, das Wachstum über die Norm zu fördern. Es gibt Fälle, in denen anscheinend Riesenwuchs durch Stauung hervorgerufen wurde; da ist z. B. eine Mitteilung von Bick (46), nach welcher bei einem 12jährigen Mädchen durch ein seit 3 Jahren bestehendes, von der Beckenwand ausgehendes Fibrom eine Blutstauung des rechten Beckens und ein die Weichteile wie den Knochen des Ober- schenkels einschliesslich der proximalen Tibiaepiphyse beteiligender „partieller Riesenwuchs" (Verlängerung des Oberschenkels um 3 cm!) bewirkt wurde. Eine ähnliche Beobachtung stammt von Bloch (56): bei einem 23jährigen Fremdenlegionär entwickelte sich im Anschluss an eine Thrombose einer Schenkelvene nach Typhus eine „bleibende Hyper- trophie" der betreffenden Extremität mit Verdickung der Haut, des Bindegewebes, der Muskulatur (keine einfache Elephantiasis!). Man denkt dabei auch an die hypertrophischen Prozesse der Osteopneumo- pathie hypertrophiante von Pierre Marie. Zimmermann (493) hat die Entstehung des partiellen Riesenwuchses überhaupt auf Hyperämie, sei es aktiver oder passiver Natur, zurückführen wollen. Gegen die Anschauung spricht und auch gegen die Beweiskraft der obigen Bei- spiele die Seltenheit der Wachstumsübertreibungen durch Blutüber- füllung und das Fehlen solcher Momente in den meisten Fällen von partiellem Riesenwuchs. Deshalb wird die Ansicht Zimmermanns meist abgelehnt, so von Ed. Hahn (174), der einen Fall von einem 10jährigen Mädchen mitteilte, bei dem — ohne ersichtliche Veran- lassung — unter den Augen des Arztes das linke Bein das rechte um 5,6 cm überwuchs. Es würde viel zu weit führen, die grosse Literatur über diesen Gegenstand hier vorzuführen; ich begnüge mich damit, die prinzipiell wichtigen Gesichtspunkte und Vorkommnisse hervor- zuheben.

Funktionelle und entzündliche Reize, beide mit Hyperämie ver- bunden, sind nicht imstande, erhebliche Verstärkungen des Wachs- tums hervorzurufen; immerhin sind solche in geringem Masse vorhanden und von wissenschaftlichem, wenn auch nicht von klinischem und praktischem Interesse. W. Roux (362) hat angegeben, dass wachsende Knochen bei häufiger starker Beanspruchung, z. B. durch Springen, etwas länger werden; Reschke (347) fand zweimal bei schwerer Arthritis deformans des Kniegelenks beträchtliche Verlängerung des Unterschenkels der kranken Seite, zweimal eine solche an Humerus und Radius bei Arthritis des Ellbogengelenks. Wenn es sich eigentlich auch von selbst versteht, so muss doch hervorgehoben werden, dass es sich um jugendliche Kranke handelt, und zwar deshalb, weil die Betonung der Jugendlichkeit auch für die Fälle mit Stauungshypertrophie (s. oben) aller Gewebsteile am Platze ist.

Ganz unklar bleibt die Genese des partiellen halbseitigen Riesenwuchses, des einseitigen Riesenwuchses paariger Glieder und einzelner (unpaariger) innerer Organe. Zu den letzteren beiden Vorkommnissen gehört z. B. die ein- oder doppelseitige Hypertrophie der Mamma (bisher etwa 32 Fälle). Jüngste Veröffentlichungen darüber stammen von Rammelt (335) und von Durante-Tzelepoglou (113), das Vorkommen von Riesenwuchs beider Schläfenbeine erwähnt Habermann (166); ferner gehört hierher die Makroenzephalie (Megalenzephalie), von der die letzten guten Beschreibungen von Fritze (141) (Form der wahren Hirnhypertrophie Virchows) und von Schmincke (389) (Beispiel für Pseudohypertrophie oder interstitieller (gliöser) Hypertrophie des Gehirns nach Virchow-Marburg) stammen; ferner Riesenwuchs von Darmteilen, wie der von Oberndorfer (299) beschriebene Fall von riesiger Vergrösserung des Wurmfortsatzes (16 cm lang und daumendick) bei einem 28jährigen Manne; bemerkenswerterweise fand sich an diesem auch eine gewaltige Hyperplasie der Nerven und Ganglienzellen; dasselbe war der Fall in einer riesenwüchsigen Darmschlinge des Pferdes in einer Beobachtung von Lotz (258); hier waren ebenfalls die nervösen Elemente, insbesondere der Meissnersche Plexus bis zur Vortäuschung einer Neurofibromatose mitgewuchert; dies Verhalten ist (zumal in der Familie des Kranken im Oberndorferschen Falle Neurofibromatose vorgekommen war) so auffällig, dass auch an ein durch neurotische Einflüsse bedingtes exzedierendes lokales Wachstum gedacht werden könnte, zumal ich mich erinnere, auch sonst mit Neurofibromatose zusammen andere Gewebswucherungen, z. B. elephantiastischer Natur oder Lipom gesehen zu haben.

Freilich ist dafür auch eine andere Erklärung möglich, nämlich die, dass beide Erscheinungen nicht subordiniert, sondern koordiniert sind, dass als gemeinsame Grundlage eine fehlerhafte Anlage, eine Missbildung angenommen werden muss; dafür spricht das gleichzeitige Vorkommen anderer Fehlbildungen neben partiellem Riesenwuchs, z. B. von kongenitalem Nävus [W. Lehmann (248)], abnormen Schädelformen [B. Bauch (31)], Lipomen [Wieland (480)]. Auch L. Pick (320) hebt den Missbildungscharakter des kongenitalen Riesenwuchses bei Mensch und Tier hervor. In Schminckes Fall war neben der Megalenzephalie Akromegalie vorhanden.

Was schliesslich den halbseitigen Riesenwuchs einer Körperhälfte anlangt — Arnheim hat den Nachweis von gleichzeitigem Riesenwuchs innerer Organe der einen Körperhälfte, z. B. Herzteilen, Lungen, Phrenikus, Vagus erbracht —, so ist auch dafür eine andere einleuchtende Erklärung als die, ihn auf eine bis in die ersten Eifurchungen zurückgehende Fehlentwicklung — ungleiche Teilung der ersten Furchungskugeln — bis heute nicht gegeben worden. Ich möchte auf eine meines Wissens bisher noch nicht erkannte Möglichkeit hinweisen, nämlich die, dass vielleicht der Unterschied in dem Wachstum der einen Körperhälfte gegenüber der anderen davon abhängt, dass sie von verschiedener elterlicher Seite, die eine mehr vom Vater, die andere von der Mutter bestimmt wird. So sonderbar dies auf den ersten Blick erscheinen mag,

so wäre ein solcher Vorgang doch nicht ohne gesichertes Beispiel aus
der Vererbungslehre; denn Toyama hat schon 1906 bei Kreuzung
von Seidenspinnerrassen gezeigt, dass in den Raupen gelegentlich die
linke Körperhälfte nach der einen Rasse, die rechte nach der anderen
geschlagen war. Ähnliches hat man bei Kreuzungen von einhufigen
und normalen Schweinen gesehen (vgl. Zakowsky). Es sei schliesslich
als vielleicht auch hierher gehörig an die Beobachtung einseitiger Chondrodystrophie beim Menschen erinnert. Auch halbseitiger Riesenwuchs
kommt übrigens zusammen mit Fehlbildungen vor, z. B. im Falle von
A. Kötz (230), wo bei einem 7 jährigen Mädchen von 113 cm Körperlänge die ganze rechte Seite stärker entwickelt und der rechte Unterschenkel mit einem Nävus behaftet war. Auch fehlerhafte Anlage des
Gefässsystems wird (wie von Klebs für den Riesenwuchs des ganzen
Leibes), für den partiellen Riesenwuchs verantwortlich gemacht.

Zweiter Abschnitt.

Pathologie des Alterns.

496. Albrecht, Hans, Der asthenische Infantilismus des weiblichen Geschlechts und
seine Bedeutung für die ärztliche Praxis. Med. Kl. 10. 1914. S. 628.
497. Ambrozic Mat. u. H. Baar, Ein Fall von Makrogenitosomia praecox und Nebennierentumor bei einem 3 jährigen Mädchen. Zeitschr. f. Kinderheilkunde Bd. 27.
1920.
498. Anton, Formen und Ursachen des Infantilismus. Allgem. Zeitschr. f. Psychiatrie.
Bd. 63. 1906 u. Münch. med. Wochenschr. 1906. Nr. 30.
499. Apert, Maladies familiales et maladies congénitales. Paris, Bailliere et fils. 1907.
500. Derselbe, La portion corticale de la capsule surrenale, ses relations phys. et
pathol. avec le cerveau et les glandes génitales. Presse méd. 28. Okt. 1911. S. 865.
501. Askanazy, M., Über sexuelle Frühreife. Zeitschr. f. Krebsforsch. Bd. 9. 1910.
502. Baar, A., Makrogenitosomia praecox, Zirbeltumor. Zeitschr. f. Kinderheilk. Bd. 27.
1920.
503. Bailey und Jeliffe, Tumors of pineal body. The arch. of internat. med. Bd. 8.
1911.
504. Bauer, Erwin, Grundprinzipien der rein naturwissenschaftlichen Biologie. Aufsätze zur Entwicklungsmecbanik v. Roux. 26. H. Berlin. Springer 1921.
505. Bauer, Jockl M., Über morphologische Senilismen am Zentralnervensystem.
Wien. med. Wochenschr. 1917. Nr. 46.
506. Becker, Joseph, Über Haut und Schweissdrüsen bei Föten und Neugeborenen.
Zeitschr. f. Kinderheilk. Bd. 30. 1921.
507. Berblinger, W., Gliom der Lamina quadrigemina. Münch. med. Wochenschr.
1907. Nr. 28.
507a. Derselbe, Die genitale Dystrophie in ihrer Beziehung zu Störungen der Hypo-
physenfunktion. Virch. Arch. Bd. 228. 1920.
508. Derselbe, Zur Frage der Zirbelfunktion. Virch. Arch. Bd. 237. 1922.
509. Binswanger, O., Ein weiterer Beitrag zur pathologischen Anatomie der Hirnarterien. Zentralbl. f. Path. Bd. 29. 1918. Nr. 22.
510. Binswanger, O. und Schaxel, Julius. Beitrag zur normalen und pathologischen Anatomie der Arterien des Gehirns. Arch. f. Psych. Bd. 58. 1917.
511. Böhm, Zirbeldrüsenteratom und genitale Frühreife. Frankf. Zeitschr. f. Path.
Bd. 22. 1919.
512. Boening, Heinz, Studien zur Körperverfassung der Langlebigen. Zeitschr. f.
Konstitutionslehre. Bd. 8. 1922.
513. Borchardt, L., Über Hypogenitalismus und seine Abgrenzung vom Infantilismus.
Berl. klin. Wochenschr. 1918. Nr. 15.

514. Borchardt, Über Abgrenzung und Entstehungsursachen des Infantilismus. Deutsch. Arch. f. klin. Med. Bd. 138. 1922.
515. Bramwell, Byron, Case of infantilisme. Clinical study Edinburgh 1903. 157.
516. Brandis, G., Zur Kenntnis des Infantilismus und Zwergwuchses. Deutsches Arch. f. klin. Med. Bd. 136. 1921.
517. Bulloch und Sequerra, On the relations of the suprarenal capsules to the sexual organs. Transact. of the Path. Soc. of London. 1905.
518. Cawadias et Sourdel, Insuffisance thyreoidenne composée. Bull. et Mém. da la Soc. méd. des hôp. de Paris. 1914, 4.
518a. Child, C. M., Senescence and rejuvenesceuce Masedon experiments with Planaria. Arch. f. Entwicklungsmechanik. 31. Bd. 1911.
519. Claude und Gougerot, Sur l'insuffisance simultanée de plusieurs glands à sécretion interne. Compt. rend. soc. biol. 63. 1907.
520. Dieselben, Les syndromes de l'insuffisance pluriglandulaire. Rev. de Méd. 10. XI. 1908. 861 u. 950.
521. Conklin, Body Size und Cell Size. Journ. of Morph. 23. 184. 1912. Zit. n. Mendel.
522. Crechio, Ein Fall von Hermaphroditismus. W. m. Pr. 1866. 761.
523. McCrudden und Fales, Intestinalabsorption in infantilism et The cause of the factur to develops in infantilism. Journ. of exp. Med. Vol. 17. Nr. 2. S. 202. 1913.
523a. Doflein, Fr., Das Problem des Todes und der Unsterblichkeit bei den Pflanzen und Tieren. Jena. G. Fischer 1919.
524. Doms, H., Über Altern, Tod und Verjüngung. Erg. d. Anat. u. Entw. 23. 1921.
525. Dürken, B., Leben und Tod, Altern und Verjüngung. Hochland 18. 1921.
526. Ebstein, E., Über Eunuchoidismus bei Diabetes insipidus. Mitteil. aus d. Grenzgebiet der Mediz. u. Chir. 1912. Bd. 25. S. 441.
527. Eppinger, Myxödem im Handbuch der Neurologie von Lewandowsky. Bd. 4. 1913.
527a. Falta, W., Späteunuchoidismus und multiple Blutdrüsensklerose. Berl. klin. Wochenschr. 1912/30.
528. Fibiger, J., Beitrag zur Kenntnis des weiblichen Scheinzwittertums. Virchows Arch. 181. 1905.
529. Fischer, H., Beziehungen der inneren Sekretion zur Genese einiger im Röntgenbilde praktisch wichtiger Skelettvarietäten. Fortschr. d. Röntgenstr. 29. 1922.
530. Frank, M., Veränderungen an den endokrinen Drüsen bei Dementia praecox. Zeitschr. f. angew. Anat. u. Konstitutionslehre. 5. 1919.
530a. v. Frankl-Hochwart, Über die Diagnose der Zirbeldrüsentumoren. Deutsche Zeitschr. f. Nervenheilk. Bd. 37. 1909.
531. Freund, W. A. und R. v. d. Velden, Anatomische begründete Konstitutionsanomalien. Mohr-Staehelins Handb. d. inn. Med. Bd. 4. Berlin, Springer 1912.
531a. Fukuo, Über die Teratome der Glandula pinealis. Diss. München 1914.
532. Gallavardin et Rebattu, Impuissance infantilisme tardif. Lyon méd. 1910. H. 5.
533. di Gaspero, Der psychische Infantilismus. Arch. f. Psych. 43. 28. 1907.
534. Genschel, J., Über die Erblichkeit der Langlebigkeit. Natur und Mensch. Verl. E. Bircher, Bern und Inaug.-Diss. Jena 1922.
535. Gigon, A., Einige Beobachtungen über die sekundären Geschlechtscharaktere. Schweiz. med. Wochenschr. 1922. 13.
536. Gilford Hastings, Progeria and ateleiosis. Lancet Febr. 9. S. 412. 1913.
536a. Derselbe, Progeria. A form of senilism. Pract. 1914. VIII.
537. Glyn, Quart. J. Med. 5. 1912. Zit. n. Biedl.
538. Goldstein, K., Über Eunuchoide. Über familiär auftretende Entwicklungsstörungen der Drüsen mit innerer Sekretion und des Gehirns. Arch. f. Psych. 53. 1914.
539. Guignon et Bigon. Déviation du type sexuel chez une jeune fille. Bull. soc. péd. de Paris. Mars 1906. 129.
540. Guthrie and Emery, Clin. soc. transact. 40. 175.
541. Gutzeit, Ein Teratom der Zirbeldrüse. Inaug.-Diss. Königsberg. 1896.
542. v. Hansemann, Über die Gehirne von Mommsen, Bunsen und Menzel. Bibl. med. A. 5.
543. Derselbe, Infantilismus als Bedingung für Krankheiten. Zeitschr. f. ärztl. Fortb. 11. Jahrg. 1914.

544. Harms, W., Über Versuche zur Verlängerung des Lebens und zur Wieder-
      erweckung der Potenz. Zool. Anz. 51. 1920.
545. Derselbe, Das Problem der Geschlechtsumstimmung und die sog. Verjüngung.
      Naturwissensch. 9. 1921.
546. Hegar, Entwicklungsstörungen, Fötalismus und Infantilismus. Münch. med.
      Wochenschr. 1905. Nr. 16.
547. Hertoghe, E. und H. Spiegelberg, Die Rolle der Schilddrüse bei Stillstand
      und Hemmung des Wachstums uud der Entwicklung und der chronische gutartige
      Hypothyreoidismus. München, Lehmann 1900.
548. Hertoghe, E., L'hypothyreoidie bénigne chronique ou myxoedème fruste. Nouv.
      Icon. de la Salpêtrière 1899.
549. Herzog, W., Ein Fall von allgemeiner Behaarung mit heterologer Pupertas
      praecox bei 3jähr. Mädchen. Münch. med. Wochenschr. 1915. Nr. 6 u. 7.
549a. Hueck, Wilh., Zur Differentialdiagnose des Späteunuchoidismus und der Dy-
      strophia adiposo-genitalis. Münch. med. Wochenschr. 1922/43.
550. Hufeland, Makrobiotik. Reklams Univ.-Bibl. 481—484.
551. Jeandelice, Insuffisance thyreoidenne et parathyreoidenne. Thèse de Nancy.
      S. 404. 1902.
552. Jollos, Die Fortpflanzuug der Infusorien und die potentielle Unsterblichkeit der
      Einzelligen. Biol. Zentralbl. 36. 1916.
553. Jump, Beates und Babcock, Precocious development of the external genitals
      due to hypernephroma of the adrenal cortex. Am. Journ. of med. Sc. April 1914.
554. Kani Ivakichi, Systematische Lichtungs- und Druckmessungen der grossen
      Arterien und ihre Bedeutung für die Pathologie der Gefässe. Virchows Arch.
      201. 1910.
555. Kaufmann, Luise, Zur Frage der Aorta angusta. 2. Heft der Veröffentlichungen
      aus dem Gebiete der Kriegs- und Konstitutionspathologie Jena; G. Fischer 1919.
556. Keith, Progeria and ateleiosis. Lancet Febr. 1. 1913.
557. v. Kemnitz, Arch. f. Rassen und Gesellschaftsbiologie 10. 1913.
558. Kendle, F. W., Praecocious puberty. Ref. Zentralbl. f. Path. 16. S. 309. 1905.
559. Kern, H.. Über den Umbau der Nebennieren im extrauterinen Leben. Deutsche
      med. Wochenschr. 1911. Nr. 21.
560. Kiernan, J. G., Journ. of Am. med. Assoc. 36. S. 1270. 1901. Zit. n. Jul.
      Bauer.
561. Klapproth, W., Teratom der Zirbel kombiniert mit Adenom. Zentralbl. f. Path.
      32. 1920.
562. Koch, R., Die gegenwärtigen Anschauungen über den Infantilismus. Frankf.
      Zeitschr. f. Path. 16. 1915.
563. Korschelt, Die Lebensdauer der Tiere und die Ursachen ihres Todes. Beitr. z.
      path. Anat. 63. 1917.
563a. Derselbe, Lebensdauer, Altern und Tod. 2. Aufl. Jena, G. Fischer 1922.
564. Kraepelin, Geschlechtliche Verirrungen und Volksvermehrung. Münch. med.
      Wochenschr. 1918. 5.
565. Kussmaul, Über geschlechtliche Frühreife. Würzb. med. Ztg. 3. 1862.
566. Landau, Die Nebennierenrinde. G. Fischer, Jena 1916.
567. Lenz, J., Menstruation, Puberté et évolution precoces. Leurs rapports à l'ossi-
      fication accelerée du squelette. Sbornik Lékarsky 1912 S. 80 u. Arch. f. Gyn.
      99. S. 67, 1913.
568. Leschke, P., Die Wechselwirkungen der Blutdrüsen bei der Basedowschen
      Krankheit, dem Diabetes mellitus und dem Verjüngungsproblem. Münch. med.
      Wochenschr. 71. Nr. 1. 1921.
569. Lévi, L. und de Rothschild, H., Etude sur la physiopathologie du corps thyroide,
      Paris 1908 u. 1911.
570. Lindheim, A., Salutis senectutis, die Bedeutung der Lebensdauer für den modernen
      Staat. 2. Aufl. Leipzig, Antike 1909.
571. Lipschütz, A., F. Bormann und R. Wagner, Über Eunuchoidismus beim
      Kaninchen in Gegenwart von Spermatozoen in den Hodenkanälchen nnd von unter-
      entwickelten Zwischenzellen. Deutsche med. Wochenschr. 1922. Nr. 10.
572. Loeb, J., Vorlesungen über die Dynamik der Lebenserscheinungen. Leipzig 1906.
573. Lorand, A., Das Altern, seine Ursachen und seine Behandlung. 4. Aufl. Leipzig,
      Klinkhardt 1911.

574. **Manning, Child Ch.**, Senescence and rejuvenescence. The University of Chicago Press. Chicago 1915.

575. **Marburg, O.**, Adipositas cerebralis. Zeitschr. f. Nervenheilk. 36. 1908.

576. **Marchand, F.**, Beitrag zur normalen und pathologischen Anatomie der Glandula carotica und der Nebennieren. Festschr. f. Virchow. 1891. S. 557.

577. **Mathes, C.**, Der Infantilismus, die Asthenie und ihre Beziehungen zum Nervensystem. Berlin, Karger, 1912.

577a. **Merkel**, Bemerkungen über die Gewebe beim Altern. Verhandl. d. internat. med. Kongr. Berlin 1891.

578. **Morlat**, Infantilisme et insufficience surrénale. Thése de Paris 1903.

579. **Müller, F.**, Konstitution und Dienstbrauchbarkeit. Münch. med. Wochenschr. Feldbeilage 1917. 15.

579a. **L. R. Müller**, Über die Alterschätzung beim Menschen. Berlin, Springer 1921.

580. **Neurath, R.**, Die vorzeitige Geschlechtsentwicklung. Erg. d. inn. Med. 4. 1909.

581. **Derselbe**, Geschlechtsreife und Körperwachstum. Zeitschr. f. Kinderheilk. 19 1919.

582. **Odermatt, W.**, Zur Diagnostik der Zirbeldrüsentumoren. In.-Diss. Zürich. 1915.

582a. **Orliansky**, L'hypoplasie des artères cérébrales, comme base anatomique du „caractère bizarre". du suicide sans cause sériense apparente et de l'hémorrhagie cérébrale dans l'éclampsie. Thèse de Genève 1919.

583. **Pellizi**, La sindroma epifisaria, macrogenitosomia praecox. Revista di neuropath. 1910. Ref. Zentralbl. f. Neurol. 1911.

584. **Peritz**, Ergebnisse der inn. Med. 7. 1911 und **Kraus-Brugsch.** Spez. Path. u. Ther. inn. Krankh. 1917. Bd. 1. Berlin-Wien, Urban & Schwarzenberg.

585. **Pütter, A**, Zur Physiologie der Lebensdauer. Die Naturwissensch. 8. 1920.

586. **Derselbe**, Die ältesten Menschen. Ebenda 9. 1921.

587. **Derselbe**, Lebensdauer und Alternsfaktor. Zeitschr. f. allg. Phys. 1918. H. 1.

588. **Quadri**, Klinische Beiträge zur Kenntnis des Infantilismus. Deutsches Arch. f. klin. Med. 117. 1914.

589. **Rössle, R.**, Die Rolle der Hyperämie und des Alterns in der Geschwulstentstehung. Münch. med. Wochenschr. 1904. Nr. 30—33.

590. **Derselbe**, Wachstum und Altern der grossen Arterien und ihre Beziehung zur Pathologie des Gefässsystems. Münch. med. Wochenschr. 1910. 19.

590a. **Derselbe**, Über das Altern. Naturwissensch. Wochenschr. 1917. Nr. 18. S. 241.

591. **Derselbe**, Multiple Tumoren und ihre Bedeutung für die Frage der konstitutionellen Entstehungsbedingungen der Geschwülste. Zeitschr. f. angew. Anat. u. Konstitutionslehre. 5. 1919.

592. **Derselbe, B. Sigismund Schultze-Jena** und **Ernst Häckel**, dem Andenken zweier grosser Jenenser. Korrespondenzbl. d. allg. ärztl. Ver. v. Thüringen. 1920. Nr. 1/2.

593. **Derselbe**, Beiträge zum Altersproblem. Ebenda 1922. H. 4/6.

593a. **Derselbe**, Über gleichzeitige **Addisonsche** und **Basedowsche** Erkrankung. Verhandl. d. deutsch. Pathol. Gesellsch. 17. Tagung. München 1914.

594. **Romeis, Steinachs** Verjüngungsversuche. Münch. med. Wochenschr. 1920. Nr. 35.

595. **Derselbe**, Untersuchungen zur Verjüngungshypothese **Steinachs**. Ebenda 1921.

596. **Rummo** und **Ferranini**, Senilismus oder Geroderma genitodistrofico. Rif. med. 1897.

596a. **Sacchi, E.**, Di un caso di gigantismo infantile usw. Revista speriment di frenetria. Bd. 21. 1895.

597. **Saenger, A.**, Über Eunuchoidismus. Zeitschr. f. Nervenheilk. 51. 1914.

598. **Salge, B.**, Die Bedeutung der Geschwindigkeit der Entwicklung für die Konstitution. Zeitschr. f. Kinderheilk. 30. 1921.

599. **de Sanctis S.**, Gli infantilismi. Annali di neurologia. 26. 1908 und Riv. speriment. di frenetria è med. legal. 3. 1905.

600. **Schallmayer, W.**, Vererbung und Auslese. 3. Aufl. Jena. Fischer 1918.

601. **Schippers, J. C.**, Ein Fall von Progeria. Journ. B. f. Kinderheilk. 84. 1916.

602. **Schmite, A.**, Zur Entwicklung der quergestreiften Muskeln. Zeitschr. f. Kinderheilk. 30. 1921.

603. **Schmidt, H.**, Über den Alterstod der Bienen. Med. Ges. Jena. Sitzungsber. Febr. 1922. Korrespondenzbl. d. allg. ärztl. Vereins von Thüringen. 1922. H. 4/6

604. Schultz, Fr. N. und Hempel, Beiträge zur Kenntnis des Stoffwechsels bei un-
zureichender Ernährung. Pflügers Arch. 114. 1906.
605. Simmonds, M., Über Hypophysisschwund mit tödlichem Ausgang. Deutsche
med. Wochenschr. 1914. Nr. 7.
606. Derselbe, Über Kachexie hypophysären Ursprungs. Deutsche med. Wochenschr.
1916. Nr. 7.
607. Sommerfeld, H., Die Beziehungen und Einflüsse der Chlorose auf das Wachstum des weiblichen Organismus während der Entwicklungsperiode. Zeitschr. f.
ang. Anat. u. Konstitutionslehre. 7. 1921.
608. v. Stauffenberg, Über Begriff und Einteilung des Infantilismus. Ref. i. Münch.
med. Wochenschr. 1914. Nr. 5.
609. Steinach, E., Verjüngung und experimentelle Neubelebung der alternden Pubertätsdrüse. Berlin, Springer 1920.
610. Derselbe und Holzknecht, Erhöhte Wirkungen der inneren Sekretion bei
Hypertrophie der Pubertätsdrüsen. Arch. f. Entwicklungsmech. 42. 1917.
611. Stieve, H., Bau und Entwicklung der Keimdrüsenzwischenzellen. Erg. d. Anat.
23. 1921.
612. Thumin, Geschlechtscharaktere und Nebennieren in Korrelation. Berl. klin.
Wochenschr. 1909. S. 103.
613. Tramèr, M., Untersuchungen zur pathologischen Anatomie des Zentralnervensystems bei Epilepsie. Schw. Arch. f. Neurol. u. Psych. Bd. 2. H. 2.
614. Variot, M. und M. Pironneau, Le nanisme type senile. La clinique infantile.
Tom. 8. 1910.
615. Dieselben, Bull. d. soc. de péd. de Paris 12. 1910.
616. Verébely, Ein Fall von Pubertas praecox und Ovarialgeschwulst. Wien. klin.
Wochenschr. 1912.
617. Virchow, R., Zellularpathologie. 4. Aufl. S. 73.
618. Vogt, W., Über die Alterssenkung der menschlichen Baucheingeweide. Verhandl.
d. anat. Ges. Marburg 1921. Anat. Anz. Erg.-H. zu Bd. 54. 1921.
619. Walter, E., Über die Lebensdauer der freilebenden Süsswasserzyklopiden und
andere Fragen der Biologie. Zool. Jahrb. Abt. f. Systematik. 44. 1922.
620. Weber, H., On longerity and means for the prolongation of life. 5. Aufl. London,
Mac Millan & Co. 1919.
621. Wolff, Br., Zur Kenntnis der Entwicklungsanomalien bei Infantilismus und bei
vorzeitiger Geschlechtsreife. Arch. f. Gyn. 94. 1911.
622. Zydek, Klin. Monatsbl. f. Augenheilk. 54. 1915.

I. Einleitung.

Das Verhältnis des Wachstums zum Altern in pathologischer Hinsicht.

Im physiologischen Teil und im ersten Abschnitt des pathologischen
Teils dieser Arbeit ist von dem Verhältnis des Alterns zum Wachstum
schon mehrfach die Rede gewesen. Begrifflich haben wir beide der
Entwicklung untergeordnet; diese besteht in einem ersten, gewissermassen aufsteigenden Teil; er endet mit der Erreichung des artlichen
Entwicklungszieles, der fertigen morphologischen Form mit funktioneller Vollwertigkeit; ihren zweiten und gewissermassen absteigenden
Teil kann man als die Entwicklung zum Tode bezeichnen; sie endet mit
der Erfüllung des allgemeinen Schicksals alles Lebendigen, mit dem
Aufhören des individuellen Daseins. Zeitlich sind Wachstum und Altern
nie getrennt; aber während für die erste Lebensperiode das Wachstum
weitaus unter den beiden interferierenden Erscheinungen in den Vorder-
grund tritt, bleiben in der zweiten Periode nur gewisse Formen des
Wachstums, besonders die Regeneration, bestehen und es überwiegen

die Alterungsvorgänge. Diese fehlen andererseits nicht in der ersten Lebensperiode; grundsätzlich muss am Beginn des Altersprozesses vom ersten Moment der Entwicklung, wie es Minot besonders klar ausgesprochen hat, festgehalten und daneben ein topisch sehr verschieden rasches und verschieden geartetes Altern der einzelnen Gewebe [Merkel (577a), Rössle (589)] angenommen werden. Eine besondere Schwierigkeit liegt nur in der Unterbringung des Prozesses der Differenzierung.

Die Differenzierung nur dem Altersprozess unterzustellen, hat seine Bedenken. Zwar wissen wir, dass mit zunehmender Differenzierung im allgemeinen jede Art von Wachstum eingeschränkt wird und mit erreichter Ausdifferenzierung endogener Wachstumszuwachs aufhört, ja mit besonderer intraplasmatischer Differenzierung (Herz, Ganglienzellen, Muskeln) sogar die einfachste Dauerform des Wachstums, die Regenerationsfähigkeit verloren geht; aber auf der anderen Seite gehört doch die Differenzierung, z. B. in der Form der Ausbildung der paraplastischen Substanzen, zum Wachstum, und zwar sowohl in ihren jeweiligen Anfängen als in ihrem weiteren Verlaufe; in ihren Anfängen insofern, als man schliesslich zur Differenzierung jede neue gewebliche Erscheinung im Verlaufe der Ontogenese zählen muss, durch welche „Neubildung" auftritt; und so wäre ja auch schon die Bildung der Keimblätter eine Differenzierung. Für diejenigen aber, welche den paraplastischen Substanzen eigenes Leben und im besonderen dabei echtes Wachstum aus sich selbst zuschreiben, ist ja die Vermehrung dieser Bildungen dann auch reines Wachstum.

Es ist also schwierig, wie schon früher ausgeführt wurde, die Grenzen zwischen Wachstum und Altern zu ziehen, indem gerade im Differenzierungsvorgang beide Vorgänge sich besonders nahe berühren. Es wäre auch hypothetisch, zu behaupten, dass erst die Differenzierungsprodukte alterten, etwa wie man vom Altern der Kolloide spricht; es ergebe sich dann gleich die Frage, ob es überhaupt im Körper nichtalternde Kolloide gibt und ob der Organismus Einrichtungen besitzt, gewisse Protoplasmabestandteile vor dem Altern zu schützen.

Indem wir nun mit unseren heutigen Kenntnissen keine Entscheidung in der Frage der Grenzen von Wachstum und Altern zu ziehen vermögen, sind wir bis zu einem gewissen Grade zur Willkür verurteilt. Immerhin lässt sich die Unterscheidung zwischen reinem Wachstum in Form der Vermehrung gleichartiger Substanz einerseits und zwischen Reifungsvorgängen am Körper und an den Geweben insofern durchführen, als die letzteren erfahrungsgemäss Zeichen für die Erreichung gewisser Alters- bzw. Entwicklungsstufen zu sein pflegen. So gelten die nacheinander auftretenden Knochenkerne des Skeletts, die in Wirklichkeit ja nichts anderes als neu aufschiessende Wachstumszentren sind, oder das Erscheinen der sekundären Geschlechtsmerkmale, die an sich nichts anderes wie lokalisiertes Wachstum sind, als Reifungs- und damit Altersmarken.

In diesem Sinn soll also hier von einer Pathologie des Alterns die Rede sein; sofern also solche Reifungszeichen entweder ausbleiben oder zur Unzeit — zu früh oder zu spät — erscheinen, haben wir Störungen vor uns, welche jedenfalls von reinen Zuwachsstörungen grundsätzlich zu trennen sind. Gleichwohl ist immer wieder zu betonen, dass auch die pathologischen Bilder wie das Bild der normalen Entwicklung eine innige Mischung der beiden Vorgänge Wachstum und Altern aufweisen; auch bei ihrer Abartung gehen diese durcheinander und selten wird nur einer von beiden sich allein verirren. Es kann sich deshalb hier auch nur darum handeln, diejenigen Entwicklungsstörungen unter die Pathologie des Alterns zu rubrizieren, welche klinisch in erster Linie den Eindruck einer krankhaften Abartung der Körperreifung machen. Entgegen der Meinung E. Schwalbes, der den Begriff „Missbildung" auf die fötalen Irrwege der Entwicklung beschränkt sehen wollte, zählen wir auch diese Vorgänge und Zustände, genau wie die mehr quantitativen Änderungen des Wachstums im Zwerg- und Riesenwuchs zu den Missbildungen, d. h. zu den Wirkungen einer Dysontogenese.

Da wir keine objektiven Altersbestimmungen besitzen, können wir uns bei der Diagnose und Abschätzung der Störungen im Altersprozess nur nach gewissen klinischen Kennzeichen richten. Durch die unbewusst erworbene grosse Übung in der Ablesung der Merkmale der verschiedenen Altersstufen aus den Gesichtszügen, der Haltung, den Bewegungen, kurz all den Stigmata, die kürzlich noch L. R. Müller (579a) in einer hübschen Arbeit über die Abschätzung des Alters beim Menschen analysiert hat, vermögen wir auch im allgemeinen eine Nichtübereinstimmung zwischen Alter und Aussehen klar zu erkennen und wir täuschen uns auch so leicht nicht durch einzelne abweichende Züge, da wir gewohnt sind, unwillkürlich den Gesamteindruck zusammenzufassen. Ein greisenhaft aussehender Säugling mit Dekomposition ist eben nicht wirklich gealtert und desgleichen nicht ein frühergrautes 25 jähriges Weib. Auf der anderen Seite ist es undenkbar, dass der Altersprozess überhaupt ausbleibt, weil er untrennbar mit der Organiration des vielzelligen Organismus verknüpft ist; es gibt mithin schon rein theoretisch den Zustand nicht, dass die „Entwicklung zum Tode" und die Entwicklung der Senilität völlig gleichmässig gehemmt würde. Der eigentlichste Altersprozess, als welchen wir oben die allmähliche Alterung der kolloiden Substanzen der proto- und paraplastischen Strukturen bezeichnet haben, kann nicht durchaus aufgehalten werden. Wohl aber können wir aus den oben angegebenen praktischen Gründen zu den Störungen des Alterns die verspäteten und verfrühten Reifungen zählen, wie sie entweder nur Teile des Körpers angehen oder den ganzen Körper mehr oder weniger in Mitleidenschaft ziehen. Es ist wieder schwer, bei den Altersstörungen der einzelnen Organe den Wachstumsanteil abzuziehen und man kann bei einer Hypoplasie des Herzens oder der Aorta nicht leicht ausmachen, wieviel durch Mangel an Zuwachs und wieviel in bezug auf altersgemässe Reifung fehlt. Leichter ist die Erkennung der Altersprozessstörungen bei den allgemeineren Hemmungen und Beschleunigungen, vor allem, wenn es sich um die Persistenz von Eigentümlichkeiten gewisser Lebensalter, den Nichteintritt geschlechtlicher Reifung oder deren Prämaturität handelt.

Es ist der etwas schematische Vorschlag gemacht worden, im ersteren Fall von Fötalismus, Infantilismus, Puerilismus zu sprechen, je nachdem fötale und verschiedene postfötale Stufen der Entwicklung widernatürlich beibehalten werden. Dieser Vorschlag ist aber nicht gut,

weil er unpraktisch und nicht eindeutig ist: soll etwa mit Fötalismus
eine Hemmung zur Zeit des fötalen Lebens oder eine solche mit dem
Symptom der fötalen Gestaltung bezeichnet werden? Weder das eine,
noch das andere wäre durchzuführen und jedenfalls sind das zweierlei
Dinge. Ein Infantilismus kann zeitlich in einer intrauterinen Störung
begründet sein, formal aber so aussehen, als ob er mit 5 oder 8 Jahren
entstanden wäre. Schon Br. Wolff (621) hat, wie ich sehe, den gleichen
Gedanken ausgesprochen, dass Fötalismus und Infantilismus nicht zu
unterscheiden sind. Eine andere terminologische Frage ist die, auf
welche Kategorien von Erscheinungen wir die nun einmal eingebürgerte
und bei vernünftiger Definition ganz brauchbare Bezeichnung „Infantilismus“ anwenden wollen.

II. Disharmonischer Entwicklungsverlauf durch rück-
ständige Reifung.

Diese Frage kann erst nach gehöriger Umgrenzung des Begriffs
„Infantilismus“ beantwortet werden. Infantilismus ist aber keineswegs
die einzige Erscheinung, welche Abweichungen der Reifung und des
Alterns aufweist; vielmehr werden wir uns in diesem Kapitel noch mit
anderen Abweichungen der Vollendung, der Reihenfolge und des Tempos
der Entwicklung zu befassen haben; wir können zur Zeit dazu noch
zählen die Pubertas praecox als das Gegenbild einer der Hauptformen
des Infantilismus, ferner die Progerie, welche ebenfalls in gewisser Hinsicht dem Infantilismus gegensätzlich ist; schliesslich werden wir anhangs-
weise noch die Frage der Verjüngung vom Standpunkte der Pathologie
zu prüfen haben.

Der Infantilismus.

Wir beginnen mit einer Besprechung der pathologischen Zustände,
die man unter der Bezeichnung des Infantilismus zusammenzufassen
pflegt; wie man diesen Begriff auch definieren mag, auf jeden Fall ist
zunächst zu betonen, dass es ein Sammelbegriff ist; auch in dem weiteren
Punkte wird sich kein Widerspruch erheben, dass es, sofern man ihn
überhaupt in dem eigentlichsten Sinn gelten lassen will, der ihm historisch
und etymologisch zukommt, notwendig ist, allgemeinen und partiellen Infantilismus zu unterscheiden. Im Worte Infantilismus,
das von Lasèque stammt [nachdem die Erscheinung als solche schon
Rokitansky (zitiert nach Koch, 562) bekannt und 1836 von Andral
und Hirtz (zit. nach G. Peritz) erkannt und beschrieben war], liegt,
dass das Wesentliche ein Verbleiben auf einer kindlichen Stufe ist und
über alle Meinungsverschiedenheiten hinweg muss also daran festgehalten
werden, dass es sich dabei um eine Hemmungsmissbildung handelt oder
wie Jul. Bauer richtig bemerkt: der Infantilismus ist ein ent-
wicklungsgeschichtlicher Begriff.

Die Verwirrung in der Anwendung der Diagnose „Infantilismus“
und in der Definition, die dieser Begriff in der Literatur erhalten hat,
stammt im wesentlichen daher, dass der ursprünglich von Lasègue
geprägte Ausdruck zuerst in semiologischem Sinne, dann aber in ätio-

logischem Sinne gebraucht wurde. Es spielten dabei zwei ätiologische
Verwechslungen eine Rolle: erstens die von Brissaud und Meige
verschuldete, indem diese Autoren den Infantilismus schlechthin für
thyreogen erklärten; auch die Modifikationen dieser Anschauung verbesserten diese Sachlage nicht, wie etwa die von Morel, der die Beziehungen zwischen Infantilismus und Kretinismus dahin deutete, dass
Schilddrüseninsuffizienz und allgemeine Unterentwicklung vielleicht
nicht Ursache, sondern Teilerscheinungen der infantilistischen Entwicklungshemmung sein könnten. Die andere Trübung einer klaren und
einheitlichen Anschauung über das Wesen des Infantilismus stammt
von einer Überbetonung des sexuellen Faktors im Bilde des Infantilismus;
gewiss gehört zum allgemeinen Infantilismus als eines der eindrucks-
vollsten Teilphänomene die Hemmung der geschlechtlichen Reifung;
aber es muss bedacht werden, dass diese erstens beim allgemeinen Infantilismus etwas sozusagen Selbstverständliches ist und dass Ausbleiben des
sexuellen Charakters allein höchstens partieller Infantilismus ist, ferner
dass es solchen gibt und dass er mit besonderen Bezeichnungen zu belegen
ist, sofern eine Verwechslung etwa oder gar Identifizierung mit dem
Eunuchoidismus vermieden werden soll. Für Brandis (516) z. B. (um
nur einen der letzten Autoren zu nennen, die in diesen Fehler verfallen
sind) genügt das Fehlen der sekundären Geschlechtsmerkmale zur
Diagnose Infantilismus.

Von früheren kritischen Beurteilern dieser Irrtümer nenne ich
Falta (527a) und Borchardt (513). Falta weist eine ganze Menge
Verwechslungen des Infantilismus mit anderen hypogenitalen Zuständen
in der Literatur nach und Borchardt macht darauf aufmerksam,
dass bei Hypogenitalismus kindliche Züge überhaupt fehlen können.
Auch Tandler und Gross (435) haben die richtige scharfe Grenze
zwischen Eunuchoidismus und Infantilismus gezogen.

Dass man nicht von allgemeinem Infantilismus sprechen kann,
wenn nicht zugleich Hemmungen des Wachstums, des Pubertätseintritts
und der psychischen Reifung vorhanden sind, ist natürlich klar und es
erscheint ebenso falsch, Zwergwuchs als solchen schon als einen Beweis
für Infantilismus anzusehen (vgl. das Kapitel über Zwergwuchs), wie
einen Riesentyp des Infantilismus in der Form des eunuchoiden Hochwuchses zuzugeben [Peritz (584), Aschner, Nowak u. a.], sofern
nicht ausdrücklich dabei der partielle Charakter der infantoiden Hemmung betont wird. Somit ergäbe sich aber gleichzeitig als Hauptfrage
die, ob es denn überhaupt einen allgemeinen Infantilismus gibt; sie wird
z. B. von Wolff (621) verneint, von anderen bedingt bejaht. Hart
(177a) hält ihn für sehr selten. Es scheint mir aber, dass der (in einem
früheren Kapitel besprochene) infantilistische Zwergwuchs einen allgemeinen Infantilismus gerade in den der Beurteilung zugänglichen
Richtungen des Reifungsprozesses darstellt, in dem sich in ihm somatische, sexuelle und psychische Unreife in Permanenz zeigen; die somatische Unreife zeigt sich für die klinische Beurteilung am eindringlichsten
in der Hemmung des Skelettfortschrittes; in der Psyche mischen sich
in höchst eigenartiger Weise die einfache Summierung von Erfahrungen
mit kindlich bleibender Verarbeitung, Gemüt und Auffassung. Sehen
wir den infantilistischen Zwergwuchs als das Prototyp eines sozusagen

genuinen Infantilismus an, so unterscheidet sich davon der mehr symptomatische Infantilismus z. B. bei der hypophysären Nannosomie und anderen pituitären Störungen (Dystrophia adiposogenitalis) schon durch die stärkere Spezialisierung der infantilistischen Züge; man kann sozusagen eine Reihe aufstellen, an deren einem Ende diejenigen Formen des symptomatischen Infantilismus stehen, die vom allgemeinen Infantilismus zuweilen äusserst schwer zu unterscheiden sind (wie die frühzeitigen und schweren Formen der Nannosomia pituitaria); am anderen Ende der Reihe stehen aber die partiellen Infantilismen, bei denen vielleicht nur mehr einzelne, z. B. dysgenitale bzw. hypogenitale Züge an das Vollbild erinnern. Ich gebe der Versuchung nach, zu allen bereits vorhandenen Einteilungen des Infantilismus [die bekannteste ist die von Anton (498)] auch noch die in essentiellen (oder genuinen) und symptomatischen Infantilismus hinzuzufügen; mit der Bezeichnung „essentiell" ist im Grunde nichts weiter ausgedrückt, als was Lorain bereits 1871 für seinen „dystrophisch-degenerativen Typ des Infantilismus" (später Typ Lorain) genannt, betont hat, dass nämlich hierbei nicht ein „besonderer Apparat", sondern eher das ganze Individuum in seiner Masse beteiligt sei. Solange wir über die Ätiologie des allgemeinen Infantilismus, wie er sich im infantilistischen Zwergwuchs in der vollendetsten Form zeigt, rein gar nichts wissen, hat es mehr Wahrscheinlichkeit, eben anzunehmen, dass diese allgemeine Reifungshemmung, in der er besteht, nicht auf der Insuffizienz eines einzigen Organs beruht. Deshalb haben auch schon Gougerot und Claude (519) die Meinung vertreten, dass eine ganze Anzahl Drüsen mit innerer Sekretion zusammen schuld an dem Zustand sein könnten; diese Meinung verficht auch Pende (311) besonders lebhaft; aber bisher ist diese naheliegende Annahme einer pluriglandulären Insuffizienz beim allgemeinen Infantilismus nicht durch autoptische Befunde gestützt worden. Die sicher als Störungen endokriner Drüsen erwiesenen Fälle von Infantilismus sind niemals solche von wirklich allgemeiner infantilistischer Hemmung: denn bei dem dysthyreotischen Infantilismus kommt es zu leidlichen geschlechtlichen Reifungen, beim dyspituitären und dysgenitalen zu guten psychischen Ausreifungen. Peritz möchte den dysgenitalen als die reinste Form des Infantilismus bezeichnen und stösst sich nicht an dem ungehemmten Skelettwachstum, indem er die Wachstumshemmung überhaupt nicht als infantilistisches Kennzeichen gelten lassen will mit der Begründung, dass im Verlust des Längenwachstums kein kindliches Merkmal läge; eher sei ein solches die Fortdauer des Wachstums. Damit wird aber in die Diagnose des Infantilismus, welche vorläufig eine formale und keine ätiologische ist, eine unreine Note gebracht, denn erkannt wird eben der Infantilismus an der Persistenz von kindlichen Entwicklungsstufen, verursacht durch Stillstand der Entwicklung, an der Beibehaltung des kindlichen Habitus. Es erscheint nicht ganz logisch, die Wachstumsfunktion nicht den anderen Funktionen, die der Erreichung des Entwicklungszieles dienen, wie die Pubertäts- und die geistige Entwicklung, gleichsetzen zu wollen. Auch ist es ganz unphysiologisch, das Kindesalter an sich als die Periode des Dysgenitalismus zu bezeichnen; es ist gar nicht agenital und noch weniger dysgenital. Es gibt keine unglaubwürdigere Sage als die, dass Achilles als Mädchen oder Neutrum im Frauenhause aufgewachsen sei.

Die Einteilung des Infantilismus in eine endokrin bedingte Form (dysthyreotischer, dysgenitaler usw.) und in einen dystrophischen Infantilismus (Type Lorain), wie ihn Peritz gibt, kann aus zwei Gründen nicht gut geheissen werden. Erstens fehlt darin der allgemeine Infantilismus kat exochen, weil Falta (529a), Matthes, Quadri, Bauer u. a. zugegeben werden muss (wie bereits von mir hervorgehoben), dass dessen endokrine Genese nicht feststeht[1]). Die Betonung der Bedeutung von Störungen des angeblich durch die Drüsentrias Schilddrüse, Hypophyse, Keimdrüse gegebenen endokrinen „Wachstumssystems" (Peritz) für den allgemeinen Infantilismus ist reine Hypothese. Alle (NB. konstruierten!) Entwicklungshemmungen aus jener Trias sind für Brandis (516) schlechthin Infantilismen. Zweitens ist das, was man seit Lorain unter dystrophischem Infantilismus zu verstehen pflegt, nämlich einen Infantilismus, der seine Entstehung anscheinend äusseren Schädlichkeiten und Krankheiten (wie Syphilis, Herzfehler, chronischer Unterernährung) verdankt, durchaus nicht so ausserhalb aller endokriner Mitwirkung. Hart (179) hat, wie ich glaube, mit Recht darauf aufmerksam gemacht, dass manche exogenen, konstitutionsändernden Faktoren auf dem Wege über die schädliche Beeinflussung innersekretorischer Drüsen wirken; der dystrophische Infantilismus ist also nicht notwendigerweise frei von endokrinen Einschlägen, ja er kann es seinem Aussehen nach gar nicht sein, denn woher anders sollte dabei z. B. der Dysgenitalismus herkommen?

Während auf der einen Seite, wie erwähnt, von manchen das Vorkommen eines allgemeinen Infantilismus bezweifelt wird, möchte Stauffenberg (608) die Existenz des partiellen Infantilismus in Abrede stellen, indem er nur „infantile Symptome bei an sich nicht Infantilen" gelten lässt; als wirklich infantil bezeichnet er Individuen, die in wesentlichen Punkten kindliche Merkmale aufweisen, somatischer oder psychischer Art und die zugleich nicht in eine der qualifizierten monoglandulären Krankheitsgruppen gehören; aber auch seine Einteilung ist, nicht einmal nach seinen eigenen Gesichtspunkten, folgerichtig; er unterscheidet einen glandulär-dystrophischen (z. B. vorwiegend thyreogenen, genitalen oder hypophysären Infantilismus), einen rein dystrophischen und einen rein psychischen Infantilismus. Was anders ist dies aber als die Konzession eines partiellen Infantilismus? Lehrreich ist aber auch wieder in den Ausführungen Stauffenbergs wie auch in der Systematik von Peritz das unklare Bedürfnis, zwischen infantilen Symptomen und einem (wahren) Infantilismus zu unterscheiden. Anton trennt einen generellen von einem partiellen Infantilismus; unter den Kategorien, die er zum ersteren zählt, finden sich aber durcheinander solche mit symptomatischer und solche mit ätiologischer Bezeichnung, z. B. Infantilismus mit Myxödem und Kretinismus und Infantilismus durch Fehlen oder Verkleinerung des Genitale, ferner der Infantilismus dystrophicus mit einer Anzahl Unterarten, z. B. „bei Gefässaplasie", „bei erblicher Syphilis", „bei Alkoholismus oder anderen Vergiftungen der Eltern" usw.

---

[1]) Besonders temperamentvoll ist de Sanctis (599) für die endokrine Genese des Infantilismus mit der Bemerkung eingetreten, es sei ebenso absurd, eine Malaria ohne Anopheles anzunehmen als einen Infantilismus ohne Veränderung der endokrinen Drüsen.

Man sieht: es fehlt auch hier an einem durchgehenden Prinzip der Klassifikation. Borchardts Einteilung (514) schliesslich hat den Vorzug des einheitlichen ätiologischen Einteilungsprinzips: er zählt 4 Kategorien auf: 1. Infantilismus durch Vererbung (freilich nur möglich in der Spezialform der Asthenie, vgl. unten), 2. Infantilismus durch Keimschädigung; 3. Infantilismus endokriner Art, 4. Infantilismus durch äussere Beeinflussung des Somas. Freilich drängen sich auch hier viele Einwände auf; so u. a. der, dass 2. und 3. nicht streng zu trennen sind, es sei nur an die auf Keimschädigung beruhenden und zunächst latenten Störungen der Drüsen mit innerer Sekretion erinnert und desgleichen schliessen sich 3. und 4. nicht gegenseitig aus, aus dem schon erwähnten Grunde, weil exogene Schädigungen die Funktion endokriner Apparate stören können. Hart (177a) gibt eine ähnliche Einteilung des Infantilismus wie Borchardt.

Zusammenfassend können wir also sagen, dass die ätiologischen Elemente der verschiedenen Formen des Infantilismus sehr mannigfaltige und dass auch das klinische Bild kein einheitliches ist; hierdurch wird heute noch eine befriedigende Systematik seiner Formen unmöglich sein. Immerhin wird aber dadurch eine vernünftige Begriffsbestimmung nicht ausgeschlossen. Wir werden den gemeinsamen und wesentlichen Eigenschaften der verschiedenen Erscheinungsarten des Infantilismus wohl am ehesten gerecht, wenn wir unter Zugrundelegung einer von W. A. Freund und R. v. d. Velden gegebenen Definition unter Infantilismus einen angeborenen oder erworbenen Zustand des Organismus ansehen, bei dem er in irgend einem Stadium der Entwicklung im ganzen oder in Teilen aufgehalten wird. Dies ist auch die Auffassung Antons (498) und entspricht auch der ursprünglichen Begriffsbestimmung Lasègues.

Damit ist freilich nicht gesagt, dass beim allgemeinen Infantilismus die Hemmung eine gleichmässige ist; vielmehr ergibt darauf gerichtete Beobachtung, dass die Infantilen disharmonisch entwickelte Individuen zu sein pflegen, wie auch R. Koch (562) ganz richtig bemerkt und wie ich schon früher (351) durch Messungen an infantilistischen Zwergen festgestellt habe. Sehen wir so auf der einen Seite die Grenzen der infantilistischen Entwicklungshemmung von mehr universellem Charakter recht deutlich, so ist dies auf der anderen Seite, nämlich mit dem partiellen Infantilismus keineswegs der Fall; hier weiss man nicht recht, wo der Infantilismus aufhört und die einfache Hypoplasie beginnt. Es geht wohl nicht an, die Grenzen des partiellen Infantilismus so weit hinauszustecken, wie Hegar, der schliesslich jede Entwicklungshemmung, wie die eingezogene Brustwarze, als Infantilismus bezeichnet und auch manches, was wohl eher keine reine Hemmung, sondern ein falscher Entwicklungsgang ist, dazu zählt. Ein solcher Irrtum liegt auch der Auffassung von der oberen Thoraxstenose als eines infantilistischen Zeichens zugrunde, von der eine Abart eine Zeit lang als Musterbeispiel eines infantilistischen Stigmas aufgeführt wurde. Ich nenne v. Hansemann (543) als einen besonders lebhaften Vertreter solcher Anschauungen; da kann es schliesslich nicht wundernehmen, dass schliesslich auch das offene Foramen ovale, die Fensterung der Aortenklappen im jugendlichen Alter, die Renkulifurchung der Nieren, die Erhaltung der

Stirnnaht, die persistierenden Milchzähne in dem grossen Topf des Infantilismus Platz fanden! Während Hegar und W. A. Freund selbst bei ihrer weiten Fassung des Begriffs immer noch den Blick aufs Ganze nicht verloren und vortreffliche und zutreffende Bilder des klinischen, besonders des dysgenitalen Infantilismus beschrieben, artete mit dem Einbegreifen jeder Art von Missbildung die Sucht, infantilistische „Stigmata“ zu finden, aus. Fr. Kraus (232) hat derselben Klage Ausdruck gegeben, indem er sagt: „Wir können gar nicht zu einem brauchbaren Begriff des Infantilismus kommen, wenn wir jede lokalisierte Wachstumsstörung unter den Infantilismus subsummieren.“ Für Kraus gewinnt auch der partielle Infantilismus nur Farbe, wenn er sozusagen als ein Komplex zusammengehöriger, in dieselbe Richtung deutender Körperzeichen erfasst werden kann; wenigstens verstehe ich dahin die Erörterungen von Kraus über den „kümmernden Hochwuchs“ und bin selbst der Meinung, dass Infantilismus nur aus solchen zusammenzielenden Befunden, nicht aber aus einem Einzelzeichen diagnostiziert werden kann.

Eine gewisse Stütze hat die Anschauung, dass auch der allgemeine Infantilismus auf endokriner Grundlage, und zwar auf einer mehr gleichmässigen Schädigung des ganzen endokrinen Systems beruht (Hart u. a.), durch die künstlichen Hemmungen der Entwicklung an den Larven der Amphibien erfahren (vgl. Gudernatsch's Experiment und die daran sich anschliessenden Arbeiten, über die im Kapitel II, A. 4. berichtet wurde). Indem es einerseits bei Kaulquappen gelang, sie durch Änderung ihres endokrinen Stoffwechsels (Thymusfütterung) in der Entwicklung zurückzuhalten, es andererseits Hart glückte, einen Axolotl, also eine kiemenatmende physiologische Dauerlarve in einen lungenatmenden Molch durch langdauernde Schilddrüsenfütterung zu verwandeln, schien im ersteren Fall ein künstliches Verharren im Jugendzustand erzeugt, im zweiten Fall eine Art normal gewordenen Infantilismus oder wie man das Beharren auf sonst passageren Entwicklungsstufen seit Kollmann zu nennen pflegt, einer „Neotenie“ künstlich überwunden zu sein. Es lag daher für Hart nahe, diese normale Neotenie der Amphibien dem Infantilismus gleichzustellen. Aber es scheint, dass hier doch eine sehr äusserliche Ähnlichkeit überschätzt wurde, insofern nämlich, als höchstens der Vergleich mit sehr partiellem Infantilismus erlaubt wäre; fehlen doch bei der Neotenie für den universellen Infantilismus zwei Grundphänomene: Zurückhaltung des Wachstums und Ausbleiben der geschlechtlichen Reifung! Nun sind aber selbstverständlich die neotenischen Tierformen nicht im mindesten als zwergwüchsig und noch weniger als hypogenital zu bezeichnen. Der Vergleich Harts hinkt also sehr und so ist im Grunde leider auch dieser Weg für einen Beweis von der endokrinen Natur des allgemeinen Infantilismus beim Menschen nicht gangbar. Hart selbst hat empfunden, dass Neotenie höchstens partiellem Infantilismus entsprechen kann; aber die Erklärung des partiellen Infantilismus ist dann kein Fortschritt und die des allgemeinen Infantilismus als „Kümmerform“ erst recht nicht befriedigend.

Hat die pluriglanduläre Erklärung des Infantilismus versagt, so tut es nicht minder die monoglanduläre. Die Einseitigkeit und Unzulänglichkeit der Anschauung Brissauds und Meiges von der thyreogenen Genese des Infantilismus, der auch Hertoghe (547, 548) bedingungslos beigetreten ist, ist schon oben gekennzeichnet worden; es ist eine Anschauung, die ganz unhaltbar ist, wenn man sich überhaupt noch auf das pathologisch-anatomische Substrat stützen will und nicht mit Hypothesen von rein klinischer Minderwertigkeit der Organe ohne morphologische Kennzeichen auskommen will. Anton (498) betont, dass er in Steiermark infantile Hemmungen auch ohne Kropf und ohne Schilddrüsenmangel gesehen hat. Apert (499) meint, dass der familiäre Infantilismus eine Form des familiären Hypothyreoidismus ist. Auf gleich schwachen Füssen steht der thymogene, suprarenale (Morlat, Variot und Pironneau, Pelegrino), splenische (Cardarelli und Lanceraux), pankreatogene [Bramwell, (515)] soweit damit gesagt werden soll, dass allgemeine infantilistische Zustände regelmässig davon abhängen sollen; ja selbst die Kasuistik der beschriebenen Fälle scheint nicht klar. In Morlats und Fabris Fällen fanden sich Symptome wie bei Addisonscher Erkrankung bei Infantilen, in Bramwells Fall trat bei einem 18jährigen Jüngling, der wie ein 11jähriger aussah, auf die Zufuhr von Pankreasstoffen Längenwachstum ein. Auch Pende (311) erwähnt Zeichen von Nebenniereninsuffizienz und dazu von Hyperpituitarismus in einem Falle. Schon Lucien und Parisot (260a) setzen in die Beweiskraft von Morlats und Fabris Fällen Zweifel. Vassale hatte nach einseitiger Nebennierenexstirpation bei einer jungen Hündin Hemmung des Wachstums gesehen, was aber doch nichts für den Einfluss von Nebennierenmangel als solchem beweist. Apert beschrieb gleichzeitiges Vorkommen von Infantilismus und Hypertrophie der Speicheldrüsen. Schwieriger ist es ohne Nachprüfung, die bisher meines Wissens von keiner Seite erfolgt ist, zum „intestinalen Infantilismus" von Herter (181) Stellung zu nehmen. Herter beschrieb unter diesem Namen folgendes Krankheitsbild: es handelt sich um kleine Kinder, die unter den Zeichen mässiger Anämie, schneller geistiger und körperlicher Ermüdbarkeit, Unregelmässigkeiten der Verdauung, exzessivem Appetit, nervöser Labilität und unternormaler Körpertemperatur im Wachstum zurückbleiben; dabei ist die geistige Entwicklung eine gute, die häufig begleitende Rachitis nur gering; als Ursache der Wachstumshemmung sieht Herter die Persistenz und Überentwicklung der für den Säugling normalen Bakterienflora des Darmes an; es fände eine mangelhafte Resorption von Kalzium und Magnesium statt; aufgefasst wird der Zustand aber als Schädigung durch chronische Infektion und die Prognose bewegt sich zwischen Tod unter Erscheinungen akuter Darmerkrankung und Ausbildung eines Zwergwuchses; für letzteren kommt ursächlich im wesentlichen Insuffizienz der resorbierten Nährstoffe in Betracht. Mc Crudden und Fales (523) haben ebenfalls den infantilistischen Zwergwuchs mit Störung des Kalziumstoffwechsels in Zusammenhang gebracht.

Die Diagnose „Infantilismus" ist zweifellos auch in den Fällen, wo es sich nur um partielle Unterentwicklungen handelt, von Bedeutung. Sie begreift durch ihre Kennzeichnung einer ungenügenden Vollreife, besonders ausgesprochen beim erwachsenen und fast erwachsenen Menschen, ein Werturteil ein und daher ist der Zustand auch oft als Degenerationszeichen schlechthin angesehen worden. Es ist aber auch ein Unterschied zwischen einer Minderwertigkeit aus regressiven Ursachen, einer Entartung mit Neigung zu weiterem Rückschritt und einem Ausbleiben der letzten oder vorletzten Entwicklungsstufen. Die Prognose ist eine ganz verschiedene und daher sollte immer versucht werden, klinisch scharf zu unterscheiden: das gemeinsame Moment der Minderwertigkeit genügt um so weniger, als viele Infantilismen doch zweifellos überwunden werden, und zwar sowohl somatische wie psychische. Die Erkenntnis gerade solcher Zustände durch den Arzt hat ausserdem den hohen Wert der möglichen Prophylaxe und zuweilen sogar der Therapie; der Prophylaxe insofern, als der Ansicht kaum widersprochen werden kann, dass unterentwickelte Systeme des Körpers einen gewissen Locus minoris resistentiae darstellen und dass Versager- und Überforderungs·krankheiten daran leicht eintreten. Besonders lehrreiche Beispiele hat der Krieg gezeitigt; unter vielen ärztlichen Anschauungen dieser Art erwähne ich die Studie Fr. v. Müllers (579) über Konstitution und Dienstbrauchbarkeit; v. Müller fand bei Soldaten von einem ihrem wahren Alter (20—24) nicht entsprechenden, übermässig jugendlichen Aussehen (Gesicht, Thorax, Fettverteilung) Unterentwicklung der sekundären Geschlechtsmerkmale einschliesslich der Muskulatur (Nacken!) und leistungsunfähige, labile, übererregbare Herzen. Das Wachstum ist dabei, wie Fr. Kraus an dem schon erwähnten Beispiele des „kümmernden Hochwuchses" nicht nur nicht pueril (besser als „juvenil", gehemmt, sondern in hypogenitaler Korrelation verstärkt und disharmonisch. P. Matthes (577), der unter richtiger Würdigung der Natur des Infantilismus als einer Entwicklungshemmung allgemeiner Art seine funktionelle Minderwertigkeit stark hervorhebt, ist dadurch zur Annahme einer vielleicht zu stark betonten Verwandschaft mit dem Bilde der Asthenie verleitet worden; v. Kemnitz (556) betrachtet geradezu den Infantilismus als die Folge der Asthenie und H. Albrecht (496) meint, der asthenische Infantilismus ist eine Form des Status hypoplasticus, worin ihm Jul. Bauer zustimmt. Mir scheint aber, auch hier sollte man mehr trennen als vereinigen, insofern als trotz der gewissen Ähnlichkeit dem Stillerschen Habitusbild der Asthenie ganz eigene Züge zukommen. In gewissem Sinne meint J. Bauer (34), sei auch der Status thymicolymphaticus ein Infantilismus, weil bei ihm die Altersinvolution des lymphoiden Systems ausbleibe. Er wendet sich aber mit Recht gegen Peritz, weil dieser den Status thymico-lymphaticus, der doch seine eigene Eigenart hat, dem Infantilismus unterordne.

Was nun schliesslich die Erkennung des Infantilismus anlangt, so kann hier nicht auf die unzähligen, in der Literatur als solche aufgezählten partiellen Infantilismen eingegangen werden; das Bauersche Buch über „Die konstitutionelle Disposition zu inneren Krankheiten" und das Werk Hastings Gilford: „The disorders of postnatal growth and development" zählen sie wohl vollständig auf; vor allem muss auch auf eine Darstellung des psychischen Infantilismus verzichtet werden [vgl. dazu di Gaspero (533)]; nur auf den Hinweis möchte ich nicht verzichten, dass auch zu diesem partielle, z. B. auf einzelne somatische Sphären wie die Geschlechtssphäre beschränkte Teilinfantilismen gehören, ohne dass gleichzeitig parallele somatische Hemmungszeichen vorhanden zu sein brauchen. Ich habe schon früher darauf hingewiesen (590a) und für einen pathologischen Zustand ist es von besonderem Interesse, nämlich für die Homosexualität, welche dann auch Kräpelin (564) für ein Zurückbleiben der psychischen Geschlechtsentwicklung auf einer vom Gesunden rasch überwundenen bisexuellen Zwischenstufe angesprochen hat. Das Verhalten des Menschen in der Pubertät und etwa des Jungviehs ist zeitweise sozusagen der Ausfluss einer natürlichen homosexuellen Verfassung. Hingegen kann Weil (469) nur bedingt recht darin gegeben werden, dass die Proportionen der erwachsenen Homosexuellen regelmässig auch gewissen Zwischenstufen entsprechen, wenngleich zugegeben werden muss, dass gewisse Stigmata, wie die Fettverteilung der Unreifen, bei ihnen gesehen werden.

Die Differentialdiagnose des Infantilismus stellt sich vom Standpunkte der hier gegebenen Einteilung in einen essentiellen (wahren) und einen symptomatischen Infantilismus folgendermassen dar: Je allgemeiner und harmonischer die Reifungshemmung sich klinisch zeigt, desto eher werden wir einen monoglandulären, also symptomatischen, weil die Symptome einer einseitigen endokrinen Störung aufweisenden Infantilismus ausschliessen können. Es wird also eher der dystrophische Typ Lorains, die allgemeine Entwicklungshemmung aus äusseren (Milieu-) Ursachen oder aus Allgemeinerkrankungen das Bild des essentiellen Infantilismus darbieten können, als etwa der myxödematöse Zwerg. Zum Begriffe des essentiellen Infantilismus gehört aber die Spontaneität der Erkrankung; in Wahrheit ist zu wünschen, dass es mit ihm so gehen möge, wie mit der essentiellen perniziösen Anämie: dass diese Kategorie durch den Fortschritt der ätiologischen Aufklärung immer mehr einschmilzt. Vorläufig geht aber der Infantilismus eben nicht in den bekannten Kategorien der endokrinen und dystrophischen Entwicklungshemmungen auf. Dringend notwendig wären gut ausgeführte Sektionen des infantilistischen Zwergwuchses; ein kurzer Hinweis von Klapproth (561) auf einen Befund Berblingers, der bei Infantilismus (welcher Art?) neben Entwicklungshemmung der Hoden einen Zustand der Unreife der epithelialen Ausstattung des Hypophysenvorderlappens (Mangel an Eosinophilen) sah, genügt nicht. Gerade die Differentialdiagnose zum hypophysären Zwergwuchs ist beim wahren Infantilismus besonders schwierig; sie wird ausser den Proportionen besonders den Geisteszustand und das Verhalten der Skelettfugen sowie das Alter zu berücksichtigen haben. Mir scheint, als ob wirkliche kindliche Proportionen sehr selten beim Infantilismus zu sehen sind, dagegen bei der Nannosomia pituitaria eher vorkommen; freilich habe ich bei der letzteren auch typische eunuchoide Statur gesehen [z B. in dem von Kon (230a) veröffentlichten, leider nicht abgebildeten Fall]. Die Infantilen ausgesprochenen Grades haben kindliche Psyche, was bei den hypophysären Zwergen nicht der Fall zu sein pflegt; ferner ist entschieden die zeitliche und Reihenfolgestörung der Skelettreifung bei ersteren stärker gestört; es sind Fälle hochbetagter Individuen mit hypophysärem Zwergwuchs und Verschluss der Fugen bekannt, dagegen meines Wissens nicht von den nicht langlebigen Infantilen. Haben wir nun wirklich wesentliche und nicht bloss gradweise Unterschiede zwischen wahrem Infantilismus und hypophysärem Zwergwuchs? Diese Frage ist nicht zu beantworten. Schliesslich ist in diesem Zusammenhang darauf hinzuweisen, dass das Bild des Infantilismus sich mit den Jahren im Einzelfall ändern kann, wie aus Pendes (311) Beobachtungen hervorgeht.

Viel einfacher ist die Unterscheidung gegenüber dem Hypogenitalismus und wir können uns kurz fassen, da wir auf S. 538 schon auf die nicht immer vermiedene Gefahr der Verwechslung aufmerksam gemacht haben. Falta (124) hat ganz richtig bemerkt, dass der springende Punkt hier der ist, dass beim Infantilismus die Keimdrüsen funktionieren, aber eben wie beim Kinde, während sie z. B. beim Eunuchoidismus nicht arbeiten. Immerhin bleibt die Schwierigkeit, dass der partielle Infantilismus des Sexualsystems sehr wechselnde Beeinflussung des Skeletts und damit des allgemeinen Wachstums erzeugt. Insofern ist die Angabe von Tandler und Gross (435), dass die Unterscheidung von Eunuchoidismus und Infantilismus durch die Disproportion des ersteren gegeben sei, nicht sicher zutreffend. Auch ist hier darauf aufmerksam zu machen, dass es vorübergehende Formen des Hypogenitalismus, einen sog. Übergangseunuchoidismus gibt, der nach Heinr. Fischer (529) röntgenologische Marken in Form von kompakten Knocheninseln in der Nähe der teils gut, teils unvollkommen verknöcherten Epiphysenlinien hinterlässt. Dass der sog. Späteunuchoidismus nichts mit Infantilismus zu tun hat, braucht höchstens deshalb betont zu werden, weil er unglücklicherweise zuweilen als „Infantilisme tardif" [z. B. von Gallavardin und Rebattu (532)] bezeichnet worden ist; es ist selbstverständlich, dass er keine Störung der aufsteigenden Entwicklung wie der Infantilismus ist.

Ist schon die Beziehung des Hypogenitalismus zum Wachstum eine lockere und wahrscheinlich indirekte insofern, als die Keimdrüsen nicht unmittelbar auf die Osteogenese wirken, so ist jetzt hinzuzufügen, dass auch an der bisher als besonders fest angesehenen Korrelation der Keimdrüsen mit den sekundären Geschlechtsmerkmalen, also mit besonders wertvollen Reifezeichen, Zweifel erhoben worden sind. So hat vom klinischen Standpunkte aus Gigon (535) auf Beziehungen der Mamma zur Schilddrüse, der Behaarung zum Skelettbau (unabhängig von der messbaren Ausbildung der Hoden) aufmerksam gemacht. Tatsächlich werden die Verhältnisse ja so liegen, dass die normale Reifung eben in jeder Beziehung ein polyglanduläres Produkt ist; jeder Kenner weiss, wie schwierig etwa die Differentialdiagnose zwischen primärgenitalen und sekundären, etwa hypophysären dysgenitalen Abweichungen des geschlechtlichen Habitus sind. Gelegentlich sind nur Nebenzeichen imstande, die Entscheidung zu geben, wie etwa in den Fällen von Eunuchoidismus mit Diabetes insipidus Ebsteins (526), mit Akromegalie [Saenger (597)] oder bei Fettverteilung nach Art der Dystrophia adiposo-genitalis. Als besonders lehrreich für die Notwendigkeit und Möglichkeit der Entscheidung zwischen wahrem und hypophysärem (symptomatischen) Infantilismus sei kurz ein Fall von Pende (311) angeführt, den er als schlechthin infantilistisch bezeichnet, der aber zum hypophysären partiellen symptomatischen Infantilismus gehören dürfte:

17jähriger Lyzealschüler von 134 cm Körperhöhe, bei Geburt normal gross, bis zum 6. Jahre regelrecht entwickelt; dann Verlangsamung; jetzt bei hervorragender Intelligenz und psychischer Reife Genitalhypoplasie, Fettverteilung wie bei Dystrophia adiposogenitalis; sämtliche Fugen offen; weite Sella turcica.

Es gibt, worauf Falta in seinem Buch über die „Erkrankungen der Blutdrüsen" hingewiesen hat, zahlreiche sehr zweifelhafte Diagnosen in der Literatur dieses Gebietes; auch seit dem Erscheinen von Faltas Werk hat das nicht aufgehört; ich nenne, weil oft zitiert und doch in einzelnen Diagnosen recht zweifelhaft, die Mitteilungen von K. Goldstein (538) und von A. Saenger (597). Bedauerlich ist insbesondere der häufige Mangel an Angaben über die Körperproportionen, ja selbst über die einfachsten Körpermasse.

Zweifellos gibt es auch einen Hypogenitalismus ohne Infantilismus, worauf neuerdings auch L. Borchardt (514) und Gigon (535) aufmerksam gemacht haben, d. h. Individuen mit Unterentwicklung des Geschlechtsapparates ohne sonstige kindliche Merkmale auf körperlichem und psychischem Gebiet; auch die heterosexuelle Veranlagung kann vollkommen ausgesprochen sein. Dies sind wohl auch die Fälle, von denen Hegar berichten konnte, dass sie — Mädchen betreffend — durch Heirat nachträglich Vollreife erlangen können. Nebenbei sei bemerkt, dass nach den Untersuchungen H. Sommerfelds (607) die Chlorose, welche bald als Zeichen von Unter-, bald als Zeichen von verfrühter Entwicklung der Genitalorgane angesehen wurde, das Wachstum und seinen Abschluss durch den Fugenschluss nicht beeinflusst.

Trotz der bereits ausgesprochenen Absicht, nicht auf die ganze spezielle Pathologie aller bisher gesammelten, angeblichen partiellen Infantilismen einzugehen, muss hervorgehoben werden, dass es solche von grosser Bedeutung nicht nur für das betreffende, in der Reifung zurückgebliebene Organ, sondern für den Gesamtorganismus gibt. Es möge auch kurz nochmals betont sein, dass eine kurze Bezeichnung wie etwa „Leber-Infantilismus" unverständlich, bzw. zweideutig ist: sie kann bedeuten „Infantilismus von seiten der Leber", d. h. mehr oder minder allgemeine Reifungsstörung des Körpers durch primäre Leberveränderungen oder es ist damit gemeint: „Infantilismus (partieller) der Leber". Diese beiden Dinge werden nicht immer klar auseinandergehalten.

Damit nicht durch das Vorhergehende der Eindruck erweckt werde, als ob der Hypogenitalismus allein uns als sichergestelltes Beispiel einer rückständigen Entwicklung von konstitutioneller Bedeutung gelten soll, möchte ich zum Schluss dieses Kapitels doch noch auf die Wichtigkeit der Entwicklungshemmungen des Zentralnervensystems, sowie des Herzens und der Gefässe hinweisen, aber gleichzeitig nochmals darauf aufmerksam machen, dass sonst nur für ganz wenige Beispiele die Bezeichnung „Infantilismus" zutreffen dürfte; denn streng genommen müsste bei einem partiellen Infantilismus die Hemmung nicht allein im Gewicht, sondern auch in der feineren Struktur gegeben sein. Hypoplasie und infantilistische Entwicklungshemmung sind eben nicht dasselbe. Am leichtesten wäre die Frage für die Hypoplasie des arteriellen Systems zu lösen, weil die physiologischen Alterswandlungen des Baues der Arterienwand verhältnismässig gut bekannt (vgl. 1. Teil) und dazu die

Gefässwanddicken und Gefässumfänge durch die von mir mit J. Kani ausgeführten (554, 590) Messungen bekannt sind. Eine Untersuchung, welche gleichzeitig die mikroskopische Beschaffenheit der hypoplastischen Gefässwände berücksichtigt hätte, ist leider noch nicht gemacht. Wohl aber haben interessante Untersuchungen von Binswanger (509), zum Teil mit Schaxel (510), gezeigt, dass histologische Unreife, die man als lokalisierte Infantilismen bezeichnen kann, in der Weise an Hirnarterien vorkommt, dass bei Erwachsenen Hypoplasien des elastischen und muskulösen Gefässwandgewebes nachzuweisen sind, die einer kindlichen Struktur desselben entsprechen sollen. In den betreffenden Fällen handelte es sich um Geisteskrankheiten aus konstitutioneller Veranlagung; so fand sich diese ungenügende Altersentwicklung der Gefässwand der Hirnarterien bei Idioten mit Epilepsie, bei präsenil Dementen, bei jugendlichen Paralytikern; Binswanger hat dann noch Fälle mitgeteilt, aus denen es sehr wahrscheinlich gemacht wird, dass auf dem Boden der Wandhypoplasie frühzeitige Arteriosklerose mit ihren Folgen für die Psyche und für die Brüchigkeit der Gefässe entsteht. Binswanger sieht wohl mit Recht in dem Nachweis der Unterentwicklung der Arterienwand einen ersten Befund, der die konstitutionellen Psychosen auf eine gesicherte anatomische Grundlage. stellt und vermutet auf Grund einer Arbeit von Tramer (613), dass analoge Hypoplasien auch am Nervengewebe gefunden werden können. Paradis führt Gefässhypoplasien auf intrauterine Entwicklungsstörungen zurück und macht von ihnen sogar den allgemeinen Infantilismus abhängig. H. Gilford (536) bezeichnet geradezu den Infantilismus der Arterien als die Grundlage der juvenilen Arteriosklerose und ihren Folgen. Ich selbst (590) habe schon früher (1910) ausgesprochen, dass die Arteriosklerose sich besonders frühzeitig an hypoplastischen Gefässen lokalisiert hatte. Askanazy hat durch Orliansky (582a) einen Fall von Hypoplasie der Hirngefässe mit gleichzeitiger Hypoplasie der Aorta bei einem psychisch abnormen 48 jährigen Manne beschreiben lassen. Luise Kaufmann (555) hat im Aschoffschen Institut die Frage der Hypoplasie der Aorta unter Benützung der Erfahrung an den Leichen von Soldaten von neuem aufgegriffen und kommt zum Schluss, dass sie erstens sehr selten und wo sie vorkomme, als Zeichen konstitutioneller Minderwertigkeit nicht angesehen werden könne, überhaupt eine bedeutungslose Varietät sei. Ich glaube, dass Kriegsteilnehmer von der Front zur Prüfung dieser Frage kein geeignetes Objekt waren, da die Besitzer von hypoplastischen Arterien wohl überhaupt in der überwiegenden Mehrzahl nicht an der Front waren. Sie stellt sich mit ihrer Ansicht in Gegensatz zu früheren Beurteilern der Frage wie Apelt, Rucke, Strauss, Jul. Bauer; auch ich muss dabei bleiben, dass es, allerdings fast nur zusammen mit einer Hypoplasie des Herzens, eine Hypoplasie der Aorta gibt und wiederum wie mir scheint auch eine nicht so seltene Hypoplasie der Koronararterien mit ähnlichen strukturellen Defekten wie sie Binswanger und Schaxel für die Hirnarterien beschrieben haben. Als Beispiel erwähne ich folgenden Fall eigener Erfahrung:

Ein 30 jähriger Mechaniker, zur Zeit arbeitslos, von sehr muskulösem, wenn auch kleinem Körperbau und von gutem Ernährungszustand, bis dahin immer gesund, leistungsfähig und nüchtern, erkrankt plötzlich und stirbt in wenigen Stunden unter den Zeichen einer Angina pectoris. Die Sektion ergibt eine akute, nicht ganz obturierende Thrombose des absteigenden Astes der vorderen Kranzschlagader bei starker, zum Teil degenerativer, zum Teil entzündlich-proliferativer Koronarsklerose mit Hypoplasie der Media; am Herzen nur eine ganz auffällig starke braune, die Sudanreaktion stark gebende Lipofuszinpigmentierung. Das Herz wog 275 g statt etwa 330 g.

III. Disharmonische Entwicklung durch verfrühte Reifungen.

So sehr wir im vorigen Kapitel betont haben, dass man bei der verspäteten Reifung sich nicht allzu einseitig auf das Beispiel der sexuellen Entwicklungshemmungen einstellen darf, so müssten auch für die verfrühten Reifungen Beispiele aus möglichst vielen Organsystemen beigebracht werden. Ein solcher Versuch scheitert aber sofort, weil wir ausserhalb des Geschlechtsapparates (im weiteren Sinne) kaum irgendwelche Überstürzungen der Entwicklung kennen. Bekannt, freilich aber wenig untersucht sind nur die verfrühten psychischen Reifungen, die Wunderkinder mit verschieden gerichteter, bald musikalischer, bald mathematischer oder philosophischer Begabung; bemerkenswert ist das nicht selten gleichzeitige Vorkommen verfrühter Sexualität neben alterswidrigen Neigungen und Fähigkeiten, ja sogar wie etwa im Falle Sacchi (596a) (s. unten), das Wiederverschwinden der psychischen abnormen Frühreife mit der Beseitigung der Pubertas praecox. Auf dem Gebiete des Skelettes sind Frühreifen, ohne gleichzeitige sexuelle solche, sicher grosse Seltenheiten; vielleicht gehören hierher die früher bereits erwähnten Fälle Gulekes (161) von prämaturem, anscheinend idiopathischem Verschluss der Epiphysenfugen.

Die beiden Hauptgruppen verfrühter Entwicklung sind die Pubertas praecox und die Senilitas praecox, die erstere stellt ein Beispiel solcher aus der aufsteigenden, die letztere aus dem absteigenden Ast der Entwicklung dar.

1. Die Pubertas praecox.

Einige Beispiele eigener und fremder Beobachtung mögen das Bild veranschaulichen:

1. 38jähriger Mann mit einem fast ebenmässigen Kleinwuchs von 138 cm (Gewicht 54 kg) durch vorzeitige Pubertät, Mechaniker, intelligent, verheiratet, Sohn gesunder Eltern und Vater gesunder Kinder; wuchs bis zum 8. Lebensjahr regelrecht; mit 6 Jahren bekam er Schamhaare und Erektionen; er selbst führt seinen Wachstumsstillstand auf die damals begonnene, übrigens nicht starke Onanie zurück. Subjektiv und objektiv außer dem Kleinwuchs jetzt nichts Abnormes. (Eigene Beobachtung.)

2. Weiblicher Fall von Kleinwuchs bei einem jetzt 18jährigen, 142,9 cm hohen. seit dem 10. Lebensjahre regelmässig alle 14 Tage menstruierten Mädchens mit deutlichem Hypergenitalismus, aber kindlicher Psyche. (Eigene Beobachtung.)

3. Sektionsfall eigener Beobachtung von ungewöhnlich früh erwachter sexueller Reifung bei einem $1^{1}/_{4}$jährigen, allgemein überentwickelten Mädchen mit linksseitigem Nebennierenrindenkrebs (SN. 274/21. Jena). Körperlänge 77 cm, Körpergewicht 9 kg, Herz 60 g, Milz 53 g, Leber 614 g, Pankreas 26 g, Nieren 85 g, Ovarien 5,7 g, Thymus 30 g, rechte Nebenniere 11,6 g, die linke durch den Tumor fast ganz zerstört; Tod unmittelbar nach dem Versuch der operativen Entfernung der Nebennierengeschwulst. Zähne dem Alter entsprechend, Handskelett wie das eines 3jährigen Kindes. Grosse Schamlippen bedecken die kleinen ganz, Klitoris gross, Schamhaare vorhanden; die inneren Geschlechtsorgane entsprechen dem Alter des Kindes.

4. Fall **Obmann** (300) zeigt neben vorzeitiger Geschlechtsentwicklung und männlichem Verhalten bei einem nicht ganz 4 Jahre alten Knaben auch sonstige Frühreife: rasches Wachstum, starke Ausbildung der Muskulatur und der Breitendimensionen; Schamhaare mit 1 Jahr, tiefe Stimme, grosse Geschlechtsteile, Erektionen; Körpermasse 121 (statt 99 cm), 34 (statt 14) kg; 58,5 cm Kopfumfang, 77—82 Brustumfang! Ossifikation wie bei einem 8—10 jährigen Knaben; Zähne dem Alter entsprechend. Der Fall ist von mir in **Aschoffs** Lehrbuch (6. Aufl., S. 22) abgebildet.

5. **Weiblicher Scheinzwitter** mit zwergwüchsigem, dabei chondrodystrophieartigem Körperbau (109,6 cm, 33 kg), Bartwuchs, starker männlicher Stamm- und Beinbehaarung, 17 jährig im Jahre 1919 von mir untersucht und gemessen. Damals schon mit einem rechtsseitigen, in der Lebergegend sitzenden, also bei dem übrigen Habitus vermutlich mit einem der Nebenniere angehörigen Tumor behaftet, früher schon von **Asch** (12) untersucht. Damals 10 jährig, bereits mit verknöcherten Epiphysenfugen, und von **Asch** als frühreifer weiblicher Pseudohermaphrodit bezeichnet. Nach **Matthias** (276), der den Fall ein halbes Jahr nach meiner Untersuchung, einige Tage nach dem Versuch der Exstirpation der Geschwulst, zu sezieren Gelegenheit hatte, erwähnt noch andere Untersuchungen desselben Individuums durch **Bab** und **Magnus Hirschfeld**. Die Sektion ergab bösartiges Hypernephrom.

Die Literatur kennt noch andere pathogenetische Formen verfrühter sexueller Reife als diejenigen, welche durch **Nebennierengeschwülste** bekannt sind; das gleiche ist beobachtet bei **Tumoren der Keimdrüsen** und zwar sowohl der Hoden [z. B. Fall von **Sacchi** (596a)] als der Ovarien [z. B. Fall J. **Lenz** (567)], ferner bei **Tumoren der Zirbeldrüse**. Da diese Tumoren sich meist im histologischen Bau nicht von anderen unterscheiden, bei deren Trägern keine solche überstürzte Entwicklung statthat, sicherlich aber die wesentliche Ursache derselben darstellen, wie aus der Heilung nach Exstirpation, d. h. aus dem Rückgang der Frühreife hervorgeht, so steht die eigentliche Aufklärung über den zweifellos hormonalen oder wenigstens hormonartigen Antrieb aus, der von den betreffenden Tumoren ausgeht. Histologisch handelt es sich an den Keimdrüsentumoren mit derartiger Wirkung teils um histioide (bzw. zellulär einheitliche), teils um teratoide Geschwülste, an der Epiphyse bisher fast ausschliesslich um solche, an den Nebennieren um Adenome oder Adenokarzinome der Rinde. **Askanazy** (501) hat die Vermutung ausgesprochen, dass bei pinealer Frühreife nicht die Störung der Epiphysis, sondern eben die chemische Leistung der Geschwulststellen, also in diesem Sonderfall meist der embryoiden Teratomzellen die abnorme Entwicklung auslöst. Gegen die Annahme einer „onkogenen und nicht pinealen Präkozität“ ist aber zunächst einzuwenden, dass sonst Teratome diese Wirkung nicht zu haben pflegen und zweitens, dass man von einer fötusähnlichen chemischen Leistung doch nicht sprechen kann, da solche hormonale, vom Fötus ausgehende Zellbeeinflussungen bisher nicht erwiesen sind. **Berblinger** (508) hat jüngst noch weitere Einwendungen gegen die Annahme solcher chemischer Leistungen der Geschwülste gemacht, auf die einzugehen zu weit führen würde. Vor allem aber hat neuerdings **Askanazy** selbst mit **Brack** (21) einen Fall von sexueller Frühreife bei einer Idiotin beschrieben, wo nur Hypoplasie der Zirbeldrüse (0,04 statt 0,157 g) und kein Tumor vorlag. Der Fall ist freilich dadurch ungemein verwickelt, dass bei der 23 jährigen, seit dem 10. Lebensjahre in genitaler Entwicklung begriffenen, seit dem 13. Jahre menstruierten Kranken Mikrogyrie und Porenzephalie vorlag; das Gehirn wog 720 g, der Thymus 39, die Schilddrüse war nach Art der **Basedow**schen Krankheit vergrössert; das Wachstum war nicht wesentlich beeinflusst, da die Patientin ihr anfängliches Wachstumsdefizit (von ca. 12 cm mit 104 cm bei 8 Jahren), das vielleicht dyszerebral bedingt war, mit dem Eintritt der doch nicht so übermässig frühen Geschlechtsreifung einholte, so dass sie mit 12 Jahren die durchaus durchschnittliche Körperhöhe von 140 cm erreichte; die Skelettreife war nicht abnorm. Fast regelmässig wird sonst bei Fällen von geschlechtlicher Frühreife mit Zirbelbefund rasches und übertriebenes Wachstum betont, so bei Gutzeit (541), Östreich-Slawyk (303), v. Frankl-Hochwart (530a), Bailey-Jeliffe (503), Takeya [zit. nach Fukuo (531a)], Odermatt (582); merkwürdigerweise sind alle diese Fälle, auch die noch nicht erwähnten von Ogle (301) und Goldzieher (156) Knaben gewesen. Ein nur klinisch beobachteter Fall von Baar (502) betrifft ein 5jähriges Mädchen. Im grossen und ganzen hat bei einem Überblick über die bisherigen Beobachtungen und bei Berücksichtigung der früher erwähnten experimentellen Erzeugung von genitaler Frühreife durch Exstirpation der Glandula pinealis (Fo à, Sareschi) die Theorie des Hypopinealismus auch für den Menschen mehr für sich [so auch Marburg (575), Berblinger (508) u. a.]. Berblinger (507a) zählte bis 1920 sieben sichere Fälle von Teratomen der Zirbeldrüse, bei denen schnelle körperliche Entwicklung und vorzeitige genitale Reife vermerkt wurden. Dazu kommt neuerdings der Fall Böhms (511). Berblinger betont noch, dass auch Fälle von Teratomen der Zirbel bei Kindern ohne die genannten Abnormitäten bekannt sind (vgl. den oben erwähnten Fall Klapproth (561)]. Dass auch nach Abschluss des Wachstums und der genitalen Reifung Zirbelgeschwülste durch Zerstörung des Organs den genitalen Habitus ändern können, geht aus einer weiteren Beobachtung Berblingers (507) hervor: Ein 35jähriger Soldat (174 cm) von kräftigem Körperbau und regulären sekundären Geschlechtsmerkmalen hatte ein Gliom der Zirbeldrüse mit völliger Zerstörung derselben, dabei ein Hodengewicht von 35 und 38 g (ohne Nebenhoden!).

Irgendeine Besonderheit zeigen die Fälle von genitaler Frühreife, bei denen krankhafte Veränderungen im Bereich der Epiphysis gefunden werden, zum Unterschied von den anderen, die mit Nebennieren- oder Keimdrüsentumoren zusammenhängen, nicht. Es sind in allen drei Kategorien dieselben Abstufungen zu verzeichnen: Vollfälle mit allgemeiner Entwicklungsförderung und Teilfälle ohne Beteiligung der Psyche, des Wachstums und der Gesamtheit der Sexualfunktionen. Es ist daher angezeigt, auch z. B. die Unterscheidung von Menstruatio praecox und von Pubertas praecox zu machen. In dem oben erwähnten Fall von Baar (502) zeigte das 5jährige Mädchen mit einer Körperlänge von 117 cm (wie 8 Jahre) und einer Skelettreife, die einem Alter von 12 Jahren entsprach, eine mittlere Intelligenz, rasch fortschreitendes Wachstum, Schamhaare und übergrosse Klitoris, aber keine Menstruation und keine Entwicklung der Brüste.

Vielleicht sind unvollkommene Frühfälle (formes frustes) von Proinotrophie, d. h. überstürzter Entwicklung, welche noch vor Eintritt sexueller Frühreife sterben, nicht so selten. Ich habe erst in der letzten Zeit zwei solche seziert. Im ersten Falle (S. N. 93/23 Basel) handelt es sich um einen 7½ Monate alten Kanben mit einer zweifaustgrossen, metastasierenden sarkomartigen Geschwulst der rechten Niere,

wobei das Kind 70 cm lang, 8400 g wog, einen Brustumfang von 40 cm
hatte, stark in die Breite entwickelt war und eine Skelettreife und Zahnentwicklung besaß, welche einem Alter von $1^1/_2$ Jahren entsprach; die
Geschlechtssphäre war an der Überentwicklung nicht beteiligt, merkwürdigerweise aber der Thymus bei äusserst gutem, sogar fettreichem
Ernährungszustand verkleinert, nach Art der physiologischen Involution.
An den übrigen Drüsen mit innerer Sekretion nichts Besonderes. In
einem zweiten Falle (S. N. 139/23 Basel) starb ein 6tägiger Knabe mit
einem hühnereigrossen, vollständig hämorrhagisch infarzierten und
nekrotischen Adenokarzinom der rechten Nebenniere ganz plötzlich;
auch er zeigte allgemeine Überreife, daneben eine rote Erweichung
des rechten Linsenkerns mit Durchbruch in die Hirnventrikel. Er mass
58 cm, wog über 9 Pfund, auch hier fehlten sonstige Zeichen von Überreife.

Das Wachstum des Skeletts in die Länge und Breite scheint beim
kindlichen Hypergenitalismus um so stärker angeregt zu werden, je
früher er einsetzt; aber der uneinheitliche Charakter der vom Genitale
ausgehenden Wachstumsbeeinflussung macht sich auch da wieder geltend,
indem „ausgeheilte" Fälle von sexueller Frühreife (wie meine obige
Beobachtung Nr. 1) schliesslich von kleiner Statur sind, indem das
zuerst mächtig angetriebene Knochenwachstum durch verfrühten Schluss
der Fugen vorzeitig aufhört. Es kommt also im Pathologischen wieder
die Übertreibung der normalen Beziehungen zum Vorschein, auf die
schon G. St. Hilaire (183) aufmerksam gemacht hat: bis zur Pubertät
treten Wachstum (accroissement simple) und Entwicklung (developpe-
ment) nicht in Gegensatz, wohl aber entsteht mit dem Erwachen der
Genitalorgane eine Art Antagonismus zwischen ihnen.

Bei den Nebennierentumoren, welche vorzeitige Geschlechtsreifung auslösen, liegt häufig, aber nicht immer gleichzeitig ein Schein-
hermaphroditismus äusserlicher Art vor. Matthias (276) unterscheidet
dreiTypen: 1. Maskulinierung weiblicher Individuen[1]), 2. Feminierung
männlicher, 3. gleichgeschlechtliche Frühreife. Die erste Kategorie ist
die häufigste, wenn man nach der Zahl der Sektionen geht. Bulloch
und Sequeira (517) haben bis 1905 12 Fälle, Jump, Beates und
Babcock (553) bis 1914 17 Fälle in der Literatur gezählt. Die Beobachtung von Ambrozic und Baar (497) betraf ein 3 Jahre altes Mädchen,
das wie ein 6jähriges (105 statt 92 cm) aussah und seit einem Jahr stark
gewachsen war; es besass einen kräftigen und vierschrötigen Körperbau
mit einem Skelett, das seinen Knochenkernen nach einem Alter von
12 Jahren entsprach; es war tiefe Stimme und Schambehaarung vorhanden; auch hier hatte die Operation des linksseitigen Nebennierentumors
den Tod zur Folge. Die geistige Entwicklung entsprach dem wirklichen
Alter. Der Tumor hatte Lungen- und Hirnmetastasen gemacht.

Ambrozic und Baar zählen bis 1920 19 Fälle mit Autopsie in der
Literatur, darunter nur 3 Knaben.

An der Beobachtung Thumins (612) ist bemerkenswert: der späte
Eintritt der Zustandsveränderung und der geringfügigere autoptische
Befund bei dem 17jährigen Mädchen, bestehend in einer Hyperplasie
der Nebennieren mit zwei haselnussgrossen kugeligen strumösen Knoten;

---

[1]) Sollte eigentlich heissen: Frühreife mit Maskulinierung weiblicher Individuen usw.

bei dem erst seit zwei Jahren menstruierten Mädchen spross mit gleichzeitigem Aufhören der Regel eine üppige männliche Geschlechtsbehaarung hervor. Dazu kommt noch der oben von mir angegebene von Matthias (276) zitierte Fall 5, mein Fall 3, ein Fall von Schiff. Ich habe in meinem Fall auch auf der gesunden Seite in der Nebenniere deutliche Hyperplasie der Rinde festgestellt und fand, dass dies auch in der Literatur mehrfach erwähnt ist, z. B. von F. Marchand in seinem zuerst von H. Gunckel veröffentlichten Falle (576 : 50jähriges Weib mit Pseudohermaphroditismus), bei de Crecchio (522), bei Fibiger (528). Von französischen Autoren wie von Lucien und Parisot (260a) wird die Ansicht vertreten, dass die Fälle von Nebennierenrindenhyperplasien nur dann, wenn sie tief ins Fötalleben hineinreichen, mit Umschlag der äusseren Geschlechtsmerkmale nach der gegengeschlechtlichen Seite verbunden sind; bei solchen lediglich mit grosser Klitoris und Andeutung männlicher Charaktere gehe die Störung nur bis in die letzte Fötal- oder erste extrauterine Lebenszeit zurück, während eine noch spätere Teratogenese sich lediglich in dem von Guthry und Emery, Apert (500), Guinon und Bijon geschilderten Bilde des Hirsutismus, einer mit Hypertrichosis verbundenen Fettsucht äussere.

Die dritte Kategorie ist nur durch den einzigen Fall Linser (255) von Dietrich (104) zitiert und abgebildet, vertreten: Ein $5^1/_2$jähriger Knabe von 138 cm Körperlänge (statt ca. 104!), mit starker Behaarung der Genitalgegend und fast ausgebildetem zweitem Gebiss hatte ein grosses linksseitiges Hypernephrom mit Einbruch in die Vena cava.

Mehrere Beobachter erwähnen, dass die vorzeitige Geschlechtsreife nicht selten schon mit einer angeborenen, also fötal vorbereiteten Überentwicklung verbunden sei [Kussmaul (565), Neurath (580), Lenz (567)]. Cushing erwähnt einen Fall, wo eine mit Akromegalie behaftete Frau ein Kind gebar, das schon bei der Geburt überentwickelt und fett war und mit 6 Jahren vorzeitig Geschlechtsreife darbot.

Ohne auf die Kasuistik dieser und ähnlicher Fälle näher eingehen zu wollen [1]), da es sich hier nur um die allgemeine Kennzeichnung der Abweichungen der Körperreifungen handelt, sei nur noch kurz auf den Befund von Keimdrüsengeschwülsten bei genitaler Frühreife mit oder ohne allgemeine Überentwicklung hingewiesen. Der schon mehrfach erwähnte Fall Sacchis (596a) betraf einen 9jährigen Knaben, der im Gefolge des Wachstums einer bösartigen Hodengeschwulst allgemeine vorzeitige überstürzte Reife mit philosophischen Neigungen, Onanie, tiefer Stimme und anderen sekundären Geschlechtsmerkmalen zeigte, was alles nach Wegnahme der Geschwulst wieder verschwand und einem neuen kindlichen Verhalten Platz machte. Riedl beschrieb ein 6jähriges Mädchen mit Menstruation seit dem 4. Jahre, Schamhaaren, ausgebildeten Mammae, bei dem die Regel nach Ausschneidung eines medullären Rundzellensarkoms des Ovariums aufhörte. Verébely (616) sah ein 5jähriges Mädchen mit sexueller und allgemeiner körperlicher Frühreife, welch erstere sich nach Entfernung eines Sarkoms neben dem Uterus zurück-

---

[1]) Lenz (567) hat bis 1913 130 Fälle von sexueller Frühreife im weiblichen Geschlecht in der Literatur gezählt; sehr viele Fälle finden sich auch in dem ausgezeichneten Werke von Neugebauer. (292): Über den Hermaphroditismus beim Menschen.

bildete. In der Beobachtung von Lenz (567) handelte es sich um ein 6jähriges Mädchen von 127 cm mit ausschliesslich körperlicher Frühreife; das Skelett war wie dasjenige einer 20jährigen, mit 10 Jahren und 136 cm war dann der Wachstumsabschluss fast erreicht; klinisch liess sich eine Vergrösserung des linken Eierstocks feststellen. Der Fall Lenz leitet über zu den zahlreichen Fällen, die nur klinisch untersucht sind, wie diejenigen von Neurath (581), Herzog (549), Bruno Wolff (621), auf die wir deshalb trotz ihrer mannigfachen lehrreichen Einzelheiten nicht eingehen können.

Es gibt dann schliesslich noch eine besondere Art von sexueller Frühreife, die auf Tumoren ausserhalb der bisher genannten drei Sphären der Epiphysis, der Nebennieren und der Keimdrüsen, nämlich Lunge, Niere, Hypophysis oder auf krankhafte Zustände, die mit Geschwülsten gar nichts zu tun haben, zurückgeführt werden: so beschrieb Kussmaul (565) einen solchen Fall bei Hydrozephalus, Kendle (558) brachte einen Fall bei einer Kretinen (5jährig menstruiert) mit der Schilddrüse in Verbindung, da nach Thyreoidinbehandlung die Periode aufhörte, die Geschlechtsbehaaarung schwand und die Brüste kleiner wurden.

2. Senilitas praecox.

Während der Infantilismus das Ergebnis einer verlangsamten oder zum Teil sogar ausbleibenden Entwicklung, die Pubertas praecox das Ergebnis einer überstürzten Frühreife in dem mit Wachstum noch verbundenen aufsteigenden oder aufbauenden Teil der individuellen Entwicklung ist, besteht die Senilitas praecox oder wie ihr erster Beschreiber Hastings Gilford (536) sie genannt hat, die Progeria in dem Auftreten greisenhafter Merkmale in kindlichem Lebensalter; man kann diesen Umstand geradezu als scheinbare Verbindung von Infantilismus und Senilität bezeichnen. Eine reine Präsenilität kommt im Kindesalter ohne Infantilismus nicht vor. Freilich wird die Präsenilität nur aus äusseren Merkmalen greisenhaften Aussehens erschlossen, also nur symptomatisch und nicht aus dem objektiven Befund wahren überstürzten Alterns der Organe. Denn wir besitzen kein Mittel der wissenschaftlichen Bestimmung des Altersgrades. Es ist daher sehr die Frage, ob das äusserliche Ansehen der Kranken den Schluss rechtfertigt, dass bei ihnen sozusagen die ganze mittlere Lebenszeit der Reifung und der Reife ausgefallen und sie wirklich die Greisenhaftigkeit gleich an die Jugend angeschlossen haben.

Der erste, von Gilford (536) 1897 beschriebene Fall betraf einen im Wachstum und in der geschlechtlichen Entwicklung zurückgebliebenen jungen Mann von 17 Jahren (113 cm, 16 kg!); er verlor schon in früher Jugend Haare und Fettpolster, sah mit 12 Jahren mit seinen spärlichen weissen Haaren, schmalen Lippen, übertriebenen Gesichtszügen und faltiger Haut, seinem steifen Gang und überruhigen Verhalten wie ein alter Mann aus; übrigens war am Auge kein Arcus senilis. Die Intelligenz war gut, der Gedankengang senil. Die Sektion bei dem im Alter von 18 Jahren, nach einem asthmatischen Krankheitsbild erfolgten Tode ergab ausser Atherosklerose der Arterien aller Kaliber und angeblich vermehrtem Bindegewebe in Nieren und Lymphdrüsen harte, geschrumpfte

Nebennieren, Persistenz des Thymus, unveränderte Schilddrüse, geringe Überreife des Skeletts, Atrophie des Magendarmkanals, Auftreibung der Gelenkenden; kein abnormer Befund am Gehirn. Die Geschlechtsorgane sind sonderbarerweise nicht beschrieben, auch nicht die Hypophysis.

Ein zweiter Fall von Variot und Pironneau (614) sieht dem ersten, ursprünglich übrigens bereits von Jonathan Hutchinson beschriebenen Falle im photographischen Bilde auffallend gleich [Abbildungen bei Gilford (155]; es war ein 15jähriges Mädchen von 102 cm und (bei äusserster Abmagerung) nur 11,65 kg. Körpergewicht; auch hier Kahlheit, Hakennase, dicker Bauch und dicke Gelenke. Eine Sektion wurde weder in diesem noch in einem weiteren Falle von Hasting Gilford gemacht.

Als Todesursache sieht Gilford in diesen Fällen einen senilen Marasmus an, in Ermangelung einer ausgesprochenen Organerkrankung. Keith (556) hat dann einen weiteren Fall beschrieben und die Vermutung ausgesprochen, die Progerie könnte einer Hypofunktion der Hypophysis ihre Entstehung verdanken, weil sich in vielen ihrer Befunde eine gewisse Gegensätzlichkeit zur Akromegalie kund gebe: Gesichtsskelett, Gaumen, Unterkiefer blieben im Wachstum zurück, der Schädel bliebe dünn; in dem Erhaltensein, teils frühen Verschluss von Nähten des Schädels mische sich Frühreife und Infantilismus durcheinander. Positive Befunde über die Hypophyse sind nicht beigebracht [1]. Ebenso gut kann man eine Gegensätzlichkeit zur Pubertas praecox mit Hypertrichosis, und zwar derjenigen Form, die von Hyperplasie der Nebennierenrinde ausgeht, annehmen und wegen der Magerkeit (aber keine Atrophie der Muskulatur!), Haarlosigkeit und mangelnden Geschlechtsreifung mit Variot und Pironneau (614) die angebliche Sklerose der Nebennieren als Ursache der Progerie anschuldigen. Nach Lucien und Parisot (260a) soll Karakascheff zwei Fälle von Progerie mit Atrophie der Nebennieren beschrieben haben; ich bezweifle, dass dies richtig ist, da diese Fälle gewöhnliche Fälle von Addisonscher Erkrankung bei Erwachsenen betrafen. Es ist also bisher nur ein Fall autoptisch untersucht (Gilford) und dieser durchaus ungenügend; klinisch sind bisher vier (Hutchinson, Gilford, Variot-Pironneau, Schippers) beschrieben. Jul. Bauer lässt auch den Schippersschen Fall (601) nicht als Progerie, sondern eher als hypophysären Zwergwuchs gelten. Das 4jährige Kind mass 88 cm und war fast 12 kg schwer, es war immer schwächlich gewesen, seine Haare grau, gekräuselt, seine Farbe war fahl, seine Haut trocken, runzelig, greisenhaft; Intelligenz normal. Ich möchte dazu bemerken, dass ein gewisses gealtertes Aussehen nicht so selten beim infantilistischen Zwergwuchs vorkommt; ich kenne selbst einen ausgesprochenen solchen Fall (19 Jahre alter Knabe von 132 cm); allerdings fehlt die der Progeria eigentümliche Magerkeit und Kahlheit. In dem schon früher erwähnten Fall von E. J. Kraus (231) einer 27jährigen zwergwüchsigen Idiotin (hypophysäre oder zerebrale Nannosomie) lag auch eine gewisse Progerie vor. Jul. Bauer meint, dass Geroderma

---

[1] In einem Falle von Simmonds (605) mit Cachexia hypophyseopriva finde ich allerdings ein Senium praecox vermerkt.

gerade bei hypophysärem Zwergwuchs häufiger vorkomme und erwähnt dazu fremde und eigene Erfahrungen. In einem von mir sezierten und von Yutaka Kon (230a) veröffentlichten Falle traf dies allerdings zu. Vielleicht gehört hierher auch der als einfacher Infantilismus beschriebene Fall 2 von N. Pende, wo ein 19jähriger Jüngling aus belasteter syphilitischer Familie zuerst Zwergwuchs mit Hypogenitalismus, dann nach einer Appendizitisoperation einen plötzlichen Wachstumsschub und Hypergenitalismus mit Ausdruck frühzeitiger Senilität bei sonstigem Aussehen wie ein 12—13jähriger Knabe (142 cm) darbot. Nach Jul. Bauer hat Kiernan (560) Fälle zusammengestellt, in denen Kindheit, Pubertät und Greisentum einander ganz unvermittelt folgten; auch sei kurz an das von Rummo und Ferranini (596) beschriebene Krankheitsbild des „Geroderma genitodistrofico" erinnert, bei dem allerdings keine Verwicklung mit Wachstums- und Reifestörungen, sondern nur das Symptom greisenhafter Hautbeschaffenheit im Gefolge von Keimdrüsen- und Genitalatrophie wie beim Kastraten oder beim Späteunuchen vorliegt.

Aber das Bild, welches der sog. Späteunuchoidismus darbietet, kann und darf nicht mit Entwicklungsstörungen irgendwelcher Art verwechselt werden. Es handelt sich dabei lediglich um eine erworbene Atrophie der Sexualität, aber ganz anderer Art, als die Altersatrophie der Geschlechtsorgane im Klimakterium. Der Ausdruck „Infantilisme regressif" der französischen Autoren (Larrey, Gandy, Claude und Gougerot, Cordier, Rebattu) gibt wie die deutsche Bezeichnung Späteunuchoidismus die charakteristische äussere Ähnlichkeit mit dem sexuellen Infantilismus gut wieder, beide erwecken aber leicht die falsche Vorstellung einer inneren Verwandtschaft; es fehlt aber natürlich bei diesen erwachsenen Menschen mit spontanem Verlust aller sexuellen Charaktere jede Änderung des sonstigen Körperbaues im Sinne von Infantilen oder Kastraten. Nur die eunuchoide Fettansammlung trifft ein. Am klarsten zeigen dies die Fälle traumatischer Genese bei Männern, wie solche im Kriege öfter gesehen wurden, durch Verletzungen des Hodens und des Samenstranges. Die Ausdrücke „Infantilisme tardif" (Gallavardin und Rebattu (532)] oder „retrograde Pubertät" (Belfield) sind noch missverständlicher. In einem Falle von Gallavardin und Rebattu (532) verlor ein Matrose von 23 Jahren, Epileptiker, im Verlaufe von vier Jahren nach einer Hodenquetschung durch einen Fusstritt alle somatischen und psychischen männlichen Eigenschaften; der 174 cm grosse Mann hatte dann ein Genitale von dem Aussehen wie bei einem 10jährigen Knaben. Selbstverständlich blieben die Epiphysenfugen das, was sie bei der Auslösung der Genitalatrophie eben waren, nämlich meist schon geschlossen. Wilh. Hueck (549a) hat einen Beitrag zur Differentialdiagnose von Späteunuchoidismus und Dystrophia adiposogenitalis geliefert; seine Diagnose in dem mitgeteilten Falle erscheint aber sehr fraglich. Anders natürlich beim sog. Übergangseunuchoidismus; er ist eine vorübergehende Entwicklungsstörung und wirkt auf dem Umweg über die noch nicht abgeglichene endokrine Formel des Individuums, vor allem wahrscheinlich durch unharmonische Abstimmung von Hypophyse und Keimdrüsen auf das Sexualbild und gleichzeitig auf die Körperproportionen; er ist deshalb so häufig bei jugendlichen Schwangeren; nach Heinr. Fischer (529) lassen sich als Zeichen solchen vorübergehenden und bereits überstandenen Hypogenitalismus im Röntgenbilde der Epiphysengegenden teils ganz, teils unvollkommen verknöcherte Kompaktainseln nachweisen.

Gewissermassen im Gegensatz dazu steht eine andere endokrine Reifungsstörung, das von Brissaud und Meige, von Sticker (zit. nach J. Bauer) schon früher hervorgehobene, von Bauer selbst als Pubertätsakromegaloidie genannte, ebenfalls vorübergehende Erscheinen akromegaloider Züge. Es scheint mir, dass gelegentlich aber die Züge bleiben, ohne dass gerade krankhafte Äusserungen der hypophysären Überbetonung die Folge sind, höchstens eine gewisse Disposition zu Beschwerden, die nicht selten bei Akromegalen gefunden werden.: Plattfüsse, frühe Kyphosen; einen derartigen Fall habe ich in Aschoff-Lehrbuch der Pathologie (4. u. 5. Auflage) abgebildet.

So wenig wie der Späteunuchoidismus gehört die ihm nahe verwandte „multiple Blutdrüsensklerose" [Falta (527a)] zu den hier zu besprechenden Entwicklungsstörungen des Wachstumsalters und der absteigenden Lebensperiode. Ausser dem Erlöschen des sexuellen Charakters scheint allerdings gelegentlich vorzeitige Greisenhaftigkeit einzutreten und wenn es richtig ist, was mit dem Namen Faltas gemeint ist, nämlich dass hierbei eine anatomisch in bindegewebiger Schrumpfung begründete Atrophie mehrerer endokriner Drüsen vorliegt (Insuffisance pluriglandulaire endocrinienne von Claude und Gougerot), so hätte dies für uns insofern eine Bedeutung als die Frage der Abhängigkeit des Alterns auch in physiologischer Form von den innersekretorischen Drüsen immer wieder aufgetaucht ist. Aus eigener Erfahrung kann ich nur sagen, dass wenn einmal ganz ausnahmsweise mehrere mit Wachstum und sexueller Entwicklung stark verbundene innersekretorische Drüsen schwer verändert gefunden werden [wie bei einem von mir sezierten Falle von gleichzeitigem Morbus Addisonii und Morbus Basedowi (593a)], keine Präsenilität vorhanden zu sein braucht. Allerdings wird man gegen die Beweiskraft gerade dieses Falles einwenden müssen, dass gerade eine dem Basedowbefund entgegengesetzte Veränderung der Schilddrüse nach allen uns bekannten Tatsachen (Myxödem usw.) eher zum „Geromorphismus" führen müsste.

In der Tat ist, wenn wir uns nun von der pluriglandulären Hypothese des vorzeitigen Alterns weg zu der Hypothese seiner monoglandulären Entstehung wenden, am häufigsten physiologisches und pathologisches Altern mit der Schilddrüse in Verbindung gebracht worden [Hertoghe, Lorand, Brugsch (77), Leopold-Levy und Rothschild (369)]. Dazu trug von vornherein das greisenhafte Aussehen der Myxödematösen, die bei ihnen und auch bei der experimentellen Athyreosis so häufig gefundene und so gern als Alterserkrankung angesehene Arteriosklerose bei, ferner das jugendliche Aussehen der mit Hyperthyreoidismus behafteten Menschen u. dgl. mehr. Nach Eppinger (527) verfallen die Kropfträger Steiermarks einem frühzeitigen Greisentum mit „Myodegeneratio". Mancher Krankheitsfall ist allerdings als thyreogen aufgefasst worden, der wohl eher pluriglandulär war, so derjenige von Cawadias und Sourdel (518): ein 52jähriger Mann hatte auffälliges

Welkwerden der Haut, Ausfall aller Körperbehaarung, Erlöschen der Libido neben seiner tödlichen Lungentuberkulose gezeigt; die Sektion ergab hochgradige sklerotische Atrophie der Schilddrüse, aber auch „abgelaufene Orchitis, Sklerose des Pankreas und Veränderungen der Nebennieren". Auch Lorand, Hertoghe, Bayard u. a. messen der Schilddrüse grosse Bedeutung für das pathologische Altern bei.

Eine gewisse Skepsis ist auch gegenüber den „Atrophien mit Bindegewebsvermehrung", wie sie an den verschiedenen Drüsen als Ursache von Störungen der Entwicklung, z. B. vorzeitigen Alterns, beschrieben worden sind, angebracht. Jeder geübte Obduzent wird zugeben, wie vorsichtig man selbst noch an dem Mikroskop mit dieser Diagnose sein muss. Dabei ist noch ganz abgesehen von der Frage, inwieweit solche angeblichen sklerotischen Atrophien primärer oder sekundärer Natur sind und inwieweit physiologische Bindegewebsvermehrung wirklich im Alter vorkommt. Ich habe auf Grund darauf gerichteter Untersuchungen allen Grund, sie zu bezweifeln (593). Auf alle Fälle ist der makroskopische Befund nicht zu verwerten und auch der mikroskopische täuscht leicht absolute Bindegewebsvermehrung vor.

Damit soll aber nur hinsichtlich der ganz allgemein verbreiteten Annahme einer senilen Bindegewebsvermehrung zur Vorsicht gemahnt sein, dagegen nichts ausgesagt werden gegen die Möglichkeit, dass der Altersvorgang, wiewohl er keineswegs als einheitlich im Organismus anzusehen ist, nicht von einem chemischen oder nervösen Zentrum aus beschleunigt werden könnte. Auch an der Meinung eines lokalen Alterns und einer schon physiologisch möglichen verschiedenen Reihenfolge und Intensität des Alterns ist festzuhalten, wie ich schon früher ausgeführt habe (589).

R. Virchow hat in seiner Zellularpathologie (4. Aufl., S. 73) bei der Erörterung der „Lokalgeschichte" der Gewebe die Bemerkung gemacht: „Nicht alle Gewebe des Körpers entstehen zu derselben Zeit und nicht alle sterben zu gleicher Zeit. Auch in dieser Beziehung stellt der Organismus keine Einheit dar, sondern nur eine Gemeinschaft; die Bezeichnungen, welche wir für die Entwicklungsperioden des Gesamtorganismus mit Recht wählen, passen keineswegs für die einzelnen Teile und Gewebe. Es gibt jugendliche Gewebe im hohen Greisenalter und seneszierende Gewebe im Fötus". Virchow wollte damit sicherlich nicht einen reinen Vergleich machen, sondern jedenfalls sagen, dass die wirklichen Altersvorgänge sich an verschiedenen Organen zu verschiedenen Zeiten abspielen. Trifft dies aber unter natürlichen Verhältnissen zu, so wird es auch davon unnatürliche Steigerungen, vielleicht auch unnatürliche Verlangsamungen geben. Jul. Bauer (34) spricht meines Erachtens mit Recht von einer „Heterochronie der Organinvolution". Aber wie schon hervorgehoben, sind wir dabei ganz auf das Symptomatische angewiesen, wenigstens was die klinische Bestimmung des vorzeitigen oder retardierten Alters anlangt. Auch liegen dazu noch im Symptomatischen Widersprüche vor: so sehen wir das Schilddrüseninkret als katabiotisch an und sollen denken, dass eine sparsame Wirkung eines solchen stoffwechselsteigernden Inkrets nicht eine Erscheinung wie das Altern hervorruft oder verstärkt, die wir ganz allgemein wiederum als die Folge eines Verbrauchs oder einer Abnutzung an unvollständig regenerierenden Teilen auffassen. Man sollte eher erwarten, dass Hyper- und nicht etwa Hypothyreoidismus den Altersprozess beschleunigt.

Wahrscheinlich sind aber die äusseren Altersmerkmale überhaupt kein Massstab für das wahre Alter, gerade weil die einzelnen Körperteile für sich oder in Gruppen (voneinander abhängig) altern können, und weil wir das Alter eben vom Altern der Haut, der Muskeln (Bewegung) und der Körpergestalt abschätzen (vgl. L. R. Müller: „Über die Altersschätzung beim Menschen)“. Wie häufig sind wir über die wirkliche Leistungsfähigkeit geistiger, körperlicher, sexueller Natur alt aussehender Menschen erstaunt. Andererseits ist nicht gesagt, dass früh gealtert aussehende Menschen entsprechend früher sterben, z. B. die orientalischen Kastraten, von denen immer wieder berichtet wird, dass sie mit 40 Jahren greisenhaft aussehen oder etwa die „früh alternden“ Frauen südländischer oder tropischer Menschenrassen.

Aus diesem Grunde bleibt uns vorläufig nichts weiter übrig als die Altersveränderungen der einzelnen Gewebe auf jede nur mögliche Weise, morphologisch und funktionell zu erforschen und nur wenn wir darüber unterrichtet sind, werden wir Aussagen darüber machen können, ob ein vorgefundener Zustand alterswidrig im Vergleich zum bürgerlichen Alter der Person ist und erfahren können, ob von dem rascheren oder langsameren Prozess des Alterns an einem einzelnen Organ auch die Alterung anderer korrelativ verbunden ist. Auch pathologische Erscheinungen wird man dann besser als heute in die Alterslehre unterbringen können, z. B. die Arteriosklerose, den Altersstar, die braunen Atrophien usw. und wird beurteilen können, ob deren frühes Auftreten dann wirklich eine lokale Präsenilität bedeuten muss (vergleiche das oben über juvenile Arteriosklerose im Anschluss an die Arbeiten Binswangers Gesagte; ferner Zydek: „Über Alterskatarakt im frühen Alter“). Auch die andere Frage, ob frühzeitiges Nachlassen der Funktion als Alterserscheinung bezeichnet werden darf, wird erst dann beantwortet werden können: vorläufig wäre eine solche Auffassung gegenüber den Ptosen durch Schwäche des Bindegewebes und Nachgiebigkeit nach Art der wirklichen Alterssenkungen an Rippen, Zwerchfell, Mesenterium, Kehlkopf usw. und gegenüber den Elastizitätsverlusten der elastischen Elemente sehr hypothetisch. Das gleiche gilt für die Wucherungen, die als Folge isolierter seniler Atrophien angesehen werden, wie die Prostatahypertrophie (Hertoghe u. a.) oder die kleinen, meist multiplen Alterstumoren, die ich ebenfalls als ausgelöst durch die entlastende Atrophie des umgebenden Gewebes und damit als indirekte Folge des Alterns ihrer Muttergewebe aufgefasst habe (591).

Ungleichmässiges Altern.

Jeder Beitrag zu dem Problem des individuellen Alterns muss uns auf dem genannten Wege erwünscht sein. Auffällig ist jedenfalls, wie schon bei makroskopischer Betrachtung die gewöhnlichen Alterszeichen der Organe (Atrophie, braune Pigmentierung) bei gleichaltrigen Greisen unterschiedlich sind, besonders auffällig scheint es mir an dem Organ,

dessen relativer Schwund am leichtesten abzuschätzen ist: an dem
Gehirn. Ich finde darüber in der Literatur aber nur eine kasuistische
Bemerkung v. Hansemanns (542), der im Gegensatz zu den Gehirnen
des 86jährigen Mommsen und des 88jährigen Bunsen am Gehirn
des 89jährigen Ad. Menzel keine Atrophie fand. Arbeiten, die sich die
Klarlegung individueller Entwicklungsunterschiede bei Gleichaltrigen
für ein und dasselbe Organ zum Ziele gesetzt hatten, gibt es ganz wenige.
B. Salge (598) hat auf die Bedeutung der Geschwindigkeit der Entwicklung für die Konstitution aufmerksam gemacht; unter seiner Leitung
ist die Untersuchung von A. Schmitz (602) über die Entwicklung der
quergestreiften Muskeln und diejenige von Jos. Becker (506) über
Haut- und Schweissdrüsen bei Föten und Neugeborenen entstanden,
erstere mit dem Ergebnis, dass individuelle Unterschiede in der Faserdicke der Muskeln und bei Muskelfasern verschiedener Muskeln desselben
Individuums nachweisbar waren; letztere zeigte, dass Zahl und Reifungs-
zustand der Schweissdrüsen, Dicke und gewebliche Zusammensetzung
des Koriums bei gleichaltrigen Kindern verschieden ist. So einleuchtend,
ja wahrscheinlich solche Ergebnisse sind, so schwierig dürfte es sein,
wirklich in jeder Beziehung vergleichbares und zahlenmässig genügendes
Material zu erhalten; eigene dahin gerichtete Pläne habe ich aufgegeben,
weil immer wieder irgendwelche Einwände gegen die Vergleichbarkeit der
Fälle zu erheben waren; selbstverständlich genügt gleiches Alter allein
keineswegs.

Ebenso bemerkenswert, aber mit ebenso kritischen Augen wie die
Angaben über die histologischen Differenzen der Organe Gleichaltriger,
— natürlich immer unter der Voraussetzung der Abwesenheit pathologischer Einflüsse! —, sind Angaben über auffällige individuelle Alterszeichen an Geweben anzusehen. Ich habe einige solche aus der Literatur
gesammelt: So bemerkt H. Kern (559) in seiner Arbeit über den Umbau
der Nebennieren, welche diese im extrauterinen Leben während der
ersten Lebensjahre durchmachen, dass er bei Anenzephalie an den hypoplastischen Nebennieren eine vorzeitige Altersreifung des Marks gefunden
habe; dasselbe bestätigt Landau (566) mit der Bemerkung, es sei also
eine sonst postfötale Entwicklung ins fötale Leben vorweggenommen.
M. Bauer-Jokl (505) beschreibt unter der Bezeichnung „morphologische
Senilismen am Zentralnervensystem" das Vorkommen zahlreicher
Corpora amylacea in der gliösen Randzone und im zentralen Höhlengrau
des Rückenmarks bei einem 26jährigen Manne mit Landryscher Para-
lyse, in einer Menge, wie sie sonst kaum im höchsten Lebensalter vorkomme. Dabei sei auch auf die bekannten Befunde von Alzheimer bei
gewissen Formen der präsenilen Demenz (sog. Alzheimersche Krankheit) verwiesen: stärkste Rindenverödung, lebhafte Abbauvorgänge und
massige Drusenbildung am Gehirn. M. Frank (530) will bei Dementia
praecox verzögertes Altern der Epithelkörperchen, vorzeitiges Altern der
Nebennieren (Atrophie der Zona glomerulosa) und Fibrosen in verschiedenen anderen endokrinen Drüsen gefunden haben. Jul. Bauer (34)
fasst gewisse Fälle des Hypogenitalismus, bei denen eine exogene Ätiologie
nicht nachweisbar ist, als „heterochronen partiellen Senilismus" der
Keimdrüsen auf, der zur Atrophie des Genitale, zur Rückbildung der
sekundären Geschlechtsmerkmale und zu Fettsucht führe.

IV. Verlangsamtes Altern und Langlebigkeit.

Während sich gegen die Annahme eines verschiedenen Tempos des Alterns im allgemeinen kaum ein Widerspruch erheben wird und auch darüber nicht, dass es krankhaft beschleunigt werden kann, also eine Senilitas praecox (womit nicht immer Progerie im Sinne Gilfords gemeint ist) gibt, wird man über die Frage, ob verspätete Senilität immer Gesundheit bedeutet, verschiedener Meinung sein. Auch hier wird man zwischen persistierender allgemeiner Jugendlichkeit und Erhaltung lokaler Organfrische unterscheiden müssen und sich durch einzelne Symptome nicht täuschen lassen dürfen. Es handelt sich da wohlgemerkt um etwas anderes als um einen Infantilismus. Das Wesentliche wäre die ungewöhnlich lange Beobachtung einer Vollreife ohne Anzeichen regressiver Altersentwicklung; es fehlt das natürliche Tempo und der Grad der Abnahme der Leistungen durch das Alter. Gilford hat solche Fälle mit „unnatürlicher" Fortdauer der Lebenskraft als „Zentenarismus" bezeichnet; er kennzeichnet dies Verhalten als eine „progressive Variation", vermeidet aber ausdrücklich, sie als pathologisch zu bezeichnen, spricht aber von Abnormität. Insoweit man einen Athleten oder ein Wunderkind auch als abnorm stempeln darf, mag dies hingehen; immerhin erscheint doch Langlebigkeit bei Erhaltung körperlicher und geistiger Eigenschaften so sehr als natürliche Begabung, dass man die Abwesenheit ihres pathologischen Charakters meines Erachtens nicht scharf genug unterstreichen kann. Wie häufig ist z. B. eine gewisse Lebenszähigkeit bei hochbedeutenden Menschen als Teilerscheinung einer allgemein gesteigerten menschlichen Vitalität zu sehen! Es wäre eine lohnende, allerdings auch statistisch schwer zu bewältigende Aufgabe, herauszubringen, ob nicht Langlebigkeit verhältnismässig häufig mit nachweisbaren körperlichen und geistigen Vorzügen und mit einer gewissen Harmonie der Konstitution verbunden ist.

Die Langlebigkeit als solche hat noch nicht lange die Forschung beschäftigt; sie hat nur immer als Wunsch und Beispiel in der Frage der künstlichen Lebensverlängerung eine Rolle gespielt; Beispiele und Ratschläge sind in allen solchen Schriften von Hufelands Makrobiotik bis zu Herm. Webers (620) „Longewity and means for the prolongation of life" (1919) zu finden. Aber leider ergibt sich bei genauem Hinsehen, dass viele von den höchstbetagt gestorbenen Menschen recht unvernünftig gelebt haben; schon daraus ist der überwiegend konstitutionelle Charakter dieser Eigenschaft zu ersehen.

Aus allen bisherigen Beobachtungen über Langlebigkeit scheint es mir nötig, einen Schluss zu ziehen, der mir als der wichtigste in diesem Problem erscheint, nämlich der, dass zur Langlebigkeit ein angeborenes Talent gehört und dass dieses in vielen Fällen ererbt ist. Dieser Frage bin ich (592) mit meinen Schülern Genschel (534) und Böning (512) nachgegangen. Bei einer Analyse der Stammbäume der Familien des Jenaer Gynäkologen B. S. Schultze und des grossen Biologen Ernst Häckel ist mir nicht nur die Häufung hohen Alters, sondern die Fruchtbarkeit ihrer langlebigen Familien aufgefallen. Auch findet man bei Schallmayer (Vererbung und Auslese) (600) den Hinweis, dass es langlebige Familien gibt und dass bei ihnen nicht

nur Kinderreichtum, sondern auch geringe Kindersterblichkeit die Regel
ist (Weinberg, Ploetz). „Je mehr Vollkommenheit ein Ding hat,
desto lebensfähiger ist es, desto mehr Dasein hat es, sagt H. Türck in
seinem Buche „Der geniale Mensch". Genschel hat unter meiner Leitung an zahlreichen Ahnentafeln die Langlebigkeit nach den genannten
Richtungen untersucht und ist, wie ich glaube, zu dem sicheren Schlusse
gekommen, dass sie als dominantes Merkmal sich forterbt. Da sie diejenige Eigenschaft ist, die wohl am längsten latent bleibt und da infolgedessen ihre Träger vor ihrem Manifestwerden häufiger als andere Probanden durch Tod wegen übermächtiger Gesundheitsstörungen (Seuchen,
Unglücksfälle) abgehen können, so ist die statistische Durchdringung
der Frage der Vererbung hier besonders schwierig. Auch Lindheim
(570) hat diese Frage mit eigenem Material statistisch bejaht.

Das Wesen der Langlebigkeit ist schwer zu bestimmen. Handelt
es sich — konstitutionelle Veranlagung dazu vorausgesetzt und nicht
Glückszufall — um einen besonders langsamen Ablauf der Alterungsprozesse, oder um Resistenz gegen die Gefahren der Umwelt, z. B. Infektionen oder um besondere Anpassungs- und Regenerationsfähigkeit der
Gewebe? Da aus den — allerdings nicht hoch zu wertenden — amtlichen
Statistiken hervorzugehen scheint, dass Kreislauf- und Magendarmerkrankungen bei hochbetagten Greisen verhältnismässig selten als Todesursache in Betracht kommen, so veranlasste ich Böning (512), der
Sterblichkeit der Langlebigen auf Grund pathologisch-anatomischer Statistik auf den Grund zu gehen. Das wichtigste Ergebnis ist, dass die
Mortalität der Menschen, die über 80 Jahre alt werden, sich in Zahl und
Art der Krankheiten nicht von derjenigen der nächstjüngeren Lebensjahrzehnte unterscheidet. Aber auch die senile Involution fand sich
nicht etwa schwächer oder gehemmt, sondern sozusagen in natürlicher
Linie weiter geführt und verstärkt; Abnutzungserkrankungen wie Arteriosklerose fanden sich jedenfalls nicht seltener. (Es verdient dies wegen
des in der Altersliteratur eine gewisse Rolle spielenden, immer wieder
angeführten Sektionsbefundes an dem 153 Jahre alt gewordenen Thomas
Parr erwähnt zu werden; es wird erzählt, dass Harvey bei dessen Sektion
im Jahre 1635 „jugendlich-elastische und weiche Rippenknorpel" fand.
Hier hätte die Kritik schon dabei einzusetzen, dass verknöcherte Rippenknorpel keine Alterszeichen schlechthin sind.) Nur hinsichtlich der
Mortalität an Krebs fand Böning einen deutlicheren Abfall der Zahl
bei Langlebigen. Auch Pütter (585—587) kommt bei seinen Studien
über die Lebensdauer (deren mathematische Einstellung hier eine eingehendere Betrachtung ausschliesst), zu dem Schluss, „dass das Absterben
einen kontinuierlichen Vorgang darstellt, der in jüngeren Jahren die
Reihen der Lebenden nach den gleichen Gesetzen lichtet wie im höchsten
Greisenalter". Es gebe also danach auch keine besondere Resistenz
gegenüber dem Tod bei den langlebig Begabten; die Absterbeordnung
ist eine gleichmässige. Jene Gesetze drückt Pütter durch eine Formel
aus, in der er einem Alternsfaktor einen Vernichtungsfaktor gegenüberstellt: die Kurve der Absterbeordnung ist so gestaltet, „als ob dauernd
die äussere Schädigungswahrscheinlichkeit dieselbe bliebe, während die
Widerstandsfähigkeit gegen die Schädigungen als Funktion der Zeit
abnimmt". Erwin Bauer (504) stellt für die Lebensdauer die begrifflich

sehr ähnliche Formel $\text{Lebensdauer} = \dfrac{\text{Anpassungsgrad}}{\text{Intensität der Lebensprozesse}}$ auf.
Bei dieser letzteren Fassung ist aber schon deutlich das Altern als Abnutzungsvorgang vorausgesetzt, falls die Formel für physiologische Verhältnisse auch gültig sein soll.

Es würde schliesslich noch eine verlockende Aufgabe sein, der Frage nachzugehen, ob etwa mit Störungen des normalen Entwicklungsganges, auch nach Abschluss des Wachstums, besondere Dispositionen zusammenhängen könnten. Es wäre damit das Problem der konstitutionellen Bedeutung jener Störungen angeschnitten. Eine Erörterung dieser Frage müsste aber sehr weit ausholen und auch die sog. Wachstumskrankheiten berücksichtigen, d. h. diejenigen Störungen der Gesundheit, zu denen der Wachstumsprozess als solcher mittelbar und unmittelbar Veranlassung gibt. Dies würde aber über den Rahmen dieser Arbeit hinausgehen. Was ich aber mit dem Hinweis auf eine Inkongruenz zwischen Alter und Krankheit gemeint habe, sei kurz am Beispiel des folgenden Falles erläutert: Ich sah einen 69jährigen Mann mit einem ausgeprägten Status lymphaticus an einer akuten Poliomyelitis anterior zugrunde gehen; dieser Tod durch eine sonst fast nur im Kindesalter, also in der Blütezeit des lymphatischen Apparates vorkommende Erkrankung ist auffällig und steht vielleicht mit der mangelhaften Altersinvolution dieses Apparates in einem Zusammenhange. Wir hätten hier also eine „involutive Konstitutionsanomalie" im Sinne Jul. Bauers vor uns und es läge im besonderen eine „heterochrone Hypinvolution" vor.

V. Verjüngung.

Furcht vor Alter und Tod haben immer schon dem menschlichen Geist die Frage nahe gelegt, ob es denn ein unerbittliches Gesetz sei, dass die Lebenslinie sich unaufhaltsam wieder nach abwärts neige; Unsterblichkeit und Verjüngung waren aber bis jetzt Gedanken, welche die Wissenschaft vom Leben für die vielzelligen Organismen ablehnte; mochten sie wie von jeher ihr Dasein nur in Träumen und Sagen fristen! Aber wie so mancher Glaube und manche Hoffnung plötzlich in der Wissenschaft Ankergrund findet, so zeigte auch die Forschung über Leben und Tod plötzlich anscheinend eine Möglichkeit, dass in jenem eisernen Gesetze eine Lücke wäre. Zuerst wurde die potentielle Unsterblichkeit der Einzelligen erwiesen durch die Versuche Woodruffs und Erdmanns (s. physiol. Teil dieser Arbeit Kap. 3, S. 6); sie haben bei Paramäzien (Infusorien), welche sie an der Zellerneuerung durch Austausch der Kernstoffe in der Konjugation hinderten, einen Modus der Zellerneuerung aus sich selbst durch gewisse Kernrevolutionen nachgewiesen. Jollos (552) hat seitdem den wichtigen Nachweis erbracht, dass diese Art „Parthenogenesis" unvermeidlich, aber in ihrem Rhythmus von den (künstlich veränderbaren) Einflüssen der Aussenwelt abhängig ist. Da danach offensichtlich eine neue Lebensperiode für das einzellige Individuum anhebt, kann man hier von einer Verjüngung des Organismus sprechen. Weil nun nach Entstehung der Vielzelligkeit und nach der angeblichen Trennung von Soma und Keimplasma in der Phylogenese eine solche Reorganisation der Gewebezellen nicht möglich und nicht nötig erscheint, indem die Kontinuität der Generationen durch Differenzierung einer die Fortpflanzung besorgenden Zellklasse als Besitzerin des „Keimplasmas" gewährleistet wird, so fragt sich, ob die Unfähigkeit zum ewigen Leben beim vielzelligen Organismus auf dem Verlust der Erneuerungsfähigkeit lebenswichtiger Teile oder aller Gewebezellen beruht oder ob mit der Differenzierung der Gewebezellen und der Zellverbindungen die an sich vorhandene Fähigkeit zum unbegrenzten Leben (Wachstum, Stoffwechsel, Erneuerung) beseitigt wird. Die Frage wird jetzt im allgemeinen im letzteren Sinne bejaht: es liegt eine Hemmung und kein Verlust der Eigenschaft der Unsterblichkeit vor. Dazu haben vor allem die Ergebnisse der Beobachtung an Explantaten (Harrison, Carrel u. a.) beigetragen, aus denen hervorgeht, dass gewisse Gewebezellen ausserhalb des Körpers unbeschränkt lange Zeit (bis jetzt ein Jahrzehnt lang) sich kultivieren lassen, ohne an Lebens- und Wachstumsfähigkeit einzubüssen, dass dies aber nicht mit ausgereiften Gewebezellen möglich ist, sondern nur mit Ausgangsmaterial, das nicht fertig im Gewebsverband ausdifferenziert war. Nur ganz ausnahmsweise gelingt es, Gewebezellen aus erwachsenen Tieren in künstlicher Kultur am Leben zu erhalten oder gar fortzuzüchten (Harnblasenmuskel, Schilddrüse, Prostataepithelien) (vgl. Champy, Rh. Erdmann u. a.).

Hoffnungen auf die Verwirklichung einer Verjüngung des menschlichen Organismus haben dann mehrfach gewisse Erfolge der Forschung über innere Sekretion erweckt und schon die grundlegenden berühmten Mitteilungen Brown Séquards über die Injektion von Hodensaft an sich selbst und ihre verjüngende Wirkung gehören hierher. In neuester Zeit (1920) kamen dann die aufsehenerregenden Mitteilungen Steinachs (609, 610) in seiner Schrift: „Verjüngung durch experimentelle Neubelebung der alternden Pubertätsdrüse" und die gleichzeitigen und gleichsinnigen, sich mehr an zoologische Fachkreise wendenden experimentellen Ergebnisse von Harms (544, 545). Die Methode Steinachs bestand zuletzt in Unterbindung des Vas deferens oder Vasektomie, diejenige von Harms in Transplantation jugendlicher Hoden. Von den eben erwähnten Versuchen Brown-Séquards nicht grundsätzlich, sondern nur technisch unterschieden, sind auch die diesen Versuchen zugrundeliegenden Anschauungen nicht neu. Es ist schon früher, z. B. von Hansemann, das Altern auf das Aufhören des verjüngenden Einflusses der Keimdrüsen zurückgeführt worden; das ist dasselbe, wie wenn Steinach es als eine „Minusfunktion der Pubertätsdrüse" anspricht. Wir wollen hier nicht in die Streitfrage eintreten, welche Elemente die innere Sekretion des Hodens besorgen und verweisen nur kurz auf die Anschauung Steinachs, der sich auf diejenige von Tandler und Gross stützte, dass sie von den sog. Zwischenzellen des Hodens betätigt wird; dafür haben sich ausserdem u. a. Lipschütz [noch neuerdings (571)], dagegen u. a. Romeis (594 u. 595), Posner, Stieve, Tiedje, Berblinger, Sternberg u. a. ausgesprochen.

Uns geht hier im wesentlichen die Frage an, ob es sich hier um eine wirkliche Verjüngung handelt; eine solche würde eine — freilich nur zeitweise wirksame Umkehr der natürlichen Entwicklung und etwas vollkommen Naturwidriges, und von selbst niemals Geschehendes bedeuten. Hier ist der Hinweis am Platze, dass eine gewisse Ähnlichkeit jener künstlichen Verjüngung durch Stoffe der Keimdrüsen mit den Erscheinungen der ersten Lebenszeit vorliegt, in dem auch da Stoffe der männlichen Keimdrüse mit den Samenzellen in die Eizelle hineingetragen werden und eine Erregung verursachen, die sich durch Wachstum und Stoffwechsel kundgibt. Bemerkenswerterweise haben auch eine Reihe angesehener Forscher wie Rubner, Jaques Loeb (572), Child (518a) von der Befruchtung als einem Akte der Verjüngung gesprochen. Ich habe mich dagegen schon im ersten Teile dieser Arbeit gewendet. Es ist auch noch keineswegs bewiesen, wenn auch wahrscheinlich, dass die Seneszenz als solche eine Abnahme des Stoffwechsels mit sich bringt (Child), während wohl die sog. „Verjüngungen“, die an Tier und Mensch gelungen sind, zweifellos mit einer Erhöhung des Stoffwechsels verbunden sind. Aber auch andere als die von der „neubelebten“ Keimdrüse ausgehenden Erregungen des Organismus machen Stoffwechselsteigerungen unter dem Bilde der Verjüngung und es ist bekannt, welches lebendig-blühende Aussehen die Hyperthyreotischen, z. B. die Basedowkranken oft haben. Leschke (568) ist der Ansicht, dass überhaupt nicht die Keimdrüsen allein, sondern nur in Verbindung mit anderen innersekretorischen Drüsen die Alterung regulieren und dass wirksamer als die alleinige Vasektomie oder Unterbindung des Vas deferens nach Steinach die gleichzeitige Reizbestrahlung der Blutdrüsen ist.

Ist nun das, was sich bei den Versuchen von Harms und von Steinach und bei den Übertragungen der Versuche auf den Menschen (Lichtenstern u. a.) einstellt, wirklich eine Verjüngung; ich glaube nein. Eine wahre Verjüngung kann doch nur durch rückgängige Entwicklung, Beseitigung der Alterszeichen an den Geweben und Beginn neuen natürlichen Alterns, d. h. durch eine natürliche Periodizität wie bei den Einzelligen gegeben sein, aber doch nicht durch ein paar Symptome einer Aufmöbelung, die aus dem Körper mehr herausholt als bei dem natürlichen Gang der Entwicklung zum Tode von ihm an Lebensarbeit geleistet worden wäre. Es erinnert diese gewisse Lebensreserve, welche bei den sog. Verjüngungsversuchen zutage tritt, an Hungerversuche von Fr. N. Schulz und Hempel (604). Sie fanden, dass der Hungertod nicht darauf beruht, dass die lebenswichtigen Organe eine gewisse weitgehende Einbusse erlitten hatten; denn ein Hund liess sich kurz vor dem erwarteten Eintritt des Hungertodes von diesem retten durch eine an sich ganz unzureichende Nahrung, die sein Leben noch um 61 Tage verlängerte. Das Tertium comparationis mit den Aufmöbelungsversuchen Steinachs liegt also darin, dass offenbar Alter und Hunger durch Erschöpfung gewisser zuerst verbrauchter Stoffe zum Tod führen, dass aber durch neue Zufuhr an sich ungenügender Art eine künstliche Lebensverlängerung eine gewisse Zeit erzielt werden kann; worauf dann allerdings die Katastrophe doch nicht ausbleibt, aber erst in einem viel ausgemergelterem Körperzustande. Mir scheint gerade die Schilderung Steinachs von der Art und Weise, wie bei den „verjüngten“ Tieren zuletzt doch der Tod erfolgt, von besonderem Interesse und vielleicht seine bedeutsamste Beobachtung zu sein; Steinach selbst hält den trotz gelungener Verjüngung schliesslich eintretenden Tod für einen nervösen Zentraltod; auch er nimmt zur Erklärung des natürlichen

Alterstodes ein ungleichmässiges Altern der Organe an, was ja auch angesichts der Tatsache, dass dieser Alterstod sich künstlich hinausschieben lässt, fast notwendig ist. Einen anderen Schluss, der sich aus diesen weniger praktisch, als grundsätzlich wichtigen Beobachtungen ergibt, hat Steinach ebenfalls mit Recht gezogen, nämlich den, dass „die Gewebe keine scharf begrenzte Lebenszeit", auch nicht im Verbande des Organismus haben.

VI. Schluss.

Es war die Absicht der vorliegenden Arbeit, einen kurzen Abriss über die Pathologie der postfötalen Entwicklung des Menschen zu geben. Indem wir schliesslich bei der letzten Lebensstufe, der Entwicklung der Senilität angelangt sind, wäre es naheliegend, auch noch die Folge der Senilität, nämlich den Alterstod des Menschen einer Betrachtung zu unterziehen. Aber ein genaueres Eingehen auf diese Frage würde den Rahmen dieser Arbeit überschreiten und ich begnüge mich deshalb mit einigen grundsätzlichen Bemerkungen zu diesem Problem.

Es wird niemand bezweifeln, dass die Natur für ihre verschiedenen Lebewesen verschiedene Formen des physiologischen Todes kennt und man kann mit Doflein (523a) als solche den Stoffwechseltod, den Schocktod, den Fortpflanzungstod, den Alterstod aufzählen; Doflein nennt auch noch den Tod durch unharmonische Organisation, aber es wäre die Frage, ob der letztere eine besondere Art darstellt und ob er wirklich als natürlich angesprochen werden darf, da es von vornherein nicht jedem einleuchten mag, dass es normale „Disharmonien" gibt. Wir kommen gleich darauf zurück. Wir können hier auf Beispiele für die verschiedenen natürlichen Todesarten nicht eingehen. Der physiologische Tod des Menschen, gewöhnlich als Alterstod aufgefasst, hat auch Beziehungen zu den anderen Todesformen, die verschieden eingeschätzt werden, insofern als viele den Alterstod in der Unvollkommenheit des Stoffwechsels (Unfähigkeit zur Selbsterneuerung und Selbstreinigung des Protoplasmas von Schlacken), andere wieder in dem Fortfall der verjüngenden Impulse der Keimdrüsen begründet sehen. Auch eine gewisse „physiologische Disharmonie" ist gerade für die Organisation der höchstentwickelten Organismen nicht ohne weiteres von der Hand zu weisen, sind sie doch wie der Mensch aus Elementen von grundsätzlich verschiedener Einstellung zum Lebensprozess zusammengesetzt: während ein Teil unseres Zellbestandes ständig verbraucht wird, der Organismus also in bestimmten Geweben auf den Partialtod und auf Verjüngung eingestellt ist, ist eine zweite Kategorie von Geweben aus Dauerzellen aufgebaut, wie das Herz und das Zentralnervensystem; es hat wohl auch etwas zu bedeuten, dass wir gerade an diesen Zellen gesicherte morphologische Merkmale des Alterns kennen und dass nach allem, was wir über den physiologischen Tod höherer vielzelliger Lebewesen wissen, dieser von solchen Organen mit merklich alternden und schliesslich gealterten Zellen ausgeht. Was Ribbert theoretisch gefolgert hat, Steinach mit seinem Zentraltod bei seinen „verjüngten" Versuchstieren beobachtet zu haben glaubt, wird wesentlich gestützt durch die neueren morphologischen Untersuchungen über den Alterstod, welche seit den (im ersten Teile dieser

Arbeit bereits berichteten) schönen Untersuchungen von Harms erfolgt sind: nämlich dass der physiologische Alterstod von dem verbrauchten Zentralnervensystem ausgeht und die Zeichen des Verbrauches in einem degenerativen Untergang seiner zelligen Elemente bestehen. Die eine Untersuchung ist 1919 und 1920 auf meine Veranlassung von Herbert Schmidt (603) am Bienengehirn ausgeführt und hat gezeigt, wie dort im Bereich der sog. pilzhutförmigen Körper des atrophierenden Gehirnes eine fortschreitende Karyolyse der Ganglienzellen das Bild des Gehirns der alternden Biene beherrscht; die andere Untersuchung stammt von E. Walter (619), einem Schüler Korschelts (563) und ist in dessen Monographie über „Lebensdauer, Altern und Tod" erwähnt. Sie betraf ganz analoge Veränderungen an den Ganglienzellen des Gehirns bei gealterten Krebsen (Copepoden); hier wie dort wurde es wahrscheinlich, dass die funktionellen und morphologischen Störungen an den anderen Körperapparaten nur zum Teil auf selbständigem gleichzeitigem Altern beruhten, zum Teil aber in Abhängigkeit von dem Altersprozess im Gehirn sich einstellten.

Lässt sich so mit einer gewissen Befriedigung feststellen, dass es gelungen ist, die Ursache des natürlichen Todes des vielzelligen Organismus im Altersprozess lebenswichtiger Teile aufzuspüren, so lautet die nächste Frage: welches ist nun aber die Ursache des Alterns? Als solche sind eine grosse Anzahl Vorgänge angegeben worden, die aber samt und sonders das Gemeinsame haben, dass sie in Wahrheit nur Symptome oder Folgen des Alterns, nicht aber seine Ursachen sind. Doms (524) hat dies in einer ausgezeichneten kritischen Erörterung des Alters- und Todesproblems mit Recht hervorgehoben. Ein Beispiel soll genauer zeigen, was gemeint ist. Wenn Child (518a) in meisterhaften Versuchen nachgewiesen hat, dass alternde Planarien widerstandsloser gegen Gifte (z. B. Alkohollösungen, Zyanide, Narkotika) sind als junge oder schlechter regenerieren, so können diese Eigenschaften, nämlich verminderte Anpassungs- und Regenerationsfähigkeit (vgl. auch Korschelt, Pribram u. a.) als die Ursachen des Altersprozesses ebenso wie als Folgen gedeutet werden. Jedenfalls wird uns auch durch Häufung von Kriterien des Alterszustandes seine Genese und sein Wesen nicht klarer. Die vergleichende Forschung, sonst so fruchtbar, hilft hier auch nicht weiter, weil es nicht unbedingt feststeht, dass Altern eine Grundeigenschaft der lebenden Substanz ist und daher überall im Tierreich verbreitet ist. Dies steht aber wiederum deshalb nicht fest, weil wir doch keine durchgängigen Kriterien für eintretendes Altern am Protoplasma jeder Zelle haben. Child hält allerdings dafür, dass genügende Beweise für dies Vorkommen des Alterns in der ganzen belebten Natur existieren. Fest steht nur die Vermeidbarkeit des Todes durch Vorgänge der Verjüngung und die Notwendigkeit solcher in allen Fällen, wo entweder (wie bei den Infusorien) innerhalb eines einzelligen Organismus oder durch Arbeitsteilung zwischen Zellen in einem vielzelligen Organismus Differenzierung aufgetreten ist. Mangelnde Verjüngung scheint aber unter allen Umständen zu einem Nachlassen der Vitalität zu führen, das den allgemeinsten Ausdruck für das Altern darstellt. Wo es gelingt, Wachstum in Gang zu bringen, etwa in Form regeneratorischer Erneuerung, schwinden wie in Childs Versuchen die

Alterszeichen; aufgezwungene Regeneration erhöhte hier die Resistenz gegen Gifte. Child selbst sieht in Herabminderung des Stoffwechsels die Grundveranlassung der Seneszenz, in seiner Erhöhung das Wesen der Verjüngung. Aber damit ist zu gleicher Zeit zu wenig und zu viel gesagt, weil Änderungen des Stoffwechselausmasses an verschiedenen Elementen ganz verschieden wirken.

Von grösster Bedeutung wäre es, ein Verständnis über die Art und Weise zu gewinnen, wie Differenzierung (wir meinen damit die Entwicklung eines Nebeneinander verschieden gearteter Teile) zur Einbusse von Wachstum und damit zur Alterung führt. Hier liegt die Ursache des Alterns verborgen. Ob es richtig ist, auf der anderen Seite Entdifferenzierung geradezu mit Verjüngung zu identifizieren (wie es z. B. Korschelt, Child u. a. tun), scheint zweifelhaft. Es führt logisch zu der u. a. von Child und von Doms (524) vertretenen Anschauung, dass auch der Akt der Befruchtung durch Entdifferenzierung der Geschlechtszellen zu einer Verjüngung führt und zu der merkwürdigen Forderung, dass die erste Entwicklung, die Periode reinen zelligen Wachstums bis zum Beginn parazellulärer Gewebs- oder intrazellulärer Differenzierungsprodukte eine Periode fortgesetzter Verjüngung wäre.

Die vergleichende Betrachtung der natürlichen Todesarten in der Tierreihe lässt den Gedanken aufkommen, dass auch der Tod seine phylogenetische wie seine ontogenetische Entwicklung hat. In den niederen Stufen der Organismenwelt spielt Vermehrung und Erhaltung der Art eine so überwiegende Rolle im Lebensprozess, dass die Bedeutung des Individuums dagegen ganz zurücktritt. Die Erkenntnis dieses Verhaltens kann gewissermassen als die Veranlassung und das Leitmotiv der Weismannschen Lehre von der Scheidung des Organismus in Keimplasma und Soma angesehen werden und mit der Theorie von der Unsterblichkeit des ersteren ergab sich von selbst die Lehre von der Sterblichkeit des letzteren. So schlechtweg sind aber die Somazellen nicht sterblich, wie sich aus den Erfahrungen bei der Explantation ergeben hat. Auch theoretisch sind Bedenken gegen diese Annahme neuerdings von Zoologen (Doflein, Dürcken) erhoben worden. Der Tod liegt nicht an den Zellen, sondern an der Organisation, so lautet die heutige Auffassung im allgemeinen. Aber im Verlaufe der Phylogenese hat der Tod selbst durch die spezifische Organisation der höheren Vielzelligen den Charakter eines Alterstodes erhalten; vom vorhin eingenommenen Standpunkte aus bedeutet dies, dass das Individuum imstande ist, jenseits der durch Wachstum gekennzeichneten Periode seiner Entwicklung und auch lange nach Vollendung seiner der Erhaltung der Art dienenden Periode der geschlechtlichen Vollreife sein Leben zu fristen. Die höchsten Tiere sind also gewissermassen noch etwas anderes als nur Männchen und Weibchen.

Der Mensch stirbt also daran, dass infolge seiner Organisation die potentielle Unsterblichkeit seiner Zellen nicht zur Geltung kommen kann, bzw. dass von denen, die die Fähigkeit zur Unsterblichkeit verloren haben, auch die anderen in die Katastrophe mit hereingerissen werden. Auf diese physiologische Disharmonie haben wir schon aufmerksam gemacht. Ist sie denn aber tatsächlich so schroff; bestehen nicht Einrichtungen, welche dafür sprechen, dass unter natürlichen Bedingungen doch ein gewisses harmonisches Altern vorliegt? Ich glaube ja. Nicht nur finden wir bei den Tieren, deren Alterstod bisher leidlich erforscht ist, nicht etwa ein seniles Zentralnervensystem in einem jugendlichen Körper, sondern vielmehr ein gleichzeitiges Nachlassen vieler Organe und Gewebe; denselben Eindruck erhält man auch ganz unbefangen von dem Altersprozess des Menschen; es kommt hinzu, dass es äusserst wahrscheinlich ist, dass auch Beeinflussungen gleichsinniger Natur durch das Blut vermittelt werden. Wenigstens lässt sich aus Versuchen Carrels entnehmen, dass Gewebskulturen um so besser wachsen, je jünger das Tier ist, von dem das Plasma stammt, das als Nährmedium dient und Zusatz von Embryonalsaft verstärkt das Wachstum. Es müssen also andererseits wachstumsförderliche Stoffe im Plasma älterer Menschen fehlen. Gestützt wird diese Ansicht von der Abhängigkeit des Alterns von der gesamten chemischen Situation des Körpers durch die Erfahrung, dass auch offenbar die Geschlechtszellen, wenn sie auch vielleicht nicht selbst altern, wie Doms meint, durch das Alter ihres Erzeugers beeinflussbar sind, jedenfalls minderwertiger werden, wie zahlreiche Erfahrungen bei Mensch und bei Tier besagen. Umgekehrt ist es nicht von der Hand zu weisen, ja nach den Erfahrungen über Verjüngungsforschung höchstwahrscheinlich, dass nicht bloss unter den pathologischen Bedingungen des Experiments oder der Verjüngungsoperation, sondern unter natürlichen Verhältnissen und ständig von den Keimdrüsen aus ein den alternden Einflüssen der Abnutzung entgegengesetzte Beeinflussung des Körpers stattfindet. Die Aufklärung der Beziehungen zwischen den Organen der Fortpflanzung und den Zellen des übrigen Körpers zeigt sich also auch in der Altersfrage von tiefer Bedeutung. Ohne aber in der Grundfrage des Anteils der Gewebezellen am Idioplasma klarer zu sehen, können wir hier nicht weiter kommen.

Wachstum als das Ergebnis des Werdeprozesses, Altern als der Ausdruck der sich vollendenden Reife und die Lebensdauer als die dritte dieser Erscheinungen, die sich aus dem Widerspiel innerer, ererbter und äusserer erlebter Entwicklungskräfte ergeben, machen die Summe einer persönlichen Lebensleistung aus.

In diesem Sinne steht auch die Lehre vom Wachstum und vom Altern mitten im grössten Problem der Biologie, der Frage des Wesens der Individualität.

Autoren-Register.

Diejenigen Autornamen, die im Text (nicht in den Literaturangaben) vorkommen
sind durch halbfette Zahlen kenntlich gemacht.

Abderhalden 2, 143, 187, 200.
Abelin 158, 203.
Abels 143, 267.
Aberg 90.
Achucarro 110.
Addison 2, 63.
Adler 2, 119, 143, 201, 204.
Ahlfeld 287.
Aeby 2, 100.
Akerlund 143.
Akutsu 2, 127, 128.
Akroyd 188.
Albrecht 2, 20, 69, 303, 317.
Alexander 2, 97.
Aldor 2.
Allen 143, 201.
Alzheimer 57, 135, 136, 333.
Ambrozie 303, 325.
Amsler 143.
Anglade 2, 136.
Anselmo 2, 23.
Anton 143, 297, 303, 313, 314, 316.
Apert 143, 197, 303, 316, 321, 326.
Apolant 74.
Aravandinos 2, 62.
Arbo 210.
Aristoteles 2, 24.
Arnheim 143, 302.
Aron 2, 21, 23, 33, 46, 48, 50, 51, 53, 143, 174, 177, 182, 184, 187, 188, 190, 191, 207, 211, 230.
Arthaud 2, 124.
Asch 143.
Aschaffenburg 2, 57.
Aschenheim 143, 183, 273.
Ascher 2, 72.
Aschner 2, 50, 143, 201, 230, 244, 245, 311.
Aschoff, A. 2, 82, 89, 104, 129, 130.
Aschoff, L. 2, 56, 86, 87, 88, 115, 123, 143, 154, 195, 253, 255, 256, 330.
Ascoli 3, 50, 143, 201, 244.
Askanazy 3, 70, 143, 199, 300, 303, 321, 323.
Attias 3, 140, 141.
Axhausen 143, 278.

Baar 303, 324, 325.

Babak 144.
Bahomeix 300.
Bachauer 144, 220.
Backman 185.
Bacon, Francis 23.
— Roger 3, 23.
— von Verulam 3.
Bade 3, 97.
Baila 303.
Bäumler 3, 23.
Ballantyne 144.
Ballet 144, 285.
Baltz 144.
Bamberg 144, 277, 278.
Banca 133.
Barber 144, 282, 283.
Bardeen 144, 221.
Bardeleben 3, 126.
Barrington 154, 224, 226, 229, 230, 231, 233, 266, 268.
Bartel 3, 93.
Bartels 37.
Bartholini 132.
Basch 144, 202.
Bashford 3, 74.
Batak 204.
Bauch 144, 302.
Bauchwitz 13, 89.
Bauer 3, 143, 232, 233, 234, 247, 249, 267, 273, 276, 277, 278, 280, 282, 292, 303, 310, 313, 317, 321, 328, 329, 330, 331, 333, 335, 336.
Baum 3, 92.
Baumann 103.
v. Baumgarten 3, 66.
Bayard 331.
Bayer 131.
Bayon 144, 255, 257.
Beach 287.
Beates 296, 305, 325.
Beatson 3, 138.
Becker 303, 333.
Beckmann 17, 106.
Beer 3, 83.
Behrendsen 3, 97.
Beitzke 3, 86.
Belfield 329.
Benda 144, 198, 245.
Beneke 3, 23, 51, 73, 80, 87, 89, 113.
Benjamin 273.

Berblinger 144, 258, 288, 303, 318, 323, 324, 337.
Berezowski 3, 70.
Bergstraud 8, 115.
Berka 3, 132, 133.
Berkeley 201.
Berliner 144, 220, 249, 281.
Berlinerblau 54.
Bernard Claude 64.
Bernhardt 144, 220.
Bernheim-Karrer 144, 274.
Berry 3, 114, 115.
Bertallotti 144, 267, 293.
Bessau 157, 182.
Bick 144, 301.
Bickel 144, 188.
Bidder 207, 276.
Biedl 3, 63, 64, 144, 145, 200, 201, 249, 267, 289, 293, 295.
Bieganski 288.
Bien 129.
Bierens de Haan 144, 180.
Bigon 204, 326.
Bilski 144, 209.
Binswanger 303, 321, 332.
Biondi 94, 102.
Bircher 144, 145, 254, 255, 257, 258.
Birk 145, 189, 192, 215.
Bittorf 196.
Björkenheim 3, 131.
Björkmann 3, 104.
Bloch 145, 188, 227, 229, 268.
Blühdorn 145, 192.
Blumenfeld 57, 203.
Bobitt 145, 220.
Bode 277.
Boeckh 145, 227.
Boehm 303, 324.
Böning 210, 303, 334, 335.
Bönninger 4, 82, 137.
Böese 147, 201.
Bokofzer 145, 220.
Bolk 210.
Boll 4, 24.
Bolle 4, 92.
Bollinger 4, 53, 145, 283, 284, 299.
Bonnamour 4, 23, 57.
Borchardt 303, 304, 311, 314, 320.
Bord 146, 274.